AF066228

Martin Kaltschmitt · Andreas Wiese (Hrsg.)

Erneuerbare Energieträger in Deutschland

Potentiale und Kosten

Mit 124 Abbildungen

Springer-Verlag
Berlin Heidelberg New York
London Paris Tokyo
Hong Kong Barcelona Budapest

Dr.-Ing. Martin Kaltschmitt
Kuratorium für Technik und Bauwesen
in der Landwirtschaft e.V. (KTBL)
Bartningstraße 49
64289 Darmstadt

Dipl.-Ing. Andreas Wiese
Institut für Energiewirtschaft
und Rationelle Energieanwendung (IER)
Universität Stuttgart
Heßbrühlstraße 49
70565 Stuttgart

ISBN-13: 978-3-540-56631-1   e-ISBN-13: 978-3-642-93541-1
DOI: 10.1007/978-3-642-93541-1

Dieses Werk ist urheberrechtlich geschützt. Die dadurch begründeten Rechte, insbesondere die der Übersetzung, des Nachdrucks, des Vortrags, der Entnahme von Abbildungen und Tabellen, der Funksendung, der Mikroverfilmung oder Vervielfältigung auf anderen Wegen und der Speicherung in Datenverarbeitungsanlagen, bleiben, auch bei nur auszugsweiser Verwertung, vorbehalten. Eine Vervielfältigung dieses Werkes oder von Teilen dieses Werkes ist auch im Einzelfall nur in den Grenzen der gesetzlichen Bestimmungen des Urheberrechtsgesetzes der Bundesrepublik Deutschland vom 9. September 1965 in der jeweils geltenden Fassung zulässig. Sie ist grundsätzlich vergütungspflichtig. Zuwiderhandlungen unterliegen den Strafbestimmungen des Urheberrechtsgesetzes.

© Springer-Verlag Berlin Heidelberg 1993

Die Wiedergabe von Gebrauchsnamen, Handelsnamen, Warenbezeichnungen usw. in diesem Buch berechtigt auch ohne besondere Kennzeichnung nicht zu der Annahme, daß solche Namen im Sinne der Warenzeichen- und Markenschutz-Gesetzgebung als frei zu betrachten wären und daher von jedermann benutzt werden dürften.

Sollte in diesem Werk direkt oder indirekt auf Gesetze, Vorschriften oder Richtlinien (z.B. DIN, VDI, VDE) Bezug genommen oder aus ihnen zitiert worden sein, so kann der Verlag keine Gewähr für die Richtigkeit, Vollständigkeit oder Aktualität übernehmen. Es empfiehlt sich, gegebenenfalls für die eigenen Arbeiten die vollständigen Vorschriften oder Richtlinien in der jeweils gültigen Fassung hinzuzuziehen.

Satz: Reproduktionsfertige Vorlage der Herausgeber
Umschlaggestaltung: H. Struve & Partner, Heidelberg
62/3020 - 5 4 3 2 1 0 - Gedruckt auf säurefreiem Papier

Vorwort

Im Verlauf der letzten 20 Jahre hat sich der Primär- und Endenergieverbrauch auf der Gebietsfläche der heutigen Bundesrepublik Deutschland - abgesehen von energiepreis- und konjunkturbedingten Schwankungen - auf einem relativ hohen Niveau annähernd stabilisiert. Dieser Energieverbrauch wird gegenwärtig zum überwiegenden Teil durch fossile Energieträger und dabei im wesentlichen durch Erdöl gedeckt. Die Nutzung dieser Energieträger ist aber - abgesehen von dem entsprechenden Ressourcenverzehr - mit einer Reihe negativer Umweltfolgen verbunden, die im Sinne einer richtig verstandenen Umwelt-, Mitwelt- und Nachweltverantwortung zunehmend weniger toleriert werden können. Dies gilt nicht nur im Hinblick auf den durch die energiebedingten Kohlendioxid- und Methanemissionen hervorgerufenen Treibhauseffekt, sondern auch für Umweltschäden wie Boden- und Gewässerverunreinigungen (z. B. infolge von Pipelinelecks oder Tankerhavarien).

Nach den aktuellen Energieprognosen ist für die Zukunft, nach einem geringen weiteren Anwachsen bis zum Jahr 2000, langfristig mit einem moderaten Rückgang des Primärenergieverbrauchs in der Bundesrepublik Deutschland zu rechnen. Selbst wenn die vielfältigen Möglichkeiten der rationellen Energieanwendung zukünftig verstärkt genutzt werden, ist somit davon auszugehen, daß in Deutschland auch weiterhin eine Energienachfrage in der gegenwärtigen Größenordnung gedeckt werden muß. Soll dies unter einer stärkeren Berücksichtigung der Belange des Umweltschutzes, der Schonung der vorhandenen Ressourcen und der Bewahrung der gegenwärtigen klimatischen Gegebenheiten realisiert werden, ist eine Umorientierung der derzeitigen Energieversorgungsstrukturen unumgänglich.

Zur Erreichung einer nachhaltigen und klimaverträglichen Energieversorgung kommt den regenerativen Energieträgern eine wachsende Bedeutung zu. Die verschiedenen Möglichkeiten zur direkten oder indirekten Nutzung der von der Sonne eingestrahlten Energie und der im Erdkörper gespeicherten Wärme in der Bundesrepublik Deutschland systematisch darzustellen und zu bewerten ist das Ziel der hier vorliegenden Untersuchung. Dabei werden neben den Energiepotentialen der verschiedenen Nutzungssysteme regenerativer Energiequellen in einer die regionalen Angebotsunterschiede berücksichtigenden räumlichen Differenzierung auch die Energieträger- und Nutzenergiebereitstellungskosten dargestellt.

Die der Untersuchung zugrunde liegenden umfangreichen Datenauswertungen und neuartigen methodischen Ansätze geben dem Einzelnen sowie den Entscheidungsträgern in Politik, Verwaltung, Industrie und Energiewirtschaft wichtige und fundierte Informationen an die Hand, welche regenerativen Energieträger wo am günstigsten genutzt werden können, welchen Beitrag sie zur Energieversorgung leisten können und welcher finanzielle Aufwand damit verbunden ist. Damit wird eine Grundlage geschaffen, um die Möglichkeiten der erneuerbaren Energiequellen besser zu nutzen und ihre Grenzen genauer abschätzen zu können. In diesem Sinne ist es zu wünschen, daß das Buch eine entsprechende Verbreitung und Kenntnisnahme erfährt.

Prof. Dr.-Ing. A. Voß

Vorwort der Herausgeber

Ziel der vorliegenden Ausführungen ist eine Analyse der Potentiale und Kosten der in der Bundesrepublik Deutschland nutzbaren regenerativen Energieträger unter Berücksichtigung der regionalen Angebotsunterschiede. Dabei werden die verschiedenen Optionen zur Nutzbarmachung des erneuerbaren Energieangebots - soweit dies möglich und sinnvoll ist - nach einer einheitlichen methodischen Vorgehensweise untersucht und anschließend im Kontext der gegenwärtigen energiewirtschaftlichen Rahmenbedingungen diskutiert. Damit soll ein Beitrag zu einer besseren Einschätzung der Möglichkeiten und Grenzen der erneuerbaren Energieträger in Deutschland geleistet und somit auch eine Basis geschaffen werden, diese Optionen zukünftig bei den energiewirtschaftlichen Planungen besser berücksichtigen und letztlich auch verstärkt nutzen zu können.

Die vorliegende Untersuchung wäre ohne die Unterstützung unserer Arbeitgeber, insbesondere dem Institut für Energiewirtschaft und Rationelle Energieanwendung der Universität Stuttgart und dem Kuratorium für Technik und Bauwesen in der Landwirtschaft, und einer Vielzahl von Personen und Institutionen nicht möglich gewesen. Ihnen sei an dieser Stelle, ebenso wie dem Verlag für die kooperative Zusammenarbeit, sehr herzlich gedankt. Insbesondere gilt unser Dank ganz besonders Herrn Dr. F. Kloepfer für die Erstellung des Layouts und Herrn Dipl.-Ing. J. Albiger, Herrn Dipl.-Ing. M. Fischedick, Frau Dipl.-Kff. H. Hoecker, Frau Dipl.-Soz. S. Rettich und Herrn Dr. N. Sauer für die wertvollen inhaltlichen Diskussionen.

Im Namen aller Autoren

Martin Kaltschmitt und Andreas Wiese

Inhaltsverzeichnis

1 Einleitung und Zielsetzung 1
M. Kaltschmitt

    1.1 Prinzipielle Vorgehensweise 2
    1.2 Definition der wesentlichen Grundbegriffe 4
    1.3 Darstellung des Untersuchungsgebietes 8
    1.4 Energiewirtschaftliche Rahmenbedingungen 11
        1.4.1 Struktur des Energieverbrauchs 12
        1.4.2 Gegenwärtiges Energieträgerpreisniveaus 15

2 Solarthermische und photovoltaische Nutzung der Sonnenenergie 19
A. Wiese, M. Kaltschmitt

    2.1 Solares Strahlungsangebot 19
        2.1.1 Theoretische Grundlagen 20
        2.1.2 Räumliche und zeitliche Variationsbreite 21
    2.2 Technische Flächenpotentiale 24
        2.2.1 Potentialbestimmung auf Gebäuden 25
            Verfügbare Dachflächen (25); Restriktionen einer solartechnischen Nutzung (29); Solartechnisch nutzbare Dachflächenpotentiale (30)
        2.2.2 Bestimmung der solartechnischen Freiflächenpotentiale 32
            Potentiell verfügbare Flächen (32); Restriktionen einer solartechnischen Nutzung (33); Solartechnisch nutzbare Freiflächenpotentiale (34)
    2.3 Solare Energieerzeugung 35
        2.3.1 Thermische Niedertemperaturwärmegewinnung 36
            Theoretische Grundlagen (36); Restriktionen einer solarthermischen Nutzung (38); Technische Endenergiepotentiale (40); Derzeitige Nutzung (51)
        2.3.2 Photovoltaische Stromerzeugung 52
            Theoretische Grundlagen (52); Technische Erzeugungspotentiale (54); Technische Endenergiepotentiale (57); Derzeitige Nutzung (62)
    2.4 Kosten einer solaren Energieerzeugung 64
        2.4.1 Solarthermische Wärmegewinnung 64
            Systemkosten (64); Spezifische Energiebereitstellungskosten (66)

X Inhaltsverzeichnis

      2.4.2 Photovoltaische Stromerzeugung 68
             Systemkosten (68); Spezifische Stromgestehungskosten (70)

3 Nutzung der Windenergie 73
M. Kaltschmitt, A. Wiese

3.1 Windtechnisches Energieangebot 73
    3.1.1 Charakteristische Eigenschaften des Windangebots 74
    3.1.2 Windgeschwindigkeitsverteilung innerhalb Deutschlands 78

3.2 Windtechnisch nutzbare Flächenpotentiale 80
    3.2.1 Vorgehensweise zur Flächenbestimmung 80
    3.2.2 Flächenpotentiale gleicher mittlerer Windgeschwindigkeit 81
    3.2.3 Potentialmindernde Kriterien und restriktive Parameter 82
    3.2.4 Technisch nutzbare Flächenpotentiale 86

3.3 Stromerzeugung aus Windenergie 87
    3.3.1 Theoretische und technische Grundlagen 88
    3.3.2 Nutzungstechniken und korrespondierender Flächenbedarf 92
    3.3.3 Technische Stromerzeugungspotentiale 94
    3.3.4 Technische Endenergiepotentiale 97
            Ansatz I (98); Ansatz II (99); Ansatz III (99); Ansatz IV (99); Vergleich der Ansätze (100)
    3.3.5 Derzeitige Nutzung 101

3.4 Kosten der Windstromerzeugung 102
    3.4.1 Systemkosten 102
    3.4.2 Spezifische Stromgestehungskosten 104

4 Stromerzeugung aus Wasserkraft 107
H.-B. Horlacher, A. Thewalt

4.1 Allgemeine Grundlagen 108
    4.1.1 Energieangebot des Wassers 108
    4.1.2 Technische Grundlagen 111
            Laufwasserkraftwerke (111); Speicher- und Pumpspeicherkraftwerke (114); Nieder-, Mittel- und Hochdruckanlagen (114); Turbinentypen (115)

4.2 Potentiale einer Stromerzeugung 117
    4.2.1 Grundlegende Definitionen 117
            Leistung und Arbeitsvermögen (117); Potentialbegriffe (118)
    4.2.2 Technische Erzeugungspotentiale 119
            Technisches Erzeugungspotential in den alten Bundesländern (119); Technisches Erzeugungspotential in den neuen Bundesländern (121); Technische Endenergiepotentiale (122)

			Inhaltsverzeichnis XI

      4.2.3 Derzeitige Nutzung 122
           Regionale Nutzungsunterschiede (122); Zukünftiger Ausbau der Wasserkraft (123)
  4.3 Kosten einer Stromerzeugung aus Wasserkraft 124
      4.3.1 Systemkosten 124
           Investitionen (124); Betriebs- und Unterhaltskosten (127)
      4.3.2 Spezifische Stromgestehungskosten 127

5 Energieträgerproduktion auf pflanzlicher Basis 129
M. Kaltschmitt

  5.1 Allgemeine Grundlagen 129
      5.1.1 Begriffsdefinitionen und prinzipielle Möglichkeiten 130
           Biomasse als Festbrennstoff (130); Flüssige Energieträger aus pflanzlichen Rohstoffen (131)
      5.1.2 Flächenpotentiale für einen Energiepflanzenanbau 132
  5.2 Gewinnbares Energieträgeraufkommen 133
      5.2.1 Feste Energieträger 134
           Getreideanbau zur Ganzpflanzennutzung (134); Anbau von Schilf- und Grasgewächsen (136); Anbau schnellwachsender Baumarten (141); Vergleich des Biomasseaufkommens (142)
      5.2.2 Flüssige Energieträger 143
           Ölfruchtanbau zur Pflanzenölgewinnung (143); Getreide- und Zuckerrübenanbau zur Alkoholerzeugung (145); Vergleich des Energieträger- und Biomasseaufkommens (148)
  5.3 Technische Energiepotentiale 149
      5.3.1 Feste Energieträger 149
           Getreideanbau zur Ganzpflanzennutzung (149); Anbau von Schilf- und Grasgewächsen (151); Anbau schnellwachsender Baumarten (153); Vergleich der Energiepotentiale (154); Derzeitige Nutzung (155)
      5.3.2 Flüssige Energieträger 156
           Ölfruchtanbau zur Pflanzenölgewinnung (156); Getreide- und Zuckerrübenanbau zur Alkoholgewinnung (157); Vergleich der Energiepotentiale (160); Derzeitige Nutzung (161)
  5.4 Kosten einer energetischen Nutzung von Energiepflanzen 162
      5.4.1 Energieträgerkosten fester Energieträger 162
           Getreideanbau zur Ganzpflanzennutzung (162); Anbau von Schilf- und Grasgewächsen (164); Anbau schnellwachsender Baumarten (165); Vergleich der Energieträgerkosten (167);
      5.4.2 Nutzenergiebereitstellungskosten fester Energieträger 167
           Getreideanbau zur Ganzpflanzennutzung (167); Anbau von Schilf- und Grasgewächsen (169); Anbau schnellwachsender Baumarten (170); Vergleich der Nutzenergiebereitstellungskosten (170); Ölfruchtanbau zur Pflanzenölgewinnung (171)

5.4.3 Kosten flüssiger Energieträger 171
Getreide- und Zuckerrübenanbau zur Alkoholgewinnung (173); Vergleich der Energieträgerkosten (174)

6 Energetische Nutzung forstwirtschaftlicher Reststoffe 177
A. Wiese, M. Kaltschmitt

6.1 Allgemeine Grundlagen 177
    6.1.1 Anfall von organischen Reststoffen 178
    6.1.2 Energetische Eigenschaften 179
    6.1.3 Räumliche und zeitliche Variationsbreite 181
6.2 Technisch nutzbares Reststoffaufkommen 183
    6.2.1 Prinzipielle Vorgehensweise 183
    Periodisch anfallende Reststoffe (184); Durchforstungsrückstände (185); Erntetechnisch bedingte Reststoffe (185)
    6.2.2 Abschätzung des gesamten Potentials 186
    6.2.3 Restriktionen einer technischen Nutzung 187
    6.2.4 Energetisch nutzbares Restholzaufkommen 190
6.3 Bestimmung der Energiepotentiale 190
    6.3.1 Methodische Vorgehensweise 190
    6.3.2 Technische Energiepotentiale 191
    6.3.3 Derzeitige Nutzung 193
6.4 Kosten einer energetischen Nutzung 193
    6.4.1 Energieträgerkosten 194
    Ansatz I (194); Ansatz II (196); Ansatz III (197)
    6.4.2 Nutzenergiebereitstellungskosten 197

7 Ernterückstände der landwirtschaftlichen Pflanzenproduktion 201
M. Kaltschmitt

7.1 Allgemeine Grundlagen 201
    7.1.1 Eingrenzung des energetisch nutzbaren Reststoffaufkommens 202
    7.1.2 Energetische Eigenschaften 203
    7.1.3 Räumliche und zeitliche Variationsbreite 204
7.2 Technisch nutzbares Strohaufkommen 207
    7.2.1 Prinzipielle Vorgehensweise 207
    7.2.2 Darstellung des gesamten Strohaufkommens 209
    7.2.3 Restriktionen einer energetischen Nutzung 210
    7.2.4 Energetisch nutzbares Strohaufkommen 212
7.3 Bestimmung der Energiepotentiale 213
    7.3.1 Methodische Vorgehensweise 214
    7.3.2 Technische Energiepotentiale 214
    7.3.3 Derzeitige Nutzung 216

7.4	Kosten einer energetischen Nutzung	217
	7.4.1 Energieträgerkosten	217
	Ansatz I (217); Ansatz II (219); Ansatz III (221)	
	7.4.2 Nutzenergiebereitstellungskosten	222

8 Energetische Nutzung von Reststoffen der Tierhaltung ... 225
M. Kaltschmitt, A. Wiese

8.1	Allgemeine Grundlagen	225
	8.1.1 Zusammensetzung und Eigenschaften von Biogas	226
	8.1.2 Biochemische Umsetzung der Biomasse	227
	8.1.3 Einflußfaktoren auf das Gasaufkommen	229
	8.1.4 Ausgangsstoffe für die Biogaserzeugung	230
	8.1.5 Nutztierbestand in Deutschland	231
8.2	Substrataufkommen und korrespondierender Energieinhalt	234
	8.2.1 Vorgehensweise zur Bestimmung des Substrataufkommens	234
	8.2.2 Aufkommen an organischer Masse	235
	8.2.3 Vorgehensweise zur Bestimmung des theoretischen Gaspotentials	236
	8.2.4 Theoretisches Biogasaufkommen	237
8.3	Technische Energiepotentiale	238
	8.3.1 Verfahrenstechnische Umsetzung des Substrats	239
	8.3.2 Restriktionen einer technischen Nutzung	241
	8.3.3 Technische Energiepotentiale	244
	8.3.4 Derzeitige Nutzung	248
8.4	Kosten einer Biogaserzeugung	249
	8.4.1 Biogasgestehungskosten	250
	Kleinstanlagen (250); Kleinanlagen (251); Mittlere Anlagen (252); Großanlagen (253); Vergleich der Biogasgestehungskosten (255)	
	8.4.2 Nutzenergiebereitstellungskosten	256
	Wärmebereitstellungskosten (257); Stromgestehungskosten (258); Kraft-Wärme-Kopplung (259)	

9 Organische Reststoffe aus Haushalten, Industrie, Gewerbe und kommunalen Einrichtungen ... 263
A. Wiese, A. Sihler

9.1	Allgemeine Grundlagen	263
	9.1.1 Systematik und Abgrenzung	263
	9.1.2 Energetische Eigenschaften	265
	9.1.3 Räumliche und zeitliche Variationsbreite	266

9.2	Technisch nutzbares Aufkommen	269
	9.2.1 Vorgehensweise zur Potentialbestimmung	269
	Feststoffaufkommen (270); Abwasseraufkommen (272)	
	9.2.2 Restriktionen einer energetischen Nutzung	273
	9.2.3 Energetisch nutzbares Reststoffaufkommen	274
9.3	Bestimmung der Energiepotentiale	276
	9.3.1 Technische Nutzungsmöglichkeiten	276
	Deponiegas (277); Anaerober Abbau organischer Stoffe (279); Klärgas (280)	
	9.3.2 Methodische Vorgehensweise	281
	Gas- und Brennstoffenergiepotentiale (281); Deponiegasenergiepotentiale (282)	
	9.3.3 Technische Energiepotentiale	284
	9.3.4 Derzeitige Nutzung	286
9.4	Kosten einer energetischen Nutzung	287
	9.4.1 Energieträgerkosten	287
	Deponiegas (287); Klärgas (288); Sonstiges Biogas (288); Festbrennstoffe (288); Vergleich (288)	
	9.4.2 Strom- und Wärmegestehungskosten	289

10 Nutzung der Erdwärme 293
R. Schulz, M. Kaltschmitt

10.1	Allgemeine Grundlagen	294
	10.1.1 Die Wärmequellen	294
	10.1.2 Klassifikation der geothermischen Energiesysteme	295
	Untiefe geothermische Nutzung (295); Hydrothermale Systeme mit niedriger Enthalpie (295); Hydrothermale Systeme mit hoher Enthalpie (296); Hot-Dry-Rock-Systeme (296); Gegenüberstellung (296)	
	10.1.3 Klassifikation der Nutzungsarten	297
10.2	Geothermische Energiepotentiale	298
	10.2.1 Gesamte Vorratsbasis	299
	10.2.2 Nutzungstechniken	300
	Energie des flachen Untergrunds (300); Energie der warmwasserführenden Aquifere (301); Energie des heißen Gesteins (303)	
	10.2.3 Ressourcen und Reserven	304
	Energie der warmwasserführenden Aquifere (305); Energie des flachen Untergrunds (310); Energie des heißen Gesteins (311)	
	10.2.4 Derzeitige Nutzung	312
10.3	Kosten einer geothermischen Energienutzung	314
	10.3.1 Stromgestehungskosten	314
	10.3.2 Wärmegestehungskosten	315
	10.3.3 Beispiele	317

11 Zusammenfassender Vergleich 319
M. Kaltschmitt, A. Wiese, J. Frisch

11.1 Potentiale und Energiebedarf 319
11.1.1 Energieangebot der Atmosphäre 319
Photovoltaische Stromerzeugung (320); Windtechnische Stromerzeugung (320); Stromerzeugung aus Wasserkraft (321); Vergleich der Stromerzeugungspotentiale (321); Stromerzeugungspotentiale und Stromaufkommen (323); Endenergiepotentiale und Endenergieverbrauch (325)
11.1.2 Pflanzliche Energieträger 328
Erzeugung fester Energieträger (328); Erzeugung flüssiger Energieträger (329); Vergleich der Energiepotentiale (330); Energiepotentiale und Endenergieverbrauch (330)
11.1.3 Regeneratives Reststoffangebot 330
Forstwirtschaftliche Reststoffe (331); Ernterückstände der Pflanzenproduktion (331); Reststoffe der Tierhaltung (331); Sonstige organische Reststoffe (332); Vergleich der Energiepotentiale (332); Energiepotentiale und Endenergieverbrauch (333)
11.1.4 Sonstige Optionen 334
Solare Niedertemperaturwärmegewinnung (334); Nutzung der Erdwärme (335); Energiepotentiale und Endenergieverbrauch (335)
11.1.5 Gesamtpotentialvergleich 336
Variante I (337); Variante II (337); Variante III (338); Vergleich der Varianten (339)

11.2 Regenerative Energiekosten und Energiepreisniveau 339
11.2.1 Energieangebot der Atmosphäre 340
11.2.2 Pflanzliche Energieträger 341
11.2.3 Regeneratives Reststoffangebot 342
11.2.4 Sonstige Optionen 342

11.3 Schlußfolgerungen 343

Literatur 349

Energieeinheiten 361

Stichwortverzeichnis 363

Liste der Autoren

Dr. Jürgen Frisch
Kuratorium für Technik und Bauwesen in der Landwirtschaft e. V. (KTBL), Darmstadt

Dr.-Ing. habil. Hans-Burkhard Horlacher
Institut für Wasserbau, Universität Stuttgart

Dr.-Ing. Martin Kaltschmitt
Kuratorium für Technik und Bauwesen in der Landwirtschaft e. V. (KTBL), Darmstadt

Dr. Rüdiger Schulz
Niedersächsisches Landesamt für Bodenforschung, Hannover

Dipl.-Biol. Andreas Sihler
Institut für Siedlungswasserbau, Wassergüte- und Abfallwirtschaft, Universität Stuttgart

Dipl.-Ing. Alexander Thewalt
Institut für Wasserbau, Universität Stuttgart

Dipl.-Ing. Andreas Wiese
Institut für Energiewirtschaft und Rationelle Energieanwendung (IER), Universität Stuttgart

1 Einleitung und Zielsetzung

In den energiewirtschaftlichen Diskussionen werden die Möglichkeiten und Grenzen einer Nutzung des erneuerbaren Energieangebots seit fast zwei Jahrzehnten heftig und kontrovers diskutiert. Dabei standen nach der ersten und insbesondere nach der zweiten Ölpreiskrise Aspekte im Vordergrund, die mit dem Begriff "Endlichkeit der fossilen Energieträger" beschrieben werden. Nach dem Ölpreisverfall 1985/86 traten diese Aspekte in den Hintergrund. Zunehmend finden jedoch die - angeregt durch die Waldschadensdebatte - negativen Umweltfolgen, die mit der Nutzung der fossilen Energieträger verbunden sind, Eingang in das öffentliche Bewußtsein. Das zunehmend stärker diskutierte Für und Wider der regenerativen Energieträger wird deshalb derzeit mehr im Zusammenhang mit der Klima- bzw. der Umweltproblematik gesehen. Unabhängig davon sind die potentiellen Möglichkeiten dieser Optionen für die lokale und kommunale Energieversorgung immer ein energiewirtschaftlich kontrovers diskutiertes Thema gewesen; dieser Aspekt wird oft mit dem Schlagwort der "Dezentralisierung der Energieversorgung" umschrieben.

Die Analyse der Möglichkeiten und Grenzen des regenerativen Energieangebots ist damit nach wie vor eine der wichtigsten energiewirtschaftlichen Frage- und Aufgabenstellungen. Dazu müssen jedoch zunächst die Energiepotentiale unter adäquater Berücksichtigung der großen regionalen Angebotsunterschiede erfaßt und die nach dem heutigen Kenntnisstand zu erwartenden Kosten analysiert werden. Erst dann ist eine Aussage dazu möglich, welche der vielfältigen Optionen zur Nutzung des erneuerbaren Energieangebots welchen Beitrag zur Deckung der Energienachfrage in der Bundesrepublik Deutschland leisten können. Gleichzeitig kann damit auch die Frage beantwortet werden, wie hoch die für diesen Energieertrag aufzuwendenden Kosten sind, die der Volkswirtschaft entstehen. Daraus lassen sich dann - vor dem Hintergrund der energiewirtschaftlichen und umweltpolitischen Gesamtsituation in der Bundesrepublik Deutschland - die kurz-, mittel- und langfristigen Möglichkeiten des erneuerbaren Energieträgerangebots quantifizieren.

Vor diesem Hintergrund ist es das Ziel dieser Untersuchung, konkret für alle Land- und Stadtkreise der Bundesrepublik Deutschland die Potentiale der erneuerbaren Energieträger zu bestimmen, die derzeit als ausgereifte und marktgängige Technik verfügbar sind oder zumindest im Prototypstadium existieren, so daß hier - falls die entsprechenden energiewirtschaftlichen Rahmenbedingungen vorliegen - eine Markteinführung erfolgen kann. Konkret werden damit bei dieser Untersuchung die Potentiale einer solarthermischen Wärmegewinnung und einer photovoltaischen Stromerzeugung analysiert. Außerdem werden die Möglichkeiten einer elektrischen Energiegewinnung aus Wind- und Wasserkraft untersucht. Zusätzlich erfolgt die Analyse der Potentiale eines Biomasseanbaus zur Erzeugung fester und flüssiger Energieträger. Auch zählen dazu die vielfältigen Möglichkeiten einer energetischen Nutzung von derzeit teilweise ungenutzten Nebenprodukten aus der forstwirtschaftlichen und landwirtschaftlichen Produktion. Daneben werden die Energiepotentiale der sonstigen organischen Rohstoffe, wie sie in vielen Bereichen der Volkswirtschaft anfallen, analysiert. Abschließend erfolgt die Darstellung der energetischen Möglichkeiten einer Erdwärmenutzung. Damit werden also nur die erneuerbaren Optionen untersucht, die unter den in der Bundesrepublik Deutschland gegebenen Bedingungen nach dem derzeitigen Wissensstand auch technisch sinnvoll genutzt werden könnten. Zusätzlich denkbare Optionen, die momentan und in absehbarer Zukunft aber noch nicht Stand der Technik sind, wie z. B. der Import solar erzeugten Wasserstoffs, eine Stromerzeugung mit Hilfe von Satelliten (Solar Power Satellite) die großtechnische Nutzung der Meeres- oder Wellenenergie o. ä., oder an andere klimatische Bedingungen geknüpfte Verfahren, wie z. B. solarthermische Kraftwerke, Solarfarmanlagen o. ä., werden nicht betrachtet.

Da neben den Potentialen auch die Energiegestehungskosten von entscheidender Bedeutung sind, werden auch die jeweiligen Kosten der einzelnen Technologien entsprechend dem derzeitigen Stand der Technik analysiert, dargestellt und diskutiert. Dabei werden für die einzelnen Energieträger jeweils die aus den absoluten Systemkosten sich - bei einer eher gesamtwirtschaftlichen Betrachtungsweise - ergebenden spezifischen Energiegestehungskosten bestimmt und dargestellt. Sie werden abschließend ebenso wie die ausgewiesenen Potentiale in den energiewirtschaftlichen Gesamtzusammenhang der Bundesrepublik Deutschland gestellt.

Die Untersuchung und Darstellung der einzelnen betrachteten regenerativen Energieträger erfolgt, soweit dies möglich und sinnvoll ist, in vergleichbarer Weise; die der Analyse der jeweiligen regenerativen Option zugrunde liegende prinzipielle Vorgehensweise wird deshalb im folgenden zunächst kurz umrissen (vgl. Kap. 1.1). Bei der Darstellung der Potentiale und Kosten der einzelnen regenerativen Energieträger werden verschiedene Begriffe verwendet, die in der Umgangssprache bzw. in der Literatur oft nicht eindeutig angewendet werden; deshalb werden sie im folgenden ebenfalls kurz definiert (vgl. Kap. 1.2). Eine Interpretation der Ergebnisse der Potentialerhebung ist nur vor dem Hintergrund der spezifischen Gegebenheiten auf der untersuchten Gebietsfläche möglich. Daher wird zusätzlich die großräumige geografische und politische Gliederung der Bundesrepublik Deutschland kurz zusammenfassend dargestellt, da auch sie einen erheblichen Einfluß auf die Potentiale der verschiedenen regenerativen Energieträger hat und deren regionale Angebotsunterschiede wesentlich beeinflußt. Außerdem werden die wesentlichen Kenngrößen Deutschlands dargestellt und diskutiert; sie dienen anschließend als Bezugsgrößen für die Analyse der regenerativen Energiepotentiale (vgl. Kap. 1.3). Abschließend werden die energiewirtschaftlichen Rand- und Rahmenbedingungen der Bundesrepublik Deutschland bezüglich des Energieverbrauchs bzw. der Energiekosten aufgezeigt und diskutiert; auf der Basis dieser Zusammenhänge können anschließend die ermittelten Potentiale und Kosten des erneuerbaren Energieangebots in den energiewirtschaftlichen Gesamtzusammenhang gestellt werden (vgl. Kap. 1.4).

1.1 Prinzipielle Vorgehensweise

Ziel dieser Studie ist die Untersuchung der Energiepotentiale und der Kosten regenerativer Energiequellen in der Bundesrepublik Deutschland in der notwendigen räumlichen und zeitlichen Disaggregierung, die den energieträgerspezifischen regionalen Unterschieden Rechnung trägt. Dabei wird jede analysierte erneuerbare Energieträgeroption - soweit möglich und sinnvoll - in vergleichbarer Weise dargestellt.

Zunächst wird für alle untersuchten erneuerbaren Energieträger das Energieangebot (d. h. Solarstrahlungs-, Windenergie- und Wasserkraftangebot) unter Darstellung der regionalen Unterschiede und der jährlichen Angebotsvariationen diskutiert bzw. die charakteristischen Eigenschaften des jeweiligen

1.1 Prinzipielle Vorgehensweise

Energieträgers (d. h. Biomasseaufkommen aus einem Energiepflanzenanbau, Restholz, Stroh, Biogas, organisches Reststoffaufkommen, Erdwärme) dargestellt. Anschließend wird das regenerative Energieangebot detailliert - unter Berücksichtigung der regionalen Unterschiede und Besonderheiten - analysiert und die verschiedenen restriktiven Parameter aufgezeigt, diskutiert und quantifiziert (d. h. technisch verfügbare Dach- und Freiflächen zur Nutzung des solaren Strahlungsangebots, technisch nutzbare Gebietsflächen mit ähnlichem mittleren Windenergieangebot, Wasserkraftpotentiale, Biomasseaufkommen aus einem Energiepflanzenanbau, Restholzaufkommen, energetisch nutzbares Strohaufkommen, Aufkommen an organischen Stoffen aus der Nutztierhaltung für eine Biogaserzeugung, Aufkommen an sonstigen organischen Rest- und Abfallstoffen, Erdwärmeaufkommen). Die der Potentialbestimmung zugrunde liegende methodische Vorgehensweise wird entsprechend dargestellt; sie ist so konzipiert, daß sie den energieträgerspezifischen Gegebenheiten Rechnung trägt und die regionalen und lokalen Unterschiede adäquat berücksichtigt.

Aufbauend auf diesen Angebotspotentialen jedes betrachteten Energieträgers werden - auf der Grundlage verfügbarer Technologien bzw. Nutzungstechniken oder -konzepte - die korrespondierenden Energiepotentiale bestimmt. Dazu werden - falls für die Verfügbarmachung dieses Energiepotentials bestimmte Nutzungstechniken benötigt werden und es sich dabei um weitgehend "neue" und "unbekannte" Technologien handelt - kurz die entsprechenden Techniken dargestellt bzw. die Anlagenkonzepte oder die systemtechnischen Zusammenhänge erläutert; außerdem werden die unter den jeweiligen Rahmenbedingungen damit erzielbaren Energieerträge aufgezeigt. Die sich ergebenden Energiepotentiale werden - soweit dies möglich und sinnvoll ist - für jeden Kreis der Bundesrepublik Deutschland bestimmt, aber aus Gründen einer besseren Übersichtlichkeit nur für jedes Bundesland ausgewiesen. Zusätzlich werden auch die auf die Einwohnerzahl bzw. Katasterfläche bezogenen spezifischen Potentiale und deren Variationsbreite innerhalb eines Bundeslandes angegeben; dies ermöglicht Rückschlüsse auf die vorhandenen regionalen bzw. lokalen Angebotsunterschiede der verschiedenen regenerativen Energieträger und damit im Umkehrschluß auf Gebiete mit hohem erneuerbaren Energieangebot.

Im Anschluß an die Diskussion der Energiepotentiale erfolgt eine Analyse der Kosten der betrachteten Option unter den derzeit vorliegenden Rahmenbedingungen. Dabei werden jeweils die absoluten Systemkosten, die spezifischen Energieträgerkosten und die spezifischen Strom- und Wärmegestehungskosten ausgewiesen. Sie sind - da sie auf der Grundlage gleicher Rahmenannahmen ermittelt werden - untereinander vergleichbar. Mögliche, u. U. in Zukunft zu erwartende Kostenreduktionen oder -steigerungen werden dabei nicht berücksichtigt. Auch können die ausgewiesenen Energiegestehungskosten von den Ergebnissen anderer Untersuchungen und Analysen aufgrund unterschiedlicher finanzmathematischer Rahmenannahmen bzw. Kostenrechnungsverfahren oder aufgrund der Berücksichtigung möglicher externer Effekte z. T. erheblich abweichen. Die angegebenen Kosten sollten deshalb nur als durchschnittliche Größenordnung verstanden werden, in der die gesamte Volkswirtschaft belastet werden würde. Im konkreten Einzelfall können damit durchaus z. T. größere Abweichungen von diesen Angaben sowohl zu niedrigeren als auch zu höheren Werten auftreten. Soweit es sich um regenerative Optionen primär zur Stromerzeugung handelt, werden die spezifischen Stromgestehungskosten ermittelt und angegeben. Ansonsten werden im Regelfall die Energieträgerkosten frei Produktionsstätte berechnet und diskutiert. Zusätzlich werden nach Berücksichtigung eines nachgeschalteten Konversionssystems (z. B. Heizungsanlage, Gasmotor) die korrespondierenden Nutzenergiebereitstellungskosten ermittelt. Bietet sich die gekoppelte Erzeugung von Strom und Wärme in Blockheizkraftwerken (BHKW) an, werden auch die Stromgestehungskosten unter der Berücksichtigung einer Wärmegutschrift dargestellt. Kann aus dem regenerativen Energieangebot dagegen ein Sekundärenergieträger gewonnen werden, der im Energiesystem der Bundesrepublik Deutschland einsetzbar ist - z. B. Pflanzenöl als Dieselsubstitut, Alkohol als Benzinzusatz oder -ersatz -, werden dessen spezifische Gestehungskosten angegeben. Dabei werden grundsätzlich keine Steuern, Subventionen oder steuerlichen Absetzmöglichkeiten berücksichtigt. Ausgewiesen werden lediglich die Energiegestehungskosten, wie sie für die Volkswirtschaft der Bundesrepublik Deutschland entstehen würden.

Bei der Berechnung der Kosten der verschiedenen betrachteten Energieträger wird immer eine reale Rechnung im Geldwert des Jahres 1991 durchgeführt; d. h. es werden inflationsbereinigte Kosten ermittelt. Dabei wird von der realen - also um die Inflationsrate bereinigten - Diskontrate in Höhe von 4,0 % ausgegangen (das ist die mittlere Diskontrate der Bundesrepublik Deutschland im Verlauf der letzten 35 Jahre). Grundsätzlich werden die volkswirtschaftlichen Kosten angegeben; d. h. die Anlagen werden über die jeweilige technische Lebensdauer abgeschrieben, die aber bei verschiedenen Technologien unterschiedlich sein kann. Diese Betrachtungsweise mit konstanten Geldwerten führt zu niedrigeren, da inflationsbereinigten Kosten als die oft übliche Rechnung mit nominalen Werten; die Rangfolge und Relation der Kosten verschiedener Alternativen verändert sich dadurch aber nicht. Das Rechnen mit realen Kosten hat jedoch den Vorteil, daß die Ergebnisse in einem bekannten Geldwert vorliegen, nämlich dem des Jahres 1991.

Abschließend werden die ermittelten Potentiale der einzelnen regenerativen Energieträger einander gegenüber gestellt und die wesentlichen Unterschiede diskutiert. Auch wird der Bezug zu dem derzeitigen Energiesystem der Bundesrepublik Deutschland hergestellt und die theoretisch durch die betrachteten Optionen ersetzbaren Anteile des gegenwärtigen Energieverbrauchs ausgewiesen. Zusätzlich werden die Energieträger- bzw. Nutzenergiebereitstellungskosten der einzelnen regenerativen Energieträger untereinander und mit dem entsprechenden konventionellen Energiepreisniveau bzw. den Nutzenergiebereitstellungsaufwendungen verglichen.

Nicht eingegangen wird auf die aus einer Nutzung der erneuerbaren Energiequellen resultierenden möglichen Umwelteffekte wie beispielsweise der Flächenverbrauch von Photovoltaikkraftwerken oder die bei der Verbrennung von Biomasse entstehenden Emissionen. Dies gilt auch für denkbare technische Probleme bei einer Integration des regenerativen Energieangebots in das derzeit existierende Energiesystem, wie beispielsweise Netzstabilitätsprobleme bei hohen Anteilen einer fluktuierenden Stromerzeugung aus Solarstrahlung und Windkraft. Auch Nettoenergie- oder Öko- bzw. Umweltbilanzen, beispielsweise einer Pflanzenöl- oder Alkoholproduktion, werden nicht angefertigt.

1.2 Definition der wesentlichen Grundbegriffe

Unter einem Energieträger wird ein Stoff oder eine physikalische Erscheinungsform von Energie verstanden, aus dem direkt oder durch eine oder mehrere Umwandlungen Nutzenergie gewonnen werden kann (z. B. Kohle, Heizöl, elektrischer Strom). Energieträger können unterteilt werden in Primärenergieträger (u. a. Steinkohle, Erdöl) und Sekundärenergieträger (z. B. Benzin, elektrischer Strom) bzw. erneuerbare Energieträger oder Energieströme (u. a. Solarenergie, Windenergie) und erschöpfliche Energieträger oder Energiereserven bzw. -ressourcen (u. a. Braunkohle, Erdgas).

Bei den folgenden Ausführungen werden die Potentiale verschiedener regenerativer oder erneuerbarer Energieträger bestimmt und angegeben. Darunter werden solche Energieträger zusammengefaßt, die - gemessen in menschlichen Dimensionen - als unerschöpflich angesehen werden; strenggenommen sind es damit keine Energieträger, sondern vielmehr Energieströme. Sie resultieren im wesentlichen aus drei grundsätzlich unterschiedlichen Energieformen bzw. -quellen. Neben der eingestrahlten Energie von der Sonne, die für eine Vielzahl weiterer erneuerbarer Energieträger verantwortlich ist (u. a. Windenergie, Wasserkraft, Bioenergie), ist dies die Massenanziehungskraft zwischen den Planeten (z. B. Gezeitenenergie) und die Energie aus der Erde (d. h. geothermische Energie). Bei der letzteren Energieform handelt es sich, zumindest bei den derzeit bereits genutzten Erdwärmevorkommen, im strengen Sinn der Begriffsdefinition nicht um einen erneuerbaren Energieträger; bei der Nutzung geothermischer Quellen werden i. allg. endliche Lagerstätten - wenn auch z. T. im Verlauf von sehr langen Zeiträumen - leergefördert, da der Erdwärmestrom (d. h. die Energiedissipation vom Erdinnern zur Erdoberfläche) zu gering ist, um die aus den geothermischen Reservoiren während der Förderung entzogene Energie wieder auszugleichen. Trotzdem wird die Erdwärme meist auch als ein regenerativer Energieträger bezeichnet.

Tabelle 1.1 Weltweite Potentiale verschiedener regenerativer Energieträger (Angaben gerundet) /1-3/

	Theoretisches Potential	Technisches Potential
		in EJ/a
Solarstrahlung	2 500 000	600
Wasserkraft	158	100
Windenergie	100 000	100
Biomasse	3 000	190
Geothermie	1 000	64
Gezeitenenergie	100	
Wellenenergie Meeresströmung Meereswärme	29 - 290[1]	34
Summe	ca. 2 600 000	1 088

[1] nur Wellenenergie.

Das Angebotspotential der regenerativen Energiequellen, worunter die im Jahresverlauf natürlich dargebotene Energiemenge verstanden wird, ist fast zehntausendmal größer als der weltweite anthropogene Energieverbrauch (ca. 326,3 EJ in 1991). Tabelle 1.1 zeigt die weltweiten Potentiale verschiedener erneuerbarer Energieträger /1-3/. Demnach weist die Sonnenenergie mit Abstand die höchsten Energiepotentiale auf; auch die Windenergie ist durch hohe Potentiale gekennzeichnet. Die anderen dargestellten regenerativen Energieoptionen weisen deutlich geringere Werte auf. Innerhalb der Gebietsgrenzen der Bundesrepublik Deutschland können aufgrund des fehlenden Angebots nicht alle dargestellten regenerativen Energieträger genutzt werden (etwa Meeresströmungsenergie, Meereswärme); sie werden deshalb bei den folgenden Ausführungen nicht näher betrachtet.

Bezüglich der Energiepotentiale regenerativer Energieträger kann zusätzlich zu den in Tabelle 1.1 ausgewiesenen theoretischen und technischen Potentialen zwischen den wirtschaftlichen und den Erwartungspotentialen unterschieden werden /1-2/:

- Das theoretische Potential regenerativer Energien ergibt sich aus dem physikalischen Angebot der erneuerbaren Energiequellen (z. B. die eingestrahlte Sonnenenergie oder der gesamte Energiegehalt in den bewegten Luftmassen). Es stellt damit eine theoretische Obergrenze des verfügbaren Energieangebots dar. Wegen der grundsätzlich unaufhebbaren technischen Schranken bei der Nutzung ist die Aussagekraft des theoretischen Potentials jedoch begrenzt.
- Das technische Potential beschreibt demgegenüber den Anteil des theoretischen Potentials, der unter Berücksichtigung der derzeitigen technischen Möglichkeiten "technisch nutzbar" ist. Im einzelnen werden bei der Berechnung die verfügbaren Nutzungstechniken, ihre Wirkungsgrade, die Verfügbarkeit von Standorten auch im Hinblick auf konkurrierende Nutzungen sowie strukturelle, ökologische und sonstige Beschränkungen berücksichtigt. In Abhängigkeit unterschiedlicher Nutzungstechniken und sonstiger Randbedingungen (produktionsseitige Begrenzungen, bedarfsseitige Restriktionen) kann es damit auch unterschiedliche technische Potentiale eines regenerativen Energieträgers geben.
- Unter dem wirtschaftlichen Potential wird derjenige maximale Anteil des technischen Potentials verstanden, der genutzt werden würde, wenn alle wirtschaftlich konkurrenzfähigen Maßnahmen durchgeführt werden. Um die Wirtschaftlichkeit des betrachteten regenerativen Energieträgers bzw. -systems beurteilen zu können, sind die jeweiligen Einsatzbereiche und die innerhalb dieser Bereiche mit ihnen konkurrierenden anderen Energiebereitstellungssysteme zu definieren. Das wirtschaftliche Potential einer regenerativen Option wird damit auch sehr stark von den konventionellen Systemen und den Energieträgerpreisen beeinflußt; es ist deshalb insbesondere bei stark schwankenden Preisen der fossilen Energieträger (z. B. erste und zweite Ölpreiskrise, Iran/Irak-Konflikt) sehr großen Variationen unterworfen.
- Das ausschöpfbare oder Erwartungspotential regenerativer Energieträger beschreibt den zu erwartenden tatsächlichen Beitrag zur Energieversorgung. Dieser Beitrag ist in der Regel geringer als das wirtschaftliche Potential, da es i. allg. nicht sofort, sondern allenfalls innerhalb eines längeren Zeitraumes vollständig erschließbar ist. Dies liegt u. a. in den nur begrenzten Kapazitäten für die Herstellung von Anlagen zur Nutzung des regenerativen Energieangebots, der noch gegebenen Funktionsfähigkeit der vorhandenen Anlagen sowie einer Vielzahl sonstiger Hemmnisse (u. a. mangelnde Information, rechtliche und administrative Begrenzungen) begründet, die selbst einer wirtschaftlichen Nutzung dieser erneuerbaren Energieträgeroptionen entgegenstehen. Das Erwartungspotential kann aber im Einzelfall auch größer als das wirtschaftliche Potential sein, wenn beispielsweise die betreffende erneuerbare Energieoption aufgrund administrativer Maßnahmen subventioniert wird (z. B. 1 000-Dächer-Photovoltaik-Programm, 250 MW-Windprogramm).

Zusammengefaßt beschreibt damit das theoretische Potential das gesamte Energieaufkommen, das technische bzw. wirtschaftliche Potential den davon technisch nutzbaren bzw. wirtschaftlich erschließbaren Teil und das Erwartungspotential den letztlich tatsächlich zu erwartenden Anteil. Diese prinzipiellen Zusammenhänge werden auch in Abb. 1.1 deutlich. Das Erwartungspotential liegt also - im Regelfall - erheblich, teilweise sogar um mehrere Größenordnungen, unter dem theoretischen Potential.

Mit Ausnahme des theoretischen Potentials müssen strenggenommen alle sonstigen Potentialangaben mit der Zeitdimension versehen werden. Damit ändern sich in Abhängigkeit des betrachteten Zeitpunkts - aufgrund des technischen Fortschritts und veränderter wirtschaftlicher oder energiepolitischer Rahmenbedingungen - auch die technischen bzw. wirtschaftlichen Potentiale. Dies gilt

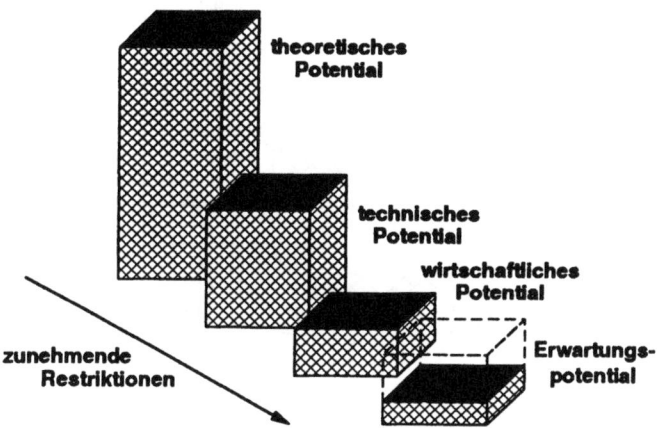

Abb. 1.1 Zur Definition der Potentialbegriffe

auch für die Erwartungspotentiale, da durch zukünftige Förderprogramme oder energie- und umweltpolitische Entscheidungen Hemmnisse auf- oder abgebaut werden können, die unmittelbar die Nutzungsmöglichkeiten des regenerativen Energieangebots beeinflussen.

Für die letztlich insgesamt gegebenen Möglichkeiten und Grenzen des erneuerbaren Energieangebots auf lange Sicht sind die technischen Potentiale maßgebend. Die wirtschaftlichen und ausschöpfbaren Potentiale werden deshalb hier nicht betrachtet, da die Unsicherheiten bezüglich der zukünftigen Entwicklung der Primärenergieträgerpreise, der Einführung oder Änderung staatlicher Lenkungsmechanismen (u. a. CO_2-Steuer, Einführung oder Auslaufen von Förderprogrammen) und ähnliche Effekte kurzfristig zu deutlich anderen Aussagen führen können. Im Vergleich dazu entwickeln sich die verschiedenen Techniken zur Nutzbarmachung des erneuerbaren Energieangebots i. allg. stetiger und vorhersehbarer, falls nicht ein unerwarteter Technologiesprung realisiert werden kann. Deshalb werden bei den im Rahmen dieser Untersuchung durchgeführten Potentialanalysen - neben den theoretischen Potentialen - im wesentlichen nur die technischen Potentiale der betrachteten regenerativen Energieträger angegeben. Dabei wird grundsätzlich von Anlagenkonzepten bzw. technischen Systemen zur Nutzung des erneuerbaren Energieangebots ausgegangen, wie sie derzeit auf dem Markt verfügbar sind; produktionsseitige Beschränkungen durch begrenzte Kapazitäten für die industrielle Fertigung von Anlagen oder Systemen zur Nutzung dieses Energieangebots werden nicht unterstellt. Damit beschreiben die in den folgenden Kapiteln ausgewiesenen technischen Potentiale das gesamte Energieaufkommen, das mit der derzeit verfügbaren Technologie theoretisch unter Berücksichtigung der verfahrenstechnisch gegebenen Restriktionen erzeugt werden könnte. Dabei werden i. allg. nachfrageseitig verursachte Restriktionen ebenfalls nicht berücksichtigt; jedoch wird dort, wo aufgrund nachfragebedingter restriktiver Parameter erhebliche Einflüsse auf das technisch gewinnbare Energieaufkommen zu erwarten sind, darauf hingewiesen und dieser Einfluß abgeschätzt.

Zur Veranschaulichung der Größenordnung, in der die erhobenen und dargestellten technischen Potentiale im Hinblick auf eine mögliche Nutzung im Energiesystem der Bundesrepublik Deutschland liegen, wird dieses technisch gewinnbare Energieaufkommen der regenerativen Energieträger anschließend der jeweils substituierbaren Energienachfrage gegenübergestellt. Dabei muß - um einen sinnvollen Vergleich zu ermöglichen - zwischen den verschiedenen Energieträgerformen unterschieden

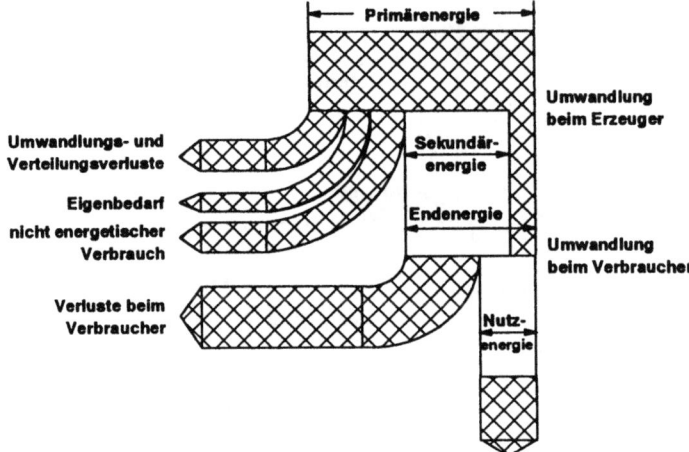

Abb. 1.2 Zusammenhang zwischen Primär-, Sekundär-, End- und Nutzenergie

werden, die sich durch die unterschiedlichen Umwandlungsschritte ergeben (Abb. 1.2). Sie sollen deshalb im folgenden kurz definiert werden.
- Unter dem Begriff Primärenergieträger werden Stoffe verstanden, die noch keiner Umwandlung unterworfen wurden und aus denen direkt oder durch ein oder mehrere Umwandlungen Sekundärenergieträger gewonnen werden können (z. B. Steinkohle, Erdöl).
- Mit dem Ausdruck Sekundärenergieträger werden Energieträger beschrieben, die durch eine oder mehrere Umwandlungen beim Erzeuger aus Primär- oder aus anderen Sekundärenergieträgern hergestellt wurden (z. B. Benzin, Heizöl). Dabei fallen u. a. Umwandlungs- und Verteilungsverluste an (Abb. 1.2). Sekundärenergieträger stehen dem Verbraucher zur Umwandlung in Nutzenergie zur Verfügung.
- Unter der Endenergie wird der Energieinhalt von Stoffen verstanden, die der Endverbraucher bezieht, vermindert um die Umwandlungs- und Verteilungsverluste, den Eigenverbrauch und den nicht-energetischen Verbrauch (z. B. Heizöl im Öltank des Endverbrauchers).
- Mit Nutzenergie wird letztlich die Energie beschrieben, die nach der letzten Umwandlung in den Geräten des Verbrauchers für die Befriedigung der jeweiligen Bedürfnisse (z. B. Raumtemperierung, Information, Beförderung) zur Verfügung steht. Sie wird gewonnen aus der Endenergie vermindert um die Verluste dieser letzten Umwandlung (z. B. Verluste infolge der Wärmeabgabe einer Glühbirne für die Erzeugung von Licht).

1.3 Darstellung des Untersuchungsgebietes

Die Bundesrepublik Deutschland gliedert sich von der Nord- und Ostsee bis zu den Alpen geographisch in das Norddeutsche Tiefland, die Mittelgebirgsschwelle, das Südwestdeutsche Mittelgebirgsstufenland, das Süddeutsche Alpenvorland und die Bayerischen Alpen.

1.3 Darstellung des Untersuchungsgebietes

Das Norddeutsche Tiefland südlich der Nord- und Ostseeküste einschließlich der vorgelagerten Inseln wird unterteilt in seenreiche, hügelige Geest- und Lehmplatten, die im Nordwesten von Heiden und Mooren durchsetzt sind, und breite, feuchte Niederungen und Urstromtäler. Fruchtbare Lößgefilde (Börden) liegen vor der Mittelgebirgsschwelle, in die klimatisch begünstigte Tieflandbuchten südwärts tief eingreifen (die Niederrheinische, die Westfälische und die Sächsisch-Thüringische Bucht). Im Norden bedeckt das Norddeutsche Tiefland Teile der Marschen an der Nordseeküste, die bis zum Geestrand reichen. Die Ostseeküste ist im Westen durch Förden gekennzeichnet; im Osten nimmt sie den Charakter einer Bodden- und Ausgleichsküste an. Die wichtigsten Inseln sind die Ost- bzw. Nordfriesischen Inseln und Helgoland in der Nordsee sowie Rügen und Fehmarn in der Ostsee.

Zu der Mittelgebirgsschwelle, die sich quer durch die Bundesrepublik Deutschland zieht, gehören u. a. das Rheinische Schiefergebirge mit den Hauptteilen Hunsrück, Eifel, Taunus, Westerwald, Bergisches Land und Sauerland mit dem Rothaargebirge, das Hessische Bergland, das Weser- und Leinebergland sowie ostwärts davon der Harz; ferner werden die Rhön, der Bayerische Wald, der Oberpfälzer Wald, das Fichtelgebirge, der Frankenwald, der Thüringer Wald und das Erzgebirge dazu gezählt. Diese Mittelgebirgsschwelle trennt den Norden vom Süden der Bundesrepublik Deutschland.

Zum Südwestdeutschen Mittelgebirgs-Stufenland gehören die Oberrheinische Tiefebene mit ihren Randgebirgen Schwarzwald, Odenwald und Spessart, Pfälzer Wald mit Haardt und das Schwäbisch-Fränkische Stufenland mit der Schwäbischen Alb.

Das den Alpen vorgelagerte Süddeutsche Alpenvorland ist durch die Schwäbisch-Bayerische Hochebene mit ihren Hügeln und großen Seen im Süden, ihren weiten Schotterebenen, dem Unterbayerischen Hügelland und der Donauniederung gekennzeichnet. Über tertiären Sedimenten liegen hier mehr oder weniger mächtig von Alpengletschern und ihren Schmelzwässern abgelagerte Schotter- und in den nördlichen Randzonen auch Lößschichten.

Der deutsche Alpenanteil zwischen dem Bodensee und Salzburg umfaßt nur einen schmalen Abschnitt dieses Faltengebirges. Auf eine besonders im Allgäu ausgebildete mattenreiche Voralpenzone folgen die zu den Nördlichen Kalkalpen gehörenden Ketten, darunter die zwischen dem Bregenzer Wald und dem Lech gelegenen Allgäuer Hochalpen, die Nordtiroler Kalkalpen zwischen Fernpaß und Tiroler Ache mit dem Wettersteingebirge, dem Karwendel und mehreren Gebirgsseen und Teile der Salzburger Kalkalpen im Berchtesgadener Land.

Für das Klima ist die Lage der Bundesrepublik Deutschland in der gemäßigten Zone mit den damit verbundenen häufigen Wetterwechseln bestimmend. Typisch sind mit zunehmendem Abstand von der Küste in Richtung Süden im Mittel abnehmende Winde aus - oft, aber nicht immer - westlichen Richtungen und Regen zu allen Jahreszeiten. Die jährlichen Niederschläge liegen im Norddeutschen Tiefland unter 500 bis 700 l/(m² a), in den Mittelgebirgen bei 700 bis über 1 500 l/(m² a) und in den Alpen bei über 2 000 l/(m² a). Innerhalb Deutschlands macht sich vom Nordwesten nach Osten und Südosten fortschreitend ein allmählicher Übergang von einem mehr ozeanisch zum mehr kontinental geprägten Klima bemerkbar. Dabei sind aber weder die täglichen noch die jahreszeitlichen Temperaturunterschiede extrem; die Durchschnittstemperaturen im Januar liegen im Tiefland im Bereich von +1,5 °C bis -0,5 °C und in den Gebirgen bis unter -6 °C; die mittleren Temperaturen im Juli betragen im Norddeutschen Tiefland +17 °C bis +18 °C und im Oberrheintalgraben bis zu +20 °C; die Jahresmitteltemperatur in Deutschland liegt bei ca. +9 °C.

Hydrographisch gehört der Süden der Bundesrepublik Deutschland teilweise zum Einzugsgebiet der ins Schwarze Meer mündenden Donau. Alle übrigen Landschaften - mit Ausnahme der Gebiete nördlich und nordöstlich der Mecklenburgischen Seenplatte, die zum Wassereinzugsbereich der Ostsee zählen - werden durch Rhein, Ems, Weser und Elbe in die Nordsee entwässert.

Tabelle 1.2 Einwohnerzahl und Flächennutzung in den einzelnen Bundesländern und in der Bundesrepublik Deutschland (Stand 31.12.1990) /1-1/

	Einwohner in 1 000	Gesamtfläche in 1 000 ha	Landwirtschaftsfläche	Waldfläche
			in % der Gesamtfläche	
Baden-Württemberg	9 822,0	3 575,2	49,0	37,1
Bayern	11 448,8	7 055,4	53,6	33,8
Berlin	3 433,7	88,3	4,2	16,1
Brandenburg	2 578,3	2 906,0	41,8	35,2
Bremen	678,7	40,4	33,0	1,8
Hamburg	1 632,4	75,5	29,9	4,4
Hessen	5 763,6	2 111,4	44,4	39,7
Mecklenburg-Vorpommern	1 924,0	2 383,5	53,3	21,2
Niedersachsen	7 287,2	4 734,3	63,3	20,7
Nordrhein-Westfalen	17 349,7	3 406,8	53,2	24,7
Rheinland-Pfalz	3 763,5	1 984,9	44,6	40,1
Saarland	1 073,0	257,0	46,2	33,1
Sachsen	4 764,3	1 833,8	45,3	26,4
Sachsen-Anhalt	2 874,0	2 044,4	54,2	22,3
Schleswig-Holstein	2 626,1	1 573,0	74,1	9,0
Thüringen	2 611,3	1 625,1	44,0	31,9
Bundesrepublik Deutschland	79 630,6	35 695,7	52,2	29,1

Innerhalb der Gebietsgrenzen der Bundesrepublik Deutschland leben - relativ ungleichmäßig verteilt - knapp 80 Mio. Menschen (Tabelle 1.2). Dabei sind die Stadtstaaten (Berlin, Bremen und Hamburg) durch die höchste Bevölkerungsdichte gekennzeichnet. Die Flächenstaaten sind sehr ungleichmäßig besiedelt; Mecklenburg-Vorpommern und Brandenburg sind durch die geringsten, Nordrhein-Westfalen und das Saarland durch die höchsten flächenspezifischen Einwohnerzahlen charakterisiert. In den letzten Jahrzehnten sind Gebiete hoher Bevölkerungsverdichtung zu beiden Seiten des Rheins (Rheinachse), insbesondere im Gebiet des Oberrheins, im Rhein-Neckar- und Rhein-Main-Raum, im Kölner Raum und an der Peripherie des rheinisch-westfälischen Industriegebietes entstanden. Auch im nordwestdeutschen Tiefland um Bremen und im Emsland sowie im nördlichen Vorland der Mittelgebirge um Hannover und Braunschweig ist die Bevölkerungdichte konzentriert. Das gleiche gilt für das Umland der Millionenstädte Hamburg und München sowie der Großstädte Nürnberg und Augsburg /1-1/.

Politisch ist die Bundesrepublik Deutschland in 16 Bundesländer unterteilt. Ihre geographische Lage geht aus Abb. 1.3 hervor. Die einzelnen Länder sind nicht nur durch z. T. sehr verschiedene Bevölkerungsdichten und Flächenausdehnungen, sondern auch durch größere Unterschiede bei der derzeitigen Flächennutzung gekennzeichnet. Tabelle 1.2 zeigt deshalb die absoluten Bevölkerungszahlen sowie die Katasterflächen und die entsprechenden Anteile der gesamten Landwirtschafts- bzw. Waldfläche.

In Tabelle 1.2 und Abb. 1.3 wird deutlich, daß die Bundesländer Bayern, Niedersachsen und Baden-Württemberg die größte Flächenausdehnung aufweisen; diese Bundesländer allein tragen zu mehr als zwei Fünfteln zu der Gesamtfläche der Bundesrepublik Deutschland bei. Umgekehrt nehmen die Stadtstaaten nur einen Anteil von knapp 0,6 % an der Gebietsfläche Deutschlands ein. Die landwirtschaftlich genutzte Fläche in den einzelnen Bundesländern liegt im groben Durchschnitt bei knapp der Hälfte der Katasterfläche; es gibt jedoch große regionale Unterschiede (ca. 4,2 % in Berlin

Abb. 1.3 Ländergliederung der Bundesrepublik Deutschland

gegenüber ca. 74,1 % in Schleswig-Holstein). Ähnlich unterschiedlich ist auch der Anteil der Waldfläche, wobei im Durchschnitt die Anteile bei den südlicher gelegenen Bundesländern höher sind. Hier schwanken die Prozentsätze zwischen ca. 1,8 % in Bremen und rund 40,1 % in Rheinland-Pfalz. Ähnlich liegen die Verhältnisse auch bei den Siedlungsgebieten. Werden die Stadtstaaten nicht betrachtet, sind in den Bundesländern mit hoher Bevölkerungs- und Industrialisierungsdichte die Anteile der Siedlungsgebiete vergleichsweise hoch (z. B. Nordrhein-Westfalen), in eher ländlich geprägten Bundesländern vergleichsweise niedrig (z. B. Mecklenburg-Vorpommern).

1.4 Energiewirtschaftliche Rahmenbedingungen

Die im Rahmen dieser Untersuchung bestimmten Potentiale der betrachteten regenerativen Optionen werden - zur besseren Einordnung in den energiewirtschaftlichen Gesamtzusammenhang - auch den dadurch möglicherweise substituierbaren konventionellen Energieträgern gegenübergestellt. Deshalb werden im folgenden die wesentlichen energiewirtschaftlichen Rand- und Rahmenbedingungen in der Bundesrepublik Deutschland - soweit sie für die Beurteilung der Möglichkeiten und Grenzen der regenerativen Energien von Bedeutung sind - kurz dargestellt. Dazu gehört neben dem Energieverbrauch auch das gegenwärtige Kostenniveau für den Energieeinsatz.

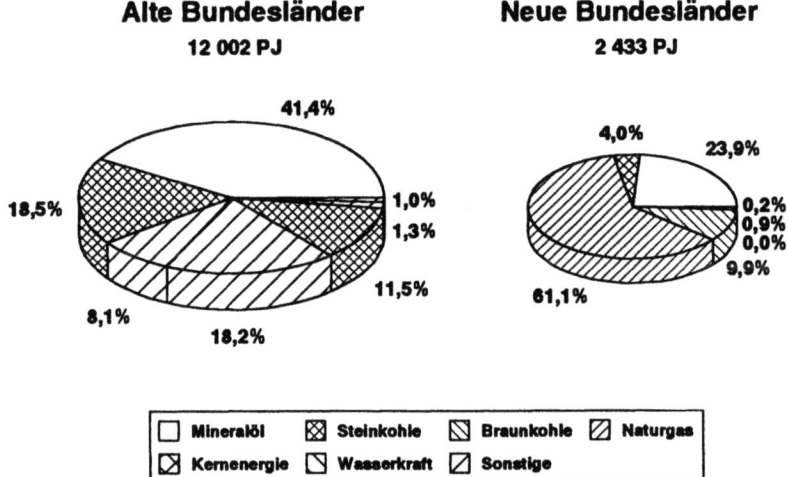

Abb. 1.4 Primärenergieverbrauch in den alten und neuen Bundesländern im Jahr 1991 und die Anteile der verschiedenen Energieträger /1-4/

1.4.1 Struktur des Energieverbrauchs

Der Primärenergieverbrauch in der Bundesrepublik Deutschland lag im Jahr 1991 bei rund 14,43 EJ. Davon entfielen auf das Mineralöl rund 38,5 %, auf Stein- und Braunkohle 33,3 %, auf Naturgas 16,8 %, auf die Kernenergie 9,6 % und auf sonstige Energieträger 1,8 %. Aufgrund der stark unterschiedlichen Energiebereitstellungsstrukturen in den alten und neuen Bundesländern gibt es hier deutliche Unterschiede (Abb. 1.4). Während die alten Bundesländer durch einen Primärenergieverbrauch von ca. 12,0 EJ in 1991 gekennzeichnet waren, der zu mehr als zwei Fünfteln durch Mineralöl gedeckt wurde, lag der entsprechende Energieverbrauch auf dem Gebiet der neuen Bundesländer bei rund 2,4 EJ; er wurde zu knapp zwei Drittel durch die energetische Nutzung von Braunkohle gedeckt /1-4/.

Diesem Primärenergieverbrauch steht ein Endenergieverbrauch von 9,42 EJ im Jahr 1991 gegenüber. Davon entfielen rund 7,87 EJ auf das Gebiet der alten und etwa 1,55 EJ auf das der neuen Bundesländer. Diese Endenergie wurde zu jeweils sehr unterschiedlichen Anteilen von den verschiedenen Verbrauchergruppen nachgefragt. Dies wird in Tabelle 1.3 deutlich; hier ist - getrennt für die alten und die neuen Bundesländer und für die Bundesrepublik Deutschland - der Endenergieverbrauch der Industrie, des Verkehrs, der Haushalte, der Kleinverbraucher und der militärischen Dienststellen dargestellt /1-4/.

Entsprechend den in Tabelle 1.3 dargestellten Werten entfiel im Jahr 1991 ein knappes Drittel des Endenergieverbrauchs auf die Industrie und rund ein Viertel auf den Verkehr. Etwas mehr als ein Viertel des gesamten Endenergieaufkommens wurde von den Haushalten und der verbleibende Rest von den Kleinverbrauchern einschließlich der militärischen Dienststellen verbraucht. Dieser Endenergieverbrauch in Deutschland wird zu rund 12 % aus Kohlen (hier sind die prozentual größten Unterschiede zwischen den alten und neuen Bundesländern gegeben; vgl. Tabelle 1.3) und zu rund 18 % aus leichtem und schwerem Heizöl gedeckt. Mehr als ein Viertel wird durch Kraftstoffe

Tabelle 1.3 Endenergieverbrauch in den alten und neuen Bundesländern sowie in der Bundesrepublik Deutschland nach Verbrauchssektoren und Energieträger im Jahr 1991 /1-4/

	alte Bundesländer		neue Bundesländer		Deutschland	
	Energieverbrauch in PJ (in %)					
Industrie	2 266	(28,8)	484	(31,1)	2 749	(29,2)
Haushalte	2 110	(26,8)	402	(25,8)	2 512	(26,7)
Kleinverbraucher[1]	1 345	(17,1)	375	(24,2)	1 721	(18,2)
Verkehr	2 148	(27,3)	293	(18,9)	2 441	(25,9)
Summe	7 869	(100,0)	1 553	(100,0)	9 423	(100,0)
Steinkohle	478	(6,1)	67	(4,3)	545	(5,8)
Braunkohle	108	(1,4)	478	(30,8)	586	(6,2)
Kraftstoffe	2 233	(28,4)	322	(20,8)	2 556	(27,2)
Heizöl S	170	(2,2)	21	(1,3)	191	(2,0)
Heizöl el	1 442	(18,3)	67	(4,3)	1 509	(16,0)
Gase	1 808	(23,0)	182	(11,7)	1 990	(21,1)
Strom	1 372	(17,4)	205	(13,2)	1 577	(16,7)
Sonstige	258	(3,2)	211	(13,6)	469	(5,0)

[1] einschließlich Militär

insbesondere für den Verkehrsbereich bereitgestellt. Ein Fünftel wird durch Gase und weitere rund 17 % durch elektrische Energie gedeckt (vgl. /1-5/).

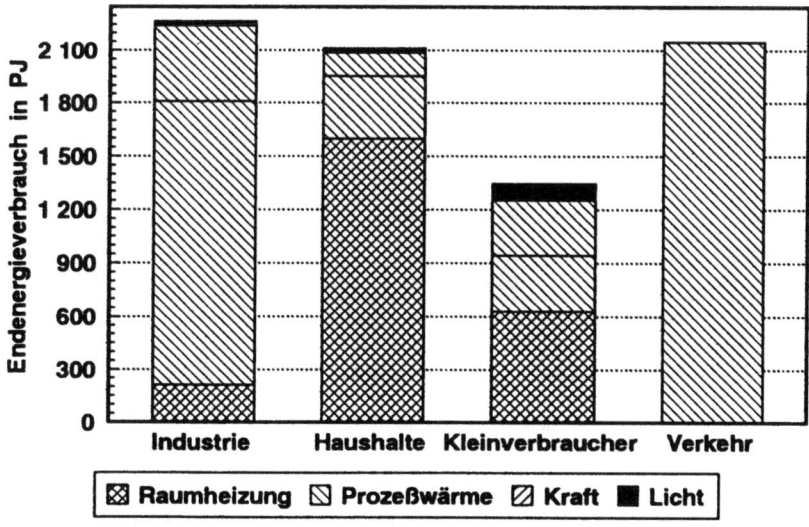

Abb. 1.5 Endenergieverbrauch in den alten Bundesländern nach Verbrauchersektoren und Anwendungsbereichen im Jahr 1991

14   1 Einleitung und Zielsetzung

Bei den alten Bundesländern dominiert insgesamt mit knapp 40 % der Endenergieeinsatz für die Bereitstellung von Kraft, wobei hier der Verkehrssektor mit mehr als zwei Dritteln den größten Anteil einnimmt. Jeweils knapp 30 % des Endenergieverbrauchs werden für die Bereitstellung von Raum- und Prozeßwärme eingesetzt. Dabei nimmt bei der Raumwärmebereitstellung der Haushaltssektor und bei der Bereitstellung der Prozeßwärme die Industrie den jeweils größten Anteil ein. Die entsprechenden Prozentsätze bezogen auf den gesamten Endenergieverbrauch der alten Bundesländer (vgl. Tabelle 1.3) bzw. die absoluten Verbräuche der einzelnen Nachfragesektoren sind in Abb. 1.5 dargestellt. Dabei wurde für das Jahr 1991 eine gegenüber 1990 vergleichbare Aufteilung auf die Anwendungsbereiche unterstellt. Demnach wird die Endenergie im Verkehrssektor fast ausschließlich für die Kraftbereitstellung, im Haushaltssektor zum überwiegenden Teil für die Raumwärmeerzeugung und bei der Industrie hauptsächlich für die Prozeßwärmebereitstellung eingesetzt.

Entsprechend kann auch der Endenergieverbrauch in den neuen Bundesländern nach Verbrauchssektoren und Anwendungsbereiche erfaßt und analysiert werden. Aufgrund mangelnder Daten wird - um eine ähnliche Aufschlüsselung wie für die alten Bundesländer zu erreichen - unterstellt, daß die Anteile der verschiedenen Bedarfsarten (Raumheizung, Prozeßwärme, Kraft und Licht) am gesamten Endenergieverbrauch von der letzten vorliegenden Untersuchung für die DDR (Basis 1988 /1-6/) auf das hier zugrunde liegende Betrachtungsjahr (Basis 1991) näherungsweise übertragbar sind. Damit ergeben sich die in Abb. 1.6 dargestellten Anteile der einzelnen Bedarfsarten an den verschiedenen Nachfragesektoren. Im Vergleich zu den alten Bundesländern ist der Anteil des Endenergieverbrauchs für den Verkehrssektor - aufgrund der kleineren Fahrzeugflotte - geringer. Ansonsten sind die Anteile der verschiedenen Bedarfsarten in den einzelnen Nachfragesektoren nicht grundsätzlich unterschiedlich.

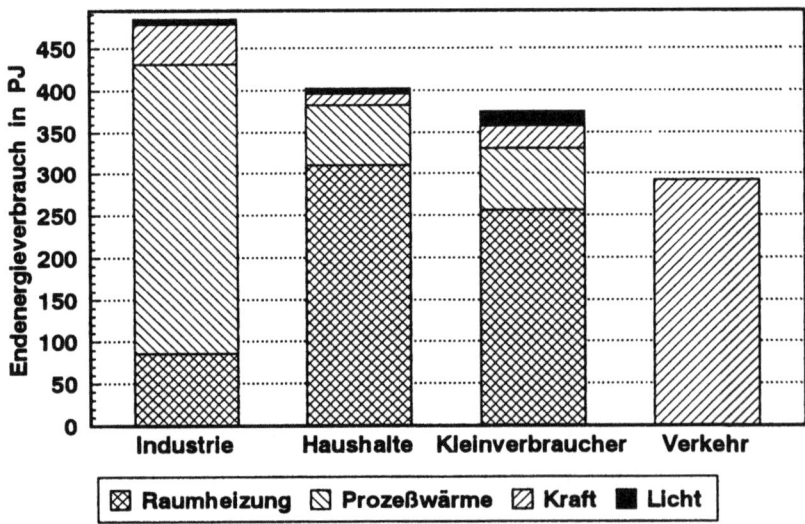

Abb. 1.6 Endenergieverbrauch in den neuen Bundesländern nach Verbrauchersektoren und Anwendungsbereichen im Jahr 1991

Unter diesen Annahmen ergibt sich innerhalb der Gebietsgrenzen der Bundesrepublik Deutschland ein Endenergieverbrauch für die Bereitstellung von Raumwärme von rund 3 082 PJ (2 431 PJ in den alten und 651 PJ in den neuen Bundesländern). Dazu addieren sich noch rund 2 757 PJ für die

Prozeßwärmebereitstellung (2 266 PJ in den alten und 491 PJ in den neuen Bundesländern). Für Kraft und Licht wurden in Deutschland rund 3 584 PJ eingesetzt, wobei hier der größte Anteil im Verkehrssektor verbraucht wurde. Insgesamt entspricht dies einem Endenergieverbrauch von 9 423 PJ in Deutschland im Jahr 1991 (Tabelle 1.3).

1.4.2 Gegenwärtiges Energieträgerpreisniveaus

Für die Deckung des in Kap. 1.4.1 diskutierten Endenergieverbrauchs werden derzeit hauptsächlich fossile Energieträger eingesetzt, die entweder - wie beim Erdöl - überwiegend importiert oder - wie bei der Stein- und Braunkohle - in der Bundesrepublik Deutschland gefördert werden. Mit dem sich dabei auf dem Energiemarkt einstellenden und teilweise stark schwankenden Preisniveau müssen die regenerativen Energieträgeroptionen konkurrieren. Deshalb zeigt Tabelle 1.4 die Einfuhrpreise für Erdöl, Erdgas und Steinkohlen sowie die Verbraucherpreise der wichtigsten derzeit genutzten Endenergieträger für die Haushalte, die Industrie und den Verkehr für das Jahr 1991 /1-4/.

Tabelle 1.4 Einfuhr- und Verbraucherpreise für die wichtigsten Energieträger in den alten Bundesländern im Jahr 1991 /1-4/

Einfuhrpreise		Rohöl	5,93	DM/GJ
		Erdgas	5,26	DM/GJ
		Steinkohlen	2,97	DM/GJ
Verbraucherpreise	- Haushalte[1]	Heizöl el	12,08	DM/GJ
		Erdgas	16,42	DM/GJ
		Brechkoks	21,60	DM/GJ
		Strom	81,56	DM/GJ
	- Industrie[2]	Steinkohle	9,28	DM/GJ
		Heizöl S	5,47	DM/GJ
		Erdgas	8,60	DM/GJ
		Strom	37,61	DM/GJ
	- Verkehr[1]	Normalbenzin	37,54	DM/GJ
		Dieselkraftstoff	29,16	DM/GJ

[1] einschließlich Mehrwertsteuer.
[2] ausschließlich Mehrwertsteuer.

Aus Tabelle 1.4 geht hervor, daß sich die Einfuhrpreise für die wichtigsten fossilen Energieträger zwischen rund 3,0 und 5,9 DM/GJ bewegen. Deutlich höher sind die Verbraucherpreise. Hier gibt es quantitative Unterschiede zwischen den Industrie- und den Haushaltspreisen, wobei die von den privaten Haushalten zu zahlenden Energiepreise deutlich über denen der Industrie liegen.

Für einen umfassenden Vergleich zwischen einer Nutzung konventioneller und regenerativer Energien gibt eine Gegenüberstellung der spezifischen Endenergieaufwendungen - soweit es sich um Systeme zur Wärmebereitstellung handelt - nur erste Anhaltspunkte, da die verschiedenen Energieträger eine unterschiedliche "Qualität" haben. Auch müssen, da den Verbraucher letztlich nur die Wärme oder die elektrische Energie interessiert, die unterschiedlichen Aufwendungen für die verschiedenen Umwandlungsverfahren berücksichtigt werden. Damit können schließlich nur die Strom- oder Wärme-

1 Einleitung und Zielsetzung

Tabelle 1.5 Referenzsysteme für die spezifischen Wärmebereitstellungskosten konventioneller Heiztechniken /1-7, 1-8, 1-9/

		Einfamilienhaus[1]		Mehrfamilienhaus[2]		Großverbraucher[3]		Nahwärme[4]
		Öl	Gas	Öl	Gas	Öl	Gas	Gas
Wärmebedarf	in GJ/a	79	79	538	538	2 650	2 650	9 408
Heizwärmebedarf[13]	in GJ/a	87	87	592	592	2 920	2 920	12 230
Kesselleistung	in kW	14	14	80	80	375	375	1 600
Wirkungsgrad[12]	in %	78	81	81	82	82	84	85
Investitionen								
Wärmeerzeuger	in DM	5 400	5 800	12 800	13 000	152 420	138 240	300 100
Vert., Heizfl.[5]	in DM	11 290	11 290[7]	43 540[7]	43 540[7]	300 000	300 000[8]	1 000 000
Sonstiges	in DM	7 969[6]	4 105	24 357[6]	5 698	0	0	2 025 000[9]
Summe	in DM	24 659	21 195	80 697	62 238	452 420	438 240	3 325 100
Betriebskosten								
Wart., Inst.	in DM/a	493	424	1 614	1 245	5 214	5 164	34 228
Hilfsenergie	in DM/a	108	108	215	215	1 895	1 895	10 155
Brennstoffk.[10]	in DM/a	1 256	1 737	8 951	12 702	20 410	29 799	125 647
Sonstiges[11]	in DM/a	35	27	35	27	5 114	4 354	11 503
Summe	in DM/a	1 892	2 296	10 815	14 189	32 633	41 212	181 533
Spezifische Nutzenergiebereitstellungskosten[14]								
	in DM/GJ	47,1	49,0	28,8	32,2	24,9	27,8	37,8
	in Pf/kWh	16,9	17,6	10,4	11,6	9,0	10,0	13,6

[1] Einfamilienhaus mit Vierpersonenhaushalt, mittelschwere Bauweise (durchschnittliche Wärmedämmung) mit Innen- und Außenwänden zwischen 16 und 24 cm, Fensterfläche ca. 40 m², Nutzfläche ca. 150 m², Warmwasserheizkörper und Heizungsregelung mit Nachtabsenkung, ca. 266 Heiztage.
[2] Mehrfamilienhaus mit ca. 30 bis 35 Personen in ca. 15 Wohnungen, mittelschwere Bauweise (durchschnittliche Wärmedämmung) mit Innen- und Außenwänden zwischen 16 und 24 cm, Fensterfläche ca. 200 m², Nutzfläche ca. 720 m², Warmwasserheizkörper und Heizungsregelung mit Nachtabsenkung, ca. 266 Heiztage.
[3] Großverbraucher (Bürogebäude), mittelschwere Bauweise (durchschnittliche Wärmedämmung) mit Innen- und Außenwänden zwischen 16 und 24 cm, Fensterfläche ca. 5 600 m², Nutzfläche ca. 5 000 m², Warmwasserheizkörper und Heizungsregelung mit Nachtabsenkung, ca. 266 Heiztage.
[4] Nahwärmesystem mit einem Großverbraucher (Krankenhaus, mittelschwere Bauweise (durchschnittliche Wärmedämmung) mit Innen- und Außenwänden zwischen 16 und 24 cm, Fensterfläche ca. 2 800 m², Nutzfläche ca. 7 000 m², Warmwasserheizkörper und Heizungsregelung mit Nachtabsenkung, ca. 266 Heiztage) und sieben Mehrfamilienhäuser (vgl. Mehrfamilienhäuser), Verteilungsverluste ca. 20 %.
[5] Kosten der Wärmeverteilung im Gebäude.
[6] Kosten für den Tank, den Brennstoffraum und die Installation.
[7] Installations- und Anschlußkosten.
[8] Anschlußkosten.
[9] Anschlußkosten und Nahwärmeverteilung.
[10] bei dem Ein- und Mehrfamilienhaus Kosten für die Haushaltskunden, bei dem Großverbraucher und dem Nahwärmenetz Kosten für die industriellen Nachfrager; vgl. Tabelle 1.4.
[11] Rauchgaskontrolle und ggf. entsprechende Lohnkosten.
[12] mittlere Kesseljahreswirkungsgrade gemäß VDI 2067 für Heizkesselbaujahre ab 1979 unter Berücksichtigung einer 5 %-igen Nutzungsgradverminderung durch die Warmwasserbereitung im Sommer.
[13] bei allen Wärmebedarfsrechnungen wurde ein Verhältnis von Jahresheizwärme zu Jahreswärmebedarf von 1,1 zugrunde gelegt; dadurch wird berücksichtigt, daß die Wärmelieferung in den Raum nicht immer exakt dem jeweils aktuellen Wärmebedarf entspricht.
[14] Abschreibungsdauer 20 Jahre, Zinssatz 4%.

1.4 Energiewirtschaftliche Rahmenbedingungen 17

gestehungskosten miteinander verglichen werden. Insbesondere aber die Nutzenergiebereitstellungskosten für die Wärme hängen sehr wesentlich vom jeweiligen Anwendungsfall und den Bedingungen vor Ort ab. Ein Kostenvergleich ist daher nur dann aussagekräftig, wenn die Nutzenergiebereitstellungsaufwendungen der verschiedenen technischen Systeme auf der Basis gleicher Referenzannahmen bzw. identischer Ausgangsbedingungen miteinander verglichen werden.

Im Rahmen dieser Untersuchung werden daher für einen Vergleich der Wärmebereitstellungskosten vier typische Referenzbedarfsfälle definiert. Für diese Anwendungsfälle werden anschließend die technischen Systeme zur energetischen Nutzung der entsprechenden erneuerbaren Optionen ausgelegt, die dazu notwendigen Aufwendungen (d. h. absolute Investitionen und jährliche Kosten) bestimmt und die sich daraus ergebenden Nutzenergiebereitstellungskosten mit den vergleichbaren Kosten beim Einsatz konventioneller Energieträger bzw. Techniken verglichen.

Tabelle 1.5 zeigt die Rahmenannahmen für diese vier Referenzbedarfsfälle. Dabei handelt es sich um die Wärmeversorgung eines typischen Ein- bzw. Mehrfamilienhauses, eines einzelnen Großverbrauchers und einer Gruppe von mehreren Verbrauchern, die über ein Nahwärmesystem mit Wärme versorgt werden. Für das Einfamilienhaus wird ein Bedarf an Wärme von 79 GJ/a (Reihenhaus mit vier Personen, durchschnittliche Wärmedämmung) und für das Mehrfamilienhaus von 538 GJ/a zugrundegelegt (größeres Mietshaus mit 12 bis 18 Haushalten und 30 bis 35 Personen, mittlere Wärmedämmung) /1-7/.

Für den ebenfalls betrachteten Großverbraucher wurde eine zu deckende Wärmenachfrage von 2 650 GJ/a und für das Nahwärmesystem ein Wärmebedarf von 9 408 GJ/a unterstellt. Damit liegt die Wärmenachfrage des Nahwärmesystems etwa im Bereich des Wärmebedarfs von etwa 120 Einfamilienhäusern oder rund 17 Mehrfamilienhäusern. Alle Wärmeversorgungsanlagen wurden für die Deckung des Raumwärme- und Warmwasserbedarfs ausgelegt.

Zusätzlich zeigt Tabelle 1.5 die absoluten und spezifischen Kosten, die mit der Deckung dieser Referenznachfrage durch eine konventionelle Öl- oder Gaszentralheizung bei dem betrachteten Ein- und Mehrfamilienhaus sowie dem Großverbraucher bzw. mit einem gasgefeuerten Heizwerk bei dem dargestellten Nahwärmesystem verbunden sind. Für die Berechnung der gesamten jährlichen Brennstoffkosten und der Aufwendungen für die Hilfsenergien (Stromkosten) wurden die durchschnittlichen Verbraucherpreise des Jahres 1991 zugrundegelegt.

Auf der Basis der dargestellten Investitionen und Betriebskosten (vgl. /1-8/) und den unterstellten sonstigen Rahmenbedingungen ergeben sich für die Deckung des zugrundegelegten Wärmebedarfs bei einem Einfamilienhaus spezifische Nutzenergiebereitstellungkosten von rund 47 bis 49 DM/GJ (ca. 17 Pf/kWh). Bei dem dargestellten Mehrfamilienhaus liegen die entsprechenden Aufwendungen aufgrund der ausnutzbaren Kostendegression nur noch zwischen 29 und 32 DM/GJ (ca. 11 Pf/kWh). Für die Deckung des Wärmebedarfs des betrachteten Großverbrauchers ergeben sich Wärmegestehungskosten zwischen 25 und 28 DM/GJ (9 bis 10 Pf/kWh) und bei dem Nahwärmesystem auf der Basis einer Gasfeuerung von etwa 38 DM/GJ (ca. 14 Pf/kWh).

Diese Nutzenergiebereitstellungskosten sind jedoch nur unter den unterstellten Rand- und Rahmenbedingungen gültig; sie können nicht als übertragbare und damit allgemeingültige gegenwärtige Aufwendungen einer Wärmebereitstellung auf der Basis von leichtem Heizöl oder Erdgas angesehen werden. Sie soll lediglich als Bezugsgrößen dienen, denen anschließend die Wärmegestehungskosten der betrachteten regenerativen Optionen gegenübergestellt werden können.

2 Solarthermische und photovoltaische Nutzung der Sonnenenergie

Von der Vielzahl der Möglichkeiten, die eingestrahlte Energie der Sonne direkt zu nutzen, werden hier nur die Möglichkeiten und Verfahren diskutiert, die in der Bundesrepublik Deutschland technisch sinnvoll eingesetzt werden können. Darunter fallen solarthermische Systeme zur Niedertemperaturwärmegewinnung und photovoltaische Verfahren zur Stromerzeugung. Weitere Möglichkeiten, wie z. B. Parabolrinnen- oder Solarturmkraftwerke, Paraboloid- oder Solarteichanlagen, werden nicht betrachtet, da ein Einsatz dieser Techniken aufgrund der mangelnden (Direkt-)Strahlungsintensität in Mitteleuropa nicht sinnvoll erscheint. Auch werden passive Systeme, d. h. im wesentlichen bautechnische und architektonische Maßnahmen (u. a. transparente Wärmedämmung), nicht betrachtet, da ein nachträglicher Umbau des gegenwärtigen Gebäudebestandes nur in einem geringen Umfang zu erwarten ist.

Inwieweit derzeit die Solarstrahlung mit Hilfe von solarthermischen Kollektoren zur Niedertemperaturerzeugung weltweit genutzt wird, ist nicht bekannt. In den Europäischen Gemeinschaften (EG) wird die Zahl der Systeme auf ca. 300 000 mit einer gesamten installierten Kollektorfläche von rund 3 Mio. m² geschätzt. Ihre Energiebereitstellung von rund 1 000 MW führt zu jährlichen Öleinsparungen von etwa 8,8 TJ. In der Bundesrepublik Deutschland sind derzeit ca. 350 000 m² Kollektorfläche installiert, mit der überwiegend Primärenergie in Form von Öl in der Größenordnung von ca. 0,7 TJ/a substituiert wird (Stand Ende 1990 /2-24/).

Die Leistung der installierten photovoltaischen Generatoren betrug 1988 weltweit ca. 150 MW_p, davon befindet sich ein Großteil in den USA. Die damit erzeugte elektrische Energie betrug ca. 320 GWh/a. In der EG betrug 1988 die installierte Leistung ca. 4 MW_p mit einer Erzeugung von ca. 5 GWh/a /2-25/. In der Bundesrepublik Deutschland lag die installierte elektrische Leistung Ende 1990 bei ca. 1,3 MW_p. Diese Anlagen speisten 1990 ca. 600 MWh ins Netz der öffentlichen Versorgung ein. Insgesamt betrug 1990 die elektrische Energieerzeugung aller deutschen Anlagen einschließlich der Eigenbedarfsdeckung ca. 800 MWh/a /2-26/.

2.1 Solares Strahlungsangebot

Die solarthermische und photovoltaische Energiegewinnung ist abhängig vom Strahlungsangebot der Sonne. In diesem Kapitel werden daher die theoretischen Grundlagen des solaren Energieangebots sowie die für eine Nutzung wesentlichen Angebotscharakteristika dargestellt.

20 2 Solarthermische und photovoltaische Nutzung der Sonnenenergie

2.1.1 Theoretische Grundlagen

Sonnenlicht ist, wie jede andere Art elektromagnetischer Strahlung, eine Form von Energie. Ihre Leistungsdichte am oberen Rand der Erdatmosphäre, als Solarkonstante bezeichnet, beträgt im Jahresmittel 1 370 W/m² /2-10/. Auf dem Weg durch die Erdatmosphäre wird die eingestrahlte Energie geschwächt und das Wellenlängenspektrum verändert. Diese Schwächung - unterschiedlich aufgrund der aktuellen Gegebenheiten in der Atmosphäre (meteorologische Großwetterlage und mikroklimatische Randbedingungen) - ist auf folgende Ursachen zurückzuführen:
- Reflexion an der Atmosphäre,
- Streuung und Absorption am Aerosol,
- Absorption am Wasserdampf, Ozon und Sauerstoff der Atmosphäre.

Diese Effekte haben zur Folge, daß bei der letztlich auf der Erdoberfläche auftreffenden Strahlung zwei Anteile unterschieden werden können:
- die direkte Sonnenstrahlung und
- die diffuse Himmelsstrahlung.

Die Summe dieser beiden Strahlungskomponenten wird als Globalstrahlung bezeichnet.

Die nach dem Atmosphärendurchgang noch verbleibende Strahlungsenergie wird auf der Erde sehr ungleichmäßig verteilt dargeboten. Da für die Strahlungsintensität und damit für die eingestrahlte Energiedichte der Sonnenstand über dem Horizont und somit die Länge des Strahlungsweges durch die Atmosphäre zusätzlich zu den dargestellten Faktoren bestimmend ist, hängt das Energieangebot auch von der Tages- und Jahreszeit sowie der geographischen und topographischen Lage des Standortes ab. Aufgrund dieser Zusammenhänge gelangen innerhalb der Bundesrepublik Deutschland maximal nur etwa 1 000 W/m² auf die Erdoberfläche. Die eingestrahlte Leistung kann aber auch - selbst zur Mittagszeit - an bewölkten Wintertagen auf unter 100 W/m² fallen.

Die auf die Bundesrepublik Deutschland auftreffende Strahlung ist durch einen hohen Anteil an diffuser Strahlung und einen vergleichsweise geringen Anteil an direkter Strahlung gekennzeichnet. Dies geht aus Abb. 2.1 hervor, die für einen Standort in Deutschland die Aufteilung der Global-

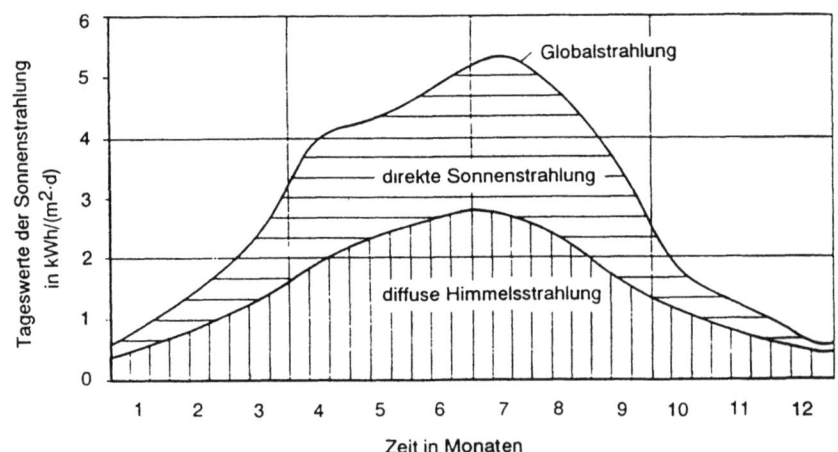

Abb. 2.1 Jahresgang der mittleren täglichen Einstrahlung für einen Standort in der Bundesrepublik Deutschland /2-1/

strahlung in Direkt- und Diffusstrahlung im Jahresverlauf zeigt. Demnach ist insbesondere im Winter der diffuse Strahlungsanteil sehr hoch.

2.1.2 Räumliche und zeitliche Variationsbreite

Die von der Sonne auf die Erde eingestrahlte Energie ist je nach Wetterlage sowie Tages- und Jahreszeit sehr starken Schwankungen unterworfen. Solarenergie ist nur während der Tagstunden verfügbar; nachts kommt auf der Erdoberfläche nur energetisch nicht nutzbare kosmische Streustrahlung an. Im Winter beträgt die mittlere Sonneneinstrahlung nur einen Bruchteil der durchschnittlichen Strahlungsleistung des Sommers. Ursache für dieses niedrige solare Energieangebot im Winter in Mitteleuropa ist der relativ kleine mittlere Winkel zwischen der Sonne und dem Horizont. Zusätzlich ist die Bewölkung in dieser Jahreszeit überproportional hoch.

Abb. 2.2 verdeutlicht die zeitliche Variation des solaren Strahlungsangebotes anhand der gemessenen Globalstrahlung an einem Standort in Norddeutschland. Im Jahresgang, der die jeweils tagesmittlere Strahlungsleistung zeigt, ist ein geringes Strahlungsangebot in den Wintermonaten und ein demgegenüber vergleichsweise hohes Strahlungsangebot im Sommer zu erkennen. Die beiden exemplarisch dargestellten Tagesgänge der stundenmittleren Strahlungsleistung (30. Januar bzw. 30. Oktober) verdeutlichen, wie dieses Strahlungsangebot über den Tag verteilt ist. Der dargestellte Januartagesgang läßt erkennen, daß dieser Tag ganztägig durch einen bedeckten Himmel mit fast aus-

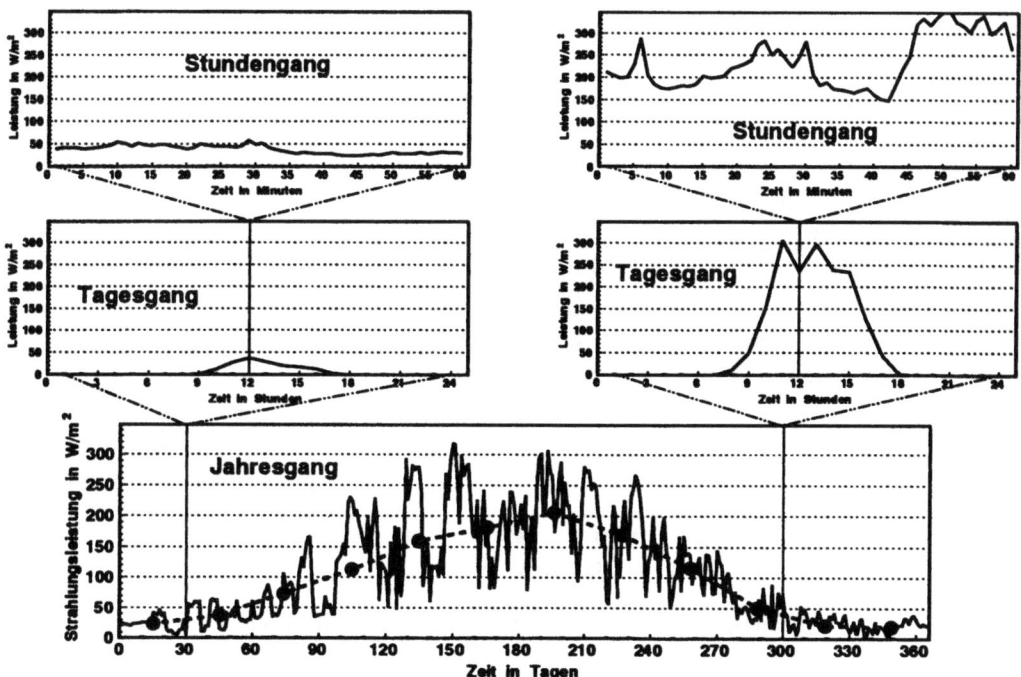

Abb. 2.2 Jahresgang sowie Tages- und Stundenganglinien gemessener Globalstrahlungsleistungen am Beispiel eines Standortes in Norddeutschland

22   2 Solarthermische und photovoltaische Nutzung der Sonnenenergie

schließlich diffuser Strahlung gekennzeichnet war. Der 30. Oktober dagegen war ein weitgehend wolkenloser Tag. Nur der Einbruch der Globalstrahlung um die Mittagszeit deutet auf eine durchziehende Wolkendecke hin. Der Stundengang schließlich, der die minutenmittlere Strahlungsleistung um die Mittagszeit zeigt, bestätigt, daß der Januartag durch einen gleichmäßig bedeckten Himmel mit geringer, aber gleichmäßiger Sonneneinstrahlung geprägt war, während an dem dargestellten Oktobertag die Sonneneinstrahlung durchweg höher, dafür aber deutlich größeren Unterschieden unterworfen war. Diese größere zeitliche Variationsbreite der solaren Strahlungsleistung ist auf vereinzelt durchziehende Wolkenfelder zurückzuführen.

Das solare Strahlungsangebot variiert auch zwischen verschiedenen Jahren zum Teil ganz erheblich. Dies geht aus Abb. 2.3 hervor, die die Jahressummen der Globalstrahlung für vier Standorte in der Bundesrepublik Deutschland (Hamburg, Braunschweig, Würzburg und Hohenpeißenberg) im Verlauf der letzten drei Jahrzehnte zeigt. Außerdem ist das dreißigjährige Mittel der Globalstrahlung, die zugehörige Standardabweichung sowie die aufgetretene minimale und maximale Globalstrahlungssumme dargestellt. Aus Abb. 2.3 lassen sich die folgenden Schlüsse ziehen.

- Von allen vier dargestellten Standorten weist die am weitesten südlich gelegene Station Hohenpeissenberg im langjährigen Mittel die größte jährliche Globalstrahlungssumme auf (442 kJ/cm^2), während in Hamburg als dem nördlichsten der vier Standorte die geringste Jahressumme der Globalstrahlung im dreißigjährigen Mittel zu verzeichnen ist (350 kJ/cm^2). Ursache für die hohe Strahlungssumme auf dem Hohenpeißenberg ist allerdings nicht nur die im Vergleich zu den anderen Stationen südlichste Lage, sondern vor allem auch die exponierte Lage der Meßstation (Bergstation).

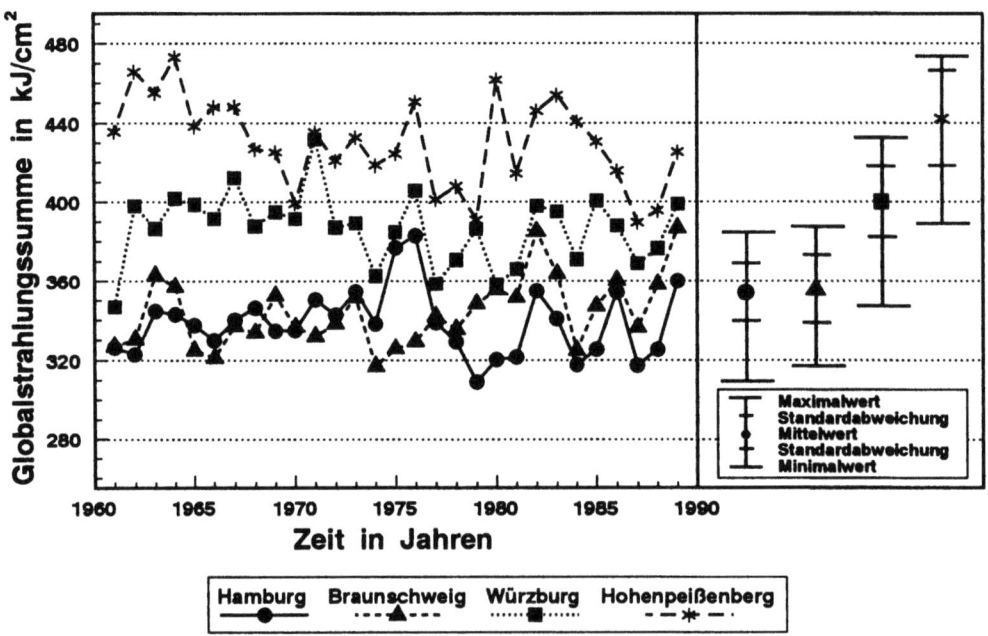

Abb. 2.3 Jahressummen der Globalstrahlung an vier unterschiedlichen Standorten in Deutschland zwischen 1961 und 1989 (Daten nach /2-2/)

- Bezieht man die Standardabweichungen der Jahressummen der Globalstrahlung an den vier Standorten auf die jeweiligen Globalstrahlungssummenmittelwerte - nur so können die Standardabweichungen der vier Stationen miteinander verglichen werden -, wird deutlich, daß die auf den Mittelwert bezogenen Standardabweichungen an den vier Stationen relativ ähnlich sind. Innerhalb Deutschlands ist damit die Standardabweichung der Globalstrahlungsjahressummen vergleichsweise unabhängig von der Jahressumme der Globalstrahlung. Auch die Auswertungen der Globalstrahlungen an Standorten, an denen die Zeitreihen nur über einen kürzeren Zeitraum zur Verfügung stehen, bestätigen dies.
- Prinzipiell gilt die innerhalb Deutschlands gegebene weitgehende örtliche Unabhängigkeit der Fluktuationscharakteristik auch für die durch das auftretende minimale und maximale jährliche Strahlungsangebot aufgespannte Bandbreite der jährlichen Globalstrahlung.

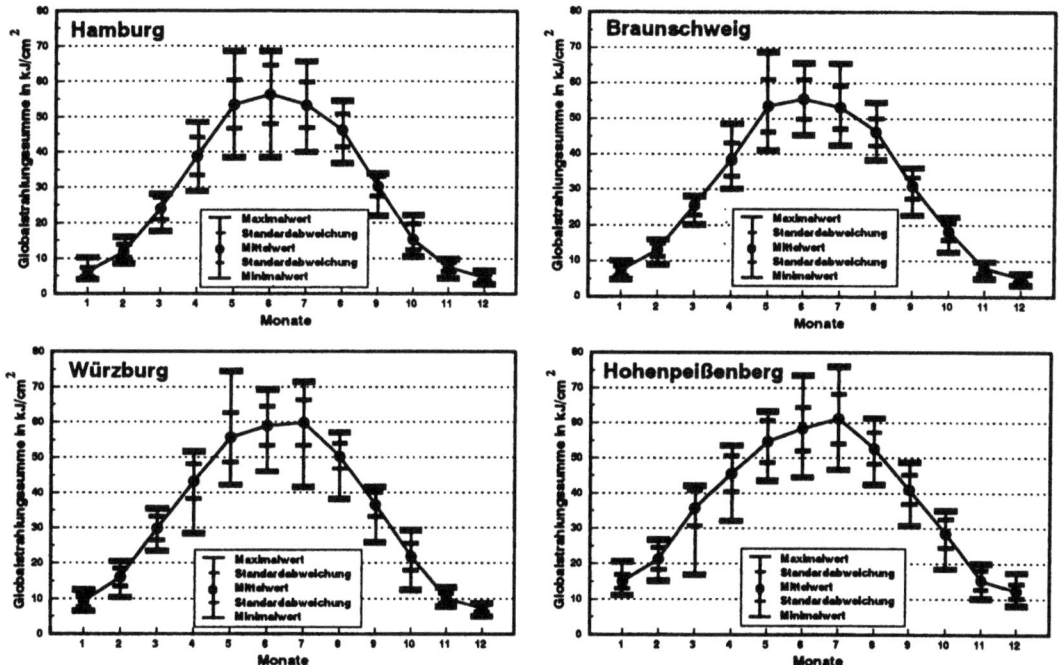

Abb. 2.4 Monatsmittlere Globalstrahlungen an vier Standorten in Deutschland von (Mittelungszeitraum 1961 bis 1989 /2-2/)

Abb. 2.4 schließlich zeigt den Verlauf der Monatssummen der Globalstrahlung im dreißigjährigen Mittel am Beispiel der betrachteten Stationen. Auch hier sind - in Anlehnung an Abb. 2.3 - die Mittelwerte, die Standardabweichungen sowie die Minimal- und Maximalwerte dargestellt. Neben der deutlichen jahreszeitlichen Abhängigkeit des solaren Strahlungsangebotes wird hier auch deutlich, daß im Mittel die Sommermonate durch größere Schwankungen im Solarstrahlungsangebot gekennzeichnet sind als die Wintermonate. Dies gilt auch, wenn die jeweilige absolute Standardabweichung auf den entsprechenden Mittelwert der monatlichen Globalstrahlungssumme bezogen wird.

2.2 Technische Flächenpotentiale

Das theoretische Flächenpotential für eine Installation von Anlagen zur solarthermischen oder photovoltaischen Nutzung ist - verglichen mit anderen regenerativen Optionen - grundsätzlich sehr hoch. Betrachtet man die gesamte Gebietsfläche der Bundesrepublik Deutschland, kann diese aufgeteilt werden in Gebäude- und Freiflächen, Betriebsflächen, Erholungsflächen, Verkehrsflächen, landwirtschaftliche Nutzflächen, Waldflächen und Wasserflächen /2-3/. Betriebsflächen, Erholungsflächen sowie Verkehrsflächen scheiden aufgrund der konkurrierenden Nutzung für eine solare Verwendung aus. Auf Wasserflächen ist eine Installation von Kollektoren oder Solarmodulen ebenfalls ausgeschlossen, eine Rodung von Waldflächen zur Installation von Photovoltaikkraftwerken oder großer Kollektorfelder wird aufgrund ökonomischer (Forstwirtschaft) und ökologischer (Klimafunktion des Waldes) Aspekte ebenfalls nicht unterstellt. Damit verbleiben nur noch die Gebäude- und Freiflächen sowie die landwirtschaftlichen Nutzflächen als potentielle Standorte für die Installation solarthermischer oder photovoltaischer Systeme /2-4/.

Auf den Gebäude- und Freiflächen sind im wesentlichen nur die Dach und Fassadenflächen solartechnisch geeignet. Eine Aufstellung von Modulen in Innenhöfen o. ä. wird aufgrund der konkurrierenden Nutzung nicht unterstellt. Gegenüber Fassaden haben Gebäudedächer den Vorteil, daß sie meist eine exponierte Lage aufweisen und teilweise aufgrund ihrer Neigung und Ausrichtung einen vergleichsweise hohen spezifischen Energieertrag versprechen. Gebäudefassaden weisen demgegenüber - geht man von einer Fassadenintegration der Zellen und damit einer senkrechten Modulinstallation aus - einen im Durchschnitt um 40 % niedrigeren spezifischen Energieertrag auf /2-30/. Außerdem muß bei einem Großteil des Fassadenpotentials aufgrund der gegenseitigen Abschattungseffekte eine solartechnisch sinnvolle Nutzung ausgeschlossen werden. Daher werden im Rahmen dieser Untersuchung in Siedlungsgebieten nur die Flächen auf Gebäudedächern als solartechnisch nutzbar angesehen.

Die verbleibenden solartechnisch nutzbaren Flächen unterscheiden sich vor allem bezüglich den zu überbrückenden Entfernungen zum Verbraucher. Typisches Kennzeichen der Anlagen auf Gebäudedächern ist ihre Verbrauchernähe, verbunden mit dem Vorteil der nur geringen Transportverluste. Bei der Einbindung der solar erzeugten Wärme bzw. des photovoltaisch erzeugten Stromes kann zum Großteil auf die existierende Infrastruktur zurückgegriffen werden. Ein zusätzlicher Flächenbedarf und damit ein Landschaftsverbrauch ist nicht gegeben. Nachteilig wirkt sich, im Vergleich zu Kollektoranlagen bzw. Photovoltaikkraftwerken auf Freiflächen, die in der Regel durch die Dachneigung bei Schrägdächern bereits vorgegebene Neigung bzw. Ausrichtung aus, die nur selten der energetisch optimalen Modulneigung bzw. -ausrichtung entspricht. Dadurch ist die spezifische Wärme- bzw. Stromgewinnung geringer als bei auf Freiflächen installierten Systemen, bei denen die Module optimal ausgerichtet werden können.

Demgegenüber können Kollektorfelder zur Niedertemperaturwärmegewinnung bzw. Solarkraftwerke oder -farmen zur Stromerzeugung mit fest installierten oder dem aktuellen Sonnenstand ein- bzw. zweiachsig nachgeführten Kollektoren bzw. Modulen wegen ihrer notwendigen Großflächigkeit nur auf Freiflächen am Rande oder außerhalb von Verbrauchsschwerpunkten installiert werden. Der Vorteil dieser Option liegt aufgrund des zentralen Charakters in einer einfacheren Wartung bzw. Überwachung und Steuerung der Anlagen. Bei nachgeführten Systemen ist außerdem die spezifische Energieausbeute höher. Nachteilig wirken sich die relative Verbraucherferne und der bei nachgeführten Systemen hohe Aufwand für die Modulnachführung aus.

Vor diesem Hintergrund wird im folgenden Kapitel eine methodische Vorgehensweise für die Bestimmung der solarthermisch und photovoltaisch nutzbaren Dachflächenpotentiale und die für eine Installation von Photovoltaikkraftwerken geeigneten Freiflächenpotentiale für sämtliche Stadt- und Landkreise der Bundesrepublik Deutschland vorgestellt. Anschließend werden die Potentiale berechnet und die Ergebnisse dargestellt.

2.2.1 Potentialbestimmung auf Gebäuden

Um die solartechnisch nutzbaren Dachflächen zu bestimmen, ist die gesamte verfügbare Dachfläche zu ermitteln und um die nicht nutzbaren Anteile zu vermindern. Daraus kann letztlich das solartechnisch nutzbare Flächenpotential auf Gebäuden abgeschätzt werden.

Verfügbare Dachflächen. Um die gesamte vorhandene Dachfläche für jeden Stadt- bzw. Landkreis in Deutschland zu bestimmen, muß, aufgrund der sehr unterschiedlichen Datenbasis, unterschieden werden zwischen den Dachflächenpotentialen auf Wohn- und Nichtwohngebäuden.

Zur Abschätzung der solartechnisch nutzbaren Dachflächen auf Wohngebäuden und darauf aufbauend der installierbaren Kollektor- oder Modulflächen eignet sich in den alten Bundesländern als Datengrundlage die Wohnungs- und Gebäudezählung im Rahmen der Volkszählung von 1987 /2-5/. Dabei wurden die Wohngebäude in die folgenden Kategorien unterteilt:
- Gebäude mit einer Wohnung,
- Gebäude mit zwei Wohnungen,
- Gebäude mit drei bis sechs Wohnungen,
- Gebäude mit sieben und mehr Wohnungen,
- Wohnheime (Gebäude, die vollständig als Wohnheime genutzt werden) und
- Gebäude mit ein oder zwei Freizeitwohnungen.

Tabelle 2.1 gibt die entsprechenden Summenwerte der Gebäudeanzahl der einzelnen Kategorien für die Bundesrepublik Deutschland (alte Bundesländer) wieder.

Tabelle 2.1 Anzahl der Wohngebäude unterschiedlicher Kategorien auf dem Gebiet der alten Bundesländer im Jahr 1987 /2-5/

Wohngebäudekategorie	Anzahl
Gebäude mit einer Wohnung	7 378 890
Gebäude mit zwei Wohnungen	2 501 092
Gebäude mit drei bis sechs Wohnungen	1 416 355
Gebäude mit sieben und mehr Wohnungen	626 189
Wohnheime	6 042
Gebäude mit ein oder zwei Freizeitwohnungen	85 517
Summe	12 014 085

Demnach handelt es sich es sich bei der Mehrzahl der Wohngebäude auf dem Gebiet der alten Bundesländer um Gebäude mit einer Wohnung (ca. 61 %). Ein Fünftel aller Wohngebäude sind mit zwei Wohnungen ausgestattet. Wohnheime sowie Wohngebäude mit ein oder zwei Freizeitwohnungen nehmen nur einen vernachlässigbaren Anteil (0,05 % bzw. 0,7 %) ein. Sie werden deshalb im folgenden nicht näher betrachtet.

Die bei der Volkszählung erhobene Gebäudeanzahl in jedem Kreis ist die Grundlage für die Berechnung der technisch installierbaren solarthermischen Kollektor- bzw. photovoltaischen Modulflächen. Sie wird zunächst jedoch noch mit dem statistisch erfaßten Wachstum des Gebäudebestandes /2-4/ in den Gebäudebestand des Jahres 1991 umgerechnet.

Für jeden der unterschiedenen Gebäudetypen wird zunächst eine mittlere Gebäudegrundfläche bestimmt (vgl. auch /2-22, 2-23/). Diese ergibt sich aus der durchschnittlichen gebäudespezifischen Wohnfläche je Wohnung, der Wohnungsanzahl je Gebäude und der mittleren Geschoßanzahl sowie den anteiligen Flächen für Treppenhäuser, Flure, Aufzugschächte etc. (vgl. Tabelle 2.2). Die mittlere gebäudespezifische Wohnfläche je Wohnung und die Wohnungsanzahl je Gebäude errechnet sich aus den Daten der Wohnungs- und Gebäudezählung. Um der unterschiedlichen Struktur des Gebäudebestandes in den einzelnen Kreisen gerecht zu werden - in der Regel ist die durchschnittlichen Wohnungsanzahl in Stadtkreisen höher als in Landkreisen -, wird diese Betrachtung für jeden Kreis durchgeführt. Die in Tabelle 2.2 dargestellten Zahlen stellen somit lediglich Mittelwerte für die alten Bundesländer dar. Die ebenfalls angegebenen durchschnittlichen Geschoßanzahlen wurden auf der Basis des für verschiedene Jahrgänge statistisch erfaßten Wohnungsbaus ermittelt. Aus diesen Statistiken können für konkrete Jahrgänge die mittleren Geschoßanzahlen bestimmt werden, die anschließend als repräsentativ für den gesamten Gebäudebestand angesehen werden.

Die methodische Vorgehensweise für die neuen Bundesländer ist sehr ähnlich. Hier liegt allerdings auf Kreisebene statistisch erfaßt lediglich der gesamte Gebäudebestand (Gebäudeanzahl und Wohnfläche) vor /2-7/. Auf Bezirksebene ist die Aufteilung des gesamten Gebäudebestandes abhängig von der Stockwerksanzahl (jeweils Gebäude mit ein, zwei, drei, vier, fünf oder sechs Stockwerken, Gebäude mit sieben bis elf Stockwerken und Gebäude mit zwölf und mehr Stockwerken) verfügbar /2-8/. Unter der Annahme, daß die Verhältnisse in den einzelnen Kreisen der jeweiligen Bezirke vergleichbar sind, kann der Gebäudebestand auf Kreisebene unterteilt in diese acht Wohngebäudekategorien bestimmt werden. Auf der Basis der Wohnungsanzahl je Gebäude und der mittleren Wohnfläche je Wohnung, die ebenfalls für die acht unterschiedenen Kategorien statistisch erfaßt sind, sowie unter Berücksichtigung zusätzlicher Flächen für Treppenhäuser, können anschließend die Gebäudegrundflächen näherungsweise bestimmt werden.

Aus den Gebäudegrundflächen ergeben sich anschließend die mittleren Dachflächen. Dabei muß unterschieden werden zwischen Gebäuden mit flachen Dächern und Gebäuden mit Schrägdächern. Bei Gebäuden mit Flachdächern entspricht - bis auf einen meist sehr geringen Dachüberstand - die

Tabelle 2.2 Berechnungsdaten zur Bestimmung der mittleren Gebäudegrundflächen in den alten Bundesländern /2-5, 2-6/

Wohngebäude-kategorie	mittlere Wohnungsanzahl je Gebäude	mittlere Fläche je Wohnung	mittlere Stockwerkanzahl	Zuschlag für Treppenhäuser	mittlere Gebäudegrundfläche
Einfamilienhäuser	1,0	119 m^2	1,5	35 %	107 m^2
Zweifamilienhäuser	2,0	90 m^2	1,8	25 %	128 m^2
Gebäude mit 3 bis 6 Wohnungen	4,1	72 m^2	2,4	25 %	154 m^2
Gebäude mit 7 und mehr Wohnungen	11,7	67 m^2	5,0	25 %	196 m^2

Gebäudegrundfläche der Dachfläche. Bei Schrägdächern kann von Dachneigungen zwischen 20° und 50° mit einem Mittelwert für Ein- oder Zweifamilienhäuser von 33° und für Mehrfamilienhäuser von 42° ausgegangen werden /2-4/. Tabelle 2.3 zeigt die sich aus diesen Basisdaten ergebenden mittleren Gebäudedachflächen für die unterschiedlichen Gebäudekategorien in den alten und neuen Bundesländern.

Zur Bestimmung der solartechnisch nutzbaren Dachflächen auf Nichtwohngebäuden muß ebenfalls zwischen den alten und neuen Bundesländern unterschieden werden. In den alten Bundesländern kann auf der Basis der von 1953 bis 1991 jährlich statistisch erfaßten Baufertigstellungen, dem für 1953 vorliegenden Gesamtgebäudebestand und dem jährlichen Abgang an Gebäuden näherungsweise auf den Nichtwohngebäudebestand des Jahres 1991 geschlossen werden /2-6/. Dabei lassen sich folgende vier Kategorien von Nichtwohngebäuden unterscheiden:
- Anstalts-, Büro- und Verwaltungsgebäude,
- industriell genutzte Betriebsgebäude,
- landwirtschaftliche Betriebsgebäude,
- sonstige Nichtwohngebäude.

Für diese Gebäude kann aus dem jährlich statistisch erfaßten Zu- und Abgang (Gebäudeanzahl, Grundfläche und/oder Nutzfläche je Gebäude) direkt die mittlere Gebäudegrundfläche ermittelt werden. Bei Gebäuden mit Flachdächern entspricht diese Grundfläche der mittleren Dachfläche, wenn zusätzlich noch ein geringer Dachüberstand berücksichtigt wird. Bei Gebäuden mit geneigten Dächern wird in Anlehnung an die bisherige Vorgehensweise wiederum von einem Neigungswinkel zwischen 20° und 60° (Mittelwert 35°) ausgegangen.

Der Gebäudezu- und abgang für die Nichtwohngebäude ist deshalb nur für das jeweilige Bundesland jährlich statistisch erfaßt. Die Berechnung auf Kreisebene erfordert deshalb eine Aufteilung des gesamten Gebäudebestandes auf die einzelnen Stadt- und Landkreise. Dabei wird unterstellt, daß der Bestand an Anstalts-, Büro- und Verwaltungsgebäuden näherungsweise proportional der Beschäftigtenzahl im nichtproduzierenden Gewerbe ist. Die Anzahl der landwirtschaftlichen Betriebsgebäude

Tabelle 2.3 Mittlere Dachflächen für die unterschiedenen Wohngebäudekategorien in den alten und neuen Bundesländern

		mittlere Dachfläche auf	
		Schrägdächern	Flachdächern
		in m²	
Alte Bundesländer	Einfamilienhäuser	129	112
	Zweifamilienhäuser	154	134
	Gebäude mit 3 bis 6 Wohnungen	210	158
	Gebäude mit 7 und mehr Wohnungen	272	206
Neue Bundesländer	Gebäude mit 1 Stockwerk	171	149
	Gebäude mit 2 Stockwerken	103	91
	Gebäude mit 3 Stockwerken	176	134
	Gebäude mit 4 Stockwerken	199	183
	Gebäude mit 5 Stockwerken	210	184
	Gebäude mit 6 Stockwerken	222	193
	Gebäude mit 7 bis 11 Stockwerken	474	358
	Gebäude mit 12 und mehr Stockwerken	675	510

korreliert in erster Näherung mit der auf Kreisebene statistisch erfaßten Anzahl der landwirtschaftlichen Betriebe, der Gebäudebestand der industriell genutzten Betriebsgebäude mit der Beschäftigtenzahl je Kreis. Der Gebäudebestand bei den sonstigen Gebäuden schließlich wird als proportional zur Einwohnerzahl angesehen.

Für die neuen Bundesländer liegen keine Angaben über den Bestand bzw. den Zu- und Abgang an Nichtwohngebäuden vor. Daher kann hier nur eine erste grobe Abschätzung des korrespondierenden Flächenpotentials erfolgen. Dazu werden zunächst mit den personenspezifischen Gebäudebeständen der alten Bundesländer die gesamten Gebäudebestände in den vier unterschiedenen Kategorien für die neuen Bundesländer bestimmt. Anschließend wird dieser so ermittelte Gebäudebestand den einzelnen Kreisen zugeordnet. Dabei werden die Anstalts-, Büro- und Verwaltungsgebäude entsprechend der Beschäftigtenzahl im nichtproduzierenden Gewerbe umgerechnet. Der Bestand an landwirtschaftlichen Betriebsgebäuden wird als abhängig von den Beschäftigten in der Land- und Forstwirtschaft angegeben, entsprechend die industriell genutzten Betriebsgebäude proportional den Beschäftigten in der Industrie. Der Bestand der sonstigen Gebäude korreliert in erster Näherung mit der Einwohnerzahl je Kreis.

Mit dieser Vorgehensweise ist es letztlich möglich, für jeden Kreis in Deutschland die gesamten Dachflächen auf Wohn- und Nichtwohngebäuden abzuschätzen. Für den daraus zu bestimmenden solartechnisch nutzbaren Anteil ist es aber weiterhin von Bedeutung, ob es sich bei den Dachflächen jeweils um Flach- oder um Schrägdächer handelt. Deshalb werden folgende Grundannahmen getroffen.

Wohngebäude sind entweder mit Flachdächern oder mit geneigten Dächern ausgestattet. Obwohl der überwiegende Teil aller Wohngebäude über geneigte Dächer verfügt, ist für die verschiedenen Gebäudekategorien dieser Anteil unterschiedlich /2-9/.
- Bei Wohngebäuden mit einer Wohnung wird davon ausgegangen, daß 95 % aller Gebäude mit geneigten Dächern ausgestattet sind. Damit werden z. B. Einfamilienbungalows berücksichtigt.
- Bei Gebäuden mit zwei Wohnungen liegt der mit Flachdächern ausgestattete Anteil tendenziell niedriger. Der durch geneigte Dächer gekennzeichnete Prozentsatz wurde mit 98 % abgeschätzt.
- Bei Wohngebäuden mit drei bis sechs Wohnungen liegt der mit geneigten Dächern ausgestattete Anteil im Mittel etwas unterhalb der Werte der beiden anderen Hauskategorien. Der Anteil der Gebäude mit geneigten Dächern bei den Wohngebäuden mit drei bis sechs Wohnungen wird mit 92 % unterstellt.
- Aufgrund der häufig vorkommenden Blockbauweise bei Wohngebäuden mit sieben und mehr Wohnungen liegt hier der mit geneigten Dächern ausgestattete Anteil im Mittel niedriger als bei der Wohngebäudekategorie mit drei bis sechs Wohnungen. Da ältere Gebäude dieser Kategorie in der Regel nur über geneigte Dächer verfügen, die seit den fünfziger Jahren erstellten Wohnblöcke aber zum großen Teil mit Flachdächern ausgestattet sind, kann eine grobe Abschätzung des Flach- bzw. Schrägdachanteils in dieser Kategorie näherungsweise anhand der Altersstruktur der Gebäude erfolgen. Danach verfügen rund 25 % der Gebäude dieser Kategorie über Flachdächer und ca. 75 % der Gebäude sind mit Schrägdächern ausgestattet.

Nichtwohngebäude verfügen neben Schräg- und Flachdächern zum Teil auch über Scheddächer. In Abhängigkeit der jeweiligen Kategorie werden im Rahmen dieser Untersuchung die folgenden Anteile der einzelnen Dacharten unterstellt.
- Bei den Anstalts-, Büro- und Verwaltungsgebäuden wird unterstellt, daß rund 20 % mit flachen Dächern ausgestattet sind. Die verbleibenden vier Fünftel verfügen über Schrägdächer.

- Bei den landwirtschaftlichen Betriebsgebäuden handelt es sich vorwiegend um Scheunen und Stallgebäude. Die Dächer setzen sich zu je der Hälfte aus Flach- und Schrägdächern zusammen.
- Unter den industriell genutzten Gebäuden werden Fabriken und Werkstattgebäude (etwa 40 %), Handels- und Lagergebäude (ca. 55 %) sowie Hotels und Gaststätten (rund 5 %) zusammengefaßt /2-6/. Fabriken und Werkstattgebäude sind oft mit Scheddächern ausgestattet, um eine optimale Ausleuchtung der Hallen zu gewährleisten. Die Modulinstallation kann hier auf an den einzelnen Giebeln befestigten Gestellen erfolgen; damit kann eine maximale Potentialausnutzung realisiert werden. Bei Handels- und Lagergebäuden wird davon ausgegangen, daß sie zu ca. 80 % mit flachen Dächern ausgestattet sind. Von dem verbleibenden Fünftel ist je die Hälfte mit Scheddächern und mit Schrägdächern bedeckt. Hotels- und Gaststätten besitzen ausschließlich Schrägdächer; lediglich in einigen Sonderfällen (das sind ca. 5 % des gesamten Gebäudebestandes dieses Gebäudetyps) kommen hier auch Flachdächer vor.
- Bei den sonstigen Nichtwohngebäuden handelt es sich z. B. um Garagen, Wartehallen, überdachte Stellplätze usw., die zu rund vier Fünftel mit flachen Dächern versehen sind.

Restriktionen einer solartechnischen Nutzung. Von der gesamten Dachfläche steht nur ein Teil für eine Installation von solarthermischen Kollektoren oder photovoltaischen Modulen zur Verfügung. Im folgenden werden deshalb zunächst für Gebäude mit geneigten Dächern und anschließend für solche mit Flachdächern die entsprechenden Restriktionen diskutiert.
- Die Firstrichtungen aller Gebäude mit geneigten Dächern werden als statistisch über alle Himmelsrichtungen gleichverteilt angenommen. Von den gesamten Dachflächen kann ein Winkelsegment von 90°, d. h. +/- 45° zur Südrichtung, als günstig für eine solartechnische Nutzung angesehen werden. Damit ist ein Viertel der gesamten Fläche auf Gebäuden mit geneigten Dächern theoretisch solartechnisch nutzbar.
- Von diesen als günstig erachteten Flächen wird aufgrund baulicher Restriktionen auf den Dächern selbst nur ein Anteil von 80 % als technisch nutzbar für eine Installation von Solarkollektoren bzw. Photovoltaikmodulen angesehen. Das verbleibende Fünftel wird von Kaminen, Dacherkern, Lüftungsschächten, Dachfenstern, Antennenanlagen, Ausstiegsluken oder ähnlichen baulichen Einrichtungen unter Berücksichtigung der einzuhaltenden Sicherheitsabstände eingenommen.
- Bei den industriell genutzten Betriebsgebäuden wird eine zusätzliche Potentialverminderung infolge vermehrter Dachbebauung (u. a. Fahrstuhlschächte, Treppenhäuser, Dachausstiege), aufgrund zusätzlicher Oberlichter, durch den überproportional ansteigenden Flächenbedarf für Lüftungsschächte und -klappen sowie durch sonstige restriktive Parameter (Baustatik, Brandgefahr, Sicherheitszonen) unterstellt. Dadurch vermindert sich das theoretische Potential auf den nichtlandwirtschaftlichen Betriebsgebäuden zusätzlich um 15 % /2-9/.
- Bei dichter Bebauung, also vorwiegend in städtischen Siedlungen, kommt es zu Abschattungseffekten der einzelnen Gebäude untereinander. Auch bei einzelstehenden Gebäuden werden oftmals Teile des Daches von Bäumen abgeschattet. Dadurch vermindern sich die solartechnisch nutzbaren Flächenpotentiale um weitere 10 %.
- In einigen Fällen wird eine Dachnutzung für energetische Zwecke vollständig ausgeschlossen (z. B. bei ungenügender Baustatik, bei einer andersartigen Nutzung der Dachflächen). Die aufgrund solcher Effekte hervorgerufene Verminderung des theoretischen Potentials wird näherungsweise durch nicht erfaßte, aber solartechnisch nutzbare Dachflächen (z. B. überdachte Gleisanlagen im Bahnhofsbereich, Galerien in Einkaufszentren, Wartehallen des öffentlichen Nahverkehrs) ausgeglichen /2-9/.

- Eine Dachnutzung wird auch dort ausgeschlossen, wo ganze Stadtkerne oder historische Stadtviertel bzw. Dorfzentren unter Denkmalschutz gestellt sind. Hier wird eine Installation von solaren Wärmeerzeugungssystemen bzw. photovoltaischen Generatoren aus rechtlichen, denkmalschutztechnischen und architektonischen Gründen als nicht durchsetzbar erachtet. Die nutzbare Dachfläche vermindert sich dadurch bei Wohngebäuden sowie bei den Hotels und Gaststätten um weitere 5 % /2-11/.

Unter Berücksichtigung dieser Einschränkungen entspricht ein Anteil von etwa 16 % der gesamten Dachfläche auf Gebäuden mit geneigten Dächern der solartechnisch installierbaren Kollektorfläche /2-9/.

- Bei einer Installation von solaren Wärme- bzw. Stromerzeugungsanlagen auf Flachdächern werden die Kollektoren auf Gestellen montiert, um eine optimale Ausnutzung des solaren Strahlungsangebots zu erreichen. Bei dieser Installationsweise kommt es aber zu einer von der tages- und jahreszeitlichen Sonnenhöhe und damit vom Breitengrad des Standortes abhängigen gegenseitigen Abschattung der Moduloberflächen. Für Orte in Deutschland kann in erster Näherung unterstellt werden, daß eine minimale Abschattung bei maximaler Moduldichte pro Grundfläche dann gegeben ist, wenn etwa ein Drittel der Grundfläche der Kollektorfläche entspricht. Damit entsprechen rund 33 % der Flachdachfläche der theoretisch installierbaren Kollektorfläche.
- Für die Abschätzung des technisch installierbaren Kollektorflächenpotentials muß zuvor die Dachfläche noch um die anderweitig belegten Anteile vermindert werden. Darunter sind z. B. die durch Dachausstiege, Kamine, Lüftungsschächte, Dachfenster und sonstige bauliche Maßnahmen sowie durch die notwendigen Sicherheitsabstände eingenommenen Dachflächenanteile zu verstehen. Dadurch reduziert sich die installierbare Kollektorfläche nochmals um etwa 25 %. Bei den industriell genutzten Betriebsgebäuden wird - in Anlehnung an die Vorgehensweise bei Gebäuden mit geneigten Dächern - eine zusätzliche Potentialverminderung um 15 % unterstellt /2-9/.
- Durch Abschattungseffekte benachbarter Gebäude oder umstehender Bäume reduziert sich das installierbare Kollektorflächenpotential um weitere 10 %.

Infolge dieser Restriktionen entsprechen rund 25 % der gesamten Flachdachfläche auf Gebäuden der technisch installierbaren Moduloberfläche.

Solartechnisch nutzbare Dachflächenpotentiale. Mit den dargestellten Überlegungen kann für jeden Kreis der Bundesrepublik Deutschland das technisch installierbare Kollektorflächenpotential auf Gebäuden bestimmt werden. Abb. 2.5 zeigt diese solartechnisch nutzbaren Flächenpotentiale in den einzelnen Bundesländern und in der Bundesrepublik Deutschland.

Insgesamt ist demnach auf den Gebäuden in Deutschland eine Installation von Solarkollektoren bzw. Photovoltaikmodulen mit einer Fläche von etwa 800 Mio. m^2 möglich. Davon ist jeweils rund die Hälfte auf Wohngebäuden (ca. 48 %) und auf Nichtwohngebäuden (ca. 52 %) gegeben. Bei den Wohngebäuden liefert das Flächenpotential auf Gebäuden mit einer Wohnung den größten Anteil (ca. 192 Mio. m^2). Auf Wohngebäuden mit zwei Wohnungen ist insgesamt ein Flächenpotential von rund 88 Mio. m^2 verfügbar, auf Gebäuden mit drei bis sechs Wohnungen ca. 64 Mio. m^2 und auf Wohngebäuden mit sieben und mehr Wohnungen rund 39 Mio. m^2. Bei den Nichtwohngebäuden verfügen die industriell genutzten Betriebsgebäude über den größten Potentialanteil (ca. 236 Mio. m^2). Den zweitgrößten Beitrag zum gesamten Flächenpotential auf Nichtwohngebäuden ist auf den landwirtschaftlichen Betriebsgebäuden gegeben (rund 92 Mio. m^2). Am geringsten ist der Anteil der Anstalts-, Büro- und Verwaltungsgebäude mit rund 36 Mio. m^2. Das Flächenpotential der sonstigen Nichtwohngebäude liegt bei rund 54 Mio. m^2.

2.2 Technische Flächenpotentiale

Vergleicht man die jeweiligen Anteile der Gebäudekategorien in den einzelnen Bundesländern, wird deutlich, daß die regionale Verteilung der Flächenpotentiale z. T. deutlich unterschiedlich ist. Bei den Wohngebäuden fällt insbesondere in Berlin, Hamburg und Bremen auf, daß die Flächenpotentiale auf den größeren Wohngebäudetypen (Wohngebäude mit sieben und mehr Wohnungen) einen signifikant größeren Anteil einnehmen als in den übrigen Bundesländern. Bei den Nichtwohngebäudepotentialen ist erkennbar, daß insbesondere in den eher ländlich geprägten Bundesländern mit vergleichsweise geringem Industrialisierungsgrad (z. B. Schleswig-Holstein, Niedersachsen) das Flächenpotential auf den landwirtschaftlichen Betriebsgebäuden im Vergleich zum Bundesdurchschnitt überdurchschnittlich groß ist. Demgegenüber existieren in den Stadtstaaten Flächenpotentiale auf diesem Nichtwohngebäudetyp kaum.

Bei der Frage der letztendlichen Verfügbarkeit der solartechnisch nutzbaren Dachflächen auf Wohngebäuden spielen sowohl ästhetische Aspekte wie z. B. die Bewahrung des Innenstadtbildes - nicht nur bei historischen Stadtkernen - als auch Hemmnisse administrativer Art eine nicht unerhebliche Rolle. Insbesondere durch das sich in der jüngeren Vergangenheit stärker ausprägende Bestreben, die historisch gewachsenen Städte und Dörfer auch außerhalb der bereits unter Denkmalschutz stehenden Objekte zu erhalten, dürfte einer vollständigen Nutzung dieses Potentials im Wege stehen. Auch ist fraglich, ob auf den überwiegend in Privatbesitz befindlichen Wohngebäuden grundsätzlich die Zustimmung des Hausbesitzers zur Installation solartechnischer Anlagen vorausgesetzt werden kann. Dies könnte sich insbesondere bei Mehrfamilienhäusern oder größeren Wohngebäuden mit Eigentumswohnungen verstärkt bemerkbar machen.

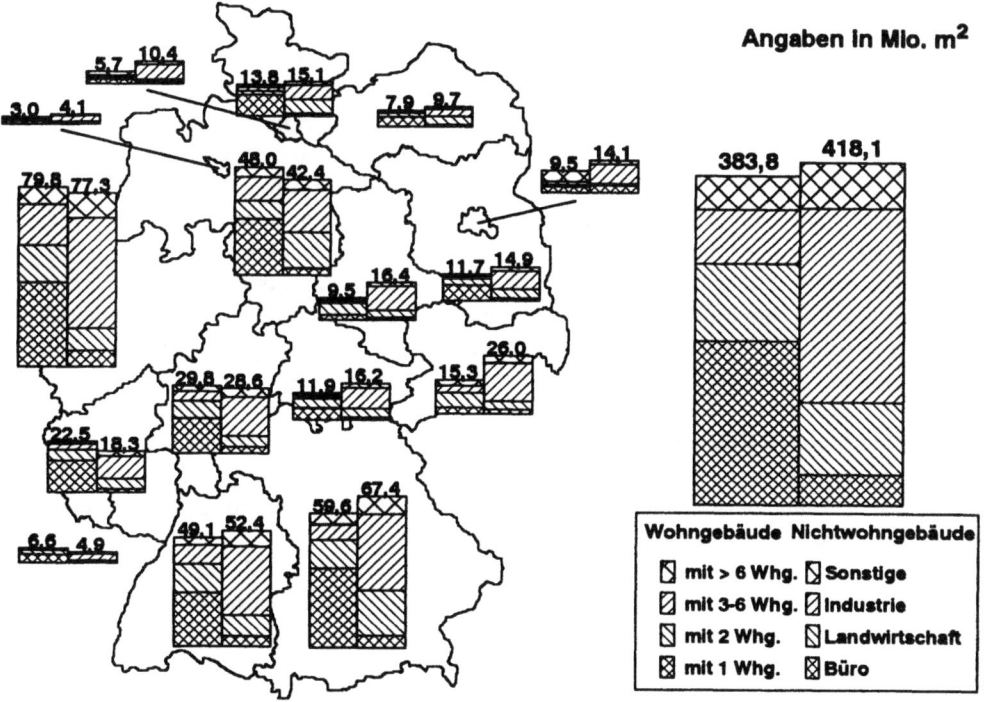

Abb. 2.5 Solartechnisch nutzbare Dachflächenpotentiale in den einzelnen Bundesländern und in der Bundesrepublik Deutschland

Auch hinsichtlich der tatsächlichen Verfügbarkeit der solartechnisch nutzbaren Dachflächen auf Nichtwohngebäuden sind im konkreten Einzelfall u. U. weitere Einschränkungen gegeben. Hier spielen in Abhängigkeit des jeweils betrachteten Objektes eine Vielzahl unterschiedlichster Faktoren eine Rolle. Insbesondere bei kleinen Nichtwohngebäuden aus dem landwirtschaftlichen Bereich (z. B. Speicher, Scheunen) ist es fraglich, ob grundsätzlich die statischen Voraussetzungen für eine Installation solcher Systeme gegeben sind. Bei großen industriellen Fertigungshallen wird die Beleuchtung der Innenräume oft auch durch Tageslicht realisiert. Hier ist zu klären, ob es selbst bei Berücksichtigung der bereits unterstellten Abschläge nach einer Installation von Solarkollektoren bzw. Photovoltaikmodulen nicht doch zu erheblichen Abschattungen kommt. Die Folge wäre eine schlechtere Ausleuchtung der Produktionsstätten und damit erhöhten Kosten für die künstliche Beleuchtung. Auch ist noch ungeklärt, ob bzw. inwieweit Hemmnisse administrativer Art bestehen.

2.2.2 Bestimmung der solartechnischen Freiflächenpotentiale

Bei der zentralen Installation solartechnischer Anlagen werden hier nur die Potentiale für eine Installation größerer Photovoltaikkraftwerke betrachtet. Für Solarfarm-, Solardish- oder Solarturmkraftwerke, die über eine thermische Umsetzung der Sonnenenergie elektrische Energie erzeugen, sind die Strahlungsverhältnisse in Mitteleuropa aufgrund des vergleichsweise geringen Direktstrahlungsanteils sehr ungünstig. Ein technisch sinnvoller Betrieb solcher Anlagen ist deshalb in der Bundesrepublik Deutschland nicht möglich. Derartige Optionen werden im folgenden daher nicht näher behandelt. Eine andere Möglichkeit der großtechnischen Sonnenenergienutzung ist die Installation größerer solarthermischer Nahwärmesysteme zur Deckung des Brauchwasser-, Raum- oder Prozeßwärmebedarfs. Da derartige Systeme aber immer mit nahegelegenen Wärmeabnehmern gekoppelt sein müssen - ein langer Transport von Niedertemperaturwärme ist verlustbehaftet -, können die für den Bau von Photovoltaikkraftwerken ermittelten Freiflächenpotentiale nicht gleichzeitig als Potentiale zur Installation solarer Nahwärmesysteme angesehen werden. Die im folgenden ausgewiesenen Freiflächenpotentiale stellen somit lediglich die obere Grenze des technischen Erzeugungspotentials einer photovoltaischen Stromerzeugung dar, wie es sich ohne Berücksichtigung netz- und bedarfsseitiger Restriktionen ergibt. Für solarthermische Nahwärmesysteme kann immer nur ein Teil des hier ausgewiesenen Freiflächenpotentials - und zwar dasjenige, welches noch einen technisch sinnvollen Transport der solar erzeugten Wärme zum potentiellen Abnehmer erlaubt - als technisches Potential für eine Installation solarthermischer Kollektoren angesehen werden.

Potentiell verfügbare Flächen. Photovoltaikkraftwerke können im großtechnischen Maßstab - den unterstellten Annahmen zufolge - nur auf derzeit landwirtschaftlich genutzten Flächen installiert werden. Dabei kann zwischen einer Installation von Photovoltaikanlagen auf Ackerflächen und Dauergrünlandflächen unterschieden werden.

Grundsätzlich steht für eine großtechnische Aufstellung von Photovoltaikkraftwerken nur ein kleiner Teil der landwirtschaftlichen Ackerfläche zur Verfügung, da die Nahrungsmittelerzeugung Priorität besitzt. Damit ist die für eine Errichtung von photovoltaischen Kraftwerken verfügbare Fläche direkt abhängig von der Nutzung der vorhandenen (begrenzten) landwirtschaftlichen Anbauflächen durch die Lebensmittelproduktion. Da jedoch innerhalb der Europäischen Gemeinschaft bzw. der Bundesrepublik Deutschland die Nahrungsmittelerzeugung durch einen gewissen Überschuß gekennzeichnet ist, wären demnach durchaus Flächen für eine Aufstellung solcher Anlagen verfügbar. Die derzeit in

Deutschland durchgeführten Flächenstillegungsprogramme haben das Ziel, rund 15 % der Getreideanbaufläche aus der Produktion zu nehmen. Dieses Ackerflächenpotential wird hier als die theoretisch verfügbare Obergrenze für eine Photovoltaikkraftwerksinstallation angesehen.

In der Bundesrepublik Deutschland wird eine Ackerfläche von ca. 11,56 Mio. ha bewirtschaftet. Davon werden im Mittel knapp 60 % (d. h. 6,56 Mio. ha) mit Getreide bebaut. Der Anteil variiert jedoch von Bundesland zu Bundesland. Wird unterstellt, daß in den einzelnen Kreisen der Bundesländer dieser Anteil an dem landesweiten statistisch erfaßten Getreideanbau nicht grundsätzlich unterschiedlich ist und daß die stillzulegenden Ackerflächen für eine Errichtung photovoltaischer Kraftwerke technisch auch verfügbar wären, kann für jeden Kreis das für eine Installation von Photovoltaikkraftwerken geeignete Flächenpotential bestimmt werden. Damit ergibt sich für Deutschland eine technisch geeignete Fläche von rund 1,16 Mio. ha, die als die Grundfläche potentieller photovoltaischer Kraftwerke angesehen werden kann /2-4/.

Photovoltaikkraftwerke können auch auf Dauergrünland installiert werden. Dies wäre jedoch im wesentlichen nur auf Wiesen, Mähweiden, Weiden und Almen ohne Hutungen technisch möglich. Innerhalb der Bundesrepublik Deutschland entspricht dies einer Landfläche von 5,17 Mio. ha.

Die Dauergrünlandflächen sind in der Bundesrepublik Deutschland ebenfalls auf Kreisebene statistisch erfaßt. Zur Abschätzung des Potentials für die Errichtung von Solarkraftwerken auf diesen Flächen wird unterstellt, daß von der gesamten derart genutzten Landfläche grundsätzlich rund zwei Drittel für den landwirtschaftlichen Produktionsprozeß benötigt werden. Dadurch verbleiben als technisch nutzbare Flächen rund 0,83 Mio. ha auf Wiesen, ca. 0,48 Mio. ha auf Mähweiden und etwa 0,41 Mio. ha Weiden und Almen ohne Hutungen /2-4/.

Restriktionen einer solartechnischen Nutzung. Die gesamte theoretisch zur Verfügung stehende Grundfläche zur Installation von Photovoltaikkraftwerken ist aber nicht vollständig für die Installation von Solarmodulen verfügbar. Dabei sind zunächst die Restriktionen zu berücksichtigen, die die technisch verfügbare Grundfläche für die Kraftwerke weiter reduzieren. Anschließend ist der Flächenanteil dieser Grundfläche zu bestimmen, der dem installierbaren Kollektorflächenpotential entspricht.

- Von der gesamten theoretisch verfügbaren Grundfläche ist ein Teil aufgrund einer schlechten Verkehrsinfrastrukturanbindung, ungünstiger Bodenverhältnisse, einer Abschattung aufgrund benachbarter Waldstücke und ähnlicher Effekte nicht verfügbar. Dadurch vermindert sich die verfügbare Grundfläche um rund 20 %.
- Von der verbleibenden Gebietsfläche ist ein weiterer Teil aufgrund der Nordorientierung, insbesondere bei hügeligen Landschaften, nicht verfügbar. Dabei hängt die dadurch verursachte Potentialverminderung von den örtlichen topographischen Gegebenheiten ab. In eher ebenen Landschaften (z. B. Schleswig-Holstein) wird das Potential durch diese Restriktion kaum vermindert, in hügeligen oder bergigen Gegenden kann der Anteil der landwirtschaftlichen Nutzflächen an Nordhängen aber bis zu rund einem Viertel betragen. Dementsprechend wurden landkreisspezifische Flächennichtverfügbarkeiten zwischen 5 und 25 % unterstellt.
- Von den verbleibenden Dauergrünlandflächen ist ein weiterer Teil entweder aufgrund eines Baumbestandes (Streuwiesen oder ähnliches) oder aufgrund einer nur auf diesen Flächen realisierbaren Nutztierhaltung nicht verfügbar. Es wird unterstellt, daß sich durch den Baumbestand auf Streuwiesen und Almen ohne Hutungen das Potential im Durchschnitt in der Bundesrepublik Deutschland um rund 5 % vermindert; dabei orientiert sich dieser Restriktionsanteil für jedes Bundesland an der jeweiligen Bewaldung. Analog wird auch die durch eine nicht anderweitig

mögliche Rinderhaltung verursachte Potentialverminderung als abhängig von den Rinderbestandszahlen der einzelnen Bundesländer angesehen; dabei wird von einer maximalen Nichtverfügbarkeit des Dauergrünlandes von 50 % ausgegangen.

Unter Berücksichtigung dieser Restriktionen verbleiben auf den Getreideanbauflächen rund 0,84 Mio. ha, die als die Grundfläche für eine Installation von Photovoltaikkraftwerken angesehen werden können. Auf Wiesen ergibt sich unter diesen Annahmen eine technisch verfügbare Kraftwerksgrundfläche von 0,42 Mio. ha, auf Mähweiden rund 0,19 Mio. ha und auf Weiden und Almen ohne Hutungen ca. 0,26 Mio. ha /2-4/.

Tabelle 2.4 Annahmen zu den nicht mit Solarmodulen belegbaren Flächenanteilen bei Photovoltaikkraftwerken

Photovoltaikkraftwerksfläche	100 %
Servicewege	10 %
Betriebsgebäude, Transformatoren etc.	15 %
Abstand zwischen Modulen in einer Reihe	10 %
Solarmodulaufstellungsgrundfläche	65 %
Verhältnis Solarmodulfläche zu Aufstellungsgrundfläche	1 : 3
Verbleibende Solarmodulfläche	22 %

Diese Kraftwerksgrundfläche kann aber nicht vollständig mit Solarmodulen belegt werden. Werden von diesem Flächenpotential Abschläge für Servicewege, für Wechselrichter- bzw. Trafostellplätze und für Betriebs- bzw. Wartungsgebäude sowie andere Einflüsse berücksichtigt und davon ausgegangen (vgl. Tabelle 2.4), daß rund 30 % der verbleibenden Grundfläche der installierbaren Moduloberfläche entspricht, können die aufstellbaren Photovoltaikmodulflächen errechnet werden.

Solartechnisch nutzbare Freiflächenpotentiale. Mit der dargestellten Vorgehensweise und den dargelegten Restriktionen kann für jeden Stadt- und Landkreis in Deutschland das Freiflächenpotential bestimmt werden, das für eine Installation von Solarmodulen in Form von Photovoltaikkraftwerken geeignet ist.

Abb. 2.6 zeigt die sich auf der Basis dieser Annahmen ergebenden Freiflächenpotentiale für einzelne Bundesländer. Aus Gründen der besseren Übersichtlichkeit nicht dargestellt, in den Summenwerten für die Bundesrepublik Deutschland aber enthalten, sind die Freiflächenpotentiale von Hamburg, Bremen und Berlin. Demnach wäre innerhalb Deutschlands insgesamt eine Modulfläche von 1 727 Mio. m^2 auf den stillzulegenden Ackerflächen installierbar. Weiterhin könnten ca. 1 791 Mio. m^2 an Modulen auf Dauergrünland installiert werden. Damit ergibt sich ein gesamtes Freiflächenpotential für die Bundesrepublik Deutschland von rund 3 518 Mio. m^2.

Bei vollständiger Ausnutzung dieser Flächenpotentiale würde von der gesamten Fläche der Bundesrepublik Deutschland rund 1 % mit Solarmodulen belegt werden. Berücksichtigt man zusätzlich noch die Flächen, die die gesamten Photovoltaikkraftwerke, also einschließlich dem zusätzlichen Flächenverbrauch für Modulabstand, für Servicewege, Betriebsgebäude etc., würde dies einem Flächenverbrauch von rund 4,5 % der Gesamtfläche Deutschlands entsprechen.

Vergleicht man die Freiflächenpotentiale miteinander, wird deutlich, daß die Potentiale in Bayern mit rund 700 Mio. m^2 absolut am größten und im Saarland mit ca. 18 Mio. m^2 am geringsten sind.

Das Verhältnis der Potentialanteile auf Dauergrünland und auf Ackerflächen variiert zwischen den einzelnen Bundesländern erheblich. Während in den neuen Ländern die Flächenpotentiale auf Ackerflächen durchweg größer sind als auf den Dauergrünlandflächen, nehmen in den alten Bundesländern die Dauergrünlandflächen jeweils den größeren Anteil ein.

Bei der tatsächlichen Verfügbarkeit der Freiflächenpotentiale dürften gesetzliche Auflagen, Aspekte des Natur- und Landschaftsschutzes, die Verfügbarkeit der meist in Privatbesitz befindlichen Ackerflächen und ähnliche Hemmnisse zusätzlich potentialmindernd wirken. Anderseits könnten aufgrund der schlechten ökonomischen Lage in der Landwirtschaft bei einem entsprechenden finanziellen Anreiz relativ schnell Flächen freigesetzt werden.

2.3 Solare Energieerzeugung

Bei der direkten Nutzung solarer Strahlungsenergie unterscheidet man zwischen solarthermischer und photovoltaischer Nutzung. Bei der solarthermischen Energieerzeugung kommen aufgrund der in Mitteleuropa gegebenen Strahlungsverhältnisse nur Anlagen zur Niedertemperaturwärmegewinnung in Frage; deshalb wird von allen solarthermischen Nutzungstechniken nur diese Möglichkeit näher

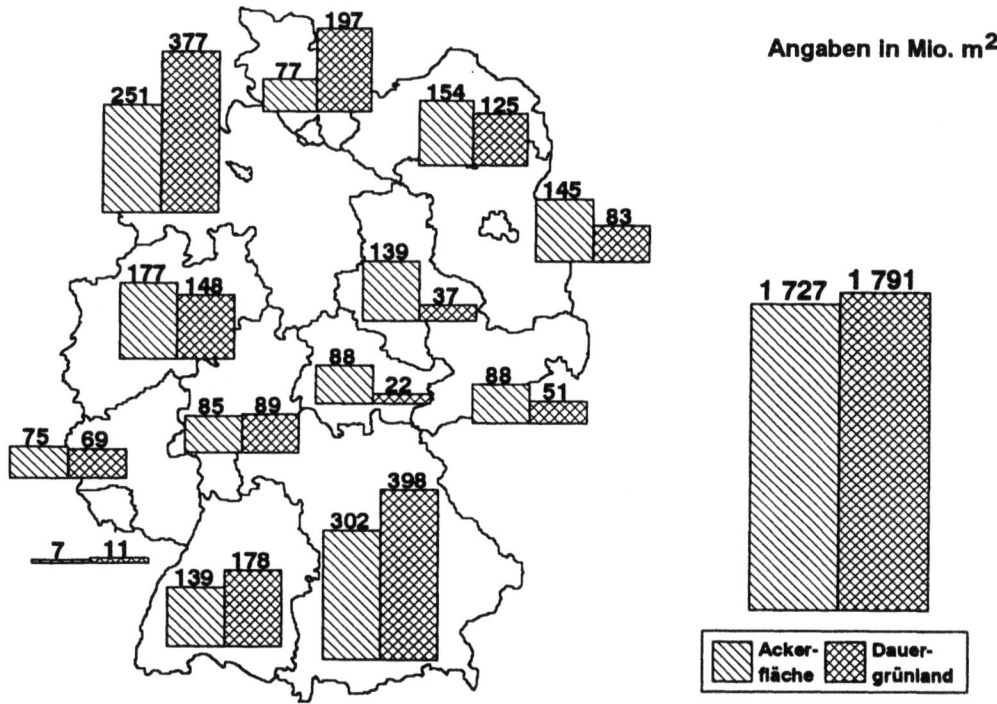

Abb. 2.6 Solartechnisch nutzbare Freiflächenpotentiale in einzelnen Bundesländern und in der Bundesrepublik Deutschland

36   2 Solarthermische und photovoltaische Nutzung der Sonnenenergie

untersucht. Aus dem gleichen Grund sind in der Bundesrepublik Deutschland von allen Techniken, die für eine Stromerzeugung aus Sonnenenergie zur Verfügung stehen, nur Photovoltaikgeneratoren sinnvoll einsetzbar. Deshalb werden im folgenden nur diese beiden Techniken zur Nutzung der Sonnenenergie dargestellt und die damit möglichen Energieerträge, wie sie sich auf der Basis der technischen Flächenpotentiale ergeben, bestimmt. Anschließend werden die netz- und bedarfsseitigen Restriktionen und die sich auf dieser Grundlage ergebenden technisch möglichen Endenergiepotentiale dargestellt.

2.3.1 Thermische Niedertemperaturwärmegewinnung

Bei dieser Form der Sonnenenergienutzung kann zwischen aktiven und passiven Systemen unterschieden werden. Unter passiven Systemen werden dabei im wesentlichen Verfahren zusammengefaßt, die durch architektonische Maßnahmen eine - in Grenzen - regelbare Nutzung der solar eingestrahlten Energie ermöglichen (z. B. mit Hilfe von Wintergärten, durch die Südorientierung der Wohnräume verbunden mit großen Fensterflächenanteilen auf der Südseite). Unter aktiven Verfahren werden demgegenüber meist Kollektoranlagen verstanden, also Systeme, mit denen die Solarenergie aktiv genutzt wird. Nur sie werden hier betrachtet.

Theoretische Grundlagen. Unter einer aktiven thermischen Nutzung der Sonnenenergie wird in erster Linie die Wärmegewinnung mittels Kollektoren der unterschiedlichsten Bauarten verstanden. Die Wärme kann anschließend zur Warmwasserbereitung bzw. Raumheizung, als Prozeßwärme oder u. U. sogar zur Elektrizitätserzeugung verwendet werden.

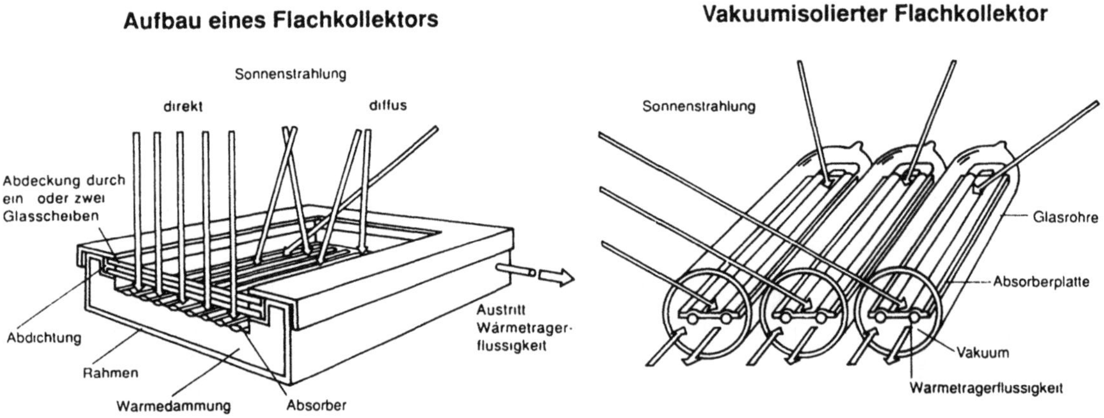

Abb. 2.7 Typischer Aufbau eines konventionellen Flachkollektors (links) und eines vakuumisolierten Kollektors (rechts) /2-9/

Die gängigste Kollektortechnologie ist der Flachkollektor, der sowohl die direkte als auch die diffuse Strahlung absorbieren kann. Er ist schematisch in Abb. 2.7 (linke Bildhälfte) dargestellt /2-9/. Bei diesem kastenförmig aufgebauten Sonnenkollektor trifft die einfallende Solarstrahlung auf eine geschwärzte Platte aus Metall oder Kunststoff. Diese absorbiert die elektromagnetische Strahlungsenergie und wandelt sie in thermische Energie um. Um einen sofortigen Verlust dieser Wärmeenergie

2.3 Solare Energieerzeugung

durch Abstrahlung zu verhindern, werden die Flachkollektoren durch eine Glasplatte abgedeckt, die für die langwellige Wärmestrahlung undurchlässig ist. Zur Vermeidung eines Verlustes der eingefangenen Sonnenenergie wird die Absorberplatte vor der vorbeiströmenden Luft geschützt. Eine Wärmedämmung aus Mineralwolle oder Schaumstoff an den Seiten sowie an der Unterfläche vermindert zusätzliche Wärmeverluste. Die Wärme wird durch ein Wärmeträgermedium (meist Wasser, u. U. mit einem Frostschutzmittel versetzt) abgeleitet, das den Kollektor durchströmt.

Zunehmend werden heute effizientere Kollektoren, sogenannte Vakuum-Röhrenkollektoren, eingesetzt (vgl. Abb. 2.7 (rechte Bildhälfte) /2-9/). Bei dieser Kollektorbauart werden die Verluste durch Wärmeleitung und Konvektion fast vollständig verhindert. Der Absorber befindet sich im Inneren einer evakuierten Glasröhre und ist daher wesentlich besser von der umgebenden Witterung isoliert.

Ebenso ist der Einsatz empfindlicher selektiver Beschichtungen möglich, da witterungsbedingte Korrosionsprobleme nicht auftreten. Den deutlichen Verbesserungen bei den Wärmeverlusten stehen allerdings höhere Reflektions- und Absorptionsverluste gegenüber. Dies führt dazu, daß die Vorteile des Vakuumkollektors gegenüber dem Flachkollektor erst bei einem höheren Temperaturniveau voll zum Tragen kommen /2-16/.

Eine weitere Wirkungsgradsteigerung kann mit konzentrierenden Kollektoren erzielt werden. Sie können jedoch nur die direkte Strahlung nutzen, da die Diffusstrahlung nicht konzentriert werden kann. Die Strahlungsbündelung erfolgt meist durch Parabolspiegel, teilweise aber auch durch Fresnellinsen. Die Röhren mit der Wärmeträgerflüssigkeit werden im Brennpunkt der Linsen untergebracht, sodaß eine Verdreifachung der Strahlungsintensität und Temperaturen bis 250 °C möglich sind. Nachteilig wirkt sich bei konzentrierenden Kollektoren die deutlich höhere Anfälligkeit gegenüber Verschmutzungen aus.

Die spezifischen Energieerträge hängen, neben den meteorologischen Gegebenheiten, d. h. vor allem dem solaren Strahlungsangebot, ab vom verwendeten Kollektortyp (einfacher Flachkollektor, hocheffizienter Flachkollektor, Röhrenkollektor, Speicherkollektor), vom angestrebten solaren Deckungsgrad und auch vom jeweiligen Anwendungsfall bzw. der Nachfragestruktur (Ein- oder Zweifamilienhaus, ausschließliche Warmwasserbereitung oder kombinierte Raumheizung und Warmwasserbereitung). Für einen Standort in Deutschland (Klimadaten Stuttgart) ergeben sich für Flach- oder Röhrenkollektoren die in Tabelle 2.5 dargestellten durchschnittlichen Jahresausbeuten für

Tabelle 2.5 Jahresausbeuten und der jeweilige solare Deckungsgrad solarthermischer Systeme zur Warmwasserbereitung und Raumheizung /2-12, 2-18/

	Kollektorart	Jahresausbeute	solarer Deckungsgrad
Ein/Zwei-Familienhaus Warmwasser	F	326 kWh/(m² a)	60 %
	V	394 kWh/(m² a)	60 %
Ein/Zwei-Familienhaus Heizung und Warmwasser	F	209 kWh/(m² a)	34 %
	V	255 kWh/(m² a)	34 %
Mehrfamilienhaus Warmwasser	F	425 kWh/(m² a)	60 %
	V	482 kWh/(m² a)	60 %
Mehrfamilienhaus Heizung und Warmwasser	F	271 kWh/(m² a)	40 %
	V	319 kWh/(m² a)	40 %

F = Flachkollektor; V = Vakuumkollektor.

optimal ausgelegte solarthermische Systeme. Demnach schwanken die hier zugrundegelegten solaren Deckungsgraden, die zwischen 34 und 60 % liegen, die Jahresausbeuten zwischen 209 und 482 kWh/(m² a).

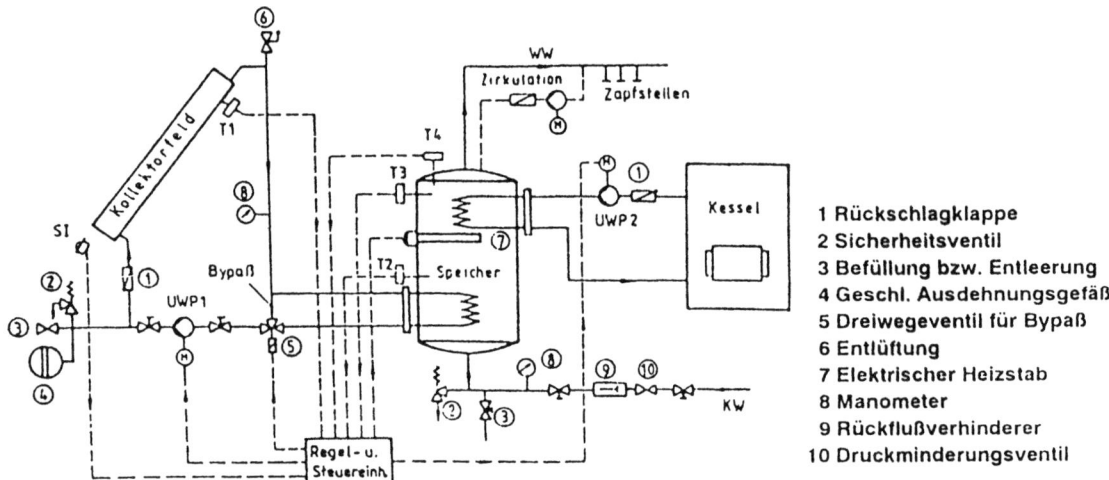

Abb. 2.8 Funktionsschema einer Anlage zur solarthermischen Brauchwassererwärmung mit Hilfe von Flachkollektoren /2-17/

Die klassische Anwendung von Flach- oder Röhrenkollektoren ist die Warmwasserbereitung bei Ein- oder Mehrfamilienhäusern. Das solar erwärmte Wärmeträgermedium wird durch eine Umwälzpumpe in einen Vorratsbehälter gepumpt, wo es die Wärme an das umgebende kältere Wasser abgibt und damit das benötigte Brauchwasser des Haushaltes erwärmt. Während des Sommerhalbjahres reicht dies zur Deckung der Nachfrage bei guter Systemauslegung aus. Im Winter muß im Regelfall durch eine mit fossilen Brennstoffen oder elektrisch betriebene Zusatzheizung die Brauchwasserversorgung sichergestellt werden (vgl. Abb. 2.8). Je nach Auslegung der Anlage lassen sich - nach rein technischen Kriterien - beliebige solare Deckungsgrade erreichen. Dabei wird unter dem solaren Deckungsgrad das Verhältnis von solarthermisch gedecktem Energiebedarf zum gesamten Wärmebedarf verstanden. Als Bezugszeitraum wird i. allg. ein Jahr gewählt. Unter den in der Bundesrepublik Deutschland vorliegenden meteorologischen Bedingungen sollte allerdings bei optimal ausgelegten Anlagen der solare Deckungsgrad nicht höher als 60 bis 70 % gewählt werden. Darüber hinausgehende Deckungsgrade sind zwar prinzipiell möglich, jedoch ist in der Regel der technische und ökonomische Aufwand im Vergleich zum möglichen solaren Energiegewinn zu hoch.

Restriktionen einer solarthermischen Nutzung. Die Flächenpotentiale für eine Installation von Sonnenkollektoren sind zunächst praktisch identisch mit den Flächenpotentialen zur Aufstellung photovoltaischer Module. Auf der Grundlage der ermittelten Gebäude- und Freiflächenpotentiale (vgl. Kap. 2.2) errechnen sich einer groben Abschätzung zufolge die in Tabelle 2.6 dargestellten theoretischen Energiepotentiale einer solarthermischen Energieerzeugung in der Bundesrepublik Deutschland.

Dabei handelt es sich um die Nutzwärme, die die Solarsysteme theoretisch zur Verfügung stellen könnten. Energieverluste durch die benötigte elektrische Hilfsenergie für die Umwälzpumpen wurden dabei berücksichtigt. Bei einem mittleren solaren Deckungsgrad zwischen 34 und 40 % wurden durchschnittliche spezifische Nutzenergiekollektorausbeuten unterstellt (vgl. Tabelle 2.5). Dabei zeigt sich, daß allein auf Gebäuden das theoretische Potential je nach verwendeter Kollektorbauart zwischen ca. 701 und 834 PJ/a liegt. Unter zusätzlicher Berücksichtigung der um mehr als das Vierfache größeren Energiepotentiale auf Freiflächen würde sich ein gesamtes theoretisches Energiepotential unter den getroffenen Randbedingungen zwischen rund 4 130 und 4 870 PJ/a ergeben.

Tabelle 2.6 Theoretische Energiepotentiale einer solarthermischen Energieerzeugung ohne Berücksichtigung verbrauchsseitiger Restriktionen in der Bundesrepublik Deutschland

	Flachkollektoren	Vakuumkollektoren
	Energieerträge in PJ/a	
Wohngebäude mit einer Wohnung	144	176
Wohngebäude mit zwei Wohnungen	67	81
Wohngebäude mit drei bis sechs Wohnungen	62	73
Wohngebäude mit sieben und mehr Wohnungen	39	45
Summe Wohngebäude	312	375
Anstalts-, Büro,- und Verwaltungsgebäude	35	41
Landwirtschaftliche Betriebsgebäude	82	97
Industriell genutzte Betriebsgebäude	220	259
Sonstige Nichtwohngebäude	52	62
Summe Nichtwohngebäude	389	459
Summe Gebäude	701	834
Freiflächen	3 433	4 040
Gesamtsumme	4 134	4 874

Bei den in Tabelle 2.6 dargestellten Größenordnungen handelt es sich um rein theoretische Energiepotentiale, die sich ergeben würden, wenn sämtliche für eine Kollektoraufstellung technisch verfügbaren Flächen auch solarthermisch genutzt würden. Technisch genutzt werden kann davon aber nur ein sehr viel kleinerer Teil. Dies liegt im wesentlichen in den folgenden Zusammenhängen begründet:
- Das in Tabelle 2.6 dargestellte theoretische Potential übersteigt den gesamten Endenergieverbrauch zur Wärmebereitstellung in der Bundesrepublik Deutschland deutlich (vgl. Kap. 1.4.1 bzw. Tabelle 1.3). Der gesamte Nutzenergiebedarf an Wärme lag im Jahr 1991 bei ca. 3 800 PJ/a. Dieser Wärmenutzenergiebedarf muß aber als die absolute Obergrenze des technischen Potentials angesehen werden, da die darüber hinaus gehende solarthermisch erzeugte Wärme nicht genutzt werden kann.
- Eine Auslegung solarthermischer Anlagen auf einen solaren Deckungsgrad von 100 % ist zwar prinzipiell technisch möglich. Über einen Deckungsgrad von 60 bis 70 % hinauszugehen führt aber zu unverhältnismäßig hohen Aufwendungen bei gleichzeitig geringem zusätzlichem solarthermischen Energiegewinn. Daher wird bei solarthermischen Systemen ein Teil des Raumwärme- und Warmwasserbedarfs immer durch konventionelle Zusatzheizungen gedeckt.

- Auch korrelieren die für eine Kollektorinstallation verfügbaren Flächen und der Wärmebedarf nicht notwendigerweise. Dies gilt insbesondere für die solartechnisch nutzbaren Freiflächen, von denen ein Großteil von den Verbrauchsschwerpunkten weit entfernt gelegen ist. Im Gegensatz zur photovoltaischen Stromerzeugung, bei der die Transportverluste der verbraucherfern erzeugten elektrischen Energie vergleichsweise gering sind, sind diese bei der solaren Wärmeerzeugung relativ hoch. Deshalb sind solarthermische Systeme nur dann sinnvoll einsetzbar, wenn die Entfernung zwischen dem Standort der Wärmeerzeugung und dem Verbraucher entsprechend kurz ist. Damit ist aber nur der Teil der technischen Freiflächenpotentiale für eine solare Wärmeerzeugung als technisch nutzbar anzusehen, der sich in unmittelbarer Nähe geeigneter Verbraucher befindet.
- Die Dachflächen können dagegen prinzipiell vollständig als potentielle Kollektorinstallationsflächen angesehen werden. Die ungleichmäßige Verteilung von Wärmebedarf und Flächenpotential führt jedoch auch hier dazu, daß bei einem Teil der Gebäude das technisch verfügbare Dachflächenpotential den Wärmebedarf in den jeweiligen Gebäuden oder in der naheliegenden Umgebung übersteigt. Dies gilt insbesondere für Nichtwohngebäude, da hier den oftmals großen verfügbaren Dachflächen nur ein vergleichsweise geringer Bedarf an Raumwärme, Warmwasser oder Prozeßwärme gegenübersteht. Damit ist auch dieses lokal überschüssige Dachflächenpotential für eine solare Wärmeerzeugung nicht nutzbar.

Diese Restriktionen sind bei der Bestimmung der technisch realisierbaren solarthermischen Energiepotentiale, wobei zwischen einer ausschließlichen Nutzung zur Brauchwassererwärmung und einer kombinierten Nutzung zur Raumwärme- und Warmwasserbedarfsdeckung unterschieden wird, zu berücksichtigen.

Technische Endenergiepotentiale. Die aus den theoretischen Erzeugungspotentialen resultierenden technisch möglichen solarthermischen Erzeugungspotentiale sind abhängig von der entsprechenden Kollektor- bzw. Systemtechnik. Deshalb werden unterschiedliche solarthermische Nutzungsmöglichkeiten, die das derzeit verfügbare Marktspektrum abdecken, zugrunde gelegt, auf deren Basis jeweils eine Potentialabschätzung erfolgt. Im einzelnen handelt es sich dabei um

- solarthermische Systeme zur ausschließlichen Warmwasser- oder Niedertemperaturprozeßwärmebereitstellung (Konzept I),
- dezentrale solarthermische Einzelsysteme zur Deckung des Raumwärme-, Warmwasser- und Prozeßwärmebedarfs (Konzept II) und
- solare Nahwärmesysteme zur Deckung des Raumwärme-, Warmwasser- und Prozeßwärmebedarfs (Konzept III).

Für alle drei Konzepte werden jeweils zunächst die Nutzenergiepotentiale bestimmt, die dann anschließend - um eine bessere Vergleichbarkeit mit den anderen regenerativen Energiepotentialen zu erhalten - in die entsprechenden substituierbaren Endenergiepotentiale überführt werden.

Konzept I. Zur Bestimmung der technischen Energiepotentiale einer solarthermischen Warmwasserbereitung wird zunächst das entsprechende Nachfragepotential für die Haushalte abgeschätzt. Anschließend erfolgt eine analoge Nachfragebestimmung für die Sektoren Industrie und Kleinverbraucher. Dabei wird davon ausgegangen, daß für die solare Brauchwassererwärmung nur die solartechnisch nutzbaren Dachflächen für eine Installation der Kollektoren in Frage kommen.

Für den Haushaltssektor können zunächst anhand statistischer Daten die durchschnittlichen Personenzahlen in den unterschiedlichen Wohngebäudekategorien bestimmt werden. Anschließend kann mit dem zeitabhängigen durchschnittlichen personenspezifischen Tagesenergiebedarf zur Warmwasserbereitung der Energieaufwand zur Wassererwärmung für jeden Tag des Jahres, für jeden unterschiedenen Wohngebäudetyp und für jeden Kreis der Bundesrepublik Deutschland bestimmt werden. Bei bekannten Anteilen der einzelnen Warmwassererzeugungstechniken kann mit den jeweiligen Wirkungsgraden aus diesem Endenergiebedarf der Nutzenergiebedarf errechnet werden. Ausgehend von diesen Verbrauchsganglinien können solarthermische Brauchwasseranlagen für die einzelnen Wohngebäudetypen konzipiert werden. Dabei wird von einfachen Flachkollektoren ausgegangen und ein mittlerer solarer Deckungsgrad von 60 % zugrunde gelegt. Auf dieser Basis wird anschließend mit gemessenen Globalstrahlungen und Temperaturen die tägliche solarthermische Wärmeerzeugung simuliert. Damit kann für jeden Stadt- und Landkreis in Deutschland das solarthermische Brauchwasserenergiepotential - unter Vorgabe des angestrebten solaren Deckungsgrades - für die Haushalte ermittelt werden.

Dabei muß allerdings berücksichtigt werden, daß ein Teil der Gebäude mit solartechnisch nicht nutzbaren Dächern ausgestattet ist. Der in diesen Gebäuden anfallende Energiebedarf zur Warmwasserbereitung kann damit - wird kein Nahwärmenetz unterstellt - nicht solarthermisch gedeckt werden. Zusätzlich muß für jeden Kreis und für jede Wohngebäudekategorie überprüft werden, ob die für den zugrunde gelegten solaren Deckungsgrad benötigte Kollektorfläche die auf den jeweiligen Gebäuden verfügbare solartechnisch nutzbare Dachfläche übersteigt oder nicht. Ist dies der Fall, wird ein Kollektor mit höherem spezifischen Energieertrag (Röhrenkollektor) verwendet. Ist die benötigte Dachfläche nach wie vor größer als die verfügbare Fläche, wird ein geringerer solarer Deckungsgrad gewählt. Untersuchungen haben aber gezeigt, daß, falls nur eine Brauchwassererwärmung realisiert wird, eine Potentialverminderung durch nicht ausreichend verfügbare Dachflächen vernachlässigbar gering ist.

Neben einer solarthermischen Brauchwassererwärmung im Haushaltssektor kann auch der Warmwasserbedarf im Kleinverbrauchersektor und in der Industrie zumindest z. T. solarthermisch gedeckt werden. Auch ein Teil der Niedertemperaturprozeßwärme in diesen Sektoren könnte mit solarthermischen Anlagen bereitgestellt werden. Deshalb wird hier unterstellt, daß der Prozeßwärmebedarf, der bei Temperaturen unter 100 °C anfällt, prinzipiell ebenfalls solarthermisch erzeugt werden könnte. Wird davon ausgegangen, daß in erster Näherung der End- bzw. der Nutzenergiebedarf mit der Beschäftigtenzahl korreliert, kann - ebenfalls für einen solaren Deckungsgrad von 60 % - für jeden Kreis auch dieses Energiepotential, analog der Vorgehensweise bei den Wohngebäuden, bestimmt werden.

Abb. 2.9 zeigt die derart ermittelten technischen Endenergiepotentiale einer solarthermischen Brauchwassererwärmung für die einzelnen Bundesländer und die Bundesrepublik Deutschland. Demnach ist auf der Basis solarthermischer Brauchwassersysteme ein technisches Endenergiepotential von rund 288 PJ/a gegeben. Es resultiert zu ca. 70 % aus der solarthermischen Warmwasser- und Prozeßwärmeerzeugung im Bereich der Industrie und Kleinverbraucher und zu rund 30 % aus der solarthermischen Brauchwassererzeugung im Haushaltssektor. Der vergleichsweise hohe Beitrag der Sektoren Industrie und Kleinverbraucher resultiert vor allem aus dem großen solar deckbaren Bedarf an Warmwasser und Niedertemperaturprozeßwärme bei den Kleinverbrauchern. Betrachtet man das Gesamtpotential ist Nordrhein-Westfalen durch den größten Potentialanteil gekennzeichnet (ca. 61 PJ/a), gefolgt von Bayern (ca. 39 PJ/a) und Baden-Württemberg (ca. 35 PJ/a).

In Tabelle 2.7 sind die einwohner- und flächenspezifischen Energiepotentiale dargestellt. Demnach ist in Deutschland ein einwohnerspezifisches Potential von rund 3,6 GJ/(EW a) gegeben, das mit ca. 1,1 GJ/(EW a) aus dem Haushalts- und mit etwa 2,5 GJ/(EW a) aus dem Industrie- und Kleinverbrauchersektor resultiert. Das flächenspezifische Potential der Bundesrepublik Deutschland liegt bei

42 2 Solarthermische und photovoltaische Nutzung der Sonnenenergie

insgesamt rund 806 GJ/(km² a). Es setzt sich zusammen aus ca. 560 GJ/(km² a) durch eine solare Warmwasser- und Prozeßwärmeerzeugung bei der Industrie und den Kleinverbrauchern und etwa 246 GJ/(km² a) durch eine solare Warmwassererzeugung der Haushalte.

Aus den in Tabelle 2.7 dargestellten spezifischen Potentialen wird auch deutlich, daß die technischen Potentiale in erster Näherung mit der Einwohnerzahl korrelieren; die einwohnerspezifischen Potentiale in den einzelnen Bundesländern unterscheiden sich - im Gegensatz zu den flächenspezifischen Werten - nur geringfügig. Beispielsweise liegen die einwohnerspezifischen Potentiale der Bundesländer bei den Haushalten zwischen ca. 0,8 (Mecklenburg-Vorpommern) und ca. 1,6 GJ/(EW a) (Hamburg), während die entsprechenden flächenspezifischen Potentiale zwischen ca. 63 (Mecklenburg-Vorpommern) und etwa 3 850 GJ/(km² a) (Berlin) variieren.

Vergleicht man das mit diesen Rahmenannahmen bestimmte solarthermische Endenergiepotential mit dem gesamten Endenergieeinsatz zur Wärmebedarfsdeckung in der Bundesrepublik Deutschland im Jahr 1991 (vgl. Kap. 1.4.1), liegt der solarthermisch deckbare Anteil bei ca. 5 %. Am gesamten Endenergiebedarf nimmt dieses Potential einen Anteil von rund 3 % ein.

Konzept II. Bei der Potentialabschätzung für dezentrale Systeme wird zur Deckung des Raumwärme-, Warmwasser- und Prozeßwärmebedarfs davon ausgegangen, daß für die Kollektorinstallation nur die solartechnisch nutzbaren Dachflächen verfügbar sind. Dabei wird auch hier wieder unterschieden zwischen dem solartechnischen Potential der Haushalte und demjenigen der Industrie und der Kleinverbraucher.

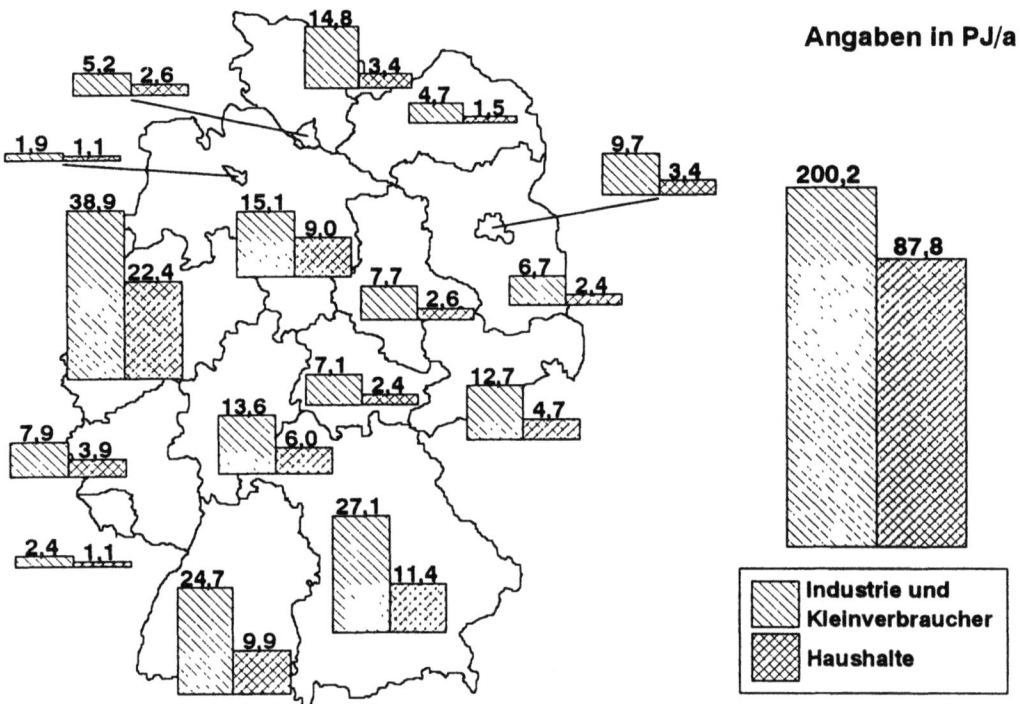

Abb. 2.9 Technische Potentiale einer solarthermischen Warmwasser- und Prozeßwärmebereitstellung in den einzelnen Bundesländern und in der Bundesrepublik Deutschland

2.3 Solare Energieerzeugung

Tabelle 2.7 Absolute, einwohner- und flächenspezifische solarthermische Brauchwasserendenergiepotentiale sowie die Schwankungsbreite zwischen den einzelnen Kreisen

		Endenergiepotentiale	einwohnerspezifisches Energiepotential		flächenspezifisches Energiepotential		
			Durchschnitt	Bandbreite	Durchschnitt	Bandbreite	
		in PJ/a	in GJ/(EW a)		in GJ/(km² a)		
Baden-	Haushalte	9,9	1,03	0,94 - 1,33	277	96 -	3 406
Württemberg	Ind. & KV	24,7	2,57	1,61 - 4,56	691	206 -	1 304
Bayern	Haushalte	11,4	1,02	0,88 - 1,32	162	64 -	4 288
	Ind. & KV	27,1	2,42	1,00 - 6,70	384	81 -	16 448
Berlin	Haushalte	3,4	0,99	0,99 - 0,99	3 851	3 851 -	3 851
	Ind. & KV	9,7	2,84	2,84 - 2,84	10 985	10 985 -	10 985
Brandenburg	Haushalte	2,4	0,91	0,24 - 1,40	82	36 -	914
	Ind. & KV	6,7	4,81	1,54 - 6,62	437	86 -	7 181
Bremen	Haushalte	1,1	1,63	1,63 - 1,63	2 723	2 723 -	2 723
	Ind. & KV	1,9	2,82	2,82 - 2,82	4 703	4 703 -	4 703
Hamburg	Haushalte	2,6	1,60	1,60 - 1,60	3 444	3 444 -	3 444
	Ind. & KV	5,2	3,19	3,19 - 3,19	6 887	6 887 -	6 887
Hessen	Haushalte	6,0	1,06	1,02 - 1,28	284	72 -	3 120
	Ind. & KV	13,6	2,40	1,00 - 5,44	644	140 -	12 883
Mecklenburg	Haushalte	1,5	0,76	0,30 - 1,24	63	39 -	888
	Ind. & KV	4,7	2,39	1,60 - 3,80	197	64 -	4 973
Niedersachsen	Haushalte	9,0	1,23	0,98 - 2,00	190	50 -	4 523
	Ind. & KV	15,1	2,07	1,34 - 4,81	319	64 -	9 852
Nordrhein-	Haushalte	22,4	1,31	1,01 - 1,96	658	140 -	5 063
Westfalen	Ind. & KV	38,9	2,27	1,64 - 4,38	1 142	226 -	10 738
Rheinland-	Haushalte	3,9	1,05	1,04 - 1,46	197	62 -	2 222
Pfalz	Ind. & KV	7,9	2,13	1,06 - 4,64	398	98 -	8 492
Saarland	Haushalte	1,1	1,03	1,08 - 1,26	428	196 -	1 016
	Ind. & KV	2,4	2,25	1,60 - 3,28	933	304 -	2 661
Sachsen	Haushalte	4,7	0,96	0,56 - 1,81	256	122 -	1 958
	Ind. & KV	12,7	2,59	0,22 - 17,44	693	120 -	10 938
Sachsen-	Haushalte	2,6	0,88	0,36 - 1,30	127	46 -	1 167
Anhalt	Ind. & KV	7,7	2,59	1,70 - 4,04	377	86 -	7 182
Schleswig-	Haushalte	3,4	1,31	1,22 - 1,80	267	100 -	3 653
Holstein	Ind. & KV	14,8	5,70	1,34 - 3,40	941	122 -	6 851
Thüringen	Haushalte	2,4	0,89	0,52 - 1,54	148	102 -	1 157
	Ind. & KV	7,1	2,65	1,40 - 5,00	437	124 -	7 076
Bundesrepublik	Haushalte	87,8	1,11	0,24 - 2,00	246	36 -	5 063
Deutschland	Ind. & KV	200,2	2,53	0,22 - 17,44	560	64 -	12 883

Ind. - Industrie.
KV - Kleinverbraucher.

Bei den Haushalten wird zunächst für die verschiedenen Wohngebäudetypen der durchschnittliche jährliche Wärmebedarf bestimmt. Anschließend wird auf der Basis spezifischer Kollektorenergieerträge für dezentrale Systeme mit Raumheizung und Warmwasserunterstützung (vgl. Tabelle 2.5) die benötigte Kollektorfläche je Gebäude ermittelt. Dabei wird zunächst von einem mittleren solaren Deckungsgrad von 40 bzw. 34 % ausgegangen. Sind die benötigten Kollektorflächen größer als die auf dem jeweiligen Gebäude verfügbaren nutzbaren Dachflächen, wird der solare Deckungsgrad entsprechend niedriger gewählt. Dadurch erhöht sich der spezifische Kollektorenergieertrag zwar nur geringfügig, die benötigte Kollektorfläche reduziert sich aber deutlich. Damit wird also der solarthermisch deckbare Anteil des Raumwärme- und Warmwasserbedarfs in jedem Wohngebäude durch die verfügbare Dachfläche und durch den zugrunde gelegten maximalen Deckungsgrad von 40 % bei Ein- und Zweifamilienhäusern bzw. 34 % bei Mehrfamilienhäusern beschränkt /2-12, 2-17, 2-18/.

Auch der Energiebedarf für Raum- und Prozeßwärme in der Industrie und bei den Kleinverbrauchern könnte teilweise solar gedeckt werden. Die Vorgehensweise zur Abschätzung dieser Potentiale ist ähnlich wie bei den Haushalten. Aufgrund des im Mittel höheren Anteils des solarthermisch deckbaren Warmwasser- und Prozeßwärmebedarfs wird hier von geringfügig höheren spezifischen Kollektornutzenergieerträgen ausgegangen; es wird der mittlere spezifische Nutzenergieertrag von Mehrfamilienhäusern (ca. 271 kWh/(m^2 a) bei Flach- und rund 319 kWh/(m^2 a) bei Röhrenkollektoren) unterstellt. Zur Bestimmung des solar deckbaren Endenergieeinsatzes für die Raum- und Prozeßwärmebedarfsdeckung bei der Industrie und den Kleinverbrauchern wird wiederum davon ausgegangen, daß näherungsweise der End- bzw. Nutzenergiebedarf mit der Beschäftigtenzahl korreliert. Werden die Gebäude berücksichtigt, die nicht über eine solartechnisch nutzbare Dachfläche verfügen, kann auch für diesen Sektor das technische Nutzenergiepotential dezentraler solarthermischer Systeme abgeschätzt werden. Zusätzlich muß berücksichtigt werden, daß auf einem Teil der Nichtwohngebäude zwar solarthermisch nutzbare Flächenpotentiale vorhanden sind, aber kein entsprechender Wärmebedarf gegeben ist (z. B. Garagen). Der Anteil dieses solartechnisch nutzbaren Flächenpotentials ist damit ebenfalls nicht verfügbar.

Die sich unter diesen Randbedingungen ergebenden Endenergiepotentiale für die einzelnen Bundesländer zeigt Abb. 2.10. Dargestellt ist sowohl das Potential, daß sich auf der Basis von Flachkollektoren ergibt, als auch der Anteil, der durch eine Aufstellung von Vakuumkollektoren zusätzlich technisch gewinnbar wäre. Das maximale Potential (d. h. bei Vakuumkollektoren) liegt in Deutschland demnach bei ca. 411 PJ/a bei den Haushalten und bei ca. 556 PJ/a bei der Industrie und den Kleinverbrauchern und damit insgesamt bei rund 967 PJ/a. Werden ausschließlich Flachkollektoren verwendet, liegt das technische Potential nur bei ca. 897 PJ/a.

In Tabelle 2.8 werden die einwohner- und flächenspezifischen Potentiale miteinander verglichen. Bei den absoluten Werten sowie den spezifischen Durchschnittsangaben der einzelnen Bundesländer beschreibt der jeweils kleinere Wert die Potentiale auf der Basis von Flachkollektoren, der größere die Potentiale auf der Grundlage von Röhrenkollektoren. Werden die Potentiale der Haushalte, der Industrie und der Kleinverbraucher addiert, ergibt sich in Deutschland ein einwohnerspezifisches Potential zwischen 11,3 GJ/(EW a) bei Flach- und 12,3 GJ/(EW a) bei Röhrenkollektoren. In den einzelnen Kreisen variieren dabei die einwohnerspezifischen Energiepotentiale zwischen 1,3 und 44,5 GJ/(EW a). Das gesamte flächenspezifische Potential liegt zwischen ca. 2 510 und rund 2 710 GJ/(km^2 a). Die spezifischen Potentiale der einzelnen Kreise variieren dabei in einer Bandbreite von rund 160 bis 54 110 GJ/(km^2 a).

Würde dieses technische Endenergiepotential vollständig realisiert, könnten rund 17 % des gesamten Endenergieeinsatzes zur Wärmebedarfsdeckung (vgl. Kap. 1.4.1) bzw. ca. 10 % des gesamten Endenergiebedarfes (vgl. Kap. 1.4.1) in der Bundesrepublik Deutschland bezogen auf das Jahr 1991 solarthermisch gedeckt werden.

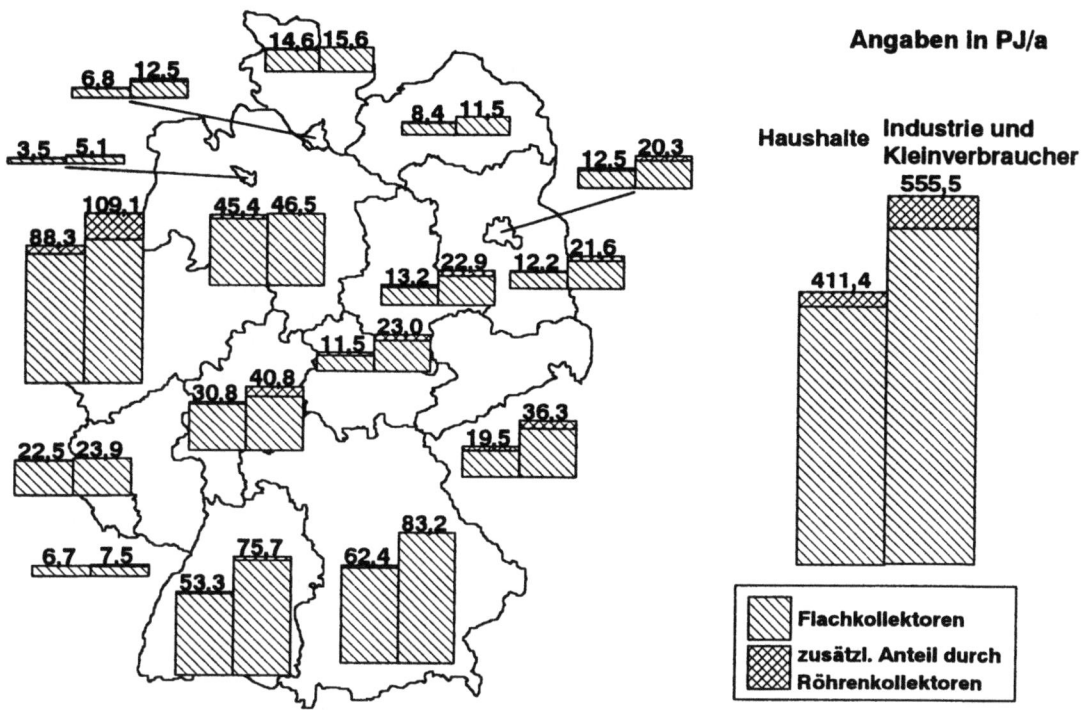

Abb. 2.10 Technische Potentiale einer solarthermischen Raumwärme-, Warmwasser- und Prozeßwärmebedarfsdeckung durch dezentrale Systeme

Konzept III. Im Gegensatz zu solarthermischen Einzelanlagen für die Versorgung einzelner Gebäude kann eine solare Wärmegewinnung auch auf der Basis solarer Nahwärmesysteme erfolgen. Bei derartigen Systemen wird die Wärme in großen Kollektorfeldern gewonnen, in einem zentralen Speicher (z. B. Erdbeckenspeicher oder Latentwärmespeicher) zwischengelagert und anschließend über ein Nahwärmesystem den Verbrauchern bei Bedarf zugeführt.

Zur Bestimmung der entsprechenden Endenergiepotentiale wird davon ausgegangen, daß neben den solartechnisch verfügbaren Dachflächen auch Freiflächen für die Kollektorinstallation in der Nähe der potentiellen Verbraucher genutzt werden können. Dann sind zunächst keine prinzipiellen Einschränkungen durch die Nichtverfügbarkeit solartechnisch nutzbarer Flächen gegeben. Dies trifft aber nur für einen Teil der möglichen Verbraucher zu. Beispielsweise ist bei dem Großteil der größeren Wohnblöcke in Ballungsgebieten (d. h. in Gebieten mit hoher Wärmebedarfsdichte und nur wenigen verfügbaren Freiflächen) davon auszugehen, daß die zusätzlich zu den solartechnisch nutzbaren Dachflächen notwendigen Freiflächen nicht in einer entsprechenden geographischen Nähe verfügbar sind. Hier wird daher nur die solartechnisch nutzbare Dachfläche als verfügbar angesehen. Dadurch vermindert sich in diesen Siedlungsgebieten der mögliche solare Deckungsgrad entsprechend. Auch sind nicht alle Verbraucher, die über ausreichende Dach- bzw. Freiflächen verfügen, für den Anschluß an ein Nahwärmesystem geeignet. Dabei stellt aber die oft zugrunde gelegte Wärmebedarfsdichte von ca. 40 MW/km² heute in der Regel keine prinzipielle Potentialeinschränkung mehr dar. Nur die soge-

Tabelle 2.8 Absolute, einwohner- und flächenspezifische solarthermische Energiepotentiale für dezentrale Systeme

		Endenergie-potential	einwohnerspezifisches Energiepotential		flächenspezifisches Energiepotential			
			Durchschnitt	Bandbreite	Durchschnitt		Bandbreite	
		in PJ/a	in GJ/(EW a)		in GJ/(km² a)			
Baden-Württemberg	Haushalte	52,2 - 53,2	5,53 - 5,65	2,59 - 8,09	1 462 -	1 492	367 -	7 990
	Ind. & KV	73,3 - 75,7	7,74 - 7,98	3,11 -16,64	2 051 -	2 119	373 -	21 996
Bayern	Haushalte	60,9 - 62,4	5,49 - 5,62	2,65 - 8,18	862 -	884	260 -	11 564
	Ind. & KV	83,2 - 83,2	7,47 - 7,49	1,80 -19,85	11 653 -	11 795	147 -	41 702
Berlin	Haushalte	11,1 - 12,5	3,25 - 3,68	3,25 - 3,68	12 584 -	14 201	12 584 -	14 201
	Ind. & KV	17,3 - 20,3	5,08 - 5,95	5,08 - 5,95	19 593 -	23 009	19 593 -	23 009
Brandenburg	Haushalte	11,3 - 12,5	4,21 - 4,60	0,73 - 8,60	381 -	419	106 -	3 244
	Ind. & KV	18,4 - 20,3	6,89 - 8,11	0,67 -30,88	627 -	738	102 -	5 107
Bremen	Haushalte	3,3 - 3,5	4,97 - 5,25	4,97 - 5,25	8 171 -	8 644	8 171 -	8 644
	Ind. & KV	4,3 - 5,1	6,47 - 7,63	6,47 - 7,63	10 666 -	12 557	10 666 -	12 557
Hamburg	Haushalte	6,2 - 6,8	3,88 - 4,21	3,88 - 4,21	8 276 -	8 955	8 276 -	8 955
	Ind. & KV	10,6 - 12,5	6,65 - 7,82	6,65 - 7,82	14 141 -	16 646	14 141 -	16 646
Hessen	Haushalte	29,7 - 30,8	5,28 - 5,51	2,49 - 7,07	1 403 -	1 457	284 -	6 867
	Ind. & KV	34,6 - 40,8	6,21 - 7,30	1,80 -12,34	1 641 -	1 970	225 -	42 848
Mecklenburg-Vor-pommern	Haushalte	7,5 - 8,4	3,81 - 4,19	0,86 - 6,96	316 -	348	110 -	2 839
	Ind. & KV	11,5 - 11,5	5,86 - 5,86	1,41 - 7,26	4 869 -	4 869	57 -	6 861
Niedersachsen	Haushalte	4,3 - 45,4	5,95 - 6,30	2,78 - 7,55	906 -	960	164 -	8 826
	Ind. & KV	46,5 - 46,5	6,43 - 6,43	2,42 -10,19	978 -	981	117 -	14 699
Nordrhein-Westfalen	Haushalte	83,2 - 88,3	4,92 - 5,21	2,46 - 7,07	2 446 -	2 592	423 -	9 628
	Ind. & KV	92,7 - 109,1	5,48 - 6,45	0,71 -20,75	2 722 -	3 203	407 -	16 654
Rheinland-Pfalz	Haushalte	22,1 - 22,5	6,05 - 6,16	2,93 - 8,61	1 125 -	1 138	243 -	6 334
	Ind. & KV	23,7 - 23,9	6,44 - 6,54	1,90 -10,44	1 189 -	1 208	178 -	15 213
Saarland	Haushalte	6,5 - 6,7	6,22 - 6,33	3,65 - 8,25	2 556 -	2 600	737 -	3 224
	Ind. & KV	6,4 - 7,5	6,03 - 7,08	2,69 - 7,32	2 478 -	2 911	548 -	4 618
Sachsen	Haushalte	16,7 - 19,5	3,33 - 3,91	1,15 - 6,40	908 -	1 062	251 -	5 047
	Ind. & KV	31,0 - 36,3	6,22 - 7,32	0,62 -29,93	1 690 -	1 990	143 -	12 863
Sachsen-Anhalt	Haushalte	11,6 - 13,2	3,89 - 4,38	0,95 - 7,04	568 -	643	143 -	3 680
	Ind. & KV	19,4 - 22,9	6,46 - 7,62	1,02 -10,69	948 -	1 116	85 -	8 212
Schleswig-Holstein	Haushalte	14,0 - 14,6	5,46 - 5,67	2,55 - 8,28	892 -	926	304 -	5 905
	Ind. & KV	15,6 - 15,6	6,06 - 6,06	2,43 -10,15	992 -	995	239 -	11 125
Thüringen	Haushalte	9,7 - 11,4	3,59 - 4,21	1,25 - 7,29	600 -	703	242 -	3 452
	Ind. & KV	19,5 - 23,0	7,19 - 8,46	1,62 -12,34	1 200 -	1 414	144 -	8 976
Bundesrepublik Deutschland	Haushalte	388,9 - 411,4	4,91 - 5,33	0,71 - 7,61	1 089 -	1 152	106 -	11 564
	Ind. & KV	507,9 - 555,5	6,42 - 7,01	0,62 -36,93	1 422 -	1 556	57 -	42 848

Ind. - Industrie.
KV - Kleinverbraucher.

nannten Streusiedlungen (sie sind durch eine lockere und unregelmäßige Bebauung mit zumeist kleineren Häusern gekennzeichnet) kommen für Nahwärmesysteme nicht in Frage. Der Anteil dieses

Siedlungstyps an den gesamten vorhandenen Siedlungsgebieten beträgt in Deutschland etwa 1,5 % /2-19/. Damit sind umgekehrt aber ca. 98,5 % der besiedelten Gebiete für eine Installation solarer Nahwärmesysteme geeignet.

Im Durchschnitt kann bei solaren Nahwärmesystemen von höheren solaren Deckungsgraden als bei dezentralen Einzelanlagen ausgegangen werden. Zum einen stehen bei einem Teil der Siedlungen auch Freiflächen für die Installation größerer Kollektorfelder zur Verfügung; der mögliche solare Deckungsgrad ist dann nur durch die technisch sinnvolle Auslegung des Speichers begrenzt. Zum anderen ist bei großen Wärmespeichern im Verbund mit solaren Nahwärmesystemen auch eine saisonale Speicherung denkbar. Hier wird davon ausgegangen, daß bei den Siedlungen, in denen die notwendigen Flächen zur Verfügung stehen, ein technisch sinnvoller maximaler solarer Deckungsgrad von ca. 60 % nicht überschritten werden sollte. Bei den Siedlungen mit ausschließlicher Dachflächennutzung ist der solare Deckungsgrad - entsprechend der bisherigen Vorgehensweise - abhängig von der verfügbaren Dachfläche.

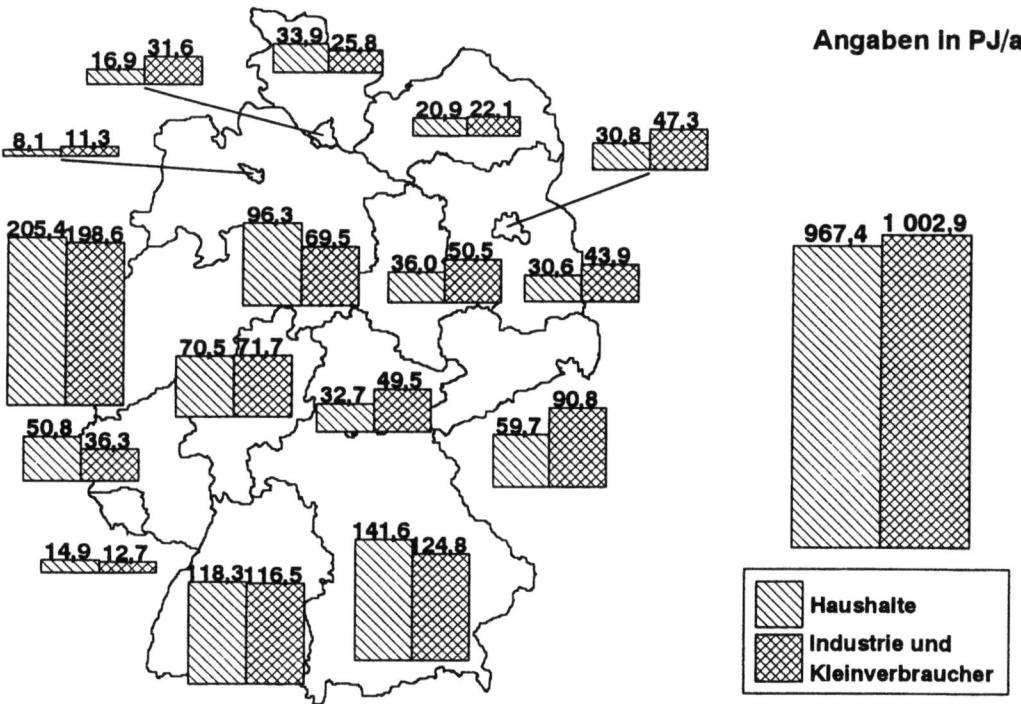

Abb. 2.11 Solartechnische Nahwärmepotentiale in den einzelnen Bundesländern und in der Bundesrepublik Deutschland

Die spezifischen Nutzenergieerträge liegen bei solaren Nahwärmesystemen mit marktgängigen Kollektoren zwischen 280 und 380 kWh/(m² a) /2-20/. Wird die Abhängigkeit des spezifischen Nutzenergieertrags vom solaren Deckungsgrad sowie vom potentiellen Standort berücksichtigt (vgl. /2-21/), kann auf der Basis des bekannten Wärmebedarfs im Haushaltssektor und in den Sektoren Industrie und Kleinverbraucher und den zur Verfügung stehenden Dachflächen auf Wohn- und

Nichtwohngebäuden sowie den zusätzlich verfügbaren Freiflächen das gesamte technisch nutzbare Nahwärmepotential abgeschätzt werden.

Unter den getroffenen Randbedingungen ist insgesamt ein solares Nahwärmepotential von rund 970 PJ/a im Bereich der Haushalte und ca. 1 000 PJ/a in der Industrie und bei den Kleinverbrauchern vorhanden (vgl. Abb. 2.11). Damit liegt das gesamte solartechnische Nahwärmepotential in Deutschland bei ca. 1 970 PJ/a. Dabei variiert der Anteil des Potentials im Haushaltsbereich und der Potentialanteil der Industrie und der Kleinverbraucher am Gesamtpotential zwischen den einzelnen Bundesländern. In den Stadtstaaten sind die Potentiale im Haushaltsbereich geringer als bei Industrie und Kleinverbrauchern; hier sind oftmals nicht ausreichende Freiflächen trotz der meist hohen Wärmebedarfsdichte in Wohngebieten verfügbar. In den Flächenstaaten der alten Bundesländer ist der Anteil an Wohngebäuden mit Ein- und Zweifamilienhäusern mit ausreichenden Freiflächen relativ groß. Deshalb ist hier das Potential der Haushalte größer. Dies gilt nicht für die neuen Bundesländer, in denen der Anteil der Ein- und Zweifamilienhäuser, verglichen mit den alten Ländern, geringer ist; hier kann in den großen Siedlungen mit Mehrfamilienhäusern bzw. größeren Wohnblocks eine ausreichende Verfügbarkeit der notwendigen Freiflächen nicht a priori vorausgesetzt werden.

Tabelle 2.9 zeigt die einwohner- und flächenspezifischen Energiepotentiale für solarthermische Nahwärmesysteme. Insgesamt ist demnach in Deutschland ein einwohnerspezifisches technisch nutzbares solares Nahwärmepotential von rund 24,9 GJ/(EW a) (ca. 12,2 GJ/(EW a) bei den Haushalten und ca. 12,7 GJ/(EW a) bei der Industrie und den Kleinverbrauchern) gegeben. In den einzelnen Kreisen schwanken die spezifischen Potentiale zwischen rund 5,0 und 141,3 GJ/(EW a). Das flächenspezifische Potential liegt bei insgesamt rund 5 520 GJ/(km² a) (ca. 2 710 GJ/(km² a) bei den Haushalten und etwa 2 810 GJ/(km² a) bei der Industrie und den Kleinverbrauchern). Hier variieren die spezifischen Potentiale zwischen rund 390 und 75 370 GJ/(km² a).

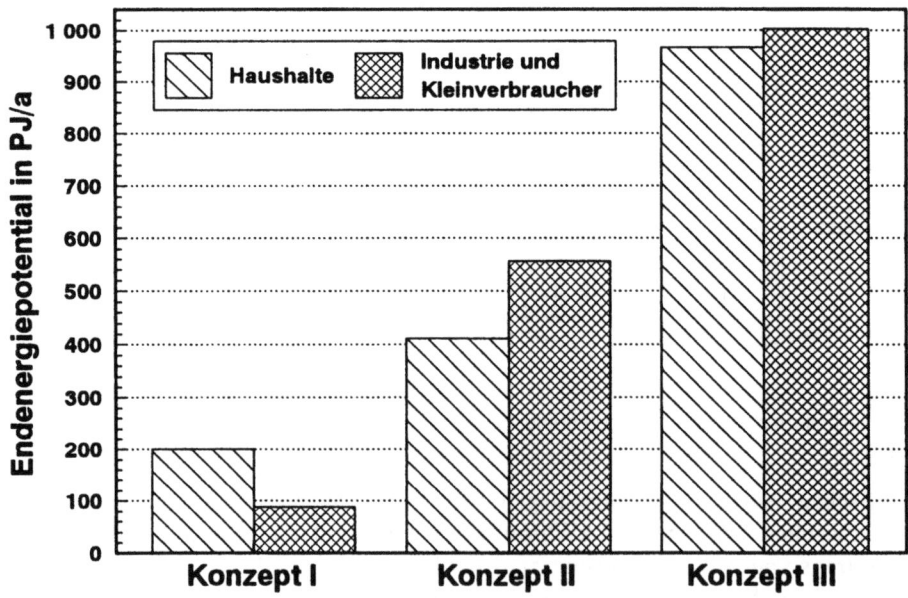

Abb. 2.12 Vergleich der technischen Endenergiepotentiale der drei diskutierten Konzepte

2.3 Solare Energieerzeugung

Tabelle 2.9 Absolute, einwohner- und flächenspezifische solarthermische Endenergiepotentiale solarer Nahwärmesysteme

		Endenergie-potentiale	einwohnerspezifisches Energiepotential		flächenspezifisches Energiepotential	
			Durchschnitt	Bandbreite	Durchschnitt	Bandbreite
		in PJ/a	in GJ/(EW a)		in GJ/(km² a)	
Baden-Württemberg	Haushalte	118,3	12,29	10,57 - 17,15	3 309	831 - 16 471
	Ind. & KV	116,5	12,11	4,66 - 28,27	3 258	559 - 41 650
Bayern	Haushalte	141,6	12,76	10,94 - 17,43	2 007	595 - 23 302
	Ind. & KV	124,8	11,12	4,71 - 38,06	1 769	221 - 52 072
Berlin	Haushalte	30,8	9,03	9,03 - 9,03	34 881	34 881 - 34 881
	Ind. & KV	47,3	13,87	13,87 - 13,87	53 567	53 567 - 53 567
Brandenburg	Haushalte	30,6	11,59	2,99 - 19,50	1 053	291 - 8 112
	Ind. & KV	47,3	16,62	2,01 - 99,18	1 511	200 - 9 844
Bremen	Haushalte	8,1	12,02	12,02 - 12,02	20 049	20 049 - 20 049
	Ind. & KV	11,3	16,77	16,77 - 16,77	27 970	27 970 - 27 970
Hamburg	Haushalte	16,9	10,39	10,39 - 10,39	22 384	22 384 - 22 384
	Ind. & KV	31,6	19,43	19,43 - 19,43	41 854	41 854 - 41 854
Hessen	Haushalte	70,5	12,46	10,89 - 17,12	3 339	672 - 15 316
	Ind. & KV	71,7	12,67	4,71 - 35,47	3 396	378 - 46 712
Mecklenburg-Vorpommern	Haushalte	20,9	10,65	4,39 - 17,01	877	305 - 7 171
	Ind. & KV	22,1	11,26	4,68 - 17,64	927	108 - 18 360
Niedersachsen	Haushalte	96,3	13,22	12,58 - 17,91	2 034	377 - 16 195
	Ind. & KV	69,5	9,54	6,62 - 31,59	1 468	175 - 37 409
Nordrhein-Westfalen	Haushalte	205,4	12,01	8,47 - 16,24	6 029	1 064 - 22 434
	Ind. & KV	198,6	11,61	8,56 - 30,24	5 823	611 - 40 027
Rheinland-Pfalz	Haushalte	50,8	13,73	10,7 - 18,32	2 559	565 - 13 863
	Ind. & KV	36,3	9,81	3,85 - 30,82	1 829	268 - 29 272
Saarland	Haushalte	14,9	13,99	15,25 - 17,55	5 797	1 695 - 7 155
	Ind. & KV	12,7	11,93	8,27 - 18,77	4 942	822 - 9 346
Sachsen	Haushalte	59,7	12,18	8,13 - 20,50	3 255	898 - 15 461
	Ind. & KV	90,8	18,53	2,30 - 120,19	4 952	281 - 35 100
Sachsen-Anhalt	Haushalte	36,0	12,56	4,95 - 21,12	1 963	446 - 10 127
	Ind. & KV	50,5	17,57	6,28 - 40,53	2 470	161 - 21 120
Schleswig-Holstein	Haushalte	33,9	12,91	10,64 - 18,70	2 155	712 - 14 341
	Ind. & KV	25,8	9,82	6,64 - 22,56	1 640	359 - 24 954
Thüringen	Haushalte	32,7	12,19	8,20 - 20,30	2 012	811 - 9 872
	Ind. & KV	49,5	18,45	6,18 - 30,89	3 045	283 - 24 601
Bundesrepublik Deutschland	Haushalte	967,4	12,23	2,99 - 21,12	2 710	283 - 23 302
	Ind. & KV	1 002,9	12,67	2,01 - 120,19	2 809	108 - 52 072

Ind. - Industrie.
KV - Kleinverbraucher.

50   2 Solarthermische und photovoltaische Nutzung der Sonnenenergie

Der Anteil am Endenergieverbrauch für Wärme in der Bundesrepublik Deutschland (vgl. Kap. 1.4.1) beträgt unter den hier getroffenen Annahmen ca. 34 % und der mögliche Anteil am gesamten Endenergiebedarf liegt bei ca. 21 %.

Vergleich der Konzepte. Abb. 2.12 zeigt einen Vergleich der technischen Endenergiepotentiale, die sich aus den drei diskutierten Konzepten für die Bundesrepublik Deutschland ergeben. Demnach könnte durch eine solarthermische Wärmeerzeugung auf der Basis solarer Nahwärmesysteme (Konzept III) das größte technische Endenergiepotential erschlossen werden (ca. 1 970 PJ/a), da hier auch eine Installation großer Kollektorfelder auf Freiflächen betrachtet wird. Zusätzlich sind bei solaren Nahwärmesystemen aufgrund des meist großvolumigen Speichers und des zumindest partiellen Ausgleichs der zeitlichen Wärmebedarfscharakteristiken durch die Zusammenfassung vieler Verbraucher höhere solare Deckungsgrade als bei dezentralen Einzelanlagen zur Deckung des Raumwärme- und Warmwasserbedarfs (Konzept II) möglich. Bezogen auf den Endenergieeinsatz zur Wärmebedarfsdeckung in der Bundesrepublik Deutschland könnte damit ca. 34 % solarthermisch gedeckt werden.

Das technische Potential unter der Annahme dezentraler Systeme zur Deckung des Raumwärme-, Warmwasser- und Prozeßwärmebedarfs (Konzept II) liegt mit ca. 970 PJ/a nur knapp bei der Hälfte des solaren Nahwärmepotentials. Damit ließen sich ca. 17 % des gesamten Endenergieverbrauchs zur Wärmebedarfsdeckung in Deutschland decken.

Eine ausschließliche solarthermische Warmwasser- bzw. Prozeßwärmeerzeugung (Konzept I) ist von den drei Konzepten durch das geringste Potential gekennzeichnet (ca. 290 PJ/a) und liegt damit bei rund 14 % des solaren Nahwärmepotentials (Konzept III) bzw. bei knapp einem Drittel des technischen Endenergiepotentials auf der Basis dezentraler Systeme zur Deckung von Raumwärme,

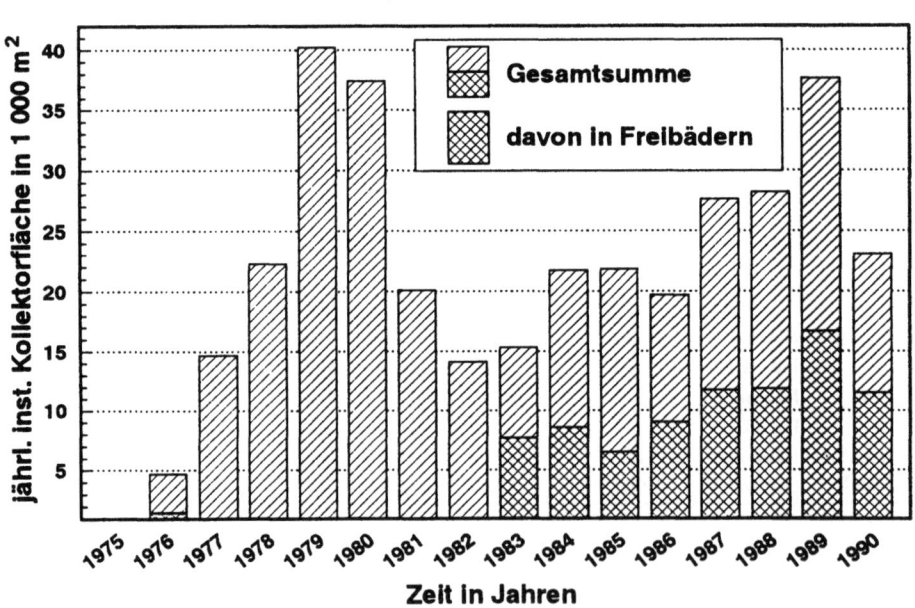

Abb. 2.13 Jährlich installierte Kollektorfläche in der Bundesrepublik Deutschland zwischen 1975 und 1990 (Zahlen nach /2-20, 2-28/)

2.3 Solare Energieerzeugung

Prozeßwärme und Warmwasser (Konzept II). Der mögliche solarthermisch deckbare Anteil des Wärmebedarfs in Deutschland beträgt rund 5 %.

Derzeitige Nutzung. Das technische Potential einer solarthermischen Wärmeerzeugung wird in der Bundesrepublik Deutschland bisher nur in einem sehr geringen Ausmaß genutzt. Hauptsächliche Anwendungsgebiete sind derzeit die solare Brauchwassererwärmung im Haushaltssektor und die solare Freibad- und Schwimmbadbeheizung. Abb. 2.13 zeigt die jährlich neu installierte Kollektorfläche in Deutschland im Zeitraum von 1975 bis 1990. Demnach waren die Jahre 1979 und 1980 durch eine sehr zahlreiche Neuinstallation solarthermischer Anlagen - ausgelöst durch die hohen fossilen Energieträgerpreise infolge der zweiten Ölpreiskrise und durch staatliche Unterstützungsmaßnahmen - gekennzeichnet. Danach erfolgte jedoch ein deutlicher Einbruch. Seit 1987 erhöht sich die jährlich installierte Kollektorfläche mehr oder weniger stetig. Im Jahr 1990 wurden insgesamt 23 000 m² Kollektorfläche in der Bundesrepublik Deutschland installiert. Damit betrug die gesamte installierte Kollektorfläche Ende 1990 rund 349 000 m² /2-28/.

Aus Abb. 2.13 geht auch hervor, daß seit Anfang der achtziger Jahre die solare Freibadbeheizung ständig an Bedeutung gewinnt. 1990 betrug der Anteil der installierten Solarabsorberfläche in Frei- und Schwimmbädern an der gesamten installierten Kollektorfläche ca. 45 %. Insgesamt waren Anfang 1990 rund 100 kommunale Schwimmbäder (d. h. fast ausnahmslos Freibäder) mit einer gesamten Wasserfläche von 108 000 m² mit einer Solarabsorberfläche von rund 75 000 m² ausgerüstet /2-29/.

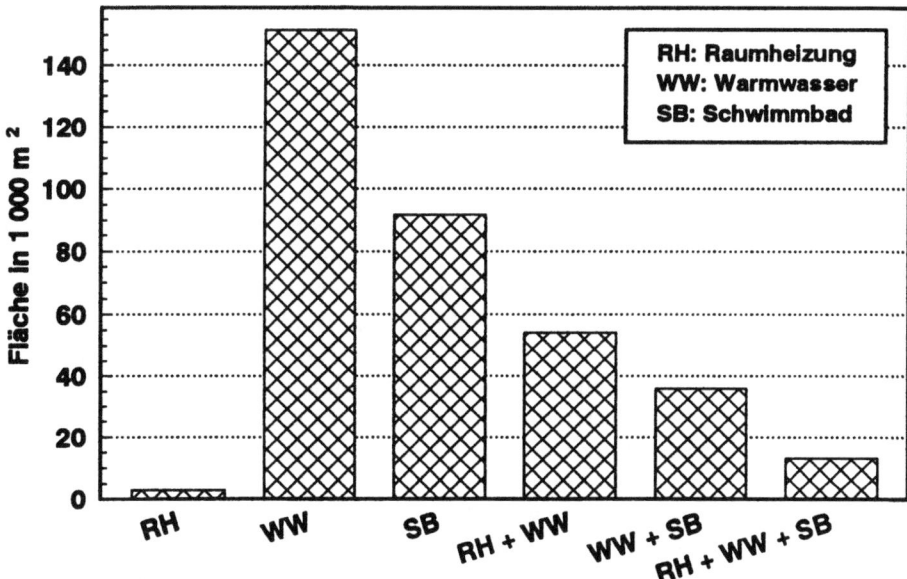

Abb. 2.14 Aufteilung der im Jahr 1990 installierten Kollektorflächen nach Nutzungsarten /2-31/

Solare Systeme zur Raumheizung sind derzeit in der Bundesrepublik Deutschland kaum realisiert. Dies geht auch aus der Abb. 2.14 hervor, in der die gesamte installierte Kollektorfläche aufgeteilt nach der Nutzungsart dargestellt ist. Nur rund 2 810 m², also weniger als 1 % der insgesamt im Jahr 1990 installierten Kollektorfläche, wurde für eine ausschließliche Raumheizung genutzt. Zur Erprobung derartiger Systeme werden allerdings in den nächsten zwei bis drei Jahren kleinere Vorprojekte realisiert (vgl. /2-27/).

2.3.2 Photovoltaische Stromerzeugung

Die photovoltaische Stromerzeugung ist eine weitere Möglichkeit der technischen Nutzbarmachung der Sonnenenergie. Sie nutzt anstelle der fühlbaren Wärme des Sonnenlichtes die Energie der Photonen aus; anstelle von Kollektoren kommen Solarzellen zum Einsatz, anstatt in Wärme wird die Sonnenenergie in elektrische Energie umgewandelt.

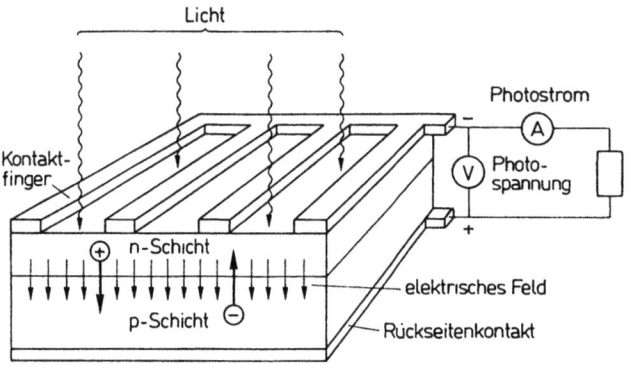

Abb. 2.15 Prinzipieller Aufbau einer Silizium-Solarzelle /2-10/

Theoretische Grundlagen. Wichtigstes Element eines photovoltaischen Generators ist die Solarzelle. Sie besteht im wesentlichen aus einer sehr dünnen Schicht eines Halbleitermaterials (meist Silizium). Von beiden Seiten ist dieses Halbleitermaterial mit Fremdelementen dotiert; dadurch entsteht auf der einen Seite eine negative (Elektronenüberschuß) und auf der anderen Seite eine positive Ladung (Elektronenmangel), die durch ein elektrisches Feld getrennt werden. Damit sind die physikalischen Voraussetzungen geschaffen, damit der innere photovoltaische Effekt technisch nutzbar gemacht werden kann. Fällt Sonnenlicht auf ein derart verändertes Material, werden durch die eingestrahlte Energie Elektronen in die Lage versetzt, diese Grenzschicht zu überwinden. Durch die Sperrschicht wird ein sofortiger Ausgleich der unterschiedlichen Ladungen verhindert. An den Anschlußkontakten der Solarzelle entsteht dadurch ein Elektronenmangel bzw. ein Elektronenüberschuß (vgl. Abb. 2.15), der als elektrische Gleichspannung technisch nutzbar ist.

Die Stromstärke und die Leistungsabgabe einer Solarzelle wird durch das Halbleitermaterial, die Fläche, die Modultemperatur, die Einstrahlungsintensität des Sonnenlichtes und den Lastwiderstand bestimmt. Abb. 2.16 zeigt die Abhängigkeit der Solarzellenkennlinie von der solaren Strahlungsleistung (linke Seite) und von der Zellentemperatur (rechte Seite). Es wird der lineare Zusammenhang zwischen der eingestrahlten solaren Leistung und dem Niveau der Strom-Spannungs-Charakteristik deutlich. Ebenfalls ist erkennbar, daß mit steigender Temperatur bei gleicher Sonneneinstrahlung die Leistung der Zelle zurückgeht. Derzeit marktgängige Silizium-Solarzellen weisen beispielsweise einen Wirkungsgradverminderung von rund 0,4 %/K bei einer Temperatur oberhalb der Zellenreferenz-

2.3 Solare Energieerzeugung   53

Tabelle 2.10 Wirkungsgrade ausgewählter Solarzellen (vgl. /2-12/)

	Laboratorium	Produktion
Monokristalline Siliziumzellen	24,6 %	16,0 %
Multikristalline Siliziumzellen	17,8 %	13,5 %
Konzentratorzellen	27,5 %	17,2 %
Zellen aus amorphem Silizium	11,5 %	5,0 - 8,0 %
CdS-CdTe-Zellen	10,9 %	
Einkristalline GaAs-Zellen	29,0 %	17,0 %

temperatur auf /2-9/. Bei dem heutigen Stand der Technik werden für unterschiedliche Solarzellentechnologien Wirkungsgrade gemäß Tabelle 2.10 erzielt.

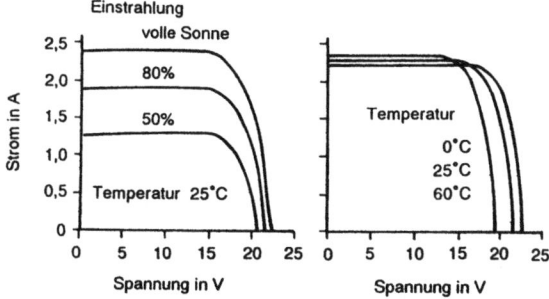

Abb. 2.16 Abhängigkeit der photovoltaischen Stromerzeugung von der solaren Strahlungsleistung (links) und der Temperatur (rechts) /2-11/

Die Leistungsabgabe der Solarzelle und damit der Wirkungsgrad bei vorgegebener Einstrahlungsleistung und Zellentemperatur ist dann am größten, wenn der Lastwiderstand dem Zelleninnenwiderstand entspricht; das Produkt aus Photospannung und Photostrom wird dann maximal. Deshalb werden Solargeneratoren meist mit MPP-Reglern (maximum power point-Regelung) ausgestattet, damit die Solarzellen immer im optimalen Arbeitspunkt der Leistungskurve und damit mit dem unter den jeweiligen Strahlungs- und Temperaturbedingungen bestmöglichen Wirkungsgrad arbeiten.

Das Gesamtsystem Photovoltaikgenerator besteht neben den Solarmodulen, die aus Photovoltaikzellen der beschriebenen Funktionsweise aufgebaut sind, aus weiteren Systemelementen. Abb. 2.17 zeigt den typischen Aufbau eines derzeit üblichen photovoltaischen Systems mit den wesentlichen Komponenten. Zunächst werden die Module deutlich, die das Sonnenlicht in Gleichstrom umwandeln. Dazu kommt noch die Verkabelung, die die Module miteinander verbinden und u. U. die Gestelle, auf denen die Photovoltaikmodule montiert sind.

Um eine Netzkopplung zu ermöglichen, muß der solare Gleichstrom in netzkompatiblen Wechselstrom umgewandelt werden. Dies wird von einem Wechselrichter oder DC/AC-Wandler realisiert. Bei einer Konvertierung photovoltaisch erzeugter und damit stark schwankender elektrischer Energie wirkt sich die Tatsache negativ aus, daß im unteren Leistungsbereich der Wirkungsgrad dieser Geräte

54   2 Solarthermische und photovoltaische Nutzung der Sonnenenergie

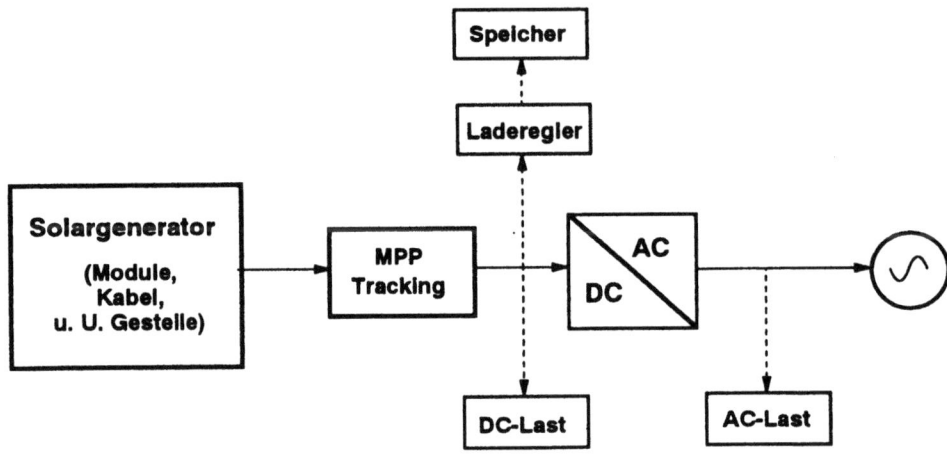

Abb. 2.17 Prinzipieller Aufbau einer netzgekoppelten Photovoltaikanlage

vergleichsweise gering ist. Dies macht sich insbesondere bei bewölktem Himmel und in den frühen Morgen- und späten Abendstunden bzw. während des Winterhalbjahres negativ bemerkbar.

Die in Abb. 2.17 zusätzlich dargestellten Systemelemente (DC-Last, Speicher mit Ladegerät, MPP-Regler, AC-Last) sind für den Betrieb der Solaranlage am Netz nicht grundsätzlich notwendig, können jedoch - je nach Einsatzzweck und -ort - wichtige zusätzliche Elemente der Photovoltaik-Anlage sein.

Aufgrund der Verluste im Wechselrichter sowie der Tatsache, daß die in Tabelle 2.10 angegebenen Wirkungsgrade nur unter Standardtestbedingungen, nicht aber im realen Betrieb unter mitteleuropäischen klimatischen Bedingungen gegeben sind, liegt der Systemwirkungsgrad - also der Gesamtwirkungsgrad der Anlage - unter den in Tabelle 2.10 angegebenen Größenordnungen /2-4/.

Technische Erzeugungspotentiale. Die in Kap. 2.2 ermittelten Flächenpotentiale zur Installation von Solaranlagen können unter Zugrundelegung eines mittleren jährlichen spezifischen Energieertrages energetisch bewertet werden. Dazu wird zunächst auf der Grundlage von an 36 Standorten innerhalb Deutschlands gemessenen stündlichen Globalstrahlungssummen und auf der Basis der technischen Kenngrößen derzeit marktgängiger Photovoltaikgeneratoren die Stromerzeugung simuliert. Tabelle 2.11 zeigt die dabei zugrunde gelegten technischen Kenngrößen am Beispiel einer 1 kW$_p$-Anlage. Die Simulationsrechnungen zeigen, daß bei mitteleuropäischen meteorologischen Gegebenheiten und unter Berücksichtigung der Temperaturabhängigkeit des Solarzellenwirkungsgrades, der Verluste im Wechselrichter und der sonstigen Verluste der durchschnittliche jahresmittlere Systemwirkungsgrad der in Tabelle 2.11 dargestellten Anlage bei ca. 8 bis 9 % liegt.

Neben den technischen Kenngrößen und den meteorologischen Gegebenheiten hängt der Energieertrag eines photovoltaischen Generators im wesentlichen auch von der Modulneigung und -ausrichtung ab. Zur Berechnung des Energieertrags auf Gebäudedächern müssen deshalb bei Schrägdächern die

2.3 Solare Energieerzeugung 55

Tabelle 2.11 Technische Daten einer 1 kW$_p$-Photovoltaikanlage

Generatorleistung	1 kW$_p$
Solarmodulwirkungsgrad[1]	12 %
Modulfläche	9,1 m²
Temperaturabhängigkeit des Wirkungsgrades	0,4 %/K
Wechselrichterleistung	900 W
Wechselrichterwirkungsgrad im Nennbetrieb	91 %

[1] Einstrahlung 1 000 W/m², Zellentemperatur 20 °C, Air Mass 1,5.

unterschiedlichen Modulneigungen und -ausrichtungen innerhalb der bei der Potentialerhebung betrachteten Bandbreite (- 45° bis + 45° Abweichung von der Südausrichtung, 20° bis 60° Dachneigung) berücksichtigt werden. Dabei wird bezüglich der Südausrichtung von einer Gleichverteilung der Dachfirstrichtungen innerhalb der berücksichtigten Bandbreite ausgegangen. Auch wird unterstellt, daß die Neigungswinkel der Gebäudedächer innerhalb der Variationsbreite näherungsweise normalverteilt sind mit einem Mittelwert bei Ein- und Zweifamilienhäusern von 35° und bei Mehrfamilienhäusern und Nichtwohngebäuden von 44°. Werden die Module auf Flachdächern installiert, wird von einer optimalen Ausrichtung und -neigung ausgegangen; dies gilt auch für auf Freiflächen installierten

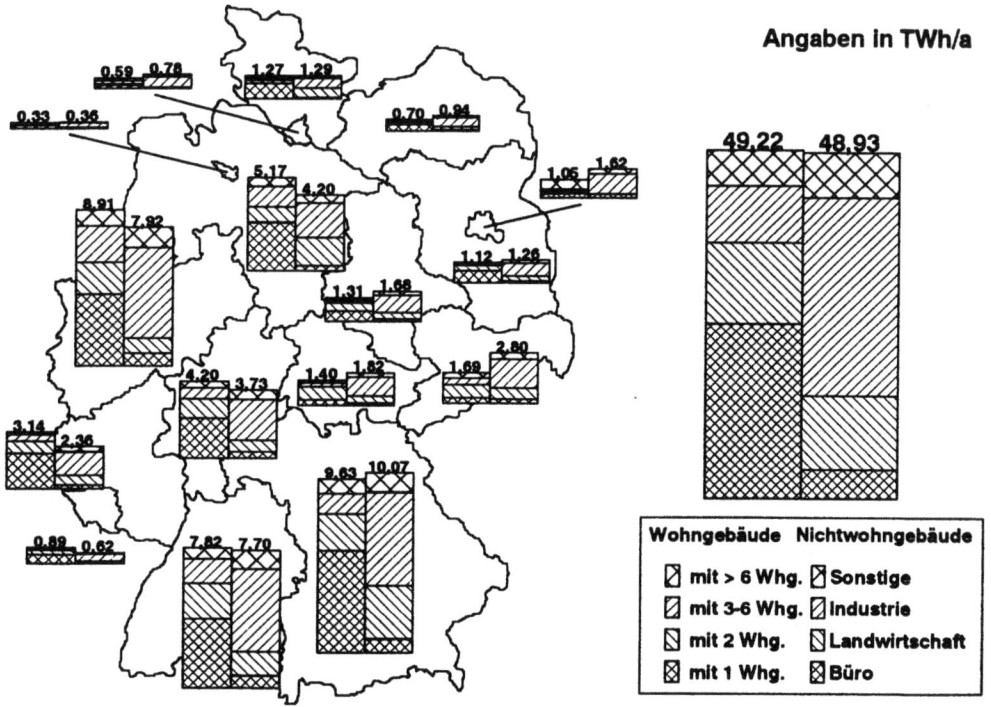

Abb. 2.18 Technische Erzeugungspotentiale einer photovoltaischen Stromerzeugung auf Gebäudedächern in den einzelnen Bundesländern und in der Bundesrepublik Deutschland

56   2 Solarthermische und photovoltaische Nutzung der Sonnenenergie

Modulen (d. h. Photovoltaikkraftwerke). Eine optimale Neigung und Ausrichtung ist dann gegeben, wenn der höchstmögliche Jahresenergieertrag an einem Standort erreicht wird. Andere Aufstellmöglichkeiten (z. B. eine Modulaufstellung mit einem steileren Neigungswinkel mit dem Ziel einer höheren Energieausbeute im Winter) werden nicht unterstellt. Auch wird eine Solarmodulnachführung nicht betrachtet, da dies aufgrund des vergleichsweise geringen Direkt- und relativ hohen Diffusstrahlungsanteils in Deutschland (vgl. Abb. 2.1) i. allg. wenig sinnvoll ist.

Abb. 2.18 zeigt die sich unter diesen Annahmen ergebenden technischen Energieerzeugungpotentiale auf Gebäuden. Demnach liegt das technische Stromerzeugungspotential auf Dachflächen in der Bundesrepublik Deutschland bei insgesamt ca. 98,1 TWh/a. Es ist ungefähr zu gleichen Teilen auf Wohngebäuden und auf Nichtwohngebäuden gegeben. Die Aufteilung auf die unterschiedenen Kategorien ist dabei prinzipiell ähnlich wie bei den solarthermisch nutzbaren Dachflächen (vgl. Abb. 2.5).

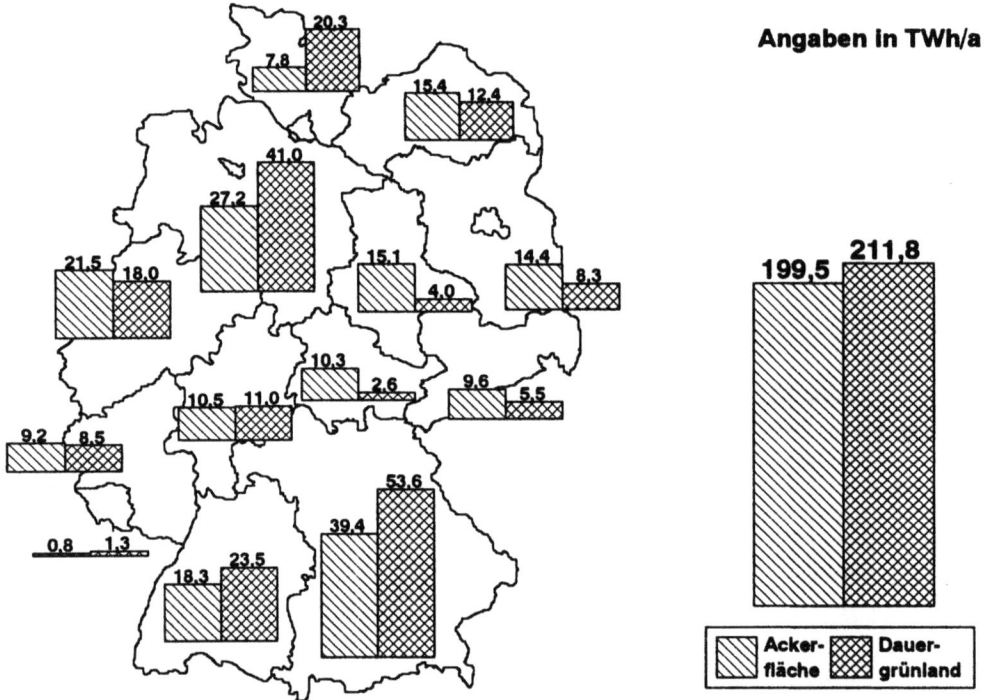

Abb. 2.19 Technische Erzeugungspotentiale einer photovoltaischen Stromerzeugung auf Freiflächen in einzelnen Bundesländern und in der Bundesrepublik Deutschland

Auf Freiflächen ist insgesamt in Deutschland ein zusätzliches Stromerzeugungspotential von ca. 411 TWh/a verfügbar, davon auf Ackerland rund 200 TWh/a und rund 212 TWh/a auf Dauergrünland (vgl. Abb. 2.19). Die hier nicht dargestellten Freiflächenenergiepotentiale in den Stadtstaaten sind in den Summenwerten für die Bundesrepublik Deutschland enthalten. Von den gezeigten Bundesländern weist Bayern das absolut größte technische Stromerzeugungspotential auf (ca. 93 TWh/a) und trägt damit zu rund einem Viertel zum Gesamtpotential in Deutschland bei.

Tabelle 2.12 zeigt den Vergleich der einwohner- und flächenspezifischen technischen Stromerzeugungspotentiale. Dargestellt sind die mittleren spezifischen Potentiale der einzelnen Bundesländer sowie die in den zugehörigen Kreisen jeweils auftretenden minimalen und maximalen spezifischen Werte. Demnach ist im Mittel in Deutschland je Einwohner und Jahr ein photovoltaisches Stromerzeugungspotential auf Gebäuden von rund 1,24 MWh/(EW a) und auf Freiflächen von ca. 4,03 MWh/(EW a) gegeben. Zwischen den einzelnen Stadt- und Landkreisen variieren diese Werte zwischen 0,07 und 3,33 MWh/(EW a) auf Dachflächen bzw. zwischen 0 und 57,12 MWh/(EW a) auf Freiflächen. Werden die Potentiale auf die Fläche des jeweiligen Kreises, des Bundeslandes oder der gesamten Bundesrepublik Deutschland bezogen, sind im Mittel 0,28 kWh/(km² a) auf Gebäuden und rund 0,89 kWh/(km² a) auf Freiflächen erzeugbar. Dabei variieren die flächenspezifischen Potentiale der einzelnen Kreise zwischen 0,03 und 7,04 kWh/(km² a) bei den Dachflächen- bzw. zwischen 0 und 3,09 kWh/(km² a) bei den Freiflächenpotentialen.

Bezogen auf das gesamte Aufkommen an elektrischer Energie in Deutschland von ca. 570 TWh in 1991 entspricht damit das technische Potential einer photovoltaischen Stromerzeugung einem Anteil von ca. 17 % auf Dach- und ca. 72 % auf Freiflächen.

Technische Endenergiepotentiale. Bei den in Tabelle 2.12 dargestellten Energiepotentialen handelt es sich um Stromerzeugungspotentiale, die sich ergeben, wenn sämtliche solartechnisch nutzbare Flächenpotentiale durch Photovoltaik-Generatoren genutzt werden. Damit stellen sie aber noch keine Endenergiepotentiale dar, die im folgenden unter Berücksichtigung netz- und bedarfseitiger Restriktionen bestimmt werden. Dabei werden vier Ansätze diskutiert, durch die eine Bandbreite aufgespannt wird, innerhalb der sich letztlich das tatsächlich gegebene Endenergiepotential bewegt. Welches technische Endenergiepotential innerhalb dieser Variationsbreite davon als das realistischste einzuschätzen ist, hängt im wesentlichen von der zukünftigen technischen und wirtschaftlichen Weiterentwicklung der photovoltaischen Stromerzeugung, den technischen und wirtschaftlichen Entwicklungen der konventionellen Konkurrenzoptionen und nicht zuletzt von den energiewirtschaftlichen und -politischen Rahmenbedingungen ab.

Ansatz I. Wird das Stromerzeugungspotential, das sich bei vollständiger Ausnutzung der technischen Flächenpotentiale auf Frei- und Dachflächen ergibt, dem Endenergieverbrauch an elektrischer Energie in der Bundesrepublik Deutschland (vgl. Kap. 1.4.1) gegenübergestellt, wird deutlich, daß das regenerative Stromerzeugungspotential den Bedarf um mehr als 15 % übersteigt. Dieser Vergleich wäre aber nur dann sinnvoll, wenn die photovoltaisch erzeugte Energie ohne jegliche Netz- und Speicherverluste direkt dem Verbraucher zugeführt werden könnte. Da dies technisch nicht möglich ist, muß zunächst das Erzeugungspotential in das Endenergiepotential unter Berücksichtigung der Netz- und Speicherverluste überführt werden (vgl. Tabelle 2.13). Dabei werden die folgenden Annahmen zugrundegelegt:
- Die an einem beliebigen Standort in der Bundesrepublik Deutschland photovoltaisch erzeugte elektrische Energie kann unter der Voraussetzung eines Ausbaus des bestehenden Verteilungsnetzes an einem beliebigen anderen in näherer Umgebung gelegenen Ort nachgefragt werden.
- Die Netzverluste (Leitungsverluste, Verluste in Transformatoren etc.) für den Transport der photovoltaisch erzeugten elektrischen Energie liegen bei ca. 5 %.
- Von der fluktuierenden regenerativen Energie muß aufgrund der saisonalen Gegenläufigkeit von Angebot und Nachfrage ein gewisser Teil gespeichert werden. Die Höhe des Speicherbedarfs hängt u. a. vom Verbrauchsprofil, der Regelfähigkeit des konventionellen Kraftwerksparks und der regenerativen Erzeugungscharakteristik ab. Simulationsrechnungen haben ergeben, daß nennenswerter Speicherbedarf erst bei einer Durchdringung von 10 bis 20 % entsteht. Die Durchdringung ist dabei definiert als der Quotient aus dem jährlichen Mittelwert der in das Netz eingespeisten

2 Solarthermische und photovoltaische Nutzung der Sonnenenergie

Tabelle 2.12 Absolute, einwohner- und flächenspezifische photovoltaische Stromerzeugungspotentiale

		Stromerzeugungspotentiale	einwohnerspezifisches Energiepotential		flächenspezifisches Energiepotential	
			Durchschnitt	Bandbreite	Durchschnitt	Bandbreite
		in GWh/a	in kWh/(EW a)		in 10^{-3} kWh/(km² a)	
Baden-Württemberg	Gebäude	15 514	1 634	1 420 - 2 005	434	182 - 839
	Freiflächen	41 918	5 552	134 - 20 805	1 474	311 - 2 112
Bayern	Gebäude	19 696	1 774	965 - 3 333	279	99 - 7 035
	Freiflächen	93 076	10 213	163 - 35 448	1 607	323 - 2 649
Berlin	Gebäude	2 578	554	554 - 554	2 000	2 000 - 2 000
	Freiflächen	99	25	25 - 25	88	88 - 88
Brandenburg	Gebäude	2 388	904	581 - 1 111	82	33 - 1 721
	Freiflächen	22 804	15 589	0 - 57 124	1 417	0 - 2 311
Bremen	Gebäude	686	1 032	1 032 - 1 032	1 697	1 697 - 1 697
	Freiflächen	374	588	588 - 588	968	968 - 968
Hamburg	Gebäude	1 384	861	861 - 861	1 832	1 832 - 1 832
	Freiflächen	293	278	278 - 278	590	590 - 590
Hessen	Gebäude	7 931	1 418	1 018 - 1 740	376	130 - 4 210
	Freiflächen	21 554	5 457	98 - 25 152	1 446	249 - 1 922
Mecklenburg-Vorpommern	Gebäude	1 634	832	607 - 1 023	69	32 - 1 307
	Freiflächen	27 849	20 657	0 - 58 182	1 702	0 - 2 309
Niedersachsen	Gebäude	9 366	1 298	985 - 1 615	198	59 - 3 283
	Freiflächen	68 250	12 697	162 - 37 064	1 935	399 - 2 921
Nordrhein-Westfalen	Gebäude	16 832	994	849 - 1 462	494	160 - 3 279
	Freiflächen	39 557	2 876	99 - 15 592	1 430	258 - 2 283
Rheinland-Pfalz	Gebäude	5 504	1 502	979 - 2 314	277	113 - 3 197
	Freiflächen	17 808	6 884	418 - 37 693	1 271	290 - 2 063
Saarland	Gebäude	1 497	1 418	1 271 - 1 485	582	267 - 1 257
	Freiflächen	2 219	2 577	603 - 6 672	1 058	523 - 1 285
Sachsen	Gebäude	4 483	915	752 - 1 167	244	84 - 2 731
	Freiflächen	15 148	4 450	0 - 22 553	1 189	0 - 1 816
Sachsen-Anhalt	Gebäude	2 987	1 007	74 - 1 187	146	48 - 1 988
	Freiflächen	19 202	12 807	0 - 49 684	1 857	0 - 2 881
Schleswig-Holstein	Gebäude	2 569	992	809 - 1 504	162	99 - 1 746
	Freiflächen	28 154	13 051	320 - 42 147	2 133	489 - 3 090
Thüringen	Gebäude	3 213	1 197	932 - 1 409	146	95 - 1 907
	Freiflächen	12 994	7 050	0 - 20 659	1 164	0 - 1 894
Bundesrepublik Deutschland	Gebäude	98 150	1 240	74 - 3 333	275	32 - 7 035
	Freiflächen	411 299	4 033	0 - 57 124	894	0 - 3 090

fluktuierenden Energie und dem Jahresenergieverbrauch in diesem Netz. Hier wird von einer technisch möglichen Durchdringung ohne Speicherbedarf von 15 % ausgegangen /2-12, 2-14/. Bei vollständiger Ausschöpfung des technischen Erzeugungspotentials wird ein Speicherbedarf von 40 % angenommen, d. h. zwei Fünftel der photovoltaisch erzeugten Energie kann dann nicht direkt

2.3 Solare Energieerzeugung

verbraucht werden, sondern muß gespeichert werden. Untersuchungen mit fiktiven Photovoltaikkraftwerken, die in Deutschland regional weit verteilt angeordnet sind, haben ähnliche Anteile ergeben /2-12, 2-14/.

- Der zu speichernde Anteil der photovoltaisch erzeugten elektrischen Energie müßte - soweit möglich - im wesentlichen zunächst in Pumpspeicherkraftwerken und danach u. U. in Wasserstoffspeichern zwischengelagert werden. Da ein Bau neuer Pumpspeicherkraftwerke in Deutschland nur in begrenztem Umfang möglich ist, wird unterstellt, daß nur rund 20 % des zusätzlichen Speicherbedarfs in Pumpspeicherkraftwerken realisiert werden kann (mittlerer Speicherwirkungsgrad rund 70 % /2-12/). Die verbleibenden vier Fünftel der zu speichernden Energie werden dann mit Wasserstoffspeichern saisonal gespeichert (mittlerer Speicherwirkungsgrad ca. 40 % /2-12/).
- Für diese maximale Ausbauvariante wird eine völlige Regel- bzw. Anpassungsfähigkeit der konventionellen Kraftwerksleistung sowohl an den elektrischen Energiebedarf als auch an die fluktuierende regenerative Erzeugungsleistung vorausgesetzt.

Tabelle 2.13 Berechnung des technischen Endenergiepotentials (Ansatz I)

Jährlicher Endenergieverbrauch aus dem öffentlichen Netz (1991) /2-13/	438,6 TWh/a
Technisches Erzeugungspotential auf Dachflächen	98,3 TWh/a
Technisches Erzeugungspotential auf Freiflächen	411,3 TWh/a
Maximale Durchdringung ohne Speicherbedarf	ca. 15 %
Verteilungsverluste	ca. 5 %
Speicherwirkungsgrad - Pumpspeicherkraftwerke	ca. 70 %
- Solarer Wasserstoff	ca. 40 %
Aufteilung Pumpspeicher zu Wasserstoffspeicher	2 : 8
Speicherbedarf bei vollständiger Potentialausschöpfung	ca. 40 %
Resultierendes technisches Endenergiepotential	379,6 TWh/a
Installierte photovoltaische Gesamtleistung	503,7 GW_p

Unter diesen Annahmen ergibt sich ein technisches Endenergiepotential einer photovoltaischen Elektrizitätserzeugung in der Bundesrepublik Deutschland von ca. 380 TWh/a und damit ca. 90 % des Endenergieverbrauchs an elektrischer Energie im Jahr 1991. Dies entspricht einer zu installierenden photovoltaischen Gesamtleistung von ca. 504 GW_p. Die regionale Verteilung dieses Potentials bzw. der dafür benötigten Leistungen innerhalb Deutschlands geben Abb. 2.20 und 2.21 wieder.

Ansatz II. Da bei hohen Anteilen photovoltaisch erzeugter elektrischer Energie am gesamten Stromaufkommen ein erheblicher Speicherbedarf auftritt und dieser zu großen Verlusten und zusätzlichen Kosten führt, wird bei diesem zweiten Ansatz unterstellt, daß eine Nutzung des photovoltaischen Erzeugungspotentials nur bis zu der Durchdringung erfolgen soll, bei der noch kein nennenswerter Speicherbedarf auftritt. Dies ist bei einer Durchdringung von ca. 15 % gegeben (vgl. /2-12, 2-14/). Unter diesen Annahmen ergibt sich für die Bundesrepublik Deutschland eine technisches Endenergiepotential einer photovoltaischen Erzeugung von rund 68,2 TWh/a und damit etwa einem Sechstel bis einem Siebtel des Endenergieverbrauchs für elektrische Energie. Wird dieses Potential für die verschiedenen Bundesländer ermittelt, ergibt sich eine regionale Verteilung gemäß Abb. 2.20. Abb.

60   2 Solarthermische und photovoltaische Nutzung der Sonnenenergie

2.21 zeigt zusätzlich die korrespondierende zu installierende photovoltaische Leistung in den einzelnen den Bundesländern und in der Bundesrepublik Deutschland.

Ansatz III. Bei Photovoltaikgeneratoren ist die größte Stromproduktion im Regelfall im Sommer bei klarem Himmel zur Mittagszeit gegeben. Damit kann auch argumentiert werden, daß maximal so viel photovoltaische Leistung ins Netz integrierbar ist, wie zu Zeiten maximal möglicher solarer Stromerzeugung noch abgenommen werden kann; die sich am Netz befindliche Last kann - soll die momentan photovoltaisch erzeugte Energie zeitgleich den Verbrauchern zugeführt werden - dann maximal gerade gleich der photovoltaisch installierten Leistung sein. Die Auslegung kann unter diesen Rahmenannahmen folglich nur auf die im Sommer zur Mittagszeit auftretende minimale Last (abzüglich Pumpspeicherarbeit und unter zusätzlicher Berücksichtigung der Stromerzeugung aus Wasserkraftwerken) erfolgen. Wird unterstellt, daß - in erster Näherung - die maximale photovoltaische Stromproduktion nur in der Zeit von 9 bis 16 Uhr in den Monaten von Anfang Mai bis Ende September erfolgt, würde sich eine installierbare photovoltaische Leistung von etwa 36 GW_p ergeben. Dies entspricht einer jährlichen photovoltaischen Stromerzeugung von insgesamt ca. 37 TWh/a in Deutschland und damit einem Anteil von rund 8,4 % bezogen auf den Endenergieverbrauch an Strom in 1991. Wird diese Untersuchung für die einzelnen Bundesländer durchgeführt, ergibt sich die in Abb. 2.20 dargestellte regionale Verteilung. Abb. 2.21 zeigt die entsprechenden Leistungen für die jeweiligen Bundesländer und die Bundesrepublik Deutschland.

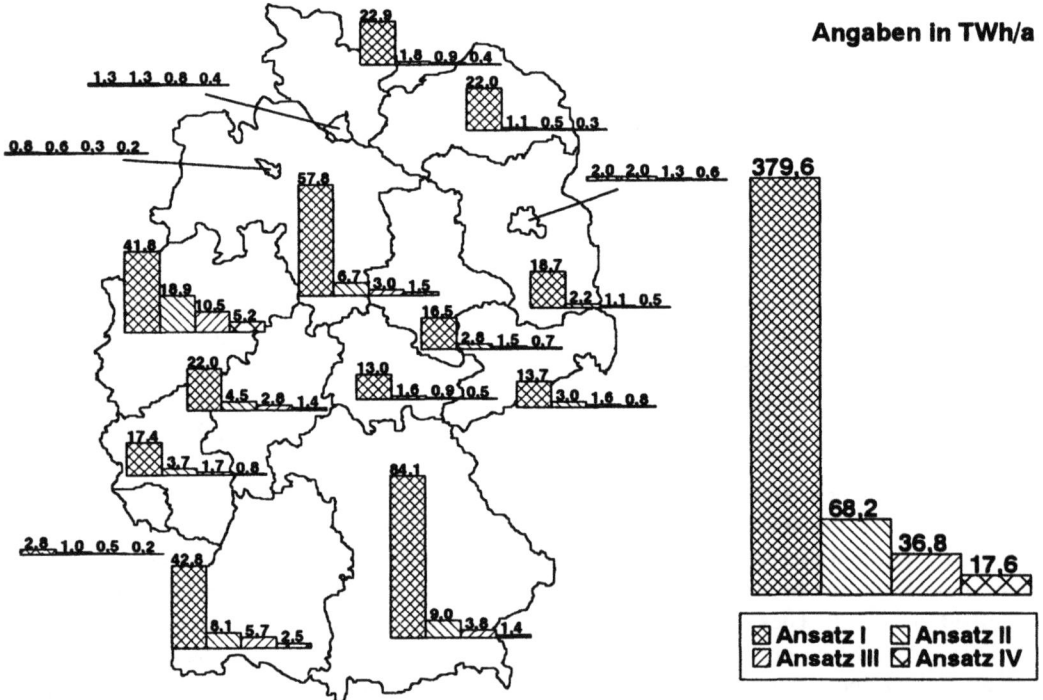

Abb. 2.20 Technische Endenergiepotentiale einer photovoltaischen Stromerzeugung nach unterschiedlichen Berechnungsansätzen

Ansatz IV. Bei den zuvor diskutierten Überlegungen (Ansatz III) wird unterstellt, daß im Sommer unter optimalen Bedingungen sämtliche konventionellen Kraftwerke abgeschaltet werden können; dies ist jedoch vor dem Hintergrund der derzeitigen Stromversorgungsstruktur und zur Erhaltung der Spannungs- und Frequenzstabilität im Netz wenig realistisch. Deshalb wird hier davon ausgegangen, daß ständig - und damit auch im Sommer - rund die Hälfte der nachgefragten und nicht durch Wasserkraft gedeckten elektrischen Energie durch den konventionellen Kraftwerkspark gedeckt werden muß. Die dann noch integrierbare photovoltaische Gesamtleistung vermindert sich damit gegenüber Ansatz III um etwas mehr als die Hälfte und in erster Näherung auch die jährliche Stromerzeugung. Sie liegt dann in der Bundesrepublik Deutschland noch bei ca. 17,6 TWh/a (vgl. Abb. 2.20) bzw. rund 4 % bezogen auf den entsprechenden Endenergieverbrauch im Jahr 1991. Die installierte photovoltaische Leistung würde unter diesen Bedingungen noch ca. 16,9 GW$_p$ betragen (vgl. Abb. 2.21).

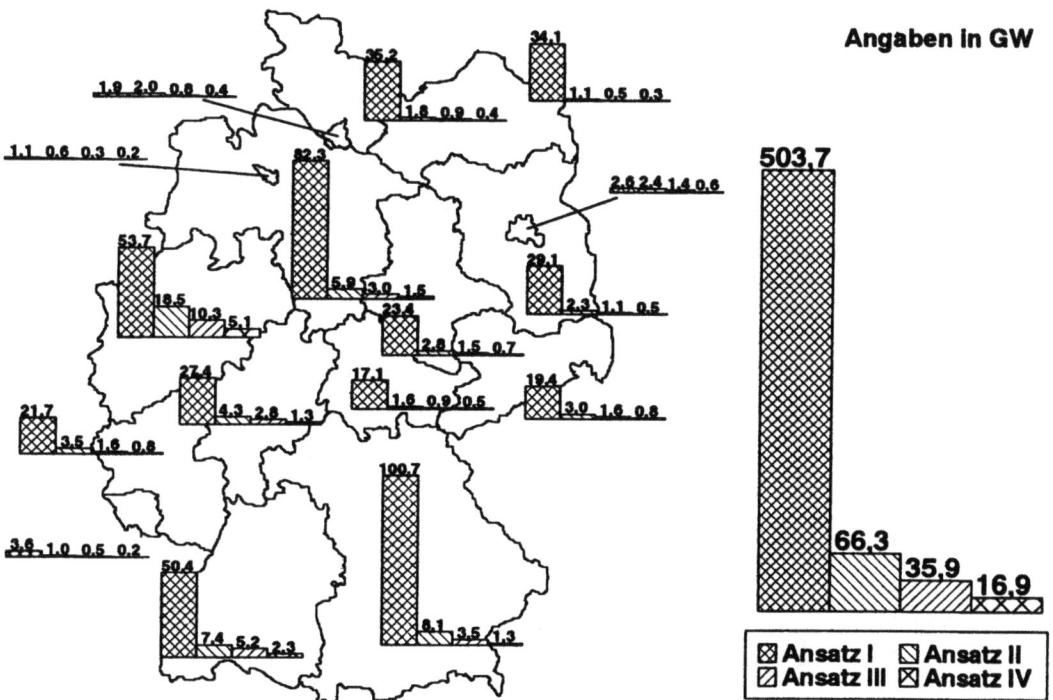

Abb. 2.21 Installierbare photovoltaische Leistung in den einzelnen Bundesländern und in der Bundesrepublik Deutschland nach unterschiedlichen Berechnungsansätzen

Vergleich der verschiedenen Ansätze. Die vier dargestellten Varianten stellen denkbare technische Endenergiepotentiale einer photovoltaischen Stromerzeugung dar. Dabei ist Ansatz I die Variante mit der maximal möglichen photovoltaischen Erzeugung. Zusätzlich zu den benötigten Speichern setzt diese Variante auch eine erhebliche Umstrukturierung der gesamten öffentlichen elektrischen Energieversorgung voraus. Sie ist daher als ein rein theoretischer Ansatz zu betrachten, der das photovoltaisch erzeugbare Endenergiepotential unter nahezu ausschließlicher Berücksichtigung der Flächenverfügbarkeitsrestriktionen angibt. Bei dieser Variante könnte ca. 90 % des elektrischen Endenergiebedarfs in Deutschland photovoltaisch gedeckt werden. Bei Ansatz II beträgt der photovoltaisch deckbare Anteil ca. 15 %, Ansatz III führt zu einem entsprechenden Anteil von etwas mehr als 8 %. Ansatz IV ist demgegenüber durch die geringste jährliche photovoltaische Stromerzeugung gekennzeichnet. Dafür sind aber keine zusätzlichen Speicher und nahezu keine Änderungen im konventionellen Kraftwerkspark notwendig. Diese Variante ist damit zwar durch das geringste Potential (rund 17,6 TWh/a bzw. rund 4 % des elektrischen Endenergiebedarfs), aber auch die geringsten zusätzlichen Investitionen gekennzeichnet.

Derzeitige Nutzung. Das technische Potential einer photovoltaischen Stromerzeugung wird bisher in der Bundesrepublik Deutschland nur in sehr beschränktem Umfang genutzt. Trotzdem war in den letzten Jahren die Installation photovoltaischer Module durch hohe Zuwachsraten gekennzeichnet. Dies geht auch aus Abb. 2.22 hervor, in der die Entwicklung der jährlich installierten Leistung photovoltaischer Anlagen in Deutschland dargestellt ist /2-31/. Besonders stark sind die Zuwachsraten zwischen 1987 und 1989 angestiegen, während sich in 1990 die jährlich installierte Leistung auf dem erreichten Niveau stabilisiert hat und nur noch geringfügig zunimmt. Daher handelt es sich um Inselsysteme wie beispielsweise die Versorgung einer Berghütte oder die einer Weidemelkanlage und um netzgekoppelte Systeme, die einen Teil der erzeugten photovoltaischen Energie ins Netz einspeisen.

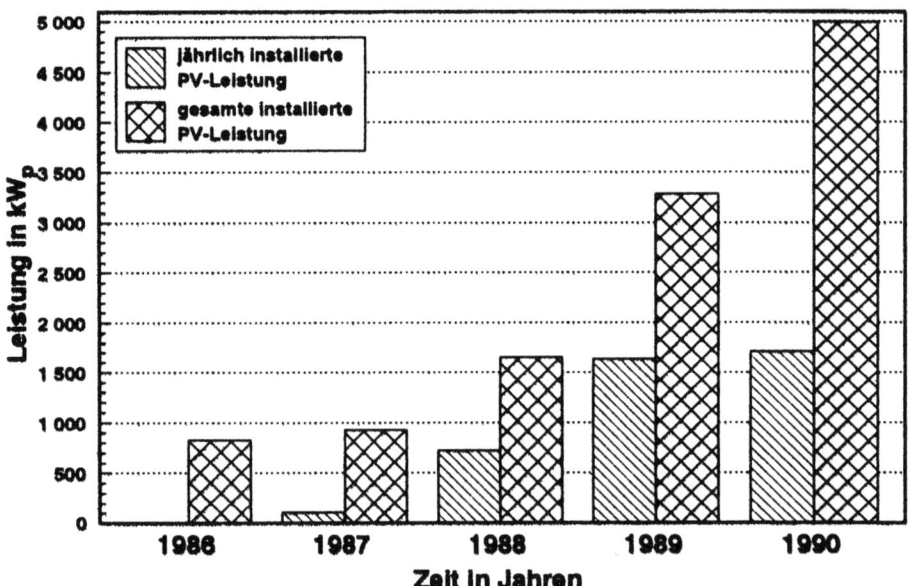

Abb. 2.22 Jährlich neu installierte und gesamte photovoltaische Leistung in der Bundesrepublik Deutschland /2-31/

Ende 1990 betrug die gesamte photovoltaisch installierte netzgekoppelte Leistung in Deutschland 1,35 MW_p (vgl. Tabelle 2.14). Damit waren insgesamt rund 12 280 m^2 an photovoltaischen Modulflächen von Anlagen, die im Netzparallelbetrieb gefahren werden, installiert. Diese Anlagen erzeugten

2.3 Solare Energieerzeugung 63

im Jahr 1990 rund 794 MWh an elektrischer Energie. Davon wurde ein Großteil direkt ins öffentliche Netz eingespeist (ca. 594 MWh), während ein kleinerer Teil (ca. 200 MWh) zur Eigenbedarfsdeckung der Anlagenbetreiber diente. Bei der erzeugten elektrischen Energie muß jedoch berücksichtigt werden, daß ein Teil der Anlagen erst im Laufe des Jahres 1990 in Betrieb gegangen sind. Geht man von rund 900 Vollaststunden im Jahr aus, ist von diesen installierten Anlagen zukünftig eine durchschnittliche Stromerzeugung von ca. 1,2 GWh/a erwarten.

Die Zunahme der photovoltaisch installierten Leistung ist im wesentlichen auf die Inbetriebnahme mehrerer größerer Photovoltaikanlagen zurückzuführen, die von den Energieversorgungsunternehmen installiert und betrieben werden. Hierbei handelt es sich um die Anlage in Kobern-Gondorf (Betreiber: RWE Energie AG) mit einer Leistung von 340 kW$_p$, die Anlage in Pellworm mit einer Leistung von 300 kW$_p$ (Betreiber: Schleswag AG) sowie die Anlage in Neunburg vorm Wald (Betreiber: Bayernwerke AG) mit einer installierten Leistung von 278 kW$_p$.

Tabelle 2.14 Photovoltaische Stromerzeugung im Jahr 1990 /2-26/

		installierte Leistung in MW$_p$	Modulfläche in 100 m²	erwartete jährliche Energieerzeugung[1] in MWh/a	erzeugte Energie 1990 in MWh
Installierte Anlagen Ende 1990	EVU	1,05	121,05	945	593
	Nicht-EVU	0,30	1,76	270	202
	Summe	1,35	122,81	1 215	795
Anlagen in Bau und in Planung seit 1991	EVU	1,22	83,13	1 098	-
	Nicht-EVU[2]	0,06	3,84	54	-
	Summe	1,28	86,97	1 152	-
Gesamtsumme		2,63	209,78	2 367	-

[1] mit der Annahme einer Vollaststundenzahl von 900 h/a.
[2] nur Anlagen größer als 5 kW$_p$.

Einen weiteren Entwicklungsschub erhält die Photovoltaik in Deutschland derzeit durch das 1 000-Dächer-Photovoltaik-Programm des Bundesministeriums für Forschung und Technologie, in dem Zuschüsse zum Bau kleiner Photovoltaikanlagen mit einer installierten Leistung von maximal 5 kW$_p$ in Höhe von 70 % der Investitionen gewährt werden können.

Der Zunahme an photovoltaischen Stromerzeugungsanlagen wird sich auch voraussichtlich in den nächsten Jahren fortsetzen. Neben den insgesamt netzgekoppelt installierten 1,35 MW$_p$ waren Anfang 1991 weitere 1,3 MW$_p$ an photovoltaischer Leistung in Bau oder in Planung. Davon ist beispielsweise die 360 kW$_p$-Anlage am Neurather See (Betreiber: RWE Energie AG) bereits Anfang 1992 ans Netz gegangen. Wird wiederum von einer durchschnittlichen Vollaststundenzahl von 900 h/a ausgegangen, werden diese Anlagen insgesamt rund 1,3 GWh/a erzeugen. Damit würde sich die zu erwartende jährliche Gesamterzeugung auf insgesamt 2,5 GWh/a erhöhen (Summe der voraussichtlichen jährlichen elektrischen Energieerzeugung aus den bereits installierten Anlagen und den geplanten bzw. in Bau befindlichen Anlagen).

64 2 Solarthermische und photovoltaische Nutzung der Sonnenenergie

Trotz der großen Zuwachsraten ist der Anteil der photovoltaisch gewonnenen elektrischen Energie am gesamten Stromaufkommen nach wie vor vergleichsweise gering (unter 0,01 % des Endenergieverbrauchs an elektrischer Energie im Jahr 1991).

2.4 Kosten einer solaren Energieerzeugung

Neben den technischen Potentialen sind die Kosten ein weiteres wichtiges Kriterium zur Bewertung der solaren Energiegewinnung. Daher werden im folgenden die mit einer solarthermischen Niedertemperaturwärmegewinnung und die mit einer photovoltaischen Stromerzeugung verbundenen Aufwendungen analysiert.

2.4.1 Solarthermische Wärmegewinnung

Zur Abschätzung der mit einer solarthermischen Wärmeerzeugung verbundenen Aufwendungen werden im folgenden zunächst die absoluten Investitionen und die Betriebs- und Wartungskosten solarthermischer Anlagen dargestellt. Anschließend werden auf dieser Basis die solaren Wärmekosten bzw. daraus die spezifischen Öläquivalentkosten bestimmt.

Systemkosten. Die Investitionen für Anlagen zur solarthermischen Niedertemperaturwärmeerzeugung streuen in einem weiten Bereich. Beispielsweise unterscheidet sich das billigste von dem teuersten Angebot bei den Flachkollektoren um den Faktor 3, bei Brauchwasserspeichern um den Faktor 2,5 und bei den Installationskosten um den Faktor 4 /2-9/. Im folgenden werden deshalb durchschnittliche Aufwendungen angegeben, die im Einzelfall jedoch u. U. auch sehr unterschiedlich sein können.

- Kollektorkreis
  Die Aufwendungen für die heute auf dem Markt erhältlichen Flachkollektoren bewegen sich einschließlich Installation bei etwa 360 DM/m^2. Für den gesamten Kollektorkreis liegen sie z. T. wesentlich höher; sie sind stark abhängig von der Größe des solarthermischen Systems (für ein Einfamilienhaus beispielsweise ca. 700 DM/m^2 und für ein solares Nahwärmesystem ca. 350 DM/m^2). Diese Differenzen sind nicht allein auf qualitative, sondern auch auf lokale und vertriebsbedingte Unterschiede zurückzuführen. Für Vakuumkollektoren, die sich durch einen höheren Wirkungsgrad und höhere erreichbare Temperaturen auszeichnen, sind Aufwendungen von etwa 1 040 DM/m^2 zu veranschlagen. Jedoch sind hier bei der Abnahme größerer Stückzahlen Reduktionen von bis zu 50 % möglich. Sonderanwendungen können jedoch deutlich abweichen. Typisches Beispiel ist ein solar beheiztes Freibad, für das sich Aufwendungen von ca. 100 DM/m^2 ergeben.
- Speicherkreis
  Die Aufwendungen für den Speicherkreis (d. h. Transport und Speicherung der gewonnenen Wärme in einem Vorratsbehälter) hängen wesentlich vom Speichervolumen ab und liegen zwischen 4 000 DM/m^3 für einen kostengünstigen 500 l-Brauchwasserspeicher ohne Wärmetauscher, rund 180 DM/m^3 für einen 27 000 m^3 fassenden Kurzzeitspeicher (Fernwärmeversorgung von Flensburg) und etwa 50 DM/m^3 für einen 100 000 m^3 Felskavernenspeicher (Lyckebo/Schweden). Zusätzlich

sind noch die Installationen zu berücksichtigen; sie liegen bei rund 20 bis 30 % der Aufwendungen für den Speicherkreis.

- Wartungs- und Betriebskosten
  Beim Normalbetrieb einer solarthermischen Anlage fallen Wartungskosten nur für den Austausch des Wärmeträgermediums und kleinere Reparaturen an (z. B. der Austausch von Dichtungen an der Pumpe). Die jährlichen Wartungsaufwendungen für die gesamte Anlage betragen daher nur ca. 2,5 % der Anlageninvestition. Für den Betrieb der solarthermischen Anlage wird außerdem Hilfsenergie benötigt, da das Wärmeträgermedium im Normalfall durch den Kollektorkreis gepumpt wird. Die Aufwendungen hierfür hängen wesentlich vom jeweiligen Strompreis ab.

Tabelle 2.15 Mittlere Investitionen und durchschnittliche Betriebskosten kleiner, dezentraler solarthermischer Anlagen /2-9/

		Ein-/Zweifamilienhaus		Mehrfamilienhaus	
		Warmwasser	Heizung und Warmwasser	Warmwasser	Heizung und Warmwasser
Solarer Deckungsgrad	in %	60	38	60	40
Feldgröße	in m²	7	25	19	46
Kollektorkreis	in DM	4 900	13 200	11 800	23 600
Speicherkreis	in DM	4 100	7 100	5 600	15 900
Summe	in DM	9 000	20 300	17 400	39 500
Spezifische Investitionen	in DM/m²	1 286	812	916	859
Wartungs- und Betriebskosten	in DM/a	170	390	340	710

Unter Berücksichtigung der oben dargestellten Aufwendungen für die unterschiedlichen Komponenten einer solarthermischen Anlage ergeben sich die in Tabelle 2.15 gezeigten gesamten Investitionen und Betriebskosten für kleine dezentrale solarthermische Anlagen zur Brauchwassererwärmung bzw. zur Raumheizung und Warmwasserbereitstellung. Insgesamt bewegen sich damit die Investitionen bei den dargestellten Systemen zwischen rund 800 und 1 300 DM/m² installierter Kollektorfläche. Dabei sind bei größeren Anlagen die Aufwendungen je Quadratmeter installierte Kollektorfläche i. allg. geringer als bei kleinen Anlagen. Die Aufwendungen für den Kollektorkreis, also für die Kollektoren, die Verbindung zum Speicher, den Wärmetauscher und die solare Regelung sind immer größer als die Aufwendungen für den Speicherkreis. Dies ist umso ausgeprägter, je größer die Gesamtinvestition der Anlage wird.

Tabelle 2.16 zeigt beispielhaft die ökonomischen Daten einer projektierten solaren Nahwärmeversorgungsanlage /2-27/; dargestellt sind die Aufwendungen der gesamten Wärmeversorgungsanlage einschließlich der zusätzlich notwendigen konventionellen Heizzentrale. Die Anlage ist zur Beheizung von 195 Reihenhäusern ausgelegt. Der solare Deckungsgrad liegt, je nach Standort, zwischen 50 und 80 %. Die Gesamtinvestitionen belaufen sich auf rund 6,2 Mio. DM. Die jährlichen Wartungs- und Instandhaltungsaufwendungen wurden mit 1,5 % der Investitionen angesetzt und dürften damit bei ca. 93 500 DM/a liegen. Zusätzlich müssen die jährlich in der Heizzentrale anfallenden Brennstoffaufwendungen berücksichtigt werden. Sie belaufen sich, je nach solarem Deckungsgrad, Standort und Wärmebedarf auf 25 000 bis 50 000 DM/a, wenn der mittlere Gasabnahmepreis für In-

Tabelle 2.16 Investitionen und Betriebskosten für ein solares Nahwärmesystem mit einem solaren Deckungsgrad von 50 bis 80 % /2-27/

Investitionen	- Kollektorkreis[1]	3 094 000 DM
	- Wärmespeicher[2]	1 689 000 DM
	- Wärmeverteilnetz[3]	1 147 000 DM
	- Heizzentrale[4]	302 000 DM
	Summe	6 232 000 DM
Betriebskosten	- Wartung und Instandhaltung[5]	ca. 93 500 DM/a
	- Brennstoffkosten[6]	25 000 - 50 000 DM/a
	Summe	118 500 - 143 500 DM/a

[1] einschließlich Rohrleitungen, Pumpe, Kollektorfläche 6 760 m^2, 458 DM/m^2.
[2] 11 000 m^3 Wärmespeicher.
[3] einschließlich Hausübergabestationen.
[4] Brennstoff Gas.
[5] 1,5 % der Investitionen.
[6] mittlerer Gasabnahmepreis für Industrieabnehmer 1991.

dustrieabnehmer zugrunde gelegt wird. Damit ergeben sich insgesamt jährlich anfallende Betriebsaufwendungen von 118 500 bis 143 500 DM/a.

Spezifische Energiebereitstellungskosten. Aus den dargestellten absoluten Investitionen und Betriebskosten solarthermischer Anlagen können die spezifischen Energiebereitstellungskosten bestimmt werden. Dabei werden die Investitionen über die unterstellte technische Anlagenlebensdauer von 20 Jahren abgeschrieben. Tabelle 2.17 zeigt die sich auf dieser Basis ergebenden spezifischen Energiebereitstellungskosten der in Tabelle 2.15 dargestellten Anlagen. Angegeben ist zunächst der solare Wärmepreis, also der Preis, der sich durch die Investitionen und die Betriebskosten der Solaranlagen ergibt. Es ist aber auch der äquivalente Brennstoffpreis dargestellt; darunter werden die Kosten der solaren Nutzenergie bewertet mit dem Wirkungsgrad eines konventionellen Heizungssystems verstanden. Für die Entscheidung eines Hausbesitzers für oder gegen die Installation einer solarthermischen Anlage ist dieser äquivalente Brennstoffpreis maßgebend, da damit und mit der zu erwartenden jährlichen Brennstoffeinsparung direkt die jährliche finanzielle Einsparung berechnet werden kann; damit kann direkt die Wirtschaftlichkeit oder Unwirtschaftlichkeit der Investition nachgewiesen werden. Da aber prinzipiell verschiedene konventionelle Heizungssysteme (Öl-, Gas- oder Kohleheizung) möglich sind, und diese jeweils unterschiedliche Wirkungsgrade aufweisen, wird hier beispielhaft nur der Heizöläquivalentpreis angegeben. Bei der Berechnung dieses äquivalenten Brennstoffpreises wird die saisonale Abhängigkeit des Kesselnutzungsgrades ebenso berücksichtigt wie der unterschiedliche Deckungsgrad der Solaranlage im Sommer und Winter. Bei einem jährlichen Deckungsgrad von rund 60 % für eine solare Brauchwassererwärmung liegt beispielsweise der Deckungsgrad in den Sommermonaten bei ca. 84 %, im Winter dagegen nur bei rund 36 %. Für eine Ölheizung kann ein Kesselnutzungsgrad für die Brauchwassererwärmung im Sommer von 55 %, im Winter von 90 % zugrunde gelegt werden. Damit ergibt sich ein mittlerer Kesselnutzungsgrad von 65 % in den Zeiten, in denen die Wärme auch durch eine Solaranlage bereitgestellt werden kann (vgl. /2-12/).

Tabelle 2.17 Spezifische Energiebereitstellungskosten einer solarthermischen Wärmeerzeugung mit kleinen dezentralen Systemen /2-12/

		Ein-/Zweifamilienhaus		Mehrfamilienhaus	
		Warmwasser	Heizung und Warmwasser	Warmwasser	Heizung und Warmwasser
Investitionen	in DM	9 000	20 300	17 400	39 500
Betriebskosten	in DM/a	170	390	340	710
Solare Nutzwärme[1]	in kWh/a	2 280	4 480	8 100	12 500
Solare Wärmekosten[2]	in Pf/kWh	37	42	20	29
Öläquivalentkosten[3]	in Pf/kWh	24	27	13	19

[1] Klimadaten Standort Stuttgart.
[2] Abschreibungsdauer 20 Jahre.
[3] auf der Grundlage eines mittleren Wirkungsgrades einer Ölheizung von 65 % in den Zeiten, in denen die Solaranlage Nutzenergie liefert.

Die in Tabelle 2.17 dargestellten Öläquivalentpreise verdeutlichen, daß zur Zeit die solare Warmwasserbereitung deutlich teurer ist als die konventionelle Brauchwasserbereitung (vgl. Kap. 1.4.2 bzw. Tabelle 1.5). Dies gilt insbesondere dann, wenn zusätzlich noch ein Teil des Raumwärmebedarfs mit Sonnenenergie gedeckt wird.

Bei der dargestellten solaren Nahwärmeversorgungsanlage würde sich - ebenfalls bei einer Abschreibungsdauer von 20 Jahren - ein solarer Wärmepreis, je nach Einstrahlungsbedingungen und Wärmebedarf, von 16 bis 23 Pf/kWh ergeben. Dabei handelt es sich um den Wärmepreis ab Speicher, d. h. die annuitätisch abgeschriebenen Investitionen beinhalten nur die Aufwendungen für den Kollektorkreis und den Speicher. Dies entspricht einem Öläquivalentpreis zwischen 12 und 17 Pf/kWh. Der gesamte Wärmepreis frei Haus, also unter zusätzlicher Berücksichtigung der Investitionen für die Wärmeverteilung und die Heizzentrale sowie die jährlich anfallenden Brennstoffkosten, liegt bei rund 21 bis 32 Pf/kWh.

Jedoch sollten diese Werte nicht als allgemein gültige Mittel- oder Richtwerte angesehen werden. In speziellen Anwendungsfällen können unter den dann gegebenen Rand- und Rahmenbedingungen erhebliche Abweichungen auftreten. Beispielsweise liegt der solare Wärmepreis bei Freibädern zwischen 5 und 10 Pf/kWh /2-12, 2-29/. Damit ist eine solare Freibadwassererwärmung bereits heute in der Regel kostengünstiger als eine konventionelle Beheizung. Ursache hierfür ist, daß bei Freibädern die Zeiten hohen Strahlungsangebotes mit den Zeiten hoher Nachfrage nach Niedertemperaturwärme unter Wegfall eines Speichersystems (das Schwimmbadwasser wirkt als Wärmespeicher) zusammenfallen.

Entscheidende Kostenänderungen und damit Verbilligungen einer Technologie ergeben sich in der Regel nur dann, wenn noch ein erheblicher Innovationsschub erwartet werden kann oder wenn der Übergang zur großtechnischen Serienproduktion kurz- bis mittelfristig bevorsteht. Dies ist bei der Technologie zur solarthermischen Wärmegewinnung jedoch in absehbarer Zeit nicht gegeben. Flachkollektoren sind bereits heute technisch weitgehend ausgereift. Demgegenüber ist aber bei Vakuumkollektoren noch ein erhebliches Entwicklungs- und damit Kostenreduktionspotential gegeben. Auch bei den Installationskosten können noch beachtliche Kostenreduktionen von 20 bis 30 %

erwartet werden, da die Installationsbetriebe bei der Montage derartiger Systeme derzeit noch über ein geringes Erfahrungspotential verfügen.

2.4.2 Photovoltaische Stromerzeugung

Zur Abschätzung der Stromgestehungskosten werden im folgenden zunächst die variablen und fixen Kosten dargestellt und daraus die absoluten Systemkosten ermittelt. Auf dieser Grundlage werden anschließend in Abhängigkeit des meteorologischen Strahlungsangebotes bzw. der dazu korrespondierenden Stromerzeugung die spezifischen Gestehungskosten für die elektrische Energie analysiert.

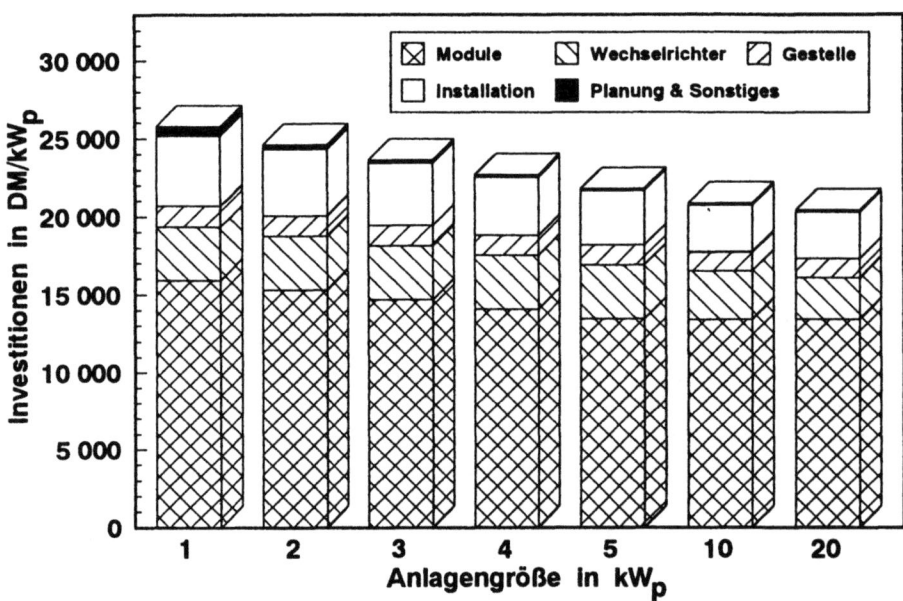

Abb. 2.23 Spezifische Investitionen photovoltaischer Anlagen im Leistungsbereich von 1 bis 20 kW$_p$ /2-15/

Systemkosten. Die gesamten Aufwendungen für die Errichtung und den Betrieb photovoltaischer Generatoren setzen sich aus den Aufwendungen für die Module, den Wechselrichter, die Gestelle, die Netzanbindung, die Planung, die Installation und den sonstigen Aufwendungen zusammen. Die Betriebskosten errechnen sich aus den Wartungs- und Instandhaltungskosten, den Versicherungskosten und den sonstigen Aufwendungen (z. B. Modulreinigung, Zählermiete). Dabei wird hier - analog der bisherigen Vorgehensweise - unterschieden zwischen Anlagen auf Gebäudedächern (d. h. Kleinanlagen im Leistungsbereich bis ca. 20 kW$_p$) und auf Freiflächen (d. h. Photovoltaikkraftwerke im MW$_p$-Bereich).

Werden Photovoltaikanlagen kleinerer Leistung auf Gebäudedächern installiert, liegen die entsprechenden Investitionen derzeit etwa in der in Abb. 2.23 dargestellten Größenordnung. Demnach sind bei Anlagen mit geringer installierter Leistung zwischen 1 und 5 kW$_p$ höhere spezifische Investitionen als bei Anlagen mit größerer Leistung gegeben. Beispielsweise liegen bei einer 1 kW$_p$-Anlage die gesamten spezifischen Anlageninvestitionen bei ca. 26 500 DM/kW$_p$, während sie bei einer 10 kW$_p$-

2.4 Kosten einer solaren Energieerzeugung

Anlage rund 20 % niedriger, d. h. bei rund 21 700 DM/kW$_p$, liegen. Ursache hierfür sind vor allem die Mengenrabatte der Modulhersteller bei größeren Abnahmemengen und die ebenfalls sinkenden spezifischen Wechselrichterkosten mit höheren installierten Leistungen.

Tabelle 2.18 Spezifische Investitionen für Photovoltaikgeneratoren, wie sie in der Bundesrepublik Deutschland derzeit angeboten werden /2-15/

Anlagengröße	Module	Wechselrichter	Gesamtinvestitionen
		Kosten in DM/kW$_p$	
ca. 1 kW$_p$	11 600 - 17 200	4 400 - 5 100	22 900 - 28 900
ca. 2 kW$_p$	10 900 - 16 500	4 000 - 4 100	22 100 - 28 100
ca. 3 kW$_p$	10 300 - 15 400	3 600 - 3 900	21 500 - 27 000
ca. 4 kW$_p$	9 700 - 15 300	3 500 - 3 900	20 200 - 25 500
ca. 5 kW$_p$	9 200 - 14 700	3 400 - 3 900	19 200 - 24 700
ca. 10 kW$_p$	9 100 - 14 600	2 500 - 3 700	18 300 - 23 900
ca. 20 kW$_p$	9 000 - 14 500	2 200 - 3 400	18 100 - 22 800

Werden die einzelnen Kostenkomponenten näher analysiert, ergeben sich die in Tabelle 2.18 dargestellten durchschnittlichen Aufwendungen. Es wird die große Schwankungsbreite deutlich, innerhalb der sie sich für die verschiedenen Module bewegen; polykristalline Photovoltaikmodule decken dabei eher das untere, monokristalline tendenziell das obere Spektrum ab. Die ebenfalls dargestellten Inverterkosten machen einen weiteren wesentlichen Anteil an den Gesamtinvestitionen eines Photovoltaikgenerators aus; hier bewegen sich die entstehenden Aufwendungen zwischen 2,9 und 5,1 DM/W$_p$.

Neben den in der Tabelle 2.18 dargestellten Modul- und Wechselrichterkosten fallen für die benötigten Befestigungsgestelle zwischen 5 und 8 % der Modulinvestitionen an. Müssen die Solarmodule - z. B. auf Flachdächern - aufgeständert werden, betragen die zusätzlichen Aufwendungen für die Traggestelle ca. 9 % der Solarmodulinvestitionen. Die Aufwendungen für die Installationsarbeiten liegen im Durchschnitt bei 15 bis 18 % der Modulinvestitionen. Dabei beinhalten diese Angaben sowohl die komplette Dachmontage als auch die Elektroinstallation inklusive Zählerkasten, Zählereinbau und Kabelkosten bis zur Kopplung an das öffentliche Netz. Die Planungsaufwendungen können - ein bestimmtes Erfahrungspotential vorausgesetzt - mit rund 1 % der gesamten Anlageninvestitionen veranschlagt werden /2-15/.

Die Betriebskosten liegen bei Anlagen auf Gebäudedächern zwischen rund 100 und 250 DM/(kW$_p$ a). Dazu gehören im wesentlichen die Wartungs- und Reparaturkosten, die Versicherungskosten und u. U. die Aufwendungen für die Zählermiete.

Bei Photovoltaikkraftwerken im Leistungsbereich von einigen Megawatt dürften die zu erwartenden Aufwendungen zwischen 16 und 18 DM/W$_p$ liegen. Davon resultiert mehr als die Hälfte aus den Solarmodulen (8,4 bis 9,5 DM/W$_p$). Rund ein Zehntel entfällt auf die nicht nachgeführten Gestelle (1,4 bis 1,6 DM/W$_p$) und knapp ein Fünftel auf die Elektrotechnik und den Blitzschutz (2,8 bis 3,2 DM/W$_p$). Zusätzlich sind nochmals 1,3 bis 1,5 DM/W$_p$ für Infrastrukturmaßnahmen und rund 1,1 bis 1,2 DM/W$_p$ für die Installation aufzubringen. Dazu addiert sich noch die Netzanbindung. Diese liegt in Abhängigkeit der lokalen Gegebenheiten zwischen rund 0,8 bis maximal 1,4 DM/W$_p$. Außerdem muß von jährlich anfallenden Betriebskosten von rund 80 bis 150 DM/(kW$_p$ a) ausgegangen werden /2-4/.

Tabelle 2.19 Absolute und spezifische Stromgestehungskosten von Photovoltaikanlagen im unteren Leistungsbereich /2-15/

Leistung	in kW$_p$	1	5	10	20
Investitionen	in DM	25 900	109 750	211 000	409 000
Jährliche Aufwendungen	in DM/a	200	815	1 520	2 880
Jährliche Energieproduktion[1]					
- Hohenpeißenberg	in kWh/a	1 202	6 010	12 020	24 040
- Würzburg	in kWh/a	1 010	5 050	10 100	20 200
- List	in kWh/a	911	4 555	9 110	18 220
- Hamburg	in kWh/a	788	3 940	7 880	15 760
Spezifische Stromgestehungskosten[2]					
- Hohenpeißenberg	in Pf/kWh	175	147	142	137
- Würzburg	in Pf/kWh	208	176	169	163
- List	in Pf/kWh	231	195	187	181
- Hamburg	in Pf/kWh	267	225	216	209
Mittlere spezifische Stromgestehungskosten					
- Hohenpeißenberg	in Pf/kWh			150	
- Würzburg	in Pf/kWh			179	
- List	in Pf/kWh			199	
- Hamburg	in Pf/kWh			229	

[1] mittlerer Energieertrag einer Modulausrichtung im Bereich von ± 45° nach Süden und einem Neigungswinkel im Bereich zwischen 25 und 60°.
[2] Abschreibungsdauer 20 Jahre.

Spezifische Stromgestehungskosten. Aus den diskutierten Anlageninvestitionen und den Betriebskosten können die über die Abschreibungsdauer der Photovoltaikanlage konstanten mittleren Stromgestehungskosten berechnet werden. Als technische Anlagenlebensdauer und damit als Abschreibungsdauer werden hier 20 Jahre zugrunde gelegt.

In Tabelle 2.19 sind für vier Anlagen im Leistungsbereich zwischen 1 und 20 kW$_p$ die sich rgebenden Stromgestehungskosten dargestellt. Beispielhaft wurden die spezifischen Gestehungskosten für vier Standorte in der Bundesrepublik Deutschland berechnet, die die Bandbreite der möglichen Einstrahlungswerte repräsentieren. Die dargestellte jährliche Energieproduktion ergibt sich als Mittelwert aus Simulationsrechnungen für Photovoltaikgeneratoren unterschiedlicher Neigung (25 bis 60°) und Südausrichtung (+/- 45° zur Südausrichtung). Demnach sind in Abhängigkeit von der installierten Leistung für den gleichen Standort die Stromgestehungskosten deutlich unterschiedlich. Beispielsweise variieren am Standort Hohenpeißenberg unter gleichen Einstrahlungsbedingungen die Stromgestehungskosten zwischen 175 (1 kW$_p$-Anlage) und 137 Pf/kWh (20 kW$_p$-Anlage). Beim Vergleich der Kosten für die vier exemplarisch betrachteten Standorte liegen die niedrigsten Gestehungskosten bei 137 Pf/kWh (Standort mit höchster Einstrahlung und Anlage mit den geringsten spezifischen Investitionen); die höchsten spezifischen Stromgestehungskosten liegen bei 267 Pf/kWh (Standort mit der niedrigsten Einstrahlung und Anlage mit den höchsten spezifischen Investionen).

In Abb. 2.24 sind die spezifischen Stromgestehungskosten einschließlich der entsprechenden Kostenbandbreite in Abhängigkeit der installierten Leistung für Anlagenleistungen bis 25 kW$_p$ dargestellt. Demnach gehen im Bereich von 1 bis 5 kW$_p$ die Gestehungskosten mit steigender Leistung deutlich zurück. Zwischen 5 und 25 kW$_p$ dagegen sinken die spezifischen Stromgestehungskosten mit steigender Leistung nur noch geringfügig. Die ebenfalls dargestellte Bandbreite resultiert aus unterschiedlichen standortabhängigen Einstrahlungsbedingungen, den verschiedenen Modulneigungs- und -ausrichtungsmöglichkeiten sowie den vom Anlagentyp (Solarmodule, Wechselrichter etc.) abhängigen spezifischen Anlageninvestitionen.

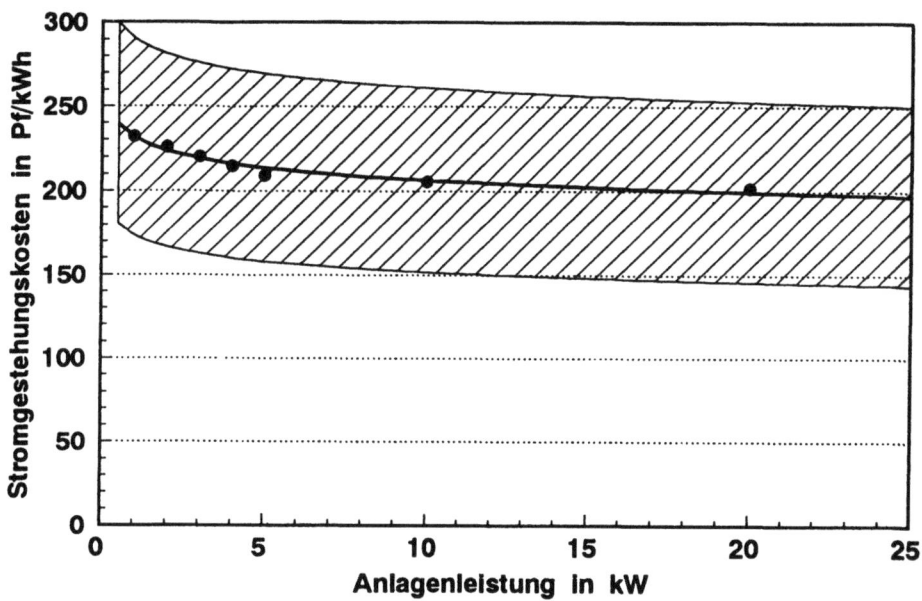

Abb. 2.24 Spezifische Stromgestehungskosten photovoltaischer Anlagen im Leistungsbereich zwischen 1 und 25 kW$_p$

Tabelle 2.20 zeigt die spezifischen Stromgestehungskosten, wie sie sich unter den diskutierten Annahmen für ein Photovoltaikkraftwerk mit einer Leistung von 1 MW$_p$ ergeben würden. Auch hier wurden die spezifischen Stromgestehungskosten für die vier unterschiedlichen Standorte bestimmt. Da bei den Photovoltaikkraftwerken immer von einer optimalen Modulausrichtung und -neigung ausgegangen werden kann, liegen die spezifischen Energieerträge im Durchschnitt höher als bei den Anlagen auf Gebäudedächern.

Verglichen mit den konventionellen Stromerzeugungsmöglichkeiten auf fossiler bzw. nuklearer Basis sind damit die spezifischen Stromgestehungskosten einer photovoltaischen Stromerzeugung derzeit noch um den Faktor 5 bis 10 höher. Werden als Bewertungsmaßstab die gegenwärtigen Industrie- oder Haushaltstarife herangezogen, reduziert sich diese Größenordnung; trotzdem bleibt eine photovoltaische Stromerzeugung deutlich teurer. Bei dieser Gegenüberstellung muß jedoch beachtet werden, daß dabei die Gestehungskosten elektrischer Energie aus etablierten und seit Jahren genutzten Systemen mit denen einer Stromerzeugungsoption verglichen werden, die noch vergleichsweise am Beginn ihrer technischen Entwicklung steht. Weiterhin ist die jederzeit gesicherte Leistung einer photovoltaischen Stromerzeugung nur gering (vgl. 2-32/); auch dies erschwert den Vergleich mit

Tabelle 2.20 Absolute und spezifische Stromgestehungskosten eines Photovoltaikkraftwerkes mit einer Leistung von 1 MW$_p$

Leistung	1 MW$_p$
Investitionen	16 Mio. DM
Jährliche Aufwendungen	115 000 DM/a
Jährliche Energieproduktion[1]	
- Hohenpeißenberg	1 274 MWh/a
- Würzburg	1 067 MWh/a
- List	964 MWh/a
- Hamburg	831 MWh/a
Mittlere spezifische Stromgestehungskosten[2]	
- Hohenpeißenberg	101 Pf/kWh
- Würzburg	121 Pf/kWh
- List	134 Pf/kWh
- Hamburg	155 Pf/kWh

[1] optimale Modulausrichtung, keine Nachführung.
[2] Abschreibungsdauer 20 Jahre.

konventionell erzeugter elektrischer Energie. Eine solche Gegenüberstellung kann deshalb nur der groben Einordnung in das gegenwärtige Energiesystem der Bundesrepublik Deutschland dienen.

3 Nutzung der Windenergie

Die Windkraft ist eine Energiequelle, die seit dem Altertum genutzt wird. Sie hat nach der ersten bzw. zweiten Ölpreiskrise erneut an energiewirtschaftlicher Bedeutung gewonnen; heute sind weltweit rund 200 000 Windkraftkonverter in Betrieb. Sie werden zum überwiegenden Teil zum Pumpen von Wasser und als mechanischer Antrieb eingesetzt. Nur rund 20 000 Anlagen arbeiten im Netzparallelbetrieb; sie haben eine maximale elektrische Leistung von rund 2 500 MW und speisen etwa 3,1 TWh/a an elektrischer Energie in die jeweiligen Netze ein. Von diesen weltweit installierten 20 000 Konvertern befinden sind ca. 16 000 Stück in Kalifornien; in Europa sind derzeit etwa 3 500 Konverter mit einer Leistung von ca. 530 MW und einer jährlichen Stromproduktion von rund 0,7 TWh/a installiert. Davon existieren rund 70 % in Dänemark, etwa 10 % in den Niederlanden und etwa 10 % in der Bundesrepublik Deutschland /3-24/.

Die Windenergie ist damit eine der regenerativen Energieformen zur Stromerzeugung, die derzeit bereits - zumindest in den westlichen Industriestaaten - einer gewissen und aufgrund der Förderprogramme in vielen Ländern steigenden Nutzung unterworfen ist. Vor diesem Hintergrund werden in diesem Kapitel die technischen Potentiale und korrespondierenden Kosten einer Stromerzeugung aus Windkraft in der Bundesrepublik Deutschland analysiert. Dazu wird zunächst das windtechnische Energieangebot dargestellt. Anschließend werden die für eine Aufstellung von Windkraftanlagen geeigneten Flächenpotentiale unter Berücksichtigung der restriktiven Parameter und der regionalen Unterschiede aufgezeigt. Daraus ergibt sich - auf der Grundlage derzeit marktüblicher Konverter - die technisch mögliche Stromerzeugung. Anschließend wird davon derjenige Anteil bestimmt, der unter Berücksichtigung netz- und bedarfsseitiger Restriktionen ins öffentliche Netz integriert werden kann. Abschließend werden die für den aus Windkraft erzeugten Strom zu veranschlagenden absoluten und spezifischen Kosten analysiert.

3.1 Windtechnisches Energieangebot

Im Hinblick auf die technische Nutzung wird im folgenden kurz das Windenergieangebot der Atmosphäre dargestellt; außerdem werden die wichtigsten physikalischen Zusammenhänge und kennzeichnenden Parameter analysiert und diskutiert. Anschließend werden die regionalen Unterschiede des Windangebots innerhalb der Gebietsgrenzen der Bundesrepublik Deutschland dargestellt.

74   3 Nutzung der Windenergie

3.1.1 Charakteristische Eigenschaften des Windangebots

Die Unterschiede in der Sonneneinstrahlung aufgrund der tages- und jahreszeitlich unterschiedlichen Einfallswinkel des Sonnenlichtes auf der Erdoberfläche, der Wechsel zwischen Tag und Nacht, der Einfluß der Bewölkung bzw. Bedeckung, die unterschiedliche Erwärmung der Seen und Meere und die verschiedenartige Aufheizung der Bodenoberfläche in Abhängigkeit des Pflanzenbewuchses und der Bebauung führen zur Ausbildung von Gebieten unterschiedlichen Luftdrucks (d. h. Hoch- und Tiefdruckgebiete). Ausgleichsbestrebungen aufgrund des entstehenden Druckgefälles bewirken Luftströmungen, die durch starke zeitliche und örtliche Schwankungen geprägt sind. Diese Luftbewegungen in den unteren Atmosphärenschichten relativ zur Erdoberfläche werden als Wind bezeichnet /3-1/.

Die Geschwindigkeit der bewegten Luftmassen ist durch große Unterschiede zwischen verschiedenen Zeitpunkten gekennzeichnet. Beispielhaft zeigt Abb. 3.1 am Beispiel eines Standortes in Norddeutschland den Jahresgang mit monats- bzw. tagesmittleren Windgeschwindigkeiten, zwei Tagesgänge mit stundenmittleren Luftströmungsgeschwindigkeiten (30. und 300. Tag) und zwei Stundenganglinien auf der Basis minutenmittlerer Geschwindigkeiten (jeweils die 12. Stunde). Aus der Darstellung geht die Variationsbreite hervor, innerhalb der die tages-, stunden- und minutenmittleren Windgeschwindigkeiten innerhalb des dargestellten Zeitraumes schwanken können. Werden beispiels-

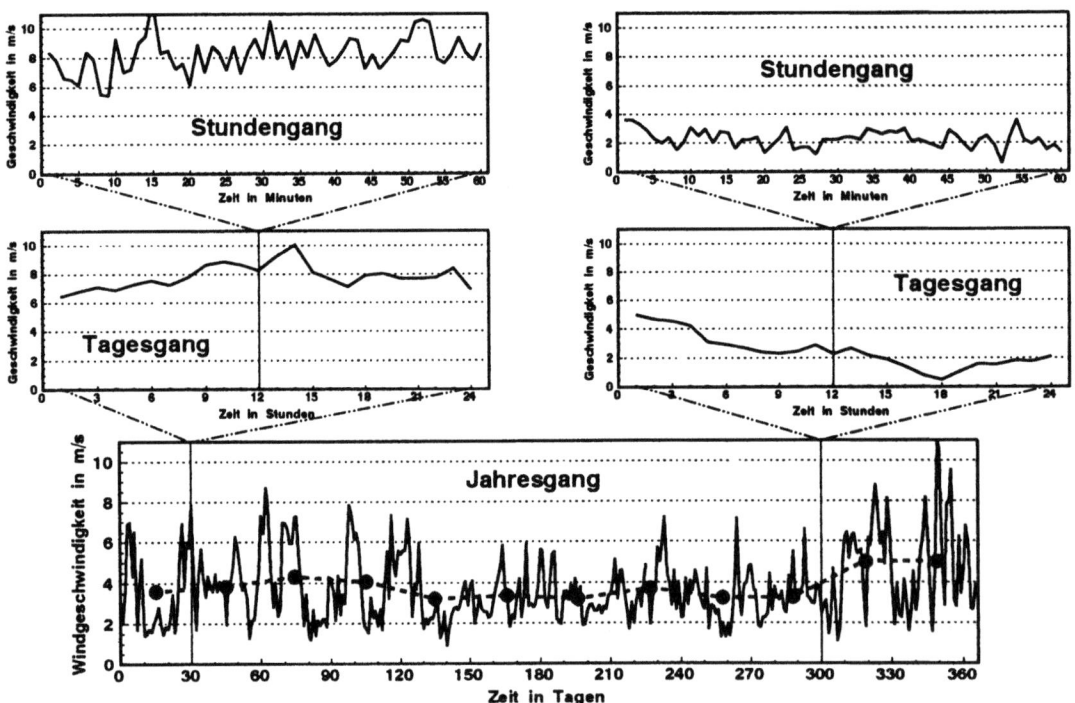

Abb. 3.1 Jahresgang sowie Tages- und Stundenganglinien gemessener Windgeschwindigkeiten am Beispiel eines Standortes in Norddeutschland (Daten nach /3-2/)

3.1 Windtechnisches Energieangebot   75

weise die Variationen der minutenmittleren Luftströmungsgeschwindigkeiten bezüglich des Stundenmittelwertes analysiert, ergeben sich Schwankungsbreiten in der Größenordnung von +/- 30 bis 40 %.

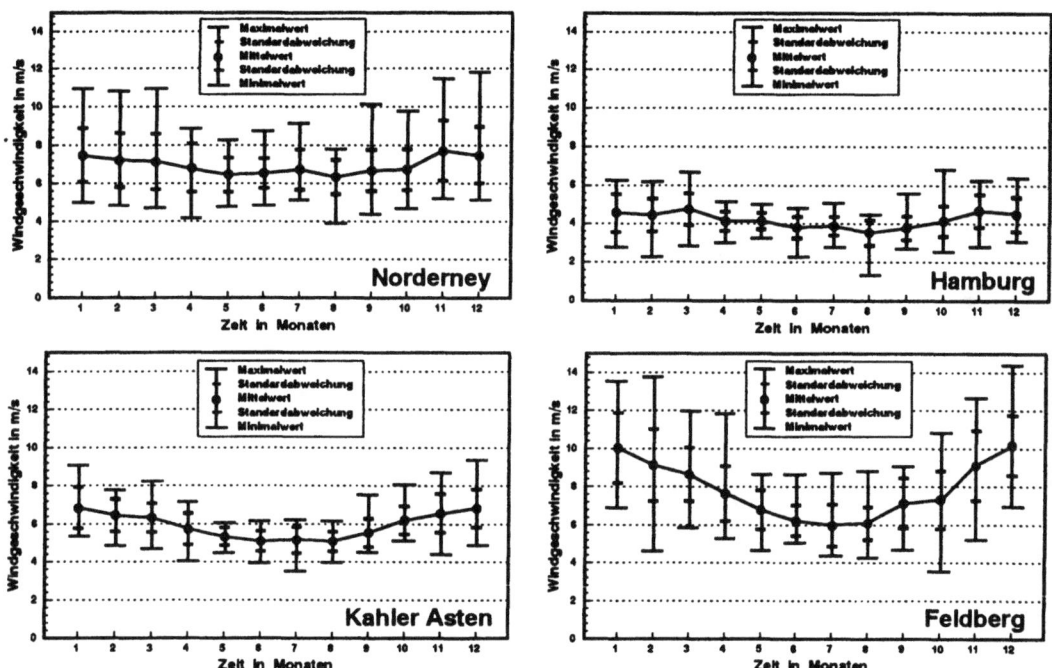

Abb. 3.2 Monatsmittlere Windgeschwindigkeiten an vier Standorten in der Bundesrepublik Deutschland im Mittel der letzten 30 Jahre (Daten nach /3-3/)

Der in Abb. 3.1 deutlich werdende Jahresgang ist in unterschiedlichen Jahren aufgrund der z. T. deutlich voneinander abweichenden meteorologischen Gegebenheiten u. U. sehr unterschiedlich. Dies zeigt Abb. 3.2; hier sind die monatsmittleren Windgeschwindigkeiten, gemessen an vier Wetterstationen in der Bundesrepublik Deutschland (Norderney, Hamburg, Kahler Asten, Feldberg/Schwarzwald), dargestellt. Zusätzlich sind, ermittelt innerhalb eines Zeitraumes von rund 30 Jahren, die aufgetretenen Maximal- und Minimalwerte sowie die Standardabweichungen gezeigt. Demnach ist jede der untersuchten Wetterstationen durch einen charakteristischen Jahresgang gekennzeichnet, der jedoch bei Standorten im Binnenland deutlich stärker ausgeprägt ist.

Nahezu unabhängig von den lokalen Gegebenheiten kann jedoch innerhalb der Bundesrepublik Deutschland davon ausgegangen werden, daß die Sommermonate durch unter dem Jahresmittel liegende Windgeschwindigkeiten gekennzeichnet sind (vgl. auch /3-4/). Demgegenüber herrschen im Verlauf der Wintermonate im langjährigen Mittel überdurchschnittliche Luftströmungsgeschwindigkeiten vor. In Abb. 3.2 wird aber auch deutlich, daß die jeweiligen monatsmittleren Windgeschwindigkeiten an unterschiedlichen Jahren innerhalb eines großen Bereichs streuen können. Beispielsweise liegt das Windgeschwindigkeitsmittel auf dem Feldberg im Januar bei rund 10 m/s; im Verlauf der letzten 30 Jahre wurden jedoch auch Monatsmittelwerte von nur rund 7 m/s oder sogar ca. 13,5 m/s gemessen. Vergleichbare, wenn auch nicht immer so große Unterschiede der Windgeschwindigkeiten

76   3 Nutzung der Windenergie

und damit des Windenergieangebots sind an praktisch allen Standorten in der Bundesrepublik Deutschland gegeben.

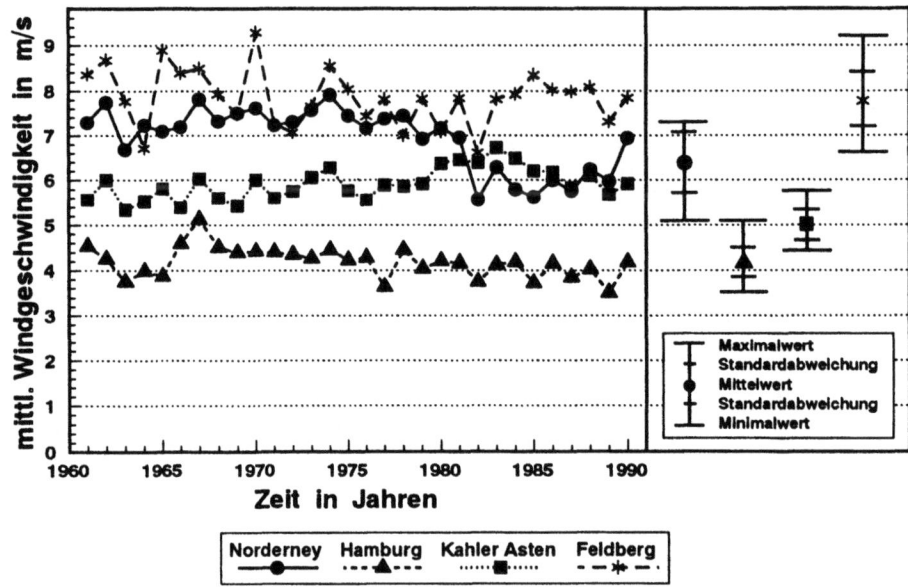

Abb. 3.3 Jahresmittlere Windgeschwindigkeiten an vier unterschiedlichen Standorten in der Bundesrepublik Deutschland im Verlauf der letzten 30 Jahre (Daten nach /3-3/)

Diese Variationsbreite der monatsmittleren Windgeschwindigkeiten gleicht sich auch innerhalb eines Jahres nicht aus. Abb. 3.3 zeigt die Zeitreihen der jahresmittleren Windgeschwindigkeiten an vier Standorten (Norderney, Hamburg, Kahler Asten, Feldberg/Schwarzwald; vgl. Abb. 3.2) der Jahre 1961 bis 1990. Es werden die doch erheblichen Unterschiede der Durchschnittswindgeschwindigkeiten zwischen verschiedenen Jahren deutlich. Beispielsweise schwankten die jahresmittleren Windgeschwindigkeiten innerhalb des betrachteten Zeitraumes auf dem Feldberg zwischen 6,6 m/s und 9,3 m/s bei einem Mittelwert von 7,8 m/s und damit um rund ein Fünftel. Vergleichbar dazu sind auch die Variationen an anderen Standorten innerhalb der Bundesrepublik Deutschland.

Die in Abb. 3.1 bis 3.3 dargestellten Windgeschwindigkeiten sind jedoch sehr stark abhängig von der Höhe über Grund. Ursache ist das Verhalten der bodennahen Atmosphärenschichten (vgl. Abb. 3.4 /3-5/), die nach unten durch die Erdoberfläche, nach oben durch die sogenannte freie Atmosphäre begrenzt werden. Darunter werden die Luftschichten verstanden, die von der Oberflächenrauhigkeit nur unwesentlich beeinflußt werden.

Zwischen der Erdoberfläche und der freien Atmosphäre, die etwa bei einer Höhe von rund einem Kilometer über Grund beginnt /3-4/, liegt die planetarische Grenzschicht. Sie wird im wesentlichen unterteilt in die Oberflächenschicht und die Ekmann-Schicht (vgl. Abb. 3.4). Die Oberflächenschicht ist der Teil der Atmosphäre, innerhalb dessen eine Windkraftnutzung möglich ist. Diese Atmosphärenschicht wird gleichzeitig aber auch am stärksten von der Oberflächenbeschaffenheit beeinflußt. Innerhalb der Oberflächenschicht sind deshalb auch die Unterschiede in den Luftbewegungen aufgrund der Einflüsse der Erdoberfläche am größten. Dadurch kommt es mit abnehmender Entfernung

3.1 Windtechnisches Energieangebot   77

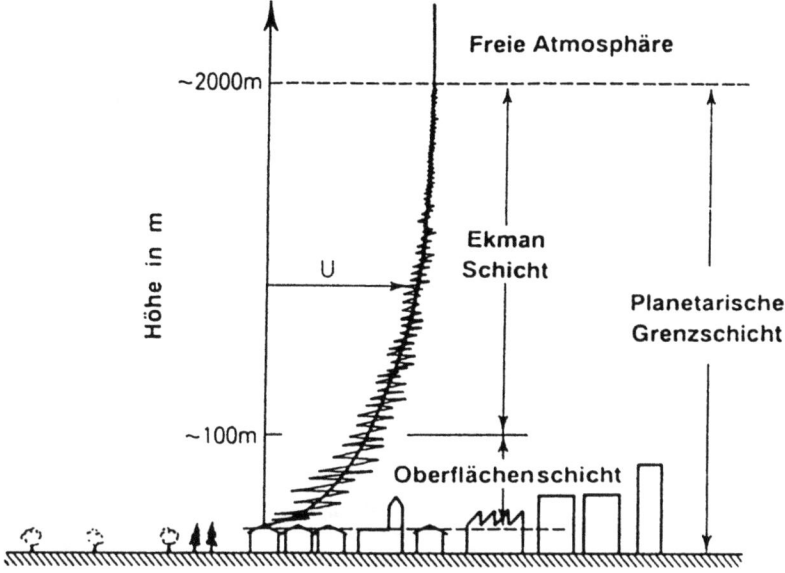

Abb. 3.4 Aufteilung der oberflächennahen Schichten der Erdatmosphäre /3-5/

zur Oberfläche zu einer zunehmenden Abbremsung der bewegten Luftmassen. Im Umkehrschluß nimmt damit die mittlere Windgeschwindigkeit mit zunehmender Höhe über Grund in den bodennahen Schichten deutlich, in größerer Höhe geringfügiger zu (vgl. Abb. 3.4) /3-5/. Die mittlere Geschwindigkeitserhöhung ist - da die bewegten Luftmassen beispielsweise von Sträuchern, Bäumen und Gebäuden unterschiedlich stark abgebremst werden - abhängig von den lokalen Gegebenheiten und ist folglich über bewaldetem oder bebautem Gebiet deutlich ausgeprägter als über Wiesen oder Wasserflächen. Dieser Anstieg der mittleren Luftströmungsgeschwindigkeit in Abhängigkeit der Höhe über Grund kann näherungsweise durch eine Exponentialfunktion beschrieben werden (Hellmann'sche Höhenformel, vgl. /3-6/), die diese lokalen Einflußgrößen berücksichtigt.

Werden zehnminutenmittlere Windgeschwindigkeiten eines konkreten Standortes - gemessen beispielsweise im Monats- oder Jahresverlauf - entsprechend der Wahrscheinlichkeit des Auftretens einzelner Geschwindigkeitswerte sortiert, ergibt sich - unabhängig vom untersuchten Zeitraum, vom Standort und von der Meßhöhe - eine typische Verteilung. Die zugehörige Dichtefunktion zeigt immer - bei zunehmenden Windgeschwindigkeiten - zunächst einen schnellen Anstieg, dann ein Maximum und ein abschließendes langsames Auslaufen (vgl. /3-7/). Dieses Verhalten läßt auf eine typische Lebensdauerverteilung schließen und kann durch eine Weibull- oder Rayleigh-Verteilung beschrieben werden /3-8/. Abb. 3.5 zeigt am Beispiel eines Standortes im Oberrheintalgraben die Dichtefunktionen der Windgeschwindigkeiten in unterschiedlichen Höhen über Grund /3-9/. Unabhängig von der Meßhöhe wird die typische Form der Weibull-Verteilung deutlich. Aus der Darstellung geht aber auch hervor, daß sich - am gleichen Standort - mit zunehmender Höhe über Grund die Form der Dichtefunktion verändert. Sie wird flacher und das Maximum liegt bei zunehmend größeren Windgeschwindigkeiten. Für dieses Verhalten ist der ebenfalls in Abb. 3.4 deutlich werdende Anstieg der mittleren Windgeschwindigkeit mit zunehmender Höhe über Grund verantwortlich.

78   3 Nutzung der Windenergie

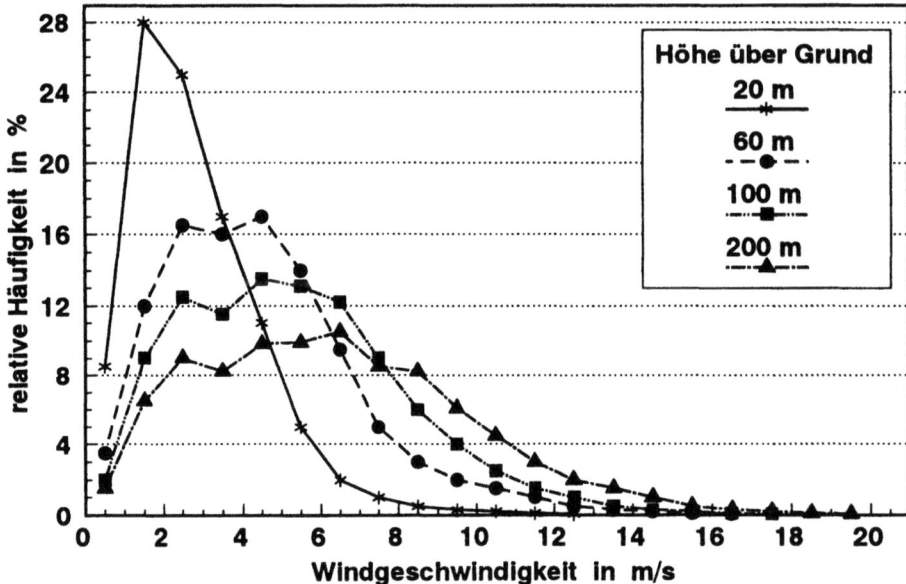

Abb. 3.5 Relative Häufigkeitsverteilung der Windgeschwindigkeit für unterschiedliche Höhen über Grund am Beispiel eines Standortes im Oberrheintalgraben /3-9/

3.1.2 Windgeschwindigkeitsverteilung innerhalb Deutschlands

Aufgrund der in Kap. 3.1.1 diskutierten Zusammenhänge ist das Windenergieangebot innerhalb der Bundesrepublik Deutschland sehr großen Schwankungen unterworfen. Beispielsweise kommen die höchsten mittleren Luftströmungsgeschwindigkeiten in Deutschland vor und an der Küste vor, da die bewegten Luftmassen über dem Meer nur wenig abgebremst werden. Im Binnenland nehmen die Durchschnittsgeschwindigkeiten mit zunehmendem Abstand von der Küste stark ab. Aufgrund der

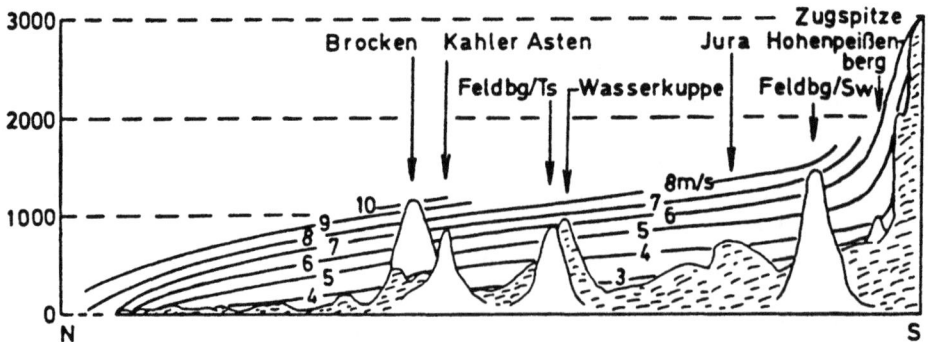

Abb. 3.6 Höhenverdrängung der Isoventen über der Bundesrepublik Deutschland /3-10/

3.1 Windtechnisches Energieangebot   79

Bodenrauhigkeit über Land kommt es zu einer Verschiebung der Linien gleicher mittlerer Windgeschwindigkeit in immer größere Höhen über Grund. Beispielsweise zeigt Abb. 3.6 die Höhenlage verschiedener Isoventen (d. h. Linien gleicher mittlerer Windgeschwindigkeit) in Nord-Süd-Richtung innerhalb Deutschlands zwischen der Nordsee und der Zugspitze /3-10/. Entsprechend der geografischen Breite sind die außerhalb der exakten Verbindungslinie gelegenen markanten Bergkuppen (Brocken, Kahler Asten, Feldberg (Taunus), Feldberg (Schwarzwald)) auf die Schnittebene projiziert. Demnach ist die Nordseeküste durch mittlere Windgeschwindigkeiten von 6 m/s und mehr gekennzeichnet; im Binnenland sind in der Regel nur durchschnittliche Geschwindigkeiten von weniger als 4 m/s, in Bodennähe sogar nur unterhalb von 3 m/s gegeben.

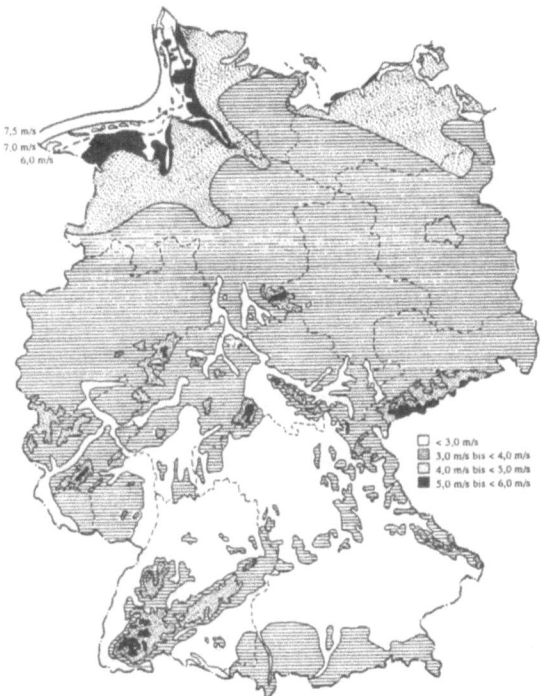

Abb. 3.7 Zonen gleicher mittlerer Windgeschwindigkeiten in der Bundesrepublik Deutschland (nach /3-11/)

Diese Zusammenhänge projeziert auf die Bundesrepublik Deutschland zeigt Abb. 3.7. Demnach ist die Nordsee weit vor der Küstenlinie durch Windgeschwindigkeiten von über 7,5 m/s gekennzeichnet. Auf den ost- und westfriesischen Inseln bzw. im Wattenmeer und im Bereich der deutschen Ostseeinseln sind in langjährigen Durchschnitt mittlere Luftströmungsgeschwindigkeiten zwischen 6 und 7 m/s gegeben. An der Küste und im daran anschließenden Binnenland liegen die Geschwindigkeiten aufgrund der Abbremsungseffekte der (rauhen) Landoberfläche niedriger. Beispielsweise werden an der Nordseeküste im Schnitt noch mittlere Windgeschwindigkeiten zwischen 5 und 6 m/s, in daran anschließenden Binnenland und an der Ostseeküste nur noch zwischen 4 und 5 m/s gemessen. Windgeschwindigkeiten in dieser Größenordnung kommen im Binnenland nur auf den Höhenlagen bzw. den höchsten Erhebungen der Mittelgebirge vor. Neben kleineren Hügeln sind dies im wesentli-

80　3 Nutzung der Windenergie

chen der Harz, das Rothaargebirge, die Eifel, der Hunsrück, die Röhn, der Thüringer Wald, das Erzgebirge, der Bayerische Wald, die Schwäbische Alb und der Schwarzwald. Auf der verbleibenden Gebietsfläche Deutschlands herrschen im nördlichen Teil mittlere Windgeschwindigkeiten zwischen 3 und 4 m/s, im südlichen Teil zwischen 2 und 3 m/s vor. In den geschützten Flußtälern im Süddeutschland liegen die mittleren Luftströmungsgeschwindigkeiten sogar noch unter 2 m/s (vgl. Abb. 3.7).

3.2 Windtechnisch nutzbare Flächenpotentiale

In Kap. 3.1 wurden die theoretischen Grundlagen des Windenergieangebots und dessen regionale Verteilung diskutiert. Darauf aufbauend ist es das Ziel dieses Abschnittes, das korrespondierende windtechnisch nutzbare Flächenpotential (d. h. die Fläche, die für eine Installation von Windkraftanlagen technisch geeignet ist) in jedem Kreis der Bundesrepublik Deutschland zu erheben. Zunächst wird die Vorgehensweise diskutiert, die eine Bestimmung der windtechnisch nutzbaren Gebietsflächen ermöglicht. Anschließend werden die potentialmindernden Kriterien analysiert. Schließlich werden die sich unter Berücksichtigung dieser restriktiven Größen ergebenden technischen Flächenpotentiale dargestellt und deren regionale Verteilung aufgezeigt.

3.2.1 Vorgehensweise zur Flächenbestimmung

Ausgehend von den Isolinien gleicher mittlerer Windgeschwindigkeit in der Bundesrepublik Deutschland (vgl. Abb. 3.7) können - in jedem Kreis - die korrespondierenden Flächen ermittelt werden, die von den Isoventen eingeschlossen werden. Dazu werden die Linien gleicher jahresmittlerer Luftströmungsgeschwindigkeit auf eine großmaßstäbliche Deutschlandkarte übertragen, auf der u. a. die Kreisgrenzen dargestellt sind. Damit können die von den Isolinien eingeschlossenen Flächen innerhalb eines Kreises näherungsweise bestimmt werden.

Zunächst wird die Gebietsfläche, die von einem Kreis überdeckt wird, in viele Rasterflächenelemente definierter Größe unterteilt, die verglichen mit der Kreisfläche klein sind. Liegt die Gesamtfläche eines Rasters vollständig innerhalb oder außerhalb des jeweils betrachteten Merkmals, stimmt diese Vorgehensweise mit den tatsächlichen Gegebenheiten überein. Dies ist nicht der Fall, wenn beispielsweise eine Kreis- oder Isoliniengrenze durch eine Rasterfläche läuft. Hier wird das gesamte Flächenelement dann dem Merkmal zugeordnet, das im Rastermittelpunkt gegeben ist. Dabei ergeben sich aber an den Kreis- bzw. Isoliniengrenzen zwangsläufig und methodenimmanent Unschärfen. Es kann jedoch davon ausgegangen werden, daß sie sich bei einer entsprechend kleinen Rasterfläche bezogen auf die untersuchte Gesamtfläche weitgehend ausgleichen.

Die Anzahl der Rasterelemente in einem Kreis und innerhalb der von den Isolinien gleicher mittlerer Windgeschwindigkeiten eingeschlossenen Gebiete wird anschließend rechnergestützt ermittelt. Aus dem Verhältnis beider Größen ergibt sich der Anteil an der Kreisfläche, auf der ein bestimmtes Windgeschwindigkeitsmittel vorherrscht. Wird die statistisch erfaßte Katasterfläche mit diesem Prozentsatz multipliziert, kann die korrespondierende absolute Gebietsfläche errechnet werden.

3.2.2 Flächenpotentiale gleicher mittlerer Windgeschwindigkeit

Wird die in Kap. 3.2.1 beschriebene Vorgehensweise für jeden Kreis der Bundesrepublik Deutschland durchgeführt, kann die Fläche ermittelt werden, auf der das entsprechende Jahresmittel der Windgeschwindigkeit gegeben ist. Abb. 3.8 zeigt für verschiedene Bundesländer die entsprechenden Gebietsflächen in Abhängigkeit bestimmter im Jahresmittel vorliegender Windgeschwindigkeitsintervalle. Dabei sind die Stadtstaaten aus Übersichtlichkeitsgründen nicht dargestellt, in der für die Bundesrepublik Deutschland ausgewiesenen Gesamtsumme jedoch enthalten.

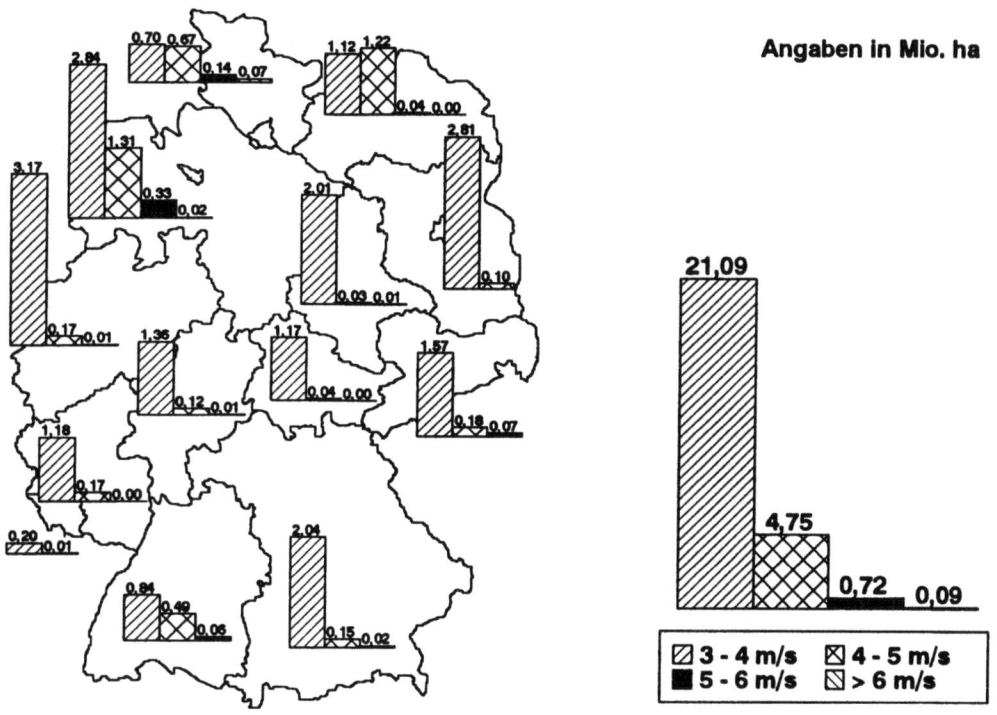

Abb. 3.8 Flächen mit ähnlichen Windgeschwindigkeiten (bezogen auf eine Meßhöhe von 10m über Grund)

In Abb. 3.8 wird deutlich, daß in praktisch allen Bundesländern Flächen gegeben sind, auf denen im Jahresmittel eine Durchschnittswindgeschwindigkeit zwischen 3 und 4 m/s vorherrscht. Hier liegen - bezogen auf die jeweilige Landesfläche - auch vergleichsweise hohe Flächenpotentiale vor, die - abgesehen von der Gebietsfläche Bremens, wo die mittlere Windgeschwindigkeit über diesem Windgeschwindigkeitsmittel liegt - in der Größenordnung zwischen ca. 23 % (Baden-Württemberg) und 100 % (Berlin) der jeweiligen Landesfläche liegen (vgl. Tabelle 3.1). Insgesamt herrschen auf rund drei Fünftel der Gebietsfläche Deutschlands diese mittleren Luftströmungsgeschwindigkeiten vor.

Im Gegensatz dazu nehmen die Flächen, auf denen Windgeschwindigkeiten zwischen 4 und 5 m/s im Jahresdurchschnitt vorherrschen, nur rund 13 % der Gebietsfläche Deutschlands ein. Hier sind jedoch - wieder bezogen auf die jeweilige Landesfläche - sehr große regionale Unterschiede gegeben (vgl. Abb. 3.8); beispielsweise liegen die jahresmittleren Windgeschwindigkeiten in ganz Berlin unterhalb, dagegen auf rund vier Fünftel der Katasterfläche Bremens innerhalb dieses Geschwindigkeitsintervalls. Grundsätzlich sind in den Küstenländern (d. h. Schleswig-Holstein, Niedersachsen, Bremen, Hamburg) die Anteile der Gesamtfläche an der Gebietsfläche, die durch dieses Windgeschwindigkeitsmittel gekennzeichnet ist, überproportional hoch. Im Binnenland zeigen nur Baden-Württemberg und Sachsen aufgrund der dort gegebenen Mittelgebirge Gebietsflächen mit solchen Durchschnittswindgeschwindigkeiten, die ein Zehntel und mehr der Landesfläche einnehmen.

Auch bei noch höheren Windgeschwindigkeiten sind solche regionalen Unterschiede gegeben. Insgesamt gesehen nehmen jedoch die Flächen, auf denen ein so hohes Windgeschwindigkeitsniveau vorherrscht, nur einen sehr geringen Anteil an der Gesamtfläche Deutschlands ein. Jahresmittlere Windgeschwindigkeiten zwischen 5 und 6 m/s sind nur noch auf rund 716 000 ha (rund 2 % des Bundesgebietes) und über 6 m/s auf ca. 91 000 ha (etwa 0,25 % der Fläche Deutschlands) gegeben (vgl. Tabelle 3.1). Liegen jahresmittlere Windgeschwindigkeiten zwischen 5 und 6 m/s noch in allen Bundesländern mit Ausnahme von Berlin, Brandenburg, Hamburg und dem Saarland vor, sind höhere Luftströmungsgeschwindigkeiten (> 6 m/s) im nennenswertem Umfang nur noch in Schleswig-Holstein, Niedersachsen und Mecklenburg-Vorpommern und damit in den Küstenregionen der Nord- und Ostsee gegeben.

Diese Zusammenhänge gehen aus Abb. 3.8 hervor. Flächenpotentiale mit mittleren Windgeschwindigkeiten von mehr als 4 m/s (d. h. Luftströmungsgeschwindigkeiten, die mit der derzeitigen Technologie sinnvoll technisch genutzt werden können), kommen in größerem Umfang im wesentlichen nur den deutschen Nord- und Ostseeregionen vor (Niedersachsen, Mecklenburg-Vorpommern und Schleswig-Holstein). Im Binnenland sind kleinere Potentiale - hauptsächlich in den Mittelgebirgen - in Nordrhein-Westfalen, Rheinland-Pfalz, Sachsen und Baden-Württemberg gegeben. Sehr geringe Potentiale existieren in den vornehmlich in Mittel- und Süddeutschland liegenden Bundesländern, die durch eine eher flache Topografie gekennzeichnet sind (d. h. Bayern, Sachsen-Anhalt und Thüringen).

3.2.3 Potentialmindernde Kriterien und restriktive Parameter

Bei den entsprechend der in Kap. 3.2.1 dargestellten Vorgehensweise ermittelten und in Kap. 3.2.2 dargestellten Flächen handelt es sich um Gebiete, in denen im langjährigen Durchschnitt - bestimmt auf der Basis weniger Meßstationen und bezogen auf eine Meßhöhe von 10 m über Grund (vgl. /3-4/) - Windgeschwindigkeiten vorliegen, die sich innerhalb einer gewissen Bandbreite bewegen. Diese Flächen stellen damit noch keine windtechnisch nutzbaren Flächenpotentiale dar. Eine Installation von Windenergiekonvertern ist nur auf einem Teil dieser Gebiete möglich, da ein nicht unbedeutender Anteil bereits anderweitig genutzt wird.

Die Kriterien, die eine Nutzung der Windenergie auf den durch ein bestimmtes Windgeschwindigkeitsmittel gekennzeichneten Gebietsflächen ausschließen, können in zwei Kategorien unterteilt werden.

Bei der ersten Gruppe handelt es sich um restriktive Parameter, die eine windtechnische Nutzung vollständig ausschließen. Beispielsweise können bzw. dürfen auf den Gebäude- und sie umgebenden Freiflächen, auf Betriebs- und Verkehrsflächen, in Naturschutzgebieten und auf Erholungsflächen keine Konverter zur großtechnischen Nutzung der Windenergie installiert werden. Neben diesen eher

3.2 Windtechnisch nutzbare Flächenpotentiale

Tabelle 3.1 Flächen unterschiedlicher Windgeschwindigkeitsintervalle einschließlich der jeweiligen Anteile (Windgeschwindigkeiten bezogen auf eine Meßhöhe von 10 m über Grund)

	Gebiete mit mittleren Windgeschwindigkeiten von					
	< 3 m/s	3 - < 4 m/s	4 - < 5 m/s	5 - < 6 m/s	> 6 m/s	> 4 m/s
	in 1 000 ha (in % der Landesfläche)					
Baden-Württemberg	2 187 (61,2)	837 (23,4)	488 (13,6)	63 (1,8)	0 (0,0)	551 (15,4)
Bayern	4 851 (68,8)	2 035 (28,8)	146 (2,1)	24 (0,3)	0 (0,0)	169 (2,4)
Berlin	0 (0,0)	88 (100,0)	0 (0,0)	0 (0,0)	0 (0,0)	0 (0,0)
Brandenburg	0 (0,0)	2 808 (96,6)	98 (3,4)	0 (0,0)	0 (0,0)	98 (3,4)
Bremen	0 (0,0)	0 (0,0)	33 (80,5)	8 (7,0)	0 (0,0)	40 (100,0)
Hamburg	0 (0,0)	15 (20,3)	60 (79,7)	0 (0,0)	0 (0,0)	60 (79,7)
Hessen	626 (29,7)	1 357 (64,3)	116 (5,5)	12 (0,6)	0 (0,0)	129 (6,1)
Mecklenburg-Vorpommern	0 (0,0)	1 118 (46,9)	1 222 (51,3)	41 (1,7)	3 (0,1)	1 266 (53,1)
Niedersachsen	230 (4,9)	2 844 (60,1)	1 308 (27,6)	331 (7,5)	21 (0,4)	1 660 (35,1)
Nordrhein-Westfalen	55 (1,6)	3 167 (93,0)	174 (5,1)	10 (0,3)	0 (0,0)	184 (5,4)
Rheinland-Pfalz	634 (31,9)	1 179 (59,4)	169 (8,5)	3 (0,1)	0 (0,0)	172 (8,7)
Saarland	45 (17,5)	199 (77,3)	13 (5,2)	0 (0,0)	0 (0,0)	13 (5,2)
Sachsen	11 (0,6)	1 566 (85,4)	184 (10,0)	73 (4,1)	0 (0,0)	257 (14,0)
Sachsen-Anhalt	4 (0,2)	2 008 (98,2)	27 (1,3)	6 (0,3)	0 (0,0)	33 (1,6)
Schleswig-Holstein	0 (0,0)	696 (44,3)	666 (42,4)	143 (9,7)	67 (4,3)	877 (55,7)
Thüringen	409 (25,2)	1 174 (72,2)	41 (2,5)	2 (0,1)	0 (0,0)	42 (2,6)
Bundesrepublik Deutschland	9 052 (25,4)	21 093 (59,1)	4 745 (13,3)	716 (2,0)	91 (0,3)	5 552 (15,6)

generellen Einschränkungen sind auch die folgenden Kriterien als restriktive Parameter anzusehen (u. a. /3-12, 3-13, 3-14/):
- Siedlungsflächen und Industriegebiete in den Städten und Gemeinden;
- Gebäude- und Freiflächen außerhalb geschlossener Ortschaften (u. a. einzelstehende Gehöfte einschließlich der sie umgebenden Wirtschaftsfläche);
- Flächen, die von Bundesautobahnen, Bundes-, Landes-, Kreis- und Gemeindestraßen sowie Feld- und anderen Wegen außerhalb geschlossener Ortschaften eingenommen werden einschließlich der entsprechenden Sicherheitsabstände;

- weitere Verkehrsflächen einschließlich der eingrenzenden Gebiete wie z. B. Bahnlinien, Kanäle und zu Bundeswasserstraßen ausgebaute Flüsse, flugtechnische Einrichtungen (Flughäfen, Flug- und Landeplätze sowie Segelflugplätze zusammen mit den notwendigen Einflugschneisen), Seil- und Magnetbahnen;
- Trassen von Energietransport- und Informationsleitungen (d. h. ober- und u. U. unterirdisch verlegte Hoch-, Mittel- und Niederspannungsfreileitungen, Telefon- und Datenfernverbindungen, Trinkwasserfern- und -verteilungsleitungen, Rohöl- und Produktenpipelines, Erdgasferntransport- und -verteilungsleitungen, Fernwärmeleitungen usw.);
- regionale und überregionale Sende- und Empfangsanlagen bzw. deren engerer Strahlungsbereich bzw. Richtfunkstrecken beispielsweise der Deutschen Bundespost, der Bundeswehr und verschiedener Forschungseinrichtungen;
- Flächen mit großtechnischer Nutzung (u. a. Braunkohletagebaue, Kaolintagebaue, Steinbrüche, Kiesabbaugebiete, Massengutlagerflächen);
- militärisch genutzte Flächen (Übungsplätze, Depots, Schießplätze etc.).
- Gebiete, die aufgrund von Gesetzen, Verordnungen oder ähnlichen Vorschriften nicht einer technischen Nutzung unterworfen werden dürfen (z. B. Naturschutzgebiete);
- Wasserflächen von fließenden (Bäche, Flüsse) und u. U. stehenden Gewässern (u. a. Feuchtbiotope, Tümpel, Teiche, Seen);
- Flächen, die aufgrund geologischer und topografischer Gegebenheiten (z. B. unsicherer Untergrund aufgrund der geologischen Gegebenheiten, Steilabhänge) und der Struktur der oberen Bodenschichten (z. B. Moorgebiete, Feuchtgebiete) nicht genutzt werden können.

Unter der zweiten Kategorie werden die restriktiven Parameter zusammengefaßt, die abhängig vom jeweiligen Einzelfall als ein ausschließendes oder nicht ausschließendes Kriterium anzusehen sind. Dies ist z. B. bei Landschaftsschutzgebieten gegeben, bei denen zwar keine prinzipiellen gesetzlichen Hindernisse für eine Aufstellung von Windkraftanlagen gegeben sind, jedoch eine Prüfung im Einzelfall vorgesehen ist (vgl. /3-13/). Im einzelnen können unter dieser Kategorie die folgenden potentialmindernden Kriterien zusammengefaßt werden (u. a. /3-12, 3-13, 3-14/):

- gesetzliche Restriktionen, die u. U. einer technischen Nutzung entgegenstehen (d. h. Landschaftsschutzgebiete, Naturparks, Naturdenkmale, Biotopflächen, Vogelschutzgebiete);
- sonstige naturbelassene Gebiete (Feuchtgebiete, Wattgebiete, Vogelflug- und -brutgebiete, Strandwälle, Küstendünen etc.);
- weitgehend naturbelassene Flächen mit wichtigen Aufgaben (z. B. Landesschutzdeiche, Hochwasserdämme, sonstige Deiche an Küsten und Flüssen);
- bewirtschaftete Flächen mit wichtigen ökologischen, klimatischen und gesellschaftlichen Aufgaben (u. a. zusammenhängende Waldgebiete mit Wildbestand; Waldstücke in der Nähe von Ballungs- und Verdichtungsräumen);
- Fremdenverkehrs- und Erholungsgebiete in traditionell vom Tourismus abhängigen Gegenden (z. B. Schwarzwald, Lüneburger Heide, Wattgebiete, Mecklenburgische Seenplatte);
- Erholungsflächen in bzw. bei Verdichtungsgebieten und Ballungszentren und im Einzugsgebiet von Großstädten;
- Gebiete mit zivilisatorisch bedingtem instabilen Untergrund (d. h. Flächen im Einzugsbereich von Bergwerken mit Bruchbau (z. B. Steinkohlegewinnung), rekultivierte Deponien);
- landwirtschaftliche Nutzflächen mit mehrjährigen Kulturen (Obstplantagen, Rebenkulturen o. ä.) und/oder hohen landwirtschaftlichen Ertragszahlen (Feldgemüsebau, Kräuteranbau etc.);

3.2 Windtechnisch nutzbare Flächenpotentiale

- teilweise überflutete Gebietsflächen (d. h. Überschwemmungsgebiete in der engeren und weiteren Umgebung von Flüssen, Rückhaltebecken etc.);
- militärisch genutztes Gelände (d. h. Sperrgebiete der Bundeswehr und alliierter Streitkräfte, Truppenübungsplätze, Tiefflugebiete usw.).

Bei der Bestimmung der windtechnisch nutzbaren Flächenpotentiale, d. h. der Flächen, die für eine Installation von Windkraftanlagen technisch geeignet wären, müssen diese Kriterien berücksichtigt werden. Die diesen restriktiven Faktoren korrespondierenden Gebietsflächen sind deshalb bei den in Kap. 3.2.2 dargestellten Flächen in Abzug zu bringen.

Da eine explizite Berücksichtigung aller aufgezeigten restriktiven Parameter aufgrund nicht verfügbarer Daten unmöglich ist, wird grundsätzlich eine großtechnische Nutzung der Windkraft nur auf Gebieten unterstellt, die als landwirtschaftlich genutzte Fläche ausgewiesen sind (vgl. /3-15/). Dabei wird implizit unterstellt, daß weder eine Rodung von Waldflächen für die anschließende Konverterinstallation noch eine Aufstellung solcher Anlagen auf als Brachland deklarierten Flächen möglich ist. Bezogen auf die Katasterfläche der Bundesrepublik Deutschland ist damit nur noch ein Anteil von rund 55 % für eine Windkraftnutzung überhaupt verfügbar; hier gibt es jedoch große regionale Unterschiede (z. B. knapp 45 % in Hessen, ca. 63 % in Sachsen-Anhalt und rund 74 % in Schleswig-Holstein).

Jedoch kann auch die gesamte landwirtschaftlich genutzte Fläche nicht als vollständig windtechnisch nutzbar angesehen werden. Haus- und Nutzgärten, Obstanlagen, Baumschulen, Streuwiesen, Rebland sowie Korbweiden- und Pappelanlagen stehen nicht zur Verfügung. Dadurch vermindern sich die potentiellen Flächen - soweit Daten überhaupt verfügbar sind - um mehr als 375 000 ha /3-16/. Derartige Einflüsse müssen ebenfalls örtlich abhängig berücksichtigt werden, da beispielsweise der Anteil des Reblandes in Rheinland-Pfalz und Baden-Württemberg deutlich höher ist als etwa in Brandenburg.

Aber auch das jetzt noch verbleibende Flächenpotential ist nicht vollständig technisch nutzbar. Beispielsweise ist die landwirtschaftliche Nutzfläche, die sich unter Hochspannungsfreileitungen befindet, nicht verfügbar. Außerdem müssen zu Gebäuden und Straßen, zu Bahnlinien und Flugplätzen, zu Hochspannungsfreileitungen und Richtfunkstrecken, zu Wald- und anderen Baumgebieten bestimmte Sicherheitsabstände eingehalten werden. Im einzelnen sind dabei die folgenden Mindestabstände zu berücksichtigen (vgl. /3-13, 3-25/):

- Einzelhäuser und Weiler mit bis zu vier Häusern   200 - 500 m
- andere ländliche Siedlungen   500 m
- städtische Siedlungen   1 000 m
- fremdenverkehrsbetonte Siedlungsgebiete, Campingplätze   500 - 1 000 m
- Bundesautobahnen und hochbelastete Bundesstraßen   100 - 200 m
- übrige Bundes-, Landes und Kreisstraßen   40 - 200 m
- Bahnlinien mit Personenverkehr   40 - 100 m
- Flugplätze und Landeplätze   Bauschutzzone
- Hochspannungsfreileitungen ab 30 kV   50 - 200 m
- Richtfunkstrecken   50 - 200 m
- militärische Anlagen   äußere Schutzzone bzw. Einzelfallprüfung
- Nationalparks, Naturschutzgebiete   200 - 500 m
- Waldgebiete und Alleen   200 m

- Gewässer 50 - 200 m
- Landesschutzdeiche 300 - 500 m
- sonstige Deiche 50 - 200 m

Die Verminderung der potentiell verfügbaren Flächen durch diese Sicherheitsabstände ist nicht detailliert erfaßbar. Weder ist bekannt, welcher Anteil der Hochspannungsfreileitungen in welchem Kreis über landwirtschaftliche Nutzflächen mit welcher Trassenbreite verläuft. Noch ist statistisch erfaßt, welcher Anteil der Bundesautobahnen bzw. Bundesstraßen in welchem Kreis direkt an landwirtschaftlich genutzte Flächen angrenzt. Dies gilt auch für die Grenzen der Siedlungsgebiete bzw. einzelner Gehöfte zu den Ackerflächen. Auch die sonstigen Einflußfaktoren sind praktisch nicht genau erfaßbar.

Um trotzdem die Größenordnung abzuschätzen, die solche Einflüsse ausüben, wird hier unterstellt, daß zur Einhaltung der Sicherheitsabstände rund 10 % der gesamten technisch verfügbaren Fläche für eine Aufstellung von Windkraftanlagen nicht genutzt werden kann. Zusätzlich wird für die sonstigen diskutierten restriktiven Parameter ein zusätzlicher Abschlag von 7 % unterstellt. Damit kann auf der Basis der dargestellten Flächenpotentiale für jeden Kreis die Fläche bestimmt werden, auf der eine Installation von Windkraftanlagen technisch möglich wäre.

3.2.4 Technisch nutzbare Flächenpotentiale

Unter Berücksichtigung der in Kap. 3.2.3 diskutierten Annahmen und Eingrenzungen ergeben sich die in Tabelle 3.2 dargestellten technischen Flächenpotentiale; d. h. die Gebietsflächen, auf denen im langjährigen Durchschnitt ein bestimmtes Windgeschwindigkeitsmittel vorherrscht und die für eine Installation von Windkraftanlagen aus technischer Sicht geeignet sind.

In der Zusammenstellung wird deutlich, daß innerhalb Deutschlands eine Fläche von rund 2,62 Mio. ha durch eine mittlere Windgeschwindigkeit von mehr als 4 m/s gekennzeichnet und für eine Windkraftanlageninstallation verfügbar ist. Davon ist jedoch der Großteil (ca. 85 %) durch mittlere Windgeschwindigkeiten zwischen 4 und 5 m/s und damit relativ geringe Durchschnittsgeschwindigkeiten charakterisiert. Im Gegensatz dazu ist ein ungleich größeres Flächenpotential mit mittleren Luftströmungsgeschwindigkeiten zwischen 3 und 4 m/s vorhanden (ca. 8,63 Mio. ha). Die regionale Verteilung innerhalb Deutschlands ist gekennzeichnet durch große Potentiale mit relativ hohen mittleren Windgeschwindigkeiten im Norden (Schleswig-Holstein, Niedersachsen, Mecklenburg-Vorpommern). In Süddeutschland sind die Potentiale deutlich geringer und beschränken sich im wesentlichen auf die Mittelgebirge.

In Tabelle 3.2 wird aber auch die Variationsbreite der technischen Flächenpotentiale in den einzelnen Kreisen der jeweiligen Bundesländer deutlich (d. h. der Anteil der windtechnisch nutzbaren Gebietsflächen an der Katasterfläche des jeweiligen Kreises). Insbesondere in Schleswig-Holstein, Niedersachsen und Mecklenburg-Vorpommern liegt der Anteil der windtechnisch nutzbaren Flächenpotentiale mit mittleren Windgeschwindigkeiten von 4 bis 5 m/s an der gesamten Kreisfläche bei bis zu zwei Drittel. Im Binnenland sind diese Anteile deutlich niedriger.

Tabelle 3.2 Technische Flächenpotentiale für die Installation von Windkraftanlagen in den einzelnen Bundesländern und in der Bundesrepublik Deutschland

	Technische Flächenpotentiale mit mittleren Windgeschwindigkeiten von				
	3 - < 4 m/s	4 - < 5 m/s	5 - < 6 m/s	> 6 m/s	> 4 m/s
	in 1 000 ha (min. und max. prozentuale Anteile an den jeweiligen Kreisflächen)				
Baden-Württemberg	278 (0,0 - 28,4)	150 (0,0 - 22,5)	18 (0,0 - 5,3)	0 (0,0 - 0,0)	168 (0,0 - 23,9)
Bayern	707 (0,0 - 50,4)	46 (0,0 - 9,4)	7 (0,0 - 3,2)	0 (0,0 - 0,0)	54 (0,0 - 10,4)
Berlin	9 (10,1 - 10,1)	0 (0,0 - 0,0)	0 (0,0 - 0,0)	0 (0,0 - 0,0)	0 (0,0 - 0,0)
Brandenburg	1 134 (0,0 - 63,0)	30 (0,0 - 27,2)	0 (0,0 - 0,0)	0 (0,0 - 0,0)	30 (0,0 - 27,2)
Bremen	0 (0,0 - 0,0)	8 (0,3 - 23,7)	1 (0,5 - 4,5)	0 (0,0 - 0,0)	8 (4,8 - 24,3)
Hamburg	2 (2,9 - 2,9)	8 (11,2 - 11,2)	0 (0,0 - 0,0)	0 (0,0 - 0,0)	8 (11,2 - 11,2)
Hessen	416 (0,0 - 32,6)	33 (0,0 - 4,3)	5 (0,0 - 3,0)	0 (0,0 - 0,0)	37 (0,0 - 7,2)
Mecklenburg-Vorpommern	541 (0,0 - 62,3)	683 (0,0 - 65,2)	22 (0,0 - 11,7)	2 (0,0 - 1,7)	706 (0,0 - 65,2)
Niedersachsen	1 255 (0,0 - 65,7)	681 (0,0 - 56,8)	184 (0,0 - 44,4)	12 (0,0 - 4,1)	878 (0,0 - 62,2)
Nordrhein-Westfalen	1 225 (7,5 - 57,0)	42 (0,0 - 13,6)	2 (0,0 - 1,3)	0 (0,0 - 0,0)	44 (0,0 - 13,6)
Rheinland-Pfalz	295 (0,0 - 31,6)	45 (0,0 - 16,7)	1 (0,0 - 0,7)	0 (0,0 - 0,0)	45 (0,0 - 16,7)
Saarland	46 (5,7 - 25,8)	3 (0,0 - 4,0)	0 (0,0 - 0,0)	0 (0,0 - 0,0)	3 (0,0 - 4,0)
Sachsen	761 (0,0 - 72,2)	70 (0,0 - 36,9)	25 (0,0 - 16,7)	0 (0,0 - 0,0)	95 (0,0 - 40,0)
Sachsen-Anhalt	1 049 (0,0 - 76,7)	8 (0,0 - 7,4)	2 (0,0 - 2,2)	0 (0,0 - 0,0)	10 (0,0 - 9,6)
Schleswig-Holstein	357 (0,0 - 53,7)	397 (0,0 - 60,5)	82 (0,0 - 18,6)	39 (0,0 - 12,4)	518 (0,0 - 63,7)
Thüringen	558 (0,0 - 70,5)	10 (0,0 - 6,8)	1 (0,0 - 1,0)	0 (0,0 - 0,0)	11 (0,0 - 6,8)
Bundesrepublik Deutschland	8 632 (0,0 - 76,7)	2 214 (0,0 - 65,2)	348 (0,0 - 44,4)	53 (0,0 - 12,4)	2 616 (0,0 - 65,2)

3.3 Stromerzeugung aus Windenergie

Die in Kap. 3.2 dargestellten Flächenpotentiale sind für eine Aufstellung von Windkraftanlagen technisch geeignet. Aufbauend auf diesen Potentialen ist es das Ziel der folgenden Ausführungen, die möglichen Erträge an elektrischer Energie zu bestimmen. Dazu werden zunächst die theoretischen und technischen Grundlagen einer Stromerzeugung aus Windkraft dargestellt. Anschließend wird auf die derzeit verfügbare Anlagentechnik eingegangen und die damit - unter Berücksichtigung des meteorologischen Energieangebots - erzielbaren Energieerträge ermittelt. Sie werden unter Berücksichtigung

88 3 Nutzung der Windenergie

der regionalen Unterschiede dargestellt. Abschließend wird der derzeitige Stand der Windkraftnutzung in der Bundesrepublik Deutschland aufgezeigt.

3.3.1 Theoretische und technische Grundlagen

Die im Wind enthaltene Energie (vgl. Kap. 3.1) ist - zumindest teilweise - technisch mit Hilfe von Windkraftkonvertern nutzbar. Die bewegten Luftmassen werden dabei abgebremst, eine der Windgeschwindigkeitsverminderung entsprechende Leistung in mechanische Energie umgewandelt und damit technisch nutzbar gemacht.

Zur Quantifizierung der dem Wind entziehbaren Leistung kann die von dem Rotor überstrichene Fläche näherungsweise als senkrecht angeströmt betrachtet werden. Dann läßt sich das die Rotorkreisfläche durchströmende Luftvolumen bestimmen und daraus die Leistung der nutzbaren Geschwindigkeitsdifferenz errechnen. Gleichung (3.1) beschreibt diesen Zusammenhang /3-17/.

$$P_N = \frac{1}{4} \rho_L A_K (v_W^2 - v_G^2)(v_W + v_G) \qquad (3.1)$$

mit P_N Leistung der nutzbaren Geschwindigkeitsdifferenz
     ρ_L Dichte der Luft
     A_K angeströmte Rotorfläche
     v_W ungestörte Windgeschwindigkeit
     v_G Windgeschwindigkeit hinter dem Rotor

Entsprechend dieser Beziehung hängt die im Wind insgesamt enthaltene bzw. die technisch gewinnbare Leistung von der dritten Potenz der Windgeschwindigkeit ab. Nach Gleichung (3.1) kann aber nicht die gesamte im Wind enthaltene Leistung technisch genutzt werden; physikalisch gesehen ist eine Abbremsung der bewegten Luftmassen durch den Rotor auf null und damit ein vollständiger Entzug der im Wind enthaltenen Energie nicht möglich (d. h. die Luftmassen hinter dem Rotor müssen abtransportiert werden). Deshalb existiert eine maximale physikalische Obergrenze des Teils der im Wind enthaltenen Energie, der theoretisch durch ideale Windkraftanlagen gewinnbar wäre; er liegt nach Betz bei rund 59,3 % für Anlagen nach dem Auftriebsprinzip /3-18/.

Technisch realisierte Windenergiekonverter können nur rund 40 bis 50 % der im Wind enthaltenen Energie nutzbar machen (vgl. /3-17, 3-19/). Dieser deutliche Unterschied zwischen dem idealen Wirkungsgrad und den derzeit tatsächlich erreichbaren Werten liegt in den vielfältigen Verlusten begründet, durch die eine technisch realisierbare Anlage gekennzeichnet ist. Nach Gleichung (3.2) berechnet sich damit die tatsächlich am Generatorausgang einer Windkraftanlage abnehmbare elektrische Leistung aus der im Wind enthaltenen Leistung unter Berücksichtigung der aerodynamischen, mechanischen und elektrischen Verluste.

Die aerodynamischen Verluste ergeben sich aufgrund der innerhalb der gesamten vom Rotor überstrichenen Fläche nie optimalen Flügelform und den daraus resultierenden Energieverlusten. Diese Verluste werden auch durch den Leistungsbeiwert beschrieben. Diese von der Drehzahl des Konverterrotors abhängige Kenngröße beschreibt damit letztlich den Anteil der im Luftstrom enthaltenen Leistung, die ihm mechanisch entzogen werden kann.

$$P_E = \eta_A \, \eta_M \, \eta_E \, P_N \tag{3.2}$$

mit P_E elektrische Leistung am Generatorausgang
  η_A aerodynamischer Wirkungsgrad
  η_M mechanischer Wirkungsgrad
  η_E elektrischer Wirkungsgrad
  P_N Leistung der nutzbaren Geschwindigkeitsdifferenz

Der Leistungsbeiwert ist damit im wesentlichen von der Rotorform abhängig und somit bei verschiedenen Anlagentypen z. T. sehr unterschiedlich. Dies geht aus Abb. 3.9 hervor /3-17/; hier sind die Leistungskennlinien von Windrotoren verschiedener Bauart dargestellt. Dabei ist der Leistungsbeiwert gegen die Schnellaufzahl aufgetragen. Diese Kenngröße ist definiert als das Verhältnis der Umlaufgeschwindigkeit des Rotors an der äußeren Flügelspitze zur Windgeschwindigkeit bei freier Luftströmung /3-19/. In der Darstellung werden die großen Unterschiede in den Leistungsbeiwerten der dargestellten Rotorbauarten deutlich. Demnach erzielen nach dem derzeitigen Stand der Technik die modernen Zweiblattrotoren die höchsten Wirkungsgrade.

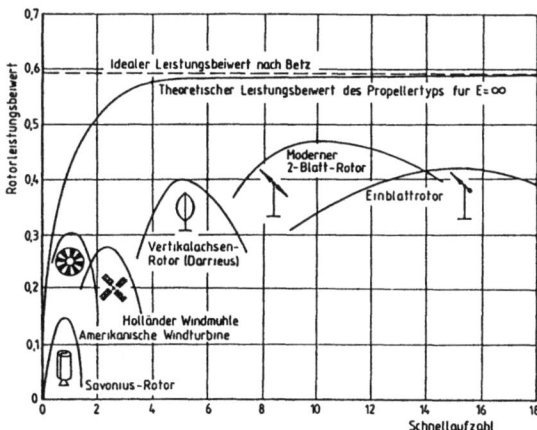

Abb. 3.9 Leistungskennlinien von Windkraftanlagen unterschiedlicher Bauart /3-17/

Abgesehen von den eher historischen Rotorkonzepten (u. a. amerikanische Windturbine, Holländer Windmühle; vgl. Abb. 3.9) können im wesentlichen zwei derzeit marktgängige Anlagentypen bzw. Rotorbauarten unterschieden werden. Neben den Vertikalachsenkonvertern (Darrieus-Rotor, Savonius-Rotor), die jedoch derzeit aufgrund vergleichsweise geringer Wirkungsgrade nur eine sehr begrenzte Verbreitung gefunden haben und auf die im folgenden deshalb nicht näher eingegangen werden soll, werden Horizontalachsenanlagen (Zweiblattrotoren, Einblattrotoren; vgl. Abb. 3.9) angeboten. Dieses Anlagenkonzept, das sich derzeit weltweit weitgehend durchgesetzt hat, ist mit seinem prinzipiellen Aufbau in Abb. 3.10 dargestellt.

An einem Ende der horizontal liegenden Achse sind - über die Rotornabe - bis zu drei Rotorblätter angebracht, die den bewegten Luftmassen die Energie entziehen. Ihre Leistungsaufnahme aus dem Wind kann über einen Drehmechanismus an die jeweiligen Windverhältnisse angepaßt werden (pitch-

90   3 Nutzung der Windenergie

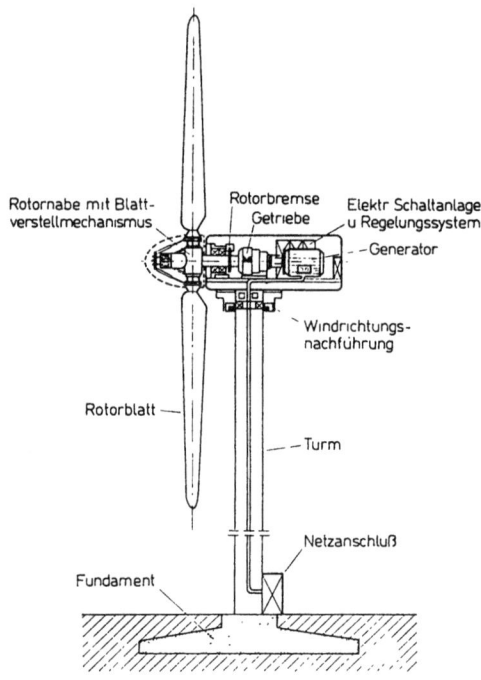

Abb. 3.10 Schematische Darstellung einer Horizontalachsen-Windkraftanlage /3-17/

Regelung). Am anderen Achsenende ist - über ein mechanisches Getriebe, das die Rotordrehzahl in den benötigten Drehzahlbereich transformiert - der Generator montiert. An dieser Achse befindet sich zusätzlich eine Bremse, die z. B. im Störungsfall oder bei Wartungsarbeiten ein Feststellen der Achse und damit des Rotors ermöglicht. Die umfangreichen Regel- und Betriebsführungsaufgaben zur Optimierung der Energieaufnahme aus dem Wind werden - bei modernen Windkraftanlagen rechnergestützt - in einem speziellen Systemelement realisiert. In Abb. 3.10 wird auch deutlich, daß diese verschiedenen Systemkomponenten in einer Gondel untergebracht sind, die sich - drehbar gelagert - auf der Spitze eines je nach Anlagentyp unterschiedlich hohen Turmes befindet. Zwischen dem Turm und der Gondel befindet sich eine Windrichtungsnachführung, durch die die Gondel und damit auch der Rotor immer optimal zum Wind ausgerichtet wird. Aufgrund der Montage der Gondel auf dem Turm befindet sich der Rotor in einer bestimmten Höhe über Grund; dadurch ist - wegen der Höhenabhängigkeit des Windes (vgl. Kap. 3.1.1) - am gleichen Standort die Nutzung einer höheren mittleren Windgeschwindigkeit und damit eine erhöhte Energieausbeute möglich. Zur Gewährleistung einer ausreichenden Standfestigkeit muß der Turm mit einem Fundament mit Flachgründung oder bei instabilen Bodenverhältnissen mit Tiefgründung im Boden verankert werden, damit die auftretenden statischen und dynamischen Kräfte sicher an den Untergrund abgegeben werden.

Der technisch mögliche Energieertrag eines Windkraftkonverters kann in Abhängigkeit von der Windgeschwindigkeit durch vier verschiedene Phasen charakterisiert werden. Sie sind in Abb. 3.11 am Beispiel einer schematisierten Leistungskennlinie dargestellt. Zusätzlich ist die im Wind enthaltene Leistung gezeigt und die wichtigsten Verlustarten (aerodynamische, mechanische und elektrische Ver-

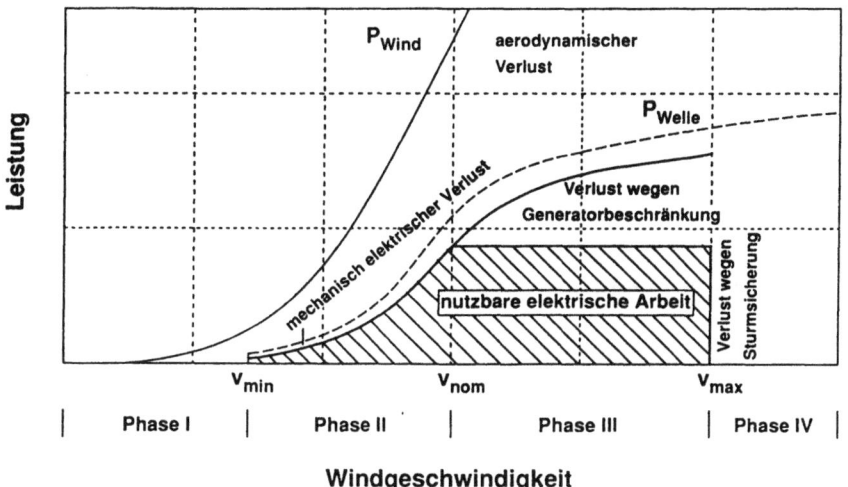

Abb. 3.11 Zusammenhang zwischen der Windgeschwindigkeit und der am Generator abnehmbaren Leistung bei Horizontalachsenkonverten /3-15/

luste, Verluste aufgrund der Generatorbeschränkung, Verluste aufgrund der Sturmsicherung) aufgeführt.

Liegt die Luftströmungsgeschwindigkeit unterhalb einer anlagenspezifischen Mindestwindgeschwindigkeit, läuft der Konverter nicht an. Die in der nutzbaren Geschwindigkeitsdifferenz enthaltene Energie reicht nicht aus, die Reibungs- und Trägheitskräfte der Anlage zu überwinden. Am Generator wird keine elektrische Leistung abgegeben (Phase I, vgl. Abb. 3.11). Je nach Windkraftanlagenbauart und -typ liegen die Anlaufgeschwindigkeiten im Bereich zwischen 3 und 5 m/s.

Übersteigt die Windgeschwindigkeit die anlagenspezifische Anlaufgeschwindigkeit, gibt der Konverter elektrische Energie ab (Phase II). In diesem Betriebszustand steigt bis zum Erreichen der Nennwindgeschwindigkeit und damit der Nennleistung des Generators die von dem Windenergiekonverter abgegebene elektrische Leistung in erster Näherung proportional zur dritten Potenz der Geschwindigkeit der bewegten Luftmassen. Die maximale Generatorleistung wird je nach Windkraftanlagentyp bzw. -bauart meist bei einer Windgeschwindigkeit zwischen 12 und 14 m/s erreicht.

Aufgrund der Leistungsbeschränkung des Generators darf die vom Rotor aufgenommene Leistung nicht die installierte Generatorleistung übersteigen. Deshalb wird auch bei einem Windenergieangebot, das eine über der installierten Leistung der Windkraftanlage liegende Energieaufnahme erlauben würde, nur die Generatornennleistung aus dem Wind entnommen. In diesem Windgeschwindigkeitsbereich entspricht somit - im Regelfall - die abgegebene der installierten Leistung (Phase III). Das Nichtüberschreiten der maximalen Generatorleistung und damit das Begrenzen der vom Rotor aus den bewegten Luftmassen aufgenommenen Energie kann durch zwei unterschiedliche technische Verfahren realisiert werden. Bei stallgeregelten Konvertern bewirkt die konstruktiv vorgegebene Flügelform einen Abriß der Luftströmung an den Rotorblättern, sobald der Wind eine bestimmte Geschwindigkeit überschreitet; dadurch ist eine zu große Leistungsentnahme aus den bewegten Luftmassen nicht möglich, da sich der Rotor quasi selbst abbremst. Bei den pitch- oder blattgeregelten Anlagen werden dagegen die meist um ihre Längsachse drehbaren Flügel aktiv mechanisch gesteuert; sie

92   3 Nutzung der Windenergie

können damit bei zunehmenden Geschwindigkeiten immer weiter aus dem Wind gedreht werden, damit die Leistungsaufnahme konstant bleibt. Bei derzeit marktüblichen Anlagen wird diese Leistungsbegrenzung in einem Geschwindigkeitsbereich zwischen der Nenngeschwindigkeit von 12 bis 14 m/s und der Abschaltgeschwindigkeit bei rund 24 bis 26 m/s aktiviert.

Übersteigt die Windgeschwindigkeit eine von Anlagenbauart und -typ abhängige Obergrenze, wird der Konverter zur Vermeidung einer mechanischen Zerstörung abgeschaltet und der Rotor festgestellt. Unter diesen Witterungsbedingungen wird ebenfalls keine elektrische Leistung abgegeben (Phase IV).

3.3.2 Nutzungstechniken und korrespondierender Flächenbedarf

Trotz der z. T. erheblichen Unterschiede zwischen einzelnen Anlagentypen und -konzepten sowie verschiedenen Herstellern können alle derzeit angebotenen Windenergiekonverter grob in drei Anlagengrößen unterteilt werden /3-14, 3-15/. Neben den kleinen Anlagen, wie sie in der Vergangenheit vorwiegend in Dänemark eingesetzt wurden, lassen sich mittlere Konverter, die derzeit hauptsächlich an der Nordseeküste installiert werden, und große Windkraftanlagen im Megawattbereich unterscheiden. Jede dieser Anlagengröße kann durch eine Referenzanlage beschrieben werden (vgl. Tabelle 3.3).

Tabelle 3.3 Technische Daten und Kenngrößen konkreter Anlagen, die für die unterschiedenen Anlagengrößen als repräsentativ angesehen werden können

	kleine Anlage	mittlere Anlage	große Anlage
elektrische Leistung	80 kW	300 kW	1 200 kW
Turmhöhe	30 m	38 m	50 m
Rotordurchmesser	21 m	33 m	60 m
Rotorblattanzahl	3 Stück	3 Stück	3 Stück
Rotorfläche	346 m^2	855 m^2	2 827 m^2
Anlaufwindgeschwindigkeit	2,5 m/s	3,0 m/s	5,0 m/s
Nennwindgeschwindigkeit	13,0 m/s	12,0 m/s	12,0 m/s
Abschaltgeschwindigkeit	25,0 m/s	25,0 m/s	24,0 m/s
Überlebensgeschwindigkeit	60,0 m/s	68,0 m/s	60,0 m/s
spezifische Leistung	231 W/m^2	351 W/m^2	425 W/m^2
technische Verfügbarkeit	ca. 95 %	ca. 95 %	ca. 75 %
technische Lebensdauer	20 a	20 a	20 a
Beispielanlage	TW 80	E-33	WKA 60

- Referenztechnik I (kleine Anlage)
  Bei dieser Anlagengröße handelt es sich um stallgeregelte Windenergiekonverter mit einer installierten elektrischen Leistung zwischen 10 und 100 kW. Derartige Horizontalachsenmaschinen weisen in der Regel einen Rotordurchmesser zwischen 10 und 25 m auf. Typische Anlagen sind die Enercon E-18, die Tacke Windtechnik TW 60 bzw. TW 80 oder die Aeroman 14,8/33.
- Referenztechnik II (mittlere Anlage)
  Bei dieser Anlagengröße werden Horizontalachsenkonverter mit einer elektrischen Leistung zwischen 100 und 500 kW zusammengefaßt. Diese i. allg. blatt- bzw. pitch-geregelten Anlagen

haben meist einen Rotordurchmesser zwischen 20 und 40 m. Diese technische Entwicklungslinie repräsentiert damit den Anlagentyp, der derzeit zumindest in der Bundesrepublik Deutschland durch die höchsten installierten Stückzahlen gekennzeichnet ist und bei Neuinstallationen fast ausschließlich zum Einsatz kommt. Typische Windkraftkonverter dieser Klasse sind die Vestas V 27-225 bzw. V 39-500, die Tacke Windtechnik TW 250 bzw. TW 500, die AN Bonus 150/30 bzw. 450, die Enercon E-33 und die HSW 250.

- Referenztechnik III (große Anlagen)
Dieser Konvertertyp repräsentiert Großanlagen mit installierten elektrischen Leistungen im Bereich zwischen 1 000 und rund 3 000 kW. Dabei handelt es sich im wesentlichen um Nachfolge- und Weiterentwicklungen des GROWIAN, der ein typischer Vertreter einer Großwindkraftanlage der ersten Generation darstellt (vgl. /3-17/). Der Rotordurchmesser solcher blattgeregelten Windkraftanlagen liegt meist zwischen 50 und 100 m. Typische Beispiele sind die WKA 60 mit einer elektrischen Leistung von 1,2 MW, die im Hafenbecken von Helgoland aufgestellt wurde, und der bei Wilhelmshaven im Bau befindliche Aeolus II mit einer installierten Generatorleistung von 3 MW.

Windkraftkonverter können als Einzelanlagen an exponierten Stellen, beispielsweise in Mittelgebirgen (z. B. Windkraftanlage der Energie-Versorgung Schwaben (EVS) auf einer Hügelkuppe der Schwäbischen Alb), in einer reihenförmigen Anordnung (z. B. Aufstellung der Konverter entlang eines Deiches wie im Windpark Nordfriesland) oder zusammengefaßt zu einer Gruppe (z. B. Aufstellung in hintereinander liegenden Reihen wie im Windpark Westküste) installiert werden. Dabei müssen bei den beiden letztgenannten Aufstellvarianten bestimmte, von den örtlichen Gegebenheiten abhängige Mindestabstände zwischen den einzelnen Anlagen eingehalten werden, damit die wechselseitige Abschattung der verschiedenen Konverter minimiert wird und für jede Anlage quasi ungestörte Windverhältnisse gegeben sind. Unter einer Abschattung werden dabei Effekte verstanden, durch die sich relativ nahe beieinander installierte Konverter gegenseitig den Wind "wegnehmen".

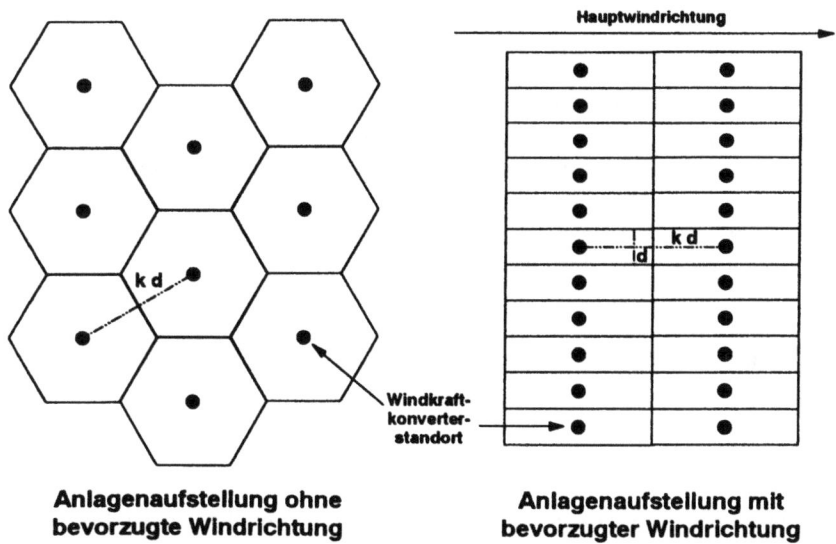

Abb. 3.12 Grundsätzliche Möglichkeiten der Aufstellung von mehreren Windkraftanlagen auf einer begrenzten Gebietsfläche (d = Rotordurchmesser, k = Abstandsfaktor)

Die möglichen Aufstellanordnungen von mehr als einer Windkraftanlage auf einer begrenzten Gebietsfläche, mit denen sich derartige Effekte minimieren lassen, können in Abhängigkeit von den Windverhältnissen grundsätzlich in zwei verschiedene Varianten unterteilt werden. Es kann eine Anlagenaufstellanordnung bei bevorzugter Windrichtung und ohne eindeutige Luftströmungsrichtung unterschieden werden. Beide unter diesen Rahmenbedingungen möglichen optimalen Anordnungen der Windkraftkonverter sind in Abb. 3.12 dargestellt. Demnach muß zur Minimierung von Abschattungseffekten zwischen den einzelnen Windkraftanlagen um die jeweiligen Konverter eine bestimmte Gebietsfläche eingehalten werden. Innerhalb dieser Fläche kommt es zu einem gewissen Ausgleich zwischen der durch den Energieentzug des Rotors verminderten Geschwindigkeit der strömenden Luftmassen und den ungestörten Luftströmungen; nach dem Überwinden dieses Abstandes kann deshalb bei der nächsten Anlage wieder von näherungsweise ungestörten Windverhältnissen ausgegangen werden. Der dazu notwendige Abstand zwischen den einzelnen Anlagen hängt ab von den meteorologischen, topografischen und sonstigen Bedingungen an den Anlagenstandorten und kann in weiten Bereichen variieren.

Ist standortbedingt eine bevorzugte Windrichtung gegeben und sind die topografischen Gegebenheiten für die Aufstellung von Windkraftanlagen günstig, können die Konverter in mehreren, hintereinander liegenden Reihen aufgebaut werden (vgl. Abb. 3.12, rechte Seite). Da der Wind nur aus einer Richtung bläst, muß die Minimierung der Abschattungseffekte nur im Hinblick auf diese Hauptwindrichtung realisiert werden. Unter diesen Rahmenbedingungen kann die um eine Windkraftanlage im Durchschnitt frei zu haltende Gebietsfläche näherungsweise durch ein Rechteck beschrieben werden, dessen absolut minimale Breite durch den Rotordurchmesser der Windkraftanlage und dessen Länge durch den Rotordurchmesser multipliziert mit einem standortabhängigen Abstandsfaktor beschrieben werden kann. Dieser Abstandsfaktor kann zwischen rund 6 und 15 - in Abhängigkeit der jeweiligen Gegebenheiten vor Ort - schwanken (vgl. /3-12, 3-20/). Liegt keine bevorzugte Windrichtung vor und sind die topografischen Gegebenheiten für die Aufstellung von Windkraftanlagen weniger günstig (z. B. hügeliges Gelände), müssen die Abschattungseffekte nach allen Richtungen minimiert werden. Unter diesen Gegebenheiten bietet es sich an, um jede Windkraftanlage eine kreisförmige Gebietsfläche freizuhalten, die in etwa durch ein regelmäßiges Sechseck beschrieben werden kann (vgl. Abb. 3.12, linke Seite). Dieses sechseckförmige Gebiet ist durch eine Diagonale gekennzeichnet, die ebenfalls definiert ist durch den Rotordurchmesser multipliziert mit einem Abstandsfaktor. Dieser Faktor variiert im Regelfall innerhalb einer vergleichbaren Bandbreite wie bei der Anlagenaufstellung mit bevorzugter Windrichtung (d. h. je nach den lokalen Gegebenheiten und den Windverhältnissen zwischen 6 und 15 /3-12, 3-20/). Werden diese für den jeweiligen Standort zu optimierenden Abstände zwischen den einzelnen Konvertern eingehalten, kann näherungsweise davon ausgegangen werden, daß die Energieausbeute jedes Konverters eines Windparks fast der einer einzelstehenden, ungestörten Anlage entspricht. Die immer noch gegebenen Verluste werden durch den Windparkwirkungsgrad beschrieben, der zwischen 90 und 98 % liegen kann.

3.3.3 Technische Stromerzeugungspotentiale

Ausgehend von der in Kap. 3.3.2 dargestellten Vorgehensweise wird zunächst die Anzahl der jeweils installierbaren Anlagen berechnet. Daraus können anschließend in Abhängigkeit der jeweiligen Anlagentechnik und der entsprechenden mittleren Windgeschwindigkeiten die Jahresenergieerträge für jeden Kreis bestimmt werden. Dazu stehen von 39 Standorten innerhalb Deutschlands gemessene

Ganglinien der stundenmittleren Windgeschwindigkeit des Jahres 1990 und weitere Ganglinien der Jahre 1980 bis 1989 von vier Standorten zur Verfügung. Mit den technischen Kenngrößen der Referenzanlagen (vgl. Tabelle 3.3) sowie den zugehörigen Leistungskennlinien kann damit die Stromerzeugung für diese Standorte simuliert und auf die entsprechenden Flächen extrapoliert werden.

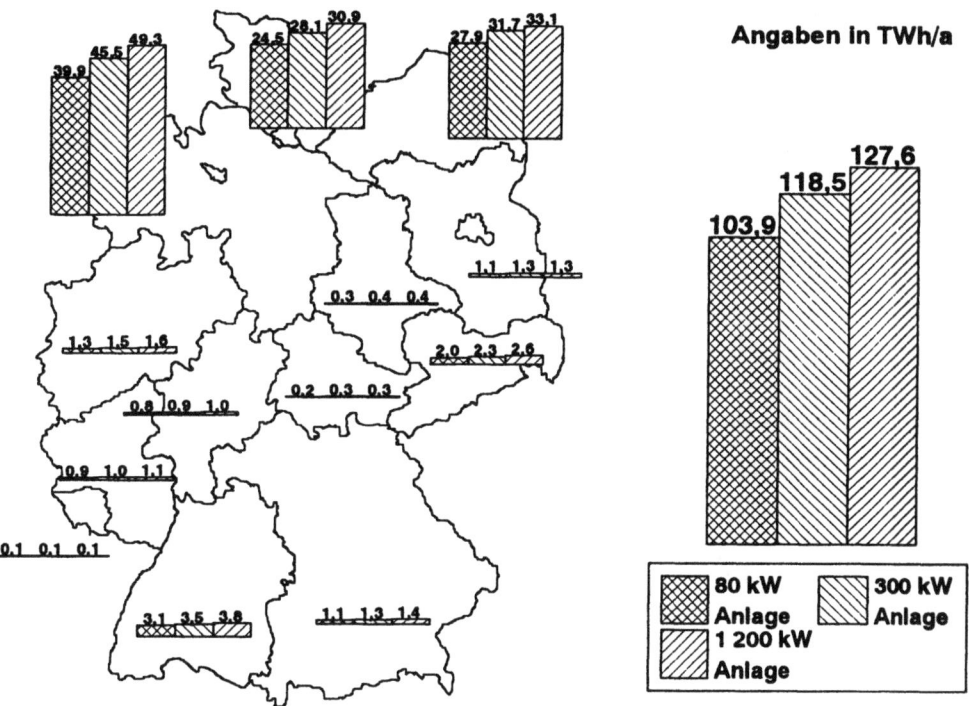

Abb. 3.13 Technische Erzeugungspotentiale einer windtechnischen Stromerzeugung bei jahresmittleren Windgeschwindigkeiten von mehr als 4 m/s

Abb. 3.13 zeigt die sich auf dieser Berechnungsgrundlage ergebenden technischen Stromerzeugungspotentiale in einzelnen Bundesländern und in der Bundesrepublik Deutschland für jahresmittlere Windgeschwindigkeiten von mehr als 4 m/s bezogen auf eine Meßhöhe von 10 m über Grund. Bei einer ausschließlichen Installation kleiner Anlagen (Referenzanlage 80 kW) würde sich demnach ein Stromerzeugungspotential von ca. 104 TWh/a ergeben. Auf der Basis mittelgroßer Anlagen (Referenzanlage 300 kW) errechnet sich ein Potential von rund 119 TWh/a und bei einer unterstellten Installation großer Anlagen (Referenzanlage 1 200 kW) von etwa 128 TWh/a. Damit ist auf der Basis von Großanlagen das höchste Stromerzeugungspotential gegeben (ca. 8 % höher als das Potential mittelgroßer Anlagen und ca. 23 % über dem der Kleinanlagen). Besonders deutlich wird in der Darstellung auch die regionale Verteilung dieses Windpotentials in Deutschland. Je nach Konvertertechnologie beträgt das Potential in den drei Küstenländern zwischen 85 und 90 % des gesamten Potentials in Deutschland. Von den Binnenländern weisen Baden-Württemberg (3,1 bis 3,8 TWh/a) und Sachsen (2,0 bis 2,6 TWh/a) die größten Potentiale auf.

Da jedoch davon auszugehen ist, daß sich am Markt nicht nur eine Entwicklungslinie durchsetzen wird, ist realistischerweise eher ein Anlagenmix aus kleinen, mittleren und großen Anlagen zu unterstellen. Abb. 3.14 zeigt die bei einem solchen Anlagenmix sich ergebenden Stromerzeugungspotentiale in einzelnen Bundesländern und in der Bundesrepublik Deutschland für unterschiedliche Windgeschwindigkeitsklassen. Demnach ist das Stromerzeugungspotential auf Gebieten mit mittleren Windgeschwindigkeiten von 4 bis 5 m/s am größten. Mit rund 91 TWh/a trägt es mit fast vier Fünftel zum Gesamtpotential (ca. 117 TWh/a) bei. Das Erzeugungspotential an Standorten mit jahresmittleren Windgeschwindigkeiten zwischen 5 und 6 m/s stellt mit rund 21 TWh/a knapp ein Fünftel des Gesamtpotentials dar. Die Windgeschwindigkeitsklasse mit einem Jahresmittel von mehr als 6 m/s hat dementsprechend nur einen geringen Anteil am Gesamtpotential (ca. 4 % oder 4,9 TWh/a). Nennens-

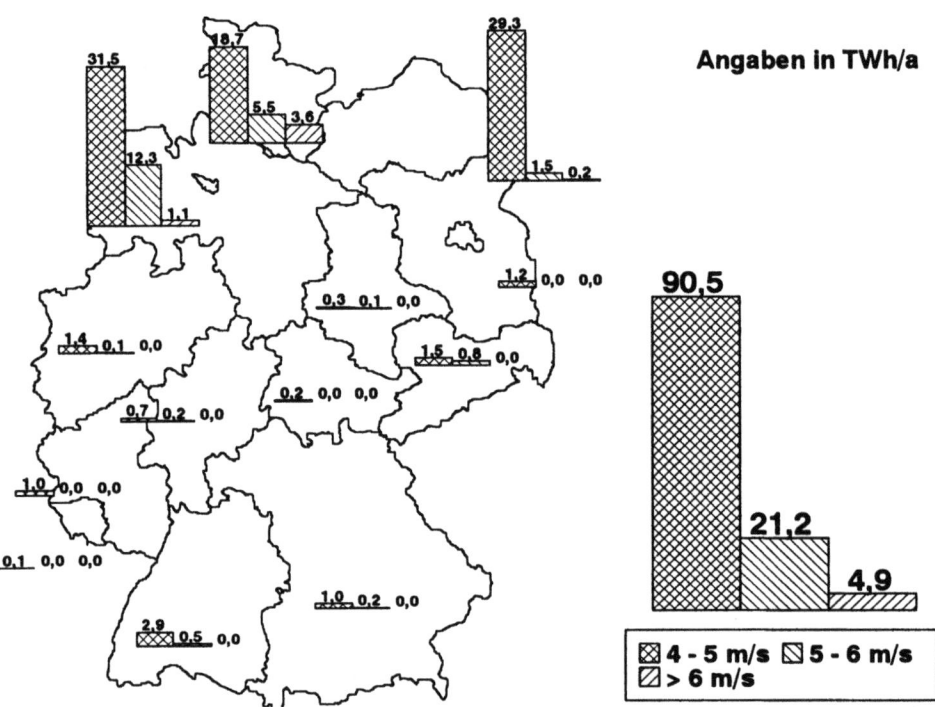

Abb. 3.14 Technische Erzeugungspotentiale einer windtechnischen Stromerzeugung (Anlagenmix aus kleinen, mittleren und großen Anlagen)

werte Potentiale in diesem Windgeschwindigkeitsbereich sind auch nur in den Küstenländern gegeben. Im Binnenland existieren Standorte mit jahresmittleren Windgeschwindigkeiten über 6 m/s nur vereinzelt; daher sind die korrespondierenden Erzeugungspotentiale sehr gering.

Tabelle 3.4 zeigt den Vergleich der einwohner- und flächenspezifischen technischen Stromerzeugungspotentiale. Dargestellt sind die mittleren spezifischen Potentiale der einzelnen Bundesländer sowie die in den zugehörigen Kreisen jeweils auftretenden minimalen und maximalen technischen Potentiale. Demnach ist im Durchschnitt in Deutschland je Einwohner und Jahr ein windtechnisches

Tabelle 3.4 Absolute, einwohner- und flächenspezifische Stromerzeugungspotentiale aus Windenergie sowie die Schwankungsbreite zwischen den einzelnen Kreisen

	Energiepotentiale[1] in GWh/a	einwohnerspezifisches Potential		flächenspezifisches Potential	
		Durchschnitt	Bandbreite	Durchschnitt	Bandbreite
		in kWh/(EW a)		in MWh/(km² a)	
Baden-Württemberg	3 461	360	0 - 2 663	97	0 - 507
Bayern	1 265	113	0 - 3 103	18	0 - 243
Berlin	0	0	0 - 0	0	0 - 0
Brandenburg	1 232	466	0 - 31 060	42	0 - 1 104
Bremen	364	540	0 - 540	901	0 - 901
Hamburg	360	221	0 - 221	1 204	0 - 1 204
Hessen	866	153	0 - 1 362	41	0 - 187
Mecklenburg-Vorpommern	30 905	15 735	0 - 66 584	1 297	0 - 2 999
Niedersachsen	44 893	6 163	0 - 49 129	948	0 - 3 918
Nordrhein-Westfalen	1 472	86	0 - 3 317	43	0 - 438
Rheinland-Pfalz	1 018	275	0 - 5 979	51	0 - 375
Saarland	70	66	0 - 483	27	0 - 87
Sachsen	2 310	471	0 - 8 880	126	0 - 908
Sachsen-Anhalt	365	123	0 - 2 791	18	0 - 373
Schleswig-Holstein	27 815	10 719	0 - 51 531	1 768	0 - 3 778
Thüringen	255	95	0 - 787	16	0 - 153
Bundesrepublik Deutschland	116 651	1 475	0 - 66 584	327	0 - 3 918

[1] Anlagenmix aus kleinen, mittleren und großen Anlagen.

Stromerzeugungspotential von rund 1,5 MWh/(EW a) gegeben. Zwischen den einzelnen Kreisen variieren die Werte zwischen 0,0 und 66,6 MWh/(EW a). Werden die Potentiale auf die Fläche der Bundesrepublik Deutschland bezogen, sind rund 327 MWh/(km² a) erzeugbar. Die auf die Fläche der einzelnen Kreise bezogenen Potentiale variieren zwischen 0,0 und rund 3 920 MWh/(km² a). Der Vergleich der absoluten und flächenspezifischen Potentiale der einzelnen Bundesländer zeigt, daß Niedersachsen über die größten absoluten Potentiale, Schleswig-Holstein aufgrund des durchschnittlich höheren Windangebots jedoch über die größten flächenspezifischen Potentiale verfügt. Das höchste einwohnerspezifische Potential aller Bundesländer besitzt Mecklenburg-Vorpommern, bedingt durch die hohen Potentiale bei gleichzeitig geringer Einwohnerzahl.

Verglichen mit dem gesamten Aufkommen an elektrischer Energie in der Bundesrepublik Deutschland von ca. 570 TWh im Jahr 1991 entspricht dieses technische Stromerzeugungspotential aus Windenergie - je nach unterstellter Anlagentechnik - einem Anteil zwischen 18,2 und 22,4 %.

3.3.4 Technische Endenergiepotentiale

Bei den in Kap. 3.3.3 dargestellten Potentialen handelt es sich um Stromerzeugungspotentiale, die sich unter der Annahme ergeben, daß auf sämtlichen windtechnisch nutzbaren Flächen Windkraftanlagen installiert werden. Sie stellen damit keine Endenergiepotentiale dar. Diese werden im folgenden unter Berücksichtigung netz- und bedarfsseitiger Restriktionen analysiert. In Anlehnung an die Ermittlung der Endenergiepotentiale einer photovoltaischen Stromerzeugung (vgl. Kap. 2.3.2)

98   3 Nutzung der Windenergie

werden dazu ebenfalls vier Ansätze zugrunde gelegt, die zu jeweils unterschiedlichen Potentialen führen. Innerhalb dieser dadurch aufgespannten Bandbreite bewegen sich letztlich die tatsächlichen Endenergiepotentiale. Die Beantwortung der Frage nach dem realistischsten der vier Ansätze hängt dabei hauptsächlich von der zukünftigen technischen und wirtschaftlichen Weiterentwicklung der Windenergienutzung, den technischen und wirtschaftlichen Veränderungen der konventionellen Konkurrenzoptionen und vor allem von den energiewirtschaftlichen und -politischen Rahmenbedingungen ab.

Ansatz I. Bei diesem Ansatz wird davon ausgegangen, daß die zur Verfügung stehenden Flächenpotentiale vollständig genutzt werden. Dann ist aber - zumindest in den Küstenregionen - die Durchdringung des Netzes mit fluktuierender Energie so groß, daß ein Teil der windtechnisch erzeugten elektrischen Energie zwischengespeichert werden muß (vgl. Kap. 2.3.2).

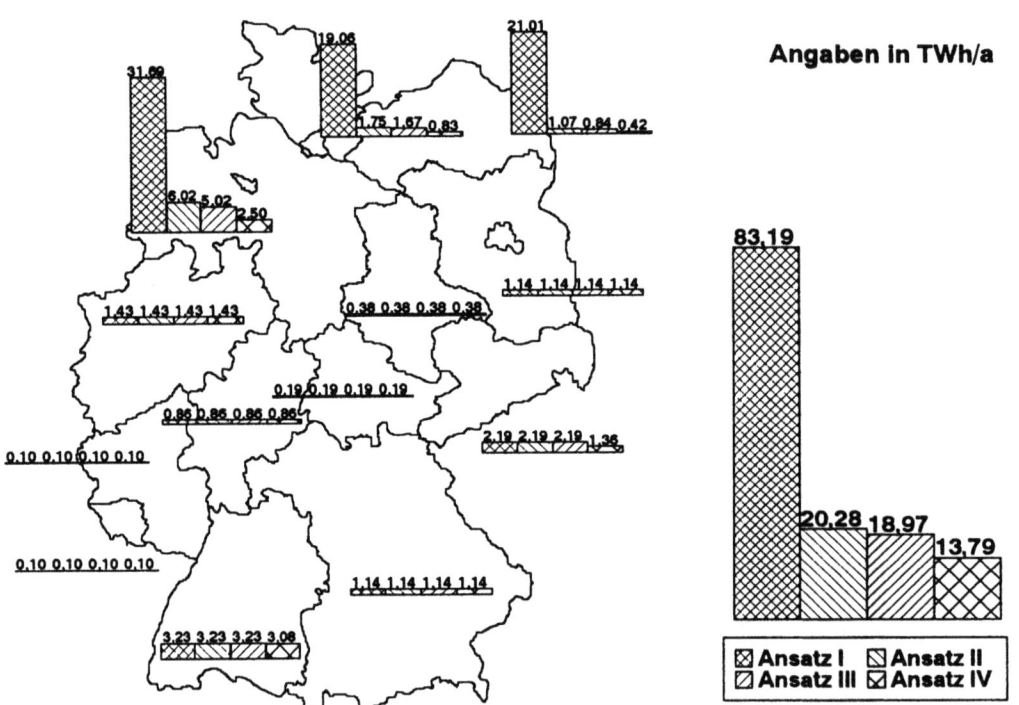

Abb. 3.15 Technische Endenergiepotentiale einer Stromerzeugung aus Windkraft aufgrund unterschiedlicher Berechnungsansätze

Die sich auf dieser Basis und der in Kap. 2.3.2 zusätzlich diskutierten Überlegungen ergebenden Endenergiepotentiale sind in Abb. 3.15 dargestellt. Abb. 3.16 zeigt die korrespondierende windtechnische Leistung. Demnach entsprechen die technischen Erzeugungspotentiale in Deutschland einem technischen Endenergiepotential von rund 83 TWh/a. Dazu müßten etwa 61 GW an elektrischer Leistung in Windkraftanlagen installiert werden. Dies würde - nimmt man die zugehörigen Erzeugungspotentiale als Ausgangspunkt - einer mittleren Vollaststundenzahl von rund 1 900 h/a entsprechen.

Außerdem ist in den Bundesländern, in denen das Windenergieangebot und damit das technische Erzeugungspotential besonders groß ist, die Nachfrage nach elektrischer Energie vergleichsweise gering (d. h. im wesentlichen in Schleswig-Holstein, Niedersachsen und Mecklenburg-Vorpommern). Dadurch reduzieren sich die aus den technischen Erzeugungspotentialen berechneten Endenergiepotentiale besonders deutlich. Unter den hier getroffenen Voraussetzungen kommt es in diesen Regionen zu sehr hohen Durchdringungen des Netzes mit fluktuierender elektrischer Energie und dadurch zu einem regional hohen Speicherbedarf. Durch die damit einhergehenden Speicherverluste reduzieren sich die Endenergiepotentiale in diesen Gebieten deutlicher als in den Bundesländern, in denen die Potentiale so gering sind, daß zusätzlicher Speicherbedarfes nicht gegeben ist.

Ansatz II. Bei diesem Ansatz wird - analog zu Kap. 2.3.2 - unterstellt, daß kein zusätzlicher Speicherbedarf auftreten soll. Für diesen Fall kann wieder von einer etwa 15 %igen Durchdringung ausgegangen werden. Das unter diesen Bedingungen resultierende Endenergiepotential ist ebenfalls in Abb. 3.15 und die resultierenden windtechnisch zu installierenden Leistungen in Abb. 3.16 dargestellt. Demnach wäre diesen Überlegungen zufolge in Deutschland ein technisches Endenergiepotential von ca. 20 TWh/a gegeben; dazu wäre eine Leistung von knapp 10 GW zu installieren. Die mittlere Vollaststundenzahl liegt bei rund 2 180 h/a und ist damit höher als bei Ansatz I, da hier nur die Teile der technischen Erzeugungspotentiale ausgenutzt werden, die durch das höchste jahresmittlere Windangebot gekennzeichnet sind.

Ansatz III. Bei einer bestimmten Anzahl installierter Anlagen kann die größte momentane windtechnische Leistung gerade die Summe der Nennleistungen der Windkraftanlagen sein. Theoretisch sind zwar auch noch höhere Momentanleistungen möglich, da Windkraftanlagen kurzfristig auch eine über die Nennleistung hinausgehende Leistung abgeben können /3-28/. Dies tritt aber immer nur sehr kurzfristig auf (z. B. bei Böen). Bei einer großräumigen Verteilung der Windkraftanlagen kann deshalb als die maximale theoretisch ins Netz eingespeiste Leistung die Nennleistung aller Windkraftanlagen unterstellt werden. Damit in diesem Fall kein Speicherbedarf auftritt, muß die dann ins Netz eingespeiste Leistung maximal gleich der zu diesem Zeitpunkt auftretenden elektrischen Last sein. Wird daher von der minimalen jährlichen Last ausgegangen, die in einem bestimmten Gebiet auftritt, kann für dieses Gebiet die installierbare Windkraftanlagenleistung bestimmt werden, bei der gewährleistet ist, daß kein Speicherbedarf auftritt. Das sich auf dieser Basis ergebende Endenergiepotential bzw. die korrespondierende Leistung ist in Abb. 3.15 bzw. 3.16 dargestellt. Diesem Ansatz zufolge würde sich also in Deutschland ein Endenergiepotential von etwa 19 TWh/a ergeben, wozu ca. 9,3 GW windtechnische Leistung zu installieren wären. Die mittleren Vollaststunden liegen - ähnlich wie bei Ansatz II - bei rund 2 140 h/a.

Ansatz IV. Bei dem zuvor diskutierten Ansatz wird unterstellt, daß zum Zeitpunkt des Auftretens der minimalen Last sämtliche konventionellen Kraftwerke abgeschaltet werden können; dies ist jedoch bei der derzeitigen Stromversorgungsstruktur wenig realistisch. Auch würde dadurch das gegenwärtige Niveau der Spannungs- und Frequenzstabilität des Netzes in Frage gestellt. Deshalb wird hier davon ausgegangen, daß ständig rund die Hälfte der nachgefragten elektrischen Energie durch den konventionellen Kraftwerkspark in jedem Bundesland gedeckt werden muß. Dann ergibt sich die in Abb. 3.15 dargestellte regionale Verteilung der Endenergiepotentiale in Deutschland und die in

100   3 Nutzung der Windenergie

Abb. 3.16 gezeigte korrespondierende windtechnische Leistung. Das gesamte Endenergiepotential würde etwa 14 TWh/a betragen; die korrespondierende Windkraftleistung liegt bei etwa 7,2 GW. Mit rund 2 020 h/a liegen die mittleren Vollaststunden unter der Vollaststundenzahl der Ansätze II und III, da sich gegenüber diesen Ansätzen praktisch ausschließlich die Potentiale in den Küstenländern noch einmal verringern, während sich die Annahme einer konventionellen Grundlast von 50 % der nachgefragten Last im Binnenland aufgrund der dort nur geringen Erzeugungspotentiale kaum potentialmindernd auswirkt. Damit verringert sich gegenüber Ansatz II der Anteil der windtechnischen Leistung, der in Windgebieten mit hohen jahresmittleren Windgeschwindigkeiten installiert werden kann. Dies hat letztlich eine Verringerung der mittleren Vollaststundenzahl zur Folge.

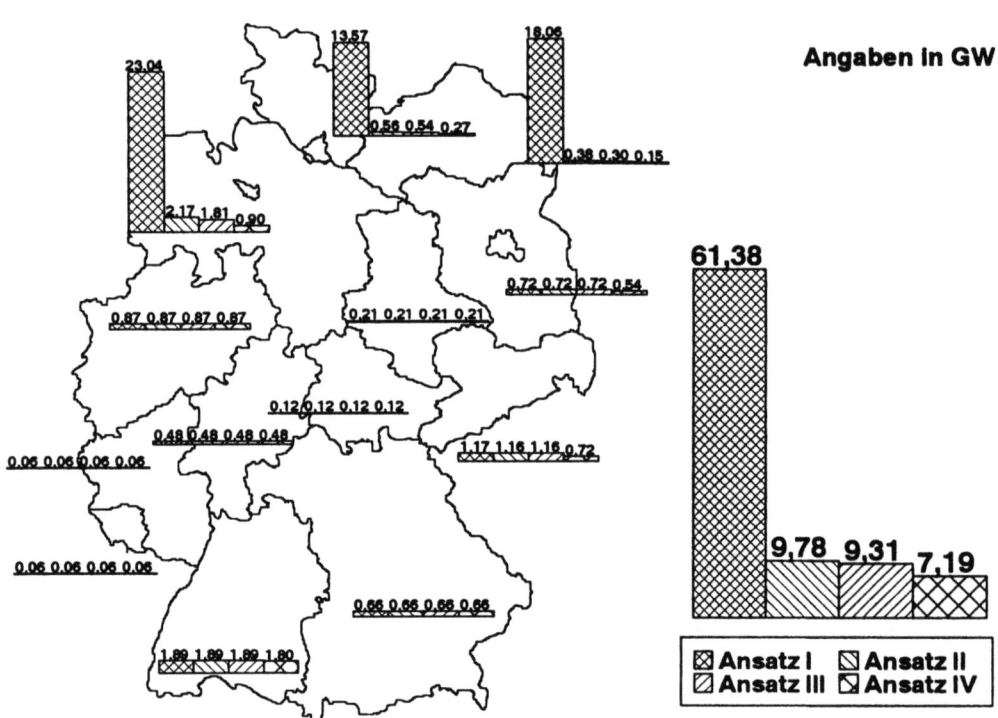

Abb 3.16 Windtechnisch installierte Leistung aufgrund unterschiedlicher Berechnungsansätze

Vergleich der verschiedenen Ansätze. Die vier dargestellten Ansätze stellen denkbare technische Endenergiepotentiale einer windtechnischen Stromerzeugung in Deutschland dar. Dabei ist Ansatz I durch das mit Abstand höchste Endenergiepotential gekennzeichnet. Bei diesem Ansatz werden - zumindest regional - zusätzliche Speicher zum Ausgleich bzw. zur Vergleichmäßigung der windtechnisch erzeugten elektrischen Energie in z. T. erheblichem Umfang benötigt. Auch die Netzstruktur bedarf bei diesem Ansatz erheblicher Änderungen (Netzverstärkungen, eigene "Windnetze", zusätzliche Umspannstationen etc.). Er ist daher eher theoretischer Natur, der das windtechnisch erzeugbare Endenergiepotential unter ausschließlicher Berücksichtigung der Flächenverfügbarkeitsrestriktionen angibt. Bei diesem Ansatz könnten etwa 19 % des Endenergieverbrauchs an elektrischer Energie in

Deutschland im Jahr 1991 durch Windenergie gedeckt werden. Deutlich geringer, untereinander aber sehr ähnlich, sind die möglichen Anteile bei den Ansätzen II und III. Die resultierenden Endenergiepotentiale entsprechen einem Anteil von ca. 4,6 % (Ansatz II) bzw. etwa 4,3 % (Ansatz III) des Endenergieverbrauchs an Strom. Ansatz IV ist durch die geringste windtechnische Stromerzeugung gekennzeichnet. Die diesem Ansatz zugrunde liegende Leistung von ca. 7 200 MW ließe sich aber ohne erhebliche Umstrukturierungen im konventionellen Kraftwerkspark und im Netz in die öffentliche Versorgung integrieren. Dieser Ansatz ist mit ca. 3,1 % durch den geringsten Anteil am elektrischen Endenergiebedarf, aber auch durch die geringsten zusätzlichen Investitionen gekennzeichnet.

3.3.5 Derzeitige Nutzung

Die Windenergie hat in der Bundesrepublik Deutschland in den letzten Jahren - insbesondere aufgrund der Förderprogramme (u. a. 250 MW-Windprogramm des Bundesministeriums für Forschung und Technologie) - einen gewaltigen Aufschwung erlebt. Dies wird in Abb. 3.17 deutlich. Hier sind im Verlauf der letzten zehn Jahre die jährlich neu installierten elektrischen Leistungen und die korrespondierende Anlagenanzahl dargestellt. Insbesondere die Jahre 1990 und 1991 sind durch sehr zahlreiche Neubauten an Windkraftanlagen gekennzeichnet. Ende 1991 waren zusammengenommen rund 780 Konverter mit einer installierten elektrischen Leistung von 108,8 MW vorhanden. Wird von einem mittleren Ausnutzungsgrad für den bestehenden Anlagenmix von rund 22 % ausgegangen,

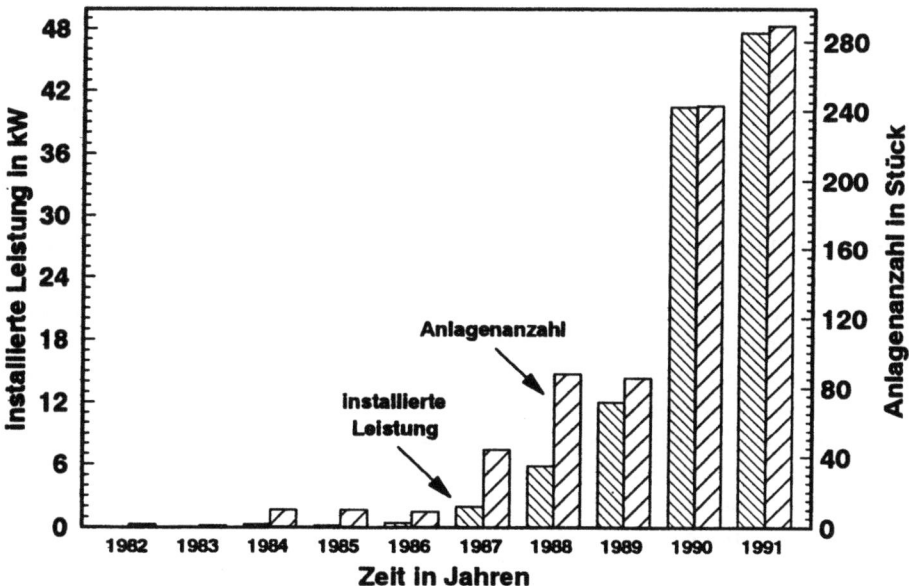

Abb. 3.17 Entwicklung der Windkraftanlagenanzahl und der korrespondierenden installierten Leistungen in der Bundesrepublik Deutschland /3-29/

errechnet sich daraus eine jährliche Stromerzeugung von ca. 210 GWh/a /3-29/. Dabei befindet sich der Großteil der installierten Anlagen in Schleswig-Holstein (ca. 420 Konverter), Niedersachsen (rund 320 Windkraftanlagen) und Nordrhein-Westfalen (etwa 130 Anlagen). Insgesamt handelt es sich bei rund 47 % aller Konverter um Anlagen mit installierten Leistungen von bis zu 80 kW, bei rund 23 % des Anlagenbestandes um Windkraftwerke mit Leistungen zwischen 80 und 200 kW und bei knapp 30 % um Konverter mit noch höheren elektrischen Leistungen /3-30/.

3.4 Kosten der Windstromerzeugung

Zur Abschätzung der Aufwendungen, die mit der Nutzung des Energieträgers Wind verbunden sind, werden im folgenden die spezifischen Stromgestehungskosten analysiert. Dazu werden zunächst die variablen und fixen Aufwendungen von Windkraftanlagen ermittelt. Daraus errechnen sich in Abhängigkeit des meteorologischen Energieangebots die spezifischen Gestehungskosten.

Belastbare Angaben der Aufwendungen für derzeit marktgängige Anlagen können hier nur für Konverter mit einer installierten elektrischen Leistung unter 500 kW gemacht werden. Für große Windkraftanlagen mit Leistungen im Megawattbereich werden Angaben aus der Literatur wiedergegeben, da sich diese Technik nach wie vor im Prototypstadium befindet (u. a. /3-21, 3-22/).

3.4.1 Absolute Systemkosten

Die Gesamtinvestitionen setzen sich aus den Aufwendungen ab Werk, für Transport und Montage, für das Fundament und die Netzanbindung sowie den sonstigen Kosten (u. a. Planungskosten, Wegekosten) zusammen. Der jährlich anfallende Betriebsaufwand ergibt sich im wesentlichen aus den Wartungs- und Instandhaltungskosten, den Pachtkosten für das Aufstellungsgelände und den Versicherungskosten.

Werden diese verschiedenen Komponenten für die Errichtung einer einzelnen Windkraftanlage zusammengestellt, ergeben sich die in Abb. 3.18 gezeigten Aufwendungen. Dargestellt ist jeweils ein konkreter Konverter, der auch für andere Anlagen mit ähnlicher installierter Leistung als repräsentativ angesehen werden kann /3-23/.

Demnach sinken auch bei zusätzlicher Berücksichtigung der Aufwendungen für den Transport und die Montage, für das Fundament (Standardfundament ohne Tiefgründung), für die Netzanbindung (erdverlegtes Kabel einer Länge von ca. 450 m) und für den sonstigen Aufwand mit steigender installierter Anlagenleistung die spezifischen Investitionen. Bei den Berechnungen wurden die folgenden Zusammenhänge bzw. Annahmen berücksichtigt.
- Die spezifischen Investitionen für die Konverter ab Werk hängen - neben technik- und typspezifischen Unterschieden - im wesentlichen von der Anlagengröße ab. Bei kleinen Windkraftanlagen im Leistungsbereich bis 100 kW liegt der Aufwand zwischen 2 150 und 7 850 DM/kW, bei mittelgroßen Anlagen mit installierten elektrischen Leistungen zwischen 100 und rund 500 kW bei 1 585 bis 3 030 DM/kW. Bei großen Windkraftanlagen steigen die spezifischen Aufwendungen - wegen der derzeit noch realisierten Einzelfertigung und dem geringen Erfahrungspotential - wieder stark an (ca. 3 700 bis 18 500 DM/kW) /3-23/.

3.4 Kosten der Windstromerzeugung   103

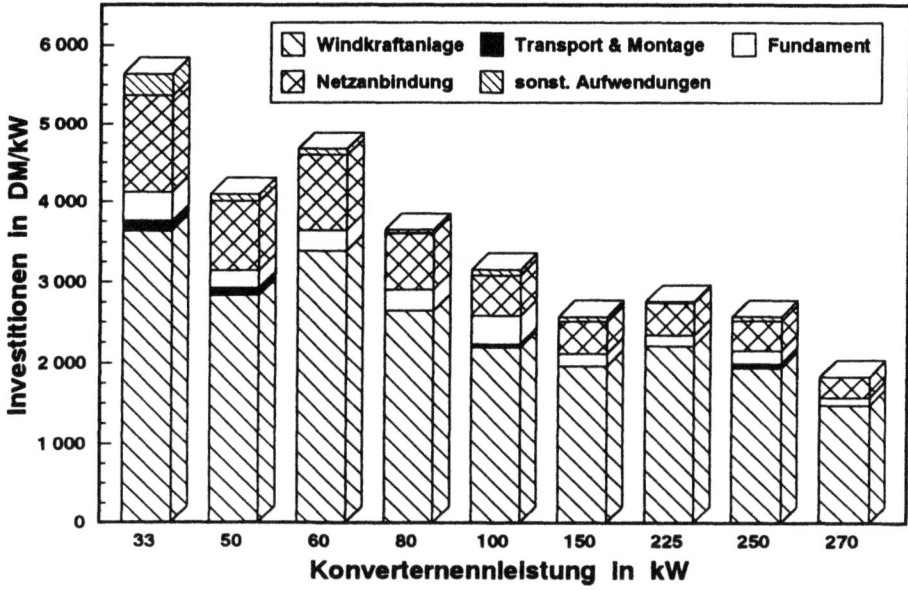

Abb. 3.18 Absolute Aufwendungen konkreter Windkraftanlagen mit unterschiedlichen installierten elektrischen Leistungen /3-23/

- Ist der potentielle Standort mit genügend tragfähigen Wegen erschlossen, sind die Aufwendungen für Transport und Montage i. allg. in dem Anschaffungspreis ab Werk enthalten. Ist dies jedoch nicht der Fall, müssen für den Konvertertransport zum und die Anlagenmontage am gewünschten Standort rund 5 bis 6 % der Aufwendungen ab Werk veranschlagt werden /3-23/.
- Da der Aufwand für das Fundament stark von den örtlichen Gegebenheiten abhängt, sind allgemeingültige Aussagen nur schwer möglich. Auf festem Untergrund ist beispielsweise im Regelfall eine Flachgründung ausreichend. Die Aufwendungen belaufen sich dann ungefähr auf 6 % des Anschaffungspreises ab Werk. Bei Standorten mit ungünstigeren Bodenverhältnissen können sie bis auf 12 % steigen, bei einer Tiefgründung, wie sie beispielsweise im Marschland notwendig sein kann, sogar auf bis zu 60 % /3-23/.
- Einzelstehende Windkraftanlagen werden i. allg. über eine eigene Mittelspannungsleitungsverbindung zumindest an die nächstgelegene Mittelspannungsleitung, bei Windparks mit drei und mehr Anlagen u. U. sogar an die Sammelschiene des nächsten Unterverteilers angeschlossen. Die Aufwendungen für das für die Netzanbindung zu verlegende Erdkabel belaufen sich je nach Boden- bzw. Untergrundbeschaffenheit auf 130 bis 200 DM/m und werden damit im wesentlichen von der notwendigerweise zu überbrückenden Entfernung bestimmt. In Abhängigkeit der Gegebenheiten vor Ort liegen die Netzanbindungsaufwendungen meist bei rund 10 bis 25 % der Konverterinvestitionen ab Werk. Bei den dargestellten Kabel- und Verlegekosten entsprechen die Abb. 3.18 zugrunde gelegten Netzanbindungskosten einer mittleren Kabellänge von 400 bis 500 m.
- Neben diesen Investitionen fallen eine Reihe sonstiger Aufwendungen für Planung, Bodengutachten, Baugenehmigung und Geländeerschließung an. In der Regel werden hierfür Kosten von rund 1,5 % des Anlagenaufwandes unterstellt.

104   3 Nutzung der Windenergie

Aufbauend auf den in Abb. 3.18 dargestellten Größenordnungen für einzelne Anlagen zeigt Tabelle 3.5 die Bandbreite der gesamten spezifischen Investitionen für verschiedene Konverterklassen. Daraus ist abzulesen, daß Windkraftanlagen mit einer installierten Leistung zwischen 200 und 500 kW derzeit durch die geringsten spezifischen Investitionen gekennzeichnet sind.

Tabelle 3.5 Mittlere spezifische Investitionen von Windkraftanlagen unterschiedlicher installierter elektrischer Leistung /3-23/

Anlagenklasse	Turmhöhe	Gesamtinvestitionen
20 - 40 kW	18 - 30 m	3 067 - 7 850 DM/kW
40 - 100 kW	18 - 40 m	2 150 - 4 017 DM/kW
100 - 200 kW	24 - 30 m	1 960 - 3 030 DM/kW
200 - 500 kW	28 - 50 m	1 585 - 2 933 DM/kW
> 500 kW	> 40 m	3 700 - 18 500 DM/kW

Zusätzlich zu den in Tabelle 3.5 dargestellten Investitionen sind beim Anlagenbetrieb weitere Aufwendungen zu berücksichtigen. Die jährlich anfallenden Wartungs- und Instandhaltungskosten werden von den Herstellern mit 1 bis 2 % der Aufwendungen ab Werk angegeben. Für Versicherungen muß nach Herstellerangaben etwa 0,1 % der Investitionen ab Werk einkalkuliert werden. Außerdem fallen u. U. Pachtkosten für das Gelände an, auf dem die Windkraftanlage installiert wird.

3.4.2   Spezifische Stromgestehungskosten

Aus den in Kap. 3.4.1 dargestellten Investitionen für die verschiedenen derzeit marktgängigen Windkraftanlagen und den diskutierten Betriebskosten können mit Hilfe der Annuitätenmethode die über die Abschreibungsdauer der Windkraftanlage (20 Jahre) konstanten mittleren barwertigen Kosten berechnet werden.

Tabelle 3.6 zeigt für fünf unterschiedliche Anlagen, die für die jeweiligen installierten elektrischen Leistungen als näherungsweise charakteristisch angesehen werden können, die gegenwärtig zu veranschlagenden Investitionen. Demnach liegt der Gesamtaufwand für die Installation eines Konverters mit einer elektrischen Leistung von rund 33 kW bei knapp 190 000 DM und für eine Anlage mit rund 300 kW elektrischer Leistung bei rund 830 000 DM. Daraus ergeben sich zusammen mit dem jährlichen Aufwand für Wartung, Betrieb und Versicherung die gesamten jährlichen Aufwendungen. Ihnen steht ein Energieertrag in Abhängigkeit der Windverhältnisse am Aufstellungsort gegenüber, der für verschiedene mittlere Windgeschwindigkeiten etwa in der in Tabelle 3.6 dargestellten Größenordnung liegen könnte. Daraus errechnen sich zusammen mit den jährlich anfallenden Kosten letztlich die ebenfalls darstellten Stromgestehungskosten. Sie nehmen mit zunehmender mittlerer Windgeschwindigkeit ab, da der gleichen Kostenbelastung ein höherer Energieertrag gegenüber steht. Im gezeigten Leistungsbereich gehen sie aber auch mit höherer installierter elektrischer Leistung zurück und erreichen unter den derzeitigen Gegebenheiten bei Anlagen mit einer installierten Leistung von 200 bis 300 kW ihr Minimum. Anschließend steigen sich wieder geringfügig bis zu Anlagen mit Leistungen um die 500 kW und deutlich stärker bei noch größeren Konvertern an.

Werden die spezifischen Stromgestehungskosten für verschiedene Windgeschwindigkeiten in Abhängigkeit der installierten Leistung dargestellt, ergibt sich Abb. 3.19. Es wird auch hier deutlich, daß

3.4 Kosten der Windstromerzeugung

Tabelle 3.6 Investitionen, jährlicher Aufwand, mögliche Jahressumme der Energieproduktion und korrespondierende Stromgestehungskosten für verschiedene Windkraftanlagen

Leistungklasse	in kW	33	60	100	225	300
Verfügbarkeit	in %	95	95	95	95	95
Investitionen						
Aufwand ab Werk	in DM	120 000	203 800	219 300	498 000	688 000
Transport	in DM	4 000	inkl.	4 400	inkl.	inkl.
Netzanbindung	in DM	41 050	57 230	50 360	89 700	107 200
Fundament	in DM	12 000	15 000	35 100	30 000	32 000
Sonstiges	in DM	9 000	5 000	7 450	5 000	5 000
Summe	in DM	186 050	281 030	316 610	622 700	832 200
Jährliche Kosten						
Wartung, Betrieb	in DM/a	3 760	5 560	6 530	12 610	16 300
Versicherung	in DM/a	1 880	2 780	3 260	6 300	8 180
Summe	in DM/a	5 640	8 340	9 790	18 910	24 480
Jährliche Energieproduktion						
3 bis < 4 m/s	in kWh/a	33 250	64 000	95 000	203 000	225 150
4 bis < 5 m/s	in kWh/a	64 600	119 700	185 250	389 460	465 500
5 bis < 6 m/s	in kWh/a	95 950	173 850	275 500	594 170	715 350
6 bis < 7 m/s	in kWh/a	130 370	233 200	358 830	797 730	978 500
Spezifische Stromgestehungskosten						
3 bis < 4 m/s	in Pf/kWh	58	45	35	32	38
4 bis < 5 m/s	in Pf/kWh	30	24	18	17	18
5 bis < 6 m/s	in Pf/kWh	20	17	12	11	12
6 bis < 7 m/s	in Pf/kWh	15	12	9	8	9

die Stromgestehungskosten mit zunehmender installierter elektrischer Leistung deutlich abnehmen. Auch ist der Kostenrückgang bei installierten Leistungen zwischen 200 bzw. 300 und 500 kW im Regelfall nicht sehr deutlich und zeigt z. T. auch schon eine geringfügig steigende Tendenz. Demnach sind Windkraftkonverter mit installierten Leistungen zwischen 100 und 300 kW bei einer ökonomischen Betrachtung auf jeden Fall Anlagen mit geringeren installierten Leistungen überlegen. Ursachen hierfür sind zum einen die deutlich niedrigeren spezifischen Investitionen solcher Anlagen, zum anderen die oft größeren Turmhöhen, die am gleichen Standort eine höhere jahresmittlere Windgeschwindigkeit in Nabenhöhe bedingen, da mit zunehmender Höhe über Grund die mittlere Luftströmungsgeschwindigkeit ansteigt.

Verglichen mit dem Aufwand für elektrische Energie, die der Letztverbraucher im Durchschnitt zu zahlen hat, ist damit die Windkraftnutzung an günstigen Standorten aus der Sicht eines Tarifkunden u. U. kostengünstiger. Aufgrund des unregelmäßigen und wenig vorhersehbaren Windenergieangebots muß jedoch im Regelfall ein Tarifkunde eine Mischkalkulation zwischen dem Einspeisetarif und den vermiedenen Strombezugskosten zugrunde legen. Unter diesen Bedingungen ist eine Windstromerzeugung in deutlich weniger Fällen kostengünstiger. Aus der Sicht eines industriellen Nachfragers ist die Stromerzeugung aus Windenergie, da die Bezugspreise für elektrische Energie der Industriekunden bei weniger als der Hälfte der Haushaltskunden liegen, deshalb nur noch an Standorten mit hohen mittleren Windgeschwindigkeiten und sonstigen günstigen Rahmenbedingungen billiger.

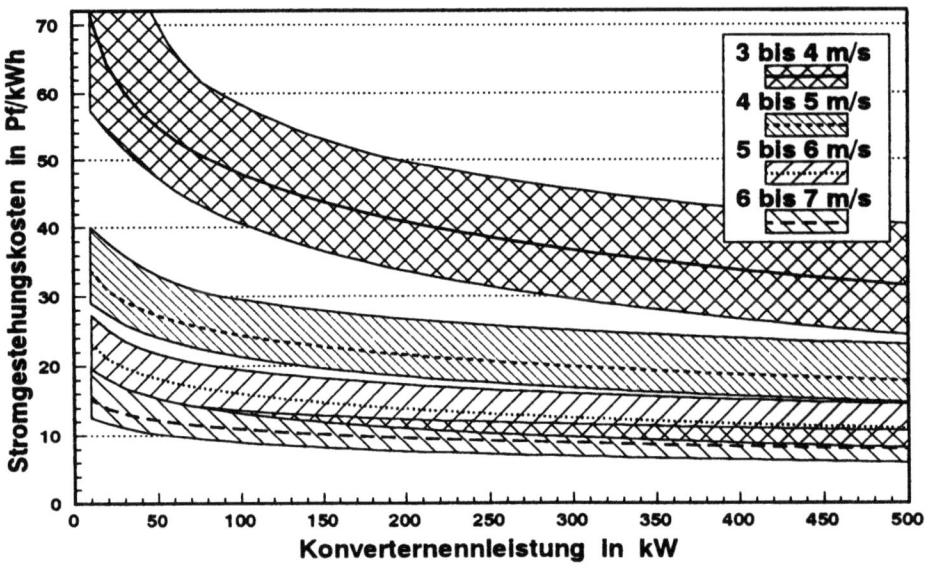

Abb. 3.19 Spezifische Stromgestehungskosten einer Stromerzeugung aus Windenergie

Werden die Gestehungskosten der Stromerzeugung aus Windenergie demgegenüber aus der Sicht eines Elektrizitätsversorgungsunternehmens gesehen, müssen die Kosten für die Kilowattstunde elektrischer Energie aus Windkraft im wesentlichen den variablen Kosten der Mittellastkraftwerke gegenüber gestellt werden, da die Stromerzeugung aus Windkraft nur durch einen geringen Kapazitätseffekt gekennzeichnet ist (vgl. /3-26/) und im wesentlichen Strom aus Mittellastkraftwerken substituiert (vgl. /3-27/). Damit ist hier eine Windstromerzeugung nur unter optimalsten Bedingungen kostengünstiger. Als Folge staatlicher Fördermaßnahmen (z. B. 250 MW-Wind-Programm) können sich diese Relationen jedoch z. T. erheblich verschieben.

Bei dieser Gegenüberstellung muß beachtet werden, daß hier die Gestehungskosten elektrischer Energie aus etablierten und seit Jahren großtechnisch genutzten Systemen mit denen einer Stromerzeugung verglichen werden, die - trotz den gegenwärtigen Booms - noch vergleichsweise am Beginn ihrer technischen Entwicklung steht. Dieser Vergleich kann deshalb nur der groben Einordnung in die gegenwärtigen energiewirtschaftlichen Gegebenheiten im Energiesystem der Bundesrepublik Deutschland dienen.

4 Stromerzeugung aus Wasserkraft

Die Kraft des Wassers wurde schon vor mehr als 2 000 Jahren, z. B. an den Flüssen Nil und Euphrat, genutzt. Die in einem Flußlauf vorhandene Energie wurde zunächst mit Hilfe von Wasserrädern direkt in mechanische Energie umgewandelt und diente zum Heben von Wasser oder zum Mahlen von Getreide. Beispiele hierzu sind alte Schöpfanlagen zur Bewässerung, Mühlen oder Hammerwerke. Erst zu Beginn des 19. Jahrhunderts wurden einfache Turbinen entwickelt. Später sind an diese dann Generatoren zur Stromerzeugung angeschlossen worden. Die erzeugte elektrische Energie wurde zunächst nur in einem eng begrenzten Bereich um das Kraftwerk genutzt. Erst mit der technischen Möglichkeit, Strom relativ verlustarm über weite Strecken transportieren zu können, setzte sich die Nutzung der Wasserkraft in einem größeren Umfang durch. Dies gelang erstmals 1891 von einem Wasserkraftwerk in Lauffen am Neckar bis nach Frankfurt. Nun konnte auch die öffentliche Energieversorgung mit Strom aus Wasserkraft bedient werden.

Die ausgeführten Wasserbauwerke waren zu jener Zeit durch kleine Fallhöhen und geringe Wasserdurchflußmengen gekennzeichnet. Erst mit den Fortschritten der Wasserbautechnik und des gesamten Bauwesens konnten mit neuen Wehrformen und besseren Verschlußeinrichtungen der Pfeilerabstand und die Stauhöhe vergrößert werden. In zunehmendem Maße wurde damit auch das Wasserkraftpotential der großen Flüsse genutzt. Weitere Entwicklungen auf dem Gebiet der Baustoffkunde, der Bautechnik sowie der Statik ermöglichten schließlich um die Jahrhundertwende den Bau großer Talsperren zur Nutzung der Potentiale ganzer Gebirgstäler.

Einen weiteren Schub brachten die Jahre nach dem Ersten Weltkrieg. Ein Hauptanliegen war zu dieser Zeit, eine möglichst autarke Energieversorgung sicherzustellen. Staaten wie die Schweiz, aber auch die Länder Baden, Bayern und Württemberg, die selber nur über minimale fossile Energiequellen verfügen, nutzten von nun an die günstigen topographischen Voraussetzungen für den Ausbau der Wasserkräfte. Auch die Eisenbahngesellschaften dieser Länder setzten auf die Elektrizität aus Wasserkraft und errichteten eigene Wasserkraftwerke. So kam es, daß fast das gesamte Netz der Schweizer Eisenbahnen elektrifiziert wurde. Der Strom hierfür stammt heute noch zu etwa 60 % aus Wasserkraft.

Seit dem Ende des Zweiten Weltkriegs hat sich die Kapazität der Wasserkraftanlagen auf dem Gebiet der alten Bundesländer insgesamt mehr als verdreifacht, ihre Stromproduktion mehr als verdoppelt. Trotz dieses Anstiegs ist ihr relativer Anteil an der gesamten Stromerzeugung zurückgegangen. Die stark gestiegene Nachfrage nach elektrischer Energie konnte nur durch eine Kapazitätserweiterung im Bereich der thermischen Kraftwerke gedeckt werden. In starkem Gegensatz zum Ausbau der Wasserkraft in der Bundesrepublik Deutschland verlief die Entwicklung in der ehemaligen Deutschen Demokratischen Republik (DDR). Aus- und Neubauten blieben fast nur auf Pumpspeicherkraftwerke zur Stromveredlung beschränkt. Zur Trinkwasserspeicherung sowie zum Hochwasserrückhalt wurden eine Reihe von Talsperren gebaut. Eine Nutzung zur Stromerzeugung wurde jedoch in den meisten Fällen nicht vorgesehen oder auf spätere Jahre verschoben. Zwischen 1960 und 1975 wurden 510 Kleinwasserkraftwerke mit rund 30 MW Gesamtleistung stillgelegt /4-1/. Die Gründe dafür waren die hohen Aufwendungen für die Instandhaltung der Anlagen; außerdem wurde die Produktion maschinentechnischer Ausrüstungen für Kleinwasserkraftwerke in der ehemaligen DDR eingestellt. Aber auch in den alten Bundesländern sind in den letzten 20 Jahren viele Kleinwasserkraftanlagen, das sind Anlagen mit einer installierten Leistung kleiner als 1 MW, stillgelegt worden. Dies ist in erster Linie auf das häufig ungünstige Verhältnis zwischen dem Nutzen und dem Aufwand zum Betrieb und zur Unterhaltung dieser Anlagen zurückzuführen.

Weltweit liegt der Anteil der Wasserkraft an der Stromerzeugung bei etwa 18,3 % und in den Europäischen Gemeinschaften (EG) bei etwa 9,5 %. Anders kann sich die Situation in gebirgigen Staaten darstellen; beispielsweise tragen die Wasserkraftwerke mit einem Anteil von annähernd 99,5 % in Norwegen und von 77,7 % in Neuseeland zur Stromversorgung bei /4-2/.

4.1 Allgemeine Grundlagen

Vor der Analyse der technischen Potentiale einer Wasserkraftnutzung in der Bundesrepublik Deutschland werden im folgenden zunächst Grundlagen des Energieangebots des Wassers dargestellt. Daran schließt sich eine Diskussion der Verfahren an, die zur Stromgewinnung aus der in den Gewässern vorhandenen Energie zum Einsatz kommen.

4.1.1 Energieangebot des Wassers

Die Möglichkeiten der Wasserkraftnutzung werden ganz entscheidend von dem Wasserdargebot eines Gewässers beeinflußt. Dieses wird von den vielen Einflußfaktoren des Wasserkreislaufs beeinflußt, von denen u. a. der Niederschlag, die Verdunstung, die Bodenverhältnisse und die Topographie zu nennen sind. Die einzelnen Einflußgrößen auf den Wasserkreislauf unterliegen erheblichen Schwankungen - sie variieren sowohl räumlich als auch zeitlich. Die räumlichen Schwankungen der Niederschläge in Deutschland gehen aus Abb. 4.1 hervor.

Die in der Darstellung deutlich werdende unterschiedliche räumliche Verteilung des Niederschlags ist vor allem durch die Topographie und durch die in Richtung Osten zunehmende Kontinentalität des Klimas bedingt. Die Niederschläge variieren zwischen Werten von mehr als 2 500 l/(m^2 a) am Alpenrand und von rund 500 l/(m^2 a) im nördlichen Teil des Rheintalgrabens. Niederschlagsreiche Gebiete sind auch in den Mittelgebirgen zu finden.

Nicht unbedeutend für das Abflußgeschehen eines Gebietes ist auch der Schneefall. Das in der Schneedecke gespeicherte Niederschlagswasser kommt erst verspätet zum Abfluß. Beeinflußt wird die Schneedecke von klimatischen Faktoren wie Lufttemperatur, Globalstrahlung sowie Wind und der Topographie. Die plötzlich einsetzende Schneeschmelze kann - ebenso wie ein starker Regen, der das Speichervermögen eines Gebietes übersteigt - zu Hochwasserereignissen führen. Extreme Hochwässer treten deshalb häufig bei einer Kombination von Schneeschmelze und starken Regenfällen auf.

Für die Wasserkraftnutzung ist die Abflußhöhe eine weitere wichtige Größe. Hierunter versteht man den Anteil des Niederschlags, der effektiv zum Abfluß kommt und nicht verdunstet oder im Grund-

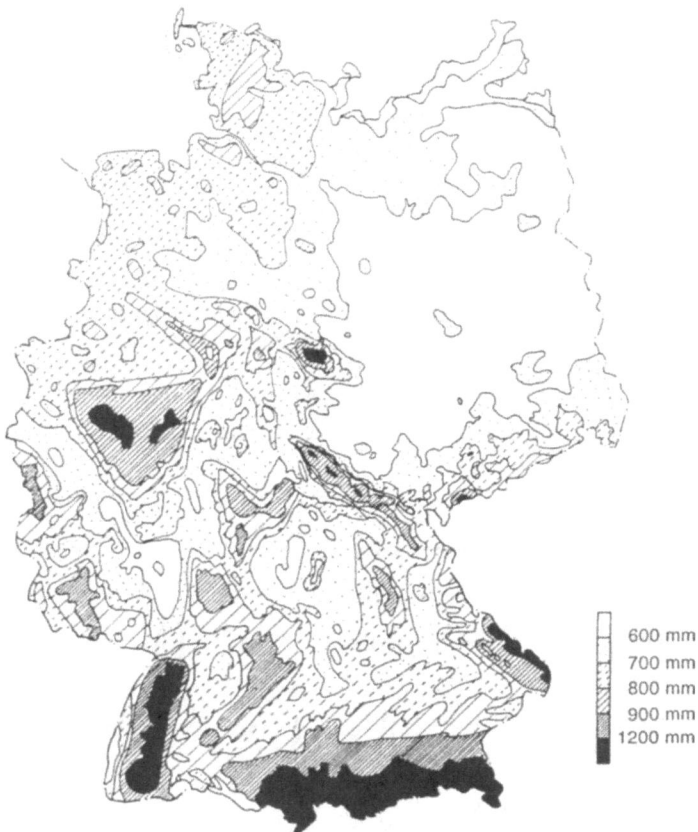

Abb. 4.1 Niederschlagshöhen in der Bundesrepublik Deutschland /4-3, 4-4/

wasserstrom aus dem betrachteten Gebiet abfließt. Die Abflußhöhe schwankt in Deutschland ungefähr in vergleichbarer Größenordnung wie der Niederschlag. Die Werte liegen zwischen 50 und 2 000 l/(m² a). Große Abflußhöhen sind insbesondere am Alpenrand und in den Mittelgebirgen anzutreffen.

Die Gebietsverdunstung (d. h. Transpiration der Pflanzen und Evaporation am Boden und an Oberflächengewässern) variiert regional zwischen 400 und 500 l/(m² a), wobei die höchsten Verdunstungswerte am Nordrand der Alpen und am Westrand des Schwarzwaldes auftreten.

Tabelle 4.1 gibt einen Überblick über die Verhältnisse der räumlichen und zeitlichen Variabilität der einzelnen Wasserhaushaltsgrößen. Demnach sind beispielsweise die räumlichen Variationen des Niederschlags sehr, die der Verdunstung jedoch weniger stark ausgeprägt.

Das abfließende Wasser gelangt über Flußläufe in die Meere. Der größte Teil des in Deutschland fallenden Niederschlags fließt über den Rhein, die Weser und die Elbe in die Nordsee. Über die Oder und die kleinen Küstenflüsse in Mecklenburg-Vorpommern gelangt eine geringere Niederschlagsmenge in die Ostsee. Im Süden der Bundesrepublik Deutschland leitet die Donau das in ihrem Einzugsgebiet fallende Niederschlagswasser ins Schwarze Meer.

4 Stromerzeugung aus Wasserkraft

Tabelle 4.1 Variabilität der Wasserhaushaltsgrößen /4-5/

Wasserhaus-haltsgröße	Räumliche Variation	Zeitliche Variation					
		Jahres-gang	Tages-gang	innerhalb von mehreren			
				Stunden	Tagen	Monaten	Jahren
Niederschlag	stark	gering	kein	stark	stark	stark	mäßig
Verdunstung	weniger ausgeprägt	stark	stark	gering	mittel	stark	gering
Abfluß	stark	mittel	kein	starke Änderung möglich	stark	stark	mäßig
Wasservorratsänderung des Grundwassers	stark	gering	gering	stark	stark	mittel	gering
Wasservorratsänderung durch die Schneedecke	stark	stark	gering	gering	mittel	stark	stark

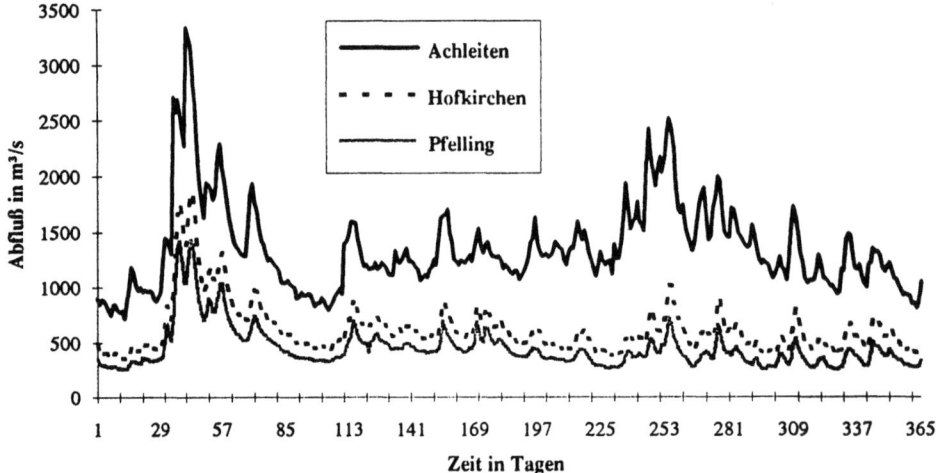

Abb. 4.2 Abflußganglinien für drei Donaupegel am Beispiel des hydrologischen Jahres 1989 /4-6/

Die Gewässer sind durch eine von der Jahreszeit abhängige Abflußganglinie gekennzeichnet. Beispielhaft zeigt Abb. 4.2 die Jahresganglinie für drei benachbarte Pegelmeßstellen an der Donau. Dargestellt ist der Zeitraum des hydrologischen Jahres 1989 vom 1. 11. 1988 bis zum 31. 10. 1989 /4-6/.

Neben der Ganglinie ist die Abflußdauerlinie eine wichtige Kenngröße für Planung und Betrieb einer Wasserkraftanlage. Die Dauerlinien werden in der Regel aus mehrjährigen Abflußzeitreihen gebildet. Die einzelnen Abflußwerte stellen somit Mittelwerte für den betrachteten Zeitraum dar. In Abb. 4.3 ist für den Donaupegel Achleiten die Abflußdauerlinie dargestellt. Trocken- und Naßjahre beeinflussen diese Mittelwerte stark. Die obere Hüllkurve gilt für ein extremes Naßjahr und die untere für ein Trockenjahr. Aus der Spannbreite der beiden Hüllkurven geht die große Variabilität des Abflußgeschehens eines Gewässers hervor.

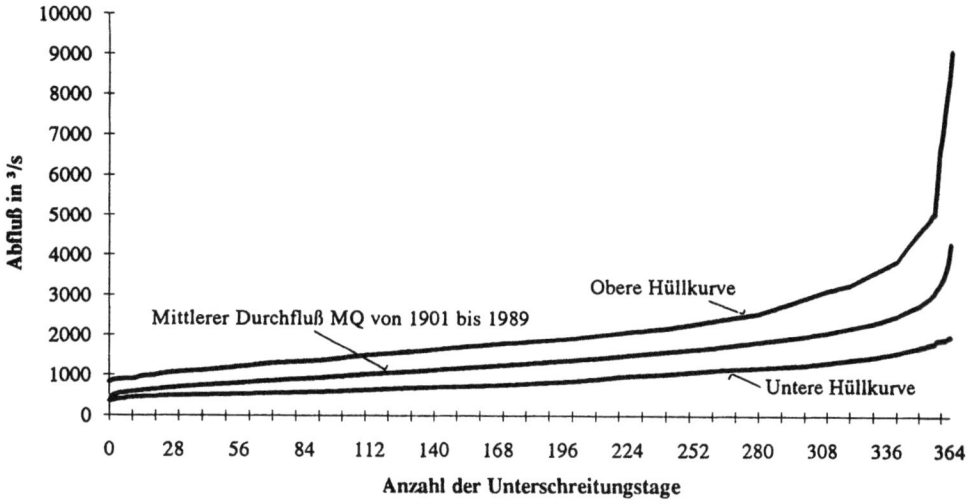

Abb. 4.3 Abflußdauerlinien für den Donaupegel Achleiten /4-6/

4.1.2 Technische Grundlagen

Bei Anlagen zur Nutzbarmachung dieses Energieangebots kann zwischen Laufwasser- und Speicher- bzw. Pumpspeicherkraftwerken sowie zwischen Nieder-, Mittel- und Hochdruckanlagen unterschieden werden. Diese unterschiedlichen Modifikationen werden im folgenden dargestellt. Da solche Anlagen ganz wesentlich von den eingesetzten Turbinen bestimmt werden, wird diese Anlagenkomponente ebenfalls kurz diskutiert.

Tabelle 4.2 Klassifizierung von Wasserkraftwerken nach verschiedenen Kriterien

Unterscheidungskriterium	Varianten		
Ausbau	Flußkraftwerke	Talsperrenkraftwerke	Ausleitungskraftwerke
Bau	Kraftwerke in Hochbauweise	Kraftwerke in Flachbauweise	überflutbare Kraftwerke
Betrieb	Laufkraftwerke (Grundlast)	Speicherkraftwerke (Spitzen- und Grundlast)	Pumpspeicherkraftwerke (Spitzenlast und Reserve)
Fallhöhe	Niederdruckanlagen (1 bis 20 m)	Mitteldruckanlagen (20 bis 100 m)	Hochdruckanlagen (> 100 m)
Leistung	Kleinkraftwerke (< 1 MW)	Mittelkraftwerke (1 MW bis < 100 MW)	Großkraftwerke (> 100 MW)

Laufwasserkraftwerke. Unter Laufwasserkraftwerken werden Anlagen verstanden, die das zuströmende Wasser eines Flusses ohne Speicherung verarbeiten (vgl. Tabelle 4.2). Überschreitet der

112   4 Stromerzeugung aus Wasserkraft

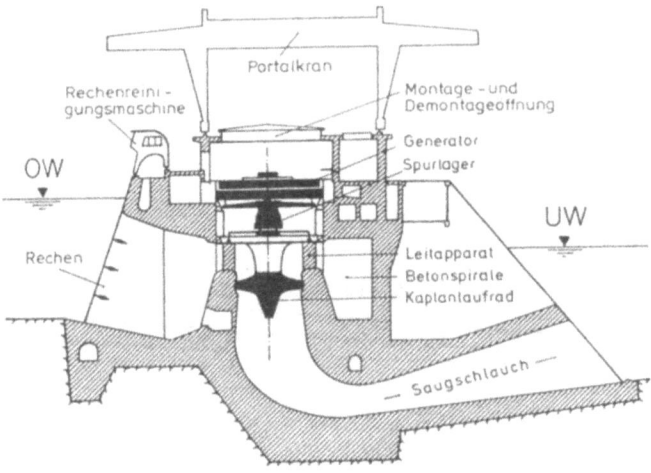

Abb. 4.4 Prinzipdarstellung eines Laufwasserkraftwerks /4-7/

Abfluß den maximal möglichen Durchsatz durch die Turbinen (Ausbaudurchfluß), muß das Überschußwasser ungenutzt über die Wehranlagen abgeleitet werden. Bei einem Niedrigwasserabfluß müssen unter Umständen die Turbinen abgeschaltet werden, da sie nicht für so geringe Durchflüsse ausgelegt sind. Charakteristisch für Laufwasserkraftwerke ist ein großer Ausbaudurchfluß bei relativ geringen Fallhöhen. Den prinzipiellen Aufbau eines Laufwasserkraftwerks zeigt Abb. 4.4. Es wird der Oberwasserspiegel und der Einlaufrechen deutlich. Das Wasser strömt dann durch die Turbine und den Saugschlauch in das Unterwasser.

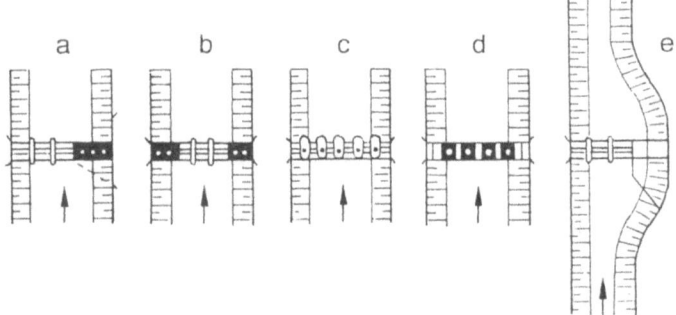

Abb. 4.5 Anordnungsmöglichkeiten der Anlagenteile bei Flußkraftwerken /4-8/

Das Flußkraftwerk ist direkt in den Flußlauf hineingebaut (vgl. Tabelle 4.2). Es sind dabei mehrere Ausführungsvarianten bezüglich der Bauwerksanordnung im Flußbett möglich. Meist handelt es sich bei solchen Bauten um Mehrzweckprojekte, z. B. zur Energiegewinnung, zum Hochwasserschutz und zur Schiffbarmachung. Bezüglich der Anordnung im Flußbett können für Flußkraftwerke folgende Unterscheidungen getroffen werden (vgl. Abb. 4.5):

4.1 Allgemeine Grundlagen

a Zusammenhängende Bauweise
In einer blockweisen Anordnung stehen Krafthaus und Stauwehr mit ihrer Längsachse quer zum Flußlauf. Diese Bauweise ist nur dann möglich, wenn sich das größte Hochwasser ohne Verbreiterung des Flußquerschnitts störungsfrei über die Stauwehrfelder abführen läßt. In Flußkrümmungen liegt das Kraftwerk in der Regel wegen des hier geringeren Geschiebetransportes am Außenufer.

b Zweiteiliges Kraftwerk
Diese Variante kommt vornehmlich bei Kraftwerken zum Einsatz, die je zur Hälfte zwei Anrainerstaaten eines Flusses gehören. Hierdurch ist eine getrennte Energieerzeugung möglich. Die Vorteile dieser Anordnung liegen auch in der symmetrischen Anströmung.

c Pfeilerkraftwerk
Dieser Kraftwerkstyp ist durch eine günstige Anströmung und eine platzsparende Bauweise gekennzeichnet. Das Krafthaus mit sämtlichen maschinellen Einrichtungen ist in den Pfeilern untergebracht.

d Überströmtes Kraftwerk
Hier werden Kraftwerk und Stauanlage in einem einheitlichen Block übereinander angeordnet. Dadurch wird der Raumbedarf für die aufzunehmenden Maschinensätze und die erforderliche Stauanlage auf ein Minimum reduziert; die Anlage fügt sich dadurch gut in das Landschaftsbild ein. Über dem Wasserspiegel sind oberwasserseitig kaum Bauwerksteile sichtbar.

e Buchtenkraftwerk
Das Krafthaus wird außerhalb des eigentlichen Flußbettes in einer künstlich geschaffenen Bucht untergebracht. Diese Anordnung ist an sehr engen Flußläufen erforderlich, damit für das Stauwehr die gesamte Flußbreite zur Hochwasserabführung zur Verfügung steht.

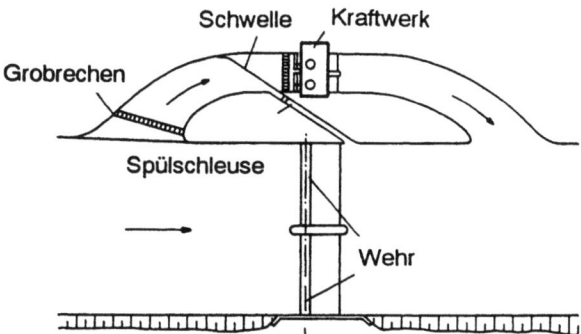

Abb. 4.6 Prinzipielle Anordnung eines Ausleitungskraftwerks /4-9/

Bei Ausleitungskraftwerken wird der Fluß durch eine Wehranlage aufgestaut und ein Teil des Flußwassers in einen Triebwasserkanal geleitet (vgl. Abb. 4.6). Dieser dient als Zulauf zum Kraftwerk. Über den Kraftwerksauslauf unterhalb des Turbinenhauses wird die ausgeleitete Wassermenge dem Flußlauf wieder zugeführt. Im natürlichen Flußbett verbleibt das sogenannte Restwasser, dessen Menge nach ökologischen Gesichtspunkten zu bestimmen ist. Dieser Restwasserabfluß sollte die gleiche Dynamik wie der ursprüngliche Abfluß haben. Grundsätzlich werden zwei verschiedene Typen von Ausleitungskraftwerken unterschieden.

114   4 Stromerzeugung aus Wasserkraft

- Kanalkraftwerke
  Das Krafthaus kann in der trockenen, noch nicht gefluteten Ausleitungsstrecke gebaut werden. Durch den Kanal werden längere, stark gekrümmte Flußstrecken abgekürzt und somit das Gefälle an einer Stelle zusammengezogen. Der Landschaftsverbrauch ist meist größer als bei den anderen Ausführungsvarianten.
- Schlingenkraftwerke
  Bei der Anordnung von Flußkraftwerken im Durchstich einer Flußschleife eines mäandrierenden Gewässers können geringere Beeinträchtigungen der Landschaft als bei Kanalkraftwerken erreicht werden.

Speicher- und Pumpspeicherkraftwerke. Speicherkraftwerke sind Anlagen, die die in natürlichen oder künstlichen Seen gespeicherte potentielle Energie des Wassers nutzbar machen (vgl. Abb. 4.7). Je nach Größe des Beckens können Abflüsse eines Tages, eines Monats oder sogar eines Jahres gespeichert werden. Durch die Speicherung wird eine Nivellierung des Wasserdurchsatzes in den Turbinen erreicht; die gesamte Anlage kann deshalb immer im optimalen Betriebspunkt arbeiten. Bedarfsspitzen können kurzfristig mit zusätzlichen Maschinensätzen gedeckt werden.

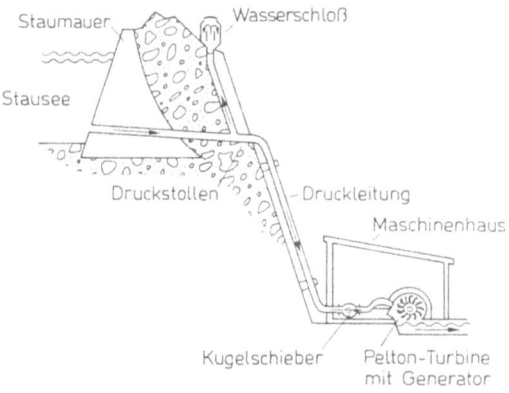

Abb. 4.7 Grundsätzlicher Aufbau eines Speicherkraftwerks /4-5/

In manchen Fällen kann die Leistungsfähigkeit von Speicherkraftwerken durch eine Pumpspeicherung erhöht werden. Dazu wird zu Zeiten geringen Stromverbrauchs mit Hilfe von überschüssigem Strom aus thermischen Grundlastkraftwerken Wasser in den Speichersee gepumpt. Bei einem Spitzenstrombedarf wird Wasser wieder aus dem Becken entnommen und in elektrische Energie gewandelt. Nur etwa ein Fünftel bis ein Viertel der aufgewandten Energie kann bei einer Pumpspeicherung - infolge von Verlusten u. a. in Rohrleitungen, Turbinen und Pumpen - nicht zurückgewonnen werden. Pumpspeicherung wird aber im folgenden nicht weiter betrachtet, da sie nur eine Speichermöglichkeit darstellt und damit nicht zu den regenerativen Energiequellen zählt.

Nieder-, Mittel- und Hochdruckanlagen. Zu den Niederdruckanlagen gehören Laufwasserkraftwerke mit kleinen Fallhöhen von bis zu 20 m und großen Ausbauwassermengen (vgl. Tabelle 4.2). In der Regel sind sie nicht mit einem Speicher verbunden. Eine interessante Möglichkeit zur Leistungs-

4.1 Allgemeine Grundlagen

steigerung ist die Anlage einer Kraftwerkskette mit einem Kopf- und eventuell einem Zwischenspeicher. Zu Zeiten erhöhten Strombedarfs kann aus dem Kopfspeicher eine größere Wassermenge an den Flußlauf abgegeben werden. Damit können Laufwasserkraftwerke Spitzenstrom erzeugen.

In Mitteldruckanlagen werden mittlere Fallhöhen (von 20 bis 100 m) mit mittleren Wassermengen zur Stromerzeugung ausgenutzt. Meist weisen sie einen Speicher auf. In Deutschland gibt es aufgrund der Topographie nur wenige Mitteldruckanlagen.

Hochdruckanlagen weisen Fallhöhen von mehr als 100 m auf. Von einem Speicherbecken wird hier über Stollen, Kanäle oder Rohrleitungen das Wasser zu dem Krafthaus geleitet. Im Vergleich zu Niederdruckanlagen ist hier die Triebwassermenge wesentlich geringer.

Turbinentypen. Die Turbinen wandeln die potentielle Energie des Wassers in eine mechanische Drehbewegung um. Prinzipiell unterscheidet man zwei Arten von Turbinen, die Überdruck- oder Reaktionsturbinen und die Gleichdruck- oder Aktionsturbinen. Die Überdruckturbinen weisen im Gegensatz zu den Gleichdruckturbinen hinter dem Laufrad noch ein Saugrohr zur weiteren Ausnutzung der im Wasser noch enthaltenen Restenergie auf.

Tabelle 4.3 Wesentliche Turbinenbauarten /4-5/

Name	Typ	Nennfallhöhe	Einsatzbereich
Francisturbine	Überdruckturbine	30 bis 700 m	Fluß- und Speicherkraftwerke
Kaplanturbine	Überdruckturbine	bis 60 m	häufig in Fluß-, seltener in Speicherkraftwerken
Rohrturbine	Überdruckturbine	bis 25 m	Flußkraftwerke
Strafloturbine	Überdruckturbine	bis 50 m	Flußkraftwerke
Peltonturbine	Gleichdruckturbine	bis 2 000 m	Speicherkraftwerke
Durchströmturbine	Gleichdruckturbine	bis 200 m	Wasserkraftanlagen mit stark variierendem Durchfluß

Tabelle 4.3 zeigt die wichtigsten Turbinentypen, die derzeit in Wasserkraftanlagen zum Einsatz kommen, mit ihren Einsatzbereichen. Demnach liegt keine scharfe Trennung zwischen einzelnen Turbinentypen vor; bezüglich der Fallhöhen und der Einsatzbereiche gibt es Überschneidungen.

Das Laufrad der Francisturbine wird radial von außen nach innen durchströmt; das Wasser tritt axial aus. Die Turbine läuft mit hohen Drehzahlen. In den meisten Fällen ist die vertikale Turbinenwelle direkt an den Generator gekuppelt. Der mögliche Betriebsbereich erstreckt sich von 40 bis 100 % der Maximalleistung. Im optimalem Betriebspunkt werden Turbinenwirkungsgrade bis nahe 90 % erreicht (vgl. Abb. 4.8).

Bei der Kaplanturbine handelt es sich um eine axial durchströmte Überdruckturbine mit in der Regel verstellbaren Leit- und Laufradschaufeln. Das Triebwasser wird durch eine Stahlbetonspirale, seltener auch eine Stahlspirale, dem Laufrad zugeführt. Wegen der Möglichkeit, Leit- und Laufradschaufeln zu verstellen, können diese Turbinen noch bei 30 % ihrer maximalen Leistung betrieben werden.

Die Rohrturbine unterscheidet sich von der Kaplanturbine durch die geneigte Lage ihrer Achse und eine vom Ein- bis zum Auslauf fast geradlinigen Durchströmung. Der Generator ist meist vor dem Turbinenlaufrad im Rohr - in einer Generator-Birne - angeordnet. Zwischen Generator und Laufrad ist in der Regel ein Getriebe geschaltet, das die Generatorumdrehung gegenüber der Laufradumdrehung erhöht.

Bei der Strafloturbine handelt es sich um eine Niederdruckturbine mit waagrechter oder leicht geneigter Achse. Hier sind die rotierenden Pole des Generators unmittelbar über spezielle Dichtungen mit den Laufradschaufeln verbunden. Turbine und Generator sind ohne Antriebswelle in einer Einheit zusammengefaßt.

Bei Hochdruckanlagen kommt die Pelton- oder Freistrahlturbine zum Einsatz. Sie zählt zu den Gleichdruckturbinen. Die gesamte potentielle Energie der Nutzfallhöhe wird in den Düsen zunächst in Geschwindigkeitsenergie umgesetzt. Der austretende Strahl trifft auf die Schalenbecher des Laufrades, wo er geteilt und umgeleitet wird. Teilbelastung erfolgt hier auf einfache Weise durch Strahlablenker. Peltonturbinen können in einem Bereich bis zu 10 % der Maximalleistung betrieben werden.

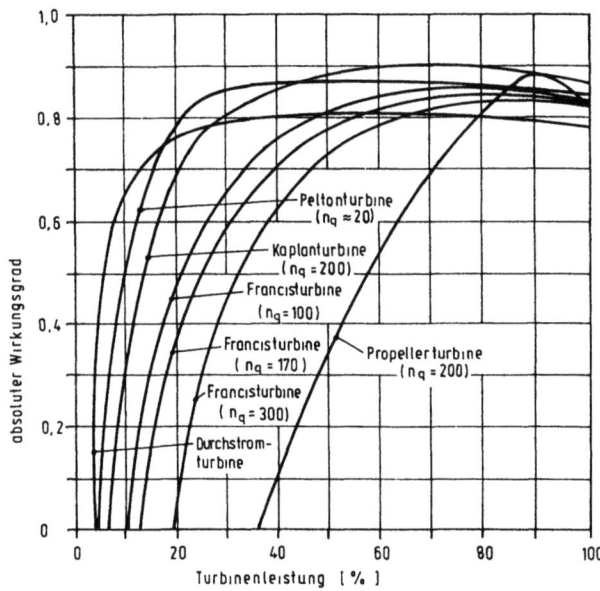

Abb. 4.8 Wirkungsgradverlauf verschiedener Turbinentypen /4-10/

Bei der Durchströmturbine durchströmt das tangential zugeführte Wasser das walzenförmige Laufrad radial von außen nach innen und daran anschließend nochmals von innen nach außen. Sie eignet sich besonders gut für den Einsatz bei stark schwankenden Zuflüssen, da das in zwei ungleiche Zellen aufgeteilte Laufrad je nach vorhandener Triebwassermenge auch teilbeaufschlagt betrieben werden kann. Die absolut erzielbaren Wirkungsgrade sind nicht so hoch wie bei anderen Turbinenbauarten (vgl. Abb. 4.8).

4.2 Potentiale einer Stromerzeugung

Nachdem in letzten Abschnitt die Grundlagen der Stromerzeugung aus Wasserkraft diskutiert wurden, ist es das Ziel der folgenden Ausführungen, die technischen Potentiale der Wasserkraftnutzung in der Bundesrepublik Deutschland darzustellen. Dazu werden zunächst die grundlegenden Begriffe definiert. Anschließend wird das technische Stromerzeugungspotential erörtert und abschließend der derzeitige Stand der Wasserkraftnutzung diskutiert.

4.2.1 Grundlegende Definitionen

Zum besseren Verständnis der im folgenden ausgewiesenen Potentiale werden zunächst die wesentlichen Grundbegriffe, die bei der Wasserkraft in einer z. T. anderen Bedeutung als bei den übrigen regenerativen Energiequellen benutzt werden, definiert.

Leistung und Arbeitsvermögen. Die im Wasser eines Flusses insgesamt vorhandene potentielle und kinetische Energie wird u. a. zum Transport und zur Zerkleinerung des Geschiebes, zur Überwindung der Reibung im Gewässerbett und zur Erzeugung turbulenter Wirbel benötigt. Will man die Laufwasserenergie energetisch nutzen, muß in das natürliche Abflußregime eingegriffen werden. Die hierdurch erzielte potentielle Energie des Wassers wird in Wasserkraftwerken in elektrische Energie umgewandelt.

Die dafür benötigte Fallhöhe kann durch einen Aufstau, verbunden mit einer Verringerung der Fließgeschwindigkeit, durch teilweise Ausleitung in hydraulisch günstigeren Querschnitten oder durch Verkürzung des Fließweges (Schlingendurchstich) geschaffen werden. Die effektiv erzielbare Leistung berechnet sich hierbei nach Gleichung (4.1).

$$P = \eta_G \, \rho_W \, g \, Q_n \, H_n \tag{4.1}$$

mit P effektiv erzielbare Leistung
     η_G Gesamtwirkungsgrad
     ρ_W Dichte von Wasser
     g Erdbeschleunigung
     Q_n nutzbare Wassermenge
     H_n nutzbare Fallhöhe

In dem Gesamtwirkungsgrad einer Wasserkraftanlage gehen neben den Wirkungsgraden der Turbinen (vgl. Kap. 4.1.2) die der Generatoren und der sonstigen Anlagenteile ein. Die installierte Leistung eines Kraftwerks ist die Summe der effektiven Leistungen sämtlicher Maschinensätze.

Das Arbeitsvermögen eines Laufwasserkraftwerks ermittelt sich aus der Leistung multipliziert mit einer bestimmten Zeitdauer. In der Regel wird bei Wasserkraftwerken als Zeitraum ein Jahr betrachtet.

Das Regelarbeitsvermögen ist das Arbeitsvermögen im Regeljahr, einem fiktiven Jahr, dessen wasserwirtschaftliche Größen über eine zusammenhängende Zeitreihe (mindestens zehn Jahre) gemittelt sind. Infolge von Trocken- und Naßjahren kann die tatsächlich geleistete Arbeit eines realen Jahres beträchtlich vom Regelarbeitsvermögen abweichen. Diese Schwankungen liegen in einem Bereich von +/- 15 %.

Potentialbegriffe. Zur Beurteilung der möglichen Wasserkraftnutzung eines bestimmten Gebietes dienen die Wasserkraftpotentiale, die hier z. T. anders definiert werden wie bei den übrigen regenerativen Energieträgern.

Theoretisches Potential. Als theoretisches Potential wird die potentielle Energie aller Gewässer eines Gebietes definiert, ohne daß physikalische, technische und wirtschaftliche Nutzungsgrenzen beachtet werden. Folgende Einflüsse bewirken, daß die theoretischen Potentiale lediglich zu einem kleinen Teil in Nutzenergie umgewandelt werden können:
- technische Restriktionen, z. B. Hochwässer und der damit verbundene, ungenutzt abfließende Abflußanteil,
- bauliche Einschränkungen aufgrund der Topographie und vorhandener oder geplanter Bebauung,
- umweltrelevante Belange,
- technische Nutzungsrestriktionen und
- wirtschaftliche Einschränkungen.

Das Flächen- oder Gebietspotential bildet die theoretische Obergrenze des Wasserkraftpotentials eines Untersuchungsgebietes. Aus den hydrologischen und topographischen Gegebenheiten der Einzugsfläche entwickelt, bezeichnet es diejenige Energie, die durch eine nahezu lückenlose Bedeckung des Gebietes mit Speicherbecken zu gewinnen wäre. Die Ermittlung des Potentials erfolgt über das Produkt des mittleren jährlichen Abflusses mit der geodätischen Höhendifferenz der jeweiligen Teilflächen des Untersuchungsgebietes zu einem Referenzniveau. Die Summe der Teilflächenpotentiale ergibt die flächenbezogene Maßzahl des gesamten Gebietes.

Das Linien- oder theoretische Flußpotential gibt Aufschluß über das Arbeitsvermögen eines Flußlaufes oder Fließgewässerabschnitts. Maßgebend ist das Produkt aus langjährigem mittlerem Abfluß und dem Gefälle einer bestimmten Flußstrecke. Die Aufsummierung ergibt das Linienpotential des gesamten Flußlaufs. Wird ein Gebiet mit mehreren Flußläufen betrachtet, muß definiert werden, Gewässer welcher Größenkategorie mit einbezogen werden sollen.

Sowohl Flächen- als auch Linienpotentiale können entweder als Leistungspotentiale (in kW/km^2 oder kW/km) oder als jährliches Arbeitsvermögen (in kWh/km^2 oder kWh/km) angegeben werden. Wenn bei der Flächen- und Linienpotentialbestimmung die Einzugsgebiete aller in Betracht gezogenen Fließgewässer im Untersuchungsgebiet liegen, ist das Flächenpotential größer als das Linienpotential. Ist das nicht der Fall, wird ein Teil des Abflusses "importiert". Das Linienpotential kann dann das Flächenpotential des Untersuchungsgebietes übersteigen.

Technisches Potential. Das technisch nutzbare Potential des Energieträgers Wasser bezeichnet das Arbeitsvermögen, welches unter Berücksichtigung technischer, ökologischer, infrastruktureller und anderer Belange tatsächlich nutzbar ist. Im folgenden sind die wichtigsten technischen Restriktionen aufgeführt.
- Selbst beim vollständigen Aufstau eines Flusses kann wegen nicht horizontal verlaufender Wasserspiegel (Staulinie) im Oberwasser eines Kraftwerks nie die gesamte geodätische Fallhöhe ausgenutzt werden.
- Fallhöhenschwankungen infolge von Wasserstandsänderungen im Unterwasser bei unterschiedlichen Durchflüssen reduzieren die technisch mögliche Stromerzeugung.

- Der Gesamtwirkungsgrad der Wasserkraftanlage ist im Regelfall kleiner als 75 %.
- Die Anlagenverfügbarkeit liegt bei konventionellen Wasserkraftanlagen aufgrund von Wartungs- und Reparaturarbeiten im Mittel zwischen 93 und 97 %.
- Das Wasserkraftwerk läuft nur an einer begrenzten Zahl von Tagen mit der Ausbauwassermenge; die Vollaststundenzahl bei großen Anlagen liegt bei rund 6 000 h/a.

In erster Näherung liegt deshalb das technische Potential bei 20 bis 35 % des theoretischen Potentials.

Wirtschaftliches Potential. Das wirtschaftlich nutzbare bzw. ausbauwürdige Potential entspricht dem Anteil des technischen Wasserkraftpotentials, der wirtschaftlich im Vergleich zu anderen Energieformen genutzt werden kann. Als Kriterium dafür wird die Amortisation des investierten Kapitals innerhalb der Nutzungsdauer der Anlagen herangezogen. Die folgenden Aspekte gehen in die Abschätzung ein:
- die Kosten für die Nutzung der Laufwasserenergie,
- der zusätzliche Nutzen und die Kosten von Mehrzwecksystemen,
- die Kosten für die Nutzung alternativer Energien,
- die Höhe des Diskontsatzes und
- die Struktur des Versorgungssystems (Inselbetrieb oder Verbund).

Das wirtschaftliche Potential wird hier nicht weiter betrachtet.

4.2.2 Technische Erzeugungspotentiale

Aufgrund der verfügbaren Datenbasis wird im folgenden unterschieden zwischen den technischen Stromerzeugungspotentialen aus Wasserkraft in den alten und in den neuen Bundesländern. Darauf aufbauend wird das entsprechende Endenergiepotential in Deutschland bestimmt und dessen regionale Verteilung diskutiert.

Tabelle 4.4 Potentialstudien für die alten Bundesländer

Quelle	technisches Potential
Frohnholzer, 1962 /4-11/	21 840 GWh/a
Programmstudie BMFT, 1976 /4-12/	20 750 - 23 450 GWh/a
KFA Jülich, 1982 /4-13/	30 000 - 35 000 GWh/a
DIW/ISI, 1984 /4-14/	26 750 - 30 730 GWh/a
Rhode, 1988 /4-15/	23 450 GWh/a
Wagner, 1989 /4-16/	24 000 GWh/a
DIW/IWS, 1989 /4-17/	23 000 - 24 000 GWh/a
Mittelwert[1]	24 220 GWh/a

[1] ohne Berücksichtigung von Quelle /4-13/.

Technisches Erzeugungspotential in den alten Bundesländern. In der Vergangenheit wurden verschiedene Studien /4-11, 4-12, 4-13, 4-14, 4-15, 4-16, 4-17/ für die alten Länder der Bundesrepublik Deutschland durchgeführt, in denen die theoretischen und technischen Potentiale ermittelt, Bestands-

120   4 Stromerzeugung aus Wasserkraft

aufnahmen der vorhandenen Wasserkraftanlagen durchgeführt und Abschätzungen für die noch ausbauwürdigen Potentiale aufgestellt worden sind. Die Ergebnisse der einzelnen Untersuchungen sind in der Tabelle 4.4 zusammengestellt.

Die größten Stromerzeugungspotentiale der Wasserkraft ermittelte das Forschungszentrum Jülich (KFA) mit 30 bis 35 TWh/a /4-13/. Es setzte aber im Gegensatz zu den anderen Studien den technischen Nutzungsgrad mit 30 bis 35 % relativ hoch an. Andere Abschätzungen gehen von einem Nutzungsgrad von höchstens 25 % aus. Wagner /4-16/ ermittelte demgegenüber ein nutzbares Gesamtenergiepotential von rund 24 TWh/a. Demnach dürften die technischen Potentiale einer Stromerzeugung aus Wasserkraft in den alten Ländern der Bundesrepublik Deutschland zwischen knapp 21 und maximal 35 TWh/a liegen (vgl. Tabelle 4.4). Der Mittelwert aller Untersuchungen liegt bei 25,7 GWh/a und der Durchschnitt ohne die KFA-Studie bei 24,2 GWh/a.

Tabelle 4.5 Technisch mögliches Arbeitsvermögen und Regelarbeitsvermögen in einzelnen Bundesländern und in der Bundesrepublik Deutschland (vgl. /4-17/)

	Technisches Arbeitsvermögen	Regelarbeitsvermögen
	in GWh/a	
Baden-Württemberg	6 294	3 970
Bayern	13 614	11 006
Brandenburg	503	[1]
Hessen	815	287
Mecklenburg-Vorpommern	ca. 5	[1]
Niedersachsen	350	233
Nordrhein-Westfalen	700	388
Rheinland-Pfalz	1 500	849
Saarland	169	133
Sachsen	1 025	[1]
Sachsen-Anhalt	1 030	[1]
Thüringen	497	[1]
Schleswig-Holstein	ca. 5	5
Bundesrepublik Deutschland	ca. 26 507	[1]

Potentiale der Stadtstaaten sind aufgrund der nur sehr geringen Werte nicht dargestellt, jedoch bei den Angaben der entsprechenden Bundesländer enthalten.
[1] Werte nicht verfügbar.

Für einen Großteil der alten Bundesländer gibt es darüber hinaus noch detailliertere Länderpotentialstudien. Die Ergebnisse dieser Untersuchungen gehen aus Tabelle 4.5 hervor. Die Summe der Potentiale der Einzelstudien bewegt sich etwa in der Größenordnung wie die durch die Globalstudien für die alten Bundesländer ermittelten Werte. Demnach liegt das technische Potential der Wasserkraftnutzung auf dem Gebiet der alten Bundesländer im groben Durchschnitt zwischen 23 und 24 TWh/a.

Somit sind Bayern und Baden-Württemberg aufgrund der hier befindlichen Mittelgebirge und den vergleichsweise hohen mittleren Niederschlagsmengen (vgl. Kap. 4.1.1) durch das größte technische Arbeitsvermögen aus Wasserkraft gekennzeichnet (vgl. Abb. 4.9). Zusammengenommen liegt das technische Wasserkraftpotential dieser beiden Länder bei etwa 85 % bezogen auf die Gesamtpotentiale in den alten Bundesländern. Weitere, wenn auch deutlich geringere Stromerzeugungspotentiale gibt es noch in den mitteldeutschen Mittelgebirgen; in Norddeutschland sind demgegenüber kaum Möglichkeiten einer Stromerzeugung aus Wasserkraft vorhanden.

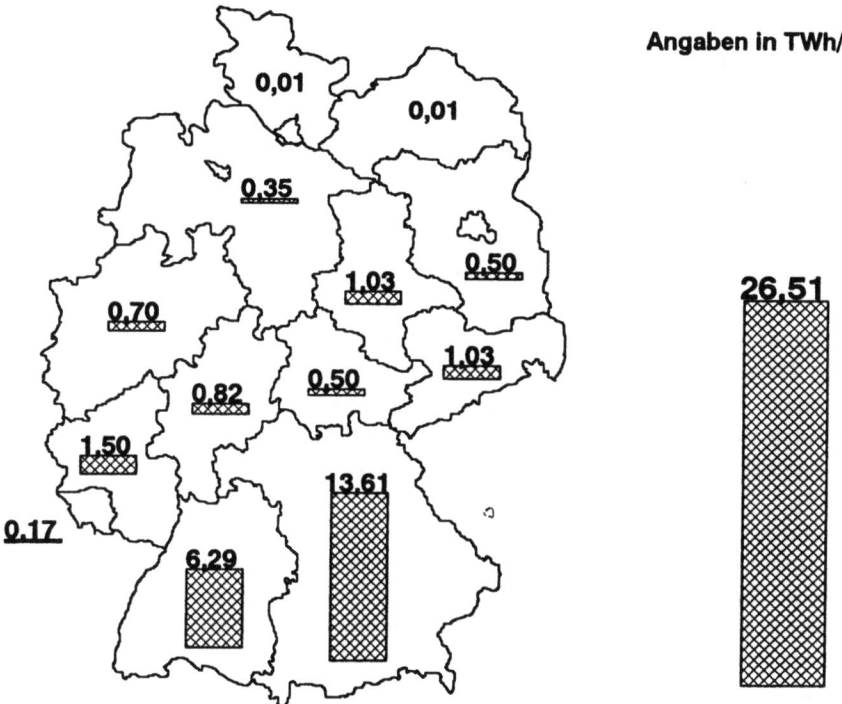

Abb. 4.9 Technisches Arbeitsvermögen der Wasserkraft in einzelnen Bundesländern und in der Bundesrepublik Deutschland

Verglichen mit der gegenwärtigen Stromerzeugung auf dem Gebiet der alten Bundesländer (ca. 458 TWh in 1991) nimmt dieses Stromerzeugungspotential der Wasserkraft einen Anteil von rund 5,1 % ein.

Technisches Erzeugungspotential in den neuen Bundesländern. Das theoretische Linienpotential der Gewässer auf dem Gebiet der neuen Bundesländer liegt bei etwa 1 500 MW. Dies entspricht einem jährlichen Arbeitspotential von ca. 8 820 GWh/a (vgl. auch /4-19/) bzw. einem technischen Arbeitsvermögen von 3 060 GWh/a (vgl. Tabelle 4.5). Nicht betrachtet wurden dabei die Flüsse im ausgeprägten Flachland, wie die Havel oder die Küstenflüsse im Bereich der Ostsee. Hier ist jedoch davon auszugehen, daß die Wasserkraftpotentiale vernachlässigbar klein sind.

Demnach sind die Länder Sachsen und Sachsen-Anhalt durch die höchsten technischen Stromerzeugungspotentiale aus Wasserkraft gekennzeichnet. Sie liegen in beiden Ländern etwa in der gleichen Größenordnung von rund 1 TWh/a. In Thüringen und in Brandenburg ist das technische

Arbeitsvermögen etwa halb so groß. Demgegenüber sind in Mecklenburg-Vorpommern aufgrund der relativ flachen Topographie nahezu keine Stromerzeugungsmöglichkeiten aus Wasserkraft gegeben.

Auf dem Gebiet der neuen Bundesländer lag im Jahr 1991 die Stromerzeugung bei rund 80,6 TWh. Bezogen darauf nimmt das Stromerzeugungspotential der Wasserkraft einen Anteil von rund 3,8 % ein.

Technische Endenergiepotentiale. Das Endenergiepotential der Wasserkraft errechnet sich aus den bereits diskutierten Stromerzeugungspotentialen unter Berücksichtigung der Transport- bzw. Netzverluste. Dabei kann im groben Durchschnitt für die Überbrückung der Entfernung zwischen dem Standort des jeweiligen Wasserkraftwerks und des potentiellen Verbrauchers von Netzverlusten von rund 5 % ausgegangen werden. Unter diesen Annahmen ergibt sich innerhalb Deutschlands ein Endenergiepotential der Wasserkraft von rund 25,2 TWh/a.

Dieses Endenergiepotential ist jedoch durch erhebliche regionale Unterschiede gekennzeichnet. Im Süden Deutschlands sind die höchsten Potentiale gegeben; demgegenüber zeichnet sich der Norden der Republik kaum durch Möglichkeiten einer Stromerzeugung aus Wasserkraft aus. Allein rund drei Viertel der insgesamt vorhandenen Endenergiepotentiale konzentrieren sich auf die Gebietsfläche der Bundesländer Bayern (ca. 50 % des Gesamtpotentials) und Baden-Württemberg (ca. 25 % des Gesamtpotentials). Verglichen damit ist das Endenergiepotential einer Stromerzeugung aus Wasserkraft in den Küstenländern (Schleswig-Holstein, Mecklenburg-Vorpommern und Niedersachsen) mit rund einem Prozent bezogen auf das in Deutschland vorhandene Gesamtpotential sehr gering (vgl. auch Abb. 4.9).

Bezogen auf den gesamten Endenergieverbrauch in Deutschland im Jahr 1991 (vgl. Kap. 1.4.1 bzw. Tabelle 1.3) nimmt das Endenergiepotential einer Stromerzeugung aus Wasserkraft einen Anteil von rund 0,9 % ein; damit sind die Möglichkeiten einer Energiegewinnung aus Wasserkraft vor dem Hintergrund des gesamten gegenwärtigen Energieaufkommens im Energiesystems der Bundesrepublik Deutschland nur beschränkt. Wird dieses wassertechnische Endenergiepotential jedoch verglichen mit dem Endenergieverbrauch an elektrischer Energie, liegt der entsprechende Anteil bei rund 5,8 %. Damit kann die Wasserkraft in diesem Bereich doch einen merklichen Anteil zur Deckung der Energienachfrage beitragen.

4.2.3 Derzeitige Nutzung

Der Anteil der regenerativen Wasserkraft an der Stromerzeugung der öffentlichen Energieversorgung in der Bundesrepublik Deutschland lag im Jahr 1991 bei etwa 2,8 %; in den neuen Bundesländern lag er nur bei 0,03 % bzw. 0,12 TWh und in den alten bei 2,8 % bzw. 12,69 TWh /4-18/. Private Kraftwerke lieferten in das öffentliche Netz noch rund 1,1 TWh auf dem Gebiet der alten Bundesrepublik Deutschland und ca. 0,02 TWh in den neuen Bundesländern. Damit lag die gesamte Stromerzeugung aus erneuerbarer Wasserkraft (d. h. ohne Pumpspeicher) in Deutschland bei rund 13,9 TWh in 1991.

Regionale Nutzungsunterschiede. Topographisch bedingt konzentriert sich - entsprechend den vorhandenen Potentialen - die Nutzung der Wasserkraft im wesentlichen auf Sachsen, Sachsen-Anhalt, Rheinland-Pfalz, Baden-Württemberg und Bayern. In Tabelle 4.5 ist deshalb neben dem technischen Arbeitsvermögen der einzelnen Bundesländer auch das Regelarbeitsvermögen aufgeführt.

Auf dem Gebiet der alten Bundesländer wird der größte Anteil der Energie aus Wasserkraft (über 70 %) an den Flußläufen Inn, Rhein, Donau, Lech, Isar, Main, Mosel, Neckar und Saar gewonnen. In Abb. 4.10 sind die Anteile dieser Flußläufe an der gesamten Energiegewinnung aus Wasserkraft dargestellt.

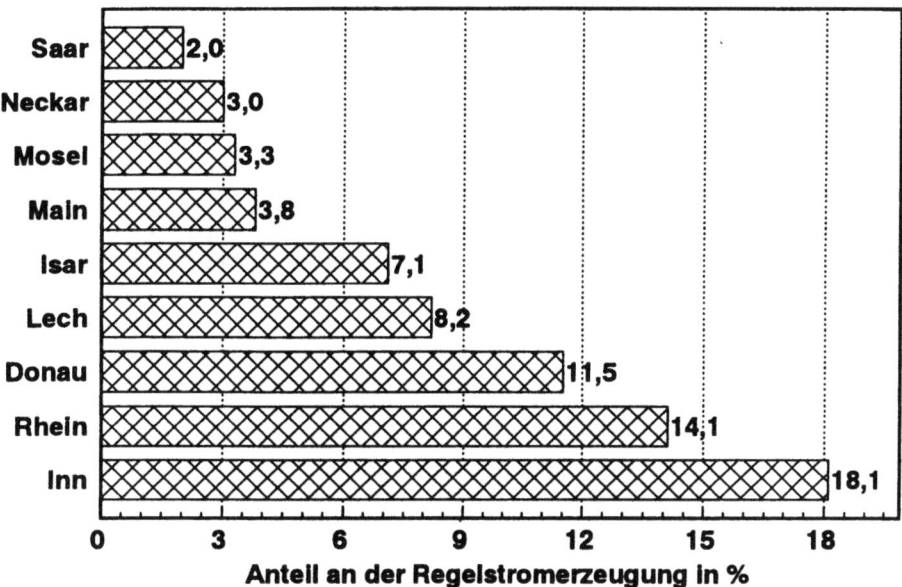

Abb. 4.10 Prozentualer Anteil der Flußläufe an der gesamten Regelstromerzeugung aus Wasserkraft in den alten Bundesländern /4-10/

Zukünftiger Ausbau der Wasserkraft. Prinzipiell gibt es drei Steigerungsmöglichkeiten des derzeitig genutzten Wasserkraftpotentials:
- die Revitalisierung von stillgelegten Anlagen,
- den Ausbau und die Modernisierung bestehender Anlagen und
- den Neubau.

Die Mehrzahl der Wasserkraftanlagen mit einer installierten Leistung von mehr als 1 MW wurde vor 1960 gebaut. Daher entsprechen diese Anlagen hinsichtlich der Auslegung, des Betriebs und der maschinellen Ausstattung nicht mehr dem aktuellen Stand der Technik. Auch wurden nur wenige Anlagen in den letzten Jahren umgebaut oder modernisiert. Im Zuge der Bestandssicherung ließen sich hier Modernisierungsmaßnahmen durchführen, die eine Leistungssteigerung von bis zu 30 % ermöglichen könnten. Da bei dem Ausbau und der Modernisierung auf die bereits vorhandene Bausubstanz und auf noch gültige Wasserrechte zurückgegriffen werden kann, sind hier die Probleme und Hemmnisse, wie sie sich bei Neubauten ergeben können, nicht so gravierend. Daher bieten sich in diesem Bereich leichter zu realisierende Chancen zur Steigerung der Potentialausnutzung als bei Neubauten. Dabei bestehen grundsätzlich folgende Möglichkeiten:
- Eine Vergrößerung der Ausbauwassermenge bedingt eine entsprechende Leistungssteigerung. Damit verbunden sind größere Umbauarbeiten, da die Turbinensätze ausgetauscht oder neue hinzugefügt

werden müssen. Bei Großwasserkraftanlagen kann dies zu einer Leistungssteigerung von bis zu 15 % führen.
- Durch künstliche Retentionsmaßnahmen (Hochwasser- und Regenrückhaltebecken, Speicherbecken oder Polder) kann die Wasserführung besser reguliert werden; dies hat eine gleichmäßigere Wasserführung in Flußläufen gerade in Niedrigwasserzeiten zur Folge. Durch die kontrollierte Wasserabgabe aus den künstlichen Retentionsräumen kann das vorhandene Wasserangebot besser ausgenutzt werden, da bei Hochwasserereignissen weniger Wasser ungenutzt über die Wehranlage abgeführt werden muß.
- Ältere Wasserkraftmaschinen besitzen Wirkungsgrade, die unterhalb des heute technisch Machbaren liegen. Bei den Turbinen, Generatoren und Transformatoren konnten in den letzten Jahren die Wirkungsgrade um einige Prozentpunkte verbessert werden. In der Summe kann bei Großanlagen hierdurch eine Steigerung von maximal 5 % der Jahresenergieerzeugung erzielt werden.

Etwas anders stellt sich die Situation auf dem Gebiet der neuen Bundesländer dar. Ein Teil des hier gegebenen Potentials könnte sehr schnell durch die Ausnutzung der in den Nachkriegsjahren erbauten Talsperren zur Trinkwasserversorgung sowie der Reaktivierung stillgelegter Anlagen erschlossen werden. Schätzungen gehen davon aus, daß 60 % des Talsperrenpotentials derzeit ungenutzt ist. Eine Leistung von 50 bis 70 MW wird hier erwartet /4-20/. Bei einer Reaktivierung der 100 leistungsstärksten Kleinwasserkraftanlagen ist ein weiterer Leistungszuwachs von 50 bis 60 MW möglich /4-1/.

4.3 Kosten einer Stromerzeugung aus Wasserkraft

Da neben den Potentialen auch die mit ihrer Erschließung verbundenen Kosten unter den energiewirtschaftlichen Gegebenheiten der Bundesrepublik Deutschland entscheidend sind, werden sie im folgenden näher analysiert. Dabei ist zu beachten, daß insbesondere bei diesem regenerativen Energieträger die Aufwendungen ganz wesentlich von den Gegebenheiten vor Ort beeinflußt werden; deshalb sind allgemeingültige Aussagen schwierig. Die folgenden Ausführungen sollen deshalb nur die grobe Größenordnung der möglichen Kosten aufzeigen.

4.3.1 Systemkosten

Die absoluten Kosten von Wasserkraftwerken setzen sich aus den Investitionen sowie den Betriebs- und Unterhaltskosten zusammen. Unter den Anlagekosten werden dabei sämtliche finanziellen Aufwendungen, die zur Erstellung der Anlage erforderlich sind, verstanden. Betriebs- und Unterhaltskosten sind unter dem Begriff "variable Jahreskosten" zusammengefaßt.

Die Besonderheit der Kostenstruktur von Wasserkraftanlagen liegt darin, daß die Anlagenkosten relativ hoch und die Betriebskosten dagegen gering sind. Falls nicht bestimmte Geldsummen für die Nutzung des Wasserrechtes bezahlt werden müssen, sind die variablen Kosten für die Beschaffung des Betriebsmittels Wasser gleich Null.

Investitionen. Die Anlagenkosten setzen sich in der Regel aus folgenden Kostengruppen zusammen:
- bauliche Anlagen (Krafthaus, Wehr, Wasserfassung);

- stahlwasserbauliche Anlagen (Wehrverschluß, Rechen- und Rechenreinigungsanlage, Absperrorgane, Entlastungseinrichtungen);
- Turbinen;
- elektromechanische Anlagen (Generator, Transformator);
- Regelung;
- Nebenkosten (u. a. Grunderwerb, Planung, Genehmigung).

Tabelle 4.6 Anteil der einzelnen Kostenarten an den Neubaugesamtkosten

Bauliche Anlagen (Krafthaus, Triebwasserkanal, Wehranlage, Wasserschloß, Zuleitungen etc.)	35 - 60 %
Elektromechanische Einrichtungen (Generator, Transformator, Schaltanlage etc.)	10 - 15 %
Grunderwerb, indirekte Baukosten (Kosten für Planung, Gutachten, Versicherungen, Baugrubenuntersuchungen etc.)	25 - 40 %

Die Ausbildung dieser Anlagenteile ist in sehr hohem Maße standortbedingt; pauschale Richtsätze lassen sich deshalb nicht festlegen. Dennoch gibt Tabelle 4.6 einen groben Überblick über die einzelnen Kostenarten und ihren Anteil an den gesamten Investitionen. Demnach machen die Aufwendungen für die baulichen Anlagen rund 35 bis 60 % und die für die elektromechanischen Einrichtungen rund 10 bis 15 % aus.

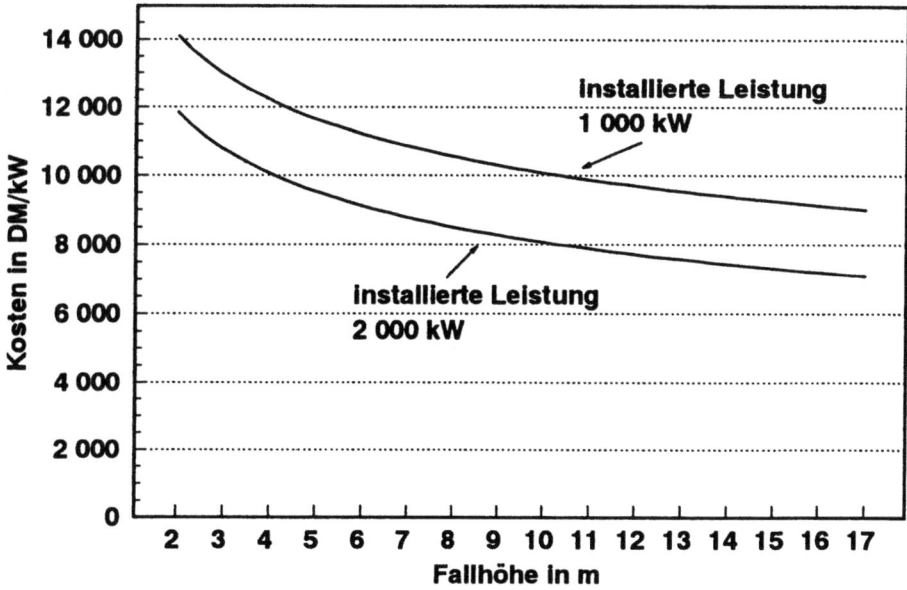

Abb. 4.11 Spezifische Investitionen in Abhängigkeit von der Fallhöhe (Basis 1991)

Abb. 4.11 zeigt den Zusammenhang zwischen den spezifischen Investitionen und der Fallhöhe bei Niederdruckanlagen mit einer installierten Leistung bis ca. 2 MW und einer Fallhöhe bis zu rund 16 m (vgl. auch /4-23/). In diesen Grenzen lassen sich die Investitionen aus der installierten Leistung und der Fallhöhe in sehr guter Näherung mit Gleichung (4.2) abschätzen /4-21/.

$$K = C \cdot \left(\frac{P}{h_f^{0,3}}\right)^y \tag{4.2}$$

mit K   Kosten in DM

	y	Konstante	Baukosten y = 0,71
			elektrotechnische Ausrüstung y = 0,98
			stahlwasserbauliche Ausrüstung y = 0,84
	C	Konstante	Baukosten C = 43 000 DM
			elektrotechnische Ausrüstung C = 1 300 DM
			stahlwasserbauliche Ausrüstung C = 2 360 DM
	P	Anlagenleistung in kW	
	h_f	Ausbaufallhöhe in m	

Für die maschinenbauliche Ausrüstung muß dieser Zusammenhang leicht modifiziert werden (z steht für die Anzahl der eingebauten Maschinensätze) /4-21/; es gilt Gleichung (4.3).

$$K = 31\,555 \cdot \left(\frac{P}{z \cdot h_f^{0,3}}\right)^{0,85} \cdot (z + 0,1) \tag{4.3}$$

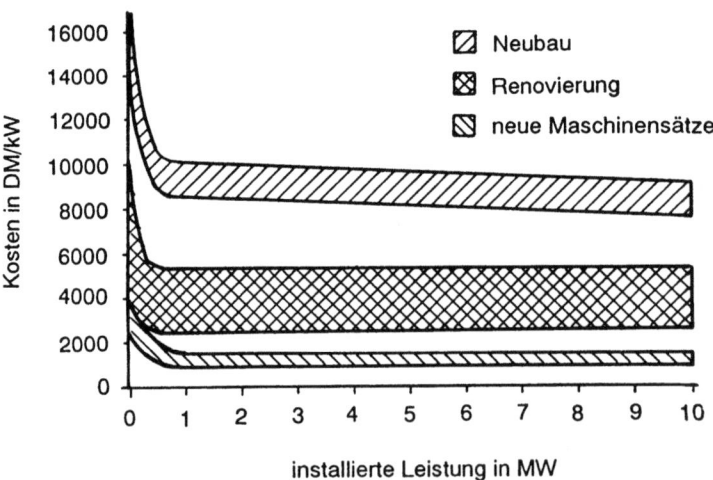

Abb. 4.12 Spezifische Investitionen in Abhängigkeit von der Anlagenleistung (Basis 1991)

Das in Abb. 4.12 dargestellte Kostenband für Neubauten ist als ein Kostenbereich aufzufassen, in den die meisten neu gebauten Anlagen fallen. Abweichungen in speziellen Fällen sind durchaus

4.3 Kosten einer Stromerzeugung aus Wasserkraft

möglich. Diese sind stark von den örtlichen Gegebenheiten und davon abhängig, ob die Wasserkraftanlage als Mehrzweckprojekt ausgeführt wurde. Allein der finanzielle Aufwand für ökologische Ausgleichsmaßnahmen kann heute bei 10 % und mehr der Anlagenkosten liegen.

Bei Neubauten von Wasserkraftanlagen mit einer installierten Leistung von mehr als 10 MW reduzieren sich die spezifischen Investitionen weiter. Anhaltswerte für Anlagen mit rund 100 MW liegen im Bereich von 5 000 DM/kW bis 6 500 DM/kW und Wasserkraftwerke mit etwa 10 MW zwischen 7 500 DM/kW und 9 000 DM/kW.

Betriebs- und Unterhaltskosten. Bei optimal ausgelegten und gut gewarteten Wasserkraftanlagen sind die Betriebskosten sehr niedrig, da das Betriebsmittel Wasser bei Verfügung der entsprechenden Wasserrechte ohne finanzielle Aufwendungen eingesetzt werden kann. Betriebskosten fallen an u. a. für Personal, Instandhaltung, Verwaltung, Rückstellungen für Anlagenerneuerungen, Rechengutbeseitigung und Versicherung. Die einzelnen Kostenanteile unterliegen teilweise sehr starken örtlichen Schwankungen, so daß sich auch hier keine allgemein gültigen Richtwerte angeben lassen.

Tabelle 4.7 Prozentuale Kalkulationsansätze für Betrieb und Unterhalt /4-22/

Anlagenkomponenten	Jahreskostenansatz bezogen auf die Baukosten der betreffenden Anlagenkomponenten
Staumauern, Dämme, Stollen, Wasserschloß, Druckschacht, Kanäle, Ausgleichsbecken, Flußbauten	0,1 %
Wehre, Fassungen, Zufuhr- und Druckleitungen	1,2 - 1,6 %
Gebäude und bauliche Nebenanlagen	0,4 - 0,6 %
Mechanische und elektrische Einrichtungen	3,0 - 6,0 %

Tabelle 4.7 zeigt grobe Anhaltswerte für Kalkulationsansätze der Aufwendungen für Betrieb und Unterhalt. Insgesamt können die jährlichen variablen Kosten mit 8 bis 14 % der Baukosten veranschlagt werden.

4.3.2 Spezifische Stromgestehungskosten

Mit der Annuitätenmethode können die über die Abschreibungsdauer einer Wasserkraftanlage konstanten mittleren jährlichen Kosten ermittelt werden. Dabei wird ein Abschreibungszeitraum von 60 Jahren gewählt; dies entspricht etwa der technischen Lebensdauer der baulichen Anlagen. Für die maschinellen und elektrischen Anlagenteile kann von einer Abschreibungsdauer von 30 Jahren ausgegangen werden; es handelt sich hier um vergleichsweise langlebige Komponenten. Trotzdem muß dadurch eine einmalige Reinvestition der maschinellen und elektrischen Anlagenteile innerhalb der technischen Lebensdauer der gesamten Anlage berücksichtigt werden. Unter normalen Gegebenheiten kann näherungsweise davon ausgegangen werden, daß an rund 6 000 h/a eine volle Leistungsabgabe des Laufwasserkraftwerks gewährleistet ist.

Auf der Grundlage dieser Rahmenannahmen ergeben sich spezifische Stromgestehungskosten bei Anlagen mit einer installierten Leistung im Bereich von rund 5 MW von etwa 15 Pf/kWh. Bei kleineren Laufwasserkraftwerken mit einer elektrischen Leistung von rund 100 kW ist mit Gestehungskosten der elektrischen Energie von ca. 25 Pf/kWh zu rechnen. Im groben Durchschnitt kann damit davon ausgegangen werden, daß sich die spezifischen Stromgestehungskosten der Laufwasserkraft für neu zu bauende Anlagen innerhalb einer Bandbreite von 10 bis rund 30 Pf/kWh bewegen. Dabei dominieren im oberen Bereich dieser Variationsbreite die Kleinanlagen mit installierten Leistungen unter 1 MW bzw. unter 100 kW. Die untere Grenze der aufgespannten Bandbreite ist meist durch Anlagen gekennzeichnet, die mit elektrischen Leistungen von 1 MW und mehr zu den größeren Laufwasserkraftwerken zählen; solche Anlagen können jedoch - aufgrund der in den letzten Jahren deutlich gestiegenen Umweltschutzauflagen - auch deutlich höhere Kosten aufweisen.

Die spezifischen Stromgestehungskosten nehmen dann geringere Werte an, wenn bereits vorhandene Anlagen reaktiviert oder modernisiert werden können. Obwohl hier die jeweiligen Aufwendungen sehr vom entsprechenden Einzelfall abhängen (die tatsächlichen Gegebenheiten sind immer ortsabhängig und lassen deshalb nur in sehr engen Grenzen allgemeingültige Aussagen zu), kann im groben Durchschnitt bei modernisierten Anlagen von spezifischen Stromgestehungskosten zwischen 7 und rund 14 Pf/kWh ausgegangen werden. Übertragbare Aussagen über die Kosten elektrischer Energie aus reaktivierten (Klein-)Wasserkraftanlagen sind noch ungleich schwieriger, da sie wesentlich vom Zustand des bereits vorhandenen und zwischenzeitlich stillgelegten Laufwasserkraftwerks abhängen; sie dürften sich aber zwischen den spezifischen Gestehungskosten modernisierter und neu zu bauender Anlagen bewegen.

Verglichen mit den spezifischen Gestehungskosten elektrischer Energie der konventionellen Stromerzeugungsmöglichkeiten auf fossiler bzw. nuklearer Basis liegen damit die Stromgestehungskosten der Wasserkraft unter optimalen Bedingungen geringfügig unterhalb, unter günstigen Rahmenbedingungen etwa in der gleichen Größenordnung und unter weniger guten Umständen auch etwas darüber. Bei dieser Gegenüberstellung muß jedoch beachtet werden, daß hier die Gestehungskosten elektrischer Energie aus einer energiedargebotsorientierten Energiequelle mit denen von Stromerzeugungsoptionen verglichen werden, die jederzeit angepaßt an die Nachfrage elektrische Energie bereitstellen können. Andererseits sind die Folgen für die Umwelt - ist eine Laufwasserkraftanlage erst einmal installiert und in Betrieb - verglichen mit denen der konventionellen Optionen vergleichsweise gering. Außerdem ist eine Stromerzeugung aus Wasserkraft - im Gegensatz zu der auf der Basis fossiler Energieträger - mit keinem Ressourcenverzehr verbunden. Auch deshalb ist ein Vergleich der Kosten der Stromerzeugung aus Wasserkraft mit denen der konventionell erzeugten elektrischen Energie mit methodischen Problemen behaftet. Eine solche Gegenüberstellung kann deshalb nur der groben Einordnung in das derzeitige Energiesystem bzw. die gegenwärtigen energiewirtschaftlichen Gegebenheiten dienen.

5 Energieträgerproduktion auf pflanzlicher Basis

Neben Sonne, Wind und Wasser ist auch die Biomasse eine erneuerbare Energiequelle. Weltweit gesehen trägt die energetische Nutzung des Aufkommens an organischer Masse zu einem beachtlichen Teil zur Energieversorgung bei; dies gilt im besonderen im ländlichen Raum in den Ländern der Dritten Welt. Dabei handelt es sich aber strenggenommen nicht um eine Energiebereitstellung auf der Grundlage eines Energiepflanzenanbaus, wie er im folgenden analysiert wird. Der bewußte Anbau von Pflanzen zur Energiegewinnung - bisher im wesentlichen realisiert in den Industrieländern - befindet sich noch im Forschungs- und Entwicklungsstadium; großtechnisch kommen die verschiedenen Möglichkeiten eines Energiepflanzenanbaus derzeit noch nicht zur Anwendung.

Vor diesem Hintergrund ist es das Ziel dieses Kapitels, die technischen Energiepotentiale der verschiedenen Möglichkeiten eines Energiepflanzenanbaus in der Bundesrepublik Deutschland zu untersuchen und darzustellen. Dazu werden zunächst die verschiedenen in diesem Zusammenhang verwendeten Begriffe definiert und die theoretisch für eine Energiegewinnung aus einem Pflanzenanbau zur Verfügung stehenden Flächenpotentiale quantifiziert. Darauf aufbauend werden die verschiedenen Möglichkeiten eines Energiepflanzenanbaus und die damit verbundenen Energiepotentiale einschließlich der regionalen Angebotsunterschiede aufgezeigt. Anschließend werden die Energieträger- und die Nutzenergiebereitstellungskosten analysiert.

5.1 Allgemeine Grundlagen

Unter dem Sammelbegriff "Energiepflanzen" werden alle in der Land- und Forstwirtschaft für eine potentielle energetische Nutzung produzierten Nutzpflanzen und Pflanzenkomponenten zusammengefaßt. Der Begriff entstand, als Anfang der siebziger Jahre die Arbeiten des Club of Rome und die erste Ölpreiskrise der Weltöffentlichkeit die Endlichkeit fossiler Energieressourcen deutlich vor Augen führte. Standen damals die Überlegungen zum Energiepflanzenanbau in erster Linie unter dem Aspekt der langfristigen Sicherstellung der Energieversorgung, stehen heute die fast vollständige Kohlendioxidneutralität und die hohe Umwelt- und Sozialverträglichkeit im Vordergrund. Zusätzlich könnte durch eine Nutzung dieser Optionen auch eine gewisse Verminderung der Nahrungsmittelproduktion und damit ein Rückgang der Agrarüberschüsse innerhalb der Europäischen Gemeinschaften (EG) erreicht werden /5-1/.

5.1.1 Begriffsdefinitionen und prinzipielle Möglichkeiten

Unter dem Begriff "Nachwachsende Rohstoffe" werden ein- oder mehrjährige Kultur- bzw. Nutzpflanzen verstanden, die auf land- und forstwirtschaftlichen Nutzflächen zur ausschließlichen industriellen und energetischen Verwertung angebaut werden. Als Hauptabnehmer für die erzeugten Rohstoffe kommen die chemische und die pharmazeutische Industrie, die Textil- und Baustoffindustrie, die Papierindustrie und die Energiewirtschaft in Frage.

Der Anbau von nachwachsenden Rohstoffen - oft auch als Industriepflanzen- oder Energiepflanzenanbau bezeichnet - spielt im weltweiten Rahmen, insbesondere als Exportgut von Entwicklungsländern, eine bedeutende Rolle. Beispiele sind etwa Baumwolle, Sisal, Hanf, Kautschuk und Holz von schnellwüchsigen Baumarten u. a. für die Papierproduktion. In der Bundesrepublik Deutschland ist der gezielte Industriepflanzenanbau nach der Überwindung der Mangelerscheinungen als Folge des zweiten Weltkriegs und den veränderten wirtschaftlichen Rahmenbedingungen fast vollständig verschwunden. Abgesehen von der Holzproduktion in der Forstwirtschaft hat im wesentlichen nur eine Biomasseerzeugung für die pharmazeutische Industrie in der Landwirtschaft eine gewisse Bedeutung.

Nachwachsende Rohstoffe können zur Produktion von Pflanzenölen als Schmier- und Chemierohstoffe, von Zucker, Zellulose und Stärke sowie Fasern für die industrielle Weiterverarbeitung und von festen und flüssigen Energieträgern für die Energiewirtschaft genutzt werden. Der letzte Aspekt wird mit den Begriffen "Energierohstoffanbau" oder synonym "Energiepflanzenanbau" beschrieben. Nur dies ist Gegenstand der folgenden Ausführungen. Innerhalb dieser Untergruppe kann die Erzeugung von festen Energieträgern und die Gewinnung flüssiger Sekundärenergieträger unterschieden werden.

Biomasse als Festbrennstoff. Hierunter werden Pflanzen oder Pflanzenkomponenten verstanden, die nach der Ernte direkt oder nach einer vergleichsweise einfachen mechanischen Umwandlung als feste Energieträger genutzt werden können. Dabei lassen sich im wesentlichen die folgenden Konzepte unterscheiden.

Getreide zur Ganzpflanzennutzung. Getreide kann, außer zur Erzeugung des Korns für die Verwendung als Nahrungsmittel, auch zur ausschließlichen energetischen Nutzung angebaut werden /5-2/. Damit basiert dieses Konzept auf der Erzeugung eines festen Energieträgers aus dem ganzen oberirdischen Teil der Getreidepflanze (Stroh und Korn). Vorteile sind die Nutzung einer bekannten und ausgereiften Technologie, die Verfügbarkeit qualifizierter Arbeitskräfte und das Vorhandensein eines großen Erfahrungspotentials bei den potentiellen Produzenten. Nachteilig wirken sich ethisch-moralische Vorbehalte gegen eine energetische Verwertung des Korns in Anbetracht des Hungers auf der Welt und die noch zu hohen Kornverluste bei der Ernte der gesamten Getreidepflanze aus.

Schnellwachsende ein- oder mehrjährige Pflanzen. Unter schnellwachsenden ein- und mehrjährigen Pflanzen werden Schilf- und Grasgewächse zusammengefaßt, die durch eine überdurchschnittlich hohe Biomasseproduktion gekennzeichnet sind /5-3/. Teilweise handelt es sich dabei um C_4-Pflanzen, die, im Gegensatz zu den in Mitteleuropa heimischen C_3-Pflanzen, aufgrund ihres speziellen Stoffwechselweges CO_2 effizienter ausnutzen und damit über einen größeren photosynthetischen Wirkungsgrad verfügen. Die nach der Wachstumsperiode abgetrocknete Zellulosemasse kann als Festbrennstoff genutzt werden. Von der Fülle der Pflanzenarten, die für eine Biomasseproduktion geeignet erscheinen oder derzeit auf ihre Eignung untersucht werden, werden hier nur die Pflanzenarten näher

5.1 Allgemeine Grundlagen

betrachtet, von denen Ergebnisse aus Feldversuchen bereits vorliegen. Vorteil derartiger Konzepte ist der durchschnittlich erzielbare vergleichsweise hohe bis sehr hohe Biomasseertrag. Nachteilig wirken sich derzeit noch die nicht ausgereifte Erntetechnologie und das geringe Erfahrungspotential im Hinblick auf den Anbau und die energetische Nutzung der Biomasse aus.

Kurzumtriebsplantagen schnellwachsender Baumarten. Auch das oberirdische Biomasseaufkommen von Hecken-, Krüppel- und Baumgewächsen kann energetisch genutzt werden /5-4/. Dazu werden schnellwachsende Baumarten wie Pappeln oder Weiden kultiviert und die oberhalb der Grasnarbe gewachsene und energetisch nutzbare Biomasse in mehrjährigen Zyklen geerntet. Der Vorteil solcher Konzepte ist das große Erfahrungspotential mit der Anlage der Pflanzungen und die vergleichsweise geringe Pflege, die solche Kulturen benötigen; außerdem muß eine Kurzumtriebsplantage nur einmal angelegt werden und ermöglicht anschließend mehrere Ernten, da das in der Erde verbleibende Wurzelwerk erneut austreibt. Nachteilig wirken sich das vergleichsweise nur geringe Biomasseertragsniveau, der hohe Feuchtegehalt der geernteten Biomasse und die bislang noch nicht großtechnisch verfügbare Erntetechnologie aus.

Energiewaldkonzepte. Energiewaldkonzepte basieren - ähnlich wie Kurzumtriebswälder - auf der energetischen Nutzung schnellwachsender Baumarten /5-5/. Im Unterschied zu den Baumplantagen im Kurzumtrieb wird hier die als Energieträger einsetzbare Biomasse jedoch erst nach vielen Jahren bis Jahrzehnten geerntet. Vorteile dieses Konzeptes sind die bereits großtechnisch verfügbare Erntetechnologie und die ausgebildeten und vorhandenen Arbeitskräfte aus der Waldbewirtschaftung mit dem entsprechend großen Erfahrungspotential. Nachteilig sind die nur sehr langen Nutzungszyklen und die vergleichsweise sehr geringen spezifischen Biomasseerträge. Energiewaldkonzepte werden, da sie letztendlich ähnlich der in der Bundesrepublik Deutschland derzeit realisierten Waldbewirtschaftung sind und damit durch durchschnittlich geringere Biomasseerträge wie Kurzumtriebsplantagen gekennzeichnet sind, hier nicht näher betrachtet.

Flüssige Energieträger aus pflanzlichen Rohstoffen. Hierunter werden Pflanzenöle oder Alkohole verstanden. Dabei dienen pflanzliche Produkte als Rohstoffe für die Extraktion von Ölen oder die Erzeugung von Alkoholen. Die so gewonnenen flüssigen Energieträger können anschließend als Treibstoffzu- bzw. -ersatz insbesondere im Verkehrssektor zur Kraftbereitstellung, in der Industrie zur Kraft- und Wärmeerzeugung und u. U. bei den Haushalten und Kleinverbrauchern zur Raum- und Prozeßwärmebereitstellung eingesetzt werden. Von der Vielzahl möglicher Verfahren und Techniken werden die technischen Potentiale der im folgenden kurz charakterisierten Produktionsketten näher analysiert.

Pflanzenölgewinnung. Der Ölinhalt bestimmter Pflanzenkomponenten (z. B. Rapssamen) kann mit Hilfe physikalisch-chemischer Extraktionsverfahren in beliebig reiner Form gewonnen werden /5-6/. Dieses Pflanzenöl ist anschließend als Treib- oder Brennstoff - z. T. auch erst nach einer verfahrenstechnischen Umwandlung (zu Rapsölmethylester) - energetisch nutzbar (z. B. als Dieseler- oder -zusatz, als Heizölsubstitut). Zusätzlich zu diesem Ölaufkommen kann das auf der Anbaufläche bei der Ernte zusätzlich anfallende Aufkommen an organischer Masse (Stroh) und der bei der Ölextraktion anfallende Schrot bzw. Preßkuchen als Festbrennstoff genutzt werden. Vorteile dieses Verfahrensweges sind der bereits seit längerem realisierte Rapsanbau in der Bundesrepublik Deutschland (auf ca. 0,95 Mio. ha wurden 1991 knapp 3,0 Mio. t Raps und Rübsen geerntet /5-18/) und die großtechnisch verfügbare und ausgereifte Technik der Ölgewinnung. Nachteilig sind die vergleichsweise geringen Hektarerträge und die Probleme bei der Nutzung von nicht umgeestertem Rapsöl in Brennern und Motoren.

Alkoholerzeugung. Die in Pflanzenkomponenten enthaltenen Zucker-, Stärke- und Zelluloseanteile können durch eine biochemische Umsetzung in Alkohol umgewandelt werden, der anschließend durch entsprechende, technisch ausgereifte verfahrenstechnische Prozesse nahezu in Reinform gewonnen werden kann /5-7/. Er kann beispielsweise als Treibstoffer- und -zusatz und u. U. als Brennstoff genutzt werden. Zusätzlich zu dem Energieaufkommen dieses flüssigen Energieträgers ist die bei der Produktion der pflanzlichen Ausgangsstoffe anfallende Biomasse (z. B. das Stroh) energetisch verwertbar. Dies gilt grundsätzlich auch für die nach der Alkoholdestillation zurückbleibenden und mit organischen Stoffen stark angereicherten Reststoffmengen (Schlempe), deren energetische Verwertung aufgrund der hohen Wassergehalte jedoch mit Schwierigkeiten verbunden ist. Vorteil dieses Verfahrens ist die ausgereifte und im großtechnischen Maßstab bereits realisierte Technologie (z. B. für die Trinkalkoholerzeugung). Nachteilig wirken sich die nur geringen spezifischen Alkoholausbeuten und der im Vergleich zu Benzin deutlich geringere Heizwert von Alkohol aus.

5.1.2 Flächenpotentiale für einen Energiepflanzenanbau

Das Flächenpotential für den Anbau von Biomassen, die direkt als feste Energieträger oder indirekt nach einer Extraktion oder Umwandlung als flüssige Energieträger genutzt werden kann, ist grundsätzlich deckungsgleich mit der gesamten verfügbaren landwirtschaftlichen Nutzfläche. Da diese jedoch primär zur Nahrungsmittelproduktion genutzt wird - und sich dies auch in Zukunft nicht ändern wird - ist die letztlich verbleibende Fläche, die für eine Energieproduktion zur Verfügung steht, direkt abhängig vom Flächenbedarf für die Nahrungsmittelerzeugung.

Innerhalb der EG übersteigt die Erzeugung von Nahrungsmitteln bei vielen Produkten die Nachfrage. Beispielsweise lag im Wirtschaftsjahr 1990/91 der Selbstversorgungsgrad für Getreide in der EG bei etwa 121 % und in Deutschland bei rund 118 % /5-42/. Deshalb ist hier ein bestimmtes Potential an landwirtschaftlichen Nutzflächen gegeben, das nicht für eine Nahrungsmittelproduktion genutzt werden muß.

Als Folge der Überproduktion wurden von staatlicher Seite Programme initiiert mit dem Ziel, landwirtschaftliche Nutzflächen der Nahrungsproduktion zu entziehen. Diese Flächen stünden theoretisch - da sie für die Lebensmittelerzeugung laut Gesetz nicht genutzt werden dürfen - für einen Energiepflanzenanbau zur Verfügung.

Im Rahmen der derzeit in der Bundesrepublik Deutschland gültigen Flächenstillegungsprogramme können die Ackerflächen für einen Zeitraum von fünf Jahren oder im jährlichen Zyklus mit staatlicher Unterstützung aus der Getreideproduktion genommen werden. Die im Wirtschaftsjahr 1991/92 infolge dieser Gesetzgebungsmaßnahmen stillgelegten Flächen zeigt Tabelle 5.1. Demnach liegen in der Bundesrepublik Deutschland rund 480 000 ha für einen Zeitraum von fünf Jahren und weitere ca. 301 000 ha für ein Jahr brach. Wird unterstellt, daß diese Flächen für einen Energiepflanzenanbau verfügbar wären, stünden damit rund 780 000 ha zur Energieerzeugung bereit; das sind rund 12 % der Getreideanbaufläche und etwa 7 % der gesamten Ackerfläche in 1991.

Andererseits wird durch die derzeit schon stillgelegten Flächen nur ein Teil der Überschußproduktion abgebaut; die letztlich insgesamt theoretisch für einen Energiepflanzenanbau verfügbaren Flächen

Tabelle 5.1 Theoretisch für einen Energiepflanzenanbau in den einzelnen Bundesländern verfügbare Anbauflächen sowie die derzeit stillgelegten Ackerflächen

	Ackerfläche			stillgelegte Ackerflächen		
	gesamte Ackerfläche	Getreideanbaufläche	stillegbare Flächen	5-Jahres-Stillegung	1-Jahres-Stillegung	Summe
			in ha			
Baden-Württemberg	838 000	538 600	88 198	45 628	2 865	49 493
Bayern	2 089 200	1 216 500	196 566	86 154	6 789	92 943
Berlin	6 400	2 600	401	55	19	74
Brandenburg	1 081 800	585 300	104 490	20 000	84 006	104 006
Bremen	2 000	1 100	179	30	65	95
Hamburg	7 800	3 600	678	888	51	939
Hessen	513 500	342 000	57 855	41 070	2 609	43 679
Mecklenburg-Vorpommern	1 131 600	622 400	104 920	0	74 620	74 620
Niedersachsen	1 700 900	1 012 600	171 411	101 942	28 151	130 093
Nordrhein-Westfalen	1 089 300	714 100	113 946	37 826	7 850	45 676
Rheinland-Pfalz	427 200	300 800	50 546	31 511	4 492	36 003
Saarland	39 300	29 600	4 818	1 626	794	2 420
Sachsen	756 200	355 100	58 795	18 490	16 358	34 848
Sachsen-Anhalt	1 053 000	559 300	99 482	48 550	54 443	102 993
Schleswig-Holstein	580 000	311 300	51 526	27 700	5 846	33 546
Thüringen	655 200	353 400	57 552	17 800	12 492	30 292
Bundesrepublik Deutschland	11 971 400	6 948 300	1 161 370	479 270	301 450	780 720

wären damit de facto größer. Deshalb kann auch unterstellt werden, daß - entsprechend den Planzahlen der EG und des Bundesministeriums für Ernährung, Landwirtschaft und Forsten für die insgesamt stillzulegenden Flächen - rund 15 % der gesamten Getreideanbaufläche für einen Anbau von Pflanzen zur energetischen Nutzung verfügbar wäre (vgl. Tabelle 5.1). Dies entspricht rund 1,16 Mio. ha in der Bundesrepublik Deutschland und damit knapp 10 % der gesamten Ackerfläche.

5.2 Gewinnbares Energieträgeraufkommen

Zur Abschätzung des Biomasseaufkommens aus einem Energiepflanzenanbau werden im folgenden die technischen Potentiale einer Erzeugung fester und flüssiger Energieträger näher analysiert. Dabei wird unterstellt, daß die entsprechend den aktuellen Planungen aus der Produktion zu nehmenden Anbauflächen bzw. die derzeit schon stillgelegten Flächen für solche Zwecke verfügbar sind.

Für die Gewinnung fester Energieträger werden nur die Optionen näher untersucht, die innerhalb der Bundesrepublik Deutschland relativ kurzfristig umsetzbar und damit nutzbar wären; d. h. eine Energieträgererzeugung aus Getreideganzpflanzen, aus dem Anbau von schnellwachsenden Schilf- und Grasgewächsen und aus schnellwachsenden Baumarten im Kurzumtrieb. Bei der Analyse der Möglichkeiten einer Erzeugung flüssiger Energieträger wird unterschieden zwischen einer Pflanzenölerzeugung aus Winter- und Sommerraps sowie einer Alkoholerzeugung aus Getreide und Zuckerrüben.

5.2.1 Feste Energieträger

Ziel der folgenden Ausführungen ist die Bestimmung des technisch gewinnbaren Biomasseaufkommens aus dem Anbau von Getreide zur Ganzpflanzennutzung, von Schilf- und Grasgewächsen und von schnellwachsenden Baumarten. Dazu wird zunächst die methodische Vorgehensweise diskutiert, die eine Abschätzung des Biomasseaufkommens unter Berücksichtigung der regionalen Unterschiede ermöglicht. Anschließend wird dieses Verfahren auf alle Kreise der Bundesrepublik Deutschland angewendet und die entsprechenden Ergebnisse für jedes Bundesland dargestellt.

Getreideanbau zur Ganzpflanzennutzung. Getreide kann - außer zur Erzeugung des Korns als Nahrungsmittel - auch zur ausschließlichen energetischen Nutzung angebaut werden. Unter der Prämisse eines optimalen Einsatzes der vorhandenen Produktionsressourcen muß es dabei das primäre Ziel einer Biomasseerzeugung auf der Basis von Getreideganzpflanzen für die energetische Nutzung sein, auf den nur begrenzt verfügbaren Anbauflächen einen maximalen Biomasse- und damit Energieertrag zu erzielen. Dafür bietet sich in der Bundesrepublik Deutschland im wesentlichen ein Anbau von Winterweizen, Wintergerste, Roggen und Wintermenggetreide (d. h. Mischanbau aus Winterweizen und -gerste oder Winterweizen und Roggen) an. Diese Getreidearten sind durch deutlich höhere Erträge - aufgrund der längeren Vegetationsperiode - verglichen mit dem Sommergetreide gekennzeichnet (vgl. /5-8, 5-15/). Als einziges Sommergetreide zeichnet sich die C_4-Pflanze Körnermais durch einen relativ hohen Biomasseertrag aus; nachteilig für eine energetische Nutzung ist jedoch die relativ hohe durchschnittliche Restfeuchte der Pflanze bei der Ernte /5-9/.

Im Rahmen dieser Untersuchung wird deshalb nur das technisch gewinnbare Biomasseaufkommen aus einem Winterweizen-, Wintergersten-, Roggen-, Wintermenggetreide- und Körnermaisanbau mit anschließender Ganzpflanzennutzung näher analysiert. Dabei ist es aber nicht sinnvoll, innerhalb eines längeren Zeitraumes immer die gleiche Feldfrucht anzubauen. Zur Erhaltung des Produktionsfaktors Boden, zur Verminderung von Ernteverlusten bei Schädlingsbefall und zur Einhaltung eines bestimmten Ertragsniveaus auch bei ungünstigen Witterungsverhältnissen sollte im langjährigen Durchschnitt immer ein Anbau verschiedener Feldfrüchte angestrebt werden. Das aus einem Getreideanbau zur Ganzpflanzennutzung resultierende technische Potential einer Biomasseproduktion muß sich deshalb immer aus einem Anbaumix aus verschiedenen Getreidearten zusammensetzen. Deshalb wird im folgenden zum einen ein Mischanbau aus Winterweizen, Wintergerste und Roggen (Anbaumix 1) und zum anderen aus Winterweizen, Wintergerste, Roggen, Wintermenggetreide und Körnermais (Anbaumix 2) unterstellt.

Ausgehend von diesen Rahmenannahmen kann das innerhalb Deutschlands technisch gewinnbare Biomasseaufkommen aus einem Getreideanbau mit Ganzpflanzennutzung auf der Basis der dargestellten Getreidearten bzw. des unterstellten Mischanbaus ermittelt werden. Dabei wird ausgegangen von der theoretisch für solche Zwecke verfügbaren Anbaufläche (vgl. Kap. 5.1.2) und dem regional unterschiedlichen durchschnittlichen spezifischen Biomasseertrag unter Berücksichtigung der Verluste, die notwendigerweise aus erntetechnischen Gründen anfallen.

Zur Berücksichtigung der Ertragsunterschiede innerhalb Deutschlands aufgrund verschiedenartiger Boden- und Klimaverhältnisse werden die einzelnen Kreise der Bundesrepublik Deutschland fünf unterschiedlichen Ertragsbereichen zugeordnet (vgl. /5-8/). Sie sind durch verschiedene durchschnittliche Trockenmasseerträge gekennzeichnet (vgl. Tabelle 5.2), die sich aus den tatsächlich erzielten Kornerträgen und dem entsprechenden Korn-Stroh-Verhältnis unter Berücksichtigung des durchschnittlichen Feuchtegehaltes errechnen; aus der Zusammenstellung geht die z. T. große Variationsbreite des Trockenmasseertrags benachbarter Ertragsbereiche hervor.

Tabelle 5.2 Mittleres Biomasseaufkommen (Korn und Stroh) ausgewählter Getreidearten für die unterschiedenen Ertragsbereiche (Basis 1991; nach /5-8/, erweitert)

	Ertragsbereiche				
	1	2	3	4	5
	Trockenmasseertrag in t/ha				
Winter-weizen[1]	9,04 6,41 - 9,61	10,04 9,62 - 10,40	10,94 10,41 - 11,61	12,13 11,62 - 12,48	12,99 12,49 - 15,25
Winter-gerste[1]	8,32 5,77 - 8,91	9,29 8,92 - 9,54	9,98 9,55 - 10,27	10,74 10,28 - 11,11	12,06 11,12 - 13,92
Roggen[1]	8,57 5,67 - 8,94	9,36 8,95 - 9,58	10,20 9,59 - 10,62	11,22 10,63 - 12,05	12,73 12,06 - 15,03
Wintermeng-getreide[1]	7,12 5,46 - 7,50	7,85 7,51 - 8,16	8,48 8,17 - 8,87	9,20 8,88 - 9,55	10,42 9,56 - 11,48
Körner-mais[2]	6,73 4,46 - 6,90	7,40 6,91 - 8,41	9,08 8,42 - 9,40	9,78 9,41 - 10,25	10,66 10,26 - 11,86

[1] bezogen auf einen Feuchtegehalt von ca. 15 %.
[2] bezogen auf einen Feuchtegehalt von ca. 50 %.

Bei den in Tabelle 5.2 dargestellten Trockenmasseerträgen wurde grundsätzlich eine Stoppelhöhe von 5 bis 15 cm unterstellt; dies muß bei den heute üblichen Erntetechniken als grober Durchschnittswert einer nicht unterschreitbaren Grenze angesehen werden. Von dieser für die betriebliche Praxis relativ niedrigen Stoppelhöhe wird ausgegangen, da es das Ziel eines Getreideanbaus zur Ganzpflanzennutzung sein muß, ein Maximum der insgesamt auf der Anbaufläche erzeugten Biomasse auch technisch zu gewinnen.

Zur langfristigen Erhaltung des Nährstoff- und Humusgehalts im Boden müssen die für einen Energiepflanzenanbau genutzten Flächen in einer sinnvollen Fruchtfolge mit oder ohne Brache bewirtschaftet werden. Auf den einzelnen landwirtschaftlichen Betrieben dürfte dies aber bei dem hier unterstellten nur vergleichsweise geringen Anteil an der gesamten Ackerfläche, die für einen Energiepflanzenanbau genutzt wird, ohne größere Probleme möglich sein.

Unter diesen Rahmenannahmen errechnet sich für die Bundesrepublik Deutschland ein technisch gewinnbares Aufkommen an organischer Trockenmasse auf den als verfügbar angesehenen Flächen bei einem unterstellten Anbaumix aus Winterweizen, Wintergerste und Roggen (Anbaumix 1, vgl. Tabelle 5.3) von rund 11,6 Mio. t/a. Der Trockenmasseertrag aus dem Winterweizenanbau ist dabei am höchsten. Verglichen damit ist das gewinnbare Biomasseaufkommen aus dem Wintergersten- und Roggenanbau geringer, liegt aber dennoch in einer vergleichbaren Größenordnung. Wird demgegenüber ein Mischanbau aus den betrachteten fünf Getreidearten unterstellt (d. h. Winterweizen, Wintergerste, Roggen, Wintermenggetreide und Körnermais; Anbaumix 2, vgl. Tabelle 5.3), liegt das insgesamt erzielbare mittlere Biomasseaufkommen in der Bundesrepublik Deutschland bei knapp 11,4 Mio. t/a. Dabei ist der Körnermaisanbau mit einem erzielbaren Ertrag an organischer Trockenmasse - es wurde von einem Feuchtegehalt der Maispflanze von rund 50 % ausgegangen, wie er unter

Tabelle 5.3 Technisch gewinnbares Biomasseaufkommen aus einem Anbau verschiedener Getreidearten in den einzelnen Bundesländern und in der Bundesrepublik Deutschland

	Getreidearten					Mischanbau	
	Winter-weizen[1]	Winter-gerste[1]	Roggen[1]	Winter-meng-getreide[1]	Körner-mais[2]	Anbau-mix 1[3]	Anbau-mix 2[4]
	Trockenmasseertrag in 1 000 t/a						
Baden-Württemberg	859	790	804	671	841	818	793
Bayern	2 016	1 844	1 891	1 571	2 082	1 917	1 881
Berlin	4	3	3	3	5	3	4
Brandenburg	1 002	925	938	784	915	955	913
Bremen	2	2	2	1	2	2	2
Hamburg	8	7	7	6	8	8	7
Hessen	495	454	464	386	518	471	464
Mecklenburg-Vorpommern	1 154	1 044	1 077	891	1 126	1 092	1 058
Niedersachsen	1 770	1 616	1 668	1 381	1 983	1 685	1 684
Nordrhein-Westfalen	1 269	1 154	1 192	985	1 336	1 205	1 187
Rheinland-Pfalz	625	566	581	482	621	591	575
Saarland	42	39	40	33	41	40	39
Sachsen	678	615	639	527	678	644	627
Sachsen-Anhalt	1 053	955	983	814	1 021	997	965
Schleswig-Holstein	615	556	581	477	596	584	565
Thüringen	644	581	600	495	645	608	593
Bundesrepublik Deutschland	12 234	11 149	11 471	9 509	12 416	11 618	11 356

[1] bezogen auf einen durchschnittlichen Feuchtegehalt der geernteten Biomasse von ca. 15 %.
[2] bezogen auf einen durchschnittlichen Feuchtegehalt der geernteten Biomasse von ca. 50 %.
[3] Mittelwert aus Winterweizen, Wintergerste und Roggen.
[4] Mittelwert aus Winterweizen, Wintergerste, Roggen, Wintermenggetreide und Körnermais.

günstigen Bedingungen erreichbar ist - von rund 12,4 Mio. t/a gekennzeichnet und liegt damit höher als der Trockenmasseertrag aus einem Winterweizen-, Wintergersten- oder Roggenanbau. Wintermenggetreide ist demgegenüber mit rund 9,5 Mio. t/a nur durch ein vergleichsweise geringes durchschnittliches Biomasseaufkommen charakterisiert.

Wird dagegen nur die derzeit schon stillgelegte landwirtschaftliche Fläche betrachtet, liegen die technisch gewinnbaren Trockenmasseerträge bei etwa 7,9 Mio. t/a (Anbaumix 1) bzw. bei rund 7,7 Mio. t/a (Anbaumix 2). Da das Biomasseaufkommen in erster Näherung mit der verfügbaren Anbaufläche korreliert, sind die Bundesländer mit der größten landwirtschaftlichen Nutzfläche auch durch die höchsten absoluten Potentiale gekennzeichnet.

Anbau von Schilf- und Grasgewächsen. Energetisch nutzbare Biomasse kann auch durch den Anbau von schnellwachsenden Schilf- und Grasgewächsen erzeugt werden. Von der Vielzahl der Pflanzen, die unter den in Mitteleuropa vorliegenden klimatischen Bedingungen angebaut werden können, sind für eine energetische Nutzung solche Pflanzenarten prädestiniert, die sich durch einen vergleichsweise sehr hohen durchschnittlichen Biomasseertrag und geringe Ansprüche an Boden, Pflege und Klima auszeichnen. Unter diesen Gesichtspunkten wurden in den letzten Jahren eine Reihe von Pflanzen untersucht, die - mit mehr oder weniger guten Ergebnissen - hierfür genutzt werden könnten (vgl.

/5-19/). Bei den folgenden Abschätzungen werden von dieser Vielzahl möglicherweise nutzbarer Pflanzen nur die Potentiale der technisch gewinnbaren Biomasse der Arten untersucht, die unter den in Deutschland vorliegenden klimatischen Gegebenheiten angebaut werden können, einen vergleichsweise hohen Biomasseertrag erwarten lassen und über deren durchschnittliche Erträge zumindest näherungsweise gesicherte Erkenntnisse bereits vorliegen.

Von allen untersuchten Pflanzenarten nimmt das sogenannte Chinaschilf (Miscanthus sinensis) eine Sonderstellung ein (vgl. /5-31/). Bei dieser C_4-Pflanze handelt es sich um eine perennierende Grasart, die in Ostasien als Wildpflanze in subarktischen bis subtropischen Gebieten beheimatet ist /5-10/. Dieses zur Familie der Süßgräser (Gramineae) gehörende Gewächs treibt vom Frühjahr und bis in den Herbst hinein Stengel und Blätter. Die während dieser Vegetationsphase gewachsene Biomasse trocknet im späten Winter bzw. im zeitigen Frühjahr bis auf einen Feuchtegehalt von unter 20 % ab; dieses Aufkommen an organischer Masse kann dann mit Hilfe spezieller Maschinen geerntet (aus technischen Gründen bleibt dabei immer ein Teil der gewachsenen Biomasse auf der Anbaufläche zurück) und einer energetischen Verwertung zugeführt werden. Da das Chinaschilf unter mitteleuropäischen klimatischen Bedingungen im Regelfall nicht zur Blüte kommt, müssen die Pflanzen vegetativ vermehrt werden (vgl. /5-19/). Auch sind die Biomasseerträge bei einer neu angelegten Pflanzung zunächst gering, bis sie nach zwei bis drei Jahren ihre Normalwerte erreichen. Im Regelfall kann eine derartige Kultur rund zehn Jahre bewirtschaftet werden, da nur das oberirdische und aufgrund des geringen Temperaturniveaus im Winter in Mitteleuropa abgestorbene Biomasseaufkommen geerntet wird und die im Boden verbleibenden Wurzeln jedes Jahr wieder treiben. Anschließend sind die Pflanzen erschöpft; es empfiehlt sich eine Neupflanzung. In mitteleuropäischen Breiten liegen die jährlichen Erträge - mit sehr hohen Schwankungen aufgrund der großen Empfindlichkeit der Pflanzen gegenüber sehr niedrigen Temperaturen - unter günstigen Bedingungen bei rund 20 bis 30 t/(ha a) Trockenmasse; im ersten Jahr muß aber von keinem, im zweiten nur von einem geringen Biomasseertrag von rund 10 t/(ha a) Trockenmasse ausgegangen werden. Das technisch gewinnbare Aufkommen an organischer Masse kann - in Abhängigkeit der örtlichen Gegebenheiten - im Durchschnitt jedoch auch deutlich niedriger liegen (9 bis 13 t/(ha a) /5-11, 5-19/).

Auch das Schilfrohr (Phragmites communis oder Phragmites australis), eine weitere, möglicherweise für eine großtechnische Biomasseproduktion geeignete Pflanze, ist ein Süßgras. Es ist fast über die gesamte Erde verbreitet und wächst an Ufern, Sümpfen und anderen feuchten und teilweise auch an trockenen Stellen. Bereits derzeit wird es vielfach angebaut und technisch genutzt (u. a. zur Befestigung von Ufern und Böschungen, als Dacheindeckung, zur Herstellung von Matten und Wänden) /5-19/. Die Vermehrung erfolgt - ähnlich dem Chinaschilf - vegetativ; dies bedingt auch hier vergleichsweise hohe Kosten. Die oberirdisch gewachsene Biomasse wird nach dem Absterben und Abtrocknen im Winter oder im zeitigen Frühjahr maschinell - bei sumpfigen Anbauflächen möglichst bei Frost wegen der dadurch bedingten erhöhten Bodentragfähigkeit - geerntet. Dabei kann aus erntetechnischen Gründen immer nur ein Teil der gesamten oberidischen Biomasse gewonnen werden; insbesondere, wenn die organische Masse eingeschneit ist, können die Verluste sehr hoch sein. Auf grundfeuchten bis wechselfeuchten Böden können - je nach Standort und klimatischen Verhältnissen - Biomasseerträge zwischen 5 und in sehr günstigen Fällen 43 t/(ha a) Trockenmasse erzielt werden. Im Donaudelta liegen die Mittelwerte bei etwa 15 t/(ha a), in Schweden bei 2,4 bis 10 t/(ha a) Trockenmasse /5-10, 5-11, 5-19/. Für andere europäische Länder werden Angaben von 10 bis 30 t/(ha a) Trockenmasse gemacht, wobei die obere Bandbreite jedoch auf sehr gute Bestände bei optimalen Randbedingungen beschränkt sein dürfte /5-19/.

Weiterhin sind verschiedene Hirsearten durch vergleichsweise hohe Biomasseerträge gekennzeichnet. Als C_4-Pflanzen tropischer Herkunft zeichnen sich diese Gewächse jedoch durch einen hohen Wärmebedarf und eine gewisse Empfindlichkeit gegenüber niedrigen Temperaturen aus. Ähnlich wie bei den bereits diskutierten Pflanzenarten wird auch hier nach dem Abschluß der Vegetationsperiode und dem Abtrocknen die oberirdische Biomasse maschinell - mit gewissen Verlusten - geerntet. Bei einem relativ hohen Niederschlagsniveau und milden klimatischen Bedingungen liegen die erzielbaren Erträge zwischen 15 und 22 t/(ha a) Trockenmasse; sie können aber auch unter besonders günstigen Bedingungen bei bis zu 32 t/(ha a) /5-10, 5-11, 5-12/, bei ungünstigen Rahmenbedingungen - insbesondere bei niedrigen Durchschnittstemperaturen - jedoch auch deutlich niedriger liegen.

Topinambur (Helianthus tuberosus; Familie der Compositen), der zumindest in Süddeutschland derzeit schon vereinzelt angebaut wird, ist ebenfalls durch ein massenwüchsiges oberirdisches Krautwachstum mit Wuchshöhen bis zu 4 m gekennzeichnet. Gegen Ende der Vegetationsperiode setzt eine verstärkte Assimilateverlagerung vom Kraut in die Sproßknollen ein. Auf den derzeit kultivierten Pflanzungen von Topinambur werden die Knollen zur Trinkalkoholerzeugung genutzt und das Kraut meist als Viehfutter eingesetzt. Für eine energetische Nutzung kann das im Winter absterbende und trocknende Biomasseaufkommen mit Hilfe spezieller Maschinen geerntet werden; die Knollen dürften dabei im Regelfall im Boden bleiben und die Grundlage für den nächstjährigen Biomasseertrag bilden. Das durchschnittlich erzielbare Aufkommen an Trockenmasse liegt zwischen ca. 16 und 21 t/(ha a) /5-11/; dabei resultieren rund 8 bis 17 t/(ha a) aus dem Kraut und etwa 7 bis 12 t/(ha a) aus den Knollen /5-12/. Da für das Bergen der unterirdisch anfallenden Biomasse ein erhöhter Ernteaufwand notwendig wäre und die organische Masse vor einer energetischen Nutzung zusätzlich getrocknet werden müßte, wird unterstellt, daß nur das oberirdische Biomasseaufkommen als Energieträger einsetzbar ist; die Knollen bleiben als Basis für die Biomasseerzeugung im nächsten Jahr im Boden.

Neben Elefantengras, Schilfrohr, Hirse und Topinambur ist auch das Pfahlrohr (Arundo donax) durch relativ hohe mittlere Biomasseerträge gekennzeichnet. Diese vermutlich aus Zentralasien stammende und heute in Südeuropa weit verbreitete Pflanze, die ebenfalls zu den Süßgräsern zählt, kann eine Höhe von 2 bis 4 m auf wechselnassen, gut durchlüfteten und nährstoffreichen Böden erreichen. Arundo donax ist im Mittelmeergebiet von Transkaukasien, Syrien bis zu den Kanaren, den Azoren und Portugal beheimatet. Die oberirdische Biomasse dieser Pflanze wird u. a. für Flechtwerk, Matten oder Angelruten sowie als Rohstoff für die Zellulose- bzw. Papierherstellung verwendet /5-19/. Die fehlende Winterhärte steht jedoch - falls nicht winterharte Typen gezüchtet werden können - einem großtechnischen Anbau entgegen /5-13/. Die mittleren Erträge liegen in einem Bereich zwischen 8 und 10 t/(ha a) /5-11/. Auch beim Pfahlrohr wird die nach dem Ende der Vegetationsperiode abgestorbene und abgetrocknete Biomasse maschinell geerntet; sie kann - u. U. erst nach einer einfachen mechanischen Behandlung - einer energetischen Nutzung zugeführt werden. Das im Boden verbleibende Wurzelwerk treibt im nächsten Jahr erneut.

Die methodische Vorgehensweise für die Abschätzung des gesamten organischen Trockenmasseaufkommens aus einem großtechnischen Anbau der dargestellten fünf Pflanzenarten, die theoretisch für einen Energiepflanzenanbau zur Erzeugung fester Energieträger geeignet wären, ist der Bestimmung des möglichen Ertrags an organischen Stoffen aus einem Getreideanbau mit Ganzpflanzennutzung vergleichbar. Ausgehend von den in jedem Kreis der Bundesrepublik Deutschland als verfügbar erachteten landwirtschaftlichen Nutzflächen (vgl. Kap. 5.1.2) errechnet sich mit dem im langjährigen Mittel technisch gewinnbaren spezifischen Trockenmasseaufkommen der gesamte erzielbare Ertrag. Dabei wird - in Anlehnung an die bisherige Vorgehensweise und zur Berücksichtigung der regionalen Unterschiede - unterstellt, daß die klimatisch und bodentechnisch bedingten jährlichen Schwankungen des Biomasseaufkommens in etwa mit denen des Wintergetreides vergleichbar sind (d. h. liegt der mittlere Kornertrag von Wintergetreide in einem Kreis der Bundesrepublik Deutschland aufgrund der lokalen Gegebenheiten unterhalb des Bundesdurchschnitts, wird dies auch für das technisch gewinnbare Biomasseaufkommen der untersuchten Energiepflanzen unterstellt). Damit kann erneut - entsprechend der bisherigen Vorgehensweise - von den fünf unterschiedenen Ertragsbereichen /5-8/ ausgegangen werden, die den einzelnen Kreisen der Bundesrepublik Deutschland zugeordnet werden.

Tabelle 5.4 Angenommene, im langjährigen Durchschnitt erzielbare Trockenmasseerträge einschließlich deren Bandbreiten für verschiedene Schilf- und Grasgewächse

	Ertragsbereiche				
	1	2	3	4	5
	Trockenmasseertrag in t/(ha a)				
Chinaschilf	8,0	12,0	16,0	20,0	24,0
	5,0 - 10,0	10,1 - 14,0	14,1 - 18,0	18,1 - 22,0	22,1 - 30,0
Schilfrohr	6,0	8,0	10,0	12,0	14,0
	3,0 - 7,0	7,1 - 9,0	9,1 - 11,0	11,1 - 13,0	13,1 - 18,0
Hirse	10,0	13,0	16,0	19,0	22,0
	6,0 - 11,5	11,6 - 14,5	14,6 - 17,5	17,6 - 20,5	20,6 - 25,0
Topinambur	6,0	8,0	10,0	12,0	14,0
	3,0 - 7,0	7,1 - 9,0	9,1 - 11,0	11,1 - 13,0	13,1 - 17,0
Pfahlrohr	5,0	7,0	9,0	11,0	13,0
	2,5 - 6,0	6,1 - 8,0	8,1 - 10,0	10,1 - 12,0	12,1 - 15,5

Diesen Ertragsbereichen können durchschnittliche Biomasseerträge für die fünf betrachteten Pflanzenarten zugeordnet werden. Da jedoch derzeit noch keine detaillierten Untersuchungen über die durchschnittliche Schwankungsbreite des Biomasseertrags dieser Pflanzen verfügbar sind und auch in absehbarer Zukunft keine Versuchsergebnisse für alle unterschiedlichen Vegetationszonen und Bodentypen der Bundesrepublik Deutschland vorliegen dürften, wird unterstellt, daß die bereits diskutierten Ertragsschwankungen näherungsweise die tatsächlich in Deutschland im langjährigen Mittel erzielbare Größenordnung beschreiben. Wird damit diese Bandbreite des technisch gewinnbaren Trockenmasseaufkommens den fünf betrachteten Ertragsbereichen zugeordnet, ergeben sich die in Tabelle 5.4 dargestellten Durchschnittserträge und die korrespondierenden Bandbreiten. Dabei wird davon ausgegangen, daß sich u. U. ergebende Unschärfen näherungsweise ausgleichen und auf der Basis dieser mittleren Erträge an organischer Trockenmasse im Mittel realitätsnahe Ergebnisse zu erwarten sind.

Mit diesen Eingrenzungen und der Unterstellung, daß das in Tabelle 5.4 dargestellte mittlere Biomasseaufkommen des jeweiligen Ertragsbereichs unter den realen Gegebenheiten in der Bundesrepublik Deutschland auch tatsächlich erzielt werden kann, läßt sich mit der theoretisch für einen Energiepflanzenanbau nutzbaren Fläche (vgl. Kap. 5.1.2) das gesamte technisch gewinnbare Aufkommen an organischer Trockenmasse für jede der betrachteten fünf Pflanzenarten in den einzelnen Kreisen Deutschlands ermitteln.

Tabelle 5.5 Technisch gewinnbares Biomasseaufkommen aus einem Anbau schnellwachsender Schilf- und Grasgewächse in den einzelnen Bundesländern und in der Bundesrepublik Deutschland

	Schilf- und Grasgewächse					Mischanbau	
	China-schilf	Schilf-rohr	Hirse	Topi-nambur	Pfahl-rohr	Anbau-mix 1[1]	Anbau-mix 2[2]
	Trockenmasse in 1 000 t/a						
Baden-Württemberg	1 058	705	1 146	705	617	1 102	846
Bayern	2 782	1 784	2 861	1 784	1 588	2 822	2 160
Berlin	3	2	4	2	2	4	3
Brandenburg	1 181	799	1 304	799	695	1 242	956
Bremen	3	2	3	2	2	3	2
Hamburg	14	8	13	8	7	13	10
Hessen	619	410	666	410	360	643	493
Mecklenburg-Vorpommern	1 789	1 104	1 754	1 104	999	1 771	1 350
Niedersachsen	2 453	1 569	2 503	1 569	1 398	2 478	1 898
Nordrhein-Westfalen	2 022	1 239	1 953	1 239	1 125	1 988	1 516
Rheinland-Pfalz	945	588	940	588	530	943	718
Saarland	39	29	48	29	24	43	34
Sachsen	1 135	685	1 071	685	627	1 103	841
Sachsen-Anhalt	1 530	964	1 543	964	865	1 537	1 173
Schleswig-Holstein	1 075	641	995	641	589	1 035	788
Thüringen	1 031	631	1 001	631	573	1 016	773
Bundesrepublik Deutschland	17 679	11 162	17 806	11 162	10 001	17 742	13 562

[1] Mittelwert aus Chinaschilf und Hirse.
[2] Mittelwert aus Chinaschilf, Schilfrohr, Hirse, Topinambur und Pfahlrohr.

Tabelle 5.5 zeigt das - auf der Grundlage der diskutierten Rahmenannahmen - erzielbare Trockenmasseaufkommen für die fünf untersuchten schnellwachsenden Schilf- und Grasgewächse. Auf landwirtschaftlichen Nutzflächen sollte im langjährigen Durchschnitt nicht nur eine Kulturpflanze angepflanzt werden (d. h. keine Monokulturen); es sollten vielmehr immer verschiedene Pflanzen abwechselnd angebaut werden. Im Sinne einer Maximierung des Ertrags an organischer Masse dürften dabei hauptsächlich die Pflanzen in einer bestimmten Fruchtfolge genutzt werden, die durch einen hohen durchschnittlichen Biomasseertrag gekennzeichnet sind (d. h. Anbaumix 1, Mischanbau aus Chinaschilf und Hirse). Andererseits ist es fraglich, ob in jedem Kreis der Bundesrepublik Deutschland die klimatischen, bodentechnischen und sonstigen Bedingungen für einen Anbau dieser beiden durch sehr hohe mittlere Erträge gekennzeichneten Pflanzen gegeben sind. Deshalb ist in Tabelle 5.5 zusätzlich der Mittelwert aus allen fünf betrachteten Energiepflanzen dargestellt (Anbaumix 2). Dieser Durchschnittswert repräsentiert demnach eine realistischere Größenordnung eines möglicherweise erzielbaren Biomasseaufkommens in der Bundesrepublik Deutschland.

Tabelle 5.5 zeigt, daß - ein Anbaumix aus Chinaschilf und Hirse unterstellt (Anbaumix 1) - das mögliche Trockenmasseaufkommen in Deutschland auf den als verfügbar erachteten Flächen (vgl. Kap. 5.1.2) im Bereich von rund 17,7 Mio. t/a liegt. Wird ein Anbaumix aus allen fünf Pflanzenarten angenommen (Anbaumix 2), ist der mittlere erzielbare Trockenmasseertrag deutlich niedriger und liegt nur noch bei knapp 13,6 Mio. t/a.

Wird dagegen nur die derzeit schon stillgelegte landwirtschaftliche Nutzfläche betrachtet, reduziert sich der erzielbare Biomasseertrag auf rund 12,0 Mio. t/a (Anbaumix 1) oder bei einem Anbaumix der fünf betrachteten Pflanzen auf etwa 9,1 Mio. t/a (Anbaumix 2). Da der mögliche Biomasseertrag - in erster Näherung - von der verfügbaren Fläche abhängt, ist bei den Bundesländern, die die absolut größte Anbaufläche aufweisen (Bayern, Niedersachsen, Nordrhein-Westfalen), das technisch gewinnbare Trockenmasseaufkommen am höchsten.

Anbau schnellwachsender Baumarten. Außer durch einen Getreideanbau mit Ganzpflanzennutzung und einem Anbau von schnellwachsenden Schilf- und Grasgewächsen kann Biomasse - unter den klimatischen Bedingungen Mitteleuropas - auch in Kurzumtriebsplantagen erzeugt werden. Darunter werden Pflanzungen schnellwachsender Baumarten verstanden, die im Kurzumtrieb bewirtschaftet werden. Hierbei handelt es sich meist um Weiden-, Pappel- oder Aspenklone (vgl. /5-20, 5-21/), die - insbesondere in der Jugendphase - durch eine vergleichsweise sehr hohe Biomasseproduktion gekennzeichnet sind. Bei der Kurzumtriebsbewirtschaftung wird nach einer Anwuchs- und Aufbauphase die oberirdische Biomasse etwa vier bis 20 Jahre nach der Pflanzung maschinell geerntet; sie kann nach einer einfachen mechanischen Behandlung energetisch genutzt werden. Die nach der Biomasseernte im Bodenbereich verbleibenden Stümpfe und Wurzeln treiben wieder aus und können - je nach Standort, Klima und Baumart - nach jeweils zwei bis zwölf Jahren erneut geerntet werden. Der Ernteschnitt - dazu werden derzeit in der Entwicklung befindliche Erntemaschinen eingesetzt - erfolgt im laublosen Zustand der Pflanzen (d. h. zur Minimierung des Feuchtegehalts der gewonnenen Biomasse) und damit am besten im Winter bei trockenem Frostwetter und geringem Schneebelag.

Insbesondere in den skandinavischen Ländern wurde eine Vielzahl von Versuchen mit unterschiedlichen Baumarten unter verschiedenartigen Randbedingungen durchgeführt. Dabei wurden Trockenmasseerträge von rund 15 t/(ha a) erzielt, wobei große Ertragsunterschiede aufgrund unterschiedlicher Standortgegebenheiten und Versuchsbedingungen gegeben sind (vgl. /5-22/). Für die Bedingungen in der Bundesrepublik Deutschland liegen noch keine gesicherten Angaben über die möglichen Biomasseerträge in Abhängigkeit der unterschiedlichen Boden- und Klimaverhältnisse vor; es sind jedoch umfangreiche Forschungsaktivitäten im Gang. Übereinstimmend werden jedoch Trockenmasseerträge von mindestens 12 t/(ha a) unter mitteleuropäischen Bedingungen angegeben (u. a. /5-10, 5-14, 5-22/).

Bei den folgenden Abschätzungen wird deshalb unterstellt, daß im langjährigen Durchschnitt unter den klimatischen und bodentechnischen Rahmenbedingungen in Deutschland auf der Basis unterschiedlicher Sorten von Pappelklonen mittlere Erträge von 12 bis 15 t/(ha a) Trockenmasse erzielt werden können /5-10, 5-14, 5-21/. Wird diese Größenordnung für die gesamte Bundesrepublik Deutschland als repräsentativ angesehen und unterstellt, daß die Schwankungen des Biomasseaufkommens zwischen einzelnen Kreisen sich näherungsweise an denen des Wintergetreides orientieren, kann - auf der Grundlage der theoretisch als verfügbar erachteten Flächen - der korrespondierende Biomasseertrag in jedem Kreis der Bundesrepublik Deutschland ermittelt werden.

Ausgehend von diesen Eingrenzungen und Annahmen ergeben sich die in Tabelle 5.6 dargestellten mittleren Biomasseerträge in den einzelnen Bundesländern und in der Bundesrepublik Deutschland. Durch einen Anbau schnellwachsender Baumarten auf den als verfügbar erachteten Flächen (vgl. Kap. 5.1.2) wäre damit ein mittlerer jährlicher Ertrag an organischer Trockenmasse von ca. 15,4 Mio. t/a erzielbar.

Werden nur die derzeit schon stillgelegten Flächen betrachtet, liegt das im langjährigen Durchschnitt technisch gewinnbare Trockenmasseaufkommen bei rund 10,5 Mio. t/a. Die Bundesländer mit

142   5 Energieträgerproduktion auf pflanzlicher Basis

Tabelle 5.6 Technisch gewinnbares Biomasseaufkommen aus Kurzumtriebsplantagen von Pappelklonen in den einzelnen Bundesländern und in der Bundesrepublik Deutschland

	Trockenmasseertrag in 1 000 t/a
Baden-Württemberg	1 120
Bayern	2 573
Berlin	5
Brandenburg	1 314
Bremen	2
Hamburg	10
Hessen	644
Mecklenburg-Vorpommern	1 431
Niedersachsen	2 251
Nordrhein-Westfalen	1 560
Rheinland-Pfalz	779
Saarland	58
Sachsen	827
Sachsen-Anhalt	1 326
Schleswig-Holstein	738
Thüringen	798
Bundesrepublik Deutschland	15 436

der absolut größten landwirtschaftlichen Nutzfläche sind durch den höchsten Biomasseertrag gekennzeichnet; da die Ertragsschwankungen nicht sehr signifikant sind, korreliert das technisch gewinnbare Aufkommen an organischen Stoffen in erster Näherung mit der Anbaufläche.

Vergleich des Biomasseaufkommens. Vorstehend wurde das Aufkommen an technisch gewinnbarer Biomasse auf der Basis identischer Flächen für die betrachteten Konzepte eines Energiepflanzenanbaus analysiert. Damit kann das korrespondierende Trockenmasseaufkommen der betrachteten Möglichkeiten unmittelbar einander gegenübergestellt werden (vgl. Abb. 5.1).

In Abb. 5.1 wird deutlich, daß das durchschnittlich jährlich technisch gewinnbare Aufkommen an organischer Trockensubstanz aus einem Anbau von schnellwachsenden Schilf- und Grasgewächsen vergleichsweise sehr hoch ist. Dies gilt ganz besonders dann, wenn nur ein Mischanbau aus Chinaschilf und Hirse unterstellt wird (d. h. Anbaumix 1 aus Schilf- und Grasgewächsen). Wird dagegen realistischerweise unterstellt, daß ein Mischanbau aller betrachteten Schilf- und Grasgewächse realisiert werden müßte, ist das durchschnittlich gewinnbare Biomasseaufkommen aus einer Kurzumtriebsbewirtschaftung schnellwachsender Baumarten höher. Demgegenüber ist der durchschnittlich erzielbare Biomasseertrag aus einem Getreideanbau mit Ganzpflanzennutzung erheblich geringer.

Aus Abb. 5.1 geht auch hervor, daß auf den derzeit schon stillgelegten Flächen (vgl. Kap. 5.1.2) ebenfalls beachtliche Trockenmasseerträge erzielbar wären. Beispielsweise bewegen sie sich bei rund 7,8 Mio. t/a bei einer Getreideganzpflanzenerzeugung und bei einem Mischanbau von Chinaschilf und Hirse bei knapp 12,0 Mio. t/a. Damit liegen die auf den gegenwärtig aus der Produktion genommenen Flächen erzielbaren Erträge bei rund zwei Drittel der unter den unterstellten Annahmen insgesamt technisch gewinnbaren Trockenmasse.

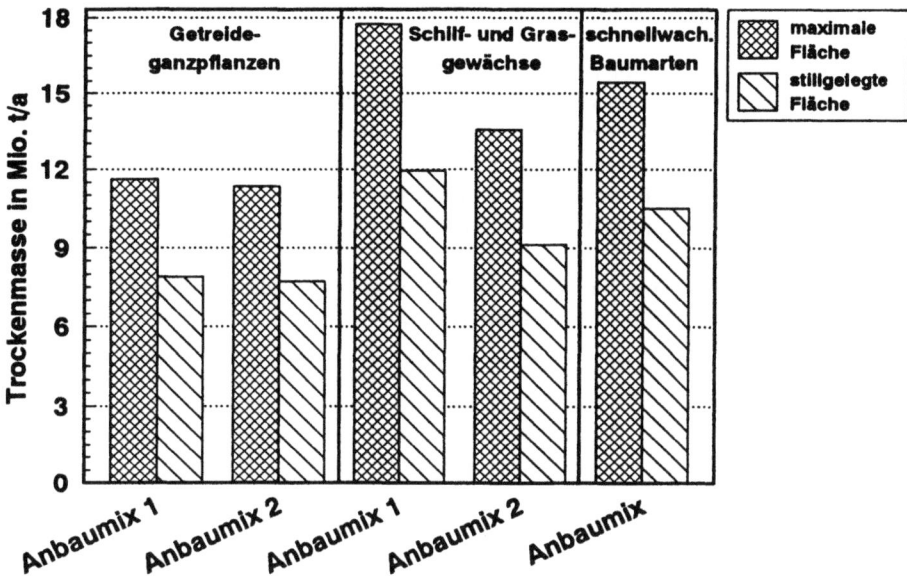

Abb 5.1 Vergleich des Trockenmasseaufkommens der betrachteten Konzepte eines Energiepflanzenbaus zur Erzeugung fester Energieträger

5.2.2 Flüssige Energieträger

Nach der Analyse des technisch gewinnbaren Biomasseaufkommens aus einem Getreideanbau mit Ganzpflanzennutzung sowie aus dem Anbau von Schilf- und Grasgewächsen und von schnellwachsenden Baumarten im Kurzumtrieb werden im folgenden die technischen Potentiale einer Erzeugung flüssiger Energieträger auf pflanzlicher Basis untersucht. Von der Vielzahl der theoretischen Verfahren und Optionen, die für eine Gewinnung von Sekundärenergieträgern organischen Ursprungs zum Einsatz kommen könnten, werden hier nur die Möglichkeiten einer Pflanzenölerzeugung aus Winter- und Sommerraps sowie einer Alkoholgewinnung aus Getreide und Zuckerrüben näher analysiert. In Anlehnung an die bisherige Vorgehensweise wird im folgenden für beide Optionen zunächst die Methodik dargestellt, die eine Abschätzung des möglichen Energieträgeraufkommens unter Berücksichtigung der regionalen Unterschiede ermöglicht. Anschließend wird die jeweilige Vorgehensweise auf jeden Kreis der Bundesrepublik Deutschland angewendet; die entsprechenden Ergebnisse werden ausgewiesen und diskutiert.

Ölfruchtanbau zur Pflanzenölgewinnung. Von allen unter den klimatischen Bedingungen der Bundesrepublik Deutschland anbaubaren Ölpflanzenarten (u. a. Koriander, Fenchel, Saflor, Wolfsmilch, Sonnenblume, Schlafmohn, Soja, Lein, Leindotter, Senf, Ölrauke, Raps; vgl. /5-16/) hat bisher nur der Raps- und Rübsenanbau mit einer Anbaufläche von knapp 950 000 ha (1991 /5-18/) Bedeutung erlangt. Infolge dieses bereits großtechnisch realisierten Anbaus dieser beiden Ölfrüchte ist ihre Produktion sowie die industrielle Weiterverarbeitung weitgehend Stand der Technik; bei den Landwir-

144   5 Energieträgerproduktion auf pflanzlicher Basis

ten und der ölerzeugenden und -verarbeitenden Industrie liegt ein großes Erfahrungspotential bei der Ölsaatverarbeitung vor.

Raps ist dabei die einzige Ölpflanze, die - bei vergleichsweise hohen Hektarerträgen - im gesamten Bundesgebiet mehr oder weniger problemlos angebaut werden kann. Deshalb werden im folgenden die Möglichkeiten einer Pflanzenölproduktion ausschließlich auf der Grundlage eines Anbaus von Winter- und Sommerraps untersucht. Andere Ölfrüchte - wie Sonnenblumen oder Sojabohnen - werden nicht näher betrachtet, da die derzeit verfügbaren Arten dieser Pflanzen nur in klimatisch besonders begünstigten Gebieten Deutschlands angebaut werden können.

Tabelle 5.7 Ölsaat- und Stroherträge für Winter- und Sommerraps für die unterschiedenen Ertragsbereiche einschließlich der entsprechenden Bandbreiten (Basis 1991 /5-8/)

		Ertragsbereiche				
		1	2	3	4	5
		Erntemenge in dt/(ha a)				
Winterraps	Kornertrag	2,80 2,00 - 2,97	3,08 2,98 - 3,17	3,34 3,18 - 3,44	3,49 3,45 - 3,53	3,64 3,54 - 4,00
	Strohertrag	4,76 3,40 - 5,05	5,24 5,06 - 5,39	5,68 5,40 - 5,85	5,93 5,86 - 6,00	6,19 6,01 - 6,80
Sommerraps	Kornertrag	1,94 1,57 - 2,10	2,23 2,11 - 2,41	2,44 2,42 - 2,57	2,72 2,58 - 2,79	3,03 2,80 - 3,56
	Strohertrag	3,88 3,14 - 4,20	4,46 4,21 - 4,82	4,88 4,83 - 5,14	5,44 5,15 - 5,58	6,06 5,59 - 7,12

Das Potential einer Pflanzenölgewinnung aus Winter- und Sommerraps errechnet sich - ausgehend von den als verfügbar erachteten Flächen (vgl. Kap. 5.1.2) - aus den regional unterschiedlichen mittleren Erträgen. Dabei können - in Anlehnung an die bisherige Vorgehensweise - wieder allen Kreisen Deutschlands bestimmte Ertragsbereiche zugeordnet werden, die die regionalen Unterschiede aufgrund verschiedener klimatischer und bodentechnischer Randbedingungen berücksichtigen (vgl. /5-8/). Tabelle 5.7 zeigt für Winter- und Sommerraps die diesen Ertragsbereichen zugeordneten Korn- bzw. Stroherträge, wie sie sich aus den tatsächlich erzielten Erträgen der Ernte 1991 ergeben /5-8, 5-15, 5-17/.

Aus der Rapssaat kann durch physikalisch-chemische Verfahren (d. h. Pressung und Extraktion) das Pflanzenöl gewonnen werden. Sowohl das Auspressen als auch das Extrahieren ist dabei in der rapsverarbeitenden Industrie Stand der Technik; beide Verfahren werden derzeit meist in einer Kombination angewendet. Aufgrund des bereits realisierten großtechnischen Anbaus dieser Ölfrucht ist in der Bundesrepublik Deutschland eine leistungsfähige Ölmühlenindustrie vorhanden, von der im Jahr 1991 einschließlich der importierten Mengen rund 2,64 Mio. t Rapssaat verarbeitet wurden. Daraus wurden etwa 1,05 Mio. t Öl und ca. 1,38 Mio. t Schrot und Preßkuchen gewonnen /5-33/. Damit können im groben Durchschnitt unter optimalen Produktionsbedingungen von 100 kg Rapssaat ca. 40,7 kg Öl und etwa 58,5 kg organischer Rückstand erwartet werden /5-16/.

Ausgehend von den theoretisch als verfügbar erachteten Anbauflächen (vgl. Kap. 5.1.2), den dargestellten mittleren Erträgen und den zu erwartenden mittleren Ölausbeuten kann das technisch gewinnbare Rapsölaufkommen aus einem Winter- und Sommerrapsanbau ermittelt werden (vgl. Tabelle 5.8).

Tabelle 5.8 Technisch gewinnbares Öl-, Schrot- und Strohaufkommen aus einem Winter- bzw. Sommerrapsanbau in den einzelnen Bundesländern und in der Bundesrepublik Deutschland

	Ölaufkommen		Schrotaufkommen		Strohaufkommen	
	Winterraps	Sommerraps	Winterraps	Sommerraps	Winterraps	Sommerraps
	in Mio. l/a		in 1000 t/a		in 1000 t/a	
Baden-Württemberg	117	84	155	111	450	380
Bayern	281	206	371	272	1 079	931
Berlin	0	0	1	0	2	2
Brandenburg	140	100	185	133	538	454
Bremen	0	0	0	0	1	1
Hamburg	1	1	1	1	4	3
Hessen	66	47	87	62	253	211
Mecklenburg-Vorpommern	155	118	206	156	597	532
Niedersachsen	238	172	314	229	915	778
Nordrhein-Westfalen	161	120	213	158	619	541
Rheinland-Pfalz	82	59	108	78	314	268
Saarland	6	4	8	5	23	19
Sachsen	90	70	119	92	346	315
Sachsen-Anhalt	143	107	189	141	550	482
Schleswig-Holstein	81	64	107	85	310	291
Thüringen	87	66	115	87	334	297
Bundesrepublik Deutschland	**1 648**	**1 218**	**2 179**	**1 610**	**6 333**	**5 505**

Neben dem Pflanzenöl sind aber auch der bei der Ölgewinnung zurückbleibende Preßkuchen, der Schrot und das auf der Anbaufläche anfallende Stroh energetisch nutzbar; dieses zusätzlich gewinnbare Biomasseaufkommen ist ebenfalls in Tabelle 5.8 ausgewiesen.

Entsprechend den in dieser Zusammenstellung dargestellten technischen Potentialen könnten auf der Basis von Winterraps in Deutschland auf der als verfügbar erachteten Anbaufläche rund 1,65 Mrd. l/a Pflanzenöl erzeugt werden. Zusätzlich fallen noch ca. 2,2 Mio. t/a an Schrot und Preßkuchen am Standort der industriellen Weiterverarbeitung (d. h. an der Anlage zur Ölextraktion) und etwa 6,3 Mio. t/a an Stroh auf der Anbaufläche bei der Ernte an; zusätzlich zu dem Ölaufkommen könnten damit noch rund 8,5 Mio. t/a an organischen Stoffen ebenfalls energetisch genutzt werden. Wird dagegen auf den gleichen Flächen ein Anbau von Sommerraps unterstellt, liegt das gewinnbare Pflanzenöl- bzw. das zusätzlich anfallende Biomasseaufkommen aufgrund der spezifisch geringeren Hektarerträge deutlich niedriger.

Werden demgegenüber nur die derzeit schon stillgelegten Anbauflächen (vgl. Kap. 5.1.2) betrachtet, liegt das bei einem Anbau von Winterraps gewinnbare Ölaufkommen bei ca. 1,1 Mrd. l/a und bei Sommerraps bei rund 0,8 Mrd. l/a. Entsprechend geringer ist auch das zusätzlich energetisch nutzbare Aufkommen an Schrot bzw. Preßkuchen und an Rapsstroh von rund 5,8 Mio. t/a bei einem Winterraps- und von etwa 4,8 Mio. t/a bei einem Sommerrapsanbau. Die regionale Verteilung dieses Öl- und Biomasseaufkommens korreliert in erster Näherung mit den theoretisch verfügbaren Anbauflächen; Bayern und Niedersachsen sind deshalb durch vergleichsweise hohe absolute Potentiale gekennzeichnet.

Getreide- und Zuckerrübenanbau zur Alkoholerzeugung. Getreide und Zuckerrüben sind Feldfrüchte, die u. a. Stärke, Zucker oder Inulin enthalten. Diese Stoffe können mit Hilfe von Mikroorganismen in wässrigem Milieu in Alkohol umgewandelt werden, der anschließend durch eine Destilla-

146   5 Energieträgerproduktion auf pflanzlicher Basis

tion in beliebig reiner Form gewinnbar ist. Die dazu benötigte Verfahrenstechnik ist - zumindest was die Verfahrenskette auf der Grundlage eines Getreideanbaus betrifft - aufgrund der bereits in einem größeren Maßstab realisierten Trinkalkoholherstellung Stand der Technik. Wird jedoch unterstellt, daß eine Alkoholproduktion aus speziell produzierten pflanzlichen Erzeugnissen für eine anschließende energetische Nutzung in einer energiewirtschaftlich relevanten Größenordnung verwirklicht werden soll, besteht z. T. noch erheblicher Forschungs- und Entwicklungsbedarf bezüglich der verfahrenstechnischen Realisierung und Optimierung der entsprechenden Prozesse /5-16/.

Tabelle 5.9 Mittleres Korn- und Stroh- bzw. Rüben- und Blattmasseaufkommen für die unterschiedenen Ertragsbereiche (Basis 1991 /5-8/)

		Ertragsbereiche				
		1	2	3	4	5
		Erntemenge in dt/(ha a)				
Winterweizen	Kornertrag	5,91 4,19 - 6,28	6,56 6,29 - 6,80	7,15 6,81 - 7,61	7,93 7,62 - 8,16	8,49 8,17 - 9,97
	Strohertrag	4,73 3,35 - 5,02	5,25 5,03 - 5,44	5,72 5,45 - 6,09	6,34 6,10 - 6,53	6,79 6,54 - 7,98
Wintergerste	Kornertrag	5,15 3,57 - 5,52	5,75 5,53 - 5,91	6,18 5,92 - 6,36	6,65 6,37 - 6,88	7,47 6,89 - 8,62
	Strohertrag	4,64 3,21 - 4,97	5,18 4,98 - 5,32	5,56 5,33 - 5,72	5,98 5,73 - 6,19	6,72 6,20 - 7,76
Körnermais	Kornertrag	5,38 3,57 - 5,52	5,92 5,53 - 6,73	7,26 6,74 - 7,52	7,82 7,55 - 8,20	8,53 8,21 - 9,49
	Strohertrag	8,07 4,82 - 8,28	8,88 8,29 - 10,09	10,89 10,10 - 11,28	11,73 11,29 - 12,30	12,79 12,31 - 14,23
Zuckerrüben	Rübenertrag	43,14 33,91 - 45,03	46,62 45,04 - 48,30	49,46 48,31 - 51,85	53,04 51,86 - 55,69	58,13 55,88 - 62,50
	Blattertrag	32,35 25,43 - 33,77	34,97 33,78 - 36,22	37,10 36,23 - 38,89	39,78 38,90 - 41,77	43,60 41,78 - 46,87

Von der Vielzahl der möglichen Kulturpflanzen, die als Ausgangsstoffe für eine Alkoholerzeugung zum Einsatz kommen können und derzeit für die Trinkalkoholerzeugung auch genutzt werden, erfolgt hier nur die Analyse der technischen Potentiale einer Erzeugung flüssiger Sekundärenergieträger auf Alkoholbasis auf der Grundlage eines Winterweizen-, Wintergersten-, Körnermais- und Zuckerrübenanbaus. In Anlehung an die bisherige Vorgehensweise werden erneut jedem Kreis der Bundesrepublik Deutschland in Abhängigkeit der in 1991 erzielten Erträge unterschiedliche Ertragsbereiche für die vier betrachteten Feldfrüchte zugeordnet (vgl. Tabelle 5.9 /5-8/). Mit diesen regional unterschiedlichen Durchschnittserträgen läßt sich - auf der Basis der theoretisch verfügbaren Flächen (vgl. Kap. 5.1.2) - der erzielbare Korn- bzw. Rübenertrag und die bei der Ernte zusätzlich anfallende organische Masse abschätzen. Mit dem mittleren spezifischen Alkoholertrag, wie er mit der derzeit verfügbaren Verfahrenstechnik erzielbar ist (bei Getreide ca. 39,5 l/dt, bei Zuckerrüben rund 9,7 l/dt; /5-16/), ergibt sich aus dem zu erwartenden Korn- bzw. Rübenertrag das insgesamt technisch gewinnbare Alkoholaufkommen.

5.2 Gewinnbares Energieträgeraufkommen

Theoretisch sind die nach der Alkoholherstellung verbleibenden organischen Rückstände ebenfalls energetisch nutzbar; aufgrund des hohen Wassergehaltes der Schlempe (Destillationsrückstand) und damit des hohen Aufwandes, der für eine verfahrenstechnische Aufbereitung als Festbrennstoff getrieben werden müßte, wird ein Ausbringen auf die landwirtschaftlichen Nutzflächen zur Erhaltung des Nährstoffgehalts und der Bodenfruchtbarkeit unterstellt. Eine energetische Nutzung wird somit ausgeschlossen.

Damit kann das innerhalb Deutschlands erzielbare Alkoholaufkommen und das entsprechende Biomasseaufkommen abgeschätzt werden. Ausgehend von den betrachteten vier Feldfrüchten ist der technisch gewinnbare Alkoholertrag und das zusätzlich bei dem landwirtschaftlichen Produktionsprozeß auf der Anbaufläche anfallende Aufkommen an organischer Masse in Tabelle 5.10 für die einzelnen Bundesländer und die Bundesrepublik Deutschland dargestellt.

Tabelle 5.10 Technisch gewinnbares Alkohol- und Biomasseaufkommen aus einem Winterweizen-, Wintergersten-, Körnermais- und Zuckerrübenanbau

	Alkoholaufkommen				Biomasseaufkommen			
	Winter-weizen	Winter-gerste	Körner-mais	Zucker-rüben	Winter-weizen	Winter-gerste	Körner-mais	Zucker-rüben
	in Mio. l/a				in 1 000 t/a			
Baden-Württemberg	228	199	223	435	462	453	847	3 366
Bayern	535	464	552	968	1 084	1 057	2 098	7 487
Berlin	1	1	1	2	2	2	5	15
Brandenburg	266	233	243	408	539	530	922	3 152
Bremen	1	0	1	1	1	1	2	7
Hamburg	2	2	2	3	4	4	8	24
Hessen	132	114	137	239	266	260	522	1 847
Mecklenburg-Vorpommern	306	263	299	490	620	598	1 135	3 789
Niedersachsen	470	406	526	765	952	926	1 998	5 911
Nordrhein-Westfalen	337	290	354	543	682	661	1 346	4 198
Rheinland-Pfalz	166	142	165	274	336	324	625	2 118
Saarland	11	10	11	20	23	22	41	156
Sachsen	180	155	180	245	364	352	683	1 892
Sachsen-Anhalt	280	240	271	456	566	547	1 029	3 525
Schleswig-Holstein	163	140	158	216	331	318	601	1 667
Thüringen	171	146	171	249	346	333	649	1 929
Bundesrepublik Deutschland	**3 248**	**2 804**	**3 295**	**5 313**	**6 578**	**6 389**	**12 512**	**41 083**

In Tabelle 5.10 wird deutlich, daß aus dem unterstellten Anbau von Winterweizen etwa 3,2 Mrd. l/a oder aus dem Wintergerstenanbau rund 2,8 Mrd. l/a Alkohol erzeugt werden könnten. Wird die gleiche Fläche mit Körnermais bzw. Zuckerrüben bestellt, wären ca. 3,3 bzw. 5,3 Mrd. l/a dieses Sekundärenergieträgers gewinnbar. Zusätzlich zu diesem bei der industriellen Weiterverarbeitung produzierten Alkohol fällt ein Biomasseaufkommen an, das bei der Winterweizenproduktion bei rund 6,6, bei der Wintergerstenerzeugung bei etwa 6,4, bei der Körnermaisproduktion bei ca. 12,5 und bei der Zuckerrübenerzeugung bei rund 41,1 Mio. t/a liegt. Dabei muß jedoch berücksichtigt werden, daß das Winterweizen- und Wintergerstenstroh relativ einfach, das Maisstroh aufgrund des hohen Feuchtegehalts nur eingeschränkt und die Zuckerrübenblattmasse wegen des sehr hohen Wassergehalts praktisch nicht energetisch nutzbar ist.

Werden demgegenüber nur die derzeit schon stillgelegten Flächen als potentiell verfügbare Anbauflächen angesehen, liegt der technisch gewinnbare Alkoholertrag auf der Basis von Winterweizen bzw. Körnermais bei ca. 2,2 Mrd. l/a, von Wintergerste bei rund 1,9 Mrd. l/a und von Zuckerrüben bei etwa 3,6 Mrd. l/a. Das bei der Ernte auf der Anbaufläche zusätzlich anfallende Biomasseaufkommen liegt bei Winterweizen bei ca. 4,5 Mio. t/a, bei Wintergerste bei rund 4,3 Mio. t/a, bei Körnermais bei etwa 8,5 Mio. t/a und bei Zuckerüben bei ca. 27,7 Mio. t/a. Da die möglichen Alkoholerträge bzw. das entsprechende Biomasseaufkommen in erster Näherung von der verfügbaren Anbaufläche abhängt, sind die flächenmäßig größten Bundesländer durch die höchsten Potentiale gekennzeichnet.

Vergleich des Energieträger- und Biomasseaufkommens. Die jeweiligen technisch gewinnbaren Potentiale des Pflanzenöls einschließlich des damit gekoppelten Schrot- und Strohertrags sowie des Alkohols einschließlich des korrespondierenden Strohaufkommen können - da sie auf der Grundlage identischer Anbauflächen ermittelt wurden - einander gegenübergestellt werden (vgl. Abb. 5.2).

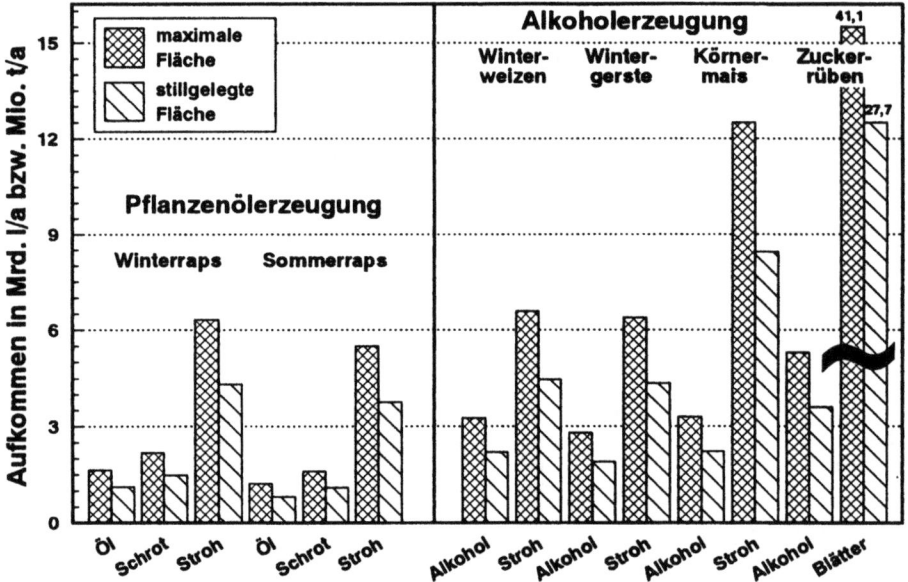

Abb. 5.2 Vergleich des Sekundärenergieträgeraufkommens und der zusätzlich anfallenden Biomasse der betrachteten Möglichkeiten einer Pflanzenöl- bzw. Alkoholerzeugung

In der Darstellung wird deutlich, daß von den betrachteten Möglichkeiten zur Pflanzenölgewinnung ein Winterrapsanbau unter sonst gleichen Bedingungen durch ein deutlich höheres Öl-, Schrot- und Strohaufkommen als ein Sommerrapsanbau gekennzeichnet ist. Damit ist - soll nur der Öl- bzw. Biomasseertrag auf den theoretisch verfügbaren Flächen maximiert werden - eine Ölerzeugung auf der Basis eines Winterrapsanbaus immer durch höhere Potentiale gekennzeichnet als eine Pflanzenölproduktion aus Sommerraps.

Aus Abb. 5.2 geht auch hervor, daß die unter den diskutierten Rahmenannahmen zu erwartenden Alkoholausbeuten aus einem Anbau von Winterweizen, Wintergerste und Körnermais sich etwa in einer vergleichbaren Größenordnung bewegen; der mögliche Alkoholertrag aus einem Zuckerrübenanbau liegt demgegenüber deutlich höher. Das zusätzlich bei der Ernte auf der Anbaufläche anfallende Biomasseaufkommen aus der Winterweizen- und Wintergerstenproduktion ist am geringsten, das aus der Körnermaiserzeugung deutlich höher und aus der Zuckerrübenproduktion sehr viel höher; aus Übersichtlichkeitsgründen ist es deshalb in Abb. 5.2 verkürzt dargestellt.

Bei dieser Gegenüberstellung muß jedoch beachtet werden, daß sowohl der Pflanzenölertrag nur eingeschränkt mit dem Alkoholaufkommen als auch das zusätzlich anfallende Biomasseaufkommen aufgrund unterschiedlicher Feuchtegehalte nur unter Vorbehalten miteinander verglichen werden kann. Auch ist nur der technisch gewinnbare Biomasseertrag aus der Winterweizen- und -gerstenerzeugung uneingeschränkt energetisch nutzbar. Das Raps- bzw. Körnermaisstroh ist - aufgrund des durchschnittlich sehr hohen Feuchtegehalts - nur nach einer vorherigen Trocknung und die Zuckerrübenblätter wegen des noch höheren Wassergehaltes im Regelfall nicht energetisch nutzbar.

5.3 Technische Energiepotentiale

Ausgehend von dem in Kap. 5.2 analysierten Biomasseertrag bzw. dem technisch gewinnbaren Aufkommen an Pflanzenöl oder Alkohol werden im folgenden die aus diesem Energieträgeraufkommen resultierenden technischen Energiepotentiale dargestellt und diskutiert. Darunter wird das mit dem jeweiligen Konzept technisch gewinnbare Energieaufkommen ohne Berücksichtigung des Energieaufwandes für die Erzeugung der festen oder flüssigen Energieträger verstanden.

5.3.1 Feste Energieträger

Nachfolgend wird ausgehend von der in Kap. 5.2.1 dargestellten technisch gewinnbaren Biomasse aus einem Anbau von Getreide zur Ganzpflanzennutzung, von Schilf- und Grasgewächsen und von schnellwachsenden Baumarten im Kurzumtrieb das korrespondierende Energieaufkommen analysiert. Außerdem werden die flächen- und einwohnerspezifischen Potentiale ermittelt.

Getreideanbau zur Ganzpflanzennutzung. Das Energieaufkommen aus der Biomasse, die durch eine Getreideganzpflanzenerzeugung gewonnen werden kann, wird - außer durch den Energieinhalt der organischen Masse - im wesentlichen durch den Feuchtegehalt der Biomasse bestimmt, der in Abhängigkeit der Getreideart und den Witterungsbedingungen beim Erntezeitpunkt stark schwanken kann. Die Biomasse der Weizen-, Gerste- oder Roggenganzpflanze und das gesamte Biomasseaufkommen eines Menggetreideanbaus ist unter normalen Umständen im erntefrischen Zustand durch einen Feuchtegehalt von rund 20 % gekennzeichnet. Unter den klimatischen Bedingungen, wie sie im Regelfall in den Zeiträumen gegeben sind, in denen die üblichen Erntezeitpunkte dieser Pflanzen liegen, kann der Feuchtegehalt durch eine Trocknung auf dem Feld auf rund 14 bis 17 % reduziert werden. Maisstroh ist dagegen i. allg. bei der Ernte durch einen Feuchtegehalt von 60 bis 70 % gekennzeichnet; aufgrund des relativ späten Erntezeitpunktes (Spätsommer bis Herbst) sind nur sehr eingeschränkte Möglichkeiten einer Trocknung auf der Anbaufläche gegeben /5-23/.

150   5 Energieträgerproduktion auf pflanzlicher Basis

Trotz dieser großen Unterschiede im Feuchtegehalt zwischen den betrachteten Getreideganzpflanzen ist die Elementarzusammensetzung der Biomasse relativ ähnlich. Der Kohlenstoff mit einem Anteil von 47 bis 49 % ist - vor einem Wasserstoffgehalt von 5 bis 6 % - zusammen mit dem Sauerstoff, der zu rund 39 bis 42 % in der Biomasse enthalten ist, das für die Verbrennung bedeutendste Element. Außerdem ist die organische Masse durch einen Schwefelgehalt von rund 0,1 % gekennzeichnet /5-23/. Der Ascheanteil liegt bei etwa 4,5 bis 6,5 % (Prozentangaben jeweils bezogen auf die wasserfreie Substanz).

Da die Getreidepflanzen durch eine weitgehend einheitliche chemische Zusammensetzung gekennzeichnet sind, weisen sie auch alle einen sehr ähnlichen Energieinhalt auf. Bei Winterweizen, Wintergerste, Roggen und Wintermenggetreide kann damit - bezogen auf die wasserfreie Substanz - von einem Heizwert (H_u) von rund 17,3 MJ/kg ausgegangen werden /5-24/. Werden die ernteüblichen Wassergehalte berücksichtigt, reduziert sich der Heizwert näherungsweise auf rund 14,3 MJ/kg (ca. 15 % Wassergehalt) /5-25/. Wird auch bei der Biomasse aus einem Körnermaisanbau von einer ähnlichen Zusammensetzung des organischen Materials und damit bezogen auf die wasserfreie Substanz von einem Heizwert (H_u) von ca. 17,3 MJ/kg ausgegangen, entspricht dies bei einem unterstellten Wassergehalt der Biomasse von rund 50 % bei der Ernte, wie er unter günstigen Umständen erreicht werden kann, einem Heizwert von rund 7 MJ/kg /5-23, 5-26/.

Tabelle 5.11 Energieaufkommen des Biomasseertrages aus einem Mischanbau aus Winterweizen, Wintergerste und Roggen

	Energiepotential[1] in TJ/a	einwohnerspezifisches Energiepotential		flächenspezifisches Energiepotential	
		Durchschnitt	Bandbreite	Durchschnitt	Bandbreite
		in GJ/(EW a)		in GJ/(ha a)	
Baden-Württemberg	14 143	1,490	0,056 - 8,290	3,956	0,550 - 7,829
Bayern	33 161	2,987	0,005 - 13,457	4,700	0,005 - 12,316
Berlin	58	0,017	0,017 - 0,017	0,659	0,659 - 0,659
Brandenburg	16 514	6,253	0,000 - 23,785	5,682	0,000 - 11,656
Bremen	31	0,047	0,006 - 0,057	0,774	0,105 - 0,932
Hamburg	130	0,081	0,081 - 0,081	1,718	1,718 - 1,718
Hessen	8 151	2,224	0,153 - 8,382	4,106	1,061 - 12,310
Mecklenburg-Vorpommern	18 883	9,615	0,000 - 32,947	7,921	0,000 - 13,078
Niedersachsen	29 147	4,040	0,093 - 13,909	6,156	0,404 - 14,211
Nordrhein-Westfalen	20 846	1,231	0,030 - 7,244	6,119	0,461 - 11,608
Rheinland-Pfalz	10 220	1,827	0,032 - 6,552	4,840	0,814 - 8,038
Saarland	701	0,664	0,158 - 1,571	2,726	1,371 - 3,670
Sachsen	11 140	2,273	0,000 - 10,797	6,075	0,000 - 11,198
Sachsen-Anhalt	17 248	5,817	0,000 - 19,820	8,436	0,000 - 16,321
Schleswig-Holstein	10 106	3,931	0,137 - 8,351	6,425	2,101 - 11,055
Thüringen	10 519	3,919	0,000 - 13,555	6,471	0,000 - 12,826
Bundesrepublik Deutschland	200 997	2,541	0,000 - 32,947	5,631	0,000 - 16,321

[1] Mittelwert aus einem Winterweizen-, Wintergersten- und Roggenanbau; vgl. Tabelle 5.3.

Mit den dargestellten Heizwerten errechnen sich aus den in Tabelle 5.3 gezeigten technisch gewinnbaren Biomassen die in Tabelle 5.11 genannten Energieinhalte. Demnach könnten bei einem unterstellten Anbaumix aus Winterweizen, Wintergerste und Roggen mit Ganzpflanzennutzung in der Bundesrepublik Deutschland auf den dafür als verfügbar erachteten Flächen (vgl. Kap. 5.1.2) rund

5.3 Technische Energiepotentiale

201 PJ/a und auf den bereits heute stillgelegten Flächen etwa 137 PJ/a bereitgestellt werden. Dies entspricht einem einwohnerspezifischen Energieaufkommen von ca. 2,5 GJ/(EW a) bzw. einem auf die Katasterfläche bezogenen Energieertrag von etwa 5,6 GJ/(ha a). Wird demgegenüber ein Anbaumix aus Winterweizen und -gerste, Roggen, Körnermais und Wintermenggetreide unterstellt, liegt das gewinnbare Energiepotential auf den theoretisch maximal verfügbaren Flächen bei ca. 183 PJ/a und auf den derzeit schon stillgelegten Anbauflächen bei rund 124 PJ/a.

Das einwohner- bzw. flächenspezifische Energieaufkommen ist jedoch durch große regionale Unterschiede - bedingt durch die innerhalb der Bundesrepublik Deutschland unterschiedlichen Boden- und Klimaverhältnisse auf der einen und verschiedenartige Bevölkerungsdichten bzw. Katasterflächen auf der anderen Seite - gekennzeichnet. Beispielsweise liegt in einigen Kreisen in Mecklenburg-Vorpommern das einwohnerspezifische Energiepotential bei etwa 32,9 GJ/(EW a) (Anbaumix aus Winterweizen, -gerste und Roggen, maximal verfügbare Fläche); demgegenüber ist in einigen Stadtkreisen z. B. in Sachsen aufgrund fehlender landwirtschaftlicher Nutzfläche überhaupt kein technisches Potential gegeben. Ähnlich liegen die Verhältnisse auch bei dem auf die Fläche bezogenen Energieaufkommen. Hier schwanken die entsprechenden Werte zwischen 0,0 GJ/(ha a) in einigen Stadtkreisen in den neuen Bundesländern und etwa 16,3 GJ/(ha a) in verschiedenen Landkreisen in Sachsen-Anhalt.

Bezogen auf den gesamten Endenergieverbrauch in der Bundesrepublik Deutschland (vgl. Kap. 1.4.1 bzw. Tabelle 1.3) entspricht das aus einem Anbaumix von Winterweizen, Wintergerste und Roggen resultierende Energieaufkommen auf den als theoretisch maximal nutzbar angesehenen Flächen (vgl. Kap. 5.1.2) einem Anteil von rund 2,1 % bzw. auf den derzeit schon stillgelegten Flächen von knapp 1,5 %. Unter der Annahme eines Mischanbaus aller fünf betrachteten Getreidearten liegen die entsprechenden Anteile am Endenergieverbrauch bei ca. 1,9 % (maximale Fläche) bzw. bei etwa 1,3 % (stillgelegte Fläche). Wird dieses technisch gewinnbare Energieaufkommen dagegen auf den Endenergieverbrauch für die Raum- und Prozeßwärmebereitstellung der Haushalte, der Kleinverbraucher und der Industrie und damit auf die Bedarfssektoren, die von diesen erneuerbaren Energieträgern am ehesten ersetzt werden könnten, bezogen, liegt der entsprechende Anteil bei rund 3,3 % (Anbaumix aus drei Getreidearten, maximale Fläche) bzw. bei ca. 3,0 % (Anbaumix aus fünf Getreidearten, maximale Fläche). Unter den zugrunde liegenden Annahmen kann damit eine energetische Nutzung von Getreideganzpflanzen nur einen vergleichsweise geringen Beitrag zum Energieverbrauch in Deutschland leisten; damit wird diese Möglichkeit einer regenerativen Energieträgergewinnung - zumindest aus rein energetischen Gesichtspunkten - immer nur von untergeordneter Bedeutung sein. Dies gilt jedoch nicht notwendigerweise für die lokale Energieversorgung; hier sind - je nach den Gegebenheiten vor Ort - durchaus auch z. T. deutlich höhere Anteile möglich.

Anbau von Schilf- und Grasgewächsen. Das Energieaufkommen aus der Biomasse, die durch einen Anbau von Schilf- und Grasgewächsen im langjährigen Durchschnitt auf den als nutzbar erachteten Flächen erzeugt werden könnte, kann in Anlehnung an die bisherige Vorgehensweise abgeschätzt werden.

Der spezifische Energieinhalt der Biomasse, die aus einem Anbau der betrachteten fünf Pflanzenarten von Schilf- und Grasgewächsen gewonnen werden könnte, ist dem der Getreideganzpflanzen sehr ähnlich; die chemische Zusammensetzung des Zellulosematerials dieser Pflanzen ist nicht grundsätzlich unterschiedlich. Außerdem ist auch bei diesem Biomasseaufkommen eine deutliche Abhängigkeit des Heizwertes vom Wassergehalt gegeben.

152   5 Energieträgerproduktion auf pflanzlicher Basis

Bei Chinaschilf kann von einem Heizwert (H_u) der wasserfreien organischen Masse zwischen 16,3 und 17,4 MJ/kg ausgegangen werden (u. a. /5-11, 5-19, 5-27/). Das Trockenmasseaufkommen aus einem Anbau der anderen betrachteten schnellwachsenden Pflanzen ist - aufgrund einer ähnlichen chemischen Zusammensetzung - durch Heizwerte in der gleichen Größenordnung gekennzeichnet. Deshalb wird hier für alle untersuchten Schilf- und Grasgewächse ein Heizwert der Trockenmasse von 17,2 MJ/kg unterstellt. Bezogen auf einen durchschnittlichen Wassergehalt der Biomasse von ca. 15 %, wie er unter günstigen Bedingungen bei der Ernte erreicht werden könnte, liegt der Heizwert bei 14 bis 15 MJ/kg (vgl. /5-23/).

Tabelle 5.12 Energieaufkommen der gewinnbaren Biomasse aus einem Anbaumix von Schilf- und Grasgewächsen sowie die einwohner- und flächenspezifischen Potentiale

	Energiepotential[1]	einwohnerspezifisches Energiepotential		flächenspezifisches Energiepotential	
		Durchschnitt	Bandbreite	Durchschnitt	Bandbreite
	in TJ/a	in GJ/(EW a)		in GJ/(ha a)	
Baden-Württemberg	14 559	1,533	0,067 - 8,509	4,072	0,455 - 8,972
Bayern	37 152	3,347	0,004 - 16,289	5,266	0,006 - 17,196
Berlin	48	0,014	0,014 - 0,014	0,546	0,546 - 0,546
Brandenburg	16 438	6,224	0,000 - 25,771	5,656	0,000 - 14,016
Bremen	38	0,057	0,008 - 0,068	0,930	0,126 - 1,121
Hamburg	173	0,108	0,108 - 0,108	2,288	2,288 - 2,288
Hessen	8 483	2,314	0,127 - 10,078	4,274	0,879 - 14,801
Mecklenburg-Vorpommern	23 219	11,823	0,000 - 43,868	9,740	0,000 - 17,412
Niedersachsen	32 651	4,526	0,077 - 15,615	6,897	0,486 - 19,843
Nordrhein-Westfalen	26 067	1,539	0,031 - 9,645	7,651	0,382 - 16,208
Rheinland-Pfalz	12 357	2,209	0,027 - 8,724	5,853	0,674 - 10,703
Saarland	580	0,550	0,131 - 1,301	2,258	1,135 - 3,039
Sachsen	14 462	2,951	0,000 - 15,073	7,886	0,000 - 15,635
Sachsen-Anhalt	20 180	6,806	0,000 - 26,513	9,871	0,000 - 22,788
Schleswig-Holstein	13 554	5,272	0,191 - 11,660	8,617	2,246 - 15,436
Thüringen	13 301	4,956	0,000 - 18,049	8,183	0,000 - 17,909
Bundesrepublik Deutschland	233 263	2,948	0,000 - 43,868	6,535	0,000 - 22,788

[1] Mittelwert aus Chinaschilf, Schilfrohr, Hirse, Topinambur und Pfahlrohr; vgl. Tabelle 5.5.

Auf der Grundlage dieser Zusammenhänge ergibt sich - ein Anbaumix der fünf betrachteten Pflanzenarten auf den als maximal verfügbar erachteten Anbauflächen (vgl. Kap. 5.1.2) unterstellt - das in Tabelle 5.12 dargestellte absolute sowie einwohner- und flächenspezifische Energieaufkommen. Außerdem ist die Bandbreite des einwohner- und flächenspezifischen Potentials gezeigt, die durch die unterschiedlichen Randbedingungen in den einzelnen Kreisen des jeweiligen Bundeslandes bzw. der Bundesrepublik Deutschland aufgespannt wird.

In Tabelle 5.12 wird deutlich, daß das aus einem Mischanbau aus Chinaschilf, Schilfrohr, Hirse, Topinambur und Pfahlrohr (dieser Anbaumix wird als die bei einer Umsetzung eher auch tatsächlich erreichbare Größenordnung des möglichen Biomasseaufkommens angesehen) durchschnittlich jährlich gewinnbare Biomasseaufkommen einem Energieertrag von rund 233 PJ/a entspricht. Werden im Gegensatz dazu nur die derzeit schon stillgelegten Flächen betrachtet, liegt das entsprechende Energiepotential bei ca. 157 PJ/a. Wird im Unterschied dazu nur ein Mischanbau aus Chinaschilf und Hirse unterstellt, der durch deutlich höhere Durchschnittserträge gekennzeichnet ist, liegt das Energieaufkommen des auf den als maximal verfügbar angesehenen Flächen erzeugbaren Biomasseaufkommens bei rund 305 PJ/a und auf den bereits stillgelegten Flächen bei ca. 233 PJ/a. Das diesem Anbaumix korrespondierende absolute Energieaufkommen variiert zwischen den einzelnen Bundesländern z. T. erheblich; in erster Näherung liegt dies darin begründet, daß die theoretisch verfügbaren Anbauflächen sehr unterschiedlich sind.

Bezogen auf den Endenergieverbrauch in der Bundesrepublik Deutschland im Jahr 1991 (vgl. Kap. 1.4.1 bzw. Tabelle 1.3) liegt das bei einem Mischanbau aus Chinaschilf und Hirse erzielbare Energieaufkommen bei rund 3,2 % bzw. bei einem Anbaumix aus allen fünf betrachteten Energiepflanzen bei etwa 2,5 %. Wird dagegen das jeweilige Energiepotential den Verbrauchs- bzw. Nachfragesektoren gegenübergestellt, bei denen ein Einsatz am ehesten zu erwarten wäre (d. h. Endenergieverbrauch für die Raum- und Prozeßwärmebereitstellung der Haushalte, der Kleinverbraucher und der Industrie), ergibt sich ein Anteil von etwa 5,1 bzw. 3,9 %. Damit könnte auch eine Biomasseerzeugung aus Schilf- und Grasgewächsen bei den unterstellten Rahmenbedingungen nur einen geringen Beitrag zum Endenergieverbrauch in Deutschland leisten. Dies gilt jedoch nur sehr eingeschränkt für ländlich strukturierte Regionen. Hier sind durchaus - je nach der verfügbaren Anbaufläche bzw. der lokalen Nachfragestruktur - z. T. deutlich höhere Anteile gegeben. Damit könnten diese Optionen unter solchen Bedingungen doch einen merklichen ressourcenschonenden und klimaverträglichen Beitrag zur Energiebedarfsdeckung erbringen.

Anbau schnellwachsender Baumarten. Auch die Bestimmung des Energieinhalts des gewinnbaren Biomasseaufkommens aus Kurzumtriebsplantagen schnellwachsender Baumarten ist vergleichbar der bisherigen Vorgehensweise.

Holz ist durch eine ähnliche chemische Zusammensetzung und damit auch einen vergleichbaren Energieinhalt wie die oberirdische Biomasse von Getreidepflanzen oder von Schilf- und Grasgewächsen gekennzeichnet. Bei Holz ist dagegen i. allg. mit einem Aschegehalt von 0,2 bis 0,8 %, einem fixen Kohlenstoffgehalt von 5 bis 15 % und einem Gehalt an flüchtigen Bestandteilen von 70 bis 78 % bei einem Wassergehalt von 12 bis 40 % zu rechnen /5-23/, der bei jungen Bäumen aufgrund des höheren Rindenanteils auch größer sein kann. Für schnellwachsende Baumarten, die für die Anlage von Kurzumtriebswäldern in Betracht kommen (z. B. besonders rasch wüchsige Pappelklone), errechnet sich aus der Elementarzusammensetzung (49,9 bis 51,3 % Kohlenstoff, 5,9 bis 6,4 % Wasserstoff, 41,6 bis 41,7 % Sauerstoff, 0,3 bis 0,5 % Stickstoff und ca. 0,1 % Schwefel) ein Heizwert (H_u) von rund 17,9 MJ/kg bezogen auf die Trockenmasse. Damit liegt der Heizwert beispielsweise des Pappelholzes innerhalb der Bandbreite, die auch für andere Baumarten gilt (z. B. Buche 16,7 MJ/kg, Fichte 18,8 MJ/kg) /5-28/.

Auf der Grundlage dieser Energieinhalte kann aus der technisch gewinnbaren Biomasse das gesamte Energieaufkommen in jedem Kreis der Bundesrepublik Deutschland sowohl absolut als auch flächen- und einwohnerspezifisch ermittelt werden. Die entsprechenden Größen sind in Tabelle 5.13 für die einzelnen Bundesländer und die Bundesrepublik Deutschland dargestellt. Außerdem ist die Bandbreite ausgewiesen, innerhalb der die spezifischen Potentiale zwischen den einzelnen Kreisen variieren.

In Tabelle 5.13 wird deutlich, daß innerhalb Deutschlands ein technisches Energiepotential aus einem Anbau von schnellwachsenden Baumarten im Kurzumtrieb von rund 276 PJ/a gegeben ist. Werden demgegenüber nur die derzeit schon stillgelegten Flächen betrachtet, liegt das Gesamtenergieaufkommen bei rund 188 PJ/a. Ähnlich einem Anbau von Getreidepflanzen oder schnellwachsenden

Tabelle 5.13 Gesamtenergieaufkommen und die entsprechenden einwohner- und flächenspezifischen Potentiale aus Kurzumtriebsplantagen schnellwachsender Baumarten

	Energie-potential[1]	einwohnerspezifisches Energiepotential		flächenspezifisches Energiepotential	
		Durchschnitt	Bandbreite	Durchschnitt	Bandbreite
	in TJ/a	in GJ/(EW a)		in GJ/(ha a)	
Baden-Württemberg	20 049	2,112	0,077 - 11,714	5,608	0,812 - 11,064
Bayern	46 054	4,149	0,007 - 18,619	6,527	0,007 - 15,606
Berlin	86	0,026	0,026 - 0,026	0,974	0,974 - 0,974
Brandenburg	23 525	8,907	0,000 - 33,612	8,095	0,000 - 16,021
Bremen	43	0,065	0,009 - 0,078	1,064	0,144 - 1,282
Hamburg	171	0,107	0,107 - 0,107	2,268	2,268 - 2,268
Hessen	11 529	3,146	0,226 - 11,520	5,808	1,568 - 16,919
Mecklenburg-Vorpommern	25 611	13,041	0,000 - 43,803	10,744	0,000 - 17,386
Niedersachsen	40 286	5,585	0,125 - 20,547	8,509	0,555 - 18,009
Nordrhein-Westfalen	28 022	1,655	0,043 - 9,562	8,225	0,681 - 14,710
Rheinland-Pfalz	13 938	2,492	0,048 - 8,650	6,601	1,202 - 10,611
Saarland	1 035	0,981	0,233 - 2,321	4,028	2,025 - 5,422
Sachsen	14 804	3,021	0,000 - 14,355	8,073	0,000 - 14,740
Sachsen-Anhalt	23 738	8,006	0,000 - 27,241	11,611	0,000 - 20,925
Schleswig-Holstein	13 205	5,137	0,173 - 10,583	8,396	2,663 - 14,009
Thüringen	14 202	5,292	0,000 - 18,002	8,737	0,000 - 16,269
Bundesrepublik Deutschland	276 298	3,492	0,000 - 43,803	7,740	0,000 - 20,925

[1] Anbaumix aus unterschiedlichen Sorten von Pappelklonen; vgl. Tabelle 5.6.

Schilf- und Grasgewächsen ist die regionale Verteilung dieses Energiepotentials innerhalb Deutschlands abhängig von den lokal unterschiedlichen Flächenpotentialen; Bundesländer mit einem hohen Potential an landwirtschaftlichen Nutzflächen zeichnen sich deshalb auch durch große Energiepotentiale aus.

Bezogen auf den Endenergieverbrauch in Deutschland im Jahr 1991 (vgl. Kap. 1.4.1 bzw. Tabelle 1.3) liegt der Anteil des Energiepotentials aus einer Kurzumtriebsbewirtschaftung schnellwachsender Baumarten bei ca. 2,9 %. Wird dagegen der nutzbare Energieinhalt aus Kurzumtriebsplantagen auf den Endenergieverbrauch für die Raum- und Prozeßwärmebereitstellung der Haushalte, der Kleinverbraucher und der Industrie und damit auf die Nachfrage- bzw. Verbrauchssektoren bezogen, in denen ein energetischer Einsatz dieser Biomasse an ehesten wahrscheinlich wäre, ergibt sich ein Anteil von rund 4,6 %. Damit könnte diese Option nur einen beschränkten Beitrag zum Endenergieverbrauch in der Bundesrepublik Deutschland leisten. In Gebieten mit hohem Flächenpotential und geringer Energienachfrage können jedoch auch deutlich höhere Anteile gegeben sein; deshalb könnte diese Option für die ländliche Energieversorgung durchaus einen merklichen Beitrag leisten.

Vergleich der Energiepotentiale. Die Energiepotentiale, die sich aus einem Anbau von Getreide mit Ganzpflanzennutzung, aus einem Anbau von Schilf- und Grasgewächsen und aus im Kurzumtrieb bewirtschafteten Plantagen schnellwachsender Baumarten im langjährigen Durchschnitt gewinnen lassen, weichen z. T. deutlich voneinander ab. Abb. 5.3 zeigt deshalb für die drei untersuchten Konzepte und den jeweils unterstellten Mischanbau für die theoretisch maximal nutzbaren und die derzeit schon stillgelegten Flächen das entsprechende technisch gewinnbare Energieaufkommen.

5.3 Technische Energiepotentiale   155

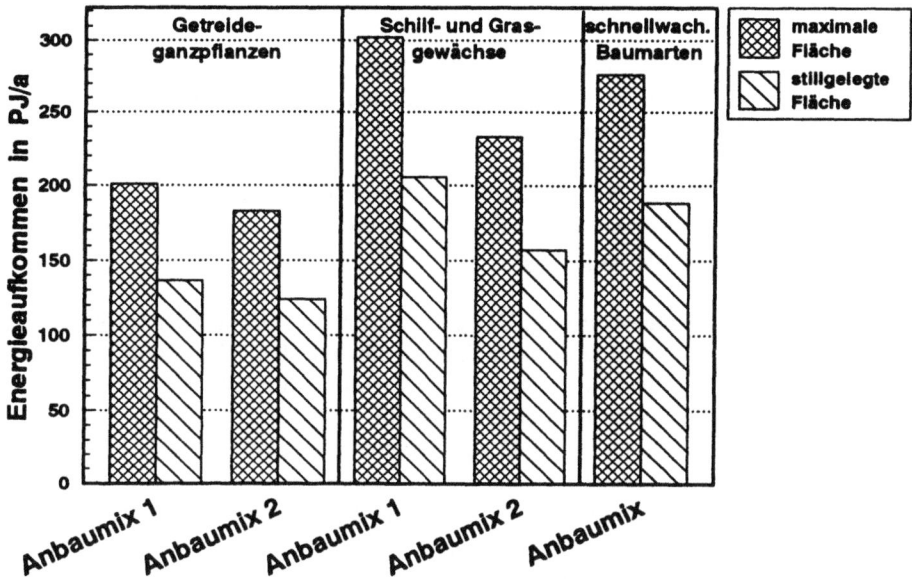

Abb. 5.3 Vergleich der Energiepotentiale der drei dargestellten Konzepte und dem jeweils unterstellten Mischanbau

In der Darstellung wird deutlich, daß das Energiepotential aus einem Anbau von Schilf- und Grasgewächsen - ein Mischanbau aus Chinaschilf und Hirse unterstellt - verglichen mit den anderen Optionen am höchsten ist. Rund ein Zehntel geringer ist das technisch nutzbare Energieaufkommen, wenn die gleichen Flächen mit im Kurzumtrieb bewirtschafteten schnellwachsenden Baumarten bepflanzt werden. Die Größenordnung des damit technisch gewinnbaren Energiepotentials liegt somit zwischen dem möglichen Energieaufkommen aus den beiden unterstellten Möglichkeiten eines Anbaus von Schilf- und Grasgewächsen (Anbaumix 1 und Anbaumix 2). Demgegenüber ist das technisch gewinnbare Energieaufkommen einer Getreideganzpflanzennutzung deutlich geringer.

Bezogen auf den gesamten Endenergieverbrauch in der Bundesrepublik Deutschland im Jahr 1991 (vgl. Kap. 1.4.1 bzw. Tabelle 1.3) könnten diese Optionen einen Anteil zwischen 1,9 und 3,2 % beitragen. Werden die technischen Energiepotentiale jedoch nur auf die Nachfrage- bzw. Verbrauchssektoren bezogen, die am ehesten durch diese regenerativen Energieträger substituiert werden könnten (d. h. Raum- und Prozeßwärmebereitstellung der Haushalte, der Kleinverbraucher und der Industrie), liegen die Anteile zwischen 3,0 und 5,1 %.

Derzeitige Nutzung. Ein großtechnischer Energiepflanzenanbau zur Erzeugung fester Energieträger wird in der Bundesrepublik Deutschland derzeit nicht realisiert. Zwar werden mit einer Vielzahl von Versuchs- und Demonstrationspflanzungen die Möglichkeiten und Grenzen eines Anbaus von Schilf- und Grasgewächsen oder schnellwachsenden Baumarten untersucht (vgl. /5-10, 5-11, 5-13, 5-16, 5-19, 5-20, 5-22, 5-28, 5-31/). Jedoch befinden sich viele dieser Forschungsvorhaben noch in einem sehr frühen Stadium, sodaß - auch aufgrund der zu erwartenden Kosten dieser Energieträger (vgl. Kap. 5.4.1) - in der nächsten Zukunft nicht mit einer großtechnischen Nutzung zu rechnen ist.

156   5 Energieträgerproduktion auf pflanzlicher Basis

5.3.2 Flüssige Energieträger

Ausgehend von dem in Kap. 5.2.2 dargestellten Pflanzenöl- und Alkoholertrag und der in Koppelproduktion erzeugten zusätzlich energetisch verwertbaren Biomasse werden im folgenden die korrespondierenden Energieinhalte analysiert und diskutiert. Dazu wird zunächst der spezifische Energieinhalt der einzelnen Komponenten (Rapsöl, Rapsstroh und Schrot bei der Pflanzenölerzeugung bzw. Alkohol und Biomasseertrag bei der Alkoholproduktion) dargestellt. Darauf aufbauend werden die entsprechenden Gesamtenergieerträge analysiert und die kreisweisen Unterschiede der flächen- und einwohnerspezifischen Werte aufgezeigt.

Ölfruchtanbau zur Pflanzenölgewinnung. Das gesamte Energieaufkommen aus einem Anbau von Winter- oder Sommerraps ergibt sich aus den Energieinhalten des Pflanzenöls, des nach der Ölextraktion zurückbleibenden Schrots und des nach der Pressung verbleibenden Preßkuchens und des Rapsstrohs, das auf der Anbaufläche bei der Ernte anfällt.

Rapsöl ist i. allg. durch eine Dichte von 0,92 kg/l und einen Heizwert (H_u) von 35,8 MJ/kg gekennzeichnet /5-17/. Der Preßkuchen, der nach dem mechanischen Auspressen des Öls aus der Rapssaat bei der industriellen Weiterverarbeitung anfällt, hat - in Abhängigkeit u. a. des Restölgehalts - einen durchschnittlichen Heizwert (H_u) von rund 17,5 MJ/kg. Wird das Rapsöl demgegenüber durch Extraktion gewonnen, liegt der Heizwert (H_u) des zurückbleibenden Schrots bei ca. 15,8 MJ/kg; dabei wurde für das Schrot ein Anteil an organischer Masse von rund 89 % und ein verfahrenstechnisch bedingter Wassergehalt von ca. 11 % unterstellt /5-29/. Das auf der Anbaufläche bei der Ernte der Rapssaat anfallende Stroh ist im Durchschnitt verschiedener derzeit üblicher Rapssorten durch einen dem Getreidestroh vergleichbaren Heizwert (H_u) von rund 17,4 MJ/kg bezogen auf die Trockenmasse gekennzeichnet /5-17/. Bei den üblichen Feuchtegehalten im erntefrischen oder lufttrockenen Zustand liegt der Heizwert des Rapsstrohs entsprechend niedriger /5-23/.

Für einen Winterrapsanbau ergibt sich unter den dargestellten Rahmenannahmen auf den als maximal verfügbar erachteten Flächen (vgl. Kap. 5.1.2) mit den diskutierten Heizwerten in den einzelnen Bundesländern und in der Bundesrepublik Deutschland das in Tabelle 5.14 dargestellte Energieaufkommen. Zusätzlich sind in dieser Zusammenstellung die einwohner- und flächenspezifischen Potentiale und die - bezogen auf die einzelnen Kreise - vorliegenden Bandbreiten der spezifischen Werte angegeben.

In Tabelle 5.14 wird deutlich, daß innerhalb der Bundesrepublik Deutschland durch den Anbau von Winterraps ein Energieaufkommen aus dem gewinnbaren Pflanzenöl von rund 54,2 PJ/a erzielbar wäre; wird zusätzlich das auf der Anbaufläche anfallende Stroh und der nach der Ölgewinnung verbleibende Schrot bzw. Preßkuchen ebenfalls als energetisch nutzbar angesehen, liegt das entsprechende Gesamtenergieaufkommen bei rund 177,3 PJ/a. Bei einem Anbau von Sommerraps liegt unter sonst gleichen Rahmenannahmen das gewinnbare Energiepotential des Rapsöls bei ca. 40,1 PJ/a und das der zusätzlich anfallenden Biomasse bei etwa 102,5 PJ/a. Werden nur die derzeit schon stillgelegten Flächen betrachtet, liegt der gewinnbare Energieinhalt des Pflanzenöls aus einem Winterrapsanbau bei rund 39,3 PJ/a und aus einem Sommerrapsanbau bei ca. 27,3 PJ/a und das entsprechende Gesamtenergieaufkommen bei rund 120,9 PJ/a bzw. bei etwa 97,1 PJ/a. Die höchsten einwohnerspezifischen Potentiale sind in Mecklenburg-Vorpommern und in Brandenburg, die größen flächenspezifischen Werte in Sachsen-Anhalt und Mecklenburg-Vorpommern gegeben. In den neuen Bundesländern liegen auch die größten Variationsbreiten der spezifischen Potentiale vor.

5.3 Technische Energiepotentiale

Tabelle 5.14 Gesamtes Energieaufkommen und Ölenergieinhalt aus einem Winterrapsanbau und die korrespondierenden spezifischen Werte

	Energiepotential[1]		einwohnerspezifisches Energiepotential		flächenspezifisches Energiepotential	
	Summe	Öl	Durchschnitt	Bandbreite	Durchschnitt	Bandbreite
	in TJ/a		in GJ/(EW a)		in GJ/(ha a)	
Baden-Württemberg	12 612	3 857	1,328	0,053 - 8,560	3,528	0,504 - 8,084
Bayern	30 204	9 236	2,721	0,005 - 12,340	4,281	0,004 - 9,655
Berlin	53	16	0,016	0,016 - 0,016	0,605	0,605 - 0,605
Brandenburg	15 069	4 608	5,705	0,000 - 21,676	5,185	0,000 - 10,618
Bremen	28	9	0,043	0,006 - 0,052	0,705	0,096 - 0,849
Hamburg	108	33	0,067	0,067 - 0,067	1,429	1,429 - 1,429
Hessen	7 072	2 163	1,930	0,140 - 6,401	3,563	0,973 - 10,287
Mecklenburg-Vorpommern	16 724	5 114	8,516	0,000 - 28,627	7,016	0,000 - 11,363
Niedersachsen	25 583	7 823	3,546	0,062 - 15,207	5,404	0,368 - 10,380
Nordrhein-Westfalen	17 333	5 300	1,023	0,025 - 6,023	5,088	0,422 - 9,240
Rheinland-Pfalz	8 783	2 686	1,570	0,035 - 5,448	4,160	0,890 - 6,997
Saarland	642	196	0,608	0,145 - 1,440	2,499	1,256 - 3,364
Sachsen	9 682	2 961	1,976	0,000 - 9,381	5,280	0,000 - 9,633
Sachsen-Anhalt	15 412	4 713	5,198	0,000 - 18,055	7,538	0,000 - 13,675
Schleswig-Holstein	8 679	2 654	3,376	0,107 - 6,822	5,518	1,718 - 9,040
Thüringen	9 341	2 856	3,480	0,000 - 11,778	5,747	0,000 - 10,632
Bundesrepublik Deutschland	177 326	54 224	2,241	0,000 - 28,627	4,968	0,000 - 13,675

[1] Energieaufkommen aus einem Winterrapsanbau; vgl. Tabelle 5.8.

Bezogen auf den Endenergieverbrauch in der Bundesrepublik Deutschland im Jahr 1991 (vgl. Kap. 1.4.1 bzw. Tabelle 1.3) könnte das gewinnbare Pflanzenölaufkommen mit einem Anteil von knapp 0,6 % (Winterraps) oder rund 0,4 % (Sommerraps), das gesamte Energieaufkommen einschließlich Stroh- und Schrotnutzung mit ca. 1,9 % oder etwa 1,5 % zur Bedarfsdeckung beitragen. Da das Pflanzenölaufkommen im wesentlichen als Treibstoffzu- bzw. -ersatz im Verkehrssektor eingesetzt werden würde, kann es auch dem Endenergieverbrauch dieses Sektors gegenübergestellt werden. Dabei zeigt sich, daß auf den als maximal nutzbar angesehenen Anbauflächen eine Treibstoffmenge erzeugt werden könnte, die rund 2,5 % (Winterraps) bzw. 1,9 % (Sommerraps) des entsprechenden Endenergieverbrauchs entspricht. Die Möglichkeiten einer Pflanzenölerzeugung als Treibstoffzu- bzw. -ersatz auf Rapsbasis vor dem Hintergrund der gegenwärtigen energiewirtschaftlichen Gesamtsituation in der Bundesrepublik Deutschland sind damit nur sehr beschränkt.

Getreide- und Zuckerrübenanbau zur Alkoholgewinnung. Das Energieaufkommen, das bei einer Alkoholproduktion aus den betrachteten Getreidearten oder aus Zuckerrüben einschließlich der u. U. ebenfalls energetisch nutzbaren Nebenprodukte gewinnbar wäre, errechnet sich aus dem möglichen Alkohol- und Biomasseaufkommen und den jeweiligen spezifischen Energieinhalten.

Der Heizwert (H_u) von Alkohol liegt bei rund 27 MJ/kg; er ist durch eine Dichte von ca. 0,79 kg/l gekennzeichnet /5-30/. Bei dem energetisch nutzbaren Stroh, das bei einem Winterweizen- und -gerstenanbau bzw. bei einer Körnermaisproduktion anfällt, kann aufgrund der weitgehend einheitlichen chemischen Zusammensetzung von einem Heizwert (H_u) von rund 17,3 MJ/kg bezogen auf die

158   5 Energieträgerproduktion auf pflanzlicher Basis

Trockenmasse ausgegangen werden /5-24, 5-25, 5-26/. Die bei der Zuckerrübenernte anfallende Rübenblattmasse wird aufgrund des sehr hohen durchschnittlichen Wassergehalts als nicht energetisch nutzbar angesehen; es wird unterstellt, daß sie entweder als Viehfutter auf den landwirtschaftlichen Betrieben verwendet wird oder zur Erhaltung des Humus- und Nährstoffgehalts auf der Anbaufläche verbleibt. Auch die Schlempe - d. h. der nach der Alkoholdestillation verbleibende Brei - wird aufgrund des hohen Wassergehalts ebenfalls als nicht energetisch nutzbar angesehen.

Damit kann das Gesamtenergieaufkommen einer Alkoholproduktion aus den untersuchten Getreidearten bzw. aus Zuckerrüben errechnet werden. Da im Gegensatz zum Zuckerrübenanbau, bei dem nur der Alkohol die letztlich energetisch nutzbare Komponente ist, bei Getreide zusätzlich das Stroh als Energieträger genutzt werden kann, besteht zwischen diesen beiden Konzepten ein grundsätzlicher Unterschied. Deshalb zeigt Tabelle 5.15 das Gesamtenergieaufkommen am Beispiel des Winterweizens auf den maximal als verfügbar erachteten Flächen einschließlich der einwohner- und flächenspezifischen Energiepotentiale und deren Schwankungsbreite zwischen den verschiedenen Kreisen. Zusätzlich ist in Tabelle 5.16 das Energieaufkommen des - auf der Grundlage identischer Flächen - aus einem Zuckerrübenanbau gewinnbaren Alkohols ebenfalls einschließlich der spezifischen Potentiale und deren Variationsbreite dargestellt.

Tabelle 5.15 Energieaufkommen einer Alkoholerzeugung aus Winterweizen einschließlich der einwohner- und flächenspezifischen Potentiale

	Energiepotential		einwohnerspezifisches Energiepotential		flächenspezifisches Energiepotential	
	Summe	Alkohol	Durchschnitt	Bandbreite	Durchschnitt	Bandbreite
	in TJ/a		in GJ/(EW a)		in GJ/(ha a)	
Baden-Württemberg	11 504	4 856	1,212	0,046 - 6,739	3,218	0,446 - 6,364
Bayern	27 008	11 400	2,433	0,004 - 11,064	3,828	0,004 - 9,837
Berlin	47	20	0,014	0,014 - 0,014	0,534	0,534 - 0,534
Brandenburg	13 420	5 665	5,081	0,000 - 19,335	4,618	0,000 - 9,520
Bremen	26	11	0,038	0,005 - 0,046	0,632	0,086 - 0,762
Hamburg	107	45	0,067	0,067 - 0,067	1,421	1,421 - 1,421
Hessen	6 638	2 802	1,811	0,124 - 6,846	3,344	0,860 - 10,054
Mecklenburg-Vorpommern	15 457	6 525	7,871	0,000 - 27,242	6,484	0,000 - 10,813
Niedersachsen	23 712	10 009	3,287	0,075 - 11,270	5,008	0,330 - 11,352
Nordrhein-Westfalen	17 001	7 177	1,004	0,025 - 5,989	4,990	0,373 - 9,272
Rheinland-Pfalz	8 375	3 535	1,497	0,026 - 5,418	3,967	0,659 - 6,646
Saarland	568	240	0,538	0,128 - 1,273	2,209	1,111 - 2,974
Sachsen	9 078	3 832	1,852	0,000 - 8,927	4,950	0,000 - 9,167
Sachsen-Anhalt	14 110	5 956	4,759	0,000 - 16,188	6,902	0,000 - 13,037
Schleswig-Holstein	8 244	3 480	3,207	0,109 - 6,671	5,241	1,679 - 8,831
Thüringen	8 624	3 640	3,213	0,000 - 11,208	5,306	0,000 - 10,245
Bundesrepublik Deutschland	163 918	69 192	2,072	0,000 - 27,242	4,592	0,000 - 13,037

In Tabelle 5.15 wird deutlich, daß auf der Basis eines Winterweizenanbaus in der Bundesrepublik Deutschland auf den als maximal nutzbar angesehenen Flächen ein Energieertrag aus dem gewinnbaren Alkohol von rund 69,2 PJ/a möglich wäre. Zusätzlich fällt auf den Anbauflächen noch ein energetisch nutzbares Strohaufkommen von ca. 94,7 PJ/a an. Damit wäre zusammengenommen bei einem Anbau von Winterweizen zur Alkoholproduktion ein technisches Energiepotential von rund

163,9 PJ/a gegeben. Wird unter sonst gleichen Randbedingungen ein Anbau von Wintergerste oder Körnermais unterstellt, liegt der mögliche Energieertrag des Alkohols bei rund 59,7 PJ/a oder 70,2 PJ/a und das Energieaufkommen der zusätzlich verwertbaren Biomasse bei ca. 88,8 PJ/a oder 87,6 PJ/a. Wird dagegen nur die derzeit schon stillgelegt Ackerfläche betrachtet, liegen die vergleichbaren Werte rund ein Drittel niedriger. Die regionale Verteilung dieses Energieertrags innerhalb Deutschlands korreliert in erster Näherung mit der verfügbaren landwirtschaftlichen Nutzfläche.

Tabelle 5.16 Energieaufkommen einer Alkoholproduktion aus Zuckerrüben einschließlich der einwohner- und flächenspezifischen Potentiale und deren Variationsbreite

	Energiepotential in TJ/a	einwohnerspezifisches Energiepotential		flächenspezifisches Energiepotential	
		Durchschnitt	Bandbreite	Durchschnitt	Bandbreite
		in GJ/(EW a)		in GJ/(ha a)	
Baden-Württemberg	9 273	0,977	0,035 - 5,648	2,594	0,364 - 5,334
Bayern	20 627	1,858	0,003 - 7,934	2,924	0,003 - 6,982
Berlin	41	0,012	0,012 - 0,012	0,464	0,464 - 0,464
Brandenburg	8 686	3,289	0,000 - 15,051	2,989	0,000 - 7,042
Bremen	18	0,028	0,004 - 0,033	0,453	0,061 - 0,546
Hamburg	65	0,041	0,041 - 0,041	0,866	0,866 - 0,866
Hessen	5 090	1,389	0,110 - 5,264	2,564	0,800 - 7,731
Mecklenburg-Vorpommern	10 438	5,315	0,000 - 16,601	4,379	0,000 - 6,590
Niedersachsen	16 286	2,258	0,045 - 8,527	3,440	0,206 - 6,522
Nordrhein-Westfalen	11 567	0,683	0,017 - 3,712	3,395	0,283 - 6,004
Rheinland-Pfalz	5 836	1,043	0,024 - 3,756	2,764	0,613 - 4,608
Saarland	430	0,407	0,097 - 0,963	1,671	0,840 - 2,250
Sachsen	5 213	1,064	0,000 - 5,584	2,843	0,000 - 5,586
Sachsen-Anhalt	9 711	3,275	0,000 - 11,607	4,750	0,000 - 8,414
Schleswig-Holstein	4 593	1,787	0,057 - 3,661	2,920	0,884 - 4,651
Thüringen	5 315	1,980	0,000 - 6,320	3,270	0,000 - 6,635
Bundesrepublik Deutschland	113 190	1,431	0,000 - 16,601	3,171	0,000 - 8,414

Tabelle 5.16 zeigt - vergleichbar zu Tabelle 5.15 - das Energieaufkommen einer Alkoholproduktion auf der Basis eines Zuckerrübenanbaus auf den als maximal verfügbar angesehenen Flächen. Demnach wäre - unter den zugrunde liegenden Annahmen - innerhalb Deutschlands ein Energieaufkommen aus der Alkoholproduktion von rund 113,2 PJ/a möglich. Dies entspricht einem einwohnerspezifischen Potential von rund 1,43 GJ/(EW a) und einem flächenspezifischen Energieaufkommen von ca. 3,17 GJ/(ha a).

Wird das Energieaufkommen einer Alkoholproduktion aus Winterweizen und Zuckerrüben einander gegenübergestellt (Tabelle 5.15 und 5.16), wird deutlich, daß der Energieertrag des gewinnbaren Alkohols aus einem Zuckerrübenanbau rund zwei Drittel höher ist. Wird demgegenüber das gesamte technisch nutzbare Energieaufkommen betrachtet (d. h. bei einem Winterweizenanbau zusätzlich das energetisch nutzbare Strohaufkommen), zeigt sich, daß das Gesamtenergiepotential aus einem Winterweizenanbau um fast 50 % größer ist.

Bezogen auf den Endenergieverbrauch in der Bundesrepublik Deutschland im Jahr 1991 (vgl. Kap. 1.4.1 bzw. Tabelle 1.3) könnte das Gesamtenergieaufkommen aus einem Winterweizen- und Körnermaisanbau zur Alkoholherstellung einen Anteil von ca. 1,7 %, aus einem Wintergerstenanbau

160   5 Energieträgerproduktion auf pflanzlicher Basis

von rund 1,6 % und aus einem Zuckerrübenanbau von etwa 1,3 % beitragen. Damit sind - bezogen auf das gesamte Endenergieaufkommen - die Möglichkeiten einer Alkoholgewinnung auf der Basis pflanzenbaulich erzeugter Produkte in der Bundesrepublik Deutschland sehr begrenzt. Wird jedoch das technisch gewinnbare Energieaufkommen der möglichen Alkoholerzeugung auf den Endenergieverbrauch im Verkehrssektor bezogen - und damit den Einsatzbereich, für den dieser Energieträger besonders prädestiniert wäre - ergeben sich Anteile auf der Basis von Winterweizen von etwa 2,8 %, von Wintergerste von rund 2,4 %, von Körnermais von ca. 2,9 % und auf der Grundlage von Zuckerrüben von etwa 4,6 %. Damit könnte auf den als maximal nutzbar angesehenen Flächen eine Alkoholmenge erzeugt werden, deren Energieinhalt zwischen 2,4 und 4,6 % des gegenwärtigen Endenergieverbrauchs im Verkehrssektor liegt, da - im Sinne einer vernünftigen Bewirtschaftung der landwirtschaftlichen Nutzflächen - immer ein Anbaumix aus unterschiedlichen Feldfrüchten realisiert werden muß.

Vergleich der Energiepotentiale. Das aus einem Anbau von Winter- oder Sommerraps mit einer Pflanzenölgewinnung bzw. einem Getreide- oder Zuckerrübenanbau mit Alkoholerzeugung resultierende Energieaufkommen wurde auf der Basis identischer Anbauflächen ermittelt. Deshalb ist ein unmittelbarer Vergleich der jeweiligen Energiepotentiale möglich (vgl. Abb. 5.4).

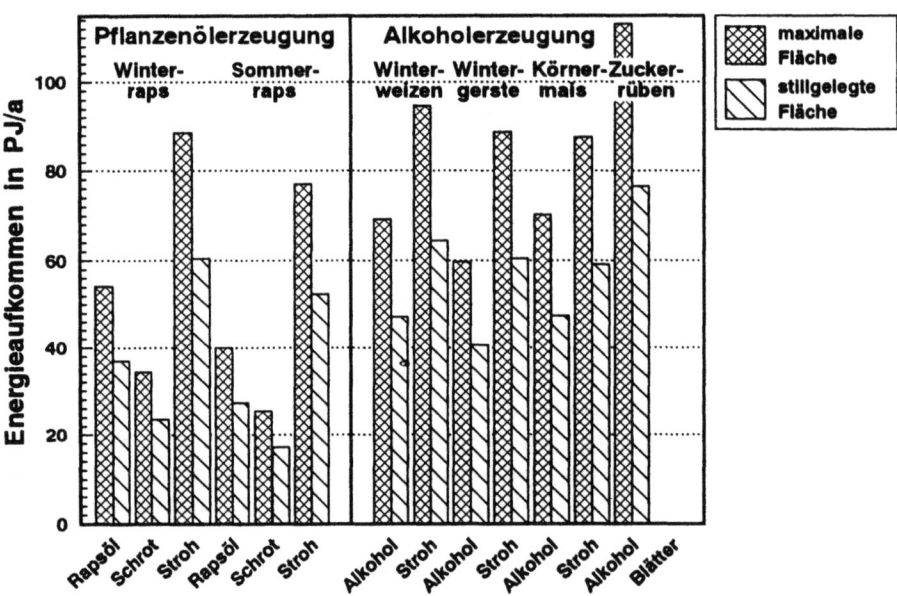

Abb. 5.4 Energieaufkommen der verschiedenen energetisch nutzbaren Komponenten eines Rapsanbaus zur Pflanzenölgewinnung und eines Getreide- oder Zuckerrübenanbaus zur Alkoholerzeugung

Abb. 5.4 verdeutlicht, daß innerhalb der Bundesrepublik Deutschland auf den als verfügbar erachteten Flächen der mögliche Energieertrag sowohl des gewinnbaren Rapsöls als auch des Schrots und des Strohs bei einem Winterrapsanbau deutlich größer ist. Die Gegenüberstellung zeigt aber auch, daß das Energieaufkommen des Öls verglichen mit der zusätzlich anfallenden und energetisch nutzbaren Biomasse vergleichsweise gering ist.

Bei dem Vergleich des gewinnbaren Alkoholertrags aus den betrachteten drei Getreidearten bzw. aus dem Zuckerrübenanbau wird deutlich, daß das Energieaufkommen des gewinnbaren Alkohols auf der Basis von Winterweizen und Körnermais etwa in der gleichen Größenordnung und auf der Grundlage von Wintergerste geringfügig darunter liegt. Der Energieinhalt des technisch gewinnbaren Strohs ist bei Winterweizen am höchsten, bei Wintergerste geringer und bei Körnermais noch niedriger. Hier macht sich der hohe Feuchtegehalt des Maisstrohs bemerkbar, da trotz des deutlich höheren Anfalls an Biomasse der letztlich nutzbare Energieinhalt geringer ist als bei den beiden anderen Getreidearten. Verglichen mit den Konzepten, die auf einer Getreideproduktion aufbauen, ist der Alkoholertrag aus einem Zuckerrübenanbau überdurchschnittlich hoch; hinsichtlich des letztlich gewollten Sekundärenergieträgers ist damit eine Alkoholerzeugung aus Zuckerrüben durch die höchsten Energieausbeuten gekennzeichnet. Jedoch fällt hierbei kein zusätzlich als Festbrennstoff energetisch nutzbares Biomasseaufkommen an; deshalb ist das Gesamtenergieaufkommen der Konzepte, die auf einem Getreideanbau basieren, insgesamt gesehen deutlich höher.

Bei einem Vergleich der beiden Optionen zur Erzeugung flüssiger Sekundärenergieträger wird deutlich, daß der Brutto-Energieertrag einer Alkoholproduktion höher ist als der einer Rapsölerzeugung. Wird jedoch das gesamte Energieaufkommen betrachtet, bewegt sich - da bei der Rapsölerzeugung zusätzlich das Schrot- und das Strohaufkommen energetisch verwertet werden kann - der technisch gewinnbare Energieertrag bei einer Rapsölerzeugung und einer Alkoholgewinnung auf Getreidebasis etwa in einer vergleichbaren Größenordnung.

Bezogen auf den Endenergieverbrauch der Bundesrepublik Deutschland im Jahr 1991 (vgl. Kap. 1.4.1 bzw. Tabelle 1.3) liegt damit der theoretische Anteil dieser Optionen - bezogen auf die als maximal nutzbar angesehenen Anbauflächen - zwischen 1,3 und 1,9 %. Wird demgegenüber der Energieinhalt des Pflanzenöl- bzw. Alkoholaufkommens auf den Endenergieverbrauch im Verkehrssektor bezogen, liegen die entsprechenden Anteile zwischen 1,9 und 4,6 %.

Derzeitige Nutzung. Die Möglichkeiten einer Pflanzenöl- und Alkoholproduktion werden bereits derzeit in der Bundesrepublik Deutschland großtechnisch genutzt. Dabei steht jedoch nicht eine energetische Nutzung des erzeugten Öls oder Alkohols im Vordergrund, sondern vorwiegend eine Nutzung im Nahrungs- und Genußmittelsektor.

In der Bundesrepublik Deutschland belief sich die Rapsernte in 1991 auf knapp 3,0 Mio. t; damit wird die in Deutschland gegebene Nachfrage nach Rapssaat fast vollständig aus dem heimischen Anbau gedeckt. Dabei wurden von der deutschen Ölmühlenindustrie - nach Berücksichtigung des Import/Export-Saldos - rund 2,64 Mio. t Rapssaat zu Öl verarbeitet; dies entspricht einer erzielten Rapsölausbeute von rund 1,05 Mio. t (ca. 1 145 Mio. l) /5-33/. Damit kann - sollten in Zukunft Konzepte einer Treibstoffproduktion auf der Basis von Raps realisiert werden - auf einer bereits existierenden leistungsfähigen Ölmühlenindustrie aufgebaut werden.

Ähnlich sind die Zusammenhänge auch für die Erzeugung von Alkohol, der - vorwiegend als Genußmittel, aber auch für die chemische und pharmazeutische Industrie und die Medizin - ebenfalls bereits jetzt großtechnisch produziert wird. Im Wirtschaftsjahr 1990/91 wurden in Deutschland in Eigenverschluß- und Abfindungsbrennereien rund 117,4 Mio. l Trinkalkohol erzeugt /5-34/. Davon entfielen auf die gewerblichen Brennereien - als, neben den landwirtschaftlichen Brennereien und den Obstbrennereien, den Anlagen, die am ehesten als großtechnisch zu bezeichnen sind - rund 37,4 Mio. l, wobei rund 14,9 Mio. l aus Korn und mehligen Stoffen und etwa 15,8 Mio. l aus

162   5 Energieträgerproduktion auf pflanzlicher Basis

Rübenstoffen erzeugt wurden. Dabei handelt es sich bei den derzeit existierenden Kapazitäten für eine Alkoholerzeugung im wesentlichen um kleinere Anlagen mit vergleichsweise geringer Leistung. Für eine mögliche großtechnische Nutzung wären deshalb größere Umstrukturierungsmaßnahmen notwendig.

5.4   Kosten einer energetischen Nutzung von Energiepflanzen

Neben den Energiepotentialen sind die Kosten ein weiteres wichtiges Kriterium zur Bewertung eines Energieträgers. Ziel der folgenden Ausführungen ist deshalb die Analyse der Energiekosten, die mit einer Erzeugung von Festbrennstoffen und mit der daraus resultierenden Wärmegewinnung verbunden sind, sowie der Aufwendungen, die für eine Treibstofferzeugung auf pflanzlicher Basis zu veranschlagen sind.

5.4.1   Energieträgerkosten fester Energieträger

In Anlehnung an die bisherige Vorgehensweise (vgl. Kap. 5.2.1 und 5.3.1) wird auch bei der Analyse der Kosten einer Erzeugung fester Energieträger aus einem Energiepflanzenanbau unterschieden zwischen einer Gewinnung der Biomasse aus Getreideganzpflanzen, aus Schilf- und Grasgewächsen und aus schnellwachsenden Baumarten im Kurzumtrieb.

Getreideanbau zur Ganzpflanzennutzung. Die Erzeugungskosten für Getreideganzpflanzen frei Anbaufläche errechnen sich näherungsweise aus der Summe der variablen Kosten, der entsprechenden Abschreibungen, der Gemeinkosten und der kalkulatorischen Kosten. Dabei werden unter den variablen Kosten im wesentlichen die Aufwendungen für Saatgut, Handelsdünger, Pflanzenschutzmittel und den Maschinenpark verstanden. Unter den Abschreibungen werden die jährlichen Kapitalkosten der für die jeweilige Kultur benötigten Maschinen zusammengefaßt. Die Gemeinkosten setzen sich beispielsweise aus den Aufwendungen für die Unterhaltung der Wirtschaftsgebäude und den Hilfsenergie- und sonstigen Verbrauchsstoffkosten zusammen. Die kalkulatorischen Kosten errechnen sich aus Pacht-, Lohn- und anteiligen Kapitalkosten für das landwirtschaftliche Anwesen. Werden diese verschiedenen Aufwendungen berücksichtigt, ergeben sich Gesamtkosten zwischen 2 312 DM/ha für Roggen und 3 108 DM/ha für Körnermais (vgl. Tabelle 5.17).

Aus diesen Kosten errechnen sich mit dem entsprechenden Energieaufkommen, wie es unter durchschnittlichen Ertragsverhältnissen derzeit in der Bundesrepublik Deutschland erzielbar wäre, die korrespondierenden Energieträgerkosten frei Anbaufläche. Sie sind ebenfalls in Tabelle 5.17 dargestellt.

In der Zusammenstellung wird deutlich, daß sich die Energieträgerkosten einer Getreideganzpflanzenerzeugung unter den diskutierten Rahmenannahmen zwischen rund 12,9 DM/GJ (4,7 Pf/kWh) bei Roggen und etwa 24,5 DM/GJ (8,8 Pf/kWh) bei Körnermais bewegen. Die Energiegestehungskosten auf der Basis eines Winterweizen-, Wintergersten- oder Wintermenggetreideanbaus liegen dabei im unteren Drittel dieser Bandbreite und bewegen sich zwischen rund 14,1 und 16,7 DM/GJ (5,1 und 6,0 Pf/kWh).

Tabelle 5.17 Kostenanalyse einer Energieträgererzeugung aus Getreideganzpflanzen bei unterschiedlichen Getreidearten bei einem mittleren Ertragsniveau (nach /5-8/, eigene Berechnungen)

		Winterweizen	Wintergerste	Roggen	Wintermenggetreide	Körnermais
Saatgut	in DM/ha	123	102	113	73	197
Handelsdünger	in DM/ha	353	342	246	300	388
Pflanzenschutzmittel	in DM/ha	290	280	135	190	190
Maschinen[1]	in DM/ha	431	425	419	419	532
Sonstige Kosten[2]	in DM/ha	82	56	80	80	417
Variable Kosten	in DM/ha	1 279	1 205	993	1 062	1 724
Abschreibungen	in DM/ha	485	485	485	485	485
Gemeinkosten[3]	in DM/ha	265	265	265	265	265
Kalk. Kosten[4]	in DM/ha	581	578	569	572	634
Gesamtsumme	in DM/ha	2 610	2 533	2 312	2 384	3 108
Energieertrag[5]	in GJ/ha	185,3	163,2	178,8	142,7	127,0
Energieträgerkosten	in DM/GJ	14,1	15,5	12,9	16,7	24,5
	in Pf/kWh	5,1	5,6	4,7	6,0	8,8

[1] variable Maschinenkosten aller Arbeitsgänge.
[2] u. a. Versicherung.
[3] u. a. Unterhaltung der Wirtschaftsgebäude, Berufsgenossenschaft, Strom, Brennstoffe, Wasser.
[4] Summe aus Pacht-, Lohn- und Kapitalkosten.
[5] berechnet für einen Feuchtegehalt von ca. 15 % bei Winterweizen, Wintergerste, Roggen und Wintermenggetreide bzw. ca. 50 % bei Körnermais und mittleren Erträgen bezogen auf das Jahr 1991.

Die Energieträgerkosten variieren nicht nur zwischen den einzelnen Getreidearten, die für eine Energieträgerproduktion genutzt werden können, sondern - aufgrund der in der Bundesrepublik Deutschland z. T. sehr unterschiedlichen Boden- und Klimaverhältnisse - auch bei einer Getreideart. Zur Abschätzung der dadurch bedingten Unterschiede der Energieträgerkosten können beispielsweise die Energiekosten einer Winterweizenganzpflanzennutzung für die Bandbreite der Ertragsschwankungen, wie sie in Deutschland gegenwärtig vorliegen, unter identischen Annahmen (vgl. Tabelle 5.17) errechnet werden. Dabei zeigt sich, daß die Energieträgerkosten um rund +/- 11 % um den in Tabelle 5.17 ausgewiesenen Mittelwert schwanken.

Werden zusätzlich noch die Transportaufwendungen berücksichtigt, können diese Energieträgerkosten - näherungsweise - den derzeitigen Aufwendungen, die für die fossilen Energieträger aufgebracht werden müssen, gegenübergestellt werden (vgl. Kap. 1.4.2 bzw. Tabelle 1.4). Dabei wird deutlich, daß die Kosten für den Energieträger "Getreideganzpflanze" geringfügig oberhalb der Aufwendungen liegen, die die Haushalte für die fossilen Energieträger Heizöl, Erdgas und Kohle derzeit aufzubringen haben. Verglichen mit den von den industriellen Kunden zu zahlenden Preisen für die fossilen Energieträger sind die spezifischen Aufwendungen für diese Festbrennstoffe auf pflanzlicher Basis deutlich höher. Bei diesem Vergleich muß jedoch beachtet werden, daß eine Gegenüberstellung eines etablierten Energieträgers (z. B. leichtes Heizöl) und einer noch im Versuchsstadium befindlichen Option (z. B. Festbrennstoff aus Getreideganzpflanzen) prinzipiell schwierig ist, da sowohl die

164   5 Energieträgerproduktion auf pflanzlicher Basis

Qualität der Energieträger als auch die Rahmenbedingungen bei ihrem Einsatz grundsätzlich unterschiedlich sind.

Anbau von Schilf- und Grasgewächsen. Ähnlich der Vorgehensweise zur Berechnung der Energieträgerkosten aus einem Getreideanbau mit anschließender Ganzpflanzennutzung können auch die Aufwendungen analysiert und auf das entsprechende Energieaufkommen bezogen werden, die mit einer Biomasseerzeugung aus Schilf- und Grasgewächsen verbunden sind. Hier können jedoch nur vergleichsweise grobe Angaben gemacht werden, da die Kosten, die mit dem Anbau dieser Pflanzen verbunden sind, aufgrund des Forschungs- und Demonstrationscharakters gegenwärtig existierender Pflanzungen nicht direkt auf einen flächendeckenden Anbau übertragbar sind.

Tabelle 5.18 Kostenanalyse eines Anbaus von Chinaschilf (vgl. Tabelle 5.4)

		Ertragsbereiche				
		1	2	3	4	5
Pflanzkosten[1]	in DM/ha	1 488	1 488	1 488	1 488	1 488
Handelsdünger	in DM/ha	88	131	175	219	263
Pflanzenschutzmittel	in DM/ha	100	110	120	130	140
Maschinen[2]	in DM/ha	425	430	435	440	445
Sonstige Kosten[3]	in DM/ha	45	46	47	48	49
Variable Kosten	in DM/ha	2 146	2 205	2 265	2 325	2 385
Abschreibungen	in DM/ha	305	305	305	305	305
Gemeinkosten[4]	in DM/ha	265	265	265	265	265
Kalk. Kosten[5]	in DM/ha	420	420	420	420	420
Gesamtsumme	in DM/ha	3 136	3 195	3 255	3 315	3 375
Energieertrag[6]	in GJ/ha	112,0	168,0	224,0	280,0	336,0
Energieträgerkosten	in DM/GJ	28,0	19,0	14,5	11,8	10,0
	in Pf/kWh	10,1	6,9	5,2	4,3	3,6

[1] anteilige Kosten für das Anlegen der Pflanzungen; berechnet für ca. 10 000 Pflanzen pro Hektar Ackerfläche zu Stückkosten von rund 1 DM zuzüglich den erforderlichen Pflanz- und Pflegeaufwendungen; Zinssatz 4 %, Abschreibungsdauer 10 Jahre.
[2] variable Maschinenkosten aller Arbeitsgänge in Anlehnung an die Getreideganzpflanzenerzeugung.
[3] u. a. Versicherung.
[4] u. a. Berufsgenossenschaft, Brennstoffe.
[5] Summe aus Pacht-, Lohn- und Kapitalkosten.
[6] berechnet für einen Feuchtegehalt von ca. 15 % und bezogen auf das im Verlauf der Nutzungsdauer der Pflanzung gemittelte Biomasseaufkommen.

Um trotzdem die Größenordnung der möglichen Kosten aufzuzeigen, wird unterstellt, daß für eine Plantage mit Chinaschilf pro Hektar Anbaufläche rund 10 000 Pflanzen benötigt werden. Derzeit ist für jede Pflanze von Kosten von rund 1 DM auszugehen (vgl. /5-31/). Unter Berücksichtigung der bei der Pflanzung - neben den Kosten für die Setzlinge - anfallenden einmaligen Aufwendungen ergibt sich - wird die Summe dieser Investitionen auf einen angenommenen Nutzungszeitraum von 10 Jahren umgelegt - eine jährliche Belastung von rund 1 500 DM/ha (vgl. Tabelle 5.18). Zusätzlich muß noch berücksichtigt werden, daß erst ab etwa dem dritten Jahr mit einem technisch nutzbaren Biomasseertrag gerechnet werden kann, da sich die Pflanzen erst entwickeln müssen.

Werden zu den anteiligen Kosten für das Anlegen der Pflanzungen noch die entsprechenden jährlichen Aufwendungen für Handelsdünger, Pflanzenschutzmittel, Maschinen und sonstige Kosten addiert und zusätzlich die anteiligen Abschreibungen, Gemeinkosten und kalkulatorischen Kosten mit einbezogen, können die Gesamtkosten in einem Erntejahr berechnet werden (vgl. Tabelle 5.18). Werden sie bezogen auf den Energieertrag der erzielbaren Biomasse, ergeben sich spezifische Energieträgerkosten zwischen 10,0 und 28,0 DM/GJ (3,6 bis 10,1 Pf/kWh). Damit sind die Kosten einer Energieträgerproduktion aus einem Anbau von Chinaschilf durch eine sehr große Bandbreite gekennzeichnet; sie liegt in der ebenfalls großen Variationsbreite des möglicherweise erzielbaren Biomasseertrags begründet.

Für die anderen betrachteten Schilf- und Grasgewächse können ebenfalls keine genauen Kostenberechnungen erfolgen. Die spezifischen Energieträgerkosten dürften aber etwa in der gleichen Größenordnung oder innerhalb einer ähnlichen Bandbreite liegen, wie sie am Beispiel des Chinaschilfs ermittelt wurden.

Verglichen mit den Aufwendungen, die die Haushaltskunden für die fossilen Energieträger derzeit aufzubringen haben (vgl. Kap. 1.4.2 bzw. Tabelle 1.4), liegen die spezifischen Energieträgerkosten von Schilf- und Grasgewächsen damit etwa in der gleichen Größenordnung. Sie bewegen sich somit aber auch deutlich über dem Energiepreisniveau der industriellen Verbraucher. Werden zusätzlich noch die entsprechenden Transportaufwendungen berücksichtigt, liegen die Kosten einer Energieträgerproduktion aus Schilf- und Grasgewächsen im Durchschnitt über den gegenwärtigen Energieträgerpreisen. Bei dieser Gegenüberstellung muß jedoch beachtet werden, daß etablierte und großtechnisch verfügbare Energieträger mit einer noch im Versuchsstadium befindlichen Option verglichen werden; aufgrund dieser grundsätzlichen methodischen Probleme kann dieser Vergleich deshalb nur zur größenordnungsmäßigen Einordnung dieser Option unter den gegenwärtigen Gegebenheiten in das momentane Energiepreisniveau dienen.

Anbau schnellwachsender Baumarten. Vergleichbar der Berechnung der Energieträgerkosten von Schilf- und Grasgewächsen ist auch die Vorgehensweise für die Ermittlung der spezifischen Energieträgerkosten aus im Kurzumtrieb bewirtschafteten schnellwachsenden Baumarten. Die Kosten für das Anlegen der Kultur errechnen sich aus den Aufwendungen für die Feldvorbereitung, die Pflanzen sowie das Bepflanzen und das Pflegen der jeweiligen Flächen; sie sind anschließend über die erwartete Nutzungsdauer der Pflanzung abzuschreiben. Aus den daraus resultierenden jährlichen Kosten errechnen sich mit den mittleren Bewirtschaftungskosten, den durchschnittlichen auf ein Jahr bezogenen Erntekosten und den anzusetzenden Pachtaufwendungen für die benötigte Fläche die gesamten mittleren jährlichen Kosten. Bezogen auf den durchschnittlichen Energieertrag, der sich aus dem erzielbaren Biomasseaufkommen für die unterschiedenen fünf Ertragsbereiche ergibt, ergeben sich die durchschnittlichen Energieträgerkosten frei Anbaufläche.

In Tabelle 5.19 wird deutlich, daß für das Anlegen einer Kultur aus Pappelklonen Kosten von rund 3 050 DM/ha anzusetzen sind (vgl. /5-32/). Wird die Pflanzung einer Weidenkultur unterstellt - hier sind vergleichbare, z. T. auch geringfügig geringere Biomasseerträge zu erwarten (vgl. /5-28/) - addieren sich dazu zusätzlich rund 2 500 DM/ha für eine Einzäunung zum Schutz der Pflanzen vor Wildfraß. Werden diese Gesamtkosten für die Pflanzung der Plantage umgelegt auf eine mögliche Nutzungsdauer von 20 Jahren und die annuitätischen Kosten errechnet, ergeben sich die jährlichen

166 5 Energieträgerproduktion auf pflanzlicher Basis

Tabelle 5.19 Kostenanalyse eines Anbaus schnellwachsender Baumarten (vgl. /5-28, 5-32/, eigene Berechnungen)

		Ertragsbreiche				
		1	2	3	4	5
Feldvorbereitung	in DM/ha	550	550	550	550	550
Stecklingproduktion	in DM/ha	780	780	780	780	780
Pflanzen	in DM/ha	1 300	1 300	1 300	1 300	1 300
Pflege	in DM/ha	420	420	420	420	420
Plantagenkosten[1]	in DM/ha	3 050	3 050	3 050	3 050	3 050
Jährl. Kosten[2]	in DM/ha	224	224	224	224	224
Bewirtschaftung	in DM/ha	1 300	1 300	1 300	1 300	1 300
Ernte	in DM/ha	660	681	702	726	750
Pacht	in DM/ha	320	335	350	360	370
Summe	in DM/ha	2 504	2 540	2 576	2 610	2 644
Energieertrag	in GJ/ha	214,8	227,3	239,9	254,2	268,5
Energieträgerkosten	in DM/GJ	11,7	11,2	10,7	10,3	9,9
	in Pf/kWh	4,2	4,0	3,9	3,7	3,6

[1] Kosten für das Anlegen der Kultur (vgl. /5-32/).
[2] annuitätische Kosten für das Anlegen der Kultur; Zinssatz 4 %, Abschreibungsdauer 20 Jahre.

mittleren Kapitalbelastungen. Sie liegen bei dem in Tabelle 5.19 dargestellten Beispiel bei rund 224 DM/ha. Dazu kommen noch die mittleren jährlichen Aufwendungen für die Bewirtschaftung der Pflanzung, die Pacht der Fläche und die durchschnittlichen Ernteaufwendungen (vgl. /5-28/). Unter Berücksichtigung dieser Gesamtkosten betragen die jährlichen Aufwendungen zwischen 2 500 und 2 650 DM/ha. Bezogen auf den Energieertrag der erzielbaren Biomasse entspricht dies spezifischen Energieträgerkosten zwischen rund 9,9 und 11,7 DM/GJ (3,6 bis 4,2 Pf/kWh).

Wird eine vergleichbare Kostenanalyse für die Anlage einer Kurzumtriebsplantage auf der Basis von Weiden duchgeführt, ergeben sich - aufgrund der höheren Kosten für das Anlegen der Kultur (d. h. die Einzäunung) - durchschnittliche Energieträgerkosten zwischen etwa 10,5 und 12,5 DM/GJ (3,8 bis 4,5 Pf/kWh). Je nach den anfallenden Aufwendungen für die Erhaltung oder Erneuerung des Zaunes können die Kosten auch noch geringfügig höher liegen.

Werden zusätzlich noch die entsprechenden Transportaufwendungen berücksichtigt, liegen die Energieträgerkosten einer Biomasseerzeugung aus dem Anbau schnellwachsender Baumarten geringfügig oberhalb des Energiepreisniveaus, das die industriellen Nachfrager für die konventionellen Energieträger derzeit aufzubringen haben (vgl. Kap. 1.4.2 bzw. Tabelle 1.4). Sie sind im Durchschnitt aber auch günstiger als die von den Haushaltskunden zu zahlenden Energiepreise. Dabei werden wieder etablierte und großtechnisch verfügbare Energieträger mit einer noch im Versuchsstadium befindlichen Option verglichen; diese Gegenüberstellung soll deshalb nur der größenordnungsmäßigen Einordnung unter den gegenwärtigen Gegebenheiten in das momentane Energiepreisniveau der Bundesrepublik Deutschland dienen.

Vergleich der Energieträgerkosten. Bei einem Vergleich der Energieträgerkosten der drei analysierten Konzepte wird deutlich, daß eine Biomasseerzeugung auf der Grundlage einer Getreideganzpflanzennutzung verschiedener Getreidearten durch die durchschnittlich höchsten Energieträgerkosten gekennzeichnet ist (12,9 bis 24,5 DM/GJ (4,7 bis 8,8 Pf/kWh); zusätzlich variieren bei den einzelnen Getreidearten die Kosten aufgrund unterschiedlicher Ertragsverhältnisse innerhalb Deutschlands um rund +/- 11 %). Demgegenüber ist ein Anbau von Schilf- und Grasgewächsen - wird unterstellt, daß die Kosten bei den betrachteten Pflanzen etwa bei 1 DM/Setzling liegen - durch eine deutlich größere Bandbreite der spezifischen Energiegestehungskosten gekennzeichnet, die im wesentlichen in den großen Ertragsschwankungen begründet liegt und - bei dem analysierten Beispiel - zwischen 10,0 und 28,0 DM/GJ (3,6 bis 10,1 Pf/kWh) liegt. Verglichen damit sind die Energieträgerkosten der Biomasse, die aus Kurzumtriebsplantagen schnellwachsender Baumarten gewonnen werden kann, im Durchschnitt niedriger; sie bewegen sich zwischen 9,9 und 12,5 DM/GJ (3,6 bis 4,5 Pf/kWh). Hier wären - sollten die unterstellten jahresmittleren Hektarerträge bei einer großtechnischen Nutzung nicht erzielbar sein - auch noch größere Abweichungen zu höheren Energiegestehungskosten möglich.

Von den Möglichkeiten eines Energiepflanzenanbaus zur Erzeugung fester Energieträger ist damit - unter günstigen Rand- und Rahmenbedingungen und hohen Durchschnittserträgen - der Anbau von schnellwachsenden Baumarten durch die geringsten spezifischen Energieträgerkosten gekennzeichnet; bei suboptimalen Gegebenheiten, d. h. bei geringen spezifischen Biomasseerträgen, ist - verglichen mit den beiden anderen Optionen - auch nicht mit sehr großen Kostensteigerungen zu rechnen. Demgegenüber liegen die Kosten einer Energieträgerproduktion aus Getreideganzpflanzen bzw. Schilf- und Grasgewächsen unter günstigen Bedingungen zwar vergleichsweise höher, aber grundsätzlich in einer ähnlichen Größenordnung. Unter weniger günstigen Rahmenbedingungen können die Kosten einer Biomasseerzeugung aus Getreideganzpflanzen deutlich höher und aus Schilf- und Grasgewächsen sehr viel höher sein.

5.4.2 Nutzenergiebereitstellungskosten fester Energieträger

Auf der Basis der in Kap. 5.4.1 analysierten spezifischen Energieträgerkosten werden im folgenden die korrespondierenden Nutzenergiebereitstellungskosten einer Wärmeerzeugung mit den aus den verschiedenen Möglichkeiten eines Energieträgeranbaus gewinnbaren Festbrennstoffen untersucht. Dabei wird von den vier in Kap. 1.4.2 dargestellten Referenzfällen der Wärmenachfrage ausgegangen, für die die technischen Systeme zur thermischen Nutzung des entsprechenden Biomasseaufkommens ausgelegt werden.

Getreideanbau zur Ganzpflanzennutzung. Ausgehend von den dargestellten Energieträgerkosten können unter Berücksichtigung der entsprechenden Verluste im Wärmeerzeuger bzw. im Wärmeverteilsystem die gesamten benötigten Brennstoffmengen errechnet werden. Zusätzlich zu den berücksichtigten Verlusten infolge der Fehlanpassung der realen Raumtemperatur an die ideale Raumtemperatur in den Wohnungen - dadurch bedingt liegt der Jahresheizwärmebedarf bei allen Referenzsystemen 5 bis 20 % höher als der Jahreswärmebedarf /5-40/ - werden bei dem Nahwärmesystem zusätzlich Wärme- und Verteilungsverluste in Höhe von 20 % der Jahresheizwärme berücksichtigt. Daraus errechnen sich mit den Energieträgerkosten frei Anbaufläche und mittleren Transportaufwendungen sowie den Kosten für das verbrennungsgerechte Aufbereiten des Brennstoffs die gesamten Brennstoffkosten für die vier Bedarfsfälle.

168 5 Energieträgerproduktion auf pflanzlicher Basis

Tabelle 5.20 Spezifische Nutzenergiebereitstellungskosten einer energetischen Nutzung der Biomasse von Getreideganzpflanzen am Beispiel der vier Referenzbedarfsfälle (vgl. Kap. 1.4.2)

		Einfamilienhaus	Mehrfamilienhaus	Großverbraucher	Nahwärmesystem
Wärmebedarf[1]	in GJ/a	79	538	2 650	9 408
Wirkungsgrad[2]	in %	70	74	75	80
Investitionen[3]	in DM	16 903	89 000	500 000	4 232 000
Betriebskosten[4]	in DM/a	234	2 000	6 360	35 800
Brennstoffkosten	in DM/GJ		11,5 - 27,2		
Transp. & Aufb.[5]	in DM/GJ		3,3 - 7,7		
Nutzenergie-	in DM/GJ	43,9 - 71,1	38,5 - 64,7	38,6 - 66,2	61,2 - 91,7
kosten	in Pf/kWh	15,8 - 25,6	13,9 - 23,3	13,9 - 23,8	22,0 - 33,0

[1] Raumwärme- und Warmwasserbedarf für die vier Bedarfsfälle; vgl. Kap. 1.4.2 bzw. Tabelle 1.5.
[2] Kesseljahreswirkungsgrad nach VDI 2067 unter Berücksichtigung der Warmwasserversorgung im Sommer.
[3] Investitionen für Wärmeerzeuger mit Zubehör und Maschinenhaus beim Nahwärmesystem, Brennstofflagerraum, Verteilung und Heizflächen, Nahwärmesystem, sonstige Aufwendungen /5-35, 5-36, 5-37, 5-38, 5-39/.
[4] Wartung und Instandhaltung, Bedienungsaufwand, Hilfsenergie, Kaminkehrer, Sonstiges /5-35, 5-37, 5-38, 5-39/.
[5] Transport und Aufbereitung /5-35, 5-36/.

Die gesamten Investitionen (vgl. Tabelle 5.20) für die Heizungsanlage setzen sich dabei aus den Kosten für den jeweiligen Wärmeerzeuger einschließlich der baulichen Aufwendungen für das Maschinenhaus bei der Nahwärmeversorgung und den anteiligen Kosten für den Brennstofflagerraum (außer bei dem Einfamilienhaus, bei dem kein separater Lagerraum vorgesehen wurde) sowie dem hausinternen Wärmeverteilsystem zusammen. Abgesehen vom Einfamilienhaus wurde bei allen Anlagen eine zumindest teilautomatisierte Beschickung mit dem Brennstoff unterstellt. Beim Nahwärmesystem wurden zusätzlich die Investitionen zum Aufbau des Verteilungssystems berücksichtigt.

Die Betriebskosten beinhalten die jährlichen Aufwendungen für die Wartung und Instandhaltung (vgl. /5-37/), für die benötigte Hilfsenergie und die Arbeitskosten für die Brennstoffzufuhr, die Entaschung und die sonstigen Bedienungsarbeiten.

Bei der thermischen Nutzung der Biomasse von Getreideganzpflanzen ergeben sich diesen Überlegungen zufolge spezifische Wärmebereitstellungskosten (Raumwärme- bzw. Warmwasserbereitstellungskosten) zwischen 38,5 und 91,7 DM/GJ (13,9 bis 33,0 Pf/kWh; vgl. Tabelle 5.20). Damit liegen diese Aufwendungen unter günstigen Bedingungen unterhalb, im Durchschnitt jedoch oberhalb der entsprechenden Kosten, die für eine konventionelle Wärmebereitstellung auf fossiler Basis aufgebracht werden müssen (vgl. Kap. 1.4.2 bzw. Tabelle 1.5).

Bei diesem Vergleich muß jedoch beachtet werden, daß ein technisch ausgereiftes und durch ein hohes Erfahrungspotential gekennzeichnetes Heizungssystem mit einem zwar technisch verfügbaren, aber noch durch ein gewisses Entwicklungspotential gekennzeichneten Verfahren, dessen gesamte Brennstoffbereitstellungskette ebenfalls noch nicht vollständig Stand der Technik ist, verglichen wird. Deshalb kann die aufgezeigte Relation nur der groben Einordnung in die momentanen energiewirtschaftlichen Gegebenheiten dienen. Zusätzlich muß berücksichtigt werden, daß diese Kosten nur für die hier zugrunde gelegten Referenzbedarfsfälle gelten. In konkreten Einzelfällen können die tatsächli-

5.4 Kosten einer energetischen Nutzung von Energiepflanzen

chen Nutzenergiebereitstellungkosten deutlich über oder unter der hier ausgewiesenen Bandbreite liegen. Dadurch kann sich auch die Relation der Kosten der vier Bedarfsfälle zueinander - hier ist das Nahwärmesystem am teuersten, die Wärmeversorgung des einzelnen Großverbrauchers und des Mehrfamilienhauses am günstigsten - veschieben.

Tabelle 5.21 Spezifische Nutzenergiebereitstellungskosten einer energetischen Nutzung der Biomasse von Chinaschilf für die vier betrachteten Referenzfälle (vgl. Kap. 1.4.2)

		Einfamilienhaus	Mehrfamilienhaus	Großverbraucher	Nahwärmesystem
Wärmebedarf[1]	in GJ/a	79	538	2 650	9 408
Wirkungsgrad[2]	in %	70	74	75	80
Investitionen[3]	in DM	16 790	67 500	394 560	3 870 750
Betriebskosten[4]	in DM/a	244	1 665	8 174	35 800
Brennstoffkosten	in DM/GJ	10,0 - 28,0			
Transp. & Aufb.[5]	in DM/GJ	3,3 - 7,7			
Nutzenergie-	in DM/GJ	43,4 - 72,3	34,6 - 63,1	42,3 - 70,4	60,6 - 90,4
kosten	in Pf/kWh	15,6 - 26,0	12,5 - 22,7	15,2 - 25,3	21,8 - 32,5

[1] Raumwärme- und Warmwasserbedarf für die vier Bedarfsfälle; vgl. Kap. 1.4.2 bzw. Tabelle 1.5.
[2] Kesseljahreswirkungsgrad nach VDI 2067 unter Berücksichtigung der Warmwasserversorgung im Sommer.
[3] Investitionen für Wärmeerzeuger mit Zubehör und Maschinenhaus beim Nahwärmesystem, Brennstofflagerraum, Verteilung und Heizflächen, Nahwärmesystem, sonstige Aufwendungen /5-35, 5-36, 5-37, 5-38, 5-39/.
[4] Wartung und Instandhaltung, Bedienungsaufwand, Hilfsenergie, Kaminkehrer, Sonstiges /5-35, 5-36, 5-38, 5-39/.
[5] Transport und Aufbereitung /5-35, 5-36/.

Anbau von Schilf- und Grasgewächsen. Ähnlich der Vorgehensweise bei der Berechnung der Nutzenergiebereitstellungskosten auf der Basis einer thermischen Nutzung der Biomasse aus einem Anbau von Getreideganzpflanzen lassen sich auch die entsprechenden spezifischen Aufwendungen einer energetischen Verwertung der Biomasse von Schilf- und Grasgewächsen errechnen. Dabei wurde von den bereits diskutierten Rahmenbedingungen ausgegangen.

Tabelle 5.21 zeigt, daß - ausgehend von diesen Rahmenannahmen - die spezifischen Nutzenergiebereitstellungkosten bei einer energetischen Nutzung der Biomasse von Schilf- und Grasgewächsen je nach Wärmebedarfsfall zwischen 34,6 und 90,4 DM/GJ (12,5 bis 32,5 Pf/kWh) liegt. Damit bewegen sich hier die spezifischen Aufwendungen für die Bereitstellung von Wärme unter günstigen Rahmenbedingungen unterhalb, im Durchschnitt jedoch oberhalb der entsprechenden Kosten, die für ein vergleichbares konventionelles System auf fossiler Basis derzeit gegeben sind (vgl. Kap. 1.4.2 bzw. Tabelle 1.5).

Dabei muß jedoch beachtet werden, daß dabei technisch vollständig verfügbare und seit Jahrzehnten bekannte Heizungssysteme mit einem z. T. noch in der Entwicklung befindlichen Verfahren, dessen Brennstoffbereitstellung ebenfalls noch nicht großtechnisch realisiert ist, verglichen werden. Die aufgezeigte Relation soll deshalb nur zur größenordnungsmäßigen Einordnung in die momentanen Gegebenheiten dienen. Zusätzlich gilt die dargestellte Bandbreite der möglichen Aufwendungen nur bei den unterstellten Rahmenbedingungen für die hier betrachteten Referenzbedarfsfälle. Im konkreten

170   5 Energieträgerproduktion auf pflanzlicher Basis

Einzelfall können die Nutzenergiebereitstellungkosten - z. T. auch erheblich - über oder unter der hier ausgewiesenen Bandbreite liegen.

Anbau schnellwachsender Baumarten. Vergleichbar dem bisherigen Vorgehen können auch die Nutzenergiebereitstellungskosten auf der Grundlage einer thermischen Nutzung der Biomasse bestimmt werden, die aus im Kurzumtrieb bewirtschafteten schnellwachsenden Baumarten geerntet werden kann. Dabei wurden wieder die gleichen Randbedingungen unterstellt.

Tabelle 5.22 Spezifische Nutzenergiebereitstellungskosten einer energetischen Nutzung der Biomasse von schnellwachsenden Baumarten für die vier Referenzfälle (vgl. Kap. 1.4.2)

		Einfamilienhaus	Mehrfamilienhaus	Großverbraucher	Nahwärmesystem
Wärmebedarf[1]	in GJ/a	79	538	2 650	9 408
Wirkungsgrad[2]	in %	70	74	75	80
Investitionen[3]	in DM	16 790	67 500	394 560	3 870 750
Betriebskosten[4]	in DM/a	244	1 665	8 174	35 800
Brennstoffkosten	in DM/GJ	9,9 - 11,7			
Transp. & Aufb.[5]	in DM/GJ	4,4 - 8,6			
Nutzenergie-	in DM/GJ	43,1 - 48,5	34,3 - 40,6	42,1 - 47,9	60,3 - 65,1
kosten	in Pf/kWh	15,5 - 17,5	12,3 - 14,6	15,1 - 17,2	21,7 - 23,4

[1] Raumwärme- und Warmwasserbedarf für die vier Bedarfsfälle; vgl. Kap. 1.4.2 bzw. Tabelle 1.5.
[2] Kesseljahreswirkungsgrad nach VDI 2067 unter Berücksichtigung der Warmwasserversorgung im Sommer.
[3] Investitionen für Wärmeerzeuger mit Zubehör und Maschinenhaus beim Nahwärmesystem, Brennstofflagerraum, Verteilung und Heizflächen, Nahwärmesystem, sonstige Aufwendungen /5-35, 5-36, 5-37, 5-38, 5-39/.
[4] Wartung und Instandhaltung, Bedienungsaufwand, Hilfsenergie, Kaminkehrer, Sonstiges /5-35, 5-36, 5-37, 5-39/.
[5] Transport und Aufbereitung /5-35, 5-36/.

Tabelle 5.22 verdeutlicht, daß sich auf der Grundlage der jeweiligen Rahmenbedingungen spezifische Nutzenergiebereitstellungkosten ergeben, die - je nach Wärmebedarfsfall - zwischen 34,3 und 65,1 DM/GJ (12,3 bis 23,4 Pf/kWh) liegen. Die spezifischen Aufwendungen für die Wärmebereitstellung nehmen damit günstigstenfalls kleinere, im Durchschnitt jedoch höhere Werte an als die eines vergleichbaren konventionellen Systems mit fossilen Energieträgern (vgl. Kap. 1.4.2 bzw. Tabelle 1.5).

Aber auch hier muß beachtet werden, daß ein technisch verfügbares und bekanntes Heizungssystem mit einem noch nicht vollständig ausgereiften Verfahren mit ebenfalls noch nicht realisierter großtechnischer Brennstoffbereitstellung verglichen wird. Die aufgezeigte Relation soll deshalb nur zur Einordnung in die momentanen Gegebenheiten dienen. Auch gilt die aufgezeigte Bandbreite nur bei den unterstellten Bedingungen. Im konkreten Einzelfall können die Nutzenergiebereitstellungskosten z. T. auch erheblich von der aufgezeigten Größenordnung abweichen.

Vergleich der Nutzenergiebereitstellungskosten. Infolge der diskutierten Überlegungen ergeben sich für die Getreideganzpflanzenverbrennung spezifische Wärmebereitstellungskosten (Raumwärme- bzw.

Warmwasserbereitstellungskosten) zwischen 38,5 und 91,7 DM/GJ (vgl. Tabelle 5.20). Wird als Brennstoff Biomasse aus einem Anbau von Schilf- oder Grasgewächsen verwendet, liegen die Nutzenergiebereitstellungskosten bei ca. 34,6 bis 90,4 DM/GJ (vgl. Tabelle 5.21). Bei einer thermischen Verwertung des technisch gewinnbaren Biomasseaufkommens von schnellwachsenden Baumarten ergeben sich Wärmekosten zwischen 34,3 und 65,1 DM/GJ (vgl. Tabelle 5.22).

Die hier berechneten Energiebereitstellungskosten können mit den spezifischen Aufwendungen verglichen werden, die sich ergeben, wenn die gleiche Versorgungsaufgabe mit einer konventionellen Öl- oder Gasheizung erfüllt wird. Bei einem Einfamilienhaus würde dies spezifischen Nutzenergiebereitstellungkosten von ca. 47 bis 49 DM/GJ, bei einem Mehrfamilienhaus von rund 29 bis 32 DM/GJ, bei einem Großverbraucher von 25 bis 28 DM/GJ und bei einem Nahwärmesystem von ca. 38 DM/GJ entsprechen (vgl. Kap. 1.4.2 bzw. Tabelle 1.5). Damit liegen beim Einfamilienhaus die Kosten auf der Basis der untersuchten regenerativen Energieträger im Bereich der vergleichbaren Aufwendungen einer Öl- oder Gasheizung. In den anderen Fällen liegen die spezifischen Wärmekosten einer energetischen Nutzung von Energiepflanzen oberhalb der Bandbreite, in der sich die Aufwendungen bei einem Öl- oder Gaseinsatz bewegen. Damit kann - werden rein ökonomische Kriterien zugrundegelegt - die energetische Nutzung von Energiepflanzen derzeit nur in Ausnahmefällen mit den konventionellen Techniken konkurrieren. Dennoch gibt es zahlreiche Anwendungsfälle, in denen eine Nutzung des erneuerbaren Potentials auch wirtschaftlich sinnvoll sein kann. Dabei handelt es sich vor allem um Verbraucher in ländlichen Regionen, da bei ihnen die Transportentfernungen und damit auch die Transportkosten in der Regel gering sind und meist keine zusätzlichen Lagerkosten anfallen.

Dabei muß jedoch beachtet werden, daß dabei bereits großtechnisch genutzte Heizungssysteme mit z. T. noch in der Entwicklung befindlichen Verfahren mit ebenfalls noch nicht realisierter großtechnischer Brennstoffbereitstellungskette verglichen wurden. Auch gilt die aufgezeigte Bandbreite der Wärmegestehungskosten nur bei den unterstellten Bedingungen. Im konkreten Einzelfall können deshalb - z. T. auch deutlich - andere Nutzenergiebereitstellungskosten gegeben sein.

5.4.3 Kosten flüssiger Energieträger

Nach der Analyse der Kosten für die Erzeugung fester Energieträger werden im folgenden die Aufwendungen ermittelt und dargestellt, die mit einer Pflanzenölerzeugung aus Raps und einer Alkoholgewinnung aus Getreide bzw. Zuckerrüben verbunden sind.

Ölfruchtanbau zur Pflanzenölgewinnung. Die Erzeugungskosten für Rapsöl können näherungsweise aus den Produktionskosten für die Rapssaat sowie den Transport-, Extraktions- und Ölaufbereitungskosten abgeleitet werden.

In Tabelle 5.23 wird deutlich, daß allein die Produktionskosten für Winterraps - je nach Ertragsverhältnissen - bei rund 2 730 bis 2 980 DM/ha liegen (vgl. /5-8/). Dazu addieren sich die Transportkosten für die Rapssaat zur Ölmühle von rund 20 DM/t. Für die Extraktion ist mit Aufwendungen von rund 0,25 DM/l zu rechnen (vgl. /5-16/). Damit ergeben sich Ölgestehungskosten frei Fabrik zwischen 2,14 und 2,50 DM/l (65,1 bis 75,8 DM/GJ). Da die Aufwendungen für einen Sommerrapsanbau etwa in der gleichen Größenordnung liegen sowie die Transport- und Verarbeitungskosten vergleichbar sind, aber die mittleren Erträge von Sommerraps deutlich niedriger liegen, bewegen sich die Ölgestehungskosten frei Fabrik auf der Basis von Sommerraps auf einem merklich höheren Niveau.

172 5 Energieträgerproduktion auf pflanzlicher Basis

Tabelle 5.23 Kostenanalyse einer Pflanzenöl- und Energieerzeugung aus Winterraps

		Ertragsbereiche				
		1	2	3	4	5
Saatgut	in DM/ha	128	128	128	128	128
Handelsdünger	in DM/ha	415	442	469	496	524
Pflanzenschutzmittel	in DM/ha	360	375	390	405	420
Maschinen[1]	in DM/ha	366	372	378	384	390
Sonstige Kosten[2]	in DM/ha	146	161	174	183	192
Variable Kosten	in DM/ha	1 415	1 478	1 539	1 596	1 654
Abschreibungen	in DM/ha	485	485	485	485	485
Gemeinkosten[3]	in DM/ha	265	265	265	265	265
Kalk. Kosten[4]	in DM/ha	562	565	567	569	572
Gesamtsumme	in DM/ha	2 727	2 793	2 856	2 915	2 976
Energieertrag Stroh[5]	in GJ/ha	112,0	168,0	224,0	280,0	336,0
Transportkosten	in DM/t	20	20	20	20	20
Verarbeitungskosten	in DM/l	0,25	0,25	0,25	0,25	0,25
Ölertrag	in l/ha	1 239	1 363	1 478	1 544	1 610
Energieträgerkosten	in DM/l	2,50	2,34	2,23	2,18	2,14
Rapsöl	in DM/GJ	75,8	71,2	67,6	66,2	65,1
	in Pf/kWh	27,3	25,6	24,3	23,8	23,4
Energieertrag Schrot[6]	in GJ/ha	25,9	28,5	30,9	32,3	33,6
Energiekosten[7]	in DM/GJ	23,2	21,8	20,7	20,3	19,9
	in Pf/kWh	8,4	7,8	7,5	7,3	7,2

[1] variable Maschinenkosten aller Arbeitsgänge in Anlehnung an die Getreideganzpflanzenerzeugung.
[2] u. a. Versicherung.
[3] u. a. Unterhaltung der Wirtschaftsgebäude, Berufsgenossenschaft, Strom, Brennstoffe, Wasser.
[4] Summe aus Pacht-, Lohn- und Kapitalkosten.
[5] berechnet für einen Feuchtegehalt von ca. 17 bis 20 %.
[6] Energie des Schrots bzw. des Preßkuchens.
[7] Energiekosten einschließlich Stroh und Schrot bzw. Preßkuchen.

Dabei wurden die Gesamtkosten der Rapserzeugung und der industriellen Weiterverarbeitung allein dem Pflanzenöl angelastet. Da aber auch das in Koppelproduktion erzeugte Stroh und der Schrot bzw. der Preßkuchen energetisch nutzbar sind, kann den daraus gewinnbaren Energieträgern ein Teil der Gesamtkosten angelastet werden; die Kosten für das Pflanzenöl liegen dann entsprechend niedriger (vgl. Tabelle 5.23).

Verglichen mit dem Energieträgerpreisniveau für vergleichbare flüssige fossile Energieträger (Dieselkraftstoff ca. 1,07 DM/l bzw. leichtes Heizöl rund 0,52 DM/l, vgl. Kap. 1.4.2) sind damit die Kosten einer Pflanzenölgewinnung vergleichsweise hoch. Strenggenommen müßte bei dem Vergleich mit fossilen Treibstoffen auch noch berücksichtigt werden, daß für den Einsatz in Motoren eine Umesterung des Rapsöls oder eine Motorenumrüstung notwendig wäre. Dies führt zu zusätzlichen Kosten von rund 0,20 bis 0,30 DM/l für die Umesterung bzw. etwa 0,16 DM/l für die Motorenumrüstung (vgl. /5-16/). Außerdem müßten die Transportaufwendungen vom Standort der industriellen Weiterverarbeitung zu den Tankstellen oder Heizölweiterverteilern mit in die Gesamtbilanz einbezogen werden. Auch sind in den aufgezeigten Energieträgerkosten keine Steuern (0,653 DM/kg für Dieselkraftstoff und die entsprechende Mehrwertsteuer) enthalten. Durch eine Berücksichtigung dieser Faktoren verschlechtert sich die Kostenrelation gegenüber den fossilen Optionen weiter. Andererseits muß auch berücksichtigt werden, daß hier eine sich noch im Versuchsstadium befindliche Möglichkeit der Energieträgererzeugung verglichen wird mit einem bereits etablierten Versorgungssystem. Deshalb kann diese Gegenüberstellung nur der groben Einordnung in die gegenwärtigen energiewirtschaftlichen Gegebenheiten dienen.

Getreide- und Zuckerrübenanbau zur Alkoholgewinnung. Die spezifischen Kosten einer Alkoholgewinnung errechnen sich ebenfalls aus den Aufwendungen für die Erzeugung der Feldfrüchte und den Kosten für die industrielle Weiterverarbeitung. Da eine Alkoholerzeugung auf der Grundlage von Getreide und Zuckerrüben grundsätzlich unterschiedlich ist, zeigen die Tabellen 5.24 und 5.25 eine Kostenbilanz auf der Grundlage eines Winterweizen- und eines Zuckerrübenanbaus jeweils für die unterschiedenen Ertragsbereiche.

In Tabelle 5.24 sind für unterschiedliche Hektarerträge, die die gegenwärtig in der Bundesrepublik Deutschland gegebene Bandbreite abdecken, die durchschnittlichen Kosten einer Winterweizenproduktion dargestellt (vgl. /5-8/). Demnach ist die Erzeugung des Getreides, das als Grundlage für eine Alkoholproduktion dient, mit einem Aufwand von rund 2 490 DM/ha bei ungünstigen und ca. 2 780 DM/ha bei sehr günstigen Rahmenbedingungen verbunden. Dazu addieren sich Kosten von rund 20 DM/t für den Transport des Korns von der Anbaufläche zur Fabrik, aus dem dort mit Kosten von rund 0,60 DM/l Alkohol erzeugt werden kann (vgl. /5-16/). Zusammengenommen ergeben sich damit letztlich spezifische Gesamtgestehungskosten für den Alkohol - je nach Ertragsverhältnissen - zwischen 1,49 und 1,72 DM/l (d. h. 69,9 bis 81,1 DM/GJ).

Der zusätzlich auf der Anbaufläche anfallende Strohertrag, der als Festbrennstoff ebenfalls energetisch nutzbar ist, wurde dabei nicht monetär bewertet. Wird ihm - da er auch als Energieträger verwertbar ist - deshalb ein Teil der Getreideproduktionskosten angelastet, vermindern sich zwar entsprechend die Erzeugungskosten für den Alkohol, bleiben aber trotzdem auf einem vergleichsweise hohen Niveau.

Tabelle 5.25 zeigt in Anlehnung an die bisherige Vorgehensweise eine Kostenanalyse für eine Alkoholgewinnung aus Zuckerrüben. Demnach ist die Erzeugung der Zuckerrüben mit einem Aufwand zwischen etwa 3 550 und 3 750 DM/ha verbunden. Dazu addieren sich ebenfalls rund 20 DM/t für den Transport der Rüben von der Anbaufläche zur Fabrik. Für die Erzeugung des Alkohols sind rund 0,36 DM/l für die Rübenaufbereitung und ca. 0,29 DM/l für die Konversion zu veranschlagen (vgl. /5-16/). Daraus ergeben sich Alkoholgestehungskosten in Abhängigkeit der jeweiligen Rübenerträge zwischen 1,52 und 1,70 DM/l (71,5 bis 79,9 DM/GJ).

Wird unterstellt, daß der erzeugte Alkohol als Treibstoff hauptsächlich im Verkehrssektor eingesetzt werden würde, können diese Alkoholgestehungskosten den gegenwärtigen Benzinpreisen (1,28 DM/l bzw. 37,5 DM/GJ; vgl. Kap. 1.4.2) gegenübergestellt werden. Dabei zeigt sich, daß die Alkoholbereitstellungskosten fast doppelt so hoch sind wie die Benzinpreise beim Endverbraucher. Dabei sind bei diesem Vergleich noch keine Transportaufwendungen für die Verteilung des Alkohols zu den Tankstellen und keine Steuern (d. h. Mineralölsteuer (derzeit 0,92 DM/l für verbleites Benzin und 0,82 DM/l für unverbleiten Kraftstoff /5-41/) und die Mehrwertsteuer) berücksichtigt. Werden diese und die zusätzlich dazu anfallenden Nebenkosten ebenfalls betrachtet, verschlechtert sich die Kosten-

174   5 Energieträgerproduktion auf pflanzlicher Basis

Tabelle 5.24 Kostenanalyse einer Alkoholerzeugung auf der Basis von Winterweizen

		Ertragsbereiche				
		1	2	3	4	5
Saatgut	in DM/ha	123	123	123	123	123
Handelsdünger	in DM/ha	300	326	353	380	407
Pflanzenschutzmittel	in DM/ha	250	270	290	330	370
Maschinen[1]	in DM/ha	419	425	431	437	443
Sonstige Kosten[2]	in DM/ha	68	75	82	90	97
Variable Kosten	in DM/ha	1 160	1 219	1 279	1 360	1 440
Abschreibungen	in DM/ha	485	485	485	485	485
Gemeinkosten[3]	in DM/ha	265	265	265	265	265
Kalk. Kosten[4]	in DM/ha	576	578	581	584	587
Gesamtsumme	in DM/ha	2 486	2 547	2 610	2 694	2 777
Energieertrag Stroh[5]	in GJ/ha	66,2	73,5	80,1	88,8	95,1
Transportkosten	in DM/t	20	20	20	20	20
Verarbeitungskosten	in DM/l	0,61	0,61	0,61	0,61	0,61
Alkoholertrag	in l/ha	2 334	2 591	2 824	3 132	3 354
Energieträgerkosten	in DM/l	1,72	1,64	1,58	1,52	1,49
Alkohol	in DM/GJ	81,1	77,2	74,4	71,4	69,9
	in Pf/kWh	29,2	27,8	26,8	25,7	25,2
Energiekosten[6]	in DM/GJ	34,8	33,1	31,9	30,6	30,0
	in Pf/kWh	12,5	11,9	11,5	11,0	10,8

[1] variable Maschinenkosten aller Arbeitsgänge in Anlehnung an die Getreideganzpflanzenerzeugung.
[2] u. a. Versicherung.
[3] u. a. Unterhaltung der Wirtschaftsgebäude, Berufsgenossenschaft, Strom, Brennstoffe, Wasser.
[4] Summe aus Pacht-, Lohn- und Kapitalkosten.
[5] berechnet für einen Feuchtegehalt von ca. 15 %.
[6] Energiekosten einschließlich Stroh.

relation noch mehr zuungunsten des aus pflanzlichen Erzeugnissen produzierten Treibstoffs. Andererseits muß auch hier beachtet werden, daß eine noch nicht großtechnisch verwirklichte Option zur Erzeugung flüssiger Sekundärenergieträger mit einem bereits etablierten Versorgungssystem verglichen wird. Deshalb kann diese Gegenüberstellung nur der groben Einordnung in die gegenwärtigen energiewirtschaftlichen Gegebenheiten dienen.

Vergleich der Energieträgerkosten. Mit einer Pflanzenölgewinnung aus Winter- oder Sommerraps und einer Alkoholerzeugung aus Getreide oder Zuckerrüben stehen zwei Möglichkeiten einer Erzeugung flüssiger Energieträger auf pflanzlicher Basis zur Verfügung. Dabei ist eine Rapsölerzeugung durch spezifische Energiegestehungskosten zwischen 65,1 und 75,8 DM/GJ und eine Alkoholerzeugung durch Kosten zwischen 69,9 und 81,1 DM/GJ gekennzeichnet. Damit ist - jedoch ohne Berücksichtigung einer u. U. notwendigen Umesterung für einen Einsatz als Treibstoff in den derzeit gängigen Motoren - eine Rapsölerzeugung durch geringfügig geringere Kosten gekennzeichnet, die -

5.4 Kosten einer energetischen Nutzung von Energiepflanzen

Tabelle 5.25 Kostenanalyse einer Alkoholerzeugung auf der Basis von Zuckerrüben

		Ertragsbereiche				
		1	2	3	4	5
Saatgut	in DM/ha	253	253	253	253	253
Handelsdünger	in DM/ha	434	457	482	506	530
Pflanzenschutzmittel	in DM/ha	470	485	500	515	530
Maschinen[1]	in DM/ha	638	651	661	674	681
Sonstige Kosten[2]	in DM/ha	100	100	100	100	100
Variable Kosten	in DM/ha	1 895	1 946	1 996	2 048	2 094
Abschreibungen	in DM/ha	485	485	485	485	485
Gemeinkosten[3]	in DM/ha	265	265	265	265	265
Kalk. Kosten[4]	in DM/ha	901	903	905	907	909
Gesamtsumme	in DM/ha	3 546	3 599	3 651	3 705	3 753
Transportkosten	in DM/t	20	20	20	20	20
Aufbereitungskosten	in DM/l	0,36	0,36	0,36	0,36	0,36
Konversionskosten	in DM/l	0,29	0,29	0,29	0,29	0,29
Alkoholertrag	in l/ha	4 185	4 522	4 798	5 145	5 639
Energieträgerkosten	in DM/l	1,70	1,65	1,62	1,58	1,52
Alkohol	in DM/GJ	79,9	77,6	75,9	74,0	71,5
	in Pf/kWh	28,8	27,9	27,3	26,6	25,7

[1] variable Maschinenkosten aller Arbeitsgänge in Anlehnung an die Getreideganzpflanzenerzeugung.
[2] u. a. Versicherung.
[3] u. a. Unterhaltung der Wirtschaftsgebäude, Berufsgenossenschaft, Strom, Brennstoffe, Wasser.
[4] Summe aus Pacht-, Lohn- und Kapitalkosten.

werden zusätzlich die ebenfalls energetisch nutzbaren Nebenprodukte (d. h. Stroh und Schrot) kostenmäßig bewertet - u. U. noch niedriger liegen können. Dies gilt insbesondere für einen Winterrapsanbau. Bei den Möglichkeiten einer Alkoholerzeugung ist die Option auf Winterweizenbasis günstiger, da sowohl die Energieträgergestehungskosten geringfügig niedriger gegenüber denjenigen von Zuckerrüben sind als auch zusätzlich ein nutzbarer Festbrennstoff anfällt.

Verglichen mit dem gegenwärtigen Treibstoffpreisniveau liegen damit die Kosten der Erzeugung flüssiger Energieträger auf pflanzlicher Basis deutlich höher; diese Relation verschlechtert sich noch, wenn berücksichtigt wird, daß die gegenwärtigen Aufwendungen für die Treibstoffe zu mehr als der Hälfte aus Steuern und Abgaben bestehen, die strenggenommen den Energieträgern auf pflanzlicher Basis noch angelastet werden müßten. Unter den momentanen energiewirtschaftlichen Randbedingungen ist damit eine Pflanzenöl- und Alkoholerzeugung keine Option zur großtechnischen Bereitstellung von Treibstoffen. Dies gilt trotz der Tatsache, daß hier etablierte und großtechnisch realisierte Versorgungsoptionen mit Konzepten verglichen werden, die noch vergleichsweise am Anfang ihrer technischen Entwicklung stehen.

Dennoch kann ein Einsatz solcher Optionen sinnvoll sein. Rapsöl ist im Gegensatz zu Mineralöl biologisch relativ schnell und problemlos abbaubar. Es könnte deshalb verstärkt beispielsweise für die Verlustschmierung nicht nur für die bei der Waldbewirtschaftung genutzten Maschinen oder als Treibstoff für die in Natur- und Wasserschutzgebieten eingesetzten Traktoren verwendet werden.

6 Energetische Nutzung forstwirtschaftlicher Reststoffe

Im Verlauf langer Zeiträume der Menschheitsentwicklung war Holz der wesentliche Energierohstoff. Dies hat sich erst mit der Industrialisierung geändert, als der fossile Energieträger Steinkohle an Bedeutung gewann. Mit der zunehmenden Nutzung von Erdöl - als dem heute primär genutzten Energieträger - ging der Anteil des Holzes an der gesamten Energiebereitstellung weiter zurück. In den Industrieländern spielt dieser Energieträger deshalb in der Energiewirtschaft (fast) keine Rolle mehr; Holz stellt jedoch für die Bau- und Möbel- sowie die Papier- und Zellstoffindustrie nach wie vor ein wichtiger Rohstoff dar. In den Ländern der Dritten Welt ist Holz zudem auch heute noch eine der wesentlichen Energiequellen.

Trotzdem ist die energetische Nutzung forstwirtschaftlicher Reststoffe eine Möglichkeit einer regenerativen Energiegewinnung, die relativ einfach erschließbar wäre und damit auch in den Industrieländern einen umweltverträglichen Beitrag zur Energieversorgung leisten könnte. Vor diesem Hintergrund ist es das Ziel der folgenden Ausführungen, die Möglichkeiten und Grenzen einer energetischen Nutzung von Reststoffen der Forstwirtschaft zu analysieren. Dazu wird zunächst dargestellt, was unter diesem Oberbegriff hier verstanden werden soll. Anschließend werden die energetischen Eigenschaften der als energetisch nutzbar angesehenen organischen Reststoffe aus den heimischen Wäldern dargestellt. Außerdem wird die regionale Verteilung der Waldflächen und deren Veränderungen in den letzten drei Jahrzehnten analysiert. Aufbauend auf diesen Grundlagen wird anschließend das gesamte technisch gewinnbare und energetisch nutzbare Biomasseaufkommen erhoben und der korrespondierende Energieertrag unter Berücksichtigung der regionalen Unterschiede aufgezeigt. Auch werden - als eine weitere wesentliche energiewirtschaftliche Determinante - die Energieträgerkosten und die entsprechenden Nutzenergiebereitstellungskosten einer Restholznutzung bestimmt und dargestellt.

6.1 Allgemeine Grundlagen

In der Bundesrepublik Deutschland gibt es, von wenigen Ausnahmen wie beispielsweise dem Nationalpark Bayerischer Wald abgesehen, praktisch keine naturbelassenen Wälder mehr. Vielmehr handelt es sich bei den Forsten (fast) ausschließlich um Kultur- und Nutzwald zur Erzeugung von Holz für die industrielle Verwendung. Während des Wachstums der Bäume, bei der Durchforstung und bei der Ernte des Stammholzes - nur dieser Teil wird im Regelfall von der holzverarbeitenden Industrie genutzt - fällt Biomasse an. Diese organischen Reststoffe werden im folgenden zunächst rein qualitativ dargestellt und analysiert. Darauf aufbauend werden die energetischen Eigenschaften dieser aus den Wäldern gewinnbaren Biomasse diskutiert. Abschließend werden die regionalen Unterschiede der derzeit bewirtschafteten Waldflächen und deren zeitliche Entwicklung einschließlich des statistisch erfaßten Holzeinschlags dargestellt.

6.1.1 Anfall von organischen Reststoffen

In den Wäldern fallen infolge des natürlichen Biomassenachwuchses eine Reihe unterschiedlicher organischer Reststoffe an. Dieses Biomasseaufkommen kann unterteilt werden in Biomasse, die aufgrund des natürlichen Wachtumsprozesses im ein- oder mehrjährigen Zyklus zur Verfügung steht, und organische Stoffe, die bei der Durchforstung oder bei der Ernte des Stammholzes und damit beim eigentlichen Einschlag anfallen.

Bei den periodisch anfallenden Reststoffen handelt es sich neben den Blüten, Fruchtständen und Früchten und deren Schalen im wesentlichen um die Laub- und Nadelmasse. Dabei können über das Aufkommen dieser organischen Massen nur wenig konkrete Angaben gemacht werden, da - vor allem, was Blüten- und Fruchtstände bzw. Früchte und deren Schalen betrifft - bisher kaum quantitative Untersuchungen vorliegen. Grundsätzlich sind aber diese organischen Stoffe im Regelfall sehr viel nährstoffreicher als die übrigen Teile des Baumes; gleichzeitig ist insbesondere bei den Blüten und Fruchtschalen der durchschnittliche Wassergehalt überproportional hoch. Außerdem kann dieses Biomasseaufkommen sehr großen Schwankungen unterworfen sein (z. B. aufgrund nasser oder trockener Jahre oder durch Frost bei der Baumblüte).

Neben diesen periodisch anfallenden organischen Stoffen sind - als direkte Folge der Waldbewirtschaftung - zusätzlich anbau- und erntetechnisch bedingte Reststoffe verfügbar. Dabei kann zwischen den Durchforstungsrückständen und dem erntetechnisch bedingten Biomasseaufkommen, das bei der Stammholzernte anfällt, unterschieden werden /6-1, 6-2/.

Bei der bestandspflegenden Durchforstung fällt vorwiegend Jungholz an, das derzeit im Regelfall nicht aufgearbeitet wird. Dabei wird bei der Durchforstung - je nach Alter des Bestandes - im Abstand von wenigen bis mehreren Jahren oder Jahrzehnten der Baumbestand ausgedünnt mit dem Ziel, den verbleibenden Bäumen ausreichend Platz und Licht und damit optimale Wachstumsbedingungen zu schaffen. Insbesondere bei Jungbeständen verbleibt das geschlagene Holz derzeit i. allg. im Wald; es dient dadurch der Erhaltung des Nährstoff- und Humusgehalts im Ökosystem Wald.

Bei dem bei der Stammholzernte anfallenden Biomasseaufkommen kann zwischen dem nicht aufgearbeiteten Holz (d. h. das nicht aufgearbeitete Kronenderbholz mit Rinde und das Reisholz mit Rinde), der Rinde des aufgearbeiteten Holzes und dem Stockholz unterschieden werden.

- Das nicht aufgearbeitete Kronenderbholz mit Rinde umfaßt das gesamte derzeit im Wald verbleibende Kronenmaterial mit Stockdurchmessern zwischen 7 cm und der Aufarbeitungsgrenze. Diese Baumkomponenten sind gegenüber dem Stammholz durch einen geringfügig höheren durchschnittlichen Feuchtegehalt gekennzeichnet.
- Unter dem Reisholz mit Rinde werden alle oberirdischen verholzten Teile des Baumes mit einem Stockdurchmesser von weniger als 7 cm verstanden (d. h. meist Äste). Dieses Biomasseaufkommen fällt bei der Stammholzernte bei der Entastung am Hiebort an oder ist bei der Ganz- oder Vollbaumernte Bestandteil der gewonnenen Erntemasse. Da die beiden letztgenannten Ernteverfahren einerseits derzeit nur beschränkt zum Einsatz kommen, andererseits eine getrennte Ernte des Schlagbaumes unter den gegenwärtigen Gegebenheiten unrentabel ist, wird das Astmaterial bisher

kaum verwertet. Das Reisholz ist dabei die harzreichste Baumkomponente. Vergleichbar dem Wipfelholz ist auch der Feuchtegehalt des Reisholzes großen Schwankungen unterworfen und liegt meist über dem des Stammholzes. Abhängig ist der Wassergehalt dieser Baumkomponente vor allem von Klima und Jahreszeit, Baumart und -alter, Astdurchmesser und Rindenanteil.

- Das Stammholz wird im Regelfall ohne Rinde der industriellen Weiterverarbeitung (z. B. der Möbel- oder Verpackungsindustrie) zugeführt. Dabei kann die Entrindung am Hiebort oder im Sägewerk realisiert werden. Aufgrund des allmählichen Übergangs von der Wald- zur Werksentrindung ist die Rinde des aufgearbeiteten Holzes in zunehmenden Maße bei der holzverarbeitenden Industrie verfügbar. Die Rinde ist dabei definiert als die vom Kambium nach außen abgegebene Schicht, die den eigentlichen Holzkörper - im gesunden Zustand vollkommen - über und unter der Erde umschließt. Die Zusammensetzung der Rinde hängt im wesentlichen von der Baumart, dem Standort und dem Alter des Baumes ab; außerdem ist diese Baumkomponente ebenfalls durch einen vergleichsweise hohen Feuchtegehalt gekennzeichnet.
- Zum Stockholz zählen sowohl die unterirdischen Teile des Baumes (Wurzeln) als auch das oberirdische Stammstück mit den Wurzelanläufen bis zum Fällschnitt. Unter dem Stubbenholz wird der nach Abtrennen der Hauptwurzeln verbleibende Stockanteil verstanden. Die Lignin- und Zellulosegehalte des Stockholzes sind denen des Stammholzes vergleichbar. Es ist jedoch erheblich reicher an Extraktstoffen (d. h. Harze und Fette).

6.1.2 Energetische Eigenschaften

Die Zellen, die das Holz bilden, sind von einer starren Zellwand umgeben, die aus Zellulose sowie Lignin und Holzpolyosen besteht. Das Cellulosematerial bildet das Gerüst für die unverholzte Zellwand. Lignin verklebt und versteift diese Gerüstsubstanz (d. h. Verholzung). Dadurch bekommen die Holzgewächse die notwendige Stabilität.

Die chemische Zusammensetzung von Holz geht aus Tabelle 6.1 hervor. Holz besteht demnach zu rund 50 % aus Kohlenstoff, zu etwa 43 % aus Sauerstoff, zu ca. 6 % aus Wasserstoff und zu deutlich weniger als 1 % aus sonstigen Elementen /6-1/.

Tabelle 6.1 Durchschnittliche Zusammensetzung von Laub- und Nadelholz /6-1/

	Laubholz	Nadelholz
	Gehalt in % der wasserfreien Substanz	
Kohlenstoff	48,8	51,2
Sauerstoff	44,3	42,6
Wasserstoff	6,0	6,2
Stickstoff	0,1	0,1
Asche	0,5	0,5

In Tabelle 6.1 wird auch deutlich, daß die Unterschiede in der mittleren chemischen Zusammensetzung zwischen Laub- und Nadelholz vergleichsweise gering sind. I. allg. kann davon ausgegangen werden, daß bei Laubholz der Kohlenstoffgehalt geringfügig geringer und der Wasserstoffgehalt etwas höher als beim Nadelholz ist.

180   6 Energetische Nutzung forstwirtschaftlicher Reststoffe

Das spezifische Gewicht des Holzes kann bei verschiedenen Baumarten unterschiedlich sein; Nadelbäume weisen in der Regel eine geringere Dichte (z. B. ca. 380 kg/m^3 für Fichten- und rund 460 kg/m^3 für Kiefernholz) auf als Laubbäume (z. B. rund 700 kg/m^3 für Buchen- und etwa 720 kg/m^3 für Eichenholz). Neben dem spezifischen Gewicht ist auch der Feuchtegehalt eine entscheidende Bestimmungsgröße für die Beschreibung der energetischen Eigenschaften. Dabei muß unterschieden werden zwischen dem schlagfrischen Holz, das einen Feuchtegehalt von 50 bis 60 % aufweist, und dem lufttrockenen Holz, dessen Feuchtegehalt bei 15 bis 20 % liegt. Daneben ist auch die Schüttdichte des Holzes von Bedeutung, die bei lufttrockenen Holzscheiten zwischen 300 und 470 kg/m^3 und bei Hackschnitzeln zwischen rund 150 (grob und lufttrocken) und 350 kg/m^3 (fein und feucht) variiert. Wird die Biomasse zu Briketts verarbeitet, können Schüttdichten zwischen 300 und 500 kg/m^3 erreicht werden /6-8/.

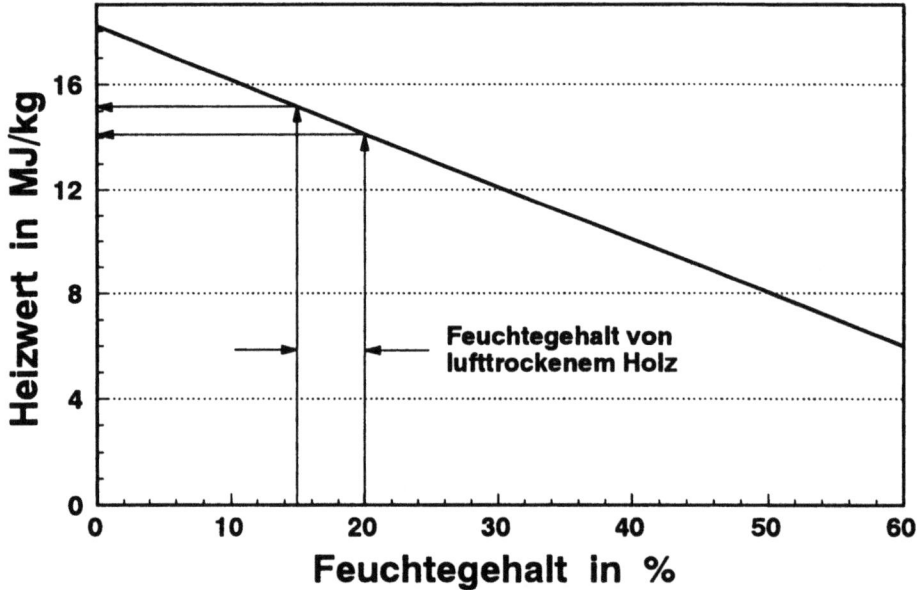

Abb. 6.1 Heizwert (H$_u$) von Holz in Abhängigkeit vom Feuchtegehalt /6-8/

Da die verschiedenen Hölzer chemisch weitgehend ähnlich zusammengesetzt sind (vgl. Tabelle 6.1), ist der Heizwert (H$_u$) primär nicht von der Holzart, dafür aber wesentlich vom Feuchtegehalt der Biomasse abhängig (vgl. Abb. 6.1). In einem Bereich von bis zu 60 % Feuchtegehalt kann eine Variation des Heizwertes von rund 7 bis 18 MJ/kg beobachtet werden. Wird dagegen von lufttrockenem Holz ausgegangen, das im groben Durchschnitt durch einen Feuchtegehalt von 15 bis 20 % gekennzeichnet ist, liegt der Heizwert zwischen rund 14 und 15,2 MJ/kg. Dies ist i. allg. auch die Größenordnung der Heizwerte des derzeit bereits thermisch genutzten Biomasseaufkommens der Waldbewirtschaftung.

6.1.3 Räumliche und zeitliche Variationsbreite

Die theoretisch nutzbare Reststoffmenge, die in den Wäldern und bei deren Bewirtschaftung anfällt, ist direkt abhängig von den vorhandenen und bewirtschafteten Waldflächen. Diese Gebiete sind aber innerhalb der Bundesrepublik Deutschland durch sehr große regionale Unterschiede gekennzeichnet (vgl. Abb. 6.2).

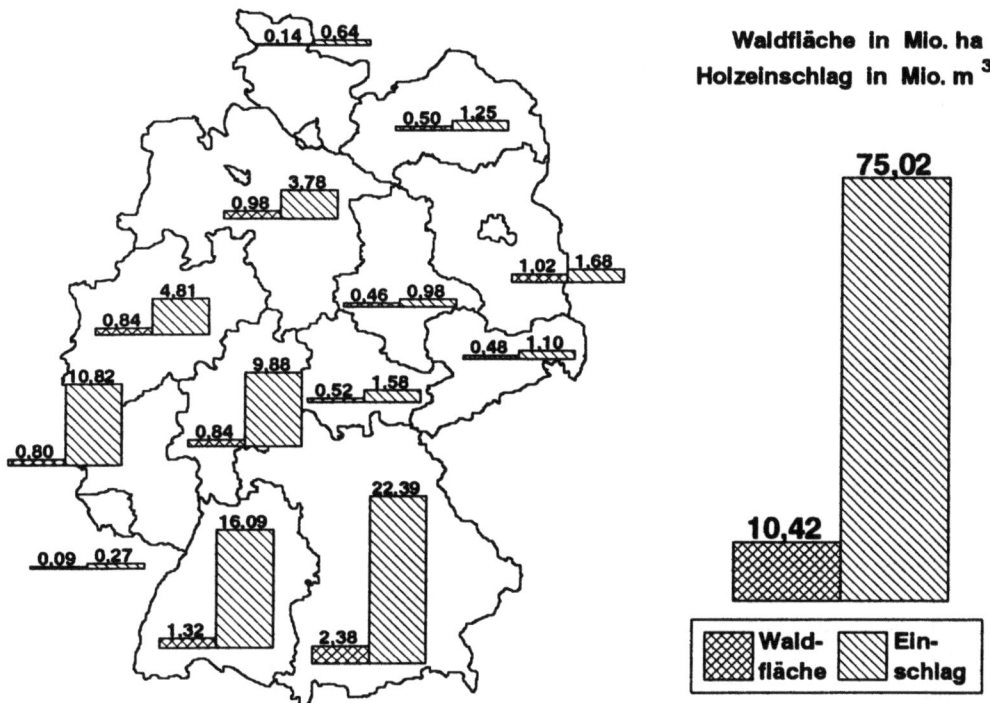

Abb. 6.2 Waldfläche und Holzeinschlag in einzelnen Bundesländern und in der Bundesrepublik Deutschland im Jahr 1991 /6-5/

Die südlich gelegenen Bundesländer Bayern und Baden-Württemberg verfügen demnach über die größten Waldflächen (ca. 2,4 Mio. ha in Bayern und rund 1,3 Mio. ha in Baden-Württemberg). Insgesamt war innerhalb der Gebietsgrenzen Deutschlands im Jahr 1991 eine Fläche von ca. 10,4 Mio. ha bewaldet; davon sind rund 65 % mit Nadelwald und ca. 35 % mit Laubwald bedeckt, wobei in allen Bundesländern der Anteil des Nadelwaldes an der gesamten Waldfläche bei über der Hälfte liegt.

Abb. 6.2 zeigt zusätzlich den Einschlag und das Aufkommen bzw. die Produktion an Stamm-, Schicht- und Industrieholz im Wirtschaftsjahr 1990/91. Demnach wurden in Deutschland rund 75 Mio. m³ Holz geerntet. Davon entfielen fast 30 % auf Bayern und weitere rund 20 % auf Baden-Württemberg. Die anderen Bundesländer sind aufgrund der deutlich geringeren Waldflächen auch durch einen weitaus kleineren Holzeinschlag gekennzeichnet.

182   6 Energetische Nutzung forstwirtschaftlicher Reststoffe

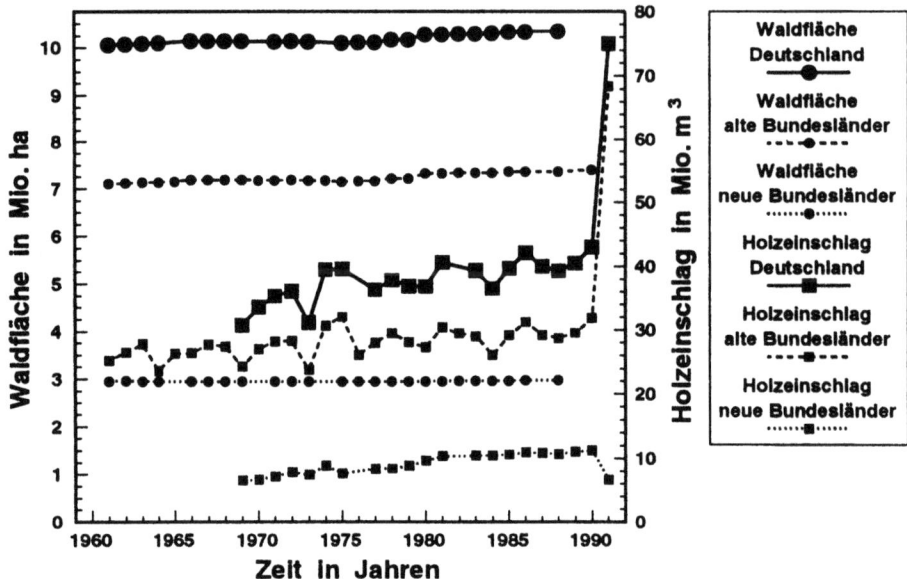

Abb. 6.3 Veränderung von Waldfläche und Einschlag auf der Gebietsfläche Deutschlands in den letzten drei Jahrzehnten /6-3, 6-4/

Der Einschlag an Holz kann sich auch zwischen verschiedenen Jahren z. T. ganz erheblich unterscheiden. Zur Abschätzung dieser auch das Reststoffaufkommen entscheidend beeinflussenden Unterschiede zeigt Abb. 6.3 den statistisch erfaßten jährlichen Holzeinschlag auf dem Gebiet der heutigen Bundesrepublik Deutschland zwischen den Jahren von 1960 und 1991. Zusätzlich ist die Veränderung der gesamten Waldfläche innerhalb des betrachteten Zeitraumes dargestellt /6-3, 6-4/. Demnach sind die Waldflächen in den letzten 30 Jahren näherungsweise konstant geblieben (ca. 7,0 Mio. ha in den alten und ca. 3,0 Mio. ha in den neuen Bundesländern). Demgegenüber variiert zwischen den einzelnen Jahren der statistisch erfaßte Holzeinschlag - bei insgesamt steigender Tendenz - deutlich stärker. Dies gilt insbesondere für das Gebiet der alten Bundesländer; demgegenüber war der Holzeinschlag auf dem Gebiet der ehemaligen DDR durch deutlich geringere Variationen gekennzeichnet. In der Darstellung wird auch deutlich, daß das Jahr 1991 durch einen Einschlag von ca. 75,0 Mio. m^3 gekennzeichnet war; er lag demnach gegenüber dem Durchschnitt der Jahre 1988, 89 und 90 mehr als 80 % höher. Dies ist im wesentlichen auf die schweren Frühjahrsstürme im Jahr 1990 zurückzuführen, die im Folgejahr diesen hohen Einschlag notwendig machten.

Damit kann - wird die durchschnittliche Entwicklung der letzten Jahrzehnte fortgeschrieben - in Zukunft zumindest von einer näherungsweisen Konstanz des Biomasseaufkommens aus der Waldbewirtschaftung ausgegangen werden. Aufgrund der derzeitigen Bestrebungen, aus der landwirtschaftlichen Produktion ausscheidende Flächen aufzuforsten, kann tendenziell sogar eine leichte Zunahme des Restholzaufkommens unterstellt werden. Dieser Entwicklung entgegengerichtet ist aber die Tatsache, daß derzeitig ansatzweise vermehrt Laubbäume gepflanzt werden, die durch geringere Biomasseerträge gekennzeichnet sind; dies würde mittelfristig zu einem leichten Rückgang des Biomasseertrags führen. Aufgrund dieser Zusammenhänge kann davon ausgegangen werden, daß das Restholzaufkommen aus den Wäldern der Bundesrepublik Deutschland im langjährigen Duchschnitt in der übersehbaren Zukunft näherungsweise auf dem derzeitigen Niveau verbleiben dürfte.

6.2 Technisch nutzbares Reststoffaufkommen

Nach der Definition der verschiedenen in den Wäldern der Bundesrepublik Deutschland anfallenden Biomasse ist es das Ziel dieses Kapitels, die prinzipielle Vorgehensweise zur örtlich hoch aufgelösten Bestimmung des forstwirtschaftlichen Reststoffaufkommens darzustellen. Darauf aufbauend wird das gesamte theoretische Aufkommen an organischen Reststoffen abgeschätzt. Da dieses aber letztlich nicht vollständig technisch gewinnbar und energetisch nutzbar ist, werden die vorhandenen Restriktionen diskutiert und anschließend das technisch nutzbare Reststoffaufkommen ermittelt.

6.2.1 Prinzipielle Vorgehensweise

Zur Bestimmung der in der Forstwirtschaft anfallenden Reststoffmengen wird ausgegangen von den auf Kreisebene statistisch erfaßten Waldflächen /6-18/. Jedoch ist nur für das jeweils gesamte Bundesland eine Aufteilung der Waldflächen nach Baumarten verfügbar. Um dennoch den Schluß auf die in den einzelnen Kreisen vorliegenden Gegebenheiten zu ermöglichen, wird unterstellt, daß die für das Bundesland ermittelte Aufteilung auch für den jeweiligen Kreis zutrifft. Damit kann für jeden Kreis die mit Laub- (d. h. Buche, Eiche und sonstige Laubbäume) und Nadelbäumen (d. h. Fichte, Tanne, Kiefer und sonstige Nadelbäume) bewaldete Fläche abgeschätzt werden.

Ausgehend von diesen Gebietsflächen kann mit den für jedes Bundesland und jede unterschiedene Baumart bekannten jährlichen Zuwächsen der gesamte absolute Biomasseertrag bestimmt werden. Dieser mittlere flächenspezifische Biomassezuwachs pro Jahr liegt für die einzelnen Bundesländer jedoch nur für die in der Forsteinrichtungsstatistik erfaßten Wälder vor (d. h. öffentlicher Wald und Körperschaftswald); bundesweit ist hier etwa die Hälfte der gesamten Waldfläche dokumentiert /6-6/. Hier wird deshalb davon ausgegangen, daß die der Forsteinrichtungsstatistik zugrunde liegenden Zuwachsraten näherungsweise auch auf die nicht erfaßten Waldflächen (d. h. den Privatwald) übertragbar sind.

Für das Gebiet der neuen Bundesländer liegen derzeit noch keine Statistiken über die Flächenanteile der einzelnen Baumarten und deren durchschnittliche Zuwachsraten vor. Es wird daher unterstellt, daß die Zuwächse und Baumartenverteilung in Mecklenburg-Vorpommern ähnlich sind wie in Schleswig-Holstein. In Brandenburg und Sachsen-Anhalt werden die mittleren Zuwachsraten und Baumartenanteile von Niedersachsen, Nordrhein-Westfalen, Saarland und Hessen zugrunde gelegt. Thüringen und Sachsen werden die entsprechenden Mittelwerte von Rheinland-Pfalz, Bayern und Baden-Württemberg zugeordnet.

Ausgehend von der Forsteinrichtungsstatistik /6-6/ zeigt Tabelle 6.2 die zugrunde gelegten Zuwachsraten der unterschiedenen Baumarten. Es sind sowohl die Mittelwerte für die gesamte Bundesrepublik Deutschland als auch die Schwankungsbreiten, innerhalb denen sich die mittleren spezifischen Zuwächse verschiedener Bundesländer bewegen, dargestellt. Die Angaben sind in Erntefestme-

184   6 Energetische Nutzung forstwirtschaftlicher Reststoffe

Tabelle 6.2 Durchschnittliche Zuwachsraten des öffentlichen Waldes der Bundesrepublik Deutschland /6-6/

	Mittelwert	Bandbreite
	in Efm o. R./(ha a)[1]	
Laubbäume		
Eiche	3,7	3,5 - 5,2
Buche	5,4	4,4 - 6,6
sonstige Laubbäume	3,7	3,2 - 5,2
Nadelbäume		
Fichte	8,2	6,9 - 9,4
Tanne	7,9	6,2 - 14,1
Kiefer	4,7	4,0 - 6,4
sonstige Nadelbäume	5,7	4,3 - 8,1

[1] Efm o. R. - Erntefestmeter ohne Rinde.

ter ohne Rinde (Efm o. R.) gemacht; dieses in der Forstwirtschaft übliche Maß des Festmeters beschreibt dabei eine Holzmasse, die dem Rauminhalt eines Kubikmeters entspricht. Demnach sind innerhalb Deutschlands die durchschnittlichen Gesamtzuwächse einer erheblichen Schwankungsbreite unterworfen (minimal 3,2 Efm o. R./(ha a) bei den sonstigen Laubbäumen und maximal 14,1 Efm o. R./(ha a) bei den Tannen). Werden die mittleren Zuwachsraten der einzelnen Baumarten untereinander verglichen, zeigt die Fichte den größten (ca. 8,2 Efm o. R./(ha a)) und die Eiche den geringsten durchschnittlichen Zuwachs (ca. 3,7 Efm o. R./(ha a)). Unter den realen Gegebenheiten dürften die lokalen Unterschiede der Zuwachsraten noch deutlich höher sein, da die in Tabelle 6.2 dargestellten Zuwächse bereits Mittelwerte der einzelnen Bundesländer darstellen. Trotzdem werden jedem Stadt- und Landkreis aufgrund der nur mangelhaften Datenbasis die Zuwachsraten der jeweiligen Bundesländer zugeordnet. Damit lassen sich auf den jeweils vorhandenen Waldflächen die im langjährigen Durchschnitt zu erwartenden Holzerträge für die unterschiedenen Baumarten in Erntefestmeter ohne Rinde (Efm o. R.) näherungsweise bestimmen.

Aufbauend auf dem damit quantifizierbaren durchschnittlichen gesamten jährlichen Derbholzaufkommen in jedem Kreis und für jede der unterschiedenen Baumarten kann das daraus resultierende Reststoffaufkommen ermittelt werden. Dabei wird unterschieden zwischen den periodisch anfallenden Reststoffen, dem Biomasseaufkommen aus der Durchforstung und dem erntetechnisch bedingten Reststoffanfall. Die periodisch anfallende Biomasse sowie das beim Holzeinschlag (der Endnutzung) anfallende Restholz kann durch relative Anteile beschrieben werden, die das entsprechende Biomasseaufkommen auf den letztlich derzeit industriell weiterverwerteten und auf das Trockengewicht umgerechneten Vorratsfestmeter ohne Rinde beziehen. Für das bei der Durchforstung anfallende Restholz liegen flächenspezifische durchschnittliche Biomasseerträge vor /6-19/.

Periodisch anfallende Reststoffe. Das jährlich anfallende Biomasseaufkommen der Blüten, Fruchtstände und Früchte ist aufgrund meteorologischer Schwankungen außerordentlichen Variationen unterworfen. Näherungsweise kann aber - im groben Durchschnitt über viele Jahre - davon ausgegangen werden, daß das diesen organischen Stoffen korrespondierende jährliche Biomasseaufkommen bei rund 0,5 % des auf die Trockenmasse bezogenen Derbholzaufkommens liegt /6-1/. Die relativen Anteile der jährlich anfallenden Nadel- und Laubmasse, die ebenfalls von den klimatischen Bedingungen beeinflußt werden, können ebenfalls als grobe Näherungswerte in Abhängigkeit des Brusthöhendurchmessers des Stammes angegeben werden. Im Durchschnitt verschiedener Regionen und unterschiedlicher Jahre kann bei Fichten von 7,9 %, bei Kiefern von 7,2 %, bei Buchen von 1,6 % und bei Eichen von 1,5 % Biomasseaufkommen bezogen auf den auf die Trockenmasse umgerechneten Derbholzertrag ausgegangen werden /6-1/. Damit kann näherungsweise das jährlich anfallende Biomasseaufkommen aus den Wäldern der Bundesrepublik Deutschland abgeschätzt werden.

Durchforstungsrückstände. Für die bei den Durchforstungen der Jung- und Altbestände anfallende Biomasse liegen baumarten- und bestandsspezifische Werte vor, die den durchschnittlichen flächenspezifischen Anfall in Form von Hackschnitzeln angeben /6-19/. Diese Daten wurden für Buchen, Eichen, Kiefern und Fichten erhoben. Hier werden deshalb den übrigen Laub- und Nadelbäumen die mittleren Biomassedurchforstungserträge der jeweiligen Laub- (Buche und Eiche) und Nadelbäume (Kiefer und Fichte) zugeordnet. Dabei geht generell der Anfall der Biomasse mit zunehmendem Bestandsalter zurück. Für die Planung kann, unter Auswertung aller statistisch erfaßten Daten, von einem durchschnittlichen flächenspezifischen Aufkommen von rund 70 m³/ha Hackschnitzel ausgegangen werden. Aus diesen Hackschnitzelerträgen kann der Anfall an fester Biomasse abgeschätzt werden. Im Durchschnitt liegt dieser flächenspezifische Festmeterertrag der Durchforstungsrückstände bei rund 0,3 bis 0,4 m³/(ha a).

Erntetechnisch bedingte Reststoffe. Das nicht aufgearbeitete Kronenderbholz mit Rinde sowie das Reisholz mit Rinde kann ebenfalls in Abhängigkeit des Brusthöhendurchmessers des Stammes angegeben werden. Nach einer Umrechnung über Volumentafeln und Raumdichtezahlen lassen sich bei bekannter Durchmesserhäufigkeitsverteilung für jede Baumart Mittelwerte der prozentualen Anteile der unterschiedlichen Kronenkomponenten am geernteten Derbholzaufkommen ermitteln (vgl. Tabelle 6.3). Demnach liegt beispielsweise der Anteil der Astholzkomponenten am Derbholz mit Rinde bei Fichten bei knapp 15 % und bei Eichen bei etwas über 19 %.

Tabelle 6.3 Anteile der Astholzkomponenten am Derbholz mit Rinde /6-1/

	Fichte	Kiefer	Buche	Eiche
	in % des Derbholzaufkommens mit Rinde (Trockengewicht)			
nicht aufgearbeites Kronenderbholz mit Rinde	1,9	3,1	3,4	8,2
Reisholz mit Rinde	12,7	14,7	17,1	11,0

Die relativen Anteile der Rinde des aufgearbeiteten Holzes können über die Rindenabzugsprozente, wie sie in der holzverarbeitenden Industrie üblich sind, bestimmt werden. Danach besteht bei Fichten rund 10 %, bei Kiefern und Eichen jeweils ca. 12 % und bei Buchen etwa 8 % des gesamten Stammholzes aus Rinde /6-1/. Zwar gibt es auch hier große Unterschiede u. a. in Abhängigkeit vom Durchmesser des Stammes; sie gleichen sich aber schon innerhalb eines Waldstückes weitgehend aus.

Über die Anteile des Stockholzes am aufgearbeiteten Holz liegen nur wenige und z. T. sehr unterschiedliche Angaben vor. Unter Zugrundelegung der in der Literatur verfügbaren Bandbreite (vgl. /6-1/) der relativen Anteile für Stock- und Stubbenholz werden hier Mittelwerte angegeben (vgl.

186   6 Energetische Nutzung forstwirtschaftlicher Reststoffe

Tabelle 6.4 Stockholz- und Stubbenholzanteile für verschiedene Baumarten bezogen auf das Trockenmasseaufkommen des Derbholzes /6-1/

	Fichte	Kiefer	Buche	Eiche
	in % des Derbholzaufkommens mit Rinde (Trockengewicht)			
Stockholz	30	25	25	25
Stubbenholz	10	10	10	10

Tabelle 6.4). Demnach liegt der Anteil des Stubbenholzes am gesamten Trockenmasseaufkommen des Derbholzes bei rund 10 %. Der Anteil des gesamten Stockholzes ist demgegenüber deutlich höher und beträgt beispielsweise bei Eichen ca. 25 % und bei Fichten etwa 30 %.

Damit liegen für die vier wesentlichen Baumarten Fichte, Kiefer, Buche und Eiche die relativen Anteile der verschiedenen Reststoffkomponenten vom Trockengewicht der Vorratsfestmeter mit Rinde (d. h. des Derbholzes mit Rinde) vor. Bei Tannen dürften die Reststoffanteile ähnlich denen der Fichten sein. Douglasien und Lärchen können aufgrund ihres unbedeutenden Anteils am Gesamtaufkommen näherungsweise vernachlässigt werden. Für die neben Buchen und Eichen in den Wäldern der Bundesrepublik Deutschland kultivierten Laubbäume wird unterstellt, daß sich die Reststoffanteile zwischen denen der Buche und denen der Eiche bewegen.

Um aus dem im langjährigen Durchschnitt anfallenden Derbholz mit Rinde und den relativen Anteilen der Reststoffkomponenten am Trockengewicht des Derbholzes mit Rinde das gesamte bei der Stammholzernte anfallende Reststoffaufkommen zu ermitteln, ist eine Umrechnung in das Trockengewicht mittels Raumdichtezahlen erforderlich. Dabei muß zwischen den Raumdichten des Stammes und der Rinde unterschieden werden /6-1/.

6.2.2   Abschätzung des gesamten Potentials

Das Trockenmasseaufkommen, wie es auf der Basis der diskutierten Zusammenhänge quantifiziert werden kann, ist für die einzelnen Bundesländer bzw. die Bundesrepublik Deutschland unterteilt in Astholz, Rinde und Stockholz, d. h. die Komponenten, die bei der Waldbewirtschaftung anfallen, und die sonstigen Reststoffe (d. h. periodisch anfallendes Reststoffaufkommen und Durchforstungsrückstände) in Abb. 6.4 dargestellt. Nicht aufgeführt sind, aufgrund der nur geringen Bedeutung, die entsprechenden Potentiale in den Stadtstaaten; sie sind aber in der Gesamtsumme enthalten.

Insgesamt gesehen ist demnach das bei der Ernte anfallende Reststoffaufkommen am höchsten. Bezogen auf den gesamten Anfall an organischen Reststoffen nimmt die sonstige Biomasse nur einen Anteil von ca. 13 % ein. Bei dem bei der Stammholzernte anfallenden Restholzaufkommen nimmt wiederum das Stockholz (d. h. das Stubbenholz und die Wurzeln) mit über der Hälfte die größten Anteile ein. Ein weiteres knappes Drittel resultiert aus dem Astholz; der Anteil der Rinde liegt bei weniger als einem Fünftel. Die bei der Ernte anfallenden Reststoffmengen sind in Bayern am größten (ca. 1,30 Mio. t/a an Astholz, ca. 0,75 Mio. t/a an Rinde und ca. 2,25 Mio. t/a an Stockholz sowie rund 0,70 Mio. t/a an sonstigen organischen Reststoffen). Sehr gering ist das vergleichbare Reststoffaufkommen demgegenüber in Schleswig-Holstein aufgrund der kleineren Landesfläche und des deutlich geringeren Waldflächenanteils.

6.2 Technisch nutzbares Reststoffaufkommen   187

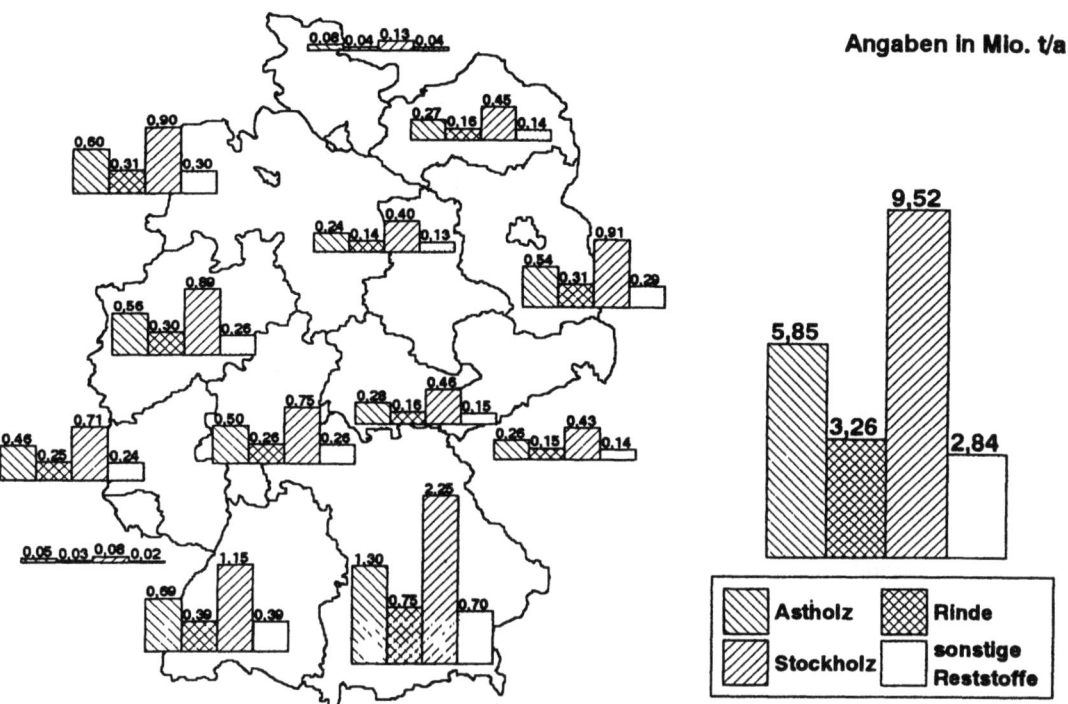

Abb. 6.4 Trockenmasseaufkommen des Reststoffanfalls aus den Wäldern in einzelnen Bundesländern und in der Bundesrepublik Deutschland

6.2.3 Restriktionen einer technischen Nutzung

Die gesamten auf den statistisch erfaßten Waldflächen der Bundesrepublik Deutschland theoretisch anfallenden und in Abb. 6.4 dargestellten Reststoffe können aufgrund einer Vielzahl von Restriktionen nicht vollständig energetisch genutzt werden /6-2/. Dabei kann zwischen Restriktionen unterschieden werden, die eine Nutzung der anfallenden Biomasse als Energieträger entweder vollständig oder teilweise ausschließen. Im folgenden werden zunächst die vollständig ausschließenden Kriterien diskutiert.
- Die jährlich anfallenden Blätter und Nadeln sind durch einen besonders hohen Gehalt an Mineralstoffen gekennzeichnet. Ein Entzug dieser nährstoffreichen Baumkomponenten aus dem Wald würde zu einem Nährstoffverlust für den i. allg. relativ nährstoffarmen Waldboden führen. Daher sollten diese Reststoffe auf jeden Fall in den Forsten verbleiben. Zwar besteht hier grundsätzlich die Möglichkeit, die Mineralstoffverluste durch Düngung wieder auszugleichen. Solche Maßnahmen verursachen jedoch nicht nur zusätzliche Kosten, sondern können auch die Qualität des aus den Waldgebieten entnommenen Trinkwassers herabsetzen. Außerdem verschlechtert sich durch den Entzug der Blatt- und Nadelmasse der Humusgehalt des Bodens; damit geht die Austauschkapazität zurück und die Wasserspeicherleistung kann beeinträchtigt werden. Das Sammeln der Blätter und Nadeln dürfte zusätzlich aufgrund der beim Laubfall meist vorliegenden schlechten meteorologi-

schen Bedingungen (d. h. Spätherbst, hohe Niederschlagswahrscheinlichkeit) und den topografischen Gegebenheiten in den Wäldern (u. a. Steilhänge, schlechte Zuwegung) schwierig sein. Auch ist noch nicht zweifelsfrei durch eine Gesamtenergiebilanz geklärt, ob die durch das Sammeln und Trocknen (beispielsweise des Laubes) und die u. U. notwendige zusätzliche Düngung des Waldes aufgewendete Energie kleiner ist als der technisch nutzbare Energieinhalt und damit letztlich der Gesamtenergieertrag positiv ist. Aufgrund dieser Effekte und Zusammenhänge wird die Biomasse der Blätter und Nadeln, auch im Sinne der langfristigen Erhaltung und Bewahrung des Waldes, der Bodenqualität und des Ökosystems Wald, für eine energetische Nutzung als nicht verfügbar erachtet.

- Prinzipiell gelten diese Überlegungen auch für Blüten, Früchte und Fruchtstände. Dieses auch jährlich, aufgrund von klimatischen Einflüssen jedoch mit einer großen Variationsbreite bezüglich der Mengen, anfallende Biomasseaufkommen ist ebenfalls besonders nährstoffreich. Es stellt darüber hinaus eine wichtige Nahrungsquelle für eine Vielzahl von Lebewesen des Ökosystems Wald wie z. B. Insekten (u. a. Käfer, Bienen) oder Säugetiere (u. a. Eichhörnchen, Wildschweine) dar. Außerdem dürfte beispielsweise das großtechnische Sammeln von im Wald wachsenden Früchten wie Tannenzapfen, Eicheln, Bucheckern oder Haselnüssen und abgestorbenen Blüten mit erheblichen technischen Problemen verbunden sein. Deshalb wird unterstellt, daß auch dieses Biomasseaufkommen für eine energetische Verwertung nicht verfügbar ist.

Damit sind die periodisch im Wald anfallenden organischen Reststoffe als nicht energetisch nutzbar anzusehen. Zusätzlich ist auch die bei der Durchforstung oder bei der Stammholzernte anfallende Biomasse nicht vollständig für eine energetische Nutzung aufgrund der im folgenden diskutierten restriktiven Parameter verfügbar.

- Ein Teil der statistisch ausgewiesenen Waldflächen ist als Weg angelegt, mit Sträuchern, Büschen oder ähnlichem niedrigem Gehölz bewachsen oder unbewaldet (z. B. Waldlichtungen). Außerdem ist in besonders ungünstigen Waldlagen eine Waldbewirtschaftung bzw. ein Einschlag nicht oder nur sehr eingeschränkt möglich. Damit sind die Flächen, die für eine Gewinnung der Durchforstungsrückstände und des Biomasseaufkommens aus der Stammholzernte verfügbar sind, im groben Durchschnitt rund 10 % geringer als die insgesamt ausgewiesenen Waldflächen. Zusätzlich sind verschiedene Waldgebiete aufgrund administrativer Verordnungen im Rahmen des Natur-, Landschafts- und Gewässerschutzes für eine forstwirtschaftliche Nutzung nicht oder nur eingeschränkt verfügbar. Auch dürfen Naturschutzgebiete entweder überhaupt nicht oder nur mäßig durchforstet werden. Aufgrund dieser und daraus resultierender Restriktionen muß davon ausgegangen werden, daß sich die statistisch erfaßten Waldflächen, auf denen das Reststoffaufkommen aus der Durchforstung und der Stammholzernte technisch nutzbar gemacht werden könnte, im groben Durchschnitt um weitere 5 % vermindern (allein der Anteil der Naturschutzgebiete an den Waldflächen der Bundesrepublik Deutschland beträgt ca. 4,6 % /6-3/). Infolge dieser Überlegungen stehen letztlich nur noch etwa 85 % der als Waldflächen statistisch erfaßten Gebiete für eine Gewinnung des Reststoffaufkommens aus der Waldbewirtschaftung zur Verfügung.

- Das bei der Durchforstung anfallende Biomasseaufkommen kann ebenfalls nicht vollständig technisch nutzbar gemacht werden. Neben den Anteilen, die aufgrund der derzeitigen Erntetechnik überhaupt nicht verfügbar gemacht werden können, sollte, aus Gründen der Erhaltung des Humus- und Nährstoffgehalts, ein weiterer Teil der Reststoffe ebenfalls auf der Waldfläche verbleiben. Diese langsam verrottende Biomasse erfüllt u. a. eine nicht zu unterschätzende Schutzfunktion für die Tiere des Waldes. Deshalb wird unterstellt, daß auf den Flächen, auf denen eine Bergung der

Durchforstungsrückstände überhaupt möglich erscheint, nur rund zwei Drittel des Biomasseaufkommens auch energetisch genutzt werden können.
- Auch kann nicht das gesamte bei der Stammholzernte neben dem industriell verwertbaren Stammholz anfallende Aufkommen an organischen Reststoffen technisch gewonnen werden. Nicht auf allen Waldflächen, die für den Einschlag geeignet sind, ist die Bergung der anfallenden Reststoffmenge auch möglich (z. B. sind einige Waldflächen aufgrund ihrer Hangneigung zwar für einen Einschlag, nicht jedoch für das Bergen der Wurzeln geeignet). Zusätzlich kann eine u. U. gegebene ungünstige Bodenstruktur ein Gewinnen des Stock- und Stubbenholzes völlig ausschließen (z. B. hoher Felsanteil im Boden). Diese und weitere Restriktionen auf den für einen Einschlag prinzipiell geeigneten Flächen führen beim Kronen- und Reisholz zu einer Verminderung des theoretischen Potentials von etwa einem Drittel. Beim Stock- und Stubbenholz liegt der technisch gewinnbare Anteil - bezogen auf das gesamte Reststoffaufkommen - deshalb nur bei etwa einem Fünftel.

Unter Berücksichtigung dieser restriktiven Parameter bzw. der diskutierten Eingrenzungen kann aus dem in Kap. 6.2.2 dargestellten gesamten Reststoffaufkommen aus den Wäldern der Bundesrepublik Deutschand der technisch gewinnbare und energetisch nutzbare Anteil ermittelt werden.

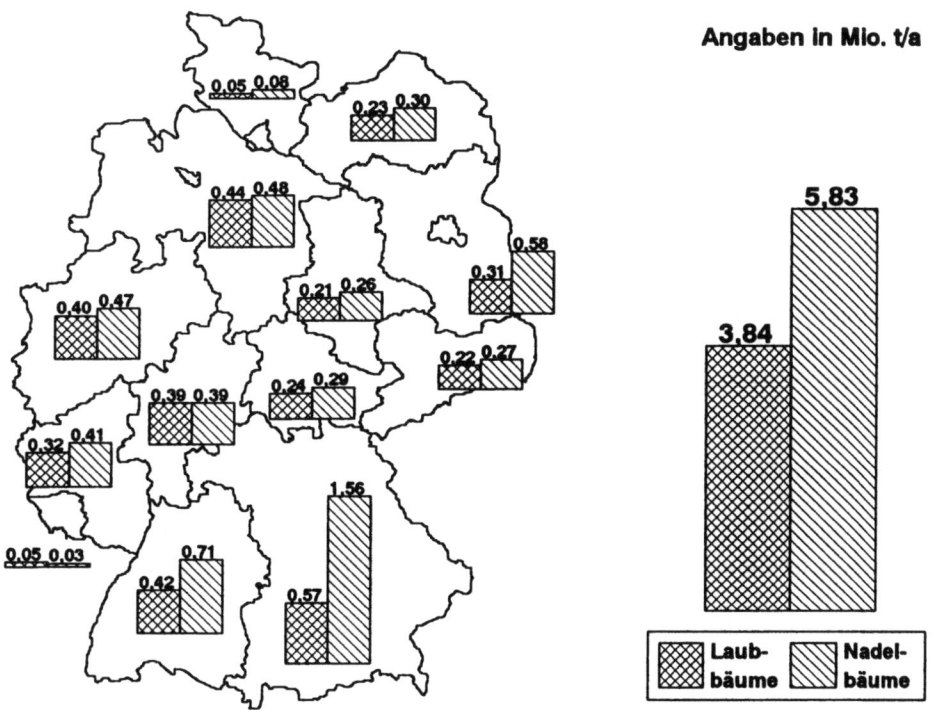

Abb. 6.5 Technisch nutzbares Reststoffaufkommen aus den Wäldern in einzelnen Bundesländern und in der Bundesrepublik Deutschland

190   6 Energetische Nutzung forstwirtschaftlicher Reststoffe

6.2.4   Energetisch nutzbares Restholzaufkommen

Unter Berücksichtigung der in Kap. 6.2.3 dargestellten Restriktionen ergibt sich das in Abb. 6.5 dargestellte technisch gewinnbare und energetisch verwertbare Restholzaufkommen in einzelnen Bundesländern. Die in der Grafik nicht gezeigten Reststoffpotentiale der Stadtstaaten sind in den ebenfalls dargestellten Summenwerten für die Bundesrepublik Deutschland enthalten.

Demnach ist in Deutschland ein technisch nutzbares Reststoffaufkommen von ca. 9,7 Mio. t/a gegeben. Davon nehmen die Reststoffe aus den vorwiegend mit Laubbäumen bewaldeten Flächen einen Anteil von rund 40 % und die aus den Nadelwäldern von etwa 60 % ein. Bayern ist mit 2,1 Mio. t/a (ca. 22 % des Gesamtaufkommens) das Bundesland mit dem größten technisch gewinnbaren und energetisch nutzbaren Reststoffaufkommen aus der Waldbewirtschaftung.

Die relativen Anteile des Laub- und Nadelholzes am gesamten Reststoffaufkommen sind von Bundesland zu Bundesland unterschiedlich. Während beispielsweise in Bayern das Nadelholz rund drei Viertel des gesamten energetisch nutzbaren Reststoffanfalls ausmacht, ist in Niedersachsen oder Nordrhein-Westfalen das Aufkommen aus dem Laub- und Nadelholz in etwa gleich groß. In Hessen und im Saarland überwiegt demgegenüber der Anteil des technisch nutzbaren Laubholzes. Ursache dafür ist zum einen, daß im Gegensatz zum Bundesdurchschnitt in Hessen Laub- und Nadelwald in etwa gleichen Anteilen vertreten sind, während im Saarland der Laubwaldanteil überwiegt. Zum anderen ist insgesamt bei Laubwäldern der flächenspezifische technisch gewinnbare und energetisch nutzbare Reststoffanfall größer als bei Nadelwäldern.

6.3   Bestimmung der Energiepotentiale

Aufbauend auf dem bisher bestimmten energetisch nutzbaren Reststoffaufkommen werden im folgenden die daraus resultierenden Energiepotentiale aufgezeigt und unter Berücksichtigung der regionalen Unterschiede diskutiert.

6.3.1   Methodische Vorgehensweise

Für jeden Kreis der Bundesrepublik Deutschland kann unter Berücksichtigung der in Kap. 6.2.3 dargestellten Restriktionen das gesamte technisch gewinnbare und energetisch nutzbare Reststoffaufkommen bestimmt werden. Daraus errechnet sich das technische Energiepotential mit den spezifischen Energieinhalten des Biomasseaufkommens der einzelnen Baumarten. Dabei unterscheiden sich im feuchten Zustand die Heizwerte der verschiedenen Baumarten erheblich. Während beispielsweise waldfrisches Eichenholz einen Heizwert von 10,8 GJ/fm aufweist, liegt der Heizwert von waldfrischen Weiden- oder Pappelholz nur bei rund 6,1 GJ/fm /6-7/.

Wird das Reststoffaufkommen vor der energetischen Nutzung dagegen an der Luft getrocknet (Feuchtegehalt 15 bis 20 %), liegt der durchschnittliche Heizwert bei rund 15 MJ/kg /6-2/; damit kann aus dem technisch nutzbaren Reststoffaufkommen das korrespondierende Energiepotential berechnet werden. Der Heizwert des Biomasseaufkommens der verschiedenen Baumarten unterscheidet sich im lufttrockenen Zustand nur geringfügig und schwankt beispielsweise zwischen rund 14,7 MJ/kg bei

6.3 Bestimmung der Energiepotentiale

Erlen und rund 15,5 MJ/kg bei Lärchen. Die Angaben beziehen sich auf einen Feuchtegehalt von rund 15 % Darrgewicht, d. h. die Masse des absolut trockenen Holzes.

Damit ist es letztlich möglich, auf der Basis der statistisch erfaßten Waldflächen für jeden Kreis in der Bundesrepublik Deutschland die Energieinhalte der in der Forstwirtschaft anfallenden und für eine energetische Nutzung verfügbaren Reststoffe zu bestimmen. Dabei wird unterschieden zwischen den verschiedenen Baumarten (Fichte, Tanne, Kiefer, sonstige Nadelbäume bzw. Buche, Eiche, sonstige Laubbäume) und den unterschiedlichen Reststoffkomponenten (Astholz, Rinde, Stockholz).

6.3.2 Technische Energiepotentiale

Das damit quantifizierte technisch nutzbare Energiepotential einzelner Bundesländer und der Bundesrepublik Deutschland zeigt Abb. 6.6. Demnach könnten durch die energetische Nutzung forstwirtschaftlicher Reststoffe ca. 141,7 PJ/a in der Bundesrepublik Deutschland gewonnen werden. Davon liefern das bei der Stammholzernte anfallende und technisch nutzbare Astholz, das Stockholz und die Rinde einen Anteil von insgesamt rund 81 %. Die bei der Durchforstung anfallenden Reststoffe nehmen dementsprechend einen Anteil von ca. 19 % ein. Die energetische Nutzung des Astholzes

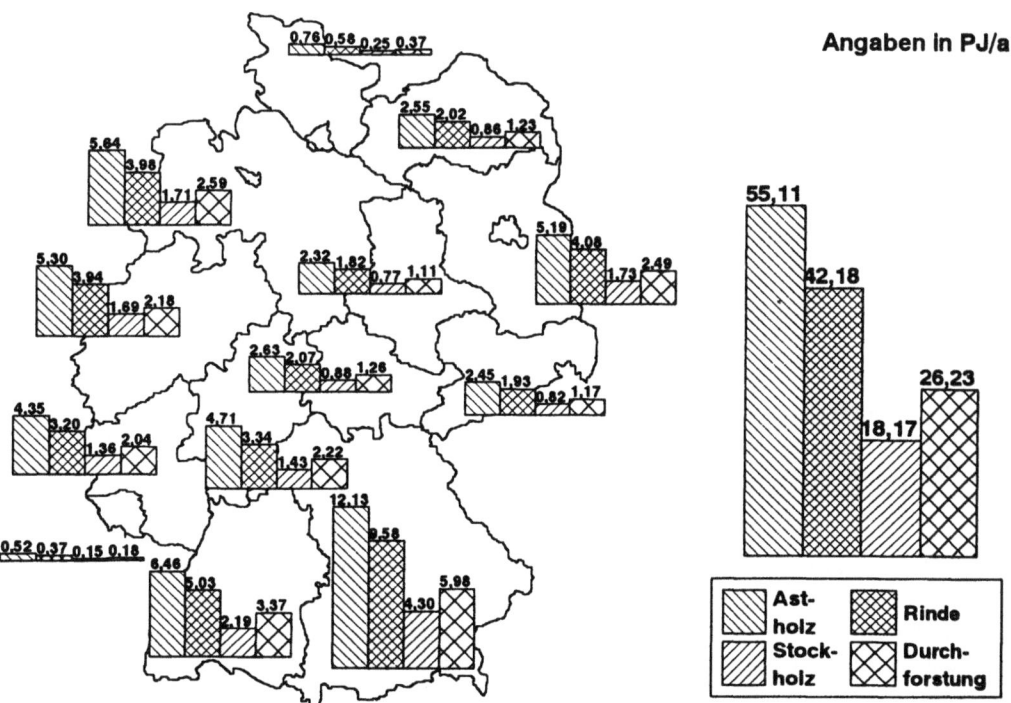

Abb. 6.6 Technisch nutzbare Energiepotentiale forstwirtschaftlicher Reststoffe in einzelnen Bundesländern und in der Bundesrepublik Deutschland

bildet mit rund 38 % den größten Anteil (ca. 55,1 PJ/a) und die anfallende Rinde trägt mit knapp 30 % zum technisch nutzbaren Energiepotential bei. Den kleinsten Anteil von rund 13 % nimmt das technisch nutzbare Stockholz mit etwa 18,2 PJ/a ein.

Die energetisch nutzbaren Restholzpotentiale können mit dem gesamten Restholzaufkommen (vgl. Abb. 6.4) verglichen werden. Dabei wird deutlich, daß zwar das Stockholz denjenigen Restholzanteil mit dem mengenmäßig größten Aufkommen darstellt, beim technisch nutzbaren Energiepotential aber nur den geringsten Beitrag zum gesamten Energiepotential aus Restholz aufweist. Ursache sind die hohen Nutzungseinschränkungen beim Stockholz, die dazu führen, daß nur ein kleiner Anteil (ca. 13 %) des gesamten anfallenden Stockholzes technisch gewonnen und energetisch verwertet werden kann. Demgegenüber kann die anfallende Rinde zu fast 86 % und das Astholz zu rund 60 % genutzt werden. Von den Reststoffen, die bei der Durchforstung anfallen, sind rund zwei Drittel energetisch nutzbar.

Tabelle 6.5 Absolute, einwohner- und flächenspezifische energetisch nutzbare Restholzpotentiale sowie die Schwankungsbreite zwischen den einzelnen Kreisen

	Energiepotential	einwohnerspezifisches Energiepotential		flächenspezifisches Energiepotential	
		Durchschnitt	Bandbreite	Durchschnitt	Bandbreite
	in PJ/a	in GJ/(EW a)		in GJ/(ha a)	
Baden-Württemberg	17,05	1,77	0,06 - 5,33	4,77	1,21 - 6,42
Bayern	31,99	2,85	0,01 - 9,57	4,53	0,07 - 8,44
Berlin	0,20	0,06	0,01 - 9,57	2,23	0,07 - 8,44
Brandenburg	13,49	5,11	0,12 -20,23	4,64	0,09 - 91,44
Bremen	0,01	0,02	0,01 - 0,02	2,47	0,16 - 0,41
Hamburg	0,05	0,03	0,01 - 0,02	0,66	0,16 - 0,41
Hessen	11,70	2,07	0,07 - 6,33	5,54	1,76 - 6,46
Mecklenburg-Vorpommern	6,66	3,39	0,01 -27,03	2,79	0,00 - 20,23
Niedersachsen	13,92	1,91	0,02 -11,02	2,94	0,08 - 6,60
Nordrhein-Westfalen	13,11	0,77	0,02 -11,02	3,85	0,53 - 8,37
Rheinland-Pfalz	10,95	2,96	0,00 - 7,85	5,52	0,09 - 10,49
Saarland	1,22	1,15	0,58 - 2,54	4,75	4,57 - 5,04
Sachsen	6,37	1,29	0,00 - 7,70	3,47	0,01 - 19,20
Sachsen-Anhalt	6,02	1,69	0,01 - 1,50	2,46	0,12 - 20,03
Schleswig-Holstein	1,96	0,76	0,01 - 2,21	1,25	0,30 - 2,71
Thüringen	6,84	2,55	0,02 - 9,05	4,21	0,03 - 64,26
Bundesrepublik Deutschland	141,69	1,79	0,01 -20,23	3,97	0,00 - 91,43

Tabelle 6.5 zeigt den Vergleich der einwohner- und flächenspezifischen Energiepotentiale. Dargestellt ist die in den einzelnen Bundesländern gegebene Bandbreite der spezifischen Potentiale, wie sie zwischen den einzelnen Kreisen vorliegt, sowie die mittleren spezifischen Werte der verschiedenen Bundesländer. Im Durchschnitt ist demnach in der Bundesrepublik Deutschland ein einwohnerspezifisches Potential von 1,79 GJ/(EW a) gegeben. Brandenburg verfügt, aufgrund der geringen Besiedlungsdichte, über die höchsten und die Stadtstaaten erwartungsgemäß über die geringsten mittleren einwohnerspezifischen Potentiale. Der mittlere flächenspezifische Wert in der Bundes-

republik Deutschland liegt bei rund 3,97 GJ/(ha a); hier weisen die Länder Hessen und Rheinland-Pfalz die höchsten Werte auf. Bei den angegebenen Bandbreiten der spezifischen Potentiale der Kreise liegt die untere Grenze in der Regel fast bei null, da praktisch in jedem Bundesland wenigstens ein Stadtkreis vertreten ist, in dem die forstwirtschaftliche Nutzung vernachlässigbar gering ist.

Bezogen auf den gesamten Endenergieverbrauch in der Bundesrepublik Deutschland im Jahr 1991 (vgl. Kap. 1.4.1 bzw. Tabelle 1.3) nimmt dieses technisch gewinnbare und energetisch nutzbare Reststoffaufkommen aus der Waldbewirtschaftung einen Anteil von rund 1,5 % ein. Die forstwirtschaftlichen Reststoffe dürften jedoch vorrangig zur Bereitstellung von Raum- und/oder Prozeßwärme genutzt werden. Der entsprechende Anteil dieses regenerativen Energiepotentials am Endenergieeinsatz für die Raum- und Prozeßwärmebereitstellung in Deutschland im Jahr 1991 (vgl. Kap. 1.4.1) beträgt ca. 2,4 %.

6.3.3 Derzeitige Nutzung

Holz trägt in der Bundesrepublik Deutschland derzeit mit etwa 0,025 % zur Deckung des Primärenergieeinsatzes bei /6-9/. In ländlichen Gebieten wird es vereinzelt zum Heizen und Kochen genutzt. Ein nicht unerheblicher Anteil dient zusätzlich als Kaminholz; dieser Anteil wird aber zum großen Teil nicht statistisch erfaßt. Der tatsächliche Anteil am Primärenergieverbrauch dürfte damit geringfügig höher liegen.

Die hauptsächlich in der Holzindustrie anfallenden brennbaren Abfälle werden dort vielfach zur Erzeugung von Heiz- und Prozeßwärme genutzt. In zunehmenden Maße wird Holz auch zur Gewinnung elektrischer Energie in Anlagen mit Kraft-Wärme-Kopplung eingesetzt. Im Jahr 1990 waren insgesamt 32 solcher Anlagen, die teilweise oder vollständig mit Holz beschickt wurden, statistisch erfaßt. Die gesamte installierte Leistung dieser Konversionsanlagen betrug knapp 20 MW. Diese Heizkraftwerke erzeugten 1990 ca. 39,4 GWh/a an elektrischer Energie, wovon nur rund 3,7 GWh/a ins Netz der öffentlichen Versorgung eingespeist wurde und der Rest zur Eigenbedarfsdeckung in den jeweiligen Betrieben diente /6-9/.

Neben diesen größeren Anlagen gibt es zur Zeit in Deutschland ca. 400 000 Anlagen im kleinen Leistungsbereich, in denen Holz als Brennstoff genutzt wird. Diese Anlagen dienen aber vorwiegend zur Erzeugung von Heizwärme.

6.4 Kosten einer energetischen Nutzung

Neben den technischen Potentialen sind die Kosten ein weiteres wesentliches Kriterium zur Bewertung des technischen Restholzpotentials. Deshalb werden im folgenden die Energieträgerkosten frei Wald und die daraus resultierenden Nutzenergiebereitstellungskosten bestimmt und diskutiert.

194   6 Energetische Nutzung forstwirtschaftlicher Reststoffe

6.4.1 Energieträgerkosten

Die forstwirtschaftlichen Reststoffe können - zumindest die massigeren Anteile - in Form von Brennholz (d. h. Scheitholz mit einer Länge von 30 bis 50 cm oder als Rollenholz mit einer Länge von bis zu 100 cm) oder - dies gilt für das gesamte Restholzaufkommen - als Hackschnitzel (d. h. in zerkleinerter Form) einer energetischen Verwertung zugeführt werden. Die Holzhackschnitzel lassen sich entweder lose oder verpresst zu Briketts mit näherungsweise standardisierten Eigenschaften als Energieträger verwenden. Tabelle 6.6 zeigt diese beiden grundsätzlichen Möglichkeiten und die entsprechenden Unterschiede bezüglich der Brennstoffeigenschaften und der Energieträgerverwendung. Hackschnitzel haben demnach - im verdichteten oder unverdichteten Zustand - gegenüber Brennholz den Vorteil, daß sie eine mechanische Brennraumbeschickung ermöglichen.

Tabelle 6.6 Aufbereitungsformen des Energieträgers Restholz /6-10/

		Brennholz		Hack-schnitzel
		Scheitholz	Rollenholz	
Schüttgewicht	in kg/m^3	250 - 500	300 - 500	160 - 250
Gewicht je Einheit	in kg	0,4 - 2,5	3 - 25	0,03 - 0,2
Lagerraumbedarf[1]	in m^3	40 - 105	40 - 70	70 - 105
Brennraumbeschickung		manuell	manuell	mechanisch, manuell

[1] bezogen auf den Jahresvorrat eines mittleren Wohnhauses.

Für eine spätere energetische Verwertung des bei der Durchforstung und bei der Stammholzernte anfallenden Restholzes bietet es sich an, das technisch gewinnbare Biomasseaufkommen vor Ort zu Hackschnitzel zu verarbeiten. Dadurch wird eine erhebliche Volumenreduktion z. B. des meist sehr voluminösen Reisholzes erzielt und dadurch auch eine Minimierung der Transportaufwendungen vom Wald zur Verbrennungsstätte erreicht. Im folgenden werden deshalb, neben den Restholzgestehungskosten frei Wald, auch die Energieträgerkosten auf der Basis einer Hackschnitzelerzeugung im Wald analysiert.

Zur Abschätzung der möglichen Bandbreite der Energieträgerkosten für das Restholz frei Wald werden drei unterschiedliche Ansätze diskutiert. Die untere Grenze der möglichen Energieträgergestehungskosten kann dadurch festgelegt werden, daß das Restholz als ein kostenneutrales Nebenprodukt der Stammholzernte angesehen wird und damit nur die Sammel- und ggf. Hackschnitzelerzeugungskosten anfallen (Ansatz I). Die obere Bandbreite ist dadurch festgelegt, daß dem Restholz - zusätzlich zu den Sammel- und u. U. Hackschnitzelerzeugungskosten - ein bestimmter Teil des Waldbewirtschaftungsaufwandes angelastet wird (Ansatz II). Schließlich kann aber auch argumentiert werden, daß das Restholz bei einer energetischen Verwertung zumindest einen dem Brennholz vergleichbaren Erlös erbringen müßte (Ansatz III).

Ansatz I. Für die Abschätzung des unteren Kostenspektrums für den Energieträger Restholz wird dieses Reststoffaufkommen als ein nicht monetär zu bewertendes Nebenprodukt der Forstbewirtschaftung angesehen. Kosten entstehen nur durch eine Verfügbarmachung dieser Biomasse.
- Bei der Bestimmung der Kosten muß zwischen den verschiedenen Reststoffkomponenten unterschieden werden, die bei der Durchforstung bzw. der Stammholzernte anfallen. Wird bei der

6.4 Kosten einer energetischen Nutzung

Erzeugung von Holzhackschnitzeln aus Durchforstungsrückständen nur die zusätzliche Hackschnitzelproduktion dem Energieträger Restholz angelastet und hier von Aufwendungen zwischen 360 und 450 DM/ha zuzüglich weiterer Kosten von rund 500 DM/ha ausgegangen, errechnen sich bei einem unterstellten Biomasseertrag der Durchforstung zwischen 4 und 8 t/(ha a) spezifische Hackschnitzelgestehungskosten frei Wald von 6,0 bis 13,3 DM/GJ.

- Bei den Reststoffen, die bei der Stammholzernte anfallen, muß ebenfalls zwischen den verschiedenen anfallenden Komponenten unterschieden werden. Dabei bilden die Energieträgerkosten für die Rinde das untere Spektrum der möglichen Kosten. Wird das Stammholz am Hiebort oder - wie es zunehmend der Fall ist - bei der holzverarbeitenden Industrie entrindet, liegt die Rinde bereits in zerkleinerter Form und konzentriert an einem Ort vor; unter diesen Bedingungen fallen keine Energieträgerkosten an, da die Entrindungskosten infolge des Produktionsprozesses anfallen und dem Stammholz angelastet werden. Die Rinde kann dann direkt, d. h. ohne eine vorherige Hackschnitzelerzeugung, als Energieträger einer thermischen Verwertung zugeführt werden.
- Bei der Bestimmung der Kosten für das nicht aufgearbeitete Kronenderbholz und das Reisholz muß zwischen einer Erzeugung von Brennholz und von Holzhackschnitzeln unterschieden werden. Bei einer Brennholzgewinnung fallen die Sammelkosten für die Biomasse und die Aufwendungen für die entsprechende Aufarbeitung als Scheit- oder Rollenholz an. Hier kann von einer Bandbreite der möglichen Kosten frei Wald - je nach Aufwand, Holzanfall und anderen örtlich bedingten Parametern - von 6,2 bis 13,9 DM/GJ ausgegangen werden. Wird dieses Biomasseaufkommen mit Hilfe von mobilen Anlagen im Wald zu Hackschnitzeln verarbeitet, addieren sich zu den Sammelkosten diese Aufbereitungskosten. Unter diesen Bedingungen ergeben sich Hackschnitzelerzeugungskosten frei Wald zwischen 9,8 und 17,4 DM/GJ.
- Die Energieträgerkosten für das Stock- und Wurzelholz - ebenfalls in Form von Hackschnitzeln - liegen im Schnitt noch höher; es ist relativ aufwendig, das Stock- und insbesondere das Wurzelholz zu gewinnen. Günstigstenfalls können die Energieträgerkosten für die entsprechenden Hackschnitzel frei Wald bei rund 13,5 DM/GJ und unter realistischeren Gegebenheiten bei etwa 22,5 DM/GJ liegen. Sind aufgrund der örtlich unterschiedlichen Bodenstruktur ungünstigere Bedingungen für die Gewinnung des Stock- und Wurzelholzes gegeben, können die spezifischen Kosten noch um ein Vielfaches höher liegen.

Die Energieträgerkosten für das Restholz frei Wald liegen - den diskutierten Annahmen zufolge - zwischen 0 DM/GJ für die bei der Wald- oder Werksentrindung anfallende Rinde und ca. 22,5 DM/GJ für eine Hackschnitzelerzeugung aus Stock- und Wurzelholz.

Verglichen mit den Aufwendungen für die fossilen Energieträger, wie sie von industriellen Nachfragern und Haushaltskunden derzeit aufzuwenden sind (vgl. Kap. 1.4.2 bzw. Tabelle 1.4), liegen damit die Energieträgerkosten für das Restholz frei Wald teilweise darunter, z. T. aber auch darüber. Im groben Durchschnitt muß jedoch davon ausgegangen werden, daß die Brennholz- und Hackschnitzelerzeugungskosten frei Wald ohne Berücksichtigung von Transportaufwendungen unter günstigen Umständen etwa im Bereich der fossilen Energieträger liegen, unter weniger optimalen Rahmenbedingungen z. T. auch erheblich darüber. Diese Relation verschlechtert sich noch, wenn die z. T. erheblichen Aufwendungen berücksichtigt werden, die für den Transport der Biomasse vom Wald zu dem Standort der Konversionsanlage zu veranschlagen sind. Bei dieser Gegenüberstellung muß aber beachtet werden, daß hier die Preise von bereits etablierten und verfügbaren fossilen Energieträgern einer noch nicht großtechnisch genutzten Option gegenübergestellt werden, die noch durch ein gewisses Entwicklungspotential gekennzeichnet ist. Dieser Vergleich kann deshalb nur der groben Einordnung dieses regenerativen Energieträgers in das gegenwärtige Energiesystem dienen.

Ansatz II. Die Waldbewirtschaftung ist mit einem erheblichen Aufwand für die Durchforstung, den Einschlag und die Stammholzernte, die Waldpflege, den Wegebau etc. verbunden; diese Aufwendungen sind, zumindest für den öffentlichen Wald, statistisch ausgewiesen /6-11/. Werden die energetisch nutzbaren forstwirtschaftlichen Reststoffe einer Verbrennung zugeführt und damit auch technisch nutzbar gemacht, kann ihnen auch ein Teil dieser Waldbewirtschaftungskosten angelastet werden. Damit läßt sich ein oberes Kostenspektrum für den Energieträger Restholz ermitteln. Der dem energetisch nutzbaren Restholzaufkommen anzulastende Anteil des Waldbewirtschaftungsaufwandes dürfte dabei maximal so groß sein wie der durchschnittliche Anteil der technisch nutzbaren forstwirtschaftlichen Reststoffe an der Summe des gesamten nutzbaren Einschlag- und Reststoffvolumens. Unter diesen Rahmenannahmen liegt der Anteil der Waldbewirtschaftungskosten, der dem technisch gewinnbaren und energetisch nutzbaren Reststoffaufkommen anzulasten wäre, bei rund 30 % /6-2/.

Am Beispiel Baden-Württembergs zeigt Tabelle 6.7 für das Forstwirtschaftsjahr 1990/91 die spezifischen Betriebskosten je Festmeter Einschlag /6-11/. Demnach nimmt die Holzernte den bei weitem größten Anteil an den Gesamtkosten des Waldbetriebs ein. Mit den unterstellten dem Restholz anzulastenden rund 30 % der gesamten Waldbetriebskosten ergibt sich zusätzlich zu den bereits dargestellten Kosten (Ansatz I) eine Verteuerung des Energieträgers Restholz - je nach Baumart - zwischen 1,5 und 2,7 DM/GJ. Dabei muß zusätzlich beachtet werden, daß diese anteiligen Waldbewirtschaftungskosten strenggenommen nur für Baden-Württemberg gelten und von Bundesland zu Bundesland unterschiedlich sein können. Näherungsweise kann jedoch davon ausgegangen werden, daß im Bundesdurchschnitt die spezifischen Aufwendungen für die Waldbewirtschaftung und die dem energetisch nutzbaren Restholz zuzuschlagenden Kosten auch im gesamten Bundesgebiet ähnlich wie in Baden-Württemberg sein dürften.

Tabelle 6.7 Kosten der Waldbewirtschaftung am Beispiel des Wirtschaftsjahres 1990/91 für Baden-Württemberg /6-11/

Waldbetriebsaufwand	Kosten
Holzernte	41,2 DM/Efm
Kulturen	3,9 DM/Efm
Waldschutz	2,2 DM/Efm
Bestandspflege	1,2 DM/Efm
Wegeneubau	0,3 DM/Efm
Wegeunterhaltung	2,7 DM/Efm
Sozialfunktion	0,8 DM/Efm
Jagd und Fischerei	0,9 DM/Efm
sonstige Aufwendungen	1,8 DM/Efm
Summe	55,0 DM/Efm
Anteil der energetisch nutzbaren Reststoffe	16,5 DM/Efm 1,5 - 2,7 DM/GJ[1]

[1] abhängig vom mittleren Heizwert der Volumenmaße der verschiedenen Baumarten (ca. 6,2 GJ/Efm bei Pappeln bis ca. 10,8 GJ/Efm bei Eichen).

Damit ergeben sich spezifische Energieträgerkosten für das Reststoffaufkommen zwischen 1,5 DM/GJ für Rinde, die bei der Wald- oder Werksentrindung anfällt, und ca. 25,2 DM/GJ oder darüber für eine Hackschnitzelbereitstellung aus Stock- und Wurzelholz.

Diese Energieträgerkosten können ebenfalls verglichen werden mit den Aufwendungen, die von der Industrie oder den Haushalten derzeit aufzubringen sind (vgl. Kap. 1.4.2 bzw. Tabelle 1.4). Demnach liegen die Restholzgestehungskosten frei Wald unter günstigen Rahmenbedingungen unter, im Schnitt jedoch über dem Energiepreisniveau der fossilen Energieträger. Werden zusätzlich noch die Transportaufwendungen berücksichtigt, um das Brennholz oder die Hackschnitzel aus dem Wald zum Standort der energetischen Nutzung zu transportieren, liegen die Energieträgerkosten für das Restholz den diskutierten Überlegungen zufolge über dem derzeitigen Energieträgerpreisniveau. Dabei muß wieder beachtet werden, daß ein solcher Vergleich aufgrund der unterschiedlichen Qualität und des verschiedenartigen Entwicklungsstandes der gegenübergestellten Energieträger methodisch schwierig ist; diese Betrachtung soll deshalb lediglich der groben Einordnung der Energiekosten in das gegenwärtige Energiesystem der Bundesrepublik Deutschland dienen.

Ansatz III. Wird das bei der Durchforstung und bei der Stammholzernte anfallende Restholz als Energieträger genutzt, stellt es ein zumindest ansatzweise marktgängiges Produkt dar. Dann muß es aber zumindest die Marktpreise erlösen, die derzeit in der Bundesrepublik Deutschland bei einem Brennholzverkauf erzielt werden. Dabei liegen die Kosten für die Handelsware Brennholz, ohne gravierende regionale Unterschiede, in Deutschland zwischen rund 40 und 55 DM/rm bei Nadelholz und ca. 70 bis 85 DM/rm bei Laubholz /6-12/. Bezogen auf die mittleren Energieinhalte der verschiedenen Baumarten entsprechen diese Aufwendungen Energiegestehungskosten zwischen rund 6,5 und 10,9 DM/GJ bei Nadel- und ca. 9,3 bis 12,4 DM/GJ bei Laubholz.

Infolge dieser Überlegungen dürften die spezifischen Energieträgerkosten frei Wald zwischen etwa 6,5 und 12,4 DM/GJ liegen. Verglichen mit den Kosten, die derzeit von den industriellen Nachfragern und den Haushalten für die fossilen Energieträger aufzubringen sind (vgl. Kap. 1.4.2 bzw. Tabelle 1.4), liegen den diskutierten Überlegungen zufolge die Aufwendungen für die Energieträger auf der Basis von Restholz im Durchschnitt etwa in der gleichen Größenordnung. Werden jedoch zusätzlich noch die Kosten für den Transport des Brennholzes bzw. der Hackschnitzel aus dem Wald zum Standort der Verbrennungsanlage berücksichtigt, liegen die Restholzkosten geringfügig über dem derzeitigen Energiepreisniveau. Dabei soll diese Gegenüberstellung - aufgrund der schwierigen Vergleichbarkeit der Kosten des regenerativen Energieangebots mit denen der etablierten fossilen Energieträger - lediglich der groben Einordnung in die gegenwärtigen energiewirtschaftlichen Gegebenheiten dienen.

6.4.2 Nutzenergiebereitstellungskosten

Da der Verbraucher letztlich nur an der Nutzenergie und i. allg. weniger an dem Endenergieträger interessiert ist, sind die Nutzenergiebereitstellungskosten auf der Basis von Restholz auch die wichtigsten ökonomischen Kenngrößen.

Die Nutzenergiebereitstellungskosten ergeben sich aus den Investitionen für die Wärmeerzeugung und Verteilung, den jährlich anfallenden Wartungs- und Instandhaltungskosten sowie dem gesamten Brennstoffaufwand. Diese errechnen sich aus dem Brennstoffbedarf und den spezifischen Brennstoffkosten unter zusätzlicher Berücksichtigung der Hilfsenergiekosten. Für die in Kap. 1.4.2 dargestellten Referenzfälle sind - unter vergleichbaren Rahmenannahmen und entsprechenden Randbedingungen - die Nutzenergiebereitstellungskosten auf der Basis von Holzhackschnitzeln in Tabelle 6.8 dargestellt.

198 6 Energetische Nutzung forstwirtschaftlicher Reststoffe

Tabelle 6.8 Spezifische Nutzenergiebereitstellungskosten einer energetischen Nutzung forstwirtschaftlicher Reststoffe (nach /6-13, 6-14, 6-15/, modifiziert)

		Einfamilienhaus	Mehrfamilienhaus	Großverbraucher	Nahwärmesystem
Wärmebedarf[1]	in GJ/a	79	538	2 650	9 408
Wirkungsgrad[2]	in %	70	74	75	80
Investitionen[3]	in DM	16 790	67 500	394 560	3 870 750
Betriebskosten[4]	in DM/a	244	1 665	8 175	35 809
Spezifische Brennstoffkosten frei Wald					
Ansatz I	in DM/GJ		0,0 - 22,5		
Ansatz II	in DM/GJ		1,5 - 25,2		
Ansatz III	in DM/GJ		6,5 - 12,4		
Sonstiges[5]	in DM/GJ		3,4 - 8,6		
Brennstoffkosten					
Ansatz I	in DM/a	0 - 3 033	0 - 21 254	0 - 93 960	0 - 375 840
Ansatz II	in DM/a	169 - 3 394	1 182 - 23 786	5 508 - 105 152	22 032 - 420 607
Ansatz III	in DM/a	721 - 1 674	5 054 - 11 732	23 508 - 51 866	94 032 - 207 464
Spezifische Nutzenergiebereitstellungskosten[6]					
Ansatz I	in DM/GJ	26,2 - 65,3	18,3 - 56,5	26,1 - 63,8	42,3 - 83,0
	in Pf/kWh	9,4 - 23,5	6,6 - 20,3	9,4 - 23,0	15,2 - 29,9
Ansatz II	in DM/GJ	28,6 - 69,5	20,5 - 60,4	25,9 - 67,8	41,9 - 87,4
	in Pf/kWh	10,3 - 25,0	7,4 - 21,7	9,3 - 24,4	15,1 - 31,5
Ansatz III	in DM/GJ	36,4 - 49,7	27,9 - 41,7	35,7 - 49,1	53,1 - 66,4
	in Pf/kWh	13,1 - 17,9	10,1 - 15,0	12,9 - 17,7	19,1 - 23,9

[1] Bedarf für Raumwärme und Warmwasser.
[2] Kesselwirkungsgrad nach VDI 2067, unter zusätzlicher Berücksichtigung der Warmwasserversorgung im Sommer.
[3] Wärmeerzeuger (Kessel mit geringen Emissionen einschließlich Steuerung und automatischer Beschickung) mit Zubehör und Maschinenhaus bei dem Nahwärmesystem, Brennstofflagerraum, Verteilung und Heizflächen, Nahwärmesystem und sonstigen Aufwendungen.
[4] Wartung und Instanthaltung, Bedienungsaufwand, Hilfsenergie, Kaminkehrer und sonstige Aufwendungen.
[5] Transportkosten für Hackschnitzel.
[6] Abschreibungsdauer 20 Jahre.

Die Zusammenstellung zeigt die absoluten und spezifischen Aufwendungen einer energetischen Nutzung forstwirtschaftlicher Reststoffe für die Wärmeversorgung eines typischen Einfamilienhauses, eines Mehrfamilienhauses (Kosten nach /6-13, 6-14/), eines einzelnen größeren Wärmeverbrauchers (z. B. größere Gärtnerei, Schulgebäude, Rathaus; Kosten nach /6-15/) oder eines Nahwärmesystems (Kosten nach /6-15/). Bei den aufgeführten Wärmeerzeugern handelt es sich um Kessel mit Sekundärluftzufuhr, damit die Emissionsgrenzwerte eingehalten werden können. Bei dem in Tabelle 6.8 analysierten Verbraucher, der den Bedarfsfall eines durchschnittlichen Einfamilienhauses repräsentiert, wird unterstellt, daß kein eigener Lagerraum für die Hackschnitzel benötigt wird. Es wird auch - im Gegensatz zu dem Mehrfamilienhaus - ein Kessel mit nur halbautomatischer Beschickung zugrunde gelegt. Die bei den untersuchten vier Bedarfsfällen jährlich anfallenden Aufwendungen für Wartung und Instandhaltung werden mit rund 2 % des gesamten Investitionsaufwandes angesetzt /6-16/. Der gesamte Brennstoffbedarf ergibt sich aus der benötigten Jahresheizwärme (d. h. die im Brennraum aus dem Brennstoff erzeugte Wärmeenergie), die aufgrund der nicht idealen Anpassung des realen Tagesganges der Raumlufttemperatur an die geforderte Temperatur im Durchschnitt rund 5 bis 20 % über dem Jahreswärmebedarf liegt /6-17/, und dem mittleren Kesselwirkungsgrad. Unter Berücksichtigung der spezifischen Brennstoffkosten frei Wald und der durchschnittlichen Aufwendungen für den Transport des Restholzes aus dem Wald zum Verbraucher (3,4 bis 8,6 DM/GJ /6-2/) können die jährlich anfallenden Brennstoffkosten bestimmt werden. Daraus ergeben sich letztlich unter Berücksichtigung der sonstigen Aufwendungen die spezifischen Nutzenergiebereitstellungskosten.

In Tabelle 6.8 wird deutlich, daß die spezifischen Wärmegestehungskosten bei dem dargestellten Einfamilienhaus zwischen 26 und 70 DM/GJ (9,4 bis 25,0 Pf/kWh) und bei dem Mehrfamilienhhaus bei 18 bis 60 DM/GJ (6,6 bis 21,7 Pf/kWh) liegen. Bei dem betrachteten Großverbraucher (d. h. Heizkessel mit einer Feuerungsleistung von 500 kW) ergeben sich bei dem hier unterstellten Wärmebedarf spezifische Nutzenergiebereitstellungskosten von 26 bis 68 DM/GJ (9,4 bis 24,4 Pf/kWh) und bei dem dargestellten Nahwärmesystem zwischen 42 und 87 DM/GJ (15,2 bis 31,5 Pf/kWh). Damit ist bei dem Mehrfamilienhaus mit den geringsten, beim Nahwärmesystem mit den höchsten spezifischen Nutzenergiebereitstellungskosten zu rechnen. Die Aufwendungen für die Wärme sind beim Einfamilienhaus und dem Großverbraucher mit der unterstellten Verbrauchsstruktur etwa vergleichbar.

Dabei muß jedoch berücksichtigt werden, daß hier nur für beispielhafte Referenzbedarfsfälle die Nutzenergiebereitstellungskosten unter genau definierten Bedingungen mit mittleren Kosten analysiert wurden. In konkreten Anwendungsfällen sind deshalb durchaus u. U. auch größere Abweichungen zu höheren und niedrigeren Werten möglich.

Die in Tabelle 6.8 dargestellten spezifischen Nutzenergiebereitstellungskosten können mit den Aufwendungen verglichen werden, wie sie sich auf der Basis fossiler Energieträger einschließlich des entsprechenden Umwandlungssystems für vergleichbare Bedarfsfälle ergeben. Mit den derzeit üblichen Aufwendungen für fossile Energieträger (vgl. Kap. 1.4.2 bzw. Tabelle 1.4) liegen die Kosten für den unterstellten Bedarfsfall des Einfamilienhaus für eine Öl- oder Gasheizung bei ca. 48 DM/GJ, bei dem Mehrfamilienhaus bei etwa 30 DM/GJ, bei dem Großverbraucher bei rund 26 DM/GJ und bei dem Nahwärmesystem mit gasgefeuertem Heizwerk bei ca. 38 DM/GJ (vgl. Kap. 1.4.2 bzw. Tabelle 1.5). Damit bewegen sich beim Einfamilienhaus die Kosten einer energetischen Nutzung von Restholz etwa in dem Bereich der Aufwendungen, wie sie bei einer Öl- oder Gasheizung gegenwärtig gegeben sind. Auch in allen anderen hier betrachteten Fällen liegen die Energiebereitstellungskosten einer Wärmeerzeugung durch eine Holzverbrennung im Durchschnitt auf dem gleichen Kostenniveau oder darüber. Dabei muß jedoch zusätzlich beachtet werden, daß die untere Bandbreite der Nutzenergiebereitstellungskosten durch die sehr kostengünstige Brennstoffbereitstellung durch Rinde festgelegt wird. Dies kann durchaus bei wenigen Anwendungsfällen auch realisiert werden, ist jedoch keinesfalls als der Regelfall anzusehen. Wird deshalb von der realistischeren Annahme ausgegangen, daß das Restholz nicht kostenneutral anfällt, liegen die korrespondierenden Nutzenergiebereitstellungskosten über denen, die sich auf der Basis fossiler Energieträger ergeben. Damit ist - werden rein ökonomische Kriterien angelegt - derzeit nur bei sehr wenigen Ausnahmefällen unter besonders günstigen Rand- und Rahmenbedingungen eine energetische Nutzung von Restholz gegenüber den derzeit genutzten Techniken auf der Basis fossiler Energieträger kostengünstiger. Dennoch gibt es - insbesondere wenn auch andere als rein ökonomische Überlegungen angestellt werden - verschiedene Anwendungsfälle, in denen eine Nutzung dieses Energiepotentials auch mit geringeren Kosten verbunden sein kann (z. B. bei der Wärmeversorgung forstwirtschaftlicher Einrichtungen).

Bei dieser Gegenüberstellung muß zusätzlich beachtet werden, daß hier die Nutzenergiebereitstellungkosten etablierter Systeme mit den spezifischen Aufwendungen verglichen werden, die bei relativ neuen und noch durch ein gewisses Entwicklungspotential gekennzeichneten Verfahren auf der Basis des untersuchten regenerativen Energieträgers gegeben sind. Eine derartige Betrachtung kann deshalb zur der groben Einordnung in die gegenwärtigen energiewirtschaftlichen Gegebenheiten in Deutschland dienen.

7 Ernterückstände der landwirtschaftlichen Pflanzenproduktion

Bei der landwirtschaftlichen Pflanzenproduktion fallen - neben dem eigentlichen Hauptprodukt - auch Nebenprodukte (z. B. Stroh) an. Diese werden derzeit teilweise einer weiteren Verwertung zugeführt, jedoch insbesondere im nicht energetischen Bereich. Da es sich aber bei diesen Ernterückständen um eine zumindest durch eine Verbrennung nutzbare Zellulosemasse handelt, wären sie auch als Energieträger verwertbar. Damit wird bei den folgenden Ausführungen unter einer energetischen Nutzung von Ernterückständen aus der Landwirtschaft die Gewinnung von festen Energieträgern aus organischen Nebenprodukten der landwirtschaftlichen Pflanzenproduktion verstanden.

Die energetische Nutzung von Ernterückständen aus der Landwirtschaft spielt im weltweiten Rahmen eine bedeutende Rolle. Zwar wird die derzeit aus dem Biomasseaufkommen der landwirtschaftlichen Produktion gewonnene Energie, wie auch das der gesamten nichtkonventionellen Energieträger, nur sehr unzureichend statistisch erfaßt. Es kann aber davon ausgegangen werden, daß das bei der ackerbaulichen Pflanzenproduktion als Nebenprodukt anfallende und nicht anderweitig verwertete Biomasseaufkommen (z. B. als Einstreu für die Tierhaltung) insbesondere in den Ländern der Dritten Welt einen beachtlichen Beitrag zur Energiebereitstellung leistet. In den Industriestaaten ist dagegen der Anteil, den diese Möglichkeiten zur Energiebedarfsdeckung beitragen, vergleichsweise gering und beschränkt sich derzeit auf wenige Versuchs- und Demonstrationsanlagen.

Ziel der folgenden Ausführungen ist es deshalb, die Möglichkeiten einer Energieträgerproduktion aus der als Nebenprodukte der pflanzenbaulichen Erzeugung in der Landwirtschaft anfallenden Biomasse zu analysieren. Dazu wird das Aufkommen an organischer Masse und das entsprechende Energiepotential dieses regenerativen Energieträgers in Abhängigkeit der regionalen Unterschiede dargestellt und diskutiert. Außerdem werden die korrespondierenden absoluten und spezifischen Energieträgerkosten und die entsprechenden Nutzenergiebereitstellungskosten aufgezeigt. Sie werden anschließend vor dem Hintergrund des energiewirtschaftlichen Gesamtzusammenhangs in der Bundesrepublik Deutschland diskutiert.

7.1 Allgemeine Grundlagen

Beim landwirtschaftlichen Produktionsprozeß in der Bundesrepublik Deutschland entsteht das Nebenprodukt Stroh meist beim Anbau von Körner- und Hülsenfrüchten; es wird nach wie vor vielfach, jedoch nicht energetisch, in der Landwirtschaft genutzt. Im folgenden werden deshalb zunächst die für eine thermische Verwertung überhaupt geeigneten festen organischen Nebenprodukte der Pflanzenproduktion dargestellt, diskutiert und eingegrenzt. Anschließend erfolgt die Darstellung ihrer energetischen Eigenschaften bzw. Kenngrößen. Abschließend wird auf die regionalen Angebotsunterschiede des Hauptproduktes, d. h. des Getreidkorns, bzw. der Produktionsfläche in der Bundesrepublik Deutschland eingegangen; auch werden die Ertragsschwankungen zwischen einzelnen Jahren diskutiert.

7.1.1 Eingrenzung des energetisch nutzbaren Reststoffaufkommens

Nicht alle Nebenprodukte, die bei der pflanzlichen Produktion anfallen, sind als potentielle Energieträger nutzbar.

Beim Getreideanbau wird gleichzeitig mit dem Korn auch Stroh produziert, das als Energierohstoff eingesetzt werden kann. Es wird jedoch in der Landwirtschaft derzeit schon vielfach einer - in der Regel nicht energetischen - Verwertung zugeführt. Bei den Betrieben, die primär Feldfrüchte anbauen, bleibt dieses Aufkommen an organischer Masse oft als Strohdüngung auf dem Feld. Dabei handelt es sich nicht um eine Düngung im eigentlichen Sinne, sondern um den Verbleib eines Teils der dem Boden entzogenen Nährstoffe auf der Anbaufläche. Werden in Marktfruchtbetrieben Nutz- oder Freizeittiere gehalten, wird das Stroh vielfach als Einstreu genutzt und schließlich in Form von Mist wieder der landwirtschaftlichen Nutzfläche zugeführt (d. h. geschlossener Kreislauf der organischen Stoffe und der in ihr gebundenen Nährstoffe). Stroh besitzt darüberhinaus einen Marktwert. Pferdepensionen, Gärtnereien, Kleintierzüchter und verschiedene Anrainerstaaten der Bundesrepublik Deutschland (d. h. Bergbauern in Österreich und der Schweiz, Gemüsebauern bzw. Großgärtnereien in den Niederlanden) stellen ein gewisses Marktpotential dar. Folglich wird ein Teil des Strohaufkommens als Handelsgut über z. T. größere Entfernungen verkauft und damit der Anbaufläche, auf der es gewachsen ist, entzogen. Mittelfristig kann es dadurch zu einer Verarmung der Ackerkrume und einer Bodenqualitätsverminderung kommen; der Boden kann ein Teil des Nährstoff- und Humusgehalts verlieren.

Auch bei der Produktion von Hülsenfrüchten (z. B. grüne Erbsen oder Buschbohnen) wird nur ein Teil der gesamten auf der Anbaufläche gewachsenen oberirdischen Biomasse letztlich für die menschliche Ernährung gewonnen. Das nach der Ernte der Hauptprodukte auf der Ackerfläche verbleibende organische Biomasseaufkommen wird im Regelfall keiner weiteren Nutzung zugeführt. Dies ist u. a. darauf zurückzuführen, daß das nach der Ernte der Hülsenfrüchte verbleibende flächenspezifische Biomasseaufkommen vergleichsweise niedrig ist und sich außerdem in der Regel durch einen relativ hohen Wassergehalt auszeichnet. Aus erntetechnischen Gründen wird außerdem die verbleibende organische Masse oft über die gesamte Anbaufläche verteilt; dieses Biomasseaufkommen ist deshalb nach der Ernte nur sehr eingeschränkt technisch gewinnbar. Werden diese organischen Stoffe trotzdem geborgen, werden sie in den allermeisten Fällen für die Tierernährung eingesetzt. Eine energetische Verwertung der organischen Nebenprodukte aus dem Anbau von Hülsenfrüchten kann deshalb nicht unterstellt werden.

Bei der Ernte von Hackfrüchten (Früh- und Spätkartoffel, Zucker- und Runkelrüben) fallen ebenfalls organische Reststoffe an. Beim Kartoffelanbau ist dieses Biomasseaufkommen jedoch bei den heute üblichen Sorten vergleichsweise gering und - nach erfolgter Ernte der Kartoffelknollen - nur unter großen technischen Schwierigkeiten auch gewinnbar. Eine potentielle energetische Nutzung wird deshalb nicht unterstellt. Beim Rübenanbau ist der flächenspezifische Biomasseertrag der bei der Ernte anfallenden Blattmasse deutlich höher; er wird auch in der betrieblichen Praxis z. T. geborgen und dann im Regelfall als Viehfutter genutzt. Eine energetische Nutzung dieses Biomasseaufkommens wird aber ausgeschlossen, da grundsätzlich ein Teil davon aus Gründen der Bodenqualitätserhaltung auf den Anbauflächen verbleiben sollte. Außerdem ist die Blattmasse durch einen sehr hohen Wassergehalt gekennzeichnet und müßte vor einer späteren thermischen Verwertung zuerst getrocknet werden.

Auch nach der Ernte von Raps und Rübsen verbleibt das Stroh und damit ein Großteil der gewachsenen Biomasse auf der Anbaufläche. Dieses Aufkommen an organischen Stoffen ist - obwohl auf den landwirtschaftlichen Betrieben aufgrund der nur eingeschränkten innerbetrieblichen Verwertungsmöglichkeiten momentan kaum genutzt - energetisch verwertbar; es kann deshalb zusätzlich zu dem Strohaufkommen aus dem Getreideanbau als potentieller Energierohstoff angesehen werden. Nachteilig wirken sich die sperrigen, durch relativ hohe Wassergehalte gekennzeichneten Stengel aus, die zusätzlich mit dem derzeit auf den Betrieben verfügbaren Maschinenpark nur eingeschränkt gewonnen werden können.

Das Ziel eines Anbaus von Futterpflanzen (u. a. Klee, Luzerne, Kleegras, Gras, Silomais) ist die Produktion von feuchter oder trockener Biomasse für die Tierernährung. Im Normalfall wird dabei die gesamte technisch gewinnbare oberirdische Biomasse für diese Zwecke genutzt. Eine energetische Nutzung organischer Reststoffe aus einem Anbau von Futterpflanzen wird deshalb ausgeschlossen.

Demnach steht für eine Gewinnung von Energieträgern aus Nebenprodukten der landwirtschaftlichen Pflanzenproduktion theoretisch ein Teil des beim Getreideanbau und bei der Erzeugung von Raps und Rübsen verbleibenden Strohs zur Verfügung. Zusätzliche Ernterückstände, die auf den landwirtschaftlichen Betrieben anfallen, werden nicht als energetisch nutzbar angesehen.

7.1.2 Energetische Eigenschaften

Stroh besteht, ähnlich wie Holz (vgl. Kap. 6.1.2) im wesentlichen aus organisch gebundenem Kohlenstoff und Wasserstoff. Dabei ist der Kohlenstoff mit einem Anteil von 47 bis 49 % - neben dem Wasserstoff (5 bis 6 %) - zusammen mit dem Sauerstoff (39 bis 42 %) das für die thermischen Eigenschaften und damit die energetischen Nutzungsmöglichkeiten ausschlaggebende Element. Außerdem ist Stroh durch einen Schwefelgehalt von rund 0,1 % gekennzeichnet. Der Ascheanteil und damit die unverbrennbaren Anteile liegen bei rund 4,5 bis 6,5 % (Prozentangaben beziehen sich jeweils auf die wasserfreie Substanz /7-12/).

Kohlenstoff und Wasserstoff bilden als langkettige Moleküle eine Zellulosestruktur, aus der der Strohhalm aufgebaut ist. Damit zeichnet sich Stroh - aufgrund dieser Zusammensetzung und im Gegensatz zu fossilen Festbrennstoffen wie z. B. Steinkohle - durch einen überdurchschnittlichen Gehalt an flüchtigen Bestandteilen, einen vergleichsweise hohen Wasser- und Aschegehalt und einen bei gleichem Volumen weit geringeren Energieinhalt aus. Der Heizwert (H_u) liegt etwa in einer ähnlichen Größenordnung wie der von Holz oder Braunkohle (vgl. Tabelle 7.1).

In Tabelle 7.1 wird außerdem deutlich, daß bei Stroh der Aschegehalt erheblich und der Gehalt an flüchtigen Bestandteilen merklich höher als bei Holz ist; umgekehrt ist die Schüttdichte im losen Zustand sehr viel geringer. Andererseits ist der Heizwert von Steinkohle etwa doppelt und der von leichtem Heizöl rund 2,6 mal höher als der der beiden dargestellten erneuerbaren Energieträger.

Der Heizwert von Stroh und Holz wird dabei im wesentlichen - da die Struktur und der Aufbau der organischen Masse nicht grundsätzlich unterschiedlich ist - durch den Wassergehalt bestimmt. Er kann bei erntefrischem Getreidestroh zwischen 15 und 20 % liegen; im lufttrockenen Zustand geht er auf rund 14 bis 17 % zurück. Bei Rapsstroh liegt der mittlere Wassergehalt der erntefrischen

204   7 Ernterückstände der landwirtschaftlichen Pflanzenproduktion

Tabelle 7.1 Kenndaten verschiedener regenerativer und fossiler Energieträger im Vergleich zum Brennstoff Stroh /7-1, 7-2/

		Stroh	Holz	Braunkohle	Steinkohle
Heizwert bei üblichem	in MJ/kg	13,9 - 14,6	9,0 - 15,0	9,0 - 19,0	30,0 - 32,0
Feuchtegehalt	in kWh/kg	3,8 - 4,1	2,5 - 4,1	2,5 - 5,3	8,3 - 8,7
Schüttdichte	in kg/m^3	40 - 160	340 - 420	ca. 750	ca. 900
Anteil flüchtiger Bestandteile	in Gew.-%	70 - 80	60 - 75	45 - 62	6 - 28
Aschegehalt	in Gew.-%	4,0 - 9,0	0,2 - 2,0	2,0 - 12,0	3,0 - 13,0
Schwefelgehalt	in Gew.-%	0,05 - 0,15	0,1 - 0,5	0,5 - 1,0	ca. 1

Biomasse bei 30 bis 60 % und bei Maisstroh im Schnitt im Bereich zwischen 60 und 70 %. Liegen bei der Ernte günstige klimatische Bedingungen vor, kann bei dem technisch gewinnbaren Strohaufkommen von Raps bzw. Rübsen von einem Feuchtegehalt von ca. 14 bis 17 % und bei dem Biomasseaufkommen von Körnermais von rund 50 % ausgegangen werden /7-12/.

Tabelle 7.2 Heizwerte von Stroh verschiedener Getreidearten bzw. Feldfrüchte (verschiedene Quellen, u. a. /7-8/)

	Heizwert	
Weizenstroh[1]	ca. 14,4 MJ/kg	ca. 4,0 kWh/kg
Gerstenstroh[1]	ca. 13,9 MJ/kg	ca. 3,8 kWh/kg
Roggenstroh[1]	ca. 14,9 MJ/kg	ca. 4,1 kWh/kg
Haferstroh[1]	ca. 14,1 MJ/kg	ca. 3,9 kWh/kg
Maisstroh[2]	ca. 7,0 MJ/kg	ca. 2,1 kWh/kg
Winterrapsstroh[1]	ca. 14,0 MJ/kg	ca. 3,6 kWh/kg

[1] bezogen auf einen Feuchtegehalt von ca. 15 %.
[2] bezogen auf einen Feuchtegehalt von ca. 50 %.

Die Heizwerte von Stroh verschiedener Getreidearten unterscheiden sich nur geringfügig (vgl. Tabelle 7.2). Bei gleichem Feuchtegehalt bewegen sie sich bei ca. 14 MJ/kg.

Außer durch die Pflanzenart wird die Energiedichte auch durch den Zustand des Brennstoffs Stroh bestimmt. Je nach Ernte- und Aufbereitungsverfahren liegt der volumenbezogene Energieinhalt innerhalb des in Tabelle 7.3 dargestellten Bereichs. Demnach kann die Energiedichte zwischen ca. 250 und 580 MJ/m^3 im losen Zustand und etwa 3 560 bis 5 330 MJ/m^3 in brikettierter Form schwanken. Durch entsprechende Bandbreiten ist auch das Schüttgewicht und -volumen gekennzeichnet /7-3/.

7.1.3 Räumliche und zeitliche Variationsbreite

Das Aufkommen an energetisch nutzbarem Stroh ist im wesentlichen abhängig von der Getreideart und der damit bebauten Nutzfläche. Hier sind jedoch aufgrund unterschiedlicher klimatischer Bedingungen und verschiedener Bodenverhältnisse in der Bundesrepublik Deutschland z. T. erheb-

7.1 Allgemeine Grundlagen

Tabelle 7.3 Kenndaten des Brennstoffs Stroh in Abhängigkeit der Zustandsform /7-2/

	Dichte in kg/m^3	Schüttgewicht in kg/m^3	Behälterraum in m^3/t	Energiedichte in MJ/m^3
lose		20 - 50	20,0 - 50,0	250 - 580
gehäckselt		40 - 60	16,0 - 25,0	470 - 680
gepreßt in Großballen	80 - 140	70 - 130	7,7 - 14,0	830 - 1 550
gepreßt in Rundballen	80 - 130	60 - 90	11,0 - 16,0	680 - 1 040
gepreßt in Hochdruckballen	80 - 130	50 - 110	9,0 - 20,0	580 - 1 300
gemahlen		180 - 350	2,8 - 5,5	2 120 - 4 140
brikettiert	80 - 1 400	300 - 450	2,2 - 3,3	3 560 - 5 330

liche Unterschiede gegeben. Zur Einordnung dieser regionalen Ungleichgewichte zeigt Abb. 7.1 die Getreideanbaufläche und den Kornertrag des Jahres 1991 (vgl. /7-3/) in einzelnen Bundesländern und in der Bundesrepublik Deutschland. Aufgrund der geringen Anbauflächen in den Stadtstaaten sind die entsprechenden Werte nicht ausgewiesen, jedoch in der angegebenen Gesamtsumme enthalten.

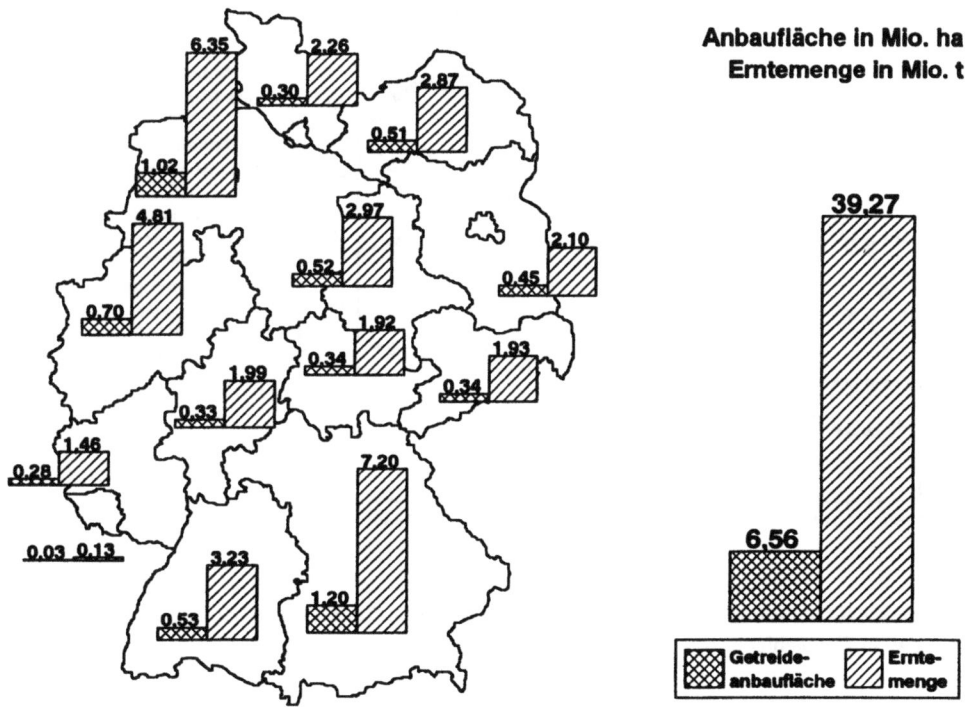

Abb. 7.1 Getreideanbaufläche und Kornertrag in einzelnen Bundesländern und in der Bundesrepublik Deutschland im Jahr 1991

Aus Abb. 7.1 geht hervor, daß Bayern als der größte Flächenstaat in Deutschland auch durch die absolut höchste Getreideanbaufläche und Erntemenge gekennzeichnet ist. Mit einem Kornertrag von ca. 7,2 Mio. t trägt allein dieses Bundesland zu knapp einem Fünftel zur gesamten in der Bundesrepublik Deutschland geernteten Getreidemenge von ca. 39,3 Mio. t im Jahr 1991 bei. Die höchsten spezifischen Kornerträge sind dabei in Schleswig-Holstein und Nordrhein-Westfalen, die geringsten auf die Anbaufläche bezogenen Erträge im Saarland und in Brandenburg gegeben.

Unterschiedliche meteorologische Gegebenheiten - beispielsweise Dürreperioden, kalte und verregnete Sommermonate und/oder Unwetter - können zu deutlichen Ertragsunterschieden zwischen verschiedenen Jahren führen. Auch verändert sich die insgesamt genutzte Getreideanbaufläche in unterschiedlichen Jahren geringfügig. Die in Abb. 7.2 dargestellte Analyse der Erntemenge in Verlauf der letzten 30 Jahre zeigt diese Unterschiede und läßt damit gleichzeitig Rückschlüsse auf die Variationsbreite des korrespondierenden Strohaufkommens zwischen verschiedenen Jahren zu. Dabei muß jedoch beachtet werden, daß grundsätzlich kein eindeutiger Zusammenhang zwischen der Anbaufläche und dem Strohertrag gegeben ist; hier kann es in Abhängigkeit der unterschiedlichen Getreidearten und -sorten, der meteorologischen Gegebenheiten, der Bewirtschaftungsweise (z. B. Einsatz von Halmverkürzungsmitteln) und anderen Rahmenbedingungen zu z. T. erheblichen Unterschieden kommen. Sie dürften sich jedoch innerhalb Deutschlands zumindest näherungsweise ausgleichen.

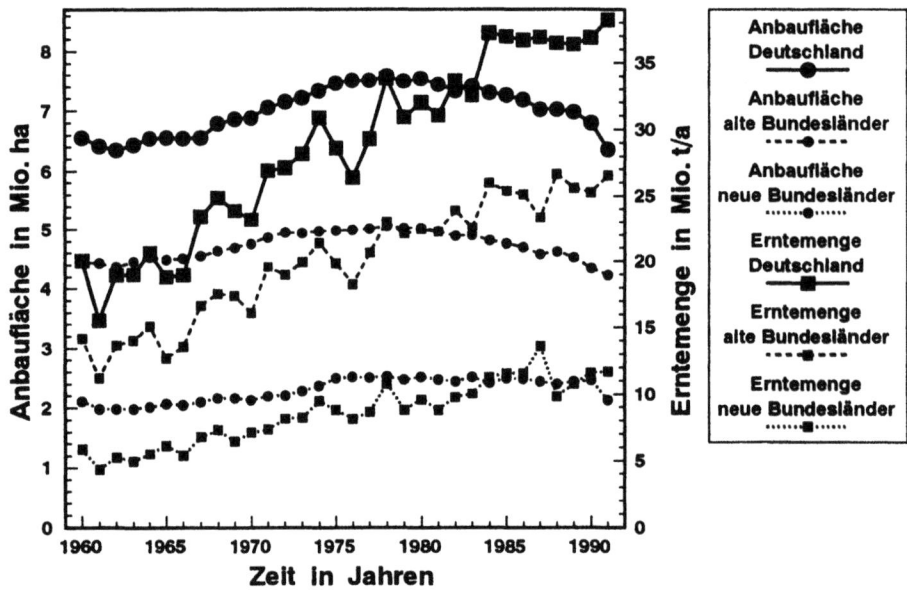

Abb. 7.2 Getreideanbaufläche und korrespondierende Erntemenge auf der Gebietsfläche der alten und neuen Bundesländer bzw. in Deutschland in den Jahren 1960 bis 1991

Aus Abb. 7.2 geht auch hervor, daß sowohl auf dem Gebiet der alten Bundesländer der Bundesrepublik Deutschland als auch auf der Fläche der neuen Bundesländer die produzierte Getreidemenge im Verlauf der letzten 30 Jahre - abgesehen von klimatisch bedingten Schwankungen - kontinuierlich angestiegen ist. Dabei wurde auf dem Gebiet der alten Bundesländer die Getreideanbaufläche im Verlauf der sechziger und bis Ende der siebziger Jahre stetig erhöht. Nach der Überschreitung eines Maximalwertes im Jahr 1978 ging sie bis zum Jahr 1991 erneut unter die mit Getreide bebaute Fläche des Jahres 1960 zurück. Auf dem Gebiet der ehemaligen DDR ist die mit Getreide bewirtschaftete Nutzfläche bis zum Jahr 1975 langsam angestiegen, um danach im wesentlichen auf der dann erreichten Größenordnung zu verharren. Im Jahr 1991 kam es - ähnlich wie in den alten Bundesländern - aufgrund der Umstrukturierungsprozesse infolge der Wiedervereinigung zu einem deutlichen Rückgang der Getreideanbaufläche.

Der flächenspezifische Kornertrag ist im Verlauf des in Abb. 7.2 dargestellten Zeitraumes deutlich angestiegen. Auf dem Gebiet der alten Bundesländer nahm der durchschnittliche Getreideertrag von 31,9 dt/ha in 1960 auf 62,4 dt/ha in 1991 zu; dies entspricht fast einer Verdopplung der spezifischen Erträge. Auf dem Gebiet der ehemaligen DDR war ein Zuwachs des auf die Fläche bezogenen Kornertrags von 27,7 dt/ha in 1960 auf 54,7 dt/ha in 1991 und damit in einer ähnlichen Größenordnung zu verzeichnen.

Aufgrund dieser vergleichsweise stetigen Entwicklung in der Vergangenheit kann davon ausgegangen werden, daß größere Schwankungen des energetisch nutzbaren Strohaufkommens nicht zu erwarten sind. Tendenziell ist vielmehr - wird die aufgezeigte Entwicklung der spezifischen Erträge in die Zukunft projeziert - mit einem konstanten oder u. U. leicht ansteigenden Strohertrag zu rechnen. Andererseits wird gegenwärtig durch staatliche Steuerungsmaßnahmen (Flächenstillegungsprogramme) versucht, die Getreideanbauflächen und damit indirekt auch das Strohaufkommen zu reduzieren. Deshalb muß in der überschaubaren Zukunft eher von einem leicht sinkenden Strohaufkommen ausgegangen werden.

7.2 Technisch nutzbares Strohaufkommen

Für eine potentielle energetische Nutzung von Ernterückständen aus der Landwirtschaft steht - den unterstellten Annahmen zufolge - ein Teil des Strohaufkommens aus der Getreideproduktion und aus der Erzeugung von Ölsaat aus Raps und Rübsen (vgl. Kap. 7.1.1) zur Verfügung. Im folgenden wird deshalb, aufbauend auf statistisch erfaßten Daten des Jahres 1991, das gesamte Strohaufkommen in jedem Kreis der Bundesrepublik Deutschland abgeschätzt; die dabei angewendete methodische Vorgehensweise wird zuvor dargestellt. Anschließend werden - ausgehend von dem insgesamt verfügbaren Strohaufkommen - die Restriktionen analysiert, die einer energetischen Nutzbarmachung dieses Biomasseaufkommens aus Nebenprodukten der pflanzlichen Produktion entgegenstehen. Unter Berücksichtigung dieser potentialmindernden Faktoren errechnet sich anschließend das energetisch nutzbare Biomasseaufkommen, das zusätzlich hinsichtlich der regionalen Angebotsunterschiede diskutiert und analysiert wird.

7.2.1 Prinzipielle Vorgehensweise

Das bei der Getreideproduktion (Winter- und Sommerweizen, Winter- und Sommergerste, Winter- und Sommermenggetreide, Roggen und Hafer sowie Körnermais) und beim Anbau von Raps und Rübsen anfallende Stroh in jedem Kreis Deutschlands errechnet sich aus der statistisch erfaßten Anbaufläche, auf der die entsprechenden Nutzpflanzen angebaut werden. Mit dem - zwischen verschiedenen Kreisen z. T. deutlich unterschiedlichen - durchschnittlichen Kornertrag und dem mittleren Korn-Stroh-Verhältnis ergibt sich daraus das gesamte technisch gewinnbare Strohaufkommen.

Tabelle 7.4 Mittlere Erträge und deren Bandbreite für fünf Ertragsbereiche, die die in Deutschland erzielten Kornerträge näherungsweise beschreiben (Basis 1991, vgl. /7-4/)

	Ertragsbereiche				
	1	2	3	4	5
	Kornertrag in dt/ha				
Winterweizen	59,1 (41,9 - 62,7)	65,6 (62,8 - 68,0)	71,5 (68,1 - 75,9)	79,3 (76,0 - 81,6)	84,9 (81,7 - 99,7)
Sommerweizen	43,8 (32,4 - 47,3)	51,6 (47,4 - 55,4)	57,5 (55,5 - 59,2)	61,1 (59,3 - 63,9)	67,3 (64,0 - 77,8)
Roggen	42,0 (27,8 - 43,8)	45,9 (43,9 - 46,9)	50,0 (47,0 - 52,0)	55,0 (52,1 - 59,0)	62,4 (59,1 - 73,7)
Wintergerste	51,5 (35,7 - 55,2)	57,5 (55,3 - 59,1)	61,8 (59,2 - 63,6)	66,5 (63,7 - 68,8)	74,7 (68,9 - 86,2)
Sommergerste	44,1 (35,5 - 46,3)	47,5 (46,4 - 48,6)	50,1 (48,7 - 51,5)	52,5 (51,6 - 54,2)	56,4 (54,3 - 66,6)
Hafer	41,9 (34,0 - 44,8)	46,9 (44,9 - 48,5)	50,3 (48,6 - 51,9)	53,4 (52,0 - 54,5)	58,8 (54,6 - 73,7)
Wintermenggetreide	41,9 (32,1 - 44,1)	46,2 (44,2 - 48,0)	49,9 (48,1 - 52,2)	54,1 (52,3 - 56,2)	61,3 (56,3 - 67,5)
Sommermenggetreide	41,0 (28,0 - 43,7)	44,4 (43,8 - 45,4)	47,6 (45,5 - 49,0)	50,5 (49,1 - 52,0)	54,5 (52,1 - 67,8)
Körnermais	53,8 (35,7 - 55,2)	59,2 (55,3 - 67,3)	72,6 (67,4 - 75,2)	78,2 (75,3 - 82,0)	85,3 (82,1 - 94,9)
Winterraps	28,0 (20,0 - 29,7)	30,8 (29,8 - 31,7)	33,4 (31,8 - 34,4)	34,9 (34,5 - 35,3)	36,4 (35,4 - 40,0)
Sommerraps	19,4 (15,7 - 21,0)	22,3 (21,1 - 24,1)	24,4 (24,2 - 25,7)	27,2 (26,7 - 27,9)	30,3 (28,0 - 35,6)

Die verschiedenen Stadt- und Landkreise der Bundesrepublik Deutschland können - jeweils für Wintergetreide, Sommergetreide und Ölfrüchte - fünf unterschiedlichen Ertragsbereichen zugeordnet werden, die das mittlere Kornertragsniveau in dieser Verwaltungseinheit bezogen auf dem Bundesdurchschnitt beschreiben (vgl. /7-4/). Damit kann den unterschiedlichen Kornerträgen zwischen den verschiedenen Landkreisen - bedingt durch z. T. sehr verschiedenartige Boden- und Klimaverhältnisse - Rechnung getragen werden. Diese Ertragsbereiche sind durch mittlere Erträge gekennzeichnet, die sich aus dem tatsächlich erzielten Kornaufkommen der jeweils betrachteten Getreideart errechnen. Beispielhaft zeigt Tabelle 7.4 diese durchschnittlichen Kornerträge am Beispiel des Jahres 1991. Die Zusammenstellung verdeutlicht, daß zwischen den verschiedenen Ertragsniveaus und damit unterschiedlichen Kreisen Deutschlands doch erhebliche Ertragsschwankungen gegeben sind. Beispielsweise variieren die mittleren Erträge von Winterweizen zwischen etwa 59 dt/ha bei relativ schlechten und rund 85 dt/ha bei sehr guten Ertragsbedingungen; die Variationsbreite liegt damit bei rund +/- 20 % bezogen auf den entsprechenden Mittelwert. Damit kann - ausgehend von den kreisweise statistisch erfaßten Getreideanbauflächen - der korrespondierende Kornertrag unter Berücksichtigung der regionalen Unterschiede in jedem Stadt- und Landkreis errechnet werden.

Tabelle 7.5 Korn-Stroh-Verhältnis verschiedener Getreidearten und Ölfrüchte (u. a. nach /7-5, 7-6, 7-7/, gemittelt)

Feldfrucht	Korn-Stroh-Verhältnis
Winterweizen	1 : 0,8
Sommerweizen	1 : 0,9
Roggen	1 : 1,4
Wintergerste	1 : 0,9
Sommergerste	1 : 1,0
Hafer	1 : 1,2
Wintermenggetreide	1 : 1,0
Sommermenggetreide	1 : 0,8
Körnermais	1 : 1,5
Winterraps	1 : 1,7
Sommerraps	1 : 1,9

Ausgehend von diesem mittleren Kornertrag für die wichtigsten derzeit angebauten Getreidearten kann - ebenfalls unterteilt in die unterschiedlichen Feldfrüchte - mit dem Korn-Stroh-Verhältnis das mittlere Strohaufkommen näherungsweise ermittelt werden. Dabei finden sich für den Zusammenhang zwischen dem Korn- und dem Strohaufkommen in der Literatur sehr unterschiedliche Werte /7-5, 7-6, 7-7/; den Berechnungen werden deshalb entsprechende Mittelwerte zugrunde gelegt (vgl. Tabelle 7.5). Demnach bewegt sich das Verhältnis zwischen dem Getreideertrag und dem Strohaufkommen - in Abhängigkeit einer Vielzahl unterschiedlicher Faktoren und im groben Durchschnitt - zwischen rund 80 % bei Winterweizen und etwa 190 % beim Sommerraps. Dabei wurde bereits ein bestimmter Verlust der gewachsenen Biomasse berücksichtigt, der aus erntetechnischen Gründen aufgrund der bei dem heute gängigen Mähdreschereinsatz üblichen Stoppelhöhe von 15 bis 20 cm anfällt.

7.2.2 Darstellung des gesamten Strohaufkommens

Auf der Grundlage der in Kap. 7.2.1 dargestellten Vorgehensweise kann das gesamte technisch gewinnbare Strohaufkommen in jedem Kreis der Bundesrepublik Deutschland bestimmt werden. Dieses technisch gewinnbare Biomasseaufkommen aus dem Getreide- und Ölfruchtanbau ist - zusammengefaßt auf Bundeslandebene - in Abb. 7.3 dargestellt. Nicht aufgeführt ist - aufgrund der geringen Anteile - das Strohaufkommen der Stadtstaaten; es ist jedoch in der für die Bundesrepublik Deutschland ausgewiesenen Gesamtsumme enthalten.

Aus Abb. 7.3 geht hervor, daß das technisch gewinnbare Strohaufkommen aus der Getreide- und Ölfruchterzeugung in der Bundesrepublik Deutschland bei rund 41,4 Mio. t/a liegt. Den größten Anteil mit rund zwei Drittel nimmt davon das bei der Weizen- und Gerstenproduktion anfallende Stroh ein. Nur mit rund einem Fünftel trägt das technisch gewinnbare Reststoffaufkommen aus dem Roggen-, Hafer- und Menggetreideanbau zum Gesamtaufkommen in Deutschland bei. Der Anteil des Strohs, der aus dem Körnermais-, Raps- und Rübsenanbau stammt, ist mit rund 15 % noch geringer. Die Darstellung zeigt aber auch, daß es innerhalb der einzelnen Bundesländer zu erheblichen Abweichungen der Anteile der einzelnen Getreidearten an dem gesamten technisch gewinnbaren Biomasseaufkommen kommen kann. Beispielsweise nimmt in Schleswig-Holstein und Rheinland-

210   7 Ernterückstände der landwirtschaftlichen Pflanzenproduktion

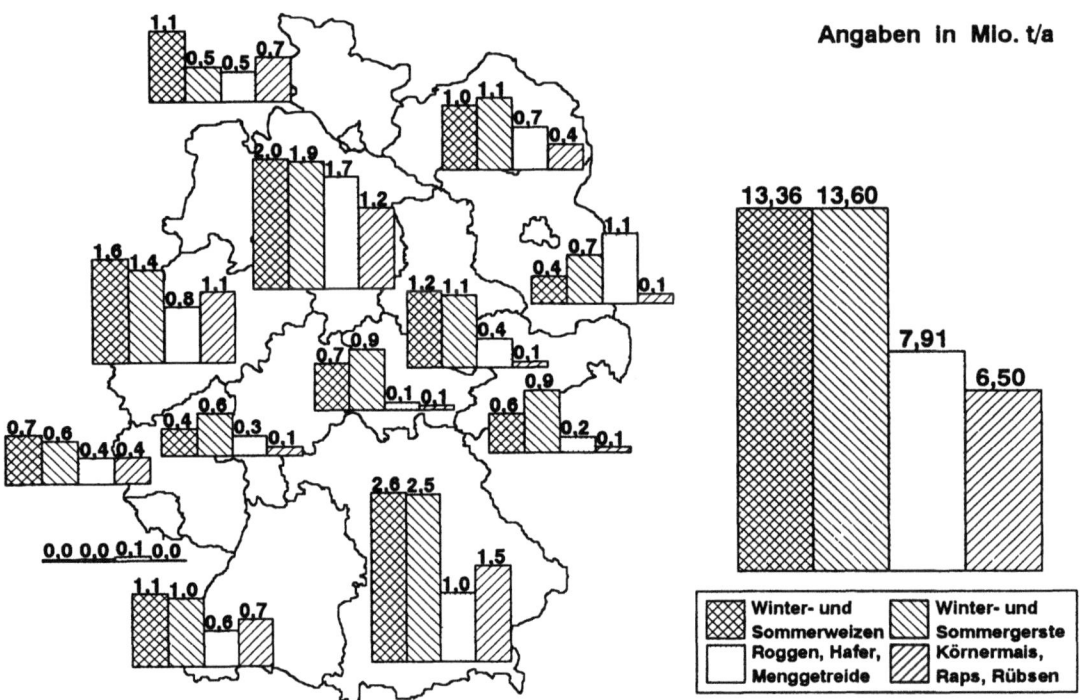

Abb. 7.3 Technisch gewinnbares Strohaufkommen in einzelnen Bundesländern und in der Bundesrepublik Deutschland

Pfalz das Weizenstroh, in Hessen und Thüringen das Gerstenstroh und in Brandenburg das Roggen-, Hafer- und Menggetreidestroh den jeweils größten Anteil am gesamten gewinnbaren Strohaufkommen des jeweiligen Bundeslandes ein. Dabei kann grundsätzlich davon ausgegangen werden, daß die Bundesländer mit der größten Landfläche über das höchste absolute Biomasseaufkommen verfügen.

7.2.3 Restriktionen einer energetischen Nutzung

Das in Kap. 7.2.2 dargestellte technisch gewinnbare Strohaufkommen in der Bundesrepublik Deutschland ist aufgrund konkurrierender Nutzung und einer Vielzahl restriktiver Parameter nicht vollständig energetisch nutzbar. Deshalb werden - zur Abschätzung des als Energieträger letztlich nutzbaren Anteils - im folgenden die Restriktionen und Hemmnisse, die einer Nutzung des Strohs als Energieträger entgegenstehen, analysiert, diskutiert und quantifiziert.
 Der Verbleib eines Teils der gewachsenen Biomasse auf der landwirtschaftlichen Nutzfläche ist mit einer Reihe von Vorteilen verbunden /7-9/:
- Verminderung der Erosion des Ackerbodens durch Wasser und Wind;
- die organischen Reststoffe beinhalten Nährstoffe, die sie bei dem Zersetzungsprozeß an die Ackerkrume abgeben;

- Stabilisierung der Bodenstruktur und Verbesserung der Textur;
- Verminderung der Neigung zur Bodenverdichtung;
- Verbesserung der Wasserinfiltration in den Boden und Erhöhung des pflanzenverfügbaren Wassergehalts;
- Vergrößerung der Kationenaustauschkapazität;
- Erhöhung des Kohlenstoffgehalts im Boden; dadurch kann die Tätigkeit von Mikroorganismen gefördert werden.

Aufgrund dieser und anderer Effekte sollte im langjährigen Mittel grundsätzlich ein Teil des Biomasseaufkommens auf der Anbaufläche verbleiben. Im Rahmen einer auf eine Energiegewinnung ausgerichteten Betrachtung spielt es dabei keine Rolle, ob das Stroh zuerst vom Feld geholt wird und anschließend nach einer gewissen Verweilzeit erneut - meist in Form von Mist - auf dem Acker ausgebracht wird, oder ob es direkt nach der Kornernte auf dem Feld verbleibt. Zwar lassen sich durch bestimmte Maßnahmen (u. a. Gründüngung, vermehrter Einsatz von Mineraldünger) die negativen Folgen eines vollständigen Entzugs des Biomasseaufkommens von der Anbaufläche z. T. ausgleichen. Trotzdem muß es das primäre Wirtschaftsziel in der landwirtschaftlichen Pflanzenproduktion sein, unter Berücksichtigung der jeweiligen ökonomischen Gegebenheiten eine Bodenqualitätsstabilisierung und damit Erhaltung der Wirtschaftsgrundlage bei einer Optimierung aller Systemparameter zu erreichen. Dabei wird - aufgrund des damit verbundenen geringen Aufwandes - eine Strohdüngung immer einen hohen Stellenwert haben. Deshalb bleibt in der Regel ein Teil des anfallenden Strohs - und das zeigt auch die Praxis - auf den Feldern; es kann damit nicht als energetisch nutzbar angesehen werden.

Teilweise wird Stroh außerdem als Einstreu bei der Nutztierhaltung benötigt. Trotz vielfach praktizierter einstreuloser Tierhaltung wird nach wie vor ein deutlicher Anteil des anfallenden Strohs in der Tierproduktion, in beschränktem Ausmaß auch zur Viehfütterung, eingesetzt. Allein für die Einstreu bei der Nutztierhaltung wird i. allg. zwischen rund der Hälfte und etwa zwei Drittel /7-10/ des technisch gewinnbaren Strohaufkommens eingesetzt. Dieser Anteil ist - zusätzlich zu dem Stroh, das für die Tierernährung verwendet wird - ebenfalls nicht energetisch nutzbar.

Getreidestroh ist außerdem eine Handelsware mit einem nicht zu vernachlässigendem Marktvolumen. Dies ist u. a., insbesondere im Einzugsgebiet von Großstädten und in der engeren und weiteren Umgebung von Ballungszentren, auf die derzeit weit verbreitete Pferdehaltung zurückzuführen. Aber auch Kleintierzuchtvereine, Gärtnereien und Kleingartenkolonien stellen ein nicht zu unterschätzendes Nachfragepotential dar. Als weiterer potentialmindernder Aspekt muß der Strohhandel über die Grenzen ins benachbarte Ausland berücksichtigt werden (d. h. insbesondere an die Bergbauern in Österreich und in der Schweiz, die meist Milch- und Weidewirtschaft betreiben und oft über keine eigenen Getreideanbauflächen verfügen oder an die Großgärtnereien beispielsweise in den Niederlanden). Bei diesem Strohverkauf unterbleibt im Regelfall die aus bodentechnischen Gründen wünschenswerte Biomasserückführung auf die Anbaufläche. Dies ist im wesentlichen auf die relativ großen Entfernungen zwischen Erzeuger und Nutzer, aber auch - bei einem Einsatz in der Freizeittierhaltung - auf eine z. T. beachtliche Nachfrage nach Pferde- und anderem Mist bei Kleingärtnern und sonstigen Gartenbesitzern zurückzuführen. Durch solche und vergleichbare Effekte wird das verfügbare Strohaufkommen regional sehr unterschiedlich und nicht explizit faßbar, aber doch merklich vermindert. Da diese Nachfrage nicht aus anderen Quellen befriedigt werden kann, führt dies zu einer weiteren Verminderung des energetisch nutzbaren Strohaufkommens.

Körnermais wird sehr spät im Jahr geerntet (Mitte bis Ende Oktober, je nach Witterung teilweise sogar noch Anfang November). Selbst dann sind nur die Maiskolben trocken, die vergleichsweise dicken Stengel der Maispflanze sind aber nach wie vor durch einem hohen Wassergehalt gekennzeichnet (ca. 60 bis 70 % im erntefrischen Zustand /7-12/). Deshalb, aber auch wegen der fortgeschrittenen Jahreszeit bei der Ernte und der damit verbundenen meist schlechten Witterung, ist eine Bergung des Maisstrohs in einem lagerfähigen Zustand oft nicht möglich. In der betrieblichen Praxis verbleibt das bei der Körnermaisernte anfallende Stroh deshalb in der Regel auf der Anbaufläche. Damit kann eine - jedoch im Vergleich beispielsweise zu Weizen- oder Gerstenstroh nur eingeschränkte - potentielle energetische Nutzung unterstellt werden.

Auch das bei der Ölfruchternte anfallende Stroh verbleibt in der betrieblichen Praxis im Regelfall auf der Anbaufläche. Die liegt u. a. darin begründet, daß das bei der Raps- und Rübsensaat anfallende zusätzliche Biomasseaufkommen hauptsächlich aus relativ dicken und sperrigen Stengeln mit hohem Wassergehalt (ca. 30 bis 60 % im erntefrischen Zustand /7-12/) besteht. Außerdem können diese organischen Stoffe weder zur Fütterung der Tiere noch zur Einstreu im Stall genutzt werden; auch sind sie mit dem in der Regel auf den Betrieben verfügbaren Maschinenpark nur unter Schwierigkeiten technisch gewinnbar. Deshalb wird das Raps- und Rübsenstroh meist zur Erhaltung bzw. Verbesserung des Nährstoff- und Humusgehalts in die Ackerkrume eingearbeitet. Damit kann auch hier von einer - verglichen mit dem Getreidestroh jedoch nur eingeschränkten - möglichen energetischen Nutzung ausgegangen werden.

Aufgrund der diskutierten Zusammenhänge und Restriktionen wird unterstellt, daß unter Berücksichtigung der dargestellten biologischen, ökologischen und betriebsbedingten Restriktionen und ohne eine substantielle Verschlechterung der Ackerflächen aufgrund des Biomasseentzugs im groben Durchschnitt der Bundesrepublik Deutschland über längere Zeiträume nur rund ein Fünftel des Strohaufkommens aus dem landwirtschaftlichen Produktionsprozeß entnommen werden kann (vgl. auch /7-5, 7-10/). Weiterhin wird davon ausgegangen, daß davon bereits heute ein Viertel für Zwecke außerhalb der Landwirtschaft (d. h. Strohverkauf und andersweitige nicht landwirtschaftliche und nicht energetische Verwertung) verwendet wird. Damit verbleibt für eine energetische Nutzung innerhalb der Bundesrepublik Deutschland ein Anteil von rund 15 % des technisch gewinnbaren Getreidestrohaufkommens. Aufgrund der deutlich größeren Probleme bei der Bergung und Lagerung infolge des höheren Feuchtegehalts von Körnermais-, Raps- und Rübsenstroh wird unterstellt, daß nur die Hälfte des aus dem landwirtschaftlichen Nährstoff- und Humuskreislauf entnehmbaren Biomasseaufkommens für eine energetische Nutzung geeignet ist. Damit sind rund 10 % des gesamten Strohaufkommens aus dem Anbau von Körnermais, Raps und Rübsen (vgl. auch /7-5, 7-10/) als Energieträger nutzbar.

7.2.4 Energetisch nutzbares Strohaufkommen

Ausgehend von den in Kap. 7.2.3 diskutierten Rahmenbedingungen und restriktiven Parameter kann der Anteil des in Kap. 7.2.2 dargestellten technisch gewinnbaren Strohaufkommens ermittelt werden, der letztlich energetisch nutzbar ist. Für die verschiedenen Getreide- und Ölfruchtarten, deren bei der Kornerzeugung anfallendes Biomasseaufkommen als energetisch nutzbar angesehen wird, ist in Tabelle 7.6 der entsprechende technisch gewinnbare Strohertrag für die einzelnen Bundesländer und die Bundesrepublik Deutschland dargestellt.

In Tabelle 7.6 wird deutlich, daß in Deutschland ein energetisch nutzbares Strohaufkommen aus dem Getreide- und Ölfruchtanbau von knapp 5,9 Mio. t/a gegeben ist. Rund ein Drittel davon stammt aus dem Anbau von Winterweizen. Das Biomasseaufkommen aus dem Sommerweizenanbau ist dem-

Tabelle 7.6 Energetisch nutzbares Strohaufkommen aus der Getreide- und Ölfruchterzeugung in den einzelnen Bundesländern und in der Bundesrepublik Deutschland

	Winterweizen	Sommerweizen	Wintergerste	Sommergerste	sonst. Getr.[1]	Körnermais	Raps, Rübsen	Summe
				Strohaufkommen in 1 000 t/a				
Baden-Württemberg	161,5	5,2	70,4	86,1	82,7	42,0	30,6	478,5
Bayern	370,5	13,5	206,8	173,1	156,6	70,1	75,6	1 066,2
Berlin	0,0	0,0	0,1	0,0	1,0	0,0	0,0	1,1
Brandenburg	60,0	2,9	72,4	39,5	161,0	4,2	10,5	350,5
Bremen	0,4	0,0	0,2	0,0	0,3	0,0	0,0	1,0
Hamburg	0,9	0,0	0,7	0,1	0,8	0,0	0,6	3,1
Hessen	59,0	3,7	28,2	69,1	46,1	2,6	11,7	220,3
Mecklenburg-Vorpommern	144,0	2,7	105,2	58,8	98,1	1,7	37,8	448,3
Niedersachsen	289,0	6,2	211,3	77,7	254,4	70,2	53,0	961,7
Nordrhein-Westfalen	234,5	4,0	195,5	16,8	127,0	82,9	24,9	685,6
Rheinland-Pfalz	108,7	2,7	72,9	24,0	59,4	7,8	31,5	307,0
Saarland	4,3	0,3	1,8	4,5	9,8	0,1	1,2	21,9
Sachsen	87,1	2,3	77,8	64,5	36,8	4,0	4,4	276,9
Sachsen-Anhalt	165,4	9,3	94,8	70,0	65,3	3,6	5,2	413,6
Schleswig-Holstein	159,0	1,6	69,6	9,9	67,9	0,3	66,8	375,2
Thüringen	102,1	3,7	60,9	77,3	18,5	1,1	6,1	269,7
Bundesrepublik Deutschland	1 946,5	57,8	1 268,8	771,6	1 185,7	290,6	359,8	5 880,8

[1] Summe aus Roggen, Hafer und Sommer- bzw. Wintermenggetreide.

gegenüber fast vernachlässigbar und ist im wesentlichen nur in den süd- und mitteldeutschen Bundesländern gegeben. Ein hohes energetisch nutzbares Strohaufkommen resultiert auch aus dem Gerstenanbau (ca. 22 % aus dem Wintergersten- und rund 13 % aus dem Sommergerstenanbau). Auch die Produktion von Roggen, Hafer und Winter- bzw. Sommermenggetreide ist mit ca. 1,2 Mio. t/a durch einen beachtlichen energetisch nutzbaren Strohertrag charakterisiert. Demgegenüber sind die Anteile aus dem Körnermais- sowie dem Raps- und Rübsenanbau nur vergleichsweise gering. Die absolut höchsten Potentiale sind in den Bundesländern mit der größten Flächenausdehnung gegeben; in Bayern fallen allein mit etwa 1,07 Mio. t/a rund 18 % und in Niedersachsen mit etwa 0,96 Mio. t/a etwa 16 % des gesamten Aufkommens an energetisch nutzbarem Stroh aus der Getreide- und Ölfruchtproduktion an.

7.3 Bestimmung der Energiepotentiale

Aufbauend auf dem in Kap. 7.2 dargestellten energetisch nutzbaren Strohaufkommen, das bei der Getreide- und Ölfruchterzeugung anfällt, werden im folgenden die korrespondierenden Energiepotentiale bestimmt und ihre regionale Verteilung analysiert.

7.3.1 Methodische Vorgehensweise

Ausgehend von dem jährlich gewinnbaren Aufkommen an organischen Stoffen, die bei der Getreide- und Ölfruchtproduktion als Nebenprodukte auf der Anbaufläche anfallen, kann mit dem entsprechenden Energieinhalt das korrespondierende Gesamtenergieaufkommen in jedem Kreis der Bundesrepublik Deutschland abgeschätzt werden. Dabei wird unterstellt, daß das Strohaufkommen aus Getreide und Ölfrüchten mit Ausnahme des Körnermaisstrohs mit einem durchschnittlichen Wassergehalt zwischen 14 und 17 % geborgen werden kann; bei Maisstroh wird ein Wassergehalt von ca. 50 % unterstellt. Damit kann von den in Tabelle 7.2 dargestellten Heizwerten ausgegangen werden.

Ausgehend von der in Kap. 7.2.1 dargestellten Vorgehensweise zur Bestimmung des gesamten Aufkommens an Nebenprodukten aus der Getreide- und Ölfruchterzeugung und unter Berücksichtigung der in Kap. 7.2.3 diskutierten Restriktionen kann damit das energetisch nutzbare Strohaufkommen in jedem Kreis der Bundesrepublik Deutschland ermittelt werden (vgl. Kap. 7.2.4). Dieser als Energieträger einsetzbare Biomasseertrag kann letztlich mit den unterstellten Annahmen in das korrespondierende Energieaufkommen überführt werden.

7.3.2 Technische Energiepotentiale

Unter Umsetzung der in Kap. 7.3.1 diskutierten Vorgehensweise ergeben sich die in Tabelle 7.7 dargestellten Energiepotentiale für jedes Bundesland und für die Bundesrepublik Deutschland. Zusätzlich ist auch der jeweils auf die Katasterfläche und die Einwohnerzahl bezogene Energieertrag aus den energetisch nutzbaren Nebenprodukten der landwirtschaftlichen Produktion dargestellt.

In Tabelle 7.7 wird deutlich, daß in der Bundesrepublik Deutschland ein energetisch nutzbares Strohpotential von rund 83,8 PJ/a gegeben ist. Bezogen auf die Einwohner Deutschlands entspricht dies einem spezifischen Energieaufkommen von knapp 1,1 GJ/(EW a) und bezogen auf die Katasterfläche einem flächenspezifischen Potential von etwa 2,3 GJ/(ha a). Zwischen den einzelnen Kreisen in den jeweiligen Bundesländern und in der Bundesrepublik Deutschland kann es zu erheblichen Abweichungen von diesen Mittelwerten kommen. Beispielsweise schwankt das einwohnerspezifische Potential zwischen rund 0,0 GJ/(EW a) in den Städten ohne landwirtschaftlich genutzte Fläche und etwa 10,9 GJ/(EW a) in ländlich geprägten Kreisen Mecklenburg-Vorpommerns. Wird das energetisch nutzbare Strohpotential auf die jeweilige Kreisfläche bezogen, variieren diese flächenspezifischen Werte zwischen 0,0 GJ/(ha a) und knapp 7,5 GJ/(ha a).

Die absolut höchsten Potentiale an energetisch nutzbaren Stroh liegen - aufgrund der größten Kataster- und landwirtschaftlichen Nutzfläche - in Bayern. Entsprechend sind die Energiepotentiale in den anderen Bundesländern geringer. Diese Unterschiede der regionalen Verteilung gehen auch aus Abb. 7.4 hervor. Hier sind die absoluten Energieinhalte des energetisch verwertbaren Strohaufkommens unterteilt in Winter- und Sommerweizen, Winter- und Sommergerste, Roggen, Hafer und Menggetreide sowie Körnermais, Raps und Rübsen in einzelnen Bundesländern dargestellt. Die entsprechenden Werte für die Stadtstaaten sind aus Übersichtlichkeitsgründen nicht gezeigt, aber in der für die Bundesrepublik Deutschland ausgewiesenen Gesamtsumme enthalten.

Aus Abb. 7.4 geht hervor, daß in den eher westlich gelegenen Bundesländern das Strohpotential aus dem Weizenanbau die höchsten Anteile am jeweiligen technisch gewinnbaren Gesamtenergieaufkommen einnimmt. Im Gegensatz dazu trägt das Strohaufkommen aus Gerste und Roggen, Hafer und Menggetreide in den östlichen Bundesländern vergleichsweise mehr zum Gesamtpotential bei. Insge-

Tabelle 7.7 Energiepotentiale des energtisch nutzbaren Strohaufkommens einschließlich der Variationsbreite der einwohner- und flächenspezifischen Potentiale

	Energie-potential	einwohnerspezifisches Energiepotential		flächenspezifisches Energiepotential	
		Durchschnitt	Bandbreite	Durchschnitt	Bandbreite
	in TJ/a	in GJ/(EW a)		in GJ/(ha a)	
Baden-Württemberg	6 796	0,716	0,026 - 4,630	1,901	0,228 - 4,373
Bayern	15 146	1,365	0,000 - 6,036	2,147	0,001 - 5,717
Berlin	16	0,005	0,005 - 0,005	0,180	0,180 - 0,180
Brandenburg	5 052	1,913	0,000 - 7,889	1,739	0,000 - 4,271
Bremen	14	0,022	0,003 - 0,026	0,358	0,055 - 0,430
Hamburg	45	0,028	0,028 - 0,028	0,596	0,596 - 0,596
Hessen	3 123	0,780	0,016 - 2,827	2,068	0,403 - 3,455
Mecklenburg-Vorpommern	6 389	3,253	0,000 - 10,860	2,680	0,000 - 4,484
Niedersachsen	13 754	1,907	0,037 - 7,207	2,905	0,104 - 7,448
Nordrhein-Westfalen	9 780	0,577	0,023 - 3,812	2,871	0,196 - 5,300
Rheinland-Pfalz	4 366	0,852	0,050 - 3,447	1,573	0,347 - 4,260
Saarland	314	0,297	0,077 - 0,688	1,221	0,665 - 1,699
Sachsen	3 928	0,802	0,000 - 3,737	2,142	0,000 - 4,110
Sachsen-Anhalt	5 900	1,990	0,000 - 6,962	2,886	0,000 - 5,984
Schleswig-Holstein	5 359	2,085	0,072 - 4,503	3,407	1,196 - 5,977
Thüringen	3 816	1,422	0,000 - 4,746	2,348	0,000 - 5,131
Bundesrepublik Deutschland	83 798	1,059	0,000 - 10,860	2,347	0,000 - 7,448

samt liegen innerhalb Deutschlands die Potentiale aus dem Weizen- und Gerstenanbau etwa in der gleichen Größenordnung. Demgegenüber trägt das energetisch nutzbare Stroh aus dem Roggen-, Hafer- und Menggetreideanbau zu knapp 21 % und das aus dem Ölfrucht- und Körnermaisanbau nur zu etwa 11 % zum Gesamtpotential bei. Die Potentiale aus dem Anbau von Körnermais sowie Raps und Rübsen tragen auch in den einzelnen Bundesländern die jeweils geringsten Anteile zum Gesamtenergiepotential bei.

Wird dieses Energieaufkommen verglichen mit dem gesamten Endenergieverbrauch in der Bundesrepublik Deutschland im Jahr 1991 (vgl. Kap. 1.4.1 bzw. Tabelle 1.3), ergibt sich ein theoretischer Anteil von 0,89 %. Damit sind in Deutschland nur sehr eingeschränkte Möglichkeiten einer Strohnutzung zur Energiegewinnung gegeben. Dieser regenerative Energieträger kann damit keinen substantiellen Beitrag zur Deckung der gesamten Energienachfrage in der Bundesrepublik Deutschland leisten. Andererseits wäre der Energieträger Stroh bei einer potentiellen energetischen Nutzung prädestiniert, als Festbrennstoff vorrangig für die Wärmebereitstellung eingesetzt zu werden. Wird deshalb das technische Energiepotential bezogen auf den Endenergieverbrauch für die Raum- und Prozeßwärmebereitstellung der Haushalte und Kleinverbraucher (vgl. Kap. 1.4.1), ergibt sich ein entsprechender Anteil von ca. 2,3 %. Damit könnte das energetisch nutzbare Stroh zwar keinen großen, aber doch einen merklichen Anteil zum Endenergieverbrauch für die Wärmebereitstellung beitragen.

216   7 Ernterückstände der landwirtschaftlichen Pflanzenproduktion

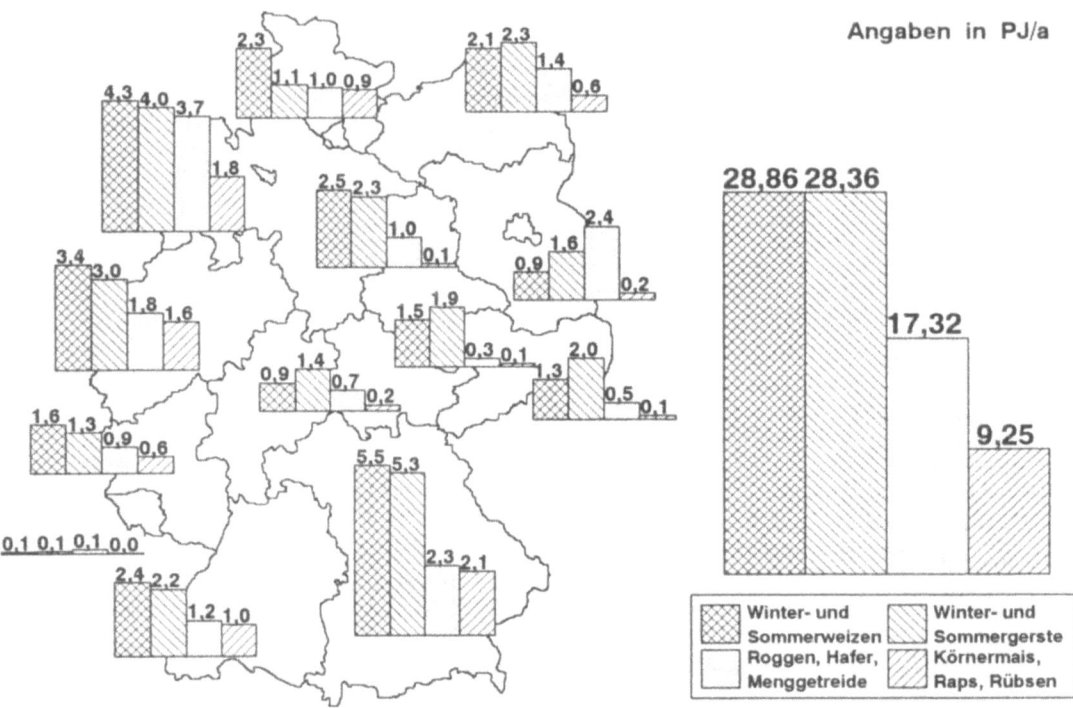

Abb. 7.4 Regionale Verteilung der energetisch nutzbaren Strohpotentiale in einzelnen Bundesländern und in der Bundesrepublik Deutschland

7.3.3 Derzeitige Nutzung

Die energetische Nutzung des Strohs in der Bundesrepublik Deutschland hat derzeit eine nur sehr untergeordnete Bedeutung. Zwar wurden in der Vergangenheit eine Vielzahl von Entwicklungs- und Demonstrationsvorhaben durchgeführt, um insbesondere eine Verbrennungstechnologie zu entwickeln, die den Anforderungen der TA-Luft (vgl. /7-20/) genügt. Trotzdem konnte sich bis jetzt die energetische Strohnutzung in einer energiewirtschaftlich relevanten Größenordnung nicht etablieren.

Strohverbrennungsanlagen werden derzeit in Deutschland nur sehr vereinzelt betrieben. Insgesamt sind derzeit nur rund 100 bis 200 strohgefeuerte Heizanlagen vornehmlich in einem Leistungsbereich bis zu 100 kW in Betrieb. Zusätzlich dazu dürften noch etwa fünf Anlagen mit einer thermischen Leistung von mehr als 1 MW existieren. Im Gegensatz dazu tragen in Dänemark ca. 15 000 bis 16 000 Strohverbrennungsanlagen mit einer thermischen Leistung unter 1 MW bei einem Strohdurchsatz von rund 300 000 t/a zur Energieversorgung dieses Landes bei. Außerdem werden noch rund 54 strohbefeuerte Fernheizanlagen im Leistungsbereich zwischen 0,6 und 9 MW betrieben; diese Fernheizwerke sich durch einen Strohdurchsatz von rund 250 000 t/a gekennzeichnet /7-21/.

7.4 Kosten einer energetischen Nutzung

Neben den Potentialen sind die Kosten ein weiterer wesentlicher Parameter, der die Möglichkeiten und Grenzen eines regenerativen Energieträgers bestimmt. Deshalb werden im folgenden die mit einer energetischen Nutzung des Strohs verbundenen Aufwendungen analysiert. Dazu erfolgt zunächst die Diskussion der Energieträgerkosten für den Brennstoff Stroh frei Anbaufläche, die sich auf der Basis unterschiedlicher Ansätze ergeben. Darauf aufbauend werden die korrespondierenden Nutzenergiebereitstellungskosten für die betrachteten vier Referenzfälle (vgl. Kap. 1.4.2) ermittelt und dargestellt.

7.4.1 Energieträgerkosten

Grundsätzlich ist eine genaue Analyse des Aufwandes, der für den Energieträger Stroh von den Marktfruchtbetrieben in Rechnung zu stellen ist, mit großen Schwierigkeiten verbunden. Deshalb werden im folgenden drei unterschiedliche Ansätze zur Kostenanalyse diskutiert, die eine Abschätzung der gesamten Bandbreite der möglichen Energieträgerkosten erlauben. Die untere Grenze ist durch die Sammel- und Bergekosten festgelegt, wenn das Stroh als ein kostenneutral anfallendes Nebenprodukt angesehen wird (Ansatz I). Die obere Bandbreite der möglichen Energiekosten kann dadurch festgelegt werden, daß dem Nebenprodukt Stroh ein (kleinerer) Teil der Produktionsaufwendungen für das Hauptprodukt angelastet wird (Ansatz II). Schließlich kann auch argumentiert werden, daß das Stroh bei einer energetischen Nutzung zumindest den gleichen Erlös wie bei einem Verkauf erbringen müßte (Ansatz III).

Ansatz I. Das untere Kostenspektrum des Energieträgers Stroh ist dadurch festgelegt, daß dieses organische Material als ein nicht kostenmäßig zu bewertendes Nebenprodukt der Getreideproduktion angesehen wird. Dann ergeben sich die spezifischen Energieträgerkosten frei Anbaufläche im wesentlichen aus den Aufwendungen für das Sammeln und Verdichten.

Für die Strohbergung kommen derzeit eine Reihe verschiedener Verfahren zum Einsatz. Neben dem Sammeln des losen Strohs mit einem Ladewagen kann es auch auf dem Feld verdichtet werden (Hochdruckballen, Rund- oder Quaderballen; vgl. /7-13/). Letztgenannte Verfahren haben den Vorteil, daß sich aufgrund der Verdichtung der organischen Masse das entsprechende Transport- und Lagervolumen reduziert. Deshalb kommen bei der gegenwärtigen betrieblichen Praxis zum überwiegenden Teil diese Verdichtungsverfahren zum Einsatz; auch nur für sie werden im folgenden die korrespondierenden Energieträgerkosten näher analysiert.

Entsprechend den derzeit gültigen Maschinenringsätzen (vgl. /7-14/) ist für das Pressen einschließlich Garn und Schlepper mit Fahrer für Hochdruckballen von ca. 0,50 DM/Ballen auszugehen. Bei runden Großballen liegen die zu veranschlagenden Aufwendungen bei der kleineren Rundballengröße (150 cm x 120 cm) bei rund 5 DM/Ballen und bei der größeren Ausführung (180 cm x 150 cm) bei etwa 7 DM/Ballen. Bei großen Quaderballen sind - unter sonst gleichen Rahmenbedingungen - für die kleinere Ausführung (250 cm x 85 cm x 85 cm) rund 9 DM/Ballen, für die mittlere Größe (250 cm x 120 cm x 70 cm) ca. 12 DM/Ballen und für die größere Ballenausführung (250 cm x 120 cm x 130 cm) etwa 18 DM/Ballen zu veranschlagen /7-14/. Werden mittlere Dichten derzeit marktgängiger Anlagen unterstellt, entspricht dies Kosten zwischen 31 und 44 DM/t Stroh. Daraus errechnen sich

218   7 Ernterückstände der landwirtschaftlichen Pflanzenproduktion

mit mittleren Erträgen (vgl. /7-4/) für die wichtigsten derzeit kultivierten Getreidearten die in Tabelle 7.8 dargestellten spezifischen Energieträgerkosten frei Anbaufläche.

Tabelle 7.8 Spezifische Energieträgerkosten bei unterschiedlichen Verdichtungstechniken und verschiedenen Getreidearten

	Winterweizen	Wintergerste	Roggen	Hafer	Körnermais	Winterraps
			Erntekosten in DM/GJ			
Hochdruckballen[1]	2,26	2,34	2,18	2,31	4,65	2,33
Rundballen[2]	2,68	2,78	2,59	2,74	5,51	2,76
Rundballen[3]	2,15	2,23	2,08	2,20	4,42	2,21
Quaderballen[4]	2,66	2,76	2,57	2,72	5,48	2,74
Quaderballen[5]	3,05	3,16	2,95	3,12	6,28	3,14
Quaderballen[6]	2,47	2,55	2,38	2,52	5,07	2,54

Berechnung auf der Grundlage eines Feuchtegehaltes von ca. 15 % bei Winterweizen, Wintergerste, Roggen, Hafer und Winterraps und von ca. 50 % bei Körnermais.
[1] Ballenmaße   40 cm x 48 cm x 80 cm.
[2] Ballenmaße   150 cm x 120 cm.
[3] Ballenmaße   180 cm x 150 cm.
[4] Ballenmaße   250 cm x 85 cm x 85 cm.
[5] Ballenmaße   250 cm x 120 cm x 70 cm.
[6] Ballenmaße   250 cm x 120 cm x 130 cm.

Mit den diskutierten Annahmen errechnen sich spezifische Gestehungskosten für den Energieträger Stroh in verdichteter Form frei Anbaufläche zwischen 2,1 und 3,1 DM/GJ bei Getreide und Ölfrüchten mit Ausnahme von Körnermais. Hier liegen die entsprechenden Aufwendungen aufgrund des durchschnittlich höheren Wassergehalts zwischen 4,4 und 6,3 DM/GJ. Zwischen den einzelnen Gewinnungstechniken kommt es zu größeren Unterschieden sowohl zu geringeren als auch höheren Werten bei den spezifischen Kosten in Abhängigkeit der Gegebenheiten vor Ort (u. a. Lage der Anbaufläche, Oberflächenbeschaffenheit des Bodens). Insgesamt gesehen sind jedoch die Unterschiede der Energieträgerkosten zwischen den betrachteten Getreidearten und Ölfrüchten - mit Ausnahme von Körnermais - vergleichsweise gering. Auch die Unterschiede aufgrund der unterschiedlichen Erträge bei einer Getreideart an verschiedenen Standorten sind vernachlässigbar.

Verglichen mit den derzeitigen Aufwendungen für die fossilen Energieträger der Haushalts- und Industriekunden (vgl. Kap. 1.4.2 bzw. Tabelle 1.4) liegen die Energieträgerkosten von Stroh - selbst bei Berücksichtigung der notwendigen Transportaufwendungen von der Anbaufläche zum Standort der Konversionsanlage - deutlich niedriger. Dabei muß jedoch beachtet werden, daß eine Gegenüberstellung der Energieträgerkosten dieser regenerativen Option dem Energiepreisniveau in der Bundesrepublik Deutschland nicht ohne weiteres möglich ist. Grundsätzlich ist die Qualität des Energieträgers Stroh nur eingeschränkt mit der der fossilen Energieträger vergleichbar. Auch kann eine vergleichsweise neue Energieträgeroption, wie sie das Stroh darstellt, nur unter Einschränkungen den bereits etablierten und bekannten fossilen Energien, deren gesamte Versorgungskette Stand der Technik ist, gegenübergestellt werden. Dieser Vergleich soll deshalb nur der groben Einordnung in die gegenwärtigen energiewirtschaftlichen Rahmenbedingungen in der Bundesrepublik Duetschland dienen.

7.4 Kosten einer energetischen Nutzung

Ansatz II. Die obere Bandbreite der Energieträgerkosten für das Nebenprodukt Stroh ist dadurch festgelegt, daß ihm ein Teil des Produktionsaufwandes für das Hauptprodukt angerechnet wird. Vereinfachend kann deshalb beispielsweise unterstellt werden, daß das Stroh ein Drittel der Getreideproduktionskosten zu tragen hat (vgl. /7-10/). Dann ergeben sich die spezifischen Energieträgerkosten für den Brennstoff Stroh frei Anbaufläche aus den anteiligen Produktionsaufwendungen und den Sammel- und Verdichtungskosten.

Tabelle 7.9 Mittlere Kosten des Brennstoffs Stroh für unterschiedliche Getreidearten bei mittleren Ertragsverhältnissen (nach /7-4/, eigene Berechnungen)

		Getreideart					
		Winter-weizen	Wintergerste	Roggen	Hafer	Körner-mais	Winter-raps
Saatgut	in DM/ha	123	102	113	110	197	128
Handelsdünger	in DM/ha	353	342	246	283	388	469
Pflanzenschutzmittel	in DM/ha	290	280	135	125	190	390
Maschinen[1]	in DM/ha	381	375	369	355	482	328
Sonstige Kosten[2]	in DM/ha	82	56	80	56	417	174
Variable Kosten	in DM/ha	1 229	1 155	944	930	1 674	1 490
Abschreibungen	in DM/ha	485	485	485	485	485	485
Gemeinkosten[3]	in DM/ha	265	265	265	265	265	265
Kalk. Kosten[4]	in DM/ha	194	193	190	190	211	189
Gesamtsumme	in DM/ha	2 173	2 098	1 884	1 870	2 635	2 429
Anteil Stroh[5]	in DM/ha	724	699	628	623	878	810
Energie Stroh[6]	in GJ/ha	82,4	77,3	104,3	85,1	76,2	79,5
Rohstoffkosten	in DM/GJ	8,8	9,0	6,0	7,3	11,5	10,2
Sammeln/Verdichten[7]	in DM/GJ	2,5	2,6	2,5	2,6	5,2	2,6
Energieträgerkosten	in DM/GJ	11,3	11,6	8,5	9,9	16,7	12,8
	in Pf/kWh	4,1	4,2	3,1	3,6	6,0	4,6

[1] variable Maschinenkosten der verschiedenen Arbeitsgänge.
[2] u. a. Versicherung, Trocknung.
[3] u. a. Unterhaltung der Wirtschaftsgebäude, Berufsgenossenschaft, Strom, Heizstoffe, Wasser.
[4] Summe auch Pacht-, Lohn- und Kapitalkosten.
[5] ein Drittel der Getreideproduktionskosten wird dem Stroh angelastet.
[6] berechnet für einen Feuchtegehalt von ca. 15 % bei Winterweizen, Wintergerste, Roggen, Hafer und Winterraps bzw. ca. 50 % bei Körnermais und mittleren Erträgen bezogen auf das Jahr 1991.
[7] Mittelwerte der in Tabelle 7.8 dargestellten Bandbreite.

Zur Analyse der auf der Basis dieser Rahmenannahmen sich ergebenden Variationsbreite der Energieträgerkosten zeigt Tabelle 7.9 die mittleren Produktionskosten für durchschnittliche Erträge (vgl. /7-4/). Werden die Aufwendungen für Saatgut, Handelsdünger, Pflanzenschutz, Maschinen und sonstige Kosten berücksichtigt, außerdem durchschnittliche Abschreibungen, Gemeinkosten und kalkulatorische Aufwendungen zugrunde gelegt, ergeben sich Produktionsaufwendungen für die dargestellten Getreidearten zwischen 1 870 DM/ha bei Hafer und 2 635 DM/ha bei Körnermais. Wird ein Drittel dieser Aufwendungen dem Stroh angelastet und zusätzlich mittlere Sammel- und Verdichtungskosten berücksichtigt (vgl. Tabelle 7.8), ergeben sich die entsprechenden Gesamtaufwendun-

220   7 Ernterückstände der landwirtschaftlichen Pflanzenproduktion

gen für den Brennstoff Stroh. Sie können auf den jeweiligen Energieinhalt bezogen werden, um damit die spezifischen Energieträgerkosten zu ermitteln. Die Kosten bewegen sich zwischen rund 8,5 und 16,7 DM/GJ (3,1 bis 6,0 Pf/kWh; vgl. Tabelle 7.9). Unter durchschnittlichen Ertragsbedingungen ist demnach Roggen durch die niedrigsten und Körnermais durch die höchsten spezifischen Brennstoffkosten gekennzeichnet.

Für die Abschätzung der Variationsbreite der spezifischen Energieträgerkosten, die aufgrund der regional unterschiedlichen Ertragsniveaus bei einer Getreideart gegeben ist, kann ebenfalls von den Produktionskosten - z. B. exemplarisch am Beispiel des Winterweizens - ausgegangen werden. Auf der Basis ähnlicher Überlegungen, wie sie auch Tabelle 7.9 zugrunde liegen, errechnen sich die in Tabelle 7.10 dargestellten spezifischen Energieträgerkosten frei Anbaufläche. Demnach bewegt sich die Bandbreite der spezifischen Kosten unter Berücksichtigung der regional unterschiedlichen Erträge bei Winterweizen zwischen ca. 10,5 und 12,5 DM/GJ; sie schwanken damit um rund +/- 10 % um den entsprechenden Mittelwert. Damit sind die geringsten spezifischen Kosten bei hohen durch-

Tabelle 7.10 Mittlere Kosten des Brennstoffs Stroh auf der Basis von Winterweizen für verschiedene Ertragsbereiche (nach /7-4/, eigene Berechnungen)

		Ertragsbereiche				
		1	2	3	4	5
Saatgut	in DM/ha	123	123	123	123	123
Handelsdünger	in DM/ha	300	326	353	380	407
Pflanzenschutzmittel	in DM/ha	250	270	290	330	370
Maschinen[1]	in DM/ha	369	375	381	387	393
Sonstige Kosten[2]	in DM/ha	68	76	82	90	97
Variable Kosten	in DM/ha	1 110	1 170	1 229	1 310	1 390
Abschreibungen	in DM/ha	485	485	485	485	485
Gemeinkosten[3]	in DM/ha	265	265	265	265	265
Kalk. Kosten[4]	in DM/ha	192	193	194	195	196
Gesamtsumme	in DM/ha	2 052	2 113	2 173	2 255	2 336
Anteil Stroh[5]	in DM/ha	684	704	724	752	779
Energie Stroh[6]	in GJ/ha	68,1	75,6	82,4	91,4	97,8
Rohstoffkosten	in DM/GJ	10,0	9,3	8,8	8,2	8,0
Sammeln/Verdichten[7]	in DM/GJ	2,5	2,5	2,5	2,5	2,5
Energieträgerkosten	in DM/GJ	12,5	11,8	11,3	10,7	10,5
	in Pf/kWh	4,5	4,3	4,1	3,9	3,8
Relation	in %	110,9	104,5	100,0	95,0	92,6

[1] variable Maschinenkosten der verschiedenen Arbeitsgänge.
[2] u. a. Versicherung, Trocknung.
[3] u. a. Unterhaltung der Wirtschaftsgebäude, Berufsgenossenschaft, Strom, Heizstoffe, Wasser.
[4] Summe auch Pacht-, Lohn- und Kapitalkosten.
[5] ein Drittel der Getreideproduktionskosten wird dem Stroh angelastet.
[6] berechnet für einen Feuchtegehalt von ca. 15 % bei Winterweizen, Wintergerste, Roggen, Hafer und Winterraps bzw. ca. 50 % bei Körnermais und mittleren Erträgen bezogen auf das Jahr 1991.
[7] Mittelwerte der in Tabelle 7.8 dargestellten Bandbreite.

schnittlichen Erträgen zu erwarten; umgekehrt bewegen sich die spezifischen Energieträgerkosten dann auf einem hohen Niveau, wenn geringe Kornerträge gegeben sind.

Wird unterstellt, daß der Energieträger Stroh mit rund einem Drittel der Produktionsaufwendungen für das Getreide belastet werden kann, liegen die mittleren spezifischen Kosten frei Anbaufläche zwischen rund 8,5 DM/GJ bei Roggen und ca. 16,7 DM/GJ bei Körnermais. Wird zusätzlich die mittlere Variationsbreite aufgrund der regional unterschiedlichen Ertragsniveaus berücksichtigt, sind weitere Schwankungen der spezifischen Kosten von rund +/- 10 % um diese Mittelwerte gegeben.

Diese Aufwendungen können verglichen werden mit den Kosten, die derzeit die Haushaltskunden bzw. die industriellen Nachfrager für die hauptsächlich eingesetzten fossilen Energieträger aufzubringen haben (vgl. Kap. 1.4.2 bzw. Tabelle 1.4). Unter den hier diskutierten Annahmen sind dabei die Kosten für den Energieträger Stroh teurer als die vergleichbaren Aufwendungen für fossile Energieträger bei Industriekunden. Sie liegen aber etwa in der Größenordnung des Energiepreisniveaus der Haushaltskunden. Werden zusätzlich noch mittlere Aufwendungen für den Transport des Strohs zur Konversionsanlage berücksichtigt, liegen die spezifischen Kosten des Energieträgers Stroh geringfügig über den Kosten, die die Haushalte für die derzeit primär eingesetzten fossilen Energieträger aufzubringen haben. Bei diesem Vergleich muß aber beachtet werden, daß eine Gegenüberstellung der spezifischen Kosten für den Energieträger Stroh denen der fossilen Energieträger mit grundsätzlichen methodischen Schwierigkeiten verbunden ist. Deshalb kann dieser Vergleich nur der groben Einordnung in das Energiesystem der Bundesrepublik Deutschland dienen.

Ansatz III. Getreidestroh ist auch eine Handelsware mit - insbesondere im Einzugsgebiet von Ballungsräumen und in grenznahen Regionen z. B. zu Österreich, der Schweiz und den Niederlanden - beachtlichem Marktvolumen. Deshalb kann einer Bestimmung der spezifischen Energieträgerkosten auch die Überlegung zugrunde gelegt werden, daß das Stroh bei einer energetischen Nutzung zumindest den Preis einspielen müßte, der bei einem Verkauf derzeit erzielbar wäre. Dabei kann - abgesehen von den großen regionalen Unterschieden aufgrund unterschiedlichen Getreidestrohs und verschiedener Strohqualität, lokal verschiedenartiger Angebots- und Nachfragestruktur und einer Vielzahl anderer Randbedingungen - von Preisen ausgegangen werden, die in Deutschland momentan bei rund 90 bis 130 DM/t Stroh liegen dürften. Diese Bandbreite entspricht umgerechnet Brennstoffpreisen von etwa 6,2 bis 9,0 DM/GJ. In Abhängigkeit der regionalen Gegebenheiten kann es jedoch zu größeren Abweichungen von diesen Angaben sowohl zu höheren als - in Sonderfällen - auch zu niedrigeren Werten kommen.

Bezogen auf das gegenwärtige Energieträgerpreisniveau (vgl. Kap. 1.4.1 bzw. Tabelle 1.4), liegen den hier diskutierten Annahmen zufolge die Kosten für den Brennstoff Stroh etwa im Bereich der Aufwendungen, die die industriellen Kunden derzeit aufzubringen haben. Werden zusätzlich noch die Transportkosten berücksichtigt, erhöhen sich die Energieträgerkosten geringfügig, erreichen aber nicht das Niveau, auf dem die Aufwendungen für die fossilen Energieträger bei den Haushaltskunden liegen. Dabei muß jedoch beachtet werden, daß ein Vergleich des Energieträgers Stroh mit dem Preisniveau der fossilen Energieträger nicht ohne weiteres möglich ist und deshalb nur der größenordnungsmäßigen Einordnung in die gegenwärtigen energiewirtschaftlichen Gegebenheiten dienen kann.

7.4.2 Nutzenergiebereitstellungskosten

Neben den Energieträgerkosten sind die korrespondierenden Nutzenergiebereitstellungskosten ein weiteres wesentliches Kriterium für die Bewertung eines regenerativen Energieträgers. Deshalb werden im folgenden ausgehend von den in Kap. 7.4.1 analysierten spezifischen Brennstoffkosten die Bereitstellungkosten für die Nutzenergie basierend auf einer thermischen Nutzung des Strohs untersucht. Dazu wird entsprechend der bisherigen Vorgehensweise wieder von den in Kap. 1.4.2 definierten vier Referenzbedarfsfällen (d. h. Einfamilienhaus, Mehrfamilienhaus, Großverbraucher und Nahwärmesystem) ausgegangen. Tabelle 7.11 zeigt die unter den zugrunde gelegten Rahmenbedingungen zu veranschlagenden absoluten und spezifischen Investitionen und Betriebskosten und die sich daraus ergebenden Energiebereitstellungskosten (vgl. /7-10, 7-16, 7-17, 7-18/).

Tabelle 7.11 Spezifische Nutzenergiebereitstellungskosten einer thermischen Strohnutzung (nach /7-10, 7-16, 7-17, 7-18/, erweitert)

		Einfamilienhaus	Mehrfamilienhaus	Großverbraucher	Nahwärmesystem
Wärmebedarf[1]	in GJ/a	79	538	2 650	9 408
Wirkungsgrad[2]	in %	70	74	75	80
Investitionen[3]	in DM	16 903	89 000	500 000	4 232 000
Betriebskosten[4]	in DM/a	234	2 000	6 360	35 800
Spezifische Brenstoffkosten frei Feld					
Ansatz I	in DM/GJ		2,1 - 6,3		
Ansatz II	in DM/GJ		7,7 - 18,5		
Ansatz III	in DM/GJ		6,2 - 9,0		
Sonstiges[5]	in DM/GJ		3,25 - 7,65		
Jahresbrennstoffkosten					
Ansatz I	in DM/a	232 - 849	1 623 - 5 951	7 560 - 26 310	30 240 - 105 230
Ansatz II	in DM/a	939 - 2 494	5 950 - 17 475	27 720 - 77 260	110 880 - 309 020
Ansatz III	in DM/a	685 - 1 213	4 791 - 8 502	22 320 - 37 580	89 280 - 150 340
Spezifische Nutzenergiebereitstellungskosten[6]					
Ansatz I	in DM/GJ	29,2 - 38,7	24,6 - 34,1	25,4 - 35,6	48,6 - 57,3
	in Pf/kWh	10,5 - 13,9	8,9 - 12,3	9,2 - 12,8	17,5 - 20,6
Ansatz II	in DM/GJ	38,0 - 57,6	32,9 - 52,0	33,0 - 53,5	54,9 - 77,4
	in Pf/kWh	13,7 - 20,8	11,8 - 18,7	11,9 - 19,3	19,8 - 27,9
Ansatz III	in DM/GJ	35,6 - 42,9	30,7 - 38,1	31,4 - 39,6	55,4 - 61,8
	in Pf/kWh	12,8 - 15,4	11,0 - 13,7	11,3 - 14,2	19,9 - 22,2

[1] Bedarf an Raumwärme und Warmwasser.
[2] Kesseljahreswirkungsgrad nach VDI 2067 unter zusätzlicher Berücksichtigung der Warmwasserversorgung im Sommer.
[3] Wärmeerzeuger mit Zubehör und Maschinenhaus bei dem Nahwärmesystem, Brennstofflagerraum, Verteilung und Heizflächen, Nahwärmesystem, sonstige Aufwendungen; vgl. /7-10, 7-15, 7-16, 7-17, 7-18/.
[4] Wartung und Instandhaltung, Bedienungsaufwand, Hilfsenergie, Kaminkehrer, Sonstiges; vgl. /7-10, 7-15, 7-17, 7-18/.
[5] Transportaufwendungen und Verdichtungskosten; vgl. /7-10, 7-18/.
[6] Abschreibungsdauer 20 Jahre.

In den in Tabelle 7.11 dargestellten Investitionen sind die Aufwendungen für den gesamten Wärmeerzeuger (d. h. einschließlich der baulichen Aufwendungen für das Maschinenhaus bei der Nahwärmeversorgung), für den Brennstofflagerraum, für die hausinterne Wärmeverteilung, für die Heizflächen sowie die sonstigen Aufwendungen (z. B. Montage) enthalten. Mit Ausnahme der für das Einfamilienhaus konzipierten Strohverbrennungsanlage wurde bei allen anderen Konversionsanlagen eine zumindest teilautomatisierte Beschickung unterstellt. Beim Nahwärmesystem wurden zusätzlich die Investitionen zum Aufbau des Nahwärmenetzes berücksichtigt.

Die Betriebskosten (vgl. Tabelle 7.11) beinhalten die jährlich anfallenden Aufwendungen für Wartung und Instandhaltung sowie die benötigte Hilfsenergie. Außerdem sind Lohnkosten für die Brennstoffzuführung, Entaschung und die sonstigen Bedienungsarbeiten berücksichtigt.

Die gesamten Aufwendungen für den Brennstoff ergeben sich aus den bei den jeweiligen Nachfragefällen benötigten Mengen und den spezifischen Bennstoffkosten frei Feld zuzüglich der Transport- und Lageraufwendungen und ggf. der Kosten für die Brennstoffverdichtung (d. h. Pelletierung). Zur Bestimmung der benötigten Brennstoffmengen müssen auch die Verluste im Kessel und bei der Verteilung der Wärme berücksichtigt werden. Zusätzlich wird auch der Brenstoffverbrauch infolge der Fehlanpassung der realen Raumtemperatur an die ideale Raumtemperatur in den Wohnungen - dadurch bedingt liegt der Jahresheizwärmebedarf bei allen Referenzsystemen 5 bis 20 % höher als der Jahreswärmebedarf /7-19/ - mit betrachtet.

Auf der Grundlage dieser Annahmen und Randbedingungen ergeben sich, werden die Anlagen über einen Zeitraum von 20 Jahren abgeschrieben /7-15/, für die betrachteten Referenzsysteme spezifische Nutzenergiebereitstellungskosten zwischen rund 25 und 77 DM/GJ (ca. 9 bis 28 Pf/kWh). Die geringsten spezifischen Nutzenergiebereitstellungskosten sind - unter den zugrunde liegenden Randbedingungen - bei dem Mehrfamilienhaus und beim Großverbraucher gegeben. Das Nahwärmesystem ist demgegenüber durch die höchsten spezifischen Wärmegestehungskosten gekennzeichnet. Dabei muß allerdings berücksichtigt werden, daß hier nur für beispielhafte Referenzbedarfsfälle die entsprechenden Kosten analysiert wurden. In konkreten Anwendungsfällen sind deshalb durchaus z. T. auch erhebliche Abweichungen zu größeren und kleineren Werten möglich.

Die berechneten spezifischen Energiebereitstellungkosten können auch mit den Aufwendungen verglichen werden, wie sie sich auf der Basis fossiler Energieträger einschließlich des entsprechenden Konversionssystems für die gleichen Wärmebedarfsfälle ergeben. Hier liegen die Aufwendungen für das unterstellte Einfamilienhaus für eine Öl- oder Gasheizung bei etwa 48 DM/GJ (ca. 17 Pf/kWh), bei dem Mehrfamilienhaus bei rund 30 DM/GJ (ca. 11 Pf/kWh), bei dem Großverbraucher bei etwa 27 DM/GJ (ca. 10 Pf/kWh) und bei dem Nahwärmesystem mit gasgefeuertem Heizwerk bei rund 38 DM/GJ (ca. 14 Pf/kWh) (vgl. Kap. 1.4.2 bzw. Tabelle 1.5). Damit liegen beim Einfamilienhaus die Kosten einer energetischen Nutzung von Stroh geringfügig unterhalb oder in der gleichen Größenordnung wie die vergleichbaren Aufwendungen bei einer Öl- oder Gasheizung. In allen anderen hier betrachteten Fällen liegen die Energiebereitstellungskosten einer Wärmeerzeugung durch die Verbrennung von Stroh im Durchschnitt auf dem gleichen Niveau oder darüber. Damit ist - werden rein ökonomische Kriterien angelegt - derzeit nur in Ausnahmefällen eine energetische Nutzung von Stroh gegenüber den momentan genutzten Techniken auf der Basis fossiler Energieträger kostengünstiger. Dennoch gibt es - insbesondere wenn auch andere Überlegungen berücksichtigt werden (z. B. kein Ressourcenverzehr, Unabhängigkeit von Importen) - zahlreiche Anwendungsfälle, in denen eine Nutzung dieses Energiepotentials auch mit geringeren Kosten verbunden sein kann (z. B. bei der Wärmeversorgung eines landwirtschaftlichen Anwesens).

Bei diesem Vergleich der Wärmegestehungskosten aus Öl oder Gas mit denen auf der Basis von Stroh muß zusätzlich beachtet werden, daß dabei die Kosten etablierter Systeme mit großtechnisch bereits realisierter Brennstoffbereitstellung denen von Verfahren gegenüber gestellt werden, die sich z. T. noch im Forschungs- und Entwicklungsstadium befinden. Ein solcher Vergleich kann deshalb nur der groben Einordnung in die momentanen Gegebenheiten im Energiesystem der Bundesrepublik Deutschland dienen.

8 Energetische Nutzung von Reststoffen der Tierhaltung

Unter Sauerstoffabschluß entsteht aus organischer Masse in wässrigem Milieu durch die anaerobe Fermentation ein wasserdampfgesättigtes Mischgas, das sogenannte Biogas. Es ist aufgrund seines Methangehaltes brennbar und damit energetisch nutzbar. Weltweit ist die Bedeutung dieser Möglichkeit zur Energieerzeugung derzeit jedoch gering. Nur in einigen Entwicklungsländern (d. h. insbesondere in Indien und China) hat die Biogaserzeugung eine begrenzte Verbreitung gefunden. Durch die biochemische Umsetzung organischen Materials wird hier insbesondere in ländlichen Gebieten im begrenzten Rahmen eine Energieversorgung realisiert. In Europa hat die Biogaserzeugung aus den organischen Reststoffen der landwirtschaftlichen Nutztierhaltung - mit Ausnahme von Dänemark - fast keine Bedeutung; hier sind nur wenige und vornehmlich im Eigenbau errichtete Anlagen im Betrieb (vgl. /8-6, 8-14, 8-15/). Dabei ist die Gewinnung von Biogas grundsätzlich eine vergleichsweise lang bekannte Technologie, die bereits vor mehr als 100 Jahren bei der Abwasserreinigung eingesetzt wurde.

Vor diesem Hintergrund ist es das Ziel der folgenden Ausführungen, die theoretischen und technischen Potentiale einer Biogasgewinnung aus den bei der Nutztierhaltung anfallenden organischen Stoffe zu analysieren und das daraus technisch gewinnbare Biogas- bzw. Energieaufkommen darzustellen. Dazu werden zunächst die Grundlagen der Biogaszusammensetzung und der Gasentstehung diskutiert sowie der Nutztierbestand - als Grundlage für die Bestimmung der Energiepotentiale - unter Berücksichtigung der regionalen Unterschiede und der Tierbestandsvariationen zwischen unterschiedlichen Jahren analysiert. Anschließend wird die Vorgehensweise zur Ermittlung des theoretisch maximal gewinnbaren Biogasaufkommens dargestellt und das korrespondierende Gaspotential in Abhängigkeit des regional unterschiedlichen Anfalls an organischen Reststoffen diskutiert. Nach einem kurzen Abriß der Grundlagen zur technischen Nutzbarmachung dieser biogenen Energiequelle werden die technischen Energiepotentiale ermittelt und ihre Verteilung innerhalb der Bunderepublik Deutschland analysiert. Abschließend werden die absoluten und spezifischen Biogasgestehungskosten sowie die daraus resultierenden Nutzenergiebereitstellungkosten bzw. Stromgestehungskosten analysiert und diskutiert.

8.1 Allgemeine Grundlagen

Die mikrobielle Methangasbildung ist ein in der Natur weit verbreiteter Prozeß, der überall dort stattfindet, wo organisches Material in Abwesenheit von freiem und gebundenem Sauerstoff (anaerob) von Mikroorganismen umgesetzt wird. Dieser Prozeß findet z. B. in den Binnen- und Meerwassersedimenten und vor allem im Pansen von Wiederkäuern statt /8-1/.

8.1.1 Zusammensetzung und Eigenschaften von Biogas

Unter dem Begriff "Biogas" wird ein wasserdampfgesättigtes Gasgemisch, das hauptsächlich aus Methan und Kohlendioxid besteht, verstanden. Neben diesen beiden Hauptkomponenten befinden sich im Biogas noch geringe Mengen an Wasserstoff, Schwefelwasserstoff, Ammoniak und anderen Beimengungen (vgl. /8-2/). Der Gehalt an Methan als die wesentliche energetisch nutzbare Komponente im Biogas kann in Abhängigkeit von der Zusammensetzung des Faulsubstrats und von der Verfahrenstechnik zwischen 40 und 80 % schwanken (u. a. /8-1, 8-2, 8-3, 8-4/).

Damit sind im Biogas vor allem die im folgenden aufgeführten Bestandteile im Hinblick auf eine technische bzw. energetische Nutzung von Bedeutung:
- Methan
  Rund die Hälfte bis zu drei Viertel des Biogases besteht aus diesem Kohlenwasserstoff, der aus einem Kohlenstoff- und vier Wasserstoffatomen in Einfachbindung besteht. Der Siedepunkt liegt bei - 164 °C und der Schmelzpunkt bei - 184 °C; der Heizwert (H_u) von Methan liegt bei 35,9 MJ/m^3. Die Explosionsgrenze im Gemisch mit Sauerstoff bewegt sich - je nach Temperatur und Druck - bei rund 6 bis 12 Volumenprozent Methan (vgl. Tabelle 8.1).
- Kohlendioxid
  CO_2 ist im Biogas mit einem Anteil zwischen rund 25 und 50 % enthalten; es verhält sich im wesentlichen inert. Das Kohlendioxid verdünnt damit das Methan und reduziert dadurch dessen Heizwert. Dabei trägt das im Biogas enthaltene Kohlendioxid bei einer Gesamtbilanzierung jedoch nicht - im Gegensatz zu dem CO_2, das bei der Verbrennung fossiler Energieträger freigesetzt wird - zum globalen Treibhauseffekt bei, da es zuvor von den Pflanzen der Atmosphäre entzogen und durch den Prozeß der Photosynthese zu Biomasse umgewandelt wurde; es handelt sich damit um einen im wesentlichen geschlossenen Kohlendioxidkreislauf.
- Wasserdampf
  Im Regelfall ist das in einer Biogasanlage entstehende Gas wasserdampfgesättigt. Damit ist der absolute Wassergehalt des Rohgases sehr von der Temperatur abhängig. Beispielsweise liegt der Wasserdampfgehalt des Biogases bei einer Temperatur von 0 °C und Sättigung bei 3,8 g/m^3, bei 40 °C dagegen schon bei 51,2 g/m^3. Bei der Abkühlung von 35 °C auf 10 °C kondensieren deshalb je m^3 Biogas fast 30 g Wasser. Der Wasserdampf verringert den Heizwert und kann zusammen mit anderen im Biogas enthaltenen Komponenten ein korrosiv wirkendes Kondensat bilden.
- Schwefelwasserstoff
  Schwefelwasserstoff, an dem charakteristischen penetranten Geruch nach faulen Eiern leicht zu erkennen, kommt im Biogas nur in geringen Mengen vor. Dieses Gas wirkt aber auf Rohrleitungen korrosiv und verbrennt bei Luftüberschuß zu Schwefeldioxid, das sich anschließend mit Wasser und Sauerstoff zu der ebenfalls stark korrosiv wirkenden Schwefelsäure umsetzen kann /8-3/.

Der Heizwert (H_u) von Biogas ist damit im wesentlichen direkt proportional dem Methangehalt /8-5/. Dies wird auch aus Abb. 8.1 deutlich. Hier ist der Heizwert von Biogas unter Normalbedingungen in Abhängigkeit des Methananteils dargestellt (d. h. Temperatur 0 °C, Luftdruck 1 013 hPa, wasserfreies Biogas). Er schwankt demnach bei einem Volumenanteil von 40 bis 80 % Methan im Biogas zwischen rund 14 und 29 MJ/m^3. Zusätzlich ist - da diese Standardbedingungen in der Praxis nicht gegeben sind - in Abb. 8.1 der Gebrauchsheizwert dargestellt, der - bezogen auf eine Temperatur von

8.1 Allgemeine Grundlagen 227

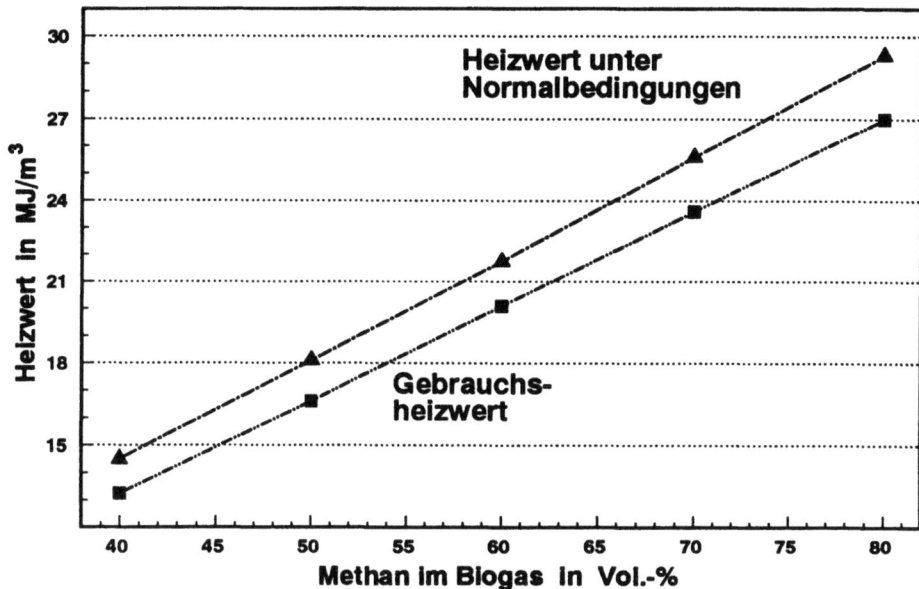

Abb. 8.1 Heizwert unter Normalbedingungen und Gebrauchsheizwert von Biogas in Abhängigkeit des Methananteils /8-5/

15 °C und einen Luftdruck von 960 hPa für wasserdampfgesättigtes Biogas - im Schnitt 1 bis 2 MJ/m³ unter dem Heizwert bei Standardbedingungen liegt. Dieser Gebrauchsheizwert spiegelt mehr den letztlich bei einer energetischen Nutzung des Biogases auch tatsächlich realisierbaren Heizwert wider, da beispielsweise das Biogas oft nicht vollständig getrocknet wird.

Folglich werden auch die verbrennungstechnischen Eigenschaften des Biogases im wesentlichen vom Methan bestimmt, das sich jedoch - aufgrund des verdünnten Zustandes - verglichen beispielsweise mit Erdgas (Methangehalt i. allg. rund 99 %) z. T. deutlich anders verhält. Tabelle 8.1 zeigt deshalb die wesentlichen Eigenschaften von Biogas im Vergleich zu Methan. Demnach sind die für eine energetische Nutzung wichtigen Kenngrößen aufgrund der Kohlendioxidbeimengungen ungünstiger. Werden die verbrennungstechnischen Kenndaten jedoch beispielsweise auf Stadtgas bezogen, ist Biogas durch deutlich bessere brenntechnische Eigenschaften gekennzeichnet (u. a. /8-4/).

8.1.2 Biochemische Umsetzung der Biomasse

Biogas entsteht durch eine anaerobe Fermentation organischer Stoffe in wässrigem Milieu. Dieser biochemische Umsetzungsprozeß findet in der Natur immer dort statt, wo sich organisches Material in Anwesenheit von Wasser anhäuft und nicht genügend Sauerstoff für einen aeroben Abbau der Biomasse vorhanden ist (z. B. am Grund von Seen und Sümpfen, im Pansen-Magen von Wiederkäuern). Bei dieser Umsetzung des organischen Materials unter Sauerstoffausschluß finden eine Reihe komplexer Vorgänge statt, die in vier Phasen unterteilt werden können.

228   8 Energetische Nutzung von Reststoffen der Tierhaltung

Tabelle 8.1 Eigenschaften von Biogas im Vergleich zu Methan

			Biogas		Methan
			Durchschnitt	Streubreite	
Hauptbestandteile	CH_4	in Vol.-%	60	40 - 80	100
	CO_2	in Vol.-%	38	24 - 44	
	H_2S	in Vol.-%	2	0,2 - 1,2	
Heizwert		in MJ/m³	21,5	14,0 - 29,0	35,9
Brennwert		in MJ/m³	23,8	15,1 - 33,1	
Zündtemperatur		in °C	700	650 - 750	
Maximale Zündgeschwindigkeit		in m/s	0,25		0,39
Theoretischer Luftbedarf		in m³ Luft/m³ Gas	5,71		9,53
Taupunkt der Abgase		in °C	100	60 - 160	59
Kritischer Druck		in bar	82	75 - 89	46,3
Kritische Temperatur		in °C	- 82,5		- 82,5
Dichte normal		in kg/m³	1,2		0,72

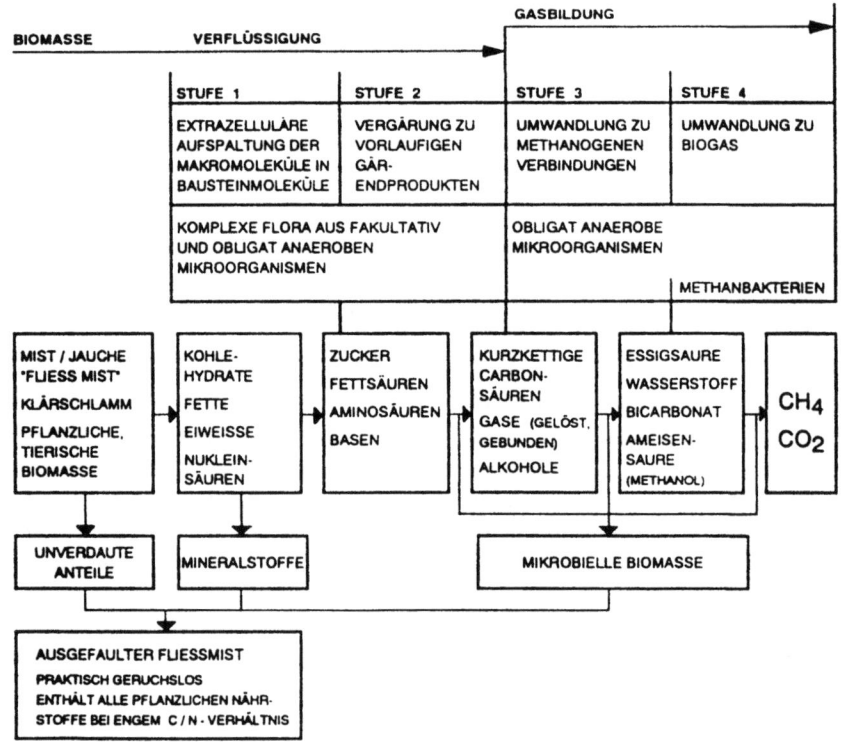

Abb. 8.2 Abbau von Biomasse zu Biogas /8-3/

Zunächst werden die hochmolekularen, zum Teil als Feststoffe vorliegenden Verbindungen (u. a. Kohlehydrate, Eiweiße, Fette) durch eine biochemische Spaltung in niedermolekulare, wasserlösliche

Verbindungen (z. B. Einfachzucker, Aminosäuren, Fettsäuren) zerlegt (vgl. Abb. 8.2). Danach erfolgt ein weiterer Abbau dieser Verbindungen zu organischen Säuren, Alkoholen, Kohlendioxid, Wasserstoff, Schwefelwasserstoff und Ammoniak. Die Säuren und Alkohole werden nachfolgend zu Salzen der Essigsäure und zu Kohlendioxid bzw. Wasserstoff umgewandelt. Schließlich erfolgt die Umsetzung der entstandenen Verbindungen zu Kohlendioxid und Methan. Auch bilden sich aus dem entstandenen Kohlendioxid und dem frei werdenden Wasserstoff zusätzliche Mengen an Methan. Diese Reaktionen laufen in der Natur oder bei der verfahrenstechnischen Umsetzung im wesentlichen simultan ab und beeinflussen sich wechselseitig auf eine sehr komplexe Weise. Sie sind im wesentlichen abhängig von den lokalen Gegebenheiten, den Temperaturverhältnissen, der Substratzusammensetzung und einer Vielzahl anderer Parameter.

Günstige Voraussetzungen für eine Methanbildung sind dann gegeben, wenn die in wässriger Lösung vorliegenden organischen Stoffe in einem neutralen bis schwach alkalischen Milieu (pH-Wert von 6,5 bis 8) vorliegen und der Feststoffgehalt des Faulsubstrats zwischen 8 und 10 % bei einem Kohlenstoff-Stickstoff-Verhältnis zwischen 10 und 16 liegt. Die Abbauraten sind in bestimmten Temperaturbereichen, innerhalb derer jeweils unterschiedliche Bakterienstämme besonders aktiv sind, überproportional günstig. Man unterscheidet den psychrophilen (um 15 °C), mesophilen (um 35 °C) und thermophilen (um 55 °C) Bereich, wobei die Methangärung in jedem dieser drei Temperaturniveaus stattfinden kann. Obwohl bei thermophilen Temperaturen die höchsten Abbauraten erreicht werden können, zeigt ein Großteil der bekannten Methanbakterien ihr Temperaturoptimum im mesophilen Bereich; die verfahrenstechnische Umsetzung des Biogasprozesses wird meist in einem Temperaturbereich von 28 bis 37 °C realisiert /8-3, 8-5/.

8.1.3 Einflußfaktoren auf das Gasaufkommen

Der in Kap. 8.1.2 dargestellte Biogasprozeß wird von einer Vielzahl unterschiedlicher Parameter beeinflußt; im wesentlichen hängt die erzeugte Biogasmenge aber von der Temperatur, bei der die biochemische Umsetzung stattfindet, von der Zusammensetzung und der biochemischen Umsetzungszeit der organischen Stoffe ab.

Aufgrund der Temperaturabhängigkeit der anaeroben Fermentation trägt das Temperaturniveau, bei dem der Biogasprozeß stattfindet, entscheidend zur erzielbaren Gasausbeute innerhalb eines bestimmten Zeitraumes bei. Dies wird in Abb. 8.3 deutlich. Hier ist - auf der Basis organischer Stoffe mit vergleichbarer Zusammensetzung - die gesamte Biogasausbeute und der entsprechende Methangehalt für unterschiedliche Temperaturniveaus in Abhängigkeit von der Verweildauer dargestellt. Demnach kann bei höheren Temperaturen unter sonst gleichen Bedingungen eine größere Biogasmenge gewonnen werden. Das gleiche Ergebnis kann aber auch erreicht werden, wenn die Reaktionszeit, d. h. die Verweildauer des organischen Materials im Faulbehälter, auf einem niedrigeren Temperaturniveau entsprechend länger ist.

Neben der Temperatur hat auch die Zusammensetzung des Ausgangsmaterials einen großen Einfluß auf den möglichen Gasertrag (vgl. Abb. 8.4). Hier ist für Schweine-, Mastrinder- und Milchviehgülle die mittlere Biogasausbeute in Abhängigkeit von der Verweildauer dargestellt. Dabei wird die große Bandbreite aufgrund der unterschiedlichen Güllezusammensetzung selbst bei einer Tierart deutlich. Auch gehen aus Abb. 8.4 die grundsätzlichen Unterschiede zwischen der Gasausbeute aus dem Exkrementeaufkommen aus der Rindermast bzw. der Milchvieh- und Schweinehaltung hervor /8-5/. Demnach ist bei gleichem Aufkommen an organischer Masse die Gasausbeute aus der Milchvieh-

230   8 Energetische Nutzung von Reststoffen der Tierhaltung

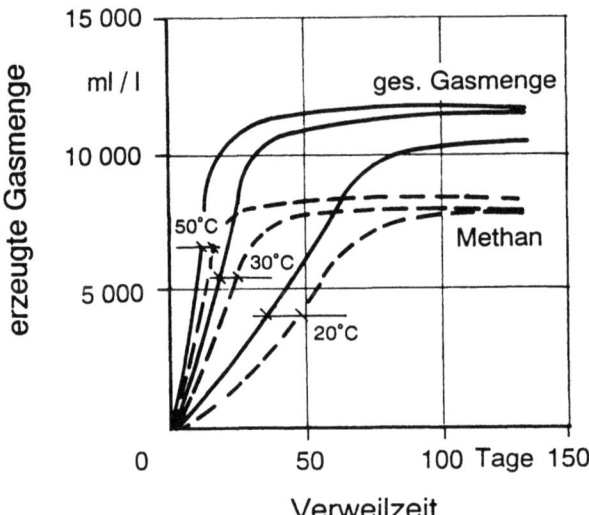

Abb. 8.3 Einfluß der Gärtemperatur und der Verweilzeit auf den Gasertrag und den Methangehalt /8-6/

haltung nur rund halb so groß wie aus der Rindermast. Im Gegensatz dazu ist die durchschnittliche Gasausbeute aus der Schweinegülle geringfügig höher als aus der Rindermastgülle.

Die Abb. 8.3 und 8.4 zeigen, daß die Gasausbeute vor allem auch von der Verweildauer der organischen Masse im Faulbehälter und damit von der biochemischen Umsetzungszeit beeinflußt wird. Grundsätzlich kann hier davon ausgegangen werden, daß sich die Biogasausbeute mit zunehmender Verweildauer asymptotisch einem Maximalwert nähert. Damit steigt - abhängig von der Temperatur und der Substratzusammensetzung - nach einer bestimmten Verweilzeit im Reaktor die Gasausbeute bei abnehmender Tendenz nur noch wenig an; die organische Substanz, die biochemisch umgesetzt werden kann, ist dann näherungsweise vollständig umgewandelt worden.

Die mögliche Biogasausbeute wird damit von einer Vielzahl unterschiedlicher Faktoren und Randbedingungen beeinflußt, die in dieser Vielgestaltigkeit nicht analytisch faßbar sind. Deshalb muß davon ausgegangen werden, daß die dieser Untersuchung zugrunde liegenden Durchschnittswerte bezüglich der möglichen Gasausbeute aus den nutzbaren organischen Stoffen nur eine grobe Annäherung an die tatsächlichen Gegebenheiten darstellen. Damit sind im Umkehrschluß auch deutliche Abweichungen von den im folgenden ausgewiesenen technischen Potentialen zu höheren und niedrigeren Werten möglich.

8.1.4 Ausgangsstoffe für die Biogaserzeugung

Grundsätzlich sind alle Arten von Biomasse, die als Hauptkomponenten Kohlenhydrate, Eiweiße, Fette, Cellulose und Hemicellulose - nicht jedoch Lignin und lignininkrustierte Cellulose (d. h. die strukturgebende Komponente von Holz und Stroh, die sich gegenüber dem anaeroben Abbauprozeß im wesentlichen inert verhält /8-3/) - enthalten und deren Wassergehalt für einen sicheren mikrobiellen Stoffaustausch ausreicht, für eine biochemische Umsetzung geeignet /8-2/.

8.1 Allgemeine Grundlagen 231

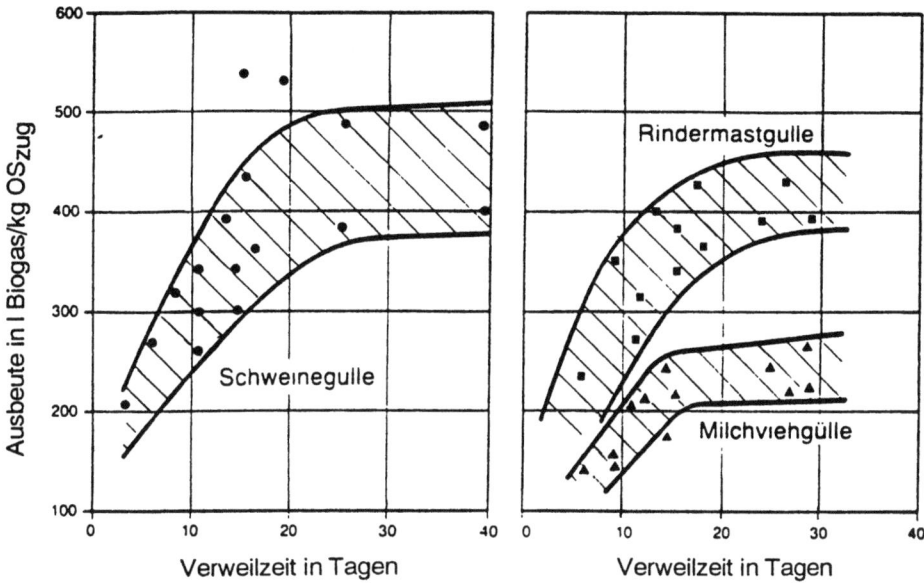

Abb. 8.4 Gasausbeute unterschiedlicher Güllearten in Abhängigkeit von der Verweilzeit /8-5/

Die nutzbaren organischen Stoffe fallen vorwiegend als Rest- oder Nebenprodukte in unterschiedlichen Bereichen an:
- bei der landwirtschaftlichen Tier- und Pflanzenproduktion (d. h. als Flüssig- und Festmist bei der Nutz- und Freizeittierhaltung, als Reststoffe der Pflanzenproduktion bzw. bei deren marktgerechter Aufbereitung);
- bei der industriellen Verarbeitung pflanzlicher Produkte (d. h. Extraktions-, Destillations- und Prozeßrückstände beispielsweise aus Brauereien und der gemüseverarbeitenden Industrie, organische Schlämme und Abwässer der industriellen Aufarbeitung);
- bei der verbrauchergerechten Aufbereitung tierischer Erzeugnisse (Schlachthofabfälle, Metzgereiabfälle);
- bei der Kommunalentsorgung (organische Anteile des Hausmülls, organische Schlammfraktion der Abwasserentsorgung, Abfälle des lebensmittelvertreibenden Gewerbes, organische Rückstände des Hotel-, Gaststätten- und Großküchengewerbes);
- bei der Landschaftspflege (Grüngut von Park-, Naherholungs- und Straßenbegrenzungsflächen).

Von dieser Vielzahl unterschiedlichster möglicher Quellen für eine Gewinnung von Biogas werden in diesem Abschnitt nur die organischen Reststoffe der landwirtschaftlichen Nutztierhaltung betrachtet.

8.1.5 Nutztierbestand in Deutschland

Der Tierbestand in der Bundesrepublik Deutschland bzw. das entsprechende Aufkommen an Exkrementen ist die Grundlage für die Abschätzung des theoretischen bzw. technischen Potentials einer

232   8 Energetische Nutzung von Reststoffen der Tierhaltung

möglichen Biogaserzeugung. Entsprechend den vorliegenden statistischen Erhebungen zeigt Abb. 8.5 den Rinder- und Schweinebestand nach der Dezemberzählung 1991 sowie den Geflügel- (d. h. Summe der gehaltenen Hühner, Gänse, Enten und Puten) und den Schaf- und Pferdebestand nach der Dezemberzählung 1990. Die Tierbestände in den Stadtstaaten sind nicht aufgeführt, jedoch in den Summenangaben für die Bundesrepublik Deutschland enthalten.

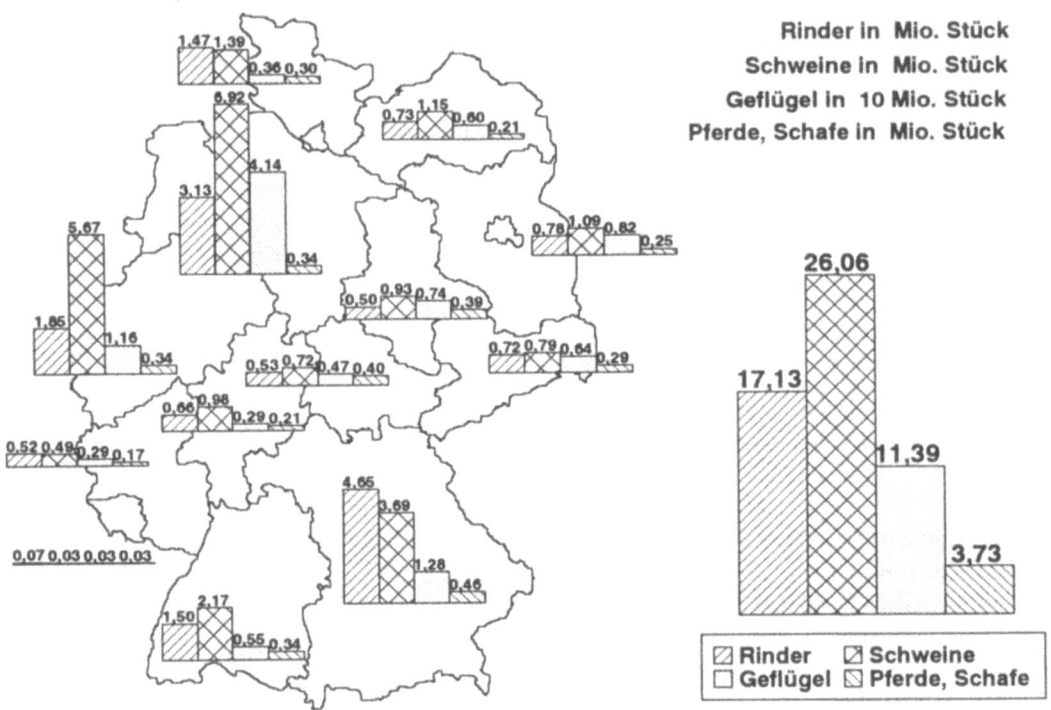

Abb. 8.5 Rinder-, Schweine-, Geflügel- sowie Schaf- und Pferdebestand in der Bundesrepublik Deutschland (Stand 1991 (Rinder und Schweine) bzw. 1990 (Geflügel und Pferde, Schafe))

Aus Abb. 8.5 geht hervor, daß mit Ausnahme von Schleswig-Holstein, Rheinland-Pfalz und Bayern in jedem Bundesland der Bestand an Schweinen gegenüber den anderen dargestellten Nutztierarten absolut am höchsten ist. Beispielsweise stehen in Nordrhein-Westfalen rund 5,7 Mio. Schweinen nur ca. 1,8 Mio. Rinder gegenüber. Allein in diesem Bundesland befindet sich etwas mehr als ein Fünftel des Gesamtschweinebestandes der Bundesrepublik Deutschland. Nur in Niedersachsen, dem Bundesland mit dem zahlenmäßig höchsten Bestand der dargestellten Tierarten, werden noch mehr Schweine gehalten. Auch befindet sich mehr als ein Drittel des gesamten Geflügelbestandes in Deutschland auf niedersächsischem Boden (Stand des Rinder- und Schweinebestandes gemäß der Dezemberzählung 1991 bzw. des Geflügel-, Pferde- und Schafbestandes gemäß der Dezemberzählung 1990) /8-7/.

Für Aussagen, wie sich das diesem Tierbestand korrespondierende Exkrementeaufkommen, das die Grundlage für das zu ermittelnde technisch gewinnbare Biogasaufkommen darstellt, in Zukunft entwickeln könnte, ist - da bisher nur der gegenwärtige Nutztierbestand (Basis 1991 bzw. 1990; vgl. Abb. 8.5) untersucht wurde - eine Analyse der Unterschiede des Tierbestandes in Deutschland in der

8.1 Allgemeine Grundlagen 233

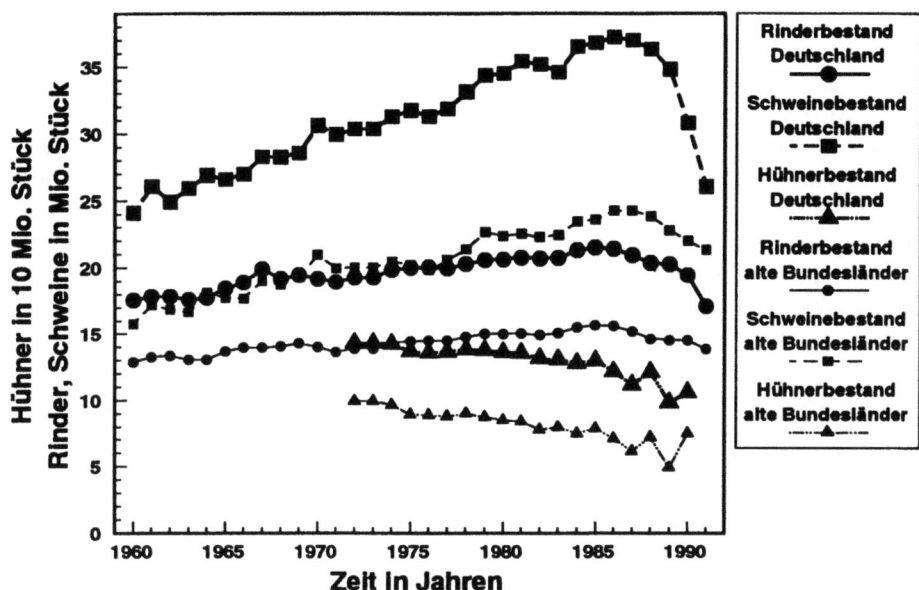

Abb. 8.6 Bestand an Rindern, Schweinen und Hühnern in den alten Bundesländern (kleine Symbole) bzw. auf dem Gebiet der heutigen Bundesrepublik Deutschland (große Symbole)

Vergangenheit notwendig. Abb. 8.6 zeigt deshalb für den Zeitraum zwischen 1960 und 1990 bzw. 1991 die jeweils statistisch erfaßten Bestände an Rindern, Schweinen und Hühnern für das Gebiet der alten Bundesländer und die korrespondierenden Werte unter Einbeziehung der in den neuen Bundesländern gehaltenen Tiere. Diese Darstellung verdeutlicht, daß seit den sechziger Jahren die Bestände an Rindern und Schweinen sowohl auf dem Gebiet der alten Bundesländer als auch auf dem der heutigen Bundesrepublik Deutschland kontinuierlich angestiegen sind. Der Nutztierbestand hat sein Maximum dann Mitte der achtziger Jahre erreicht und ist danach zuerst geringfügig, in den Jahren zwischen 1989 und 1991 stärker zurückgegangen. Im Gegensatz dazu ist der Bestand an Hühnern seit der statistischen Erfassung im Jahr 1972 kontinuierlich - mit leichten Schwankungen Ende der achtziger Jahre - gefallen.

Das Energieaufkommen des Biogases, das aus den Exkrementen, die bei der Haltung dieser Tiere anfallen, gewonnen werden könnte, dürfte deshalb in übersehbarer Zukunft etwa auf dem Niveau des Jahres 1991 - u. U. bei leicht steigender Tendenz - verbleiben; dies liegt im wesentlichen in dem relativ niedrigen Bestandsniveau der betrachteten Nutztierarten im Jahr 1991 und der im Durchschnitt rund 50 %igen Reduktion der Tierbestände in den neuen Bundesländern infolge der Umstrukturierungsprozesse als Folge der Wiedervereinigung begründet. Aufgrund der insgesamt noch leicht wachsenden Bevölkerung in Deutschland und trotz der sich verändernden Ernährungsgewohnheiten kann davon ausgegangen werden, daß tendenziell das derzeitige Niveau des Nutztierbestandes - keine tiefgreifenden Umstrukturierungen im Zusammenhang mit dem zukünftigen Binnenmarkt innerhalb der EG bzw. der EG-Agrarpolitik unterstellt - erhalten bleibt.

8.2 Substrataufkommen und korrespondierender Energieinhalt

Nachdem im letzten Abschnitt die Grundlagen der Biogasentstehung diskutiert wurden, ist das Ziel der folgenden Ausführungen die Bestimmung des Anfalls an organischen Stoffen aus der landwirtschaftlichen Tierproduktion und des daraus theoretisch möglichen Gasertrags. Dazu wird zunächst die methodische Vorgehensweise zur Abschätzung des aus dem Nutztierbestand resultierenden Anfalls an organischen Stoffen in der Bundesrepublik Deutschland dargestellt und die Ergebnisse unter Berücksichtigung der regionalen Unterschiede diskutiert. Anschließend wird das aus dem ermittelten Reststoffanfall theoretisch gewinnbare Biogas ebenfalls unter Beachtung der lokalen Gegebenheiten analysiert und diskutiert.

8.2.1 Vorgehensweise zur Bestimmung des Substrataufkommens

Datengrundlage für die Bestimmung des Aufkommens an organischen Stoffen aus der landwirtschaftlichen Nutztierhaltung ist der Bestand an Rindern (unterteilt in Kälber bis unter einem halben Jahr, männliche und weibliche Jungrinder zwischen einem halben und einem Jahr und Rinder älter als ein Jahr; diese wiederum untergliedert in männliche Tiere, Färsen, Milchkühe und alle übrigen Kühe), Schweinen (untergliedert in Ferkel, Jungschweine unter 50 kg Lebendgewicht, Mastschweine mit 50 kg Lebendgewicht und mehr, trächtige bzw. nicht trächtige Zuchtsauen sowie Zuchteber), Geflügel (untergliedert in Legehennen und gesamter Hühnerbestand, Gänse, Enten und Puten), Pferden (untergliedert in Ponys und Kleinpferde, Tiere unter und über einem Jahr) und Schafen (untergliedert in Tiere unter einem Jahr und Lämmer sowie gesamter Schafbestand). Der gesamte Tierbestand ist für jedes Bundesland /8-7/ bzw. - in disaggregierter Form - auf Kreisebene für die alten und neuen Bundesländer der Bundesrepublik Deutschland (vgl. /8-8/) statistisch erfaßt.

Ausgehend von diesem Bestand an derzeit gehaltenen Tieren kann die täglich anfallende Menge an organischen Reststoffen abgeschätzt werden. Dieses Aufkommen ist zwischen den verschiedenen Tierarten sehr unterschiedlich, kann aber auch bei einer Nutztierart in Abhängigkeit von der Futterzusammensetzung und dem Tieralter stark schwanken. Für eine Abschätzung des täglichen Anfalls kann davon ausgegangen werden, daß das Exkrementeaufkommen im Durchschnitt bei ausgewachsenen Tieren etwa proportional zum Lebendgewicht ist. Hier kann es aber zusätzlich in Abhängigkeit von der Produktionsleistung der jeweiligen Tiere (z. B. Durchschnittskuh oder Hochleistungskuh) sehr große Abweichungen geben. Bei wachsenden Tieren und insbesondere in der Mast (ein Großteil des Nutztierbestandes in Deutschland wird gemästet) ist jedoch das auf das Körpergewicht bezogene tägliche Exkrementeaufkommen deutlich höher als nach dem Abschluß der Wachstumsphase. Beispielsweise liegt das durchschnittliche tägliche Exkrementeaufkommen bei etwa 20 kg schweren Schweinen bei rund 20 % des Lebendgewichts und geht bei Tieren, die mehr als 65 kg wiegen, auf ca. 7,5 % des Tiergewichts zurück. Ähnliche Zusammenhänge sind auch bei Rindern gegeben (vgl. /8-5, 8-6/).

Ausgehend von diesen Zusammenhängen kann aus dem Tierbestand der Bundesrepublik Deutschland mit den in Tabelle 8.2 zusammengestellten Durchschnittswerten das korrespondierende tägliche bzw. jährliche Exkrementeaufkommen errechnet werden. Bei den dargestellten spezifischen Angaben des Gülleaufkommens wird insbesondere die Bandbreite deutlich, innerhalb der die anfallenden

Tabelle 8.2 Durchschnittliche tägliche Produktion an Gülle und Exkrementen sowie organischer Substanz bei verschiedenen Tierarten (nach /8-5/, erweitert)

	Lebendgewicht	Gülle- bzw. Exkrementemenge		Organische Substanz	
		Durchschnitt	Bandbreite	Durchschnitt	Bandbreite
Rinder					
Milchkühe	ca. 625 kg	ca. 60,0 l/d	53,0 - 77,0 l/d	ca. 4,8 kg/d	3,80 - 5,10 kg/d
Mastrinder	ca. 500 kg	ca. 25,0 l/d	18,0 - 32,0 l/d	ca. 2,2 kg/d	1,60 - 2,90 kg/d
Mastkälber	45 - 135 kg	ca. 12,0 l/d	11,0 - 13,0 l/d	ca. 0,09 kg/d	0,07 - 0,09 kg/d
Schweine					
Mastschweine	15 - 27 kg	ca. 3,8 l/d	3,0 - 5,0 l/d	ca. 0,22 kg/d	0,20 - 0,22 kg/d
	27 - 68 kg	ca. 5,7 l/d	2,2 - 8,0 l/d	ca. 0,32 kg/d	0,23 - 0,59 kg/d
	68 - 100 kg	ca. 7,2 l/d	6,3 - 8,0 l/d	ca. 0,40 kg/d	
Sauen mit Ferkeln		ca. 15,0 l/d		ca. 0,67 kg/d	
Geflügel					
Legehennen	ca. 0,23 kg	ca. 0,014 kg/d	0,010 - 0,018 kg/d	ca. 0,0025 kg/d	0,0018 - 0,0030 kg/d
Masthennen	ca. 0,10 kg	ca. 0,006 kg/d	0,004 - 0,008 kg/d	ca. 0,0010 kg/d	0,0008 - 0,0014 kg/d
Puten	5,0 - 10,0 kg	ca. 0,060 kg/d		ca. 0,0110 kg/d	
Sonstige Nutztiere					
Pferde	ca. 500 kg	ca. 30,0 l/d		ca. 4,8 kg/d	
Schafe	ca. 25 kg	ca. 1,8 l/d	1,7 - 1,9 l/d	ca. 0,3 kg/d	

Güllemengen selbst bei einer Tierart schwanken können. Im groben Durchschnitt zwischen verschiedenen Tierarten, Futterzusammensetzungen, Standorten und Jahreszeiten kann jedoch von den ebenfalls in Tabelle 8.2 gezeigten Durchschnittswerten ausgegangen werden. Diese Mittelwerte des täglichen Exkremente- bzw. Gülleanfalls lassen sich mit den ebenfalls dargestellten Faktoren in das korrespondierende Aufkommen an organischer Substanz (OS) überführen. Demnach produziert beispielsweise eine Milchkuh jeden Tag im Durchschnitt rund 4,8 kg an organischer Substanz, wobei - je nach Milchleistung - eine mittlere Bandbreite von 3,8 bis 5,1 kg beobachtet werden kann.

8.2.2 Aufkommen an organischer Masse

Mit der in Kap. 8.2.1 diskutierten Vorgehensweise kann das Aufkommen an organischer Substanz in jedem Kreis bzw. innerhalb der Gebietsgrenzen der Bundesrepublik Deutschland errechnet werden. Auf der Grundlage der statistisch erfaßten Tierbestände in den einzelnen Bundesländern ergibt sich - getrennt für Rinder, Schweine, Geflügel (d. h. die Summe aus dem Bestand an Hühnern, Gänsen, Enten und Puten) sowie Pferde und Schafe - das in Tabelle 8.3 dargestellte Substrataufkommen.

In der Zusammenstellung (Tabelle 8.3) wird deutlich, daß in der Bundesrepublik Deutschland ein mittleres Aufkommen an organischer Substanz von rund 57 500 t/d gegeben ist. Es resultiert zu rund 78 % aus der Rinder- und zu etwa 15 % aus der Schweinehaltung. Die verbleibenden rund 7 % fallen bei der Geflügel- sowie der Pferde- und Schafhaltung an. Das absolut höchste Aufkommen an organischer Substanz aus der Nutztierhaltung ist in Bayern mit ca. 14 400 t/d und in Niedersachsen mit rund 10 900 t/d gegeben.

8 Energetische Nutzung von Reststoffen der Tierhaltung

Tabelle 8.3 Mittleres Aufkommen an organischer Masse aus der Rinder-, Schweine-, Geflügel-, Pferde- und Schafhaltung in den einzelnen Bundesländern und in der Bundesrepublik Deutschland

	Rinder[1]	Schweine[1]	Geflügel[2,3]	Pferde, Schafe[2]	Summe
	Aufkommen an organischer Masse in t/d				
Baden-Württemberg	4 067,8	683,1	155,9	209,1	5 115,8
Bayern	12 573,2	1 211,4	339,5	272,8	14 396,9
Berlin	11,8	10,1	7,0	9,0	37,9
Brandenburg	2 073,8	366,6	163,4	93,7	2 697,5
Bremen	37,0	1,1	0,5	2,5	41,1
Hamburg	27,5	1,6	0,5	6,6	36,2
Hessen	1 746,9	328,1	73,6	123,0	2 271,6
Mecklenburg-Vorpommern	2 013,4	387,1	115,4	62,3	2 578,2
Niedersachsen	7 561,6	2 340,0	756,4	245,9	10 903,9
Nordrhein-Westfalen	4 440,7	1 885,8	301,0	258,7	6 886,3
Rheinland-Pfalz	1 428,2	160,8	72,9	87,4	1 749,3
Saarland	176,8	11,1	6,7	16,3	210,9
Sachsen	1 971,7	266,5	138,4	72,3	2 448,9
Sachsen-Anhalt	1 343,6	318,9	142,2	93,8	1 898,4
Schleswig-Holstein	3 685,8	457,7	69,2	152,1	4 364,8
Thüringen	1 434,1	242,1	92,2	94,7	1 863,0
Bundesrepublik Deutschland	44 593,6	8 671,8	2 434,9	1 800,4	57 500,6

[1] Berechnet aus dem Tierbestand nach der Dezemberzählung 1991.
[2] Berechnet aus dem Tierbestand nach der Dezemberzählung 1990.
[3] Summe aus dem statistisch erfaßten Hühner-, Gänse-, Enten- und Putenbestand.

Wird dieses Aufkommen auf die Katasterfläche der einzelnen Bundesländer bezogen, ergibt sich eine große Variationsbreite. Ohne Berücksichtigung der Stadtstaaten bewegt sich die Bandbreite des flächenspezifischen Anfalls an organischer Substanz zwischen rund 0,8 kg/(ha d) im Saarland und knapp 2,8 kg/(ha d) in Schleswig-Holstein. Einen sehr hohen flächenspezifischen Anfall an organischen Stoffen zeigen auch die Bundesländer Niedersachsen und Nordrhein-Westfalen.

8.2.3 Vorgehensweise zur Bestimmung des theoretischen Gaspotentials

Ausgehend von dem in Kap. 8.2.2 diskutierten gesamten Aufkommen an organischer Substanz kann die daraus technisch gewinnbare Gasmenge ermittelt werden. Da auch hier in Abhängigkeit von der Anlagentechnik, der Gärtemperatur, der Verweildauer des Substrats im Faulbehälter und einer Reihe weiterer Größen große Unterschiede bei der möglichen Gasausbeute gegeben sind (vgl. Kap. 8.1.2 bzw. 8.1.3), werden den Berechnungen ebenfalls mittlere Werte zugrunde gelegt. Beispielsweise wird bei derzeit realisierten Anlagen auf der Basis von Exkrementen von Milchkühen eine Gasausbeute von 0,17 bis 0,23 m^3/kg OS erreicht; näherungsweise kann ein Mittelwert von 0,2 m^3/kg OS zugrunde gelegt werden. Aus dem Aufkommen an organischen Stoffen aus der Rindermast kann von einer durchschnittlichen Gasausbeute von 0,37 m^3/kg OS, bei Mastschweinen von 0,5 m^3/kg OS und bei Legehennen von 0,46 m^3/kg OS ausgegangen werden. Bei dem Aufkommen an organischer Substanz von Gänsen, Enten und Puten wird ebenfalls eine Gasausbeute von 0,46 m^3/kg OS unterstellt; bei Pferden kann näherungsweise ein mittlerer Gasertrag von 0,33 m^3/kg OS und bei Schafen von

0,46 m³/kg OS zugrunde gelegt werden /8-5/. Damit läßt sich letztlich das theoretisch mögliche Bruttogasaufkommen aus dem gesamten Aufkommen an organischen Stoffen der statistisch erfaßten Nutztiere in jedem Kreis der Bundesrepublik Deutschland abschätzen.

Diese Bruttogasausbeute stellt jedoch noch kein theoretisches Potential dar, da zur Aufrechterhaltung des biochemischen Umsetzungsprozesses unter optimalen Bedingungen das Faulsubstrat auf einem Temperaturniveau zwischen 28 und 37 °C (vgl. Kap. 8.1.2) gehalten werden muß. Diese dem Biogasprozeß zuzuführende Energie muß bei der Berechnung des technisch gewinnbaren Gasaufkommens aus dem theoretisch maximalen Anfall an organischer Substanz berücksichtigt werden. In Abhängigkeit von der Außentemperatur ergeben sich dabei - je nach Anlagentechnik und Isolierung - Energieverluste zwischen 5 und 20 % im Sommer und 20 bis 50 % im Winter. Im groben Durchschnitt - gemittelt über ein Jahr - muß deshalb von einem Energieverlust von rund 25 % des gesamten theoretischen Bruttogasanfalls ausgegangen werden (vgl. /8-13, 8-22/).

8.2.4 Theoretisches Biogasaufkommen

Mit den in Kap. 8.2.3 dargestellten Zusammenhängen kann das dem diskutierten maximalen Anfall an organischer Substanz aus der Tierhaltung (vgl. Kap. 8.2.2) korrespondierende Gasaufkommen in den verschiedenen Kreisen der Bundesrepublik Deutschland abgeschätzt werden. Mit dem in Abb. 8.5 gezeigten Tierbestand sind diese theoretisch täglich gewinnbaren Gaserträge in Abb. 8.7 für verschiedene Bundesländer und die Bundesrepublik Deutschland dargestellt. Aus Gründen der besseren Übersichtlichkeit ist dieses Gasaufkommen für die Stadtstaaten nicht geziegt, aber in der Gesamtsumme enthalten. Absolut gesehen ist demnach in Bayern das höchste theoretische Gasaufkommen gegeben (ca. 4,16 Mio. m³/d), gefolgt von Niedersachsen (rund 3,71 Mio. m³/d) und Nordrhein-Westfalen (etwa 2,43 Mio. m³/d). In den neuen Bundesländern schwankt der theoretisch gewinnbare Biogasertrag zwischen 0,58 Mio. m³/d in Thüringen und 0,86 Mio. m³/d in Brandenburg.

In Abb. 8.7 wird deutlich, daß in jedem Bundesland der Bundesrepublik Deutschland das theoretische Biogasaufkommen aus der Rinderhaltung mit Abstand die höchsten Anteile am gesamten theoretisch gewinnbaren Gasertrag einnimmt; dies liegt im wesentlichen darin begründet, daß das Aufkommen an organischer Substanz aus der Rinderhaltung in jedem Bundesland - absolut gesehen - am höchsten ist (vgl. Tabelle 8.3). Bezogen auf den Durchschnitt kommen jedoch nur rund zwei Drittel des theoretisch gewinnbaren Gases aus der Rinderhaltung, da die spezifische Gasausbeute aus dem Aufkommen an organischen Stoffen aus der Rinderhaltung niedriger ist als die Biogasausbeute aus dem der Schweine- oder Geflügelhaltung.

Verglichen mit dem theoretisch möglichen Gasertrag aus der Rinderhaltung sind die Biogaspotentiale aus der Schweinehaltung deutlich niedriger. Das aus den bei der Schweinehaltung anfallenden Exkrementen theoretisch gewinnbare Gas trägt - ebenfalls innerhalb Deutschlands - mit rund einem Viertel zum gesamten Biogasaufkommen bei.

Im Vergleich zu dem theoretischen Gasertrag aus der Rinder- und Schweinehaltung sind die Potentiale aus der Geflügelhaltung (Legehennen, Masthühner, Gänse, Enten und Puten) und aus der Pferde- und Schafhaltung aufgrund des nur begrenzten Tierbestandes sehr viel niedriger. Bezogen auf den theoretisch erzielbaren Gasertrag innerhalb Deutschlands liegt der Anteil der Geflügelhaltung bei ca. 6,2 % sowie der der Pferde- und Schafhaltung bei rund 3,2 % des Gesamtgasaufkommens. Bei der regionalen Verteilung innerhalb der verschiedenen Bundesländer gibt es hier jedoch durchaus größere Abweichungen zu den entsprechenden Mittelwerten. Beispielsweise ist in den Ländern

238   8 Energetische Nutzung von Reststoffen der Tierhaltung

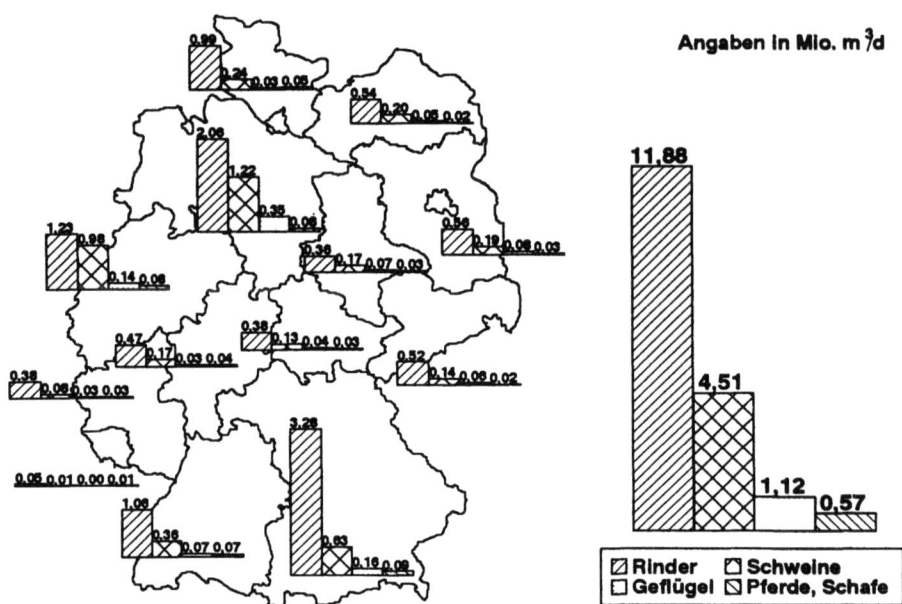

Abb. 8.7 Theoretisches Biogasaufkommen nach Tierarten in einzelnen Bundesländern und in der Bundesrepublik Deutschland

Schleswig-Holstein und Hessen das theoretische Gasaufkommen aus der Pferde- und Schafhaltung größer als das aus der Geflügelhaltung. Dies ist - aufgrund des hohen Pferdebestandes - auch in den Stadtstaaten der Fall.

8.3 Technische Energiepotentiale

Ausgehend von dem in Kap. 8.2 dargestellten Aufkommen an organischer Substanz bzw. dem daraus theoretisch unter Berücksichtigung der technischen Randbedingungen gewinnbaren Biogasertrag werden im folgenden die sich daraus ergebenden technisch gewinnbaren Energiepotentiale bestimmt und aufgezeigt. Dazu wird zunächst kurz auf die Anlagentechnologie als die wesentliche Bestimmungsgröße für das technische Potential eingegangen. Daneben werden die weiteren restriktiven Parameter, d. h. die Größen, die einer technischen Nutzbarmachung des Aufkommens an organischen Stoffen entgegenstehen, diskutiert. Unter Berücksichtigung dieser Hemmnisse wird das technisch nutzbare Substrataufkommen ermittelt und - unter Berücksichtigung der Anlagencharakteristik - das technisch realisierbare Biogaspotential bestimmt. Es wird für jedes Bundesland dargestellt und die regionale Verteilung analysiert. Abschließend wird noch kurz auf die derzeitige Nutzung der Biogastechnologie in Deutschland eingegangen.

8.3.1 Verfahrenstechnische Umsetzung des Substrats

Trotz der Vielzahl unterschiedlicher Bauarten, Techniken und Verfahrensmodifikationen (z. B. /8-3, 8-5, 8-12, 8-14, 8-15, 8-19, 8-20, 8-22/) ist der grundsätzliche technische Aufbau von Biogasanlagen zumindest für einen Einsatz im landwirtschaftlichen Bereich relativ ähnlich. Abb. 8.8 zeigt beispielhaft das prinzipielle Verfahrensschema einer vereinfacht dargestellten Anlage, wie es bei vielen derzeit existierenden Biogasanlagen mit mehr oder weniger großen Abweichungen zum Einsatz kommt.

In der Darstellung wird deutlich, daß das wesentliche Kernstück einer Biogasanlage der Gärbehälter oder sogenannte Reaktor ist; er kann je nach Anlagentyp entweder in stehender oder liegender Ausführung bzw. als Einfach- oder Doppelbehälter ausgeführt werden. Im Gärbehälter findet der biochemische Umsetzungsprozeß statt. Der Reaktor muß neben einer ausreichenden statischen Festigkeit vollständig flüssigkeits- und gasdicht sein. Außerdem sollte er - um eine Auskühlung des Faulsubstrats möglichst zu vermeiden - gut wärmegedämmt sein (vgl. Kap. 8.1.2). Zusätzlich sollte der Reaktor aufgrund der z. T. agressiven Wirkung des Faulsubstrats weitgehend korrosionsbeständig sein; dabei spielt es grundsätzlich keine Rolle, ob der Behälter aus Stahl, Beton oder Kunststoff besteht. In einzelnen Fällen wurden auch schon vorhandene Güllebehälter oder -lager zu Biogasanlagen umgebaut.

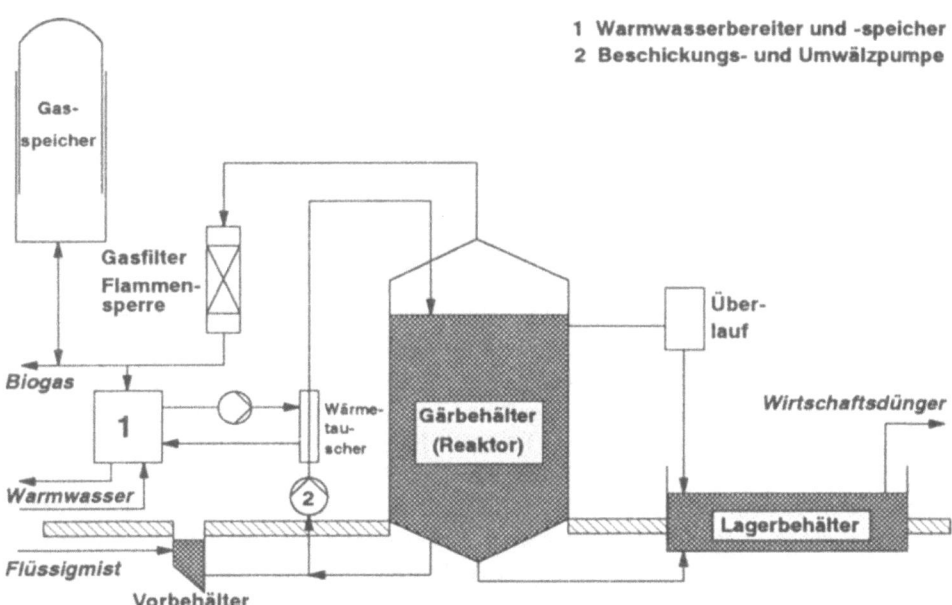

Abb. 8.8 Hauptelemente einer Biogasanlage für Flüssigmist mit einstufiger Prozeßführung in einem durchmischten Durchflußreaktor und außen liegendem Wärmetauscher /8-12/

Der Reaktor wird mit den organischen Stoffen, die bei der Nutztierhaltung anfallen, beschickt; der Flüssigmist wird dazu im Regelfall zunächst in einem Behälter zwischengelagert, damit bei dem unsteten Anfall ein gewisser Ausgleich geschaffen und ein kontinuierliches Beschicken des Reaktors gewährleistet werden kann. Je nach Zusammensetzung der organischen Masse ist dieser Vorbehälter noch mit einer Substrataufbereitung gekoppelt. Hier werden die organischen Stoffe so weit behandelt (d. h. zerkleinert, homogenisiert), daß ein verfahrenstechnisch problemloses Beschicken, Betreiben und Entleeren des Reaktors gewährleistet werden kann /8-4/. Aus diesem Behälter wird das unvergorene Faulsubstrat mit Hilfe einer Pumpe abgezogen und - zusammen mit teilweise bereits vergorenem Substrat, das am unteren Ende des Reaktors entnommen wird - über einen Wärmetauscher dem Reaktor kontinuierlich zugeführt. Dabei kann die Pumpe - je nach der Zusammensetzung der organischen Masse (d. h. bei entsprechendem Grobanteil in der Gärsubstanz) und wenn keine separate Aufbereitung vorhanden ist - mit einer Zerkleinerungseinrichtung kombiniert werden. Eine Umwälzung oder zumindest mechanische Bewegung des Faulsubstrats im Reaktor ist zur Realisierung eines kontinuierlichen verfahrenstechnischen Prozesses und zur Vermeidung von Separationstendenzen (d. h. Bildung von Sink- und Schwimmschichten) notwendig. Außerdem wird dadurch gewährleistet, daß die nur begrenzte Diffusionsrate des Substrats die Stoffumsetzrate nicht limitiert. Bei dem in Abb. 8.8 dargestellten Anlagenschema wird diese Umwälzung durch das Umpumpen des im Reaktor befindlichen Faulsubstrats bei gleichzeitiger Vermischung mit unvergorenen Exkrementen und einer Erwärmung über einen Wärmetauscher realisiert. Bei anderen Anlagenkonzepten kann dieses Vermischen des organischen Materials im Reaktor z. B. durch ein mechanisches Rührwerk mit einem entsprechenden Rührer realisiert werden.

Da der Biogasprozeß unter Berücksichtigung aller ihn bestimmenden Rand- und Rahmenbedingungen im mesophilen Bereich bei Temperaturen bei 28 bis 37 °C optimal realisiert werden kann, muß das Faulsubstrat auf dieses Temperaturniveau erwärmt und eine Auskühlung im Verlauf der biochemischen Umsetzung vermieden werden. Dies kann beispielsweise über einen externen Wärmetauscher realisiert werden, der mit warmem Wasser gespeist wird, das durch die Verbrennung von Biogas erhitzt wird. Dazu muß der Reaktor wärmegedämmt werden, damit die Energieverluste auf einem geringen Niveau stabilisiert werden können. Eine Beheizung des Reaktors bzw. des Faulgutes kann bei anderen Anlagenkonzepten auch durch eine Außenmantelheizung, die in der wärmedämmende Ummantelung integriert ist, realisiert werden. Grundsätzlich ist dies - insbesondere bei stehenden Gärbehältern - auch durch eine Bodenheizung bzw. durch innenliegende Wärmetauscher (z. B. Flächenheizkörper) möglich. Bei Anlagenkonzepten mit am Boden angebrachten Wärmetauschern kann es bei verstärkter Neigung des Gärsubstrats zur Sedimentation jedoch zu Wärmeübertragungsproblemen kommen. Auch seitlich angebrachte Heizregister können durch eine Verschmutzung der Wärmeübertragungsflächen infolge von festgebackenem Material Probleme verursachen.

Das entstehende Biogas sammelt sich am höchsten Punkt des Gärbehälters an und kann von dort abgezogen werden. Bei dem in Abb. 8.8 dargestellten Anlagenkonzept wird das Gas über einen Gasfilter bzw. eine Flammensperre geleitet. Der Gasfilter hat dabei u. a. die Aufgabe, die vom Gas mitgerissenen Feststoffpartikel abzuscheiden. In Abhängigkeit von der Gasspeicherung und -verwertung (d. h. konventioneller Gaskessel, Brennwertkessel, Blockheizkraftwerk) muß eine Gastrocknung angeschlossen sein. Der Betrieb einer solchen Einrichtung hat auch den weiteren Vorteil, daß in den nachfolgenden Armaturen kein Kondensat anfällt, das u. U. korrosiv wirken kann. Das gereinigte bzw. aufbereitete Biogas wird anschließend (vgl. Abb. 8.8) dem Warmwasserbereiter und -speicher zugeführt, der auch die Bereitstellung der Prozeßenergie, d. h. der Energie für die Erwärmung des Faulsubstrats, realisiert. Das nicht für die Aufrechterhaltung des für den biochemischen Umsetzungsprozeß benötigten Energieaufkommens eingesetzte Gas kann - u. U. erst nach einer Zwischenlagerung bzw. Pufferung in einem Gasspeicher - anschließend als Energieträger genutzt werden.

Das vergorene Substrat wird im Regelfall am Boden des Reaktors abgezogen und in einem Behälter zwischengelagert. Entsprechend wird auch das Exkrementeaufkommen, das aufgrund von Unregelmäßigkeiten des Gärprozesses bzw. Fehler der Betriebsführung die maximale Füllobergrenze des Gärbehälters übersteigt, über einen Überlauf ebenfalls diesem Behälter zugeführt. Das nach der biochemischen Umsetzung verbleibende Material kann anschließend als Wirtschaftsdünger auf den landwirtschaftlichen Nutzflächen ausgebracht werden.

Modifikationen der Verfahrenstechnik kann es insbesondere bei der Anordnung des Gärbehälters (stehende oder liegende Ausführung) bzw. seinem Aufbau (Stahl, Kunststoff, Beton), bei der Art der Beheizung und bei der Speicherung der gewonnenen Energie (direkte Speicherung des Biogases oder indirekte Speicherung beispielsweise in Form von heißem Wasser) geben (vgl. /8-13, 8-14, 8-15/). Auch gibt es hinsichtlich des möglichen Durchsatzes an organischen Stoffen und damit der Kapazität der Anlagen z. T. erhebliche Unterschiede. Trotzdem kann davon ausgegangen werden, daß das in Abb. 8.8 gezeigte Anlagenschema die wesentlichen Systemkomponenten für den Betrieb einer Biogasanlage enthält und als repräsentativ für derzeit existierende landwirtschaftliche Anlagen angesehen werden kann.

8.3.2 Restriktionen einer technischen Nutzung

Das in Kap. 8.2.2 dargestellte insgesamt theoretisch verfügbare Aufkommen an organischen Stoffen bzw. das daraus resultierende Biogasaufkommen ist unter den tatsächlichen Gegebenheiten in der betrieblichen Praxis in dieser Größenordnung aufgrund einer Vielzahl von Restriktionen nicht technisch nutzbar.

Eine technische Verfügbarmachung der tierischen Exkremente für eine Umsetzung in einer Biogasanlage ist - insbesondere bei bestimmten Nutztierarten - nahezu unmöglich. Für die Bestimmung der technischen Potentiale wird deshalb eine Nutzung des Exkrementeanfalls bestimmter Tierarten aufgrund der im folgenden diskutierten Überlegungen vollständig ausgeschlossen.

- Bei Tieren, die im Regelfall nicht oder nur begrenzte Zeit in Ställen gehalten werden, fallen die Exkremente auf der Weidefläche an; sie können deshalb nur unter Schwierigkeiten gewonnen werden. Deshalb wird hier unterstellt, daß das Exkrementeaufkommen der in der Bundesrepublik Deutschland existierenden Schafe - sie werden zumindest im Sommerhalbjahr meist in Weidewirtschaft gehalten - nicht technisch nutzbar ist; damit ist auch kein technisches Biogaspotential gegeben.
- Die in Deutschland vorhandenen Gänse und Enten werden teilweise im Verlauf der Mastperiode im Freiland gehalten. Unter diesen Bedingungen ist eine Gewinnung des Exkrementeaufkommens mit großen technischen Problemen behaftet. Deshalb wird unterstellt, daß, auch aufgrund der vergleichsweise geringen Anteile, die die Wasservögel und die Puten am gesamten statistisch erfaßten Nutztieraufkommen innerhalb der Bundesrepublik Deutschland einnehmen, der z. T. nur saisonalen Haltung (z. B. Gänsemast zu Weihnachten) und der in vielen Betrieben nur geringen absoluten Tierzahlen mit dem damit verbundenen nur geringen Exkrementeaufkommen, ein nennenswertes technisches Potential einer Biogasgewinnung aus diesem Tierbestand nicht gegeben ist.
- In der Bundesrepublik Deutschland werden Pferde in der Regel in konventioneller Stallwirtschaft gehalten. Betriebe mit größeren Pferdehaltungen befinden sich dabei meist im Einzugsbereich von Ballungs- und Verdichtungsräumen. Dies sind aber auch die Gebiete, die durch eine überproportionale Nachfrage von gewerblichen und privaten Gartenbesitzern nach Pferdemist gekenn-

zeichnet sind. Aufgrund dieser Nachfrage nach organischen Stoffen ist ein Teil des Exkrementeaufkommens aus der Pferdehaltung nicht verfügbar. Außerdem werden die Pferde insbesondere im Sommer meist auf der Weide gehalten und/oder fast täglich ausgeritten; dadurch ist ein weiterer Teil der anfallenden Exkremente nicht technisch nutzbar. Damit kann eine Biogasgewinnung aus den Exkrementen aus der Pferdehaltung nicht realisiert werden.

Neben dem Aufkommen an organischen Stoffen der Tierarten, die aufgrund der dargestellten restriktiven Parameter insgesamt als nicht verfügbar angesehen werden, kann ein Teil des Exkrementeaufkommens der verbleibenden Nutztierarten ebenfalls technisch nicht nutzbar gemacht werden. Beispielsweise wird ein beachtlicher Teil der Rinder - z. T. nur zu bestimmten Jahreszeiten - in Weidewirtschaft gehalten. Die auf dem Grasland anfallenden organischen Stoffe sind - wenn überhaupt - nur zu einem kleinen Teil technisch gewinnbar. Dadurch kann sich das technisch nutzbare Aufkommen an organischen Stoffen aus der Rinderhaltung - in Abhängigkeit von den lokalen Gegebenheiten und der Betriebsgröße - um mehr als die Hälfte vermindern. Grundsätzlich gilt dies zwar auch für die Schweinehaltung; jedoch überwiegt hier die Stallhaltung sehr stark. Die Hühnerhaltung in Deutschland ist - insbesondere bei Betrieben mit relativ geringen Tierzahlen - ebenfalls z. T. durch eine Freiland- oder Bodenhaltung gekennzeichnet. Unter diesen Bedingungen kann das Aufkommen an organischen Reststoffen auch nur sehr eingeschränkt (kontinuierlich) technisch nutzbar gemacht werden. Hier wird deshalb ebenfalls eine geringfügige Verminderung des technisch gewinnbaren Anteils bezüglich des gesamten Exkrementeaufkommens aus der Hühnerhaltung unterstellt.

Die Gewinnung von Biogas wird derzeit in der Regel in Anlagen realisiert, die auf einen kontinuierlichen Anfall von organischem Material angewiesen sind (vgl. Kap. 8.3.1). Damit kann das zwar technisch gewinnbare, aber saisonal anfallende Exkrementeaufkommen nur sehr eingeschränkt genutzt werden, da die Biogasanlagen - wie jede andere technische Anlage auch - auf eine bestimmte maximale Leistung ausgelegt werden. Demgegenüber ist ein gewisser Teil der landwirtschaftlichen Betriebe durch eine mehr oder weniger stark ausgeprägte saisonale Tierhaltung gekennzeichnet. Beispielsweise wird auf manchen Höfen eine Masttierhaltung nur zu gewissen Jahreszeiten bzw. zu bestimmten Zeiträumen oder im Hinblick auf definierte Zeitpunkte realisiert; den verbleibenden Rest des Jahres stehen die Stallungen leer. Dies bedingt weitere Reduktionen des verfahrenstechnisch nutzbaren Anfalls an organischen Stoffen.

Der Substratdurchsatz durch eine Biogasanlage ist - neben dem im Jahresverlauf näherungsweise kontinuierlichen Anfall - durch eine bestimmte anlagenabhängige Mindestmenge gekennzeichnet (vgl. Kap. 8.3.1). Tierhaltungen, deren technisch gewinnbares Exkrementeaufkommen unterhalb einer - in Abhängigkeit der jeweiligen Biogasanlagenkonzeption z. T. sehr verschiedenartigen - anlagenspezifischen Untergrenze liegt, sind deshalb ebenfalls für eine Biogaserzeugung nicht geeignet. Sie dürfen bei einer Abschätzung des in Biogasanlagen technisch nutzbaren Substrataufkommens nicht berücksichtigt werden.

Um diesen restriktiven Parametern Rechnung zu tragen, wird deshalb unterstellt, daß eine bestimmte Mindestbestandsgröße auf den jeweiligen tierhaltenden Betrieben gegeben sein muß. Da diese untere Grenze - je nach Anlagentechnik - unterschiedlich sein kann, müssen die technischen Biogaspotentiale für bestimmte Tierbestandsklassen in den einzelnen Betrieben bestimmt werden. Dabei werden bei der Rinder-, Schweine- und Geflügelhaltung die in Tabelle 8.4 dargstellten vier Gruppen von Betriebsgrößenklassen unterschieden. Unter einem Stück Geflügel ist dabei eine mindestens ein halbes Jahr alte Legehenne bzw. ein Masthuhn zu verstehen.

Zusätzlich sind in der Zusammenstellung die korrespondierenden Großvieheinheiten (GV) - berechnet auf der Grundlage des statistisch ausgewiesenen Bestandes an Jung-, Zucht- und Masttieren

Tabelle 8.4 Tierbestandsklassen der ausgewiesenen technischen Biogaspotentiale von rinder-, schweine- und geflügelhaltenden Betrieben und die korrespondierenden Großvieheinheiten

	Gruppe 1	Gruppe 2	Gruppe 3	Gruppe 4
	\multicolumn{4}{c}{Tierbestände in Stück (bzw. GV[1])}			
Rinder	20 - 39 (13 - 24)	40 - 59 (25 - 37)	60 - 99 (38 - 62)	100 und mehr (63 und mehr)
Schweine	100 - 199 (12 - 23)	200 - 399 (24 - 46)	400 - 999 (47 - 117)	1 000 und mehr (118 und mehr)
Geflügel	5 000 - 9 999 (13 - 25)	10 000 - 29 999 (26 - 75)	30 000 - 99 999 (76 - 251)	100 000 und mehr (252 und mehr)

[1] Umrechnung in Großvieheinheiten auf der Basis der Tierbestandszusammensetzung in der Bundesrepublik Deutschland im Jahr 1991 (Rinder und Schweine) bzw. 1990 (Geflügel); Schlüssel nach /8-23/.

(Großvieheinheitenschlüssel nach /8-23/) - angegeben. Danach liegt die Anzahl der Großvieheinheiten bei Gruppe 1 zwischen 12 und rund 23 bis 25, bei Gruppe 2 zwischen 24 und maximal 75, bei Gruppe 3 zwischen 38 und rund 250 und bei Gruppe 4 bei 63 und mehr. Das Auseinanderlaufen der den Gruppen 2, 3 und 4 bei den Rindern, Schweinen und Hühnern zugeordneten Großvieheinheiten liegt in der statistischen Erfassung der Betriebsgrößenklassen /8-9, 8-10/ in den alten bzw. neuen Bundesländern begründet. Aufgrund der noch relativ schlechten Datenbasis für die neuen Länder können die statistisch erfaßten Tiere nicht eindeutig den Tierbestandsklassen zugeordnet werden, wie sie für die alten Bundesländer ausgewiesen sind. Um trotzdem näherungsweise die technischen Potentiale auch für das Gebiet der neuen Bundesländer angeben zu können, werden die Tierbestände prozentual auf die in Tabelle 8.4 dargestellten Größenklassen umgerechnet. Dabei wird unterstellt, daß sich die dabei notwendigerweise ergebenden Unschärfen gegenseitig ausgleichen und im Mittel realitätsnahe Ergebnisse erzielt werden.

Die Bedingung einer Mindestbestandsgröße auf einem Betrieb gilt auch unter der Annahme einer zentralen Gemeinschaftsanlage (d. h. Konzepte mit Biogasgroßanlagen), zu der die tierischen Exkremente der umliegenden landwirtschaftlichen Betriebe transportiert werden. Auch der Transport der organischen Reststoffe ist erst ab einer bestimmten Mindestmenge sinnvoll.

Hier wird deshalb nur das Aufkommen an organischer Masse in diesen vier Gruppen von Betriebsgrößenklassen als technisch nutzbar angesehen (d. h. Tierhaltungen mit mehr als 20 Rindern, 100 Schweinen und 5 000 Stück Geflügel). Zusätzlich dazu ist ein von der Bestandsgröße abhängiger Anteil des Exkrementeaufkommens aufgrund der diskutierten restriktiven Parameter nicht verfügbar. Tabelle 8.5 zeigt für die unterschiedenen vier Gruppen die jeweiligen Anteile, die als technisch verfügbar angesehen werden. Dabei wird unterstellt, daß bei Betrieben mit vergleichsweise wenigen Rindern der Exkrementeverlust aufgrund des Weidegangs deutlich höher ist als bei landwirtschaftlichen Unternehmen, die mehrere hundert Rinder halten. Bei Schweinen wird - ähnlich wie auch bei Geflügel - eine im Vergleich zu Rindern höhere Verfügbarkeit des Aufkommens an organischen Stoffen unterstellt. Zusätzlich zeigt Tabelle 8.5 den Anteil des gesamten Exkrementeaufkommens, der als Gülle verfügbar ist. Gülle ist - im Gegensatz zum Festmist - deutlich einfacher und in der Regel

244   8 Energetische Nutzung von Reststoffen der Tierhaltung

Tabelle 8.5 Verfügbarkeit des Exkrementeaufkommens bzw. Anteil des Gülleaufkommens der betrachteten vier Tierbestandsklassen gemäß Tabelle 8.4 (vgl. /8-24/)

	Gruppe 1	Gruppe 2	Gruppe 3	Gruppe 4
	Exkrementeverfügbarkeit (Gülleaufkommen) in %			
Rinder	70 (20)	80 (60)	90 (75)	95 (85)
Schweine	95 (70)	98 (85)	99 (90)	99 (95)
Geflügel	90 (50)	95 (60)	98 (65)	99 (70)

Werte in Klammern beschreiben den Anteil des Gülleaufkommens.

ohne vorherige Aufbereitung in den derzeit gängigen Biogasanlagen einsetzbar. Bei einer großtechnischen Biogaserzeugung wären das folglich die Anteile, die primär erschlossen werden müßten.

Damit läßt sich für die unterschieden Gruppen von Bestandsgrößenklassen unter Berücksichtigung der Exkrementeverfügbarkeit das technisch gewinnbare und für eine biochemische Umsetzung in Biogasanlagen geeignete Aufkommen an Gülle bzw. organischem Material in jedem Kreis der Bundesrepublik Deutschland errechnen (vgl. Kap. 8.2.1). Daraus ergibt sich der jeweils technisch gewinnbare Biogasertrag und mit dem mittleren Energieinhalt des Gases (vgl. Kap. 8.1.1) unter Berücksichtigung des Prozeßenergieanteils der korrespondierende Energieertrag.

8.3.3 Technische Energiepotentiale

Unter Berücksichtigung der in Kap. 8.3.2 diskutierten Restriktionen können auf der Grundlage der dargestellten Vorgehensweise die technischen Potentiale einer Biogaserzeugung in den einzelnen Bundesländern der Bundesrepublik Deutschland ermittelt werden. Tabelle 8.6 zeigt für die betrachteten vier Tierbestandsklassen (vgl. Tabelle 8.4) das korrespondierende Energieaufkommen einer Biogasgewinnung aus dem technisch gewinn- und nutzbaren Gesamtanfall an organischen Stoffen bzw. aus dem Gülleanfall. Außerdem sind - neben den jeweiligen Summenwerten - auch die Biogasenergieinhalte aus der Rinder-, Schweine- und Geflügelhaltung für die verschiedenen Bundesländer und für die Bundesrepublik Deutschland dargestellt.

Tabelle 8.6 zeigt, daß innerhalb Deutschlands ein Energiepotential einer Biogaserzeugung auf der Basis des technisch verfügbaren und nutzbaren Exkrementeaufkommens der Nutztierhaltung von rund 80,9 PJ/a gegeben ist. Es resultiert zu mehr als zwei Fünftel aus Betrieben mit mehr als 100 Rindern, mehr als 1 000 Schweinen und mehr als 100 000 Stück Geflügel und fällt damit zum überwiegenden Teil in ausgesprochenen Großbetrieben an (Gruppe 4). Ein weiteres knappes Drittel dieses Energiepotentials stammt aus Unternehmen mit 60 bis 99 Rindern, 400 bis 999 Schweinen und 30 000 bis 99 999 Stück Geflügel (Gruppe 3). Der verbleibende Rest (Gruppe 1 und 2) resultiert aus Betrieben mit 20 bis 59 Rindern, 100 bis 399 Schweinen und 5 000 bis 29 999 Stück Geflügel und ist damit nur von vergleichsweise untergeordneter Bedeutung. Grundsätzlich ähnlich ist die Verteilung innerhalb der Bundesrepublik Deutschland auch, wenn nur das technisch nutzbare Gülleaufkommen

Tabelle 8.6 Technische Energiepotentiale einer Biogasgewinnung aus dem technisch gewinnbaren Exkremente- bzw. Gülleaufkommen

	Tierbestandsklassen				Gesamt-summe	davon		
	Gruppe 1	Gruppe 2	Gruppe 3	Gruppe 4		Rinder	Schweine	Hühner
	Energiepotential in TJ/a							
Baden-Württemberg	1 263 (489)	1 539 (1 207)	2 230 (1 904)	970 (873)	6 002 (4 473)	4 388 (3 097)	1 513 (1 312)	101 (63)
Bayern	3 528 (1 270)	4 550 (3 501)	6 343 (5 338)	2 552 (2 267)	16 974 (12 376)	14 223 (10 082)	2 422 (2 075)	328 (218)
Berlin	2 (1)	0 (0)	2 (2)	1 (1)	5 (4)	1 (1)	2 (2)	2 (1)
Brandenburg	22 (8)	19 (14)	142 (122)	4 103 (3 712)	4 286 (3 857)	3 012 (2 684)	1 115 (1 063)	160 (111)
Bremen	0 (0)	1 (1)	21 (18)	34 (30)	56 (49)	53 (46)	2 (2)	1 (1)
Hamburg	4 (2)	5 (4)	2 (2)	29 (26)	41 (34)	37 (30)	4 (3)	0 (0)
Hessen	577 (241)	655 (511)	876 (743)	458 (402)	2 566 (1 896)	1 898 (1 346)	573 (486)	96 (64)
Mecklenburg-Vorpommern	19 (8)	31 (23)	154 (128)	3 937 (3 577)	4 141 (3 737)	2 825 (2 518)	1 181 (1 126)	135 (93)
Niedersachsen	1 823 (974)	3 060 (2 451)	6 104 (5 229)	6 798 (6 025)	17 785 (14 679)	10 296 (8 373)	6 172 (5 422)	1 316 (884)
Nordrhein-Westfalen	1 393 (730)	2 264 (1 840)	4 538 (3 972)	2 910 (2 613)	11 105 (9 156)	5 792 (4 556)	5 039 (4 422)	275 (178)
Rheinland-Pfalz	341 (136)	430 (334)	758 (641)	557 (492)	2 087 (1 603)	1 650 (1 242)	358 (308)	80 (53)
Saarland	29 (11)	31 (24)	83 (69)	104 (94)	248 (198)	217 (173)	24 (21)	7 (5)
Sachsen	33 (10)	21 (14)	72 (51)	4 156 (2 920)	4 281 (2 995)	2 758 (2 449)	97 (93)	191 (131)
Sachsen-Anhalt	14 (7)	32 (22)	118 (94)	3 838 (2 891)	4 001 (3 015)	1 926 (1 718)	954 (911)	175 (119)
Schleswig-Holstein	271 (133)	609 (487)	1 695 (1 454)	4 206 (4 062)	6 781 (6 135)	5 231 (4 485)	1 291 (1 156)	114 (76)
Thüringen	13 (6)	18 (14)	57 (46)	3 282 (2 784)	3 370 (2 850)	2 032 (1 813)	733 (700)	106 (74)
Bundesrepublik Deutschland	9 332 (4 027)	13 266 (10 447)	23 197 (19 814)	35 112 (31 496)	80 906 (65 785)	56 339 (44 613)	21 481 (19 102)	3 086 (2 070)

Angaben ohne Klammern beziehen sich auf das gesamte technisch nutzbare Aufkommen an organischen Stoffen (vgl. Tabelle 8.5).
Werte in den Klammern beziehen sich auf das technisch gewinnbare Gülleaufkommen (vgl. Tabelle 8.5).

betrachtet wird. Dann resultieren knapp 50 % aus der größten Tierbestandsklasse (Gruppe 4), rund 30 % aus Gruppe 3 und der verbleibende Rest aus Betrieben mit relativ wenigen Tieren.

In Tabelle 8.6 wird auch deutlich, daß rund zwei Drittel des gesamten Biogasaufkommens in der Bundesrepublik Deutschland aus der Rinderhaltung stammt und etwas mehr als ein Viertel aus der Schweinehaltung resultiert. Nur der verbleibende Rest von weniger als 4 % des Energieaufkommens aus Biogas könnte aus den technisch nutzbaren Exkrementen der Geflügelhaltung gewonnen werden.

246   8 Energetische Nutzung von Reststoffen der Tierhaltung

Wird demgegenüber nur das technisch gewinnbare Gülleaufkommen der Bestimmung der technischen Potentiale zugrunde gelegt, zeigt sich, daß bei einem Gesamtenergieaufkommen von ca. 65,8 PJ/a ebenfalls rund zwei Drittel aus der Rinderhaltung und knapp einem Drittel aus der Schweinehaltung resultieren; der verbleibende geringe Rest stammt aus der Geflügelhaltung.

Die regionale Verteilung dieser technischen Energiepotentiale ist sehr unterschiedlich. Niedersachsen, Bayern und Nordrhein-Westfalen sind durch die absolut höchsten Biogaspotentiale gekennzeichnet. Dabei dominiert immer der Anteil, der aus der Rinderhaltung stammt. Niedersachsen ist aber beispielsweise gleichzeitig durch einen überdurchschnittlich hohen Anteil des technisch gewinnbaren Biogasaufkommens, das aus der Geflügelhaltung stammt, gekennzeichnet. In Nordrhein-Westfalen dagegen ist der Anteil des Energiepotentials aus der Schweinehaltung überproportional hoch.

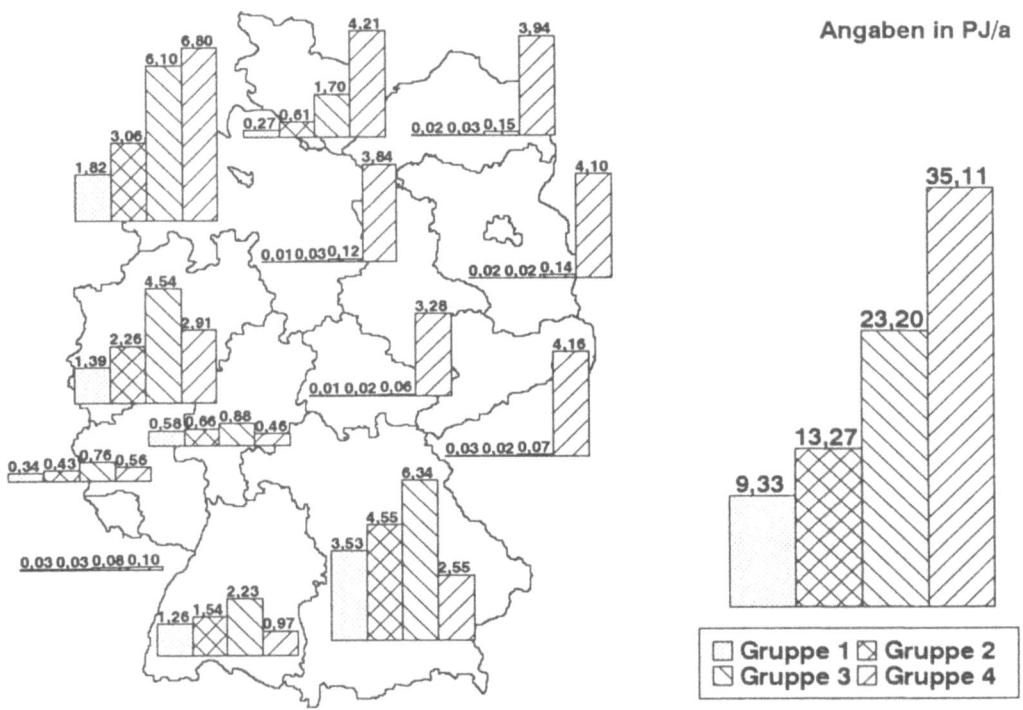

Abb. 8.9 Technische Biogaspotentiale für vier unterschiedliche Tierbestandsklassen in einzelnen Bundesländern und in der Bundesrepublik Deutschland

Aus Abb. 8.9 geht die die regionale Verteilung der technischen Energiepotentiale auf der Basis des gesamten technisch nutzbaren Aufkommens an organischen Stoffen in den vier betrachteten Bestandsgrößenklassen hervor. Hier wird die sehr unterschiedliche Potentialverteilung zwischen diesen Größenklassen der gehaltenen Tiere in den alten und neuen Bundesländern erkennbar, die aus der deutlich unterschiedlichen Betriebsgrößenstruktur resultiert. Während in den alten Bundesländern mit Ausnahme von Schleswig-Holstein und Niedersachsen die höchsten Potentiale bei Betrieben mit 60 bis 99 Rindern, 400 bis 999 Schweinen und 30 000 bis 99 999 Stück Geflügel gegeben sind,

8.3 Technische Energiepotentiale

resultieren die größten Energiepotentiale in den neuen Bundesländern aus dem Exkrementeaufkommen von Betrieben mit mehr als 100 Rindern, mehr als 1 000 Schweinen und mehr als 100 000 Stück Geflügel. In den neuen Bundesländern sind damit die technischen Energiepotentiale einer Biogaserzeugung primär in Großbetrieben gegeben.

Bezogen auf den Endenergieverbrauch in der Bundesrepublik Deutschland im Jahr 1991 (vgl. Kap. 1.4.1 bzw. Tabelle 1.3) könnte das technische Potential einer Biogaserzeugung einen Beitrag von rund 0,9 % leisten.

Eine Ausnutzung dieses Potentials wäre mit dem Bau und Betrieb einer Reihe von Biogasanlagen unterschiedlicher Größe innerhalb der Bundesrepublik Deutschland verbunden. Wird unterstellt, daß das durchschnittliche Aufkommen an organischen Stoffen in jeder der betrachteten vier Betriebsgrößenklassen durch je eine mittlere Biogasanlage bzw. eine typische Referenzanlage biochemisch umgesetzt werden kann, läßt sich die den ausgewiesenen technischen Potentialen entsprechende Anlagenanzahl in den einzelnen Bundesländern näherungsweise ermitteln (vgl. Tabelle 8.7). Dabei können die aus der statistisch erfaßten Anzahl der tierhaltenden Betriebe in den jeweiligen Bestandsgrößenklassen errechenbaren Anlagenanzahlen nur als grobe Größenordnung angesehen werden /8-10/. Beispielsweise würde sich bei benachbarten Höfen mit ähnlicher Betriebsstruktur u. U. der Bau und Betrieb eine Gemeinschaftsanlage anbieten. Andererseits könnte auch unter bestimmten Bedingungen (bei weit entfernten Stallungen eines Betriebes) die Errichtung von zwei kleineren anstatt einer größeren Biogasanlage sinnvoll sein. Die ermittelten Anlagenanzahlen sind deshalb und aufgrund einer Vielzahl weiterer Gründe immer nur als grobe Größenordnung der tatsächlichen Gegebenheiten anzusehen.

Aus Tabelle 8.7 wird ersichtlich, daß die Ausschöpfung des in Tabelle 8.6 dargestellten Energieaufkommens aus Biogas mit der Errichtung von rund 220 000 Anlagen verbunden wäre. Bei rund 33 % dieser Anlagen handelt es sich um sehr kleine, bei ca. 26 % um kleinere und bei etwa 27 % um mittlere Biogasanlagen (d. h. Gruppe 1 bis 3; vgl. Tabelle 8.4). Mit diesen insgesamt knapp 190 000 Anlagen könnte im Jahresverlauf eine Energiemenge von rund 45,8 PJ/a bereitgestellt werden (vgl. Tabelle 8.6). Bei den verbleibenden rund 32 000 Anlagen handelt es sich um große Biogasanlagen, die für die Umsetzung des Anfalls an organischen Stoffen von mehr als 100 Rindern, mehr als 1 000 Schweinen und mehr als 100 000 Stück Geflügel konzipiert sind. Mit ihnen könnte eine Biogasmenge mit einem Energieäquivalent von knapp 35,1 PJ/a gewonnen werden. Mit etwa 15 % der gesamten für die vollständige Ausschöpfung der technischen Potentiale zu installierenden Biogasanlagen könnten somit etwa 43 % der insgesamt gewinnbaren Biogasenergie erzeugt werden. Ähnlich sind die Zusammenhänge auch, wenn nur das technisch gewinnbare Gülleaufkommen analysiert wird.

Wird die regionale Verteilung der zu installierenden Anlagen analysiert, zeigt sich, daß die neuen Bundesländer durch einen überproportionalen Anteil an Großanlagen gekennzeichnet sind; hier macht sich die im Vergleich zu den alten Bundesländern unterschiedliche Betriebsgrößenstruktur bei den tierhaltenden Betrieben bemerkbar. In den alten Bundesländern wären in Bayern und Niedersachsen die meisten Biogasanlagen zu installieren. Aufgrund der deutlich unterschiedlichen Betriebsgrößenstruktur zwischen beiden Bundesländern würde dies für Niedersachsen die Errichtung von ca. 9 630 Großanlagen (knapp 20 % aller Anlagen), für Bayern dagegen nur von etwa 4 250 großen Biogasanlagen (ca. 5,9 % aller Anlagen) bedeuten.

Tabelle 8.7 Mittlere Anlagenanzahl für die Erschließung der technischen Energiepotentiale bei einzelbetrieblichen Biogasanlagen

	Gruppe 1	Gruppe 2	Gruppe 3	Gruppe 4	Summe
		Zahl der Biogasanlagen			
Baden-Württemberg	10 296 (3 832)	6 832 (5 321)	6 086 (5 161)	1 747 (1 567)	24 960 (15 880)
Bayern	28 349 (9 854)	20 747 (15 878)	18 493 (15 522)	4 245 (3 800)	71 834 (45 054)
Berlin	2 (1)	5 (4)	4 (3)	0 (0)	11 (8)
Brandenburg	209 (79)	104 (82)	177 (156)	966 (884)	1 456 (1 200)
Bremen	24 (8)	26 (20)	29 (25)	58 (52)	137 (105)
Hamburg	35 (14)	29 (22)	33 (28)	34 (31)	131 (94)
Hessen	4 736 (1 882)	2 985 (2 312)	2 511 (2 119)	753 (673)	10 985 (6 986)
Mecklenburg-Vorpommern	216 (106)	185 (147)	176 (155)	914 (836)	1 491 (1 243)
Niedersachsen	13 472 (6 778)	11 977 (9 570)	14 210 (12 147)	9 626 (8 640)	49 285 (37 135)
Nordrhein-Westfalen	10 829 (5 334)	9 280 (7 467)	10 497 (9 071)	4 699 (4 221)	35 306 (26 093)
Rheinland-Pfalz	2 641 (1 007)	1 850 (1 431)	2 118 (1 783)	884 (792)	7 493 (5 013)
Saarland	212 (75)	142 (109)	235 (197)	164 (147)	753 (528)
Sachsen	316 (104)	94 (73)	114 (99)	717 (656)	1 241 (931)
Sachsen-Anhalt	121 (48)	112 (86)	142 (124)	816 (747)	1 191 (1 004)
Schleswig-Holstein	2 048 (952)	2 511 (1 992)	4 309 (3 665)	6 041 (5 415)	14 909 (12 024)
Thüringen	114 (42)	55 (43)	65 (56)	514 (469)	747 (611)
Bundesrepublik Deutschland	73 622 (30 116)	56 935 (44 558)	59 199 (50 309)	32 179 (28 930)	221 934 (153 912)

Zahlenangaben ohne Klammern beziehen sich auf die Anlagenanzahl zur Erschließung der Potentiale auf der Basis des gesamten technisch gewinnbaren Aufkommens an organischen Stoffen.
Werte in Klammern beziehen sich nur auf das technisch gewinnbare Gülleaufkommen.

8.3.4 Derzeitige Nutzung

Die derzeitige Nutzung der Biogastechnologie im landwirtschaftlichen Bereich ist vergleichsweise unbedeutend; es sind nur relativ wenige Anlagen auf den Betrieben in der Bundesrepublik Deutschland vorhanden. Innerhalb der Gebietsgrenzen Deutschlands dürften momentan rund 130 bis 150 landwirtschaftliche Biogasanlagen betrieben werden /8-16/.

Von diesen insgesamt in Deutschland existierenden Biogasanlagen befinden sich mehr als 95 % auf dem Gebiet der alten Bundesländer /8-14, 8-15/. Die in diesen Anlagen erzeugte Methanmenge wird auf etwa 2 bis 3 Mio. m^3/a geschätzt (63 bis 95 TJ/a) /8-2/. Dabei handelt es sich zum überwiegenden Teil um Anlagen, die im Eigenbau von dem jeweiligen Landwirt - teilweise auch in Zusammenarbeit mit verschiedenen Gruppierungen (z. B. Biogas-Gruppen der Bundschuh-Organisation, Biogas-Fachverband) - erstellt wurden. Nur bei einem sehr geringen Prozentsatz handelt es sich um industriell gefertigte Biogasanlagen. Ein Teil der vorhandenen Anlagen wurde Anfang der achtziger Jahre und damit zu Zeiten relativ hoher Energiepreise konzipiert und in Betrieb genommen. Danach wurden - mit Ausnahme weniger Versuchs- und Demonstrationsanlagen, die vornehmlich mit Unterstützung der öffentlichen Hand errichtet wurden - nur sehr wenige Anlagen installiert. Erst in der jüngsten Vergangenheit hat das Interesse am Bau und Betrieb von Biogasanlagen im Zusammenhang mit der Umwelt- und Klimadiskussion wieder zugenommen; derzeit dürften fast 20 neue Anlagen vorwiegend im süddeutschen Raum im Bau sein. Bei diesen Biogasanlagen handelt es sich im Regelfall um kleinere Anlagen, die für die Umsetzung der tierischen Exkremente von vergleichsweise kleinen Tierbeständen konzipiert wurden.

Auf dem Gebiet der ehemaligen DDR gab es im Dezember 1987 sieben statistisch erfaßte Anlagen, von denen vier durch ein Reaktorvolumen von 1 000 bis ca. 4 000 m^3 und eine durch ein Gärbehältervolumen von 16 000 m^3 gekennzeichnet waren /8-17/. Im Zusammenhang mit den wirtschaftlichen Umstrukturierungsprozessen in den neuen Ländern nach der Wiedervereinigung wurde ein Teil dieser Anlagen stillgelegt; derzeit dürften nur noch drei Biogasanlagen in den neuen Ländern in Betrieb sein.

8.4 Kosten einer Biogaserzeugung

Die Gestehungskosten für das Biogas frei Anlage werden - eine kostenneutrale Verfügbarkeit der organischen Stoffe unterstellt - im wesentlichen von den Aufwendungen für die Biogasanlage einschließlich der notwendigen Zusatzeinrichtungen (Gasaufbereitung, -speicherung etc.) verursacht. Ziel der folgenden Ausführungen ist es deshalb, zunächst die Kosten für den Bau und Betrieb von Biogasanlagen unterschiedlicher Größe darzustellen. Daraus werden letztlich die Gasgestehungskosten sowie die daraus resultierenden Nutzenergiebereitstellungs- und Stromgestehungskosten ermittelt und diskutiert.

Ein grundsätzliches Problem der Kostenanalyse einer Biogaserzeugung unter den derzeitigen Rahmenbedingungen liegt darin, daß Biogasanlagen nicht in Serie gefertigt werden. Momentan werden - abgesehen von wenigen Kleinunternehmen, die auch Biogasanlagen geringer Leistung im Programm haben - nur Großanlagen angeboten. Aber selbst hier ist das Anbieterspektrum sehr begrenzt und beschränkt sich auf wenige Industriebetriebe in Deutschland und einige ausländische Anbieter. Deshalb handelt es sich bei marktgängigen Anlagen im Regelfall um Spezialanfertigungen für den jeweiligen Auftraggeber. Folglich sind die Aufwendungen für die derzeit betriebenen Anlagen relativ hoch. Auch werden Kleinanlagen für den Einsatz in Betrieben mit relativ wenigen Großvieheinheiten, die für die Ausschöpfung der aufgezeigten Potentiale neben den Großanlagen hauptsächlich zum Einsatz kommen würden, nur von einigen kleineren Betrieben angeboten und ebenfalls vornehmlich in Einzelfertigung für den bzw. in Zusammenarbeit mit dem jeweiligen Auftraggeber erstellt.

250   8 Energetische Nutzung von Reststoffen der Tierhaltung

Außerdem wurden und werden insbesondere kleinere Biogasanlagen von den Betreibern selbst - teilweise unter Verwendung ausgedienter Systemkomponenten aus anderen Betriebsbereichen - mit einem erheblichen Eigenleistungsanteil erbaut. Deshalb ist eine auch auf andere Anwendungsfälle übertragbare bzw. zu verallgemeinernde monetäre Bewertung sehr schwierig und mit großen Unsicherheiten behaftet. Die im folgenden ausgewiesenen Kosten für Biogasanlagen sollten deshalb nur als grobe Anhaltswerte der möglichen Kosten aus eher gesamtwirtschaftlicher Sicht angesehen werden. Größere Abweichungen sind durchaus möglich.

Zusätzlich muß beachtet werden, daß bei den folgenden Abschätzungen die gesamten Kosten einer Biogasgewinnung auf den Energieinhalt des gewinnbaren Biogases bezogen werden. Zusätzliche Effekte der Methangärung (u. a. Veränderung der Fließeigenschaften der Gülle bzw. des Substrataufkommens, Geruchsverminderung, Dungwertverbesserung), die u. U. ebenfalls bei einer Kostenanalyse berücksichtigt werden könnten, werden - da sie wissenschaftlich derzeit nicht quantifizierbar sind - nicht monetär bewertet.

8.4.1   Biogasgestehungskosten

Ziel der folgenden Ausführungen ist die Analyse der durchschnittlichen Biogasgestehungskosten. Dabei wird unterschieden zwischen Anlagen für die Umsetzung der tierischen Exkremente mit rund 10 bis etwa 25 Großvieheinheiten (Kleinstanlagen; vgl. Tabelle 8.4), mit rund 25 bis 60 Großvieheinheiten (Kleinanlagen), mit rund 60 bis 150 Großvieheinheiten (mittlere Anlagen) und mit über 150 Großvieheinheiten (Großanlagen). Zusätzlich wird unterschieden zwischen dem Aufkommen an organischen Stoffen aus der Rinder- und Schweinehaltung; eine mögliche Biogasgewinnung aus den Exkrementen der Geflügelhaltung wird aufgrund der nur geringen Potentiale nicht betrachtet.

Kleinstanlagen. Unter Kleinstanlagen werden Biogasanlagen zusammengefaßt, die für die Umsetzung des Aufkommens an organischen Stoffen von rund 10 bis 25 Großvieheinheiten konzipiert sind (ca. 15 bis 42 Rinder bzw. 80 bis 210 Schweine). Aufgrund der geringen Leistung ist diese Anlagenkategorie durch entsprechend hohe spezifische Kosten gekennzeichnet. Da die derzeit existierenden Anlagen dieser Größenklasse meist durch die Betreiber im Eigenbau erstellt wurden, schwanken die Anlagenkosten innerhalb einer großen Bandbreite. Allgemeingültige und übertragbare Kostenaussagen sind deshalb grundsätzlich nicht möglich. Um dennoch die Größenordnung möglicher Biogasgestehungskosten aufzuzeigen, sind in Tabelle 8.8 am Beispiel von fünf Anlagen die Investitionen, die jährlich anfallenden Kosten und die - errechnet auf der Grundlage eines mittleren Biogasertrags - korrespondierenden Biogasgestehungkosten dargestellt (vgl. /8-20, 8-21/).

Demnach liegen die spezifischen Investitionen der analysierten Beispielanlagen im Bereich zwischen ca. 1 120 und 2 020 DM/m^3 Faulraumvolumen bzw. zwischen ca. 1 630 und 3 630 DM/-GV. Werden diese Investitionen über eine unterstellte technische Lebensdauer von 15 Jahren und bei einem Zinssatz von 4 % annuitätisch abgeschrieben und zusätzlich Betriebskosten /8-20/, Betriebsmittel und Aufwendungen für Wartung und Reparatur unterstellt, können die gesamten jährlichen Kosten errechnet werden. Zusammen mit dem möglichen Energieertrag für unterschiedliche Nutztierarten (vgl. Tabelle 8.8) ergeben sich letztlich die Biogasgestehungskosten frei Anlage. Sie liegen bei den in der Zusammenstellung aufgeführten Beispielanlagen zwischen ca. 35,9 und 124,8 DM/GJ und variieren damit innerhalb einer sehr großen Bandbreite. Unter den Bedingungen in der Praxis dürften jedoch noch größere Unterschiede der möglichen Gasgestehungskosten gegeben sein, da bei allen

8.4 Kosten einer Biogaserzeugung

Tabelle 8.8 Mittlere Investitionen, jährliche Kosten, möglicher Energieertrag und spezifische Biogasgestehungskosten am Beispiel von fünf sehr kleinen Biogasanlagen

Faulraumvolumen	in m³	25	32	28	30	78
Tierbestand	in GV	20	22	23	26	32
Investitionen						
Gärbehälter	in DM	25 400	14 900	9 100	18 400	46 500
Gasspeicher	in DM	11 800	5 800	7 000	9 800	23 300
Gasverwertung	in DM	10 600	10 700	600	8 500	11 600
Sonstiges	in DM	2 600	4 500	28 100	17 900	34 900
Summe	in DM	50 400	35 900	44 800	54 600	116 300
Spezifische Investitionen						
Bez. Faulraumvolumen	in DM/m³	2 016	1 122	1 600	1 820	1 491
Bez. Tierbestand	in DM/GV	2 520	1 632	1 948	2 100	3 634
Jährliche Kosten						
Annuität	in DM/a	4 533	3 229	4 029	4 911	10 460
Betriebsmittel	in DM/a	240	264	276	312	384
Arbeitskosten	in DM/a	1 728	1 728	1 728	1 728	1 728
Wartung, Reparatur	in DM/a	1 008	718	896	1 092	2 326
Summe	in DM/a	7 509	5 939	6 929	8 043	14 898
Mittlere Energieerträge						
Rinder (Kühe)	in GJ/a	126,6	139,2	145,6	164,5	202,5
Rinder (Mast)	in GJ/a	150,3	165,3	172,8	195,4	240,5
Schweine (Zucht)	in GJ/a	74,6	82,1	85,8	97,0	119,4
Schweine (Mast)	in GJ/a	99,5	109,4	114,4	129,3	159,2
Spezifische Gasgestehungskosten						
Rinder (Kühe)	in DM/GJ	59,3	42,7	47,6	48,9	73,6
Rinder (Mast)	in DM/GJ	50,0	35,9	40,1	41,2	62,0
Schweine (Zucht)	in DM/GJ	100,6	72,3	80,8	82,9	124,8
Schweine (Mast)	in DM/GJ	75,5	54,3	60,6	62,2	93,6

[1] 15 Jahre technische Lebensdauer, 4 % Zinssatz.
[2] ca. 8 h/Monat; 18 DM/h.

dargestellten Anlagen der Anlagenbetreiber einen gewissen Eigenleistungsanteil erbracht hat. War dieser Beitrag des potentiellen Betreibers der Biogasanlage hoch und wurden die benötigten Systemkomponenten günstig beschafft, sind die spezifischen Investitionen auch bei diesen sehr kleinen Anlagen verhältnismäßig gering. Wird andererseits eine strenge ökonomische Gesamtanalyse des vollständigen Aufwandes vorgenommen, dürften die Gasgestehungskosten eher an der oberen Bandbreite der aufgezeigten Kostenspanne, bei ungünstigen Rahmenbedingungen u. U. auch noch darüber, liegen.

Kleinanlagen. Unter Kleinanlagen werden Biogasanlagen zusammengefaßt, die für landwirtschaftliche Betriebe konzipiert sind, bei denen Exkremente von rund 25 bis 60 Großvieheinheiten anfallen (ca.

40 bis 80 Rinder bzw. 200 bis 450 Schweine). Damit handelt es sich auch hier um relativ kleine Anlagen, die durch vergleichsweise hohe spezifische Aufwendungen gekennzeichnet sind. Eine eindeutige und übertragbare Kostenabschätzung ist ebenfalls praktisch nicht möglich, da auch bei dieser Größenklasse die Anlagen oft im Eigenbau mit einem unterschiedlichen Eigenleistungsanteil erstellt und weniger als industriell gefertigte Biogasanlagen geliefert werden. Auch ist die Kostenabgrenzung gegenüber anderen betrieblichen Aufwendungen schwierig, da teilweise bei einem nachträglichen Einbau das vorhandene Güllelager genutzt werden kann, bei Neuanlagen aber vollständig der Biogasanlage zugeschlagen wird; eine ähnliche Problematik ist auch mit dem Systemelement verbunden, das für die Wärmeerzeugung zur Reaktorbeheizung eingesetzt wird (z. B. Gasbrenner, Gasbrennwertkessel, Blockheizkraftwerk). Entsprechend stark schwanken die absoluten und spezifischen Investitionsaufwendungen; allgemeingültige und übertragbare Aussagen über die Investitionen und damit auch die Biogasgestehungskosten sind deshalb grundsätzlich nicht möglich. Um trotzdem den Bereich derzeit möglicher Gestehungskosten für das Biogas aufzuzeigen, sind in Tabelle 8.9 für fünf beispielhafte Biogasanlagen die Investitionen, die gesamten jährlichen Kosten und die - errechnet auf der Grundlage eines mittleren Biogasertrags - korrespondierenden Biogasgestehungskosten dargestellt (vgl. /8-20, 8-21/).

Aus Tabelle 8.9 geht hervor, daß die spezifischen Investitionen der dargestellten Anlagen zwischen ca. 600 und 4 360 DM/GV bzw. 120 und 3 490 DM/m^3 Faulraumvolumen liegen. Werden - in Anlehnung an die bisherige Vorgehensweise - diese Anlageninvestitionen auf einen Zeitraum von 15 Jahren bei einem Zinssatz von 4 % abgeschrieben und zusätzlich zu den jährlichen Kapitalkosten die Betriebskosten, Betriebsmittel und Aufwendungen für Wartung und Reparatur berücksichtigt, ergeben sich die gesamten jährlich anfallenden Kosten. Aus dem in der jeweiligen Anlage erzielbaren Energieertrag errechnen sich die Gasgestehungskosten frei Anlage. Bei den in Tabelle 8.9 dargestellten Biogasanlagen liegen sie zwischen 14,0 und 139,5 DM/GJ; damit ist auch bei dieser Anlagengrößenklasse eine sehr große Bandbreite der möglichen Energiegestehungskosten gegeben, die unter realen Bedingungen u. U. noch größer sein dürfte.

Mittlere Anlagen. Mit dem Begriff mittlere Anlagen werden landwirtschaftliche Biogasanlagen beschrieben, die für die Vergärung der Exkremente von rund 60 bis 150 Großvieheinheiten konzipiert sind. Diese Anlagenklasse ist durch im Schnitt geringfügig niedrigere spezifische Kosten als kleinere Biogasanlagen gekennzeichnet. Aber auch bei derartigen Anlagen ist eine eindeutige und übertragbare Kostenabschätzung praktisch nicht möglich, da auch hier die im Eigenbau erstellten Anlagen dominieren und in der Bundesrepublik Deutschland nur sehr wenige industriell gefertigte Komplettanlagen dieser Größenklasse errichtet wurden. Weiterhin ist auch hier eine eindeutige Abgrenzung, welche Kosten der Biogasanlage angelastet werden sollen und welche Aufwendungen anfallen, wenn das Exkrementeaufkommen nicht vergärt werden soll, schwierig und sehr von den jeweiligen Gegebenheiten vor Ort abhängig. Entsprechend groß sind die Unterschiede bei den Investitionen, die für die entsprechenden Anlagen aufzubringen sind. Eine übertragbare und genaue Bestimmung der Biogasgestehungskosten ist deshalb grundsätzlich nicht möglich. Trotzdem zeigt Tabelle 8.10 für fünf Anlagen dieser Größenklasse die Investitionen, die gesamten jährlichen Kosten und die korrespondierenden Biogasgestehungkosten (vgl. /8-20, 8-21/).

In der Zusammenstellung (Tabelle 8.10) wird deutlich, daß sich die Investitionen der analysierten Biogasanlagen zwischen ca. 1 360 und 3 270 DM/m^3 Faulraumvolumen bzw. 1 280 und 2 040 DM/GV bewegen. Zu den jährlich anfallenden Aufwendungen für den Kapitaldienst addieren sich noch die Betriebskosten, die Aufwendungen für die Betriebsmittel und die Kosten für Wartung

8.4 Kosten einer Biogaserzeugung

Tabelle 8.9 Investitionen, jährliche Kosten, möglicher Energieertrag und spezifische Biogasgestehungskosten am Beispiel von fünf kleinen Biogasanlagen

Faulraumvolumen	in m³	94	60	50	75	300
Tierbestand	in GV	41	45	50	60	62
Investitionen						
Gärbehälter	in DM	93 200	29 100	69 400	139 600	10 200
Gasspeicher	in DM	42 300	4 900	35 800	23 300	2 900
Gasverwertung	in DM	19 200	14 700	22 900	69 800	9 300
Sonstiges	in DM	15 800	7 400	10 900	29 100	14 500
Summe	in DM	170 500	56 100	139 000	261 800	36 900
Spezifische Investitionen						
Bez. Faulraumvolumen	in DM/m³	1 814	935	2 780	3 491	123
Bez. Tierbestand	in DM/GV	4 159	1 247	2 780	4 363	595
Jährliche Kosten						
Annuität[1]	in DM/a	15 335	5 046	12 502	23 547	3 319
Betriebsmittel	in DM/a	492	540	600	720	744
Arbeitskosten[2]	in DM/a	1 728	1 728	1 728	1 728	1 728
Wartung, Reparatur	in DM/a	3 410	1 122	2 780	5 236	738
Summe	in DM/a	20 965	8 436	17 610	31 231	6 529
Mittlere Energieerträge						
Rinder (Kühe)	in GJ/a	259,5	284,8	316,4	379,7	392,3
Rinder (Mast)	in GJ/a	308,1	338,2	375,8	450,9	465,9
Schweine (Zucht)	in GJ/a	153,0	167,9	186,5	223,8	231,3
Schweine (Mast)	in GJ/a	203,9	223,8	248,7	298,5	308,4
Spezifische Biogasgestehungskosten						
Rinder (Kühe)	in DM/GJ	80,8	29,6	55,7	82,3	16,6
Rinder (Mast)	in DM/GJ	68,0	24,9	46,9	69,3	14,0
Schweine (Zucht)	in DM/GJ	137,0	50,2	94,4	139,5	28,2
Schweine (Mast)	in DM/GJ	102,8	37,7	70,8	104,6	21,2

[1] 15 Jahre technische Lebensdauer, 4 % Zinssatz.
[2] ca. 8 h/Monat; 18 DM/h.

und Reparatur. Mit dem erzielbaren Energieertrag errechnen sich daraus die Biogasgestehungskosten frei Anlage. Bei den in Tabelle 8.10 dargestellten Biogasanlagen liegen sie zwischen 22,3 und 66,3 DM/GJ. Damit ist zwar bei den analysierten Anlagen die Bandbreite der möglichen Gasgestehungskosten - verglichen mit denen kleinerer Anlagen (vgl. Tabelle 8.8 und 8.9) - relativ gering; unter realen Bedingungen ist jedoch - insbesondere aufgrund des unterschiedlichen Eigenleistungsanteils und der Verwendung kostenneutraler Systemkomponenten aus anderen Betriebssparten - im Regelfall mit größeren Bandbreiten insbesondere in Richtung auf höhere Gasgestehungskosten zu rechnen.

Großanlagen. Zu Großanlagen können Biogasanlagen zusammengefaßt werden, die für die Vergärung der Exkremente von 150 und mehr Großvieheinheiten konzipiert sind. Anlagen dieser Größenklasse wurden in der Bundesrepublik Deutschland bisher kaum erstellt; sie werden aber von wenigen Herstellern angeboten. In Dänemark dagegen gibt es bereits eine Reihe solcher Großanlagen, die

254 8 Energetische Nutzung von Reststoffen der Tierhaltung

Tabelle 8.10 Investitionen, jährliche Kosten, möglicher Energieertrag und spezifische Biogasgestehungskosten am Beispiel von fünf mittelgroßen Biogasanlagen

Faulraumvolumen	in m³	90	100	83	108	100
Tierbestand	in GV	70	80	98	115	160
Investitionen						
Gärbehälter	in DM	74 300	93 100	104 700	97 500	111 900
Gasspeicher[1]	in DM	0	0	0	39 600	58 200
Gasverwertung	in DM	35 500	40 700	52 300	1 000	60 100
Sonstiges	in DM	14 500	12 800	11 600	8 700	96 400
Summe	in DM	124 300	146 600	168 600	146 800	326 600
Spezifische Investitionen						
Bez. Faulraumvolumen	in DM/m³	1 381	1 466	2 031	1 359	3 266
Bez. Tierbestand	in DM/GV	1 776	1 833	1 720	1 277	2 041
Jährliche Kosten						
Annuität[2]	in DM/a	11 180	13 185	15 164	13 203	29 375
Betriebsmittel	in DM/a	840	960	1 176	1 380	1 920
Arbeitskosten[3]	in DM/a	1 728	1 728	1 728	1 728	1 728
Wartung, Reparatur	in DM/a	2 486	2 932	3 372	2 936	6 532
Summe	in DM/a	16 234	18 805	21 440	19 247	39 555
Mittlere Energieerträge						
Rinder (Kühe)	in GJ/a	442,9	506,2	620,2	727,7	1 012,5
Rinder (Mast)	in GJ/a	526,0	601,2	736,5	864,2	1 202,4
Schweine (Zucht)	in GJ/a	261,1	298,5	365,6	429,1	596,9
Schweine (Mast)	in GJ/a	348,2	397,9	487,5	572,1	795,9
Spezifische Biogasgestehungskosten						
Rinder (Kühe)	in DM/GJ	36,6	37,1	34,6	26,4	39,1
Rinder (Mast)	in DM/GJ	30,9	31,3	29,1	22,3	32,9
Schweine (Zucht)	in DM/GJ	62,2	63,0	58,6	44,9	66,3
Schweine (Mast)	in DM/GJ	46,6	47,3	44,0	33,6	49,7

[1] Kosten für den Gasspeicher bei den ersten drei Anlagen sind in den Aufwendungen für den Gärbehälter enthalten.
[2] 15 Jahre technische Lebensdauer, 4 % Zinssatz.
[3] ca. 8 h/Monat; 18 DM/h.

jedoch nicht nur für die Vergärung des Exkrementeaufkommens aus der Tierhaltung erbaut wurden, sondern in denen auch sonstige organische Reststoffe vergoren werden. Dabei handelt es sich fast ausschließlich um industriell erstellte Anlagen. Da jedoch deren Kosten nicht ohne weiteres auf deutsche Verhältnisse übertragbar sind, sind Aussagen über die Biogasgestehungskosten auch für Großanlagen grundsätzlich sehr schwierig und ebenfalls durch sehr große Unsicherheiten gekennzeichnet; Tabelle 8.11 zeigt trotzdem am Beispiel von fünf Großanlagen die möglichen Investitionen, die gesamten jährlichen Kosten und die korrespondierenden Biogasgestehungskosten (vgl. /8-18, 8-19/).

Demnach liegen die auf das Faulraumvolmen bezogenen Investitionen zwischen ca. 1 380 und 4 450 DM/m³ (vgl. Tabelle 8.11). Die daraus sich entsprechend der bisherigen Vorgehensweise ergebenden Biogasgestehungskosten frei Anlage liegen zwischen 23,0 und 135,0 DM/GJ und damit ebenfalls innerhalb einer sehr großen Bandbreite. Dies liegt darin begründet, daß die einzelnen Anlagen sehr unterschiedlich konzipiert sind (z. B. Berücksichtigung des Gülleantransports, der

8.4 Kosten einer Biogaserzeugung

Tabelle 8.11 Investitionen, jährliche Kosten, möglicher Energieertrag und spezifische Biogasgestehungskosten am Beispiel von fünf Biogasgroßanlagen

Faulraumvolumen	in m³	200	800	2 100	5 200	7 200
Investitionen	in DM	277 000	3 562 000	6 084 000	11 986 000	11 648 000
Spez. Investitionen	in DM/m³	1 385	4 453	2 897	2 305	1 618
Jährliche Kosten						
Annuität[1]	in DM/a	29 914	320 370	547 202	1 078 034	1 047 634
Betriebsmittel	in DM/a	2 400	9 600	38 400	98 400	86 400
Arbeitskosten[2]	in DM/a	1 728	1 728	1 728	1 728	1 728
Wartung, Reparatur	in DM/a	5 540	71 240	121 680	239 720	232 960
Summe	in DM/a	39 582	402 938	709 010	1 417 882	1 368 722
Mittlere Energieerträge[3]						
Rinder (Kühe)	in GJ/a	1 265,6	5 062,5	20 250,3	51 891,4	45 563,2
Rinder (Mast)	in GJ/a	1 503,0	6 012,1	24 048,4	61 624,1	54 108,9
Schweine (Zucht)	in GJ/a	746,2	2 984,7	11 938,9	30 593,6	26 862,7
Schweine (Mast)	in GJ/a	994,9	3 979,6	15 918,6	40 791,4	35 816,9
Spezifische Biogasgestehungkosten						
Rinder (Kühe)	in DM/GJ	31,3	79,6	35,0	27,3	30,0
Rinder (Mast)	in DM/GJ	26,3	67,0	29,5	23,0	25,3
Schweine (Zucht)	in DM/GJ	53,0	135,0	59,4	46,3	51,0
Schweine (Mast)	in DM/GJ	39,8	101,3	44,5	34,8	38,2

[1] 15 Jahre technische Lebensdauer, 4 % Zinssatz.
[2] ca. 8 h/Monat; 18 DM/h.
[3] Näherungsweise wurde pro m³ Faulraumvolumen eine Großvieheinheit unterstellt.

Gasaufbereitung und -konditionierung, der Güllelagerung). Auch muß bei diesen Großanlagen von höheren Kosten sowohl aufgrund des Prototypstadiums als auch wegen des hier im Regelfall nicht oder nur geringen erbringbaren Eigenleistungsanteils ausgegangen werden. Damit liegen zwar die möglichen Gasgestehungskosten unter denen der Kleinanlagen, bewegen sich aber - zumindest bei dem derzeitigen Stand der Technik und wegen des geringen Erfahrungspotentials mit der Erstellung und dem Betrieb solcher großer Anlagen - immer noch innerhalb einer sehr großen Bandbreite.

Vergleich der Biogasgestehungskosten. Die in den Tabellen 8.8 bis 8.11 dargestellten Biogasgestehungskosten sind durch sehr große Unterschiede gekennzeichnet. Generell kann aber davon ausgegangen werden, daß die spezifischen Kosten bei kleinen Anlagen durch eine größere Bandbreite - sowohl nach oben aufgrund des spezifisch größeren Aufwandes als auch nach unten wegen der Möglichkeit der Erbringung eines Eigenleistungsanteils und der Verwendung ausgedienter Anlagenkomponenten aus anderen Betriebsbereichen - gekennzeichnet sind. Dies wird auch in Abb. 8.10 deutlich; hier sind die spezifischen Gasgestehungskosten in Abhängigkeit vom Aufkommen an organischen Stoffen dargestellt.

Demnach liegen die durchschnittlichen Biogasgestehungskosten bei rund 35 bis 50 DM/GJ bei kleineren Anlagen. Sie gehen bei ausgesprochenen Großanlagen auf etwa 35 DM/GJ zurück. Diese mittleren Kosten sind durch eine erhebliche Bandbreite gekennzeichnet. Demnach können die spezifischen Gasgestehungskosten kleinerer Anlagen zwischen etwa 25 und mehr als 85 DM/GJ schwanken. Diese Variationsbreite geht bei Großanlagen doch deutlich zurück und bewegt sich im Schnitt nur noch

256   8 Energetische Nutzung von Reststoffen der Tierhaltung

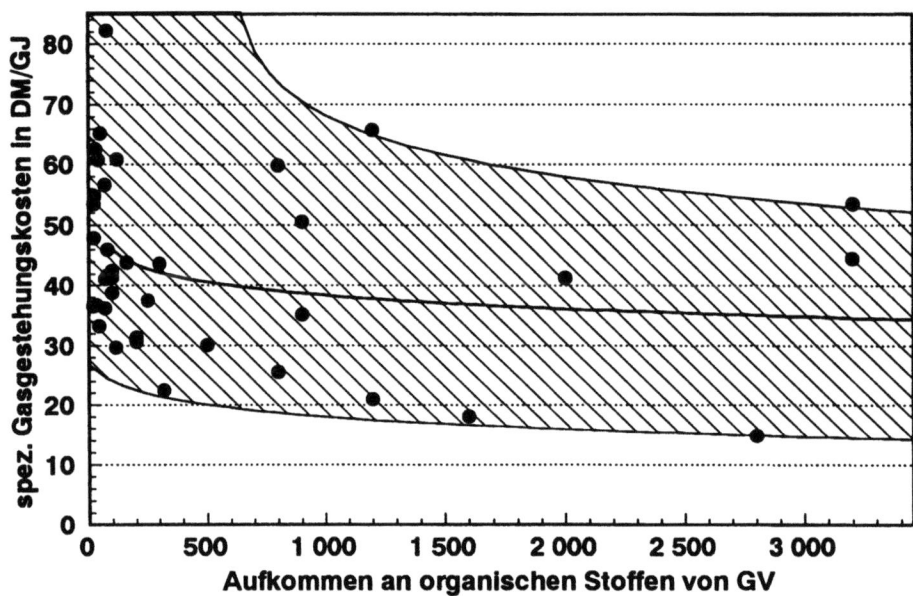

Abb. 8.10 Spezifische Biogasgestehungskosten in Abhängigkeit vom Aufkommen an organischen Stoffen

zwischen ca. 15 und etwas mehr als 50 DM/GJ. Eine so große Bandbreite der möglichen Kosten ist typisch für Technologien, die noch am Anfang ihrer Entwicklung stehen.

Verglichen mit dem gegenwärtigen Preisniveau der konventionellen Energieträger in Deutschland (vgl. Kap. 1.4.2 bzw. Tabelle 1.4) liegen damit die durchschnittlichen Biogasgestehungskosten höher. Bezogen beispielsweise auf die Energiepreise für Haushaltskunden ist eine Biogaserzeugung im groben Durchschnitt mehr als doppelt so teuer. Unter sehr günstigen Randbedingungen (u. a. hoher Eigenleistungsanteil, kostenneutrale Systemkomponenten) können jedoch auch Biogasgestehungskosten erreicht werden, die in der Größenordnung der gegenwärtigen fossilen Energieträgerpreise liegen. Dabei muß aber beachtet werden, daß hier etablierte Energieträger, die bereits seit Jahrzehnten großtechnisch genutzt werden, mit einer Option verglichen werden, die noch durch ein erhebliches Entwicklungspotential gekennzeichnet ist. Diese Gegenüberstellung kann deshalb nur der groben Einordnung in das Energiesystem der Bundesrepublik Deutschland dienen.

8.4.2 Nutzenergiebereitstellungskosten

Biogas kann zur Wärmeerzeugung, zur Gewinnung elektrischer Energie und zur kombinierten Bereitstellung beider Energieformen (Kraft-Wärme-Kopplung) eingesetzt werden. Für einen potentiellen Nutzer sind im Regelfall die korrespondierenden Wärmebereitstellungs- bzw. Stromgestehungskosten von Interesse und damit die Aufwendungen, die er letztlich für die erzeugte Nutzenergie (d. h. Raumwärme) bzw. Endenergie (d. h. Strom) aufzubringen hat. Daher werden im folgenden zunächst die spezifischen Nutzenergiebereitstellungskosten für die vier betrachteten Referenzbedarfsfälle

8.4 Kosten einer Biogaserzeugung

bestimmt (vgl. Kap. 1.4.2). Anschließend werden die spezifischen Gestehungskosten einer Erzeugung elektrischer Energie aus Biogas dargestellt. Außerdem wird auf die Energiegestehungskosten bei einer gekoppelten Erzeugung von Strom und Wärme in Blockheizkraftwerken eingegangen.

Wärmebereitstellungskosten. Tabelle 8.12 zeigt die unter den gegebenen Rahmenbedingungen (vgl. Kap. 1.4.2 bzw. Tabelle 1.5) zu veranschlagenden absoluten und spezifischen Investitionen und Betriebskosten; außerdem sind die sich auf der Grundlage der dargestellten Biogasgestehungskosten ergebenden Aufwendungen für die Wärmebereitstellung dargestellt. In den Investitionen sind die Kosten für den gesamten Wärmeerzeuger einschließlich Zubehör, für die hausinterne Wärmeverteilung, für die Heizkörper sowie die sonstigen Aufwendungen (z. B. Montage) enthalten. Beim Nahwärmesystem werden zusätzlich die Aufwendungen für den Aufbau der Nahwärmeversorgung berücksichtigt. Die Betriebskosten beinhalten die jährlich anfallenden Wartungs- und Instandhaltungskosten sowie die Aufwendungen für die benötigte Hilfsenergie. Außerdem werden Lohnkosten für die Bedienungsarbeiten berücksichtigt.

Die Aufwendungen für den Brennstoff ergeben sich aus den bei den jeweiligen Referenzbedarfsfällen benötigten Mengen und den spezifischen Biogasgestehungskosten (vgl. Kap. 8.4.1). Zur Bestimmung der benötigten Brennstoffmengen fließen auch die Verluste im Kessel und bei der Verteilung mit ein. Zusätzlich dazu werden auch die Verluste durch die Fehlanpassung der realen an die ideale Raumtemperatur in den Wohnungen - dadurch bedingt liegt der Jahresheizwärmebedarf bei allen Referenzsystemen 5 bis 20 % höher als der Jahresraumwärmebedarf - berücksichtigt.

Unter diesen Randbedingungen ergeben sich bei einer Abschreibungsdauer für die Heizungsanlage von 20 Jahren für die betrachteten Referenzbedarfsfälle spezifische Nutzenergiebereitstellungskosten zwischen 30 und 246 DM/GJ (10,8 bis 88,6 Pf/kWh). Dabei zeigen von den untersuchten Beispielen das Mehrfamilienhaus und der Großverbraucher die geringsten Wärmegestehungskosten; das Nahwärmesystem ist durch die höchsten spezifischen Kosten gekennzeichnet. Dabei ist allerdings zu berücksichtigen, daß hier nur für beispielhafte Referenzbedarfsfälle die Nutzenergiebereitstellungskosten bestimmt wurden. In konkreten Anwendungsfällen sind deshalb durchaus auch erhebliche Abweichungen zu größeren und kleineren Werten möglich.

Die berechneten spezifischen Energiebereitstellungskosten können mit den Aufwendungen verglichen werden, wie sie sich auf der Basis fossiler Energieträger einschließlich des entsprechenden konventionellen Systems für die gleichen Referenzbedarfsfälle ergeben. Hier liegen die Aufwendungen für das unterstellte Einfamilienhaus für eine Öl- oder Gasheizung bei ca. 48 DM/GJ, bei dem Mehrfamilienhaus bei rund 30 DM/GJ, beim Großverbraucher bei 25 bis 28 DM/GJ und beim Nahwärmesystem mit gasgefeuertem Heizwerk bei ca. 38 DM/GJ (vgl. Kap. 1.4.2 bzw. Tabelle 1.5). Damit liegen bei allen Referenzsystemen die Nutzenergiebereitstellungskosten einer Wärmeerzeugung auf der Basis von Biogas höher als die vergleichbaren Aufwendungen bei einer Öl- oder Gasheizung. Damit ist - werden rein wirtschaftliche Kriterien zugrunde gelegt - derzeit nur in Ausnahmefällen eine energetische Nutzung von Biogas gegenüber den konventionellen Techniken auf der Basis fossiler Energieträger kostengünstiger. Trotzdem gibt es - insbesondere wenn auch andere als rein ökonomische Aspekte zugrunde gelegt werden - Anwendungsfälle, in denen eine Nutzung dieses Energiepotentials sinnvoll sein kann (z. B. bei der Wärmeversorgung eines landwirtschaftlichen Betriebs). Zusätzlich muß dabei beachtet werden, daß eine solche Gegenüberstellung schwierig ist, da ein noch in der Entwicklung befindliches System zur Wärmebereitstellung mit bereits seit Jahren etablierten und technisch ausgereiften Verfahren verglichen wird.

8 Energetische Nutzung von Reststoffen der Tierhaltung

Tabelle 8.12 Spezifische Nutzenergiebereitstellungskosten einer energetischen Nutzung von Biogas

		Einfamilienhaus	Mehrfamilienhaus	Großverbraucher	Nahwärmesystem
Wärmebedarf[1]	in GJ/a	79	538	2 650	9 408
Wirkungsgrad[2]	in %	81	82	84	85
Investitionen[3]	in DM	21 195	62 238	438 240	3 325 100
Betriebskosten[4]	in DM/a	559	1 487	11 413	55 887
Spezifische Brennstoffkosten frei Biogasanlage					
Kleinstanlagen	in DM/GJ		35,9 - 124,8		
Kleinanlagen	in DM/GJ		14,0 - 139,5		
Mittlere Anlagen	in DM/GJ		22,3 - 66,3		
Großanlagen	in DM/GJ		23,0 - 135,0		
Jahresbrennstoffkosten					
Kleinstanlagen	in DM/a	3 248 - 14 537	25 033 - 106 387	115 393 - 465 326	486 551 - 1 962 030
Kleinanlagen	in DM/a	1 337 - 16 249	9 762 - 118 919	45 000 - 520 136	189 741 - 2 193 140
Mittlere Anlagen	in DM/a	2 129 - 7 758	15 549 - 56 774	71 679 - 248 323	302 231 - 1 047 050
Großanlagen	in DM/a	2 196 - 15 725	16 038 - 115 082	73 929 - 503 357	311 718 - 2 122 390
Spezifische Nutzenergiebereitstellungskosten[5]					
Kleinstanlagen	in DM/GJ	78 - 192	59 - 175	65 - 179	90 - 223
	in Pf/kWh	28,1 - 69,1	21,2 - 63,0	23,4 - 64,4	32,4 - 80,3
Kleinanlagen	in DM/GJ	49 - 212	30 - 194	34 - 198	55 - 246
	in Pf/kWh	17,6 - 76,3	10,8 - 69,8	12,2 - 71,3	19,8 - 88,6
Mittlere Anlagen	in DM/GJ	60 - 114	41 - 98	47 - 103	69 - 133
	in Pf/kWh	21,6 - 41,0	14,8 - 35,3	16,9 - 37,1	24,8 - 47,9
Großanlagen	in DM/GJ	61 - 206	42 - 188	46 - 191	69 - 238
	in Pf/kWh	22,0 - 74,2	15,1 - 67,7	16,6 - 68,8	24,8 - 85,7

[1] Bedarf für Raumwärme und Warmwasser.
[2] Kesselwirkungsgrad nach VDI 2067, unter zusätzlicher Berücksichtigung der Warmwasserversorgung im Sommer.
[3] Wärmeerzeuger mit Zubehör und Maschinenhaus bei dem Nahwärmesystem, Verteilung und Heizflächen, Nahwärmesystem und sonstigen Aufwendungen.
[4] Wartung und Instandhaltung, Bedienungsaufwand, Hilfsenergie, Kaminkehrer und sonstige Aufwendungen.
[5] Abschreibungsdauer der Heizungsanlage 20 Jahre.

Stromgestehungskosten. Biogas kann auch in Gasmotoren in Strom gewandelt werden. Da auch eine Stromerzeugung in Gasmotoren von einer Vielzahl örtlich bedingter Parameter beeinflußt wird, kann eine solche Kostenanalyse nur die grobe Größenordnung der möglichen Kosten aufzeigen.

Von der Vielzahl der verschiedenen Möglichkeiten zum Einsatz von Gasmotoren mit angekoppeltem Generator zeigt Tabelle 8.13 beispielhaft drei Anlagen mit einer elektrischen Leistung von 15, 100 bzw. 1 000 kW. Die Anlage mit der höchsten installierten Leistung besteht aus zwei Modulen mit einer Einzelleistung von jeweils 500 kW. Der elektrische Wirkungsgrad der einzelnen Gasmotoren beträgt 33 bzw. 35 % /8-27/. Es wurde unterstellt, daß nahezu immer genügend Biogas verfügbar ist und damit eine mittlere Vollaststundenzahl zwischen 6 000 und 7 000 h realisiert werden kann.

Die spezifischen Investitionen von Gasmotoren mit angekoppeltem Generator steigen i. allg. mit geringer werdender elektrischer Leistung; für die 1 000 kW-Anlage liegen die spezifischen Kosten bei rund 1 400 DM/kW, bei dem 100 kW-Modul bei etwa 1 800 DM/kW und bei der 15 kW-Anlage bei ca. 1 900 DM/kW /8-25, 8-26, 8-27/. Zur Abdeckung der gesamten Bandbreite, in der sich die Stromgestehungskosten letztlich bewegen können, wurden die in Kap. 8.4.1 dargestellten Biogasgestehungskosten zugrunde gelegt.

8.4 Kosten einer Biogaserzeugung

Tabelle 8.13 Spezifische Stromgestehungskosten bei einer Nutzung von Biogas in Gasmotoren

Leistung	in kW	15	100	1 000
Elek. Wirkungsgrad	in %	33	35	35
Vollaststunden	in h/a	6 000 - 7 000	6 000 - 7 000	6 000 - 7 000
Brennstoffbedarf	in GJ/a	980 - 1 150	6 170 - 7 200	61 700 - 72 000
Investitionen	in DM	28 500	180 000	1 400 000
Betrieb, Wartung	in DM/a	2 080	14 160	158 400
Brennstoffkosten	in DM/GJ	14,0 - 139,5	14,0 - 139,5	14,0 - 139,5
Jahresbrennstoffkosten	in Mio. DM/a	0,014 - 0,399	0,086 - 1,008	0,864 - 10,080
Stromgestehungskosten	in Pf/kWh	16 - 172	18 - 148	19 - 157

Werden die Gasmotoren über eine unterstellte technische Lebensdauer von 20 Jahren abgeschrieben, ergeben sich spezifischen Gestehungskosten für die elektrische Energie frei Motor bei der 15 kW-Anlage zwischen 19 und 157 Pf/kWh, bei dem 100 kW-Modul von 18 bis 148 Pf/kWh und bei der 1 000 kW-Anlage zwischen 16 und 172 Pf/kWh. Damit bewegen sich die spezifischen Stromgestehungskosten in einem sehr breiten Bereich; dies liegt im wesentlichen darin begründet, daß auch die Biogasgestehungskosten durch sehr große Unterschiede charakterisiert sind.

Diese Stromgestehungskosten können den Verbraucherpreisen für Strom der Haushalte und der Industrie gegenüber gestellt werden (vgl. Kap. 1.4.2 bzw. Tabelle 1.4). Dabei wird deutlich, daß für die analysierten Beispiele eine Gewinnung elektrischer Energie aus Biogas im Durchschnitt über dem gegenwärtigen Strompreisniveau liegt. Unter optimalen Randbedingungen und bei einer Nutzung von Biogas mit Brennstoffkosten, die sich am unteren Bereich der aufgezeigten Bandbreite bewegen, kann jeodch eine Stromerzeugung auf der Basis dieses regenerativen Energieträgers durchaus auch günstiger sein kann. Zusätzlich muß dabei beachtet werden, daß für die Stromgestehungskosten wesentlich von den Vollaststunden beeinflußt werden; damit sind theoretisch bei noch höheren Auslastungen weitere Kostenreduktionen möglich. Bei einer solchen Gegenüberstellung der Stromgestehungskosten aus Biogas mit dem Strompreisniveau ist jedoch zusätzlich zu berücksichtigen, daß hier ein etabliertes Versorgungssystem mit einer Option verglichen wird, die noch durch ein hohes Entwicklungspotential gekennzeichnet ist; ein solcher Vergleich kann deshalb nur der groben Einordnung in das gegenwärtige Energiesystem dienen.

Kraft-Wärme-Kopplung. Biogas kann auch in Kraft-Wärme-Kopplung in Blockheizkraftwerken in Wärme und Strom umgewandelt werden. Die Nutzenergiebereitstellungs- bzw. Stromgestehungskosten bei einer gekoppelten Erzeugung hängen jedoch entscheidend von der jeweiligen ortabhängigen Nachfragestruktur und den entsprechenden Gegebenheiten vor Ort ab. Diese Abschätzung kann deshalb nur beispielhafter Natur sein.

Blockheizkraftwerke gehören zu den Gruppen von Heizkraftwerken, die durch ein festes Verhältnis von elektrischer zu thermischer Leistung gekennzeichnet sind. Dabei handelt es sich meist um Diesel- oder Gasmotoren, deren Abwärme aus dem Abgasstrom und dem Kühlkreislauf zur Nahwärmeversorgung eingesetzt wird. Sie werden normalerweise wärmeorientiert betrieben und dienen daher in erster Linie der dezentralen, d. h. verbrauchernahen Versorgung mit Warmwasser und Raumwärme.

8 Energetische Nutzung von Reststoffen der Tierhaltung

Tabelle 8.14 Spezifische Stromgestehungskosten bei einer Nutzung von Biogas in Kraft-Wärme-Kopplung in Blockheizkraftwerken

Leistung				
elektrisch	in kW	15	100	1 500
thermisch	in kW	39	200	2 400
Spitzenkessel	in kW	50	300	3 300
Elek. Wirkungsgrad	in %	26	35	35
Brennstoffnutzung	in %	90	90	90
Vollaststunden	in h/a	4 000 - 5 000	4 000 - 5 000	4 000 - 5 000
Brennstoffbedarf				
Anlage	in GJ/a	650 - 820	4 100 - 5 140	61 700 - 77 140
Spitzenkessel	in GJ/a	310 - 390	1 760 - 2 200	21 150 - 26 400
Summe	in GJ/a	960 - 1 210	5 860 - 7 340	82 850 - 503 540
Investitionen	in DM	75 000	450 000	4 050 000
Betrieb, Wartung	in DM/a	2 600	17 700	297 000
Spez. Brennstoffkosten	in DM/GJ	14,0 - 139,5	14,0 - 139,5	14,0 - 139,5
Jahresbrennstoffkosten	in Mio. DM/a	0,0134 - 0,1694	0,0822 - 1,0276	1,1599 - 14,4956
Wärmegutschrift	in DM/a	11 598 - 14 528	61 560 - 76 950	739 090 - 923 405
Stromgestehungskosten	in Pf/kWh	14 - 189	15 - 201	13 - 216

Sie sind oft modular aufgebaut und werden im Regelfall in Kombination mit einer Spitzenkesselanlage eingesetzt.

Von der Vielzahl der verschiedenen Einsatzmöglichkeiten von Blockheizkraftwerken zeigt Tabelle 8.14 drei Anlagen mit einer elektrischen Leistung von 15, 100 und 1 500 kW und einer thermischen Leistung von 39, 200 und 2 400 kW. Die Anlage mit der höchsten installierten Leistung besteht aus drei Modulen mit einer elektrischen Einzelleistung von 500 kW und einer thermischen Leistung von 800 kW. Die beiden anderen beispielhaft dargestellten Blockheizkraftwerke bestehen jeweils nur aus einem einzigen Modul.

Der elektrische Wirkungsgrad der einzelnen Gasmotoren beträgt 35 %; der gesamte Brennstoffnutzungsgrad liegt bei etwa 90 % /8-27/. Im Regelfall wird die thermische Leistung der Blockheizkraftwerke auf rund 40 bis 60 % der gesamten Wärmeleistung der Versorgungsaufgabe ausgelegt. Daraus errechnet sich die zu installierende Spitzenkesselleistung. Außerdem wurden die Anlagen auf eine mittlere Vollaststundenzahl von rund 4 200 h/a ausgelegt.

Die spezifischen Investitionen von Blockheizkraftwerken sinken i. allg. mit zunehmender elektrischer Leistung. Daher wurde bei der 1 500 kW-Anlage von spezifischen Investitionen von rund 2 700 DM/kW ausgegangen; das 100 kW-Modul ist durch spezifische Kosten von 4 500 und die 15 kW-Anlage von 5 000 DM/kW gekennzeichnet /8-26, 8-27/.

Zur Aufzeigung der gesamten Bandbreite, innerhalb der sich die spezifischen Stromgestehungskosten letztlich bewegen können, wurde die gesamte Variationsbreite der Biogaserzeugungskosten zugrunde gelegt. Die ausgekoppelte Wärme wird durch eine Wärmegutschrift von 13,9 DM/GJ bewertet /8-11/.

Werden die Anlagen über eine unterstellte technische Lebensdauer von 20 Jahren abgeschrieben, liegen die spezifischen Stromgestehungskosten bei der 15 kW-Anlage zwischen 14 und 189 Pf/kWh. Bei der mittelgroßen Anlage bewegen sich die Gestehungskosten der elektrischen Energie in einem Bereich zwischen 15 und rund 200 Pf/kWh und bei der Großanlage (1 500 kW) zwischen 13 und 216 Pf/kWh. Damit sind die spezifischen Stromgestehungskosten durch eine sehr große Bandbreite gekennzeichnet; dies ist ursächlich darauf zurückzuführen, daß auch die Kosten für das Biogas durch sehr große Unterschiede charakterisiert sind.

Werden diese Stromgestehungskosten mit den Verbraucherpreisen für Strom der Haushalte und der Industrie verglichen (vgl. Kap. 1.4.2 bzw. Tabelle 1.4), zeigt sich, daß für die in Tabelle 8.14 dargestellten Beispiele eine Stromerzeugung aus Biogas im Durchschnitt über dem gegenwärtigen Strompreisniveau liegt. Es wird aber auch deutlich, daß unter günstigen Bedingungen in speziellen Anwendungsfällen und bei einer Nutzung von Biogas, das durch Brennstoffkosten gekennzeichnet ist, die sich an der unteren Grenze der aufgezeigten Bandbreite bewegen, eine derartige Stromerzeugung durchaus auch günstiger sein kann. Dabei muß aber auch beachtet werden, daß die spezifischen Stromgestehungskosten wesentlich von der Anzahl der Vollaststunden beeinflußt werden, die ebenfalls in Abhängigkeit der jeweiligen Randbedingungen vor Ort sehr stark schwanken können. Außerdem muß bei einer Gegenüberstellung der Stromgestehungskosten aus Biogas mit dem gegenwärtigen Strompreisniveau der öffentlichen Versorgung beachtet werden, daß hier ein etabliertes Versorgungssystem mit einer Option verglichen wird, die noch am Anfang ihrer Entwicklung steht; ein solcher Vergleich kann deshalb nur der groben Einordnung in das Energiesystem der Bundesrepublik Deutschland dienen.

9 Organische Reststoffe aus Haushalten, Industrie, Gewerbe und kommunalen Einrichtungen

Neben den organischen Reststoffen, die in der Forst- und Landwirtschaft sowie bei der Nutztierhaltung anfallen, entstehen in der Volkswirtschaft weitere organische Abfälle, die prinzipiell energetisch verwertet werden können. Ziel dieses Abschnittes ist es, die aus diesen organischen Reststoffen resultierenden Energiepotentiale zu bestimmen und die damit verbundenen Kosten zu analysieren.

9.1 Allgemeine Grundlagen

Bei den folgenden Ausführungen wird zunächst definiert, welche sonstigen organischen Reststoffe grundsätzlich anfallen und welcher Anteil hier näher betrachtet wird. Anschließend werden die energetischen Eigenschaften dieses Reststoffangebots analysiert. Auch werden die räumlichen und zeitlichen Variationen, innerhalb der die für eine energetische Nutzung in Frage kommenden Reststoffmengen sich bewegen, diskutiert.

9.1.1 Systematik und Abgrenzung

In der Bundesrepublik Deutschland fiel im Jahr 1990 insgesamt ein Abfallmenge von 140 Mio. t an /9-35/. Ein Großteil dieses Abfallaufkommens ist aber energetisch nicht nutzbar. Dazu zählen die nicht brennbaren Abfälle wie Gebäude- und Straßenbauabfälle oder Aschen, Schlacken und Stäube aus Abfallverbrennungsanlagen.

Aber auch die verbleibenden brennbaren Abfälle können im Rahmen dieser Untersuchung nur teilweise berücksichtigt werden. Da es sich um eine Analyse der regenerativen Energiepotentiale handelt, wird nur die nativ-organische Abfallfraktion betrachtet. Aufgrund der nur mangelhaft verfügbaren Daten ist oft eine eindeutige Trennung zwischen Reststoffen organischen Ursprungs und fossiler Herkunft nicht möglich. Es ist daher im Einzelfall nicht auszuschließen, daß die im folgenden ausgewiesenen Potentiale nicht auch (kleinere) Anteile an Reststoffen nicht nativ-organischer Herkunft enthalten. Diese nicht regenerativen Anteile sind aber im Vergleich zu den jeweiligen Gesamtpotentialen relativ klein.

Nativ-organische Abfälle können nach ihrem Aggregatzustand in flüssige und feste Abfälle eingeteilt werden. Bei ersteren handelt es sich um die organischen Substanzen im Abwasser, bei den letztgenannten um die organischen Bestandteile des festen Abfallaufkommens. Diese Restprodukte können weiter unterteilt werden nach ihrer Herkunft bzw. dem Ort ihrer Entstehung in

- die festen und flüssigen organischen Substanzen aus den Haushalten,
- die festen und flüssigen organischen Abfälle aus Industrie und Gewerbe und
- das Grüngut aus kommunalen und öffentlichen Einrichtungen (z. B. Grünanlagen, Parks).

Die organischen Reststoffe unterscheiden sich weiterhin auch wesentlich in den Möglichkeiten einer energetischen Verwertung oder in der Art des daraus gewinnbaren Endenergieträgers. Aus den flüssigen Abfällen lassen sich die Feststoffanteile herausziehen (Abwasserklärung) und anschließend vergären. Die Vergärung des Faulschlammes liefert ein brennbares Gas und den ausgefaulten Schlamm. Der Schlamm kann getrocknet werden und durch Verbrennung ebenfalls Energie liefern.

Werden die festen organischen Abfälle deponiert, kann ein Teil ihres Energieinhaltes in Form von Deponiegas zurückgewonnen werden. Auch bei einer anaeroben Umsetzung von festen organischen Abfällen in Vergärungsanlagen, in denen der anaerobe Abbau im Gegensatz zur Deponie gesteuert abläuft, entsteht ein brennbares Biogas. Schließlich ist auch eine Verbrennung der organischen Substanzen möglich. Dann stellt das Aufkommen an organischen Stoffen selbst - bewertet mit seinem jeweiligen spezifischen Energieinhalt - das zugehörige Energiepotential dar.

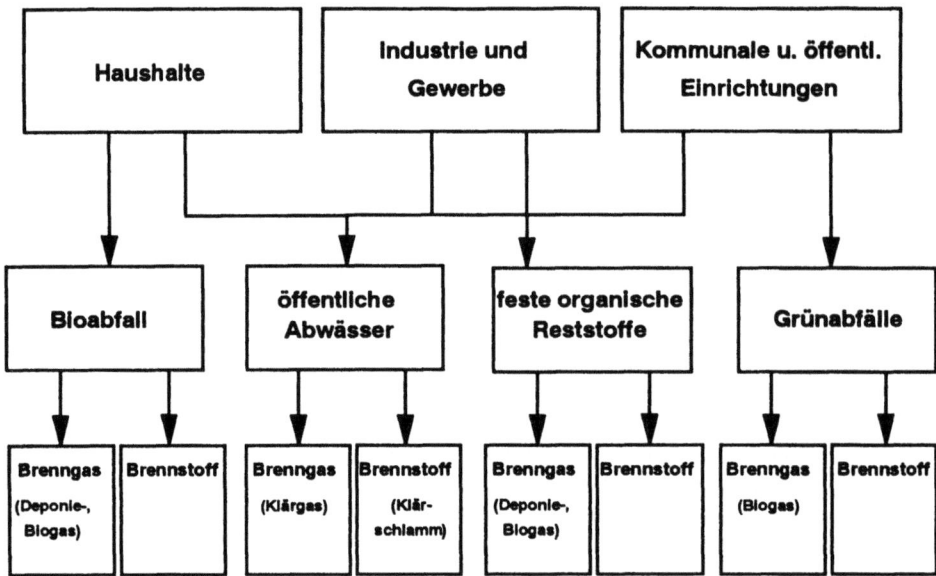

Abb. 9.1 Systematik der analysierten Energiepotentiale der organischen Abfälle aus Haushalten, Industrie, Gewerbe sowie kommunalen und öffentlichen Einrichtungen

Auf der Basis dieser möglichen Unterscheidungsmerkmale werden im folgenden die Potentiale der sonstigen organischen Reststoffe nach der in Abb. 9.1 dargestellten Systematik bestimmt. Ausgehend von den hier betrachteten "Reststoffquellen" Haushalte, Industrie und Gewerbe sowie kommunale und öffentliche Einrichtungen wird zunächst das Aufkommen an festen oder flüssigen Reststoffen bestimmt. Dabei wird unterschieden zwischen dem festen Bioabfall aus den Haushalten, den festen organischen Reststoffen aus Industrie und Gewerbe sowie dem in den kommunalen und öffentlichen Einrichtungen und Betrieben anfallenden Grüngut. Dazu zählt auch das öffentliche Abwasseraufkommen. Anschließend werden daraus die Energiepotentiale der damit erzeugbaren Energieträger - Brenngas oder Brennstoff - bestimmt. Damit sind nur die hauptsächlichen Reststoffquellen, nicht jedoch alle sonstigen organischen Reststoffe erfaßt. Beispielsweise können die organisch hoch belasteten Abwässer, die in der Industrie und im Gewerbe anfallen und nicht in der öffentlichen Abwasserbeseitigung behandelt werden, aufgrund der nicht verfügbaren Daten hier nicht berücksichtigt werden.

Auch ist die Bestimmung der organischen Reststoffpotentiale auf Kreisebene nicht für alle der hier betrachteten Reststofffraktionen möglich. Für die organischen Reststoffe, bei denen diese hohe örtliche Auflösung aufgrund mangelnder Daten nicht möglich ist, wird lediglich eine Abschätzung der Potentiale auf Bundeslandebene durchgeführt. Beispielsweise können die Energiepotentiale der Bioabfälle aus den Haushalten sowie die Klärgaspotentiale aus der organischen Fraktion des Abwassers für jeden Kreis in der Bundesrepublik Deutschland abgeschätzt werden. Dagegen ist bei den industriellen und gewerblichen Restprodukten sowie den Grünabfällen aus kommunalen und öffentlichen Einrichtungen nur eine Bestimmung der Potentiale für die einzelnen Bundesländer möglich.

9.1.2 Energetische Eigenschaften

Die hier betrachteten organischen Reststoffe unterscheiden sich in ihrer chemischen Zusammensetzung und damit auch hinsichtlich der energetischen Eigenschaften erheblich. Tabelle 9.1 zeigt die Zusammensetzung des in den Haushalten in der Bundesrepublik Deutschland anfallenden Hausmülls /9-4/. Zusätzlich ist auch die Zusammensetzung des Geschäftsmülls und des Sperrmülls dargestellt. Demnach liegt für die betrachteten Abfallarten der Anteil der organischen Müllfraktion zwischen rund 42 % beim Hausmüll und rund 20 % beim Geschäftsmüll; der organische Anteil des Sperrmülls liegt bei ca. 12 %.

Tabelle 9.1 Durchschnittliche Zusammensetzung des Haus-, Geschäfts- und Sperrmülls in der Bundesrepublik Deutschland im Jahr 1984 (alte Bundesländer, /9-4, 9-13/)

	Hausmüll	Geschäftsmüll	Sperrmüll
		Bestandteile in %	
Organische Fraktion	42,0	20,0	12,1
Papier, Pappe, Papierverbundstoffe	20,0	40,0	30,5
Holz, Leder, Gummi, Knochen	2,3	15,0	30,0
Glas	11,6	2,0	4,1
NE-Metalle, Fe-Metalle	3,9	6,0	10,0
Kunststoffe, Textilien	7,6	12,0	9,0
Verbundmaterialien	0,8	2,0	4,1
Mineralische Stoffe, Feinmüll	11,5	5,0	4,3

Neben der organischen Fraktion enthalten der Geschäftsmüll, der Hausmüll und der Sperrmüll weitere energetisch nutzbare Anteile. Dabei handelt es sich vor allem um Papier, Pappe und Papierverbundstoffe. Diese Anteile werden aber hier nicht weiter betrachtet, da bereits jetzt und mit deutlich steigender Tendenz auch in Zukunft solche Abfallkomponenten getrennt gesammelt und stofflich - d. h. nicht energetisch - wiederverwertet werden /9-12/.

266   9 Sonstige organische Reststoffe

Tabelle 9.2 Wassergehalt, Trockensubstanzgehalt, Glühverlust, Kohlenstoffgehalt und Heizwert (bezogen auf die feuchte Probe (H_u)) beispielhafter Reststoffe

	Wassergehalt	Trocken-substanz	Glühverlust	Kohlen-stoffgehalt	Heizwert
		in %			in MJ/kg
Abfälle Pektinherstellung	10	90	96	45	16,23
Hopfentreber-Pellets	26	74	86	40	12,21
Tabakblätter	15	85	83	37	12,45
Hopfentreber	13	87	91	45	15,57
Apfeltrester	93	7	98	46	1,31
Roßkastanienlaub	53	47	93	47	8,81
Mischlaub	57	43	86	47	7,40
Straßenmähgut	70	30	90	40	4,64
Staub/Spreuer Mühle	13	87	87	40	12,93
Mälzerei	10	90	90	40	16,51

Tabelle 9.2 zeigt charakteristische Werte für einige beispielhaft aufgeführte organische Reststoffe, die in Industrie und Gewerbe, aber auch in kommunalen und öffentlichen Einrichtungen anfallen können. Angegeben sind der Wassergehalt, der Gehalt an Trockenmasse, der Glühverlust, der gesamte Kohlenstoffgehalt sowie der untere Heizwert (H_u). Es wird die große Bandbreite deutlich, innerhalb der sich insbesondere der Wassergehalt und der damit zusammenhängende Gehalt an Trockenmasse bewegt. Für die dargestellten Abfallarten weisen die Abfälle aus der Pektinherstellung den geringsten und der Apfeltrester den höchsten Wassergehalt auf.

Demgegenüber variiert der Glühverlust - näherungsweise ein Maß für die organische Substanz - vergleichsweise geringfügig zwischen 83 und 98 %. Auch der Kohlenstoffgesamtgehalt liegt bei den dargestellten Reststoffen in einer relativ kleinen Bandbreite zwischen minimal 37 und maximal 50 %. Der Heizwert kann näherungsweise aus dem Glühverlust und dem Wassergehalt bestimmt werden /9-3/. Die dargestellten Stoffe weisen Heizwerte von ca. 1,3 bis 16,5 MJ/kg auf.

Für das in den öffentlichen Kläranlagen anfallende Klärgas ist der Gehalt an organischen Substanzen im Faulschlamm entscheidend. Für mitteleuropäische und damit auch deutsche Verhältnisse liegt der durchschnittliche organische Feststoffgehalt des Abwassers bei rund 730 mg/l /9-2/, wobei lokal auch deutlich höhere oder niedrigere Feststoffanteile vorkommen können. Dieser organische Anteil besteht zu rund 45 % aus gelösten Stoffen und zu ca. 37 % aus Sinkstoffen. Den Rest machen die Schwebstoffe aus. Insgesamt liegt der mittlere Feststoffgehalt deutlich höher, da neben den organischen Stoffen auch noch ein hoher Anteil an festen mineralischen Bestandteilen im Abwasser enthalten ist. In Mitteleuropa kann damit von einem durchschnittlichen gesamten Feststoffgehalt von ca. 1 260 mg/l ausgegangen werden /9-2/.

9.1.3   Räumliche und zeitliche Variationsbreite

Neben den Unterschieden in der chemischen Zusammensetzung und in den energetischen Eigenschaften ist das Angebotspotential der hier betrachteten organischen Reststoffe starken regionalen und deutlichen zeitlichen Schwankungen im Aufkommen unterworfen. Hinsichtlich der zeitlichen Variationen des organischen Reststoffanfalls sind weniger die vergleichsweise geringen Angebotsunterschiede

9.1 Allgemeine Grundlagen

zwischen verschiedenen Jahren von Bedeutung als vielmehr die saisonalen Schwankungen innerhalb eines Jahres. Abb. 9.2 zeigt diese jahreszeitlichen Unterschiede am Beispiel des Bioabfallaufkommens einer Gemeinde in Deutschland /9-34/. Dargestellt ist der Wassergehalt sowie der Gehalt an organischer Substanz in Prozent der Trockensubstanz. Demnach ist in den Monaten von April bis September der Anteil der organischen Substanzen relativ gering. Dies kann z. T. auf den Eintrag großer Mengen von Abfallstoffen zurückgeführt werden, die beim Vertikutieren von Rasenflächen anfallen. Der Wassergehalt weist ein deutliches Minimum in den Monaten April und Mai auf, während er in allen anderen Monaten relativ konstant ist. Dabei besteht ein deutlicher Zusammenhang zwischen dem Wassergehalt und der Niederschlagsmenge im gleichen Zeitraum. In Zeiten starker Niederschläge steigt der Wassergehalt durch Haftwasser, das über die Gartenabfälle in den Bioabfall eingetragen wird, stark an /9-34/.

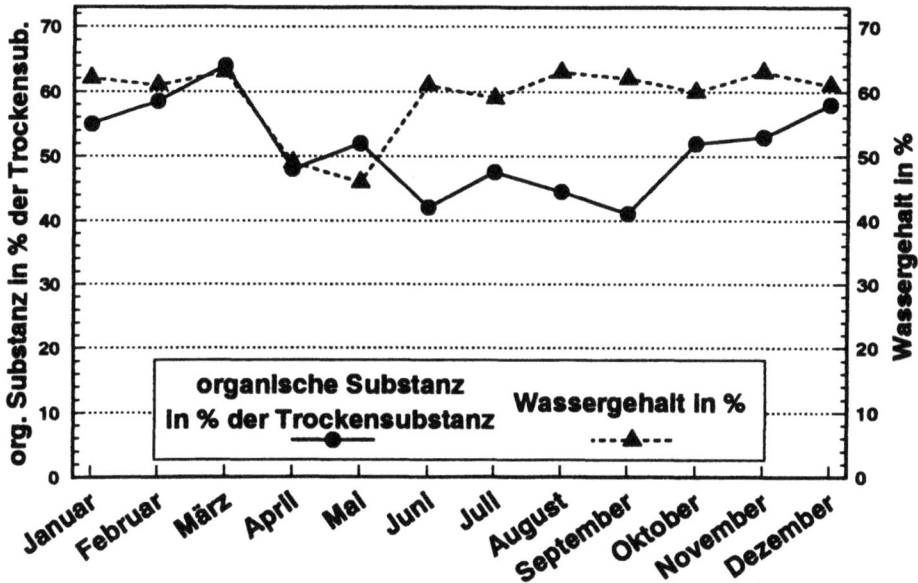

Abb. 9.2 Saisonale Schwankungen des Anteils an organischen Stoffen und des Wassergehaltes im Bioabfall /9-34/

Nicht nur das feste Abfallaufkommen, auch die Menge des anfallenden Abwassers ist durch saisonale Variationen gekennzeichnet. Diese ergeben sich vor allem aus den Lebensgewohnheiten der Bevölkerung und den Produktionsvorgängen in der Volkswirtschaft. Zusätzlich haben auch die meteorologischen Verhältnisse einen Einfluß auf die anfallende Abwassermenge /9-2/. Diese Variationen gehen aus Abb. 9.3 hervor, die den monatsmittleren Abwasseranfall (angegeben als relativer Anteil des jahresmittleren Abwasseranfalls) für zwei Standorte in Deutschland zeigt. Demnach ist der Abwasseranfall grundsätzlich im Sommer höher als im Winter. Jedoch ist die Höhe der Angebotsunterschiede auch sehr ortsabhängig. Während an dem Standort in Norddeutschland die monatsmittlere Abwassermenge zwischen ca. 80 und 120 % des jahresmittleren Abwasseraufkommens variiert, spannen die monatsmittleren Abwassermengen am süddeutschen Standort eine Bandbreite von 70 bis 130 % auf.

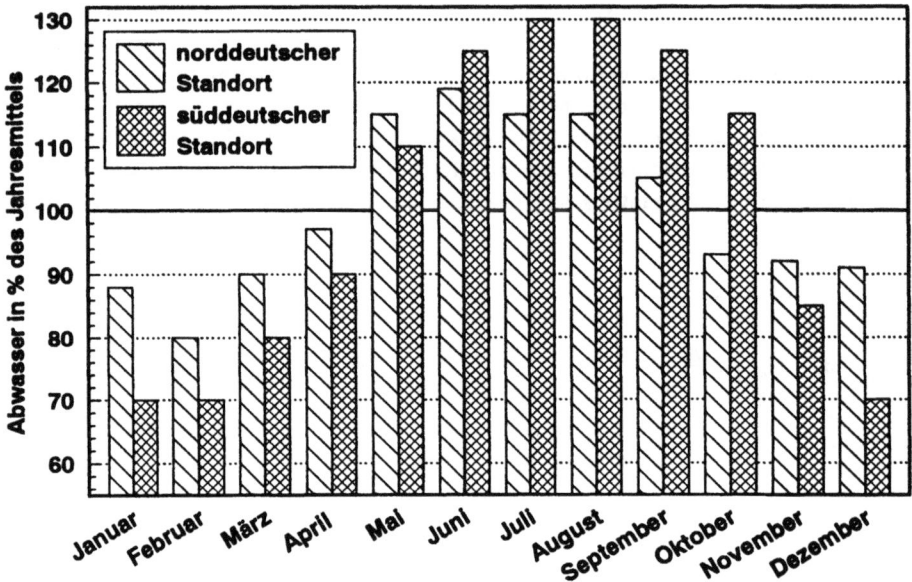

Abb. 9.3 Saisonale Schwankungen des Abwasseraufkommens an einem nord- und einem süddeutschen Standort /9-2/

Dabei muß auch hier - analog der Unterschiede im jahreszeitlichen Verlauf vom mittleren Heizwert und der Menge des Hausmülls - berücksichtigt werden, daß die Schwankungen der Menge des anfallenden Abwassers sich nicht unbedingt in einer entsprechenden Variation des korrespondierenden Energiepotentials niederschlagen. Beispielsweise wird der Abwasseranfall - neben den eher anthropogenen Effekten - sehr von der Höhe des Niederschlags beeinflußt; in Monaten mit viel Niederschlag steigt auch der mittlere Abwasseranfall /9-2/. Dabei erhöht sich aber hauptsächlich das anfallende Wasseraufkommen und weniger die Menge der im Abwasser enthaltenen organischen Stoffe, die für den Klärschlamm bzw. das anfallende Klärgas verantwortlich sind.

Die regionale Verteilung des Abfall- und Abwasseraufkommens in den alten Bundesländern geht aus Tabelle 9.3 hervor; entsprechende Größen für die neuen Bundesländer sind noch nicht verfügbar. Demnach ist Baden-Württemberg durch das höchste öffentliche Abfallaufkommen (ca. 25,9 Mio. t) gekennzeichnet; Nordrhein-Westfalen weist das größte öffentliche Abwasseraufkommen (ca. 2,86 Mrd. m^3) auf.

Tabelle 9.3 Öffentliches Abfallaufkommen und gesamtes Abwasseraufkommen in den alten Bundesländern am Beispiel des Jahres 1987 /9-5, 9-7/

	Abfallaufkommen in 1 000 t	Abwasseraufkommen in Mio. m^3
Baden-Württemberg	25 962	1 738
Bayern	15 490	1 643
Bremen	1 180	68
Berlin (West)	347	109
Hamburg	412	172
Hessen	12 448	885
Niedersachsen	8 863	636
Nordrhein-Westfalen	23 417	2 861
Saarland	873	114
Schleswig-Holstein	4 154	195
Gebietsfläche alte Bundesländer	93 146	8 421

9.2 Technisch nutzbares Aufkommen

Der Abschätzung der Energiepotentiale der sonstigen organischen Reststoffe muß eine Bestimmung des jeweiligen Aufkommens an organischen Stoffen vorausgehen. Ziel dieses Abschnittes ist es daher, zunächst die Mengen an festen organischen Reststoffen sowie das Abwasseraufkommen aus Haushalten, Industrie, Gewerbe sowie öffentlichen und kommunalen Einrichtungen zu bestimmen. Dazu wird jeweils zunächst die methodische Vorgehensweise beschrieben und anschließend die regionale Verteilung dieses Aufkommens dargestellt.

9.2.1 Vorgehensweise zur Potentialbestimmung

Prinzipiell kann unterschieden werden zwischen dem Aufkommen an festen organischen Reststoffen und dem mit organischen Stoffen belasteten Abwasseraufkommen. Organische Reststoffe in fester Form fallen bei den Haushalten, bei der Industrie und im Gewerbe sowie bei den kommunalen und öffentlichen Einrichtungen an. Ausgehend von den verfügbaren statistischen Daten wird für die Haushalts-, die Gewerbe- und Industrieabfälle und die kommunalen Grünabfälle jeweils eine eigene methodische Vorgehensweise entwickelt, mit der die anfallenden Mengen abgeschätzt werden können. Dabei lassen die statistisch erfaßten Daten eine Bestimmung des Abfallaufkommens aus den Haushalten für jeden Kreis zu, während die Analyse des organischen Reststoffaufkommens in den verschiedenen industriellen, gewerblichen und öffentlichen Bereichen jeweils getrennt nach Bundesländern erfolgen muß. Das bei der öffentlichen Abwasserbeseitigung anfallende Abwasser kann dagegen wiederum auf Kreisebene erhoben werden. Die zusätzlich - also außerhalb der öffentlichen Abwasserbeseitigung - in einzelnen Betrieben anfallenden produktionsspezifischen Abwässer, die teilweise organisch hoch belastet sind, werden aufgrund der unzulänglichen Datenbasis nicht näher analysiert.

Feststoffaufkommen. Bei der Analyse des Feststoffaufkommens wird unterschieden zwischen demjenigen der Haushalte, dem der Industrie und des Gewerbes und dem der kommunalen und öffentlichen Einrichtungen.

Haushalte. Zur Bestimmung der organischen Stoffe, die in den Haushalten anfallen, sind Angaben über den einwohnerspezifischen Anfall an organischer Substanz verfügbar /9-13/. Diese spezifischen Größen wurden für insgesamt 77 Stadt- und Landkreise in den alten Bundesländern erhoben. Der Vergleich der einwohnerspezifischen Werte zwischen verschiedenen Kreisen zeigt, daß das organische Abfallaufkommen je Einwohner insbesondere zwischen Stadt- und Landkreisen z. T. erheblich variiert. Dabei liegen die einwohnerspezifischen Werte in den Landkreisen durchweg höher als in den Stadtkreisen; dies ist primär auf den durchweg höheren Anfall an Gartenabfällen in ländlich strukturierten Gegenden zurückzuführen.

Im Rahmen dieser Untersuchung werden für die Kreise, für die spezifische Angaben vorliegen (vgl. /9-13/), jeweils diese Größen der Bestimmung des Aufkommens an organischen Feststoffen zugrunde gelegt. Anschließend werden in den einzelnen Bundesländern die landesmittleren spezifischen Werte - jeweils getrennt für Land- und Stadtkreise - bestimmt. Diese werden dann für die Abschätzung des Feststoffaufkommens der Kreise, für die keine statistisch erfaßten Werte vorliegen, zugrunde gelegt. Damit kann mit Kenntnis der Einwohnerzahlen das gesamte organische Abfallaufkommen der Haushalte in jedem Stadt- und Landkreis in den alten Bundesländern quantifiziert werden.

Für die neuen Bundesländer liegen keine Angaben über den Anfall an organischen Abfällen in den Haushalten vor. Tendenziell dürfte aber gegenwärtig das spezifische Abfallaufkommen in den neuen Ländern niedriger als in den alten Bundesländern sein. Mittelfristig wird sich jedoch im Zuge der Annäherung des Lebensstandards in den alten und neuen Ländern auch der spezifische Reststoffanfall dem der alten Bundesländer angleichen. Aufgrund nicht vorhandener Daten wird deshalb unterstellt, daß das spezifische Aufkommen an organischen Abfällen in den Haushalten der neuen Bundesländer rund 10 % unter dem mittleren spezifischen Aufkommen in den alten Ländern liegt. Zur Berücksichtigung der grundsätzlichen Unterschiede zwischen städtisch und ländlich strukturierten Gebieten in den neuen Bundesländern wird auch hier zwischen Stadt- und Landkreisen unterschieden. Mit der statistisch erfaßten Einwohnerzahl kann damit ebenfalls für die neuen Bundesländer das Aufkommen an organischen Feststoffen in den Haushalten für jeden Kreis näherungsweise abgeschätzt werden.

Industrie und Gewerbe. Im Gegensatz zur Bestimmung des Bioabfallaufkommens aus den Haushalten kann eine Analyse des organischen Reststoffaufkommens aus der Industrie und dem Gewerbe nur für jedes Bundesland durchgeführt werden. Grundlage ist das in den alten Bundesländern in Abständen von mehreren Jahren statistisch erfaßte Abfallaufkommen im produzierenden Gewerbe und in Krankenhäusern /9-6/ aufgeteilt nach 273 Abfallarten und 50 Wirtschaftsbereichen. Davon ist aber ein Großteil für eine energetische Nutzung nicht geeignet. Werden deshalb nur die Abfallgruppen organischer Herkunft bzw. mit relevantem organischen Anteil betrachtet, verbleiben nur noch etwa 85 Abfallarten. Dabei handelt es sich hauptsächlich um die verschiedenen produktionsspezifischen Abfälle in der Nahrungs- und Genußmittelindustrie sowie um das in der Holzindustrie und im Bauhaupt- und Ausbaugewerbe anfallende Rest- und Altholz. Zusätzlich sind noch die Abfallgruppen zu berücksichtigen, die in fast allen Wirtschaftsbereichen anfallen und organische Bestandteile aufweisen.

Dabei handelt es sich z. B. um die mengenmäßig größte Abfallgruppe der hausmüllähnlichen Gewerbeabfälle, um Verpackungsmaterial und Kartonagen oder auch um z. T. organisch hoch belastete Schlämme der betrieblichen Abwasserreinigung.

Um die Abfallmengen in den einzelnen Bundesländern abzuschätzen, wird unterstellt, daß die in den einzelnen Wirtschaftsbereichen anfallenden Reststoffe - getrennt nach Abfallarten - näherungsweise mit der ebenfalls statistisch erfaßten Beschäftigtenanzahl des jeweiligen Wirtschaftsbereichs korreliert. Wird zusätzlich von dem gesamten Aufkommen derjenige Anteil abgezogen, der an weiterverarbeitende Betriebe oder in den Altstoffhandel abgegeben und damit stofflich wiederverwertet wird, kann daraus das prinzipiell für eine energetische Nutzung zur Verfügung stehende organische Reststoffpotential aus Industrie und Gewerbe abgeschätzt werden.

Für die neuen Bundesländer liegen derzeit keine Angaben über die in der Industrie und im Gewerbe anfallenden Abfallmengen vor. Deshalb kann nur eine sehr grobe erste Abschätzung dieses Abfallaufkommens vorgenommen werden. Dazu wird ausgegangen von den in den alten Bundesländern anfallenden und energetisch verwertbaren jährlichen spezifischen Abfallmengen, die zwischen 0,55 und 0,69 t je Beschäftigtem bei einem Mittelwert von rund 0,65 t je Beschäftigtem liegen. Aufgrund der geringen Produktivität und anderer Fertigungsmethoden wird unterstellt, daß das spezifische Aufkommen in den neuen Bundesländern bei ca. 70 % des Aufkommens in den alten Ländern liegt. Mit der Anzahl der Beschäftigten kann damit das zu erwartende energetisch nutzbare Abfallaufkommen näherungsweise abgeschätzt werden. Dabei muß aber beachtet werden, daß die derart ermittelten Zahlenwerte lediglich eine erste grobe Größenordnung des möglichen energetisch nutzbaren gewerblichen und industriellen Reststoffaufkommens darstellen.

Kommunale und öffentliche Einrichtungen. Erhebliche Mengen an organischen Abfällen, die grundsätzlich ebenfalls energetisch verwertet werden können, fallen auch in kommunalen und öffentlichen Einrichtungen an. Dabei handelt es sich z. B. um Abfälle aus öffentlichen Grünanlagen oder Friedhöfen, um Straßenbegleitgrün oder um die im Zuge von landschaftspflegerischen Begleitmaßnahmen anfallenden organischen Stoffe. Werden diese Grünabfälle nicht getrennt erfaßt und nach der Kompostierung in den Naturkreislauf zurückgeführt, belasten sie die kommunalen Abfallentsorgung. Neben der Verrottung bietet sich daher auch eine - zumindest teilweise - Nutzung dieses Aufkommens an organischen Stoffen zur Energiebedarfsdeckung an. Im Rahmen dieser Untersuchung wird dabei unterschieden zwischen

- dem Straßenbegleitgrün,
- den Rückständen aus öffentlichen Grünanlagen und
- den pflanzlichen Abfällen auf Friedhöfen.

Nicht berücksichtigt werden die Reststoffe, die im Rahmen von landschaftspflegerischen Begleitmaßnahmen anfallen. Darunter ist hauptsächlich der Mähgutanfall auf kommunalen Streuwiesen und Pfeifengraswiesen zu verstehen. Der Mähschnitt auf diesen Flächen erfolgt aber derzeit schon größtenteils durch Landwirte, wobei das Mähgut entweder auf der Fläche verbleibt oder als Tierfutter bzw. als Einstreu genutzt wird. Damit ist dieses Reststoffpotential für eine energetische Verwertung im Regelfall nicht verfügbar /9-14/.

Zur Quantifizierung der Mengen des anfallenden Straßenbegleitgrüns kann auf das von den Straßenbauämtern stichprobenweise erfaßte Grünrückstandsaufkommen in Abhängigkeit von der Straßenlänge zurückgegriffen werden /9-14, 9-17/. Die ermittelten Werte variieren zwischen 1 und 4 t/(km a). Dabei ist der durchschnittliche Anfall im wesentlichen abhängig vom Straßentyp. Für Gemeindestraßen kann von einem durchschnittlichen Anfall von rund 1 t/(km a) ausgegangen werden. Bundes-,

Landes- und Kreisstraßen weisen im groben Durchschnitt einen Anfall von ca. 3 t/(km a) auf. Das Biomasseaufkommen an den Bundesautobahnen ist durchschnittlich am höchsten; hier liegt die mittlere Reststoffmenge bei etwa 4 t/(km a). Auf dieser Basis und mit den für die einzelnen Bundesländer vorliegenden Straßenlängen der jeweiligen Straßentypen /9-15, 9-16/ kann näherungsweise das gesamte Aufkommen an Straßenbegleitgrün für jedes Bundesland abgeschätzt werden.

Theoretisch energetisch nutzbare Biomasse fällt auch in öffentlichen Grünanlagen an. Dabei handelt es sich neben Mähgut vor allem um Strauch- und Baumholz in z. T. erheblichen Mengen. Die durchschnittlichen Werte für das flächenspezifische Biomasseaufkommen aus Grünanlagen variiert zwischen 1,8 und 7,0 t/(ha a). Die große Bandbreite erklärt sich vor allem aus den unterschiedlichen Bestandsdichten und den verschiedenen Altersstufen der Baum- und Strauchbestände. Daneben spielt auch das jeweilige Pflegekonzept eine Rolle. Beispielsweise wird das Mähgut teilweise vollständig abgeräumt, manchmal bleibt es auf der Grünfläche liegen und z. T. wird es auch als Mulchmaterial auf Baum-, Strauch- oder Staudenflächen aufgebracht. Ähnliches gilt auch für das Laub- und Gehölzmaterial /9-14/.

Im groben Durchschnitt wird für die Abschätzung des gesamten Biomasseaufkommens aus öffentlichen Grünanlagen von einem mittleren Anfall von 3 t/(ha a) ausgegangen. Dieses Aufkommen bezieht sich auf die jeweilige Fläche der öffentlichen Grünanlagen, die für die einzelnen Bundesländer näherungsweise aus der jeweiligen Erholungsfläche abgeschätzt werden kann /9-11/. Im Durchschnitt handelt es sich bei rund 45 % der vorhandenen Erholungsfläche um öffentliche Grünanlagen. Dieser relative Anteil wurde auf der Basis der statistisch erfaßten Flächen in Bayern bestimmt; er kann in erster Näherung als repräsentativ auch für die anderen Bundesländer angesehen werden. Damit ist der Biomasseanfall aus den öffentlichen Grünanlagen näherungsweise quantifizierbar /9-14/.

Auf Friedhöfen fallen teilweise erhebliche Mengen an Grünabfällen an. Im groben Durchschnitt kann dabei unter Berücksichtigung der bestehenden älteren Friedhofsanlagen von einer Friedhofsfläche von rund 10 m^2 je Grab ausgegangen werden. Auf diesen Flächen fallen Rückstandsmengen zwischen 4,5 und 13,0 t/(ha a) an /9-14/. Die geringsten spezifischen Mengen sind auf den oftmals fast baum- und strauchlosen dörflichen Friedhöfen gegeben, während die baumreichen städtischen Waldfriedhöfe im Regelfall durch einen großen flächenspezifischen Mengenanfall gekennzeichnet sind. Im groben Durchschnitt kann von einem Grüngutanfall von rund 6,5 t/(ha a) ausgegangen werden; das entspricht einem Biomasseaufkommen von ca. 2,7 kg/(EW a). Damit können für jedes Bundesland auch die auf Friedhöfen anfallenden jährlichen Rückstandsmengen abgeschätzt werden.

Abwasseraufkommen. In Kläranlagen mit Schlammfaulung entsteht durch den anaeroben Abbau der im Abwasser enthaltenen organischen Substanzen das sogenannte Klärgas. Zur Abschätzung des diesem Biogas entsprechenden Energiepotentials muß zunächst das Abwasseraufkommen bestimmt werden; das in Kläranlagen mit biologischer Reinigungsstufe im Rahmen der öffentlichen Abwasserbeseitigung anfallende Aufkommen /9-7/ ist für die alten Bundesländer statistisch erfaßt /9-8/. Um daraus das Abwasseraufkommen für jeden Kreis zu bestimmen, wird unterstellt, daß innerhalb der einzelnen Bundesländer das einwohnerspezifische öffentliche und biologisch geklärte Abwasseraufkommen ähnlich ist.

Neben Klärgas fällt als weiteres Restprodukt der Abwasserreinigung Klärschlamm an, der ebenfalls energetisch genutzt werden kann; auch er ist für die alten Bundesländer statistisch erfaßt /9-7/. Wird - analog der Bestimmung des Abwasseraufkommens - unterstellt, daß der einwohnerspezifische Klärschlammanfall innerhalb der einzelnen Bundesländer sich nicht grundsätzlich unterscheidet, kann für jeden Kreis das Aufkommen an Klärschlamm näherungsweise abgeschätzt werden.

Für die neuen Bundesländer sind keine Daten über das Abwasser- und das Klärschlammaufkommen verfügbar. Es kann aber davon ausgegangen werden, daß derzeit das spezifische Abwasseraufkommen in den neuen Bundesländern tendenziell unter dem der alten Länder liegt. Gleichwohl ist aber zu erwarten, daß es sich dem der alten Bundesländer angleichen wird. Deshalb wird unterstellt, daß sich das spezifische Abwasseraufkommen in den neuen Bundesländern im groben Durchschnitt rund 10 % unter dem mittleren spezifischen Aufkommen in den alten Bundesländern bewegt.

Zur Bestimmung des biologisch geklärten Abwasseraufkommens in den neuen Bundesländern - nur dieses kommt derzeit für eine Klärgasgewinnung überhaupt in Frage - muß auch berücksichtigt werden, daß der Anteil des gesamten Abwassers, der in biologischen Klärstufen gereinigt wird, derzeit deutlich niedriger als in den alten Ländern ist. Zwar werden momentan zahlreiche neue Kläranlagen in den neuen Bundesländern geplant und gebaut oder die vorhandenen Anlagen modernisiert, die dann auch über eine biologische Klärstufe verfügen werden. Diese Maßnahmen werden aber erst in mehreren Jahren abgeschlossen sein; in der näheren Zukunft muß deshalb von einem entsprechend verminderten Klärgasanfall ausgegangen werden. Damit liegt auch der entsprechende einwohnerspezifische Klärschlammanfall niedriger. Unter Berücksichtigung dieser zusätzlichen Restriktionen kann auch für die Stadt- und Landkreise der neuen Bundesländer das Abwasser- und das Klärschlammaufkommen, das in Kläranlagen mit biologischer Klärstufe anfällt, zumindest näherungsweise abgeschätzt werden.

9.2.2 Restriktionen einer energetischen Nutzung

Das auf der Basis der dargestellten methodischen Vorgehensweise abschätzbare organische Abfall- bzw. Abwasseraufkommen ist nicht vollständig energetisch nutzbar. Hauptursache ist die direkte Konkurrenz der energetischen Nutzungsmöglichkeiten mit einer Kompostierung der organischen Reststoffe.

Vorteil der energetischen Nutzung - entweder durch eine Verbrennung oder eine Vergärung - ist gegenüber der Kompostierung im wesentlichen der zusätzlich gewonnene Energieträger (Festbrennstoff oder Brenngas). Auch kann durch eine thermische Abfallbehandlung im Vergleich zur Kompostierung eine erhebliche Volumenverminderung der Reststoffe erreicht werden. Nachteilig wirken sich der im Regelfall höhere technische Aufwand und die damit verbundenen höheren Kosten aus. Bei der Kompostierung wird anstatt eines Energieträgers - unter der Bedingung, daß der entstehende Kompost den bestehenden Güteanforderungen genügt - ein u. U. am Markt absatzfähiges Produkt gewonnen.

Infolge dieser konkurrierenden Nutzungsmöglichkeit verringert sich das energetisch nutzbare Aufkommen an organischen Reststoffen deutlich. Weitere Einschränkungen ergeben sich infolge möglicher Verunreinigungen der organischen Substanzen sowie durch die oftmals nicht realisierbare vollständige Sammlung des gesamten Aufkommens einzelner Abfallarten. Dazu werden die im folgenden diskutierten Annahmen getroffen.

Das organische Aufkommen der privaten Haushalte sollte, sofern möglich, vorrangig eigenkompostiert werden. Der verbleibende Rest, der dann noch getrennt gesammelt wird, wird z. T. in kommunalen oder privaten Anlagen kompostiert und teilweise verbrannt. Da die Möglichkeit der Eigenkompostierung in ländlichen Gegenden eher als in städtischen Gebieten gegeben ist, wird ein Eigenkompostierungsanteil von ca. 50 % in Landkreisen und ca. 20 % in Stadtkreisen unterstellt.

Bei den in Industrie und Gewerbe anfallenden organischen Abfällen kommt eine biologische Umsetzung hauptsächlich bei den Reststoffen aus der Nahrungs- und Genußmittelindustrie sowie bei einem Teil der in der Abwasserreinigung anfallenden organischen Schlämme in Frage. Bei den zum überwiegenden Teil aus Holz, Papier und Pappe bestehenden anderen organischen Reststoffen wird eine vorrangige Verbrennung unterstellt. Einzelne Abfallarten sind jedoch produktionsspezifisch z. T. stark verunreinigt und dürfen daher entweder gar nicht oder nur mit erheblichen Zusatzaufwendungen - vorwiegend für Emissionsminderungsmaßnahmen - thermisch genutzt werden. Insbesondere kann das im Bauhaupt- und Ausbaugewerbe anfallende Restholz nicht vollständig gesammelt und damit energetisch verwertet werden. Auch können die verunreinigenden Beimengungen die Brenneigenschaften ungünstig beeinflussen. Beispielsweise wirkt das in einem Teil des Restholzes noch enthaltene Holzschutzmittel teilweise als Ausbrandinhibitor und beeinflußt das Brennverhalten ungünstig /9-3/. Dadurch reduziert sich das energetisch nutzbare Potential in erster Näherung um rund die Hälfte.

Bei den kompostierfähigen Reststoffen aus der Nahrungs- und Genußmittelindustrie wird die Entscheidung zwischen Kompostierung und energetischer Nutzung aufgrund der erheblichen Unterschiede der anfallenden Substanzen hinsichtlich Zusammensetzung, Wasser- und Trockenmassegehalt bzw. Heizwert von Fall zu Fall getroffen. Bei den produktionsspezifischen Abfallarten, bei denen keiner dieser beiden Verwertungsmöglichkeiten eine eindeutige Priorität zuzuordnen ist, wird unterstellt, daß jeweils die Hälfte der Reststoffe kompostiert und energetisch genutzt werden.

Die in den Kommunen anfallenden Grünabfälle sind meist kaum verunreinigt und eignen sich daher aufgrund ihrer Zusammensetzung teilweise sehr gut für eine Kompostierung. Deshalb wird hier nur rund ein Drittel dieses Aufkommens als energetisch nutzbar erachtet.

Das in Kläranlagen mit biologischer Klärstufe anfallende Klärgas wird bereits jetzt zum Großteil energetisch genutzt. Daran dürfte sich auch zukünftig vermutlich nichts ändern.

Der ebenfalls in Kläranlagen anfallende Klärschlamm kann - außer durch eine energetische Verwertung - auch als Bodenverbesserer und Düngemittel eingesetzt werden. Derzeit werden deshalb 25 bis 30 % des jährlich anfallenden Klärschlamms landwirtschaftlich verwertet und lediglich rund 10 % verbrannt. Da die Akzeptanz der Landwirte für Klärschlamm relativ gering ist und weitere, mit dem Klärschlamm konkurrierende Sekundärrohstoffe zukünftig auf den Markt drängen, wird hier davon ausgegangen, daß rund die Hälfte des anfallenden Klärschlamms verbrannt wird. Der Rest wird entweder land- und forstwirtschaftlich genutzt oder deponiert.

9.2.3 Energetisch nutzbares Reststoffaufkommen

Mit der beschriebenen methodischen Vorgehensweise (vgl. Kap. 9.2.1) und den dargestellten Restriktionen (vgl. Kap. 9.2.2) kann das Aufkommen der hier betrachteten festen organischen Abfälle und der Abwässer aus den Bereichen Haushalte, Industrie, Gewerbe sowie öffentliche und kommunale Einrichtungen quantifiziert werden. Abb. 9.4 zeigt das energetisch nutzbare Feststoffaufkommen in den einzelnen Bundesländern und in der Bundesrepublik Deutschland. Das Aufkommen in den Stadtstaaten ist aus Übersichtlichkeitsgründen nicht dargestellt, in den Summenwerten für die Bundesrepublik Deutschland aber enthalten.

Demnach ist in Deutschland ein organisches Feststoffaufkommen aus den hier betrachteten Bereichen von rund 8,1 Mio. t/a gegeben. Davon liefern die Haushalte mit ca. 4 Mio. t/a den größten Anteil. Aus industriellen und gewerblichen Produktionsprozessen wäre ein energetisch nutzbares

9.2 Technisch nutzbares Aufkommen   275

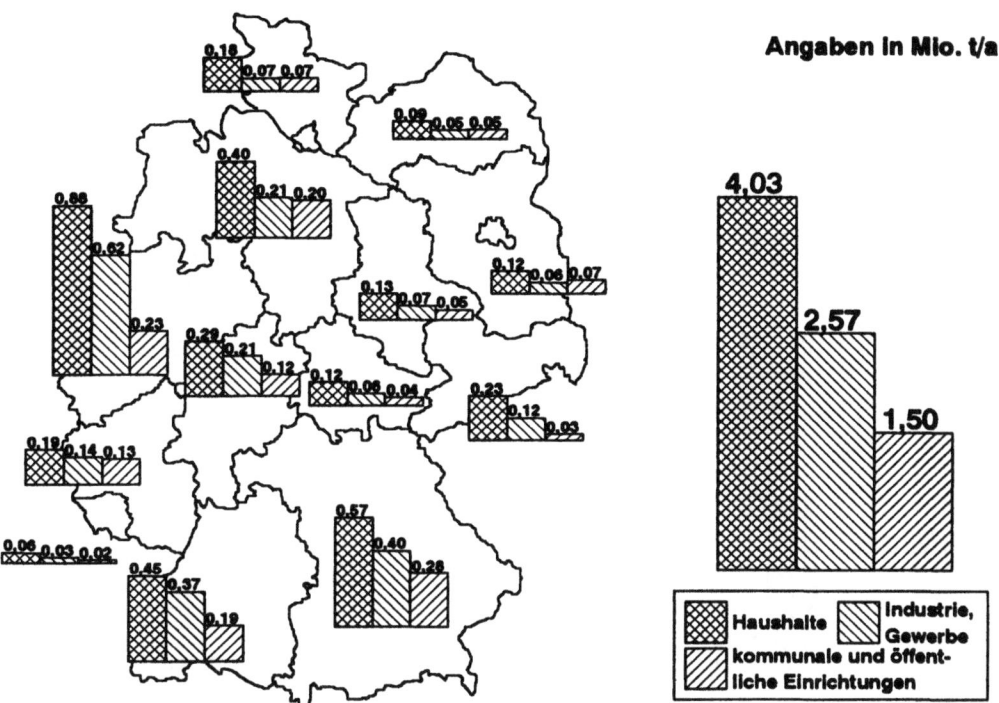

Abb. 9.4 Energetisch nutzbares Aufkommen an organischen Abfallstoffen in einzelnen Bundesländern und in der Bundesrepublik Deutschland

Reststoffaufkommen von ca. 2,6 Mio. t/a verfügbar. Am geringsten ist das energetisch nutzbare Aufkommen an Grünabfällen aus den öffentlichen und kommunalen Einrichtungen mit etwa 1,5 Mio. t/a. Bezogen auf die einzelnen Bundesländer ist der energetisch nutzbare absolute Anfall an festen organischen Reststoffen in Nordrhein-Westfalen mit Abstand am höchsten. Dies gilt für die Bioabfälle aus den Haushalten (ca. 0,88 Mio. t/a), das energetisch nutzbare Aufkommen an organischen Stoffen aus der Industrie und dem Gewerbe (ca. 0,62 Mio. t/a) und für die öffentlichen und kommunalen Grünrückstände (ca. 0,23 Mio. t/a).

Abb. 9.5 zeigt das für das bei der öffentlichen Abwasserbeseitigung entstehende Klärgas relevante Abwasseraufkommen. Das Klärschlammaufkommen - als ein weiteres energetisch nutzbares Produkt aus der Abwasserreinigung - ist ebenfalls dargestellt. Das Potential der Stadtstaaten ist nicht gezeigt, in den für die Bundesrepublik Deutschland ausgewiesenen Summenwerten aber enthalten. Demnach fällt in Deutschland ein Abwasseraufkommen, dessen organische Fracht energetisch genutzt werden kann, von rund 8,6 Mrd. m³/a an. Das gesamte energetisch nutzbare Klärschlammaufkommen - als Trockensubstanz (TS) - beträgt etwa 1,5 Mio. t TS/a. Von allen Bundesländern ist das Abwasser- und das Klärschlammaufkommen in Nordrhein-Westfalen am größten.

276   9 Sonstige organische Reststoffe

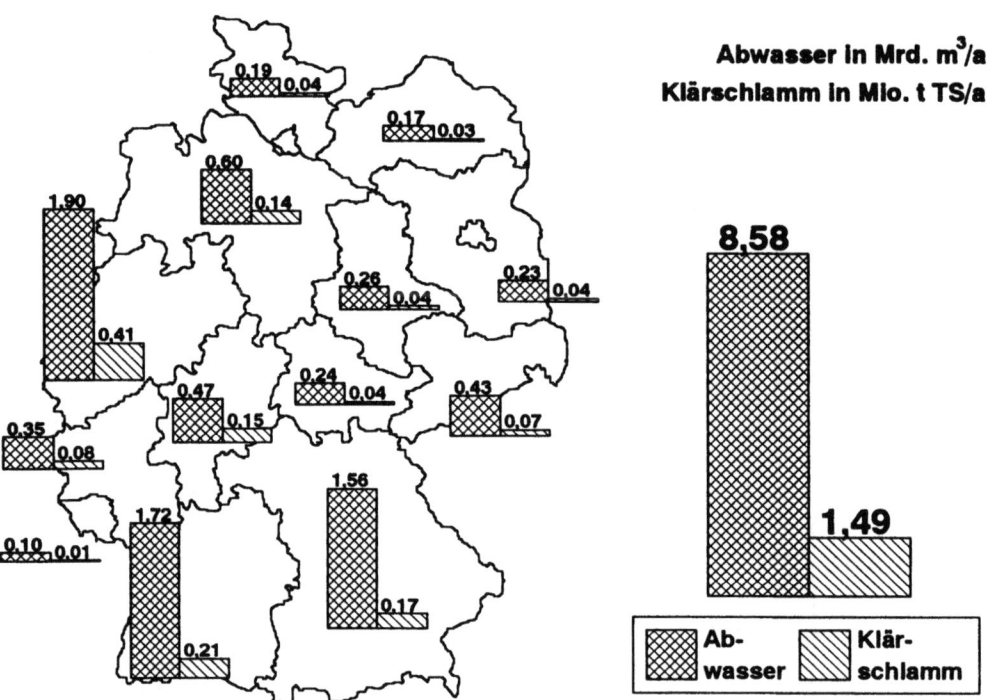

Abb. 9.5 Energetisch nutzbares Abwasser- und Klärschlammaufkommen in der öffentlichen Abwasserbeseitigung in einzelnen Bundesländern und in der Bundesrepublik Deutschland

9.3   Bestimmung der Energiepotentiale

Ausgehend von dem technisch nutzbaren Reststoffaufkommen können die resultierenden Energiepotentiale abgeschätzt werden. Diese Potentiale sind dabei abhängig vom betrachteten Aufkommen (fest, flüssig) sowie von den jeweils erzeugten Energieträgern (Festbrennstoff oder Brenngas). Daher werden zunächst die in Frage kommenden Umwandlungsmöglichkeiten dargestellt, soweit sie für die Bestimmung des Energiepotentials von Bedeutung sind. Anschließend wird die methodische Vorgehensweise zur Potentialbestimmung diskutiert und die daraus resultierenden technisch nutzbaren Energiepotentiale der betrachteten Reststoffe aufgezeigt.

9.3.1   Technische Nutzungsmöglichkeiten

Wird aus den untersuchten organischen Reststoffen ein Festbrennstoff gewonnen, ist vor der thermischen Nutzung kein weiterer Umwandlungsschritt notwendig. Im Regelfall können die organischen

Stoffe direkt oder nach einer einfachen mechanischen Aufbereitung als Energieträger eingesetzt werden.

Wird dagegen ein Brenngas erzeugt, müssen die organischen Stoffe anaerob behandelt werden. Obwohl es sich dabei immer um eine anaerobe Fermentation (vgl. Kap. 8.1) handelt, gibt es - abhängig von den jeweiligen Randbedingungen - doch wesentliche Unterschiede bei der technischen Umsetzung. Daher werden im folgenden die wesentlichen Kennzeichen der Techniken einer Klärgas- und einer Deponiegaserzeugung sowie einer anaeroben Vergärung organischer Bioabfälle kurz dargestellt.

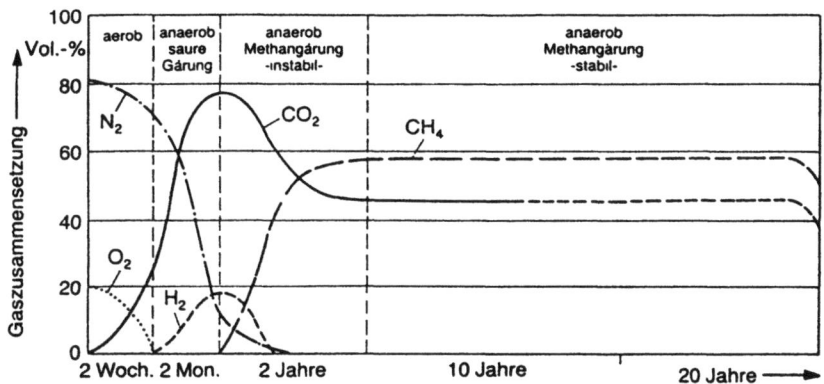

Abb. 9.6 Deponiegaszusammensetzung während des Abbaus von Hausmüll /9-35/

Deponiegas. Nach der Ablagerung von Abfällen auf der Deponie entsteht nach einer gewissen Anlaufphase als Folge von anaeroben Abbauprozessen Biogas, das heute zunehmend energetisch genutzt wird. Abb. 9.6 zeigt die durchschnittliche, sich im Laufe der Zeit verändernde Gaszusammensetzung /9-35/. Demnach kommt das entstehende Deponiegas erst nach einem gewissen Zeitraum von ein bis zwei Jahren in eine stabile Phase. Dabei nimmt das Methan im Mittel einen Anteil von ca. 54 % (Schwankungsbereich zwischen 45 und 70 % /9-18/), das Kohlendioxid von ca. 44 % und der Schwefelwasserstoff von weniger als 3 % ein. Aus einem mittleren Methangehalt von rund 54 % ergibt sich ein Heizwert des Deponiegases von etwa 17 MJ/m^3 (Schwankungsbereich von 16 bis 21 MJ/m^3).

Die anaeroben Prozesse in der Deponie laufen ungesteuert ab. Ohne eine Erfassung entweicht das entstehende Gas in die Atmosphäre oder in das Erdreich. Schäden an nahegelegener Vegetation und Belästigungen durch Gerüche in benachbarten Siedlungen sind die Folgen. Daher werden inzwischen Gaserfassungsanlagen auf Deponien zwingend vorgeschrieben /9-20/. Abb. 9.7 zeigt eine schematische Darstellung der Deponiegaserfassung, -weiterbehandlung und -nutzung /9-35/. Zur Gaserfassung werden Drainagerohre, Gasbrunnen und Gassonden benötigt. Nach einer Trocknung und Filtration wird das Gas verdichtet; das jeweils kondensierte Wasser wird abgeschieden. Nach einer Reinigung kann das Biogas energetisch genutzt werden.

Die in einer Deponie zu erwartende Gasmenge ist im wesentlichen abhängig vom Milieu, dem Substratangebot, der Microbiozönose und den chemisch-physikalischen Bedingungen. Überschlagsmäßig kann die Gasproduktion pro Tonne Abfall in Abhängigkeit von der Zeit für einen bestimmten Betrachtungszeitraum nach Gleichung (9.1) abgeschätzt werden /9-19/.

278   9 Sonstige organische Reststoffe

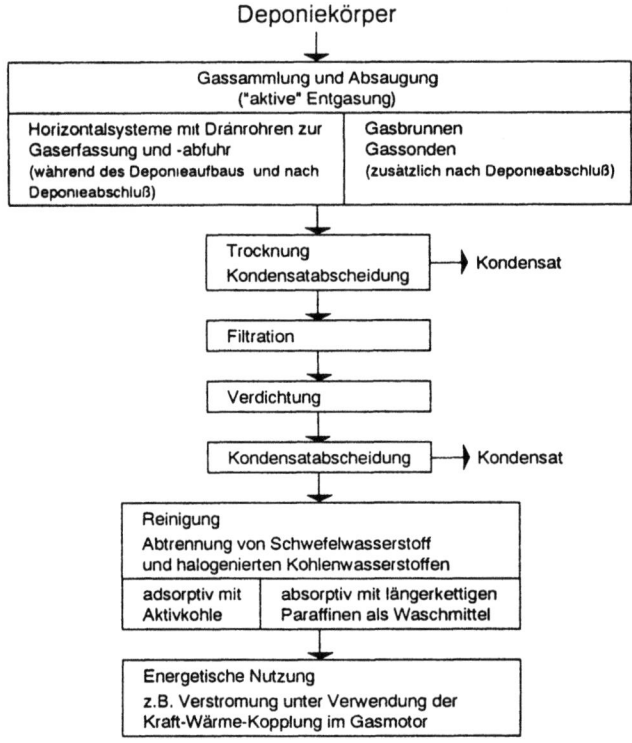

Abb. 9.7 Deponiegaserfassung, -weiterbehandlung und -nutzung /9-35/

$$G_t = G_e (1 - e^{-0,07\,t})\qquad(9.1)$$

mit G_t bis zum Zeitpunkt t produzierte Gasmenge
     G_e unter optimalen Bedingungen maximal produzierbare Gasmenge
     t Zeit in Jahren

Die unter optimalen Bedingungen maximal produzierbare Gasmenge berechnet sich aus der gesamten abbaubaren Kohlenstoffmenge im Abfall und der durchschnittlichen Deponietemperatur. Die Werte variieren im Bereich von 120 bis 220 m³ Gas je Tonne Abfall.

Von diesem gesamten entstehenden Gas kann nur ein Teil von der Gaserfassungsanlage gesammelt und abgeleitet werden. Dieser Anteil hängt u. a. ab von der Effektivität des Entgasungs- bzw. Erfassungssystems, von der Betriebsweise der Deponie und der Dicke und Durchlässigkeit der Abdeckschicht. Erfassungsgrade zwischen 20 und 50 % erscheinen beim derzeitigen Stand der Technik der Deponiegasanlagen realistisch /9-18/. Wird zusätzlich berücksichtigt, daß nicht jede Deponie über eine Deponiegaserfassungsanlage verfügt, kann für die Bundesrepublik Deutschland von einem gesamten durchschnittlichen Erfassungsgrad von rund 25 % ausgegangen werden.

Anaerober Abbau organischer Stoffe. Für die Behandlung organischer Reststoffe bieten sich entweder aerobe (Kompostierung) oder anaerobe Verfahren (Vergärung) mit dem Ziel der Erzeugung eines weiterverwertbaren Produktes an /9-24/. Die Vergärung ist dabei gegenüber der Kompostierung durch die folgenden Vor- und Nachteile gekennzeichnet.
- Der Energieanteil, der bei der ausschließlichen Kompostierung in Form von Wärme an die Umgebung abgegeben wird und damit verloren geht, fällt bei der anaeroben Fermentation als speicherbare Energie (Biogas) an /9-23/.
- Geruchsemissionen, wie sie bei der ersten Kompostierungsphase auftreten, können weitestgehend vermieden werden, da durch die Vergärung die niedermolekularen geruchsintensiven Stoffe bereits im Faulbehälter unter Luftabschluß umgesetzt werden /9-23/.
- Der Platzbedarf der Vergärungsanlagen ist deutlich geringer als derjenige von Kompostierungsanlagen /9-23/.
- Nachteilig wirkt sich demgegenüber der höhere technische Aufwand der Vergärungsanlagen im Vergleich zur Kompostierung aus.

Unter welchen Umständen jeweils eine Kompostierung oder eine Vergärung der Abfälle vorzuziehen ist, hängt vor allem von der Zusammensetzung der Reststoffe ab. Dabei spielen insbesondere der Wassergehalt, der Zellulose- sowie Ligningehalt der organischen Reststoffe eine wichtige Rolle /9-1/.

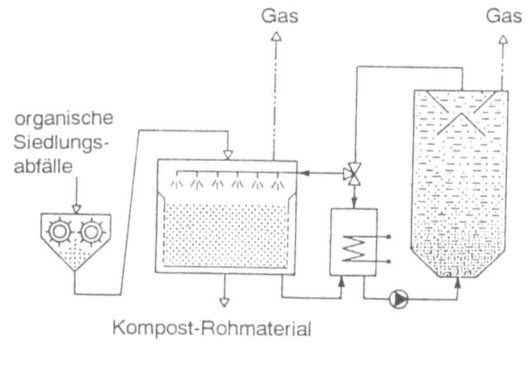

Abb. 9.8 Grundfließbild einer Anlage mit zweistufiger Vergärung /9-22/

Für die Verfahrenstechnik der Vergärung (vgl. auch Kap. 8.3) von festen organischen Abfällen aus Haushalten, Industrie, Gewerbe oder kommunalen und öffentlichen Einrichtungen wurden in der Vergangenheit verschiedene technische Konzepte entwickelt, die grundsätzlich aus den Phasen
- Konditionierung der Reststoffe (Sortierung, Zerkleinerung, Mischung etc.),
- Vergärung (einstufig oder mehrstufig) und
- Nachbehandlung des vergorenen Substrats (Entwässern, Kompostieren, Klären etc.)

bestehen /9-24/. Beispielhaft zeigt Abb. 9.8 das Grundfließbild einer zweistufigen anaeroben Behandlung. Die organischen Abfälle werden zunächst zerkleinert und gelangen anschließend in die Hydrolysestufe, in der Gase, Kompost- und Rohmaterial und ein organisch belastetes Abwasser entsteht, welches der Methanstufe zugeführt wird. Dort werden insbesondere die leicht flüchtigen Fettsäuren zu Methan und Kohlendioxid abgebaut. Das von den Säuren gereinigte Wasser wird zum überwiegenden Teil wieder in den Hydrolysereaktor zurückgeführt; es besteht also ein geschlossener, kontinuierlicher Wasserkreislauf /9-22/.

Tabelle 9.4 Technische Daten verschiedener anaerober Abfallbehandlungsverfahren /9-24/

	Vorbehandlung	Verfahren		Gasproduktion	Dauer
		Stufe 1	Stufe 2	in m^3/t	in d
Dranco	Zerkleinern	Fermentation	Nachfermentation	140 - 200	16 - 21
Valorga	Zerkleinern	Fermentation		100 - 140	14
Rottweil	Sortieren, Zerkleinern, Anmaische	Fermentation		112	12 - 15
AN-Bremen	Zerkleinern, Trennen	Hydrolyse	Flüssigphase Fermentation	90 - 150	5 - 10
BTA-München	Pulper, Laugung	Hydrolyse	Flüssigphase Fermentation	144	2 - 4

Tabelle 9.4 zeigt die derzeit hauptsächlich eingesetzten Verfahren. Demnach ist die Gasproduktion abhängig vom Anlagentyp und variiert bei den dargestellten Verfahren zwischen 90 und 200 m^3/t organischer Trockensubstanz. Neben der Verfahrenstechnik hängen die Gaserträge aber vor allem von den jeweiligen Ausgangsstoffen ab. Tabelle 9.5 zeigt deshalb die Durchschnittsgaserträge für unterschiedliche Substrate. Das Gasaufkommen variiert zwischen 0,40 und 0,65 m^3/kg organischer Substanz. Der Methangehalt des erzeugten Biogases liegt im Durchschnitt zwischen 50 und 70 %; damit schwankt der Heizwert zwischen 16 und 23 MJ/m^3.

Klärgas. In den Kläranlagen ensteht bei der Vergärung des Klärschlamms im Faulturm ein Faulgas, das ebenfalls energetisch genutzt werden kann. Im Gegensatz zur Deponiegasbildung läuft der Prozeß der Klärgasbildung gesteuert ab mit dem Ziel, den Faulschlamm zu stabilisieren.

Das im Faulturm entstehende Klärgas weist im Durchschnitt einen Methangehalt von 62 bis 68 % auf /9-9/. Daraus ergibt sich für den Heizwert ein Schwankungsbereich von 20 bis 23 MJ/m^3. Die produzierbare Faulgasmenge hängt dabei wesentlich vom Gehalt an organischer Substanz im Faulschlamm ab. Meist kann jedoch davon ausgegangen werden, daß rund zwei Drittel des Feststoffgehalts aus organischen Substanzen besteht. Die daraus produzierbare Faulgasmenge liegt bei 0,4 bis 0,5 m^3/kg organischer Trockensubstanz /9-21/.

Die Faulgasmenge hängt aber auch von der Faulturmtechnik ab. Aus energiewirtschaftlicher Sicht am günstigten sind dabei die Verfahren der mechanisch-biologischen Abwasserreinigung mit Tropfkörpern sowie das Belebtschlammverfahren mit Druckbelüftung jeweils in Verbindung mit der Schlammfaulung. Letztere weisen im Durchschnitt einen geringfügig höheren spezifischen Faulgasanfall je Tonne Faulschlamm auf /9-21/.

Das gewonnene Klärgas wird meist in der Kläranlage selbst zur Beheizung der Faulbehälter und der Betriebsgebäude sowie zur Stromerzeugung genutzt. Da die Beheizung der Faulturms Grundvoraussetzung für die Erzeugung der Klärgases ist, muß die dazu notwendige Prozeßenergie bei der Berechnung der korrespondierenden Energiepotentiale berücksichtigt werden.

Tabelle 9.5 Spezifische Gaserträge bei der Vergärung unterschiedlicher Abfallarten /9-22/

	Gasertrag in m^3/kg OS
Organische Haushaltsabfälle	0,45
Biogene Industrieabfälle	
- Gemüseproduktion und -verwertung	0,50
- Bierbrauereien	0,55
- Obstproduktion und -verwertung	0,15
- Schlachthofabfälle	0,50
- Fleischverarbeitung	0,60
- Milchverarbeitung	0,40
- Getreidemühlen	0,65
- Zuckerindustrie	0,60
- Kaffeeverarbeitung	0,40
- Suppen- und Gewürzproduktion	0,60
- Leder, Tabak etc.	0,45
Abfälle aus der Landschaftspflege	0,45

9.3.2 Methodische Vorgehensweise

Ausgehend von den diskutierten physikalisch-technischen Randbedingungen wird im folgenden je eine Vorgehensweise zur Bestimmung der technischen Energiepotentiale von Gasen und Festbrennstoffen dargestellt. Bei der Deponiegaserzeugung handelt es sich dabei um ein zeitabhängiges Energiepotential, da das in den folgenden Jahren und Jahrzehnten entstehende Deponiegas zum großen Teil aus bereits in der Vergangenheit deponierten organischen Reststoffen entsteht. Zusätzlich ist zu berücksichtigen, daß der zu deponierende Restmüllanteil in Zukunft aufgrund der knappen Deponiekapazität drastisch zurückgehen wird. Daher wird auf dieses Energiepotential gesondert eingegangen.

Gas- und Brennstoffenergiepotentiale. Das organische Reststoffaufkommen aus den Haushalten, aus der Industrie, dem Gewerbe sowie den öffentlichen und kommunalen Einrichtungen kann entweder deponiert, kompostiert, verbrannt oder vergoren werden. Welche Art der Abfallbehandlung zu wählen ist, hängt u. a. davon ab, ob der Reststoff bereits getrennt vorliegt oder nicht, wie hoch der Aufwand zum Trennen oder getrennten Sammeln ist und wie die Zusammensetzung der organischen Substanz ist; außerdem müssen dabei die einschlägigen gesetzlichen Rahmenbedingungen beachtet werden. Da es sich bei den in Kap. 9.2 bestimmten Reststoffmengen bereits um das um die nicht energetisch nutzbaren Anteile verminderte Aufkommen handelt, muß im folgenden nur der jeweilige energetische Nutzungspfad - d. h. Vergärung oder Verbrennung - festgelegt werden. Anschließend können mit den spezifischen Energieinhalten bzw. mit den spezifischen Gaserträgen und den entsprechenden Heizwerten die resultierenden technischen Energiepotentiale bestimmt werden.

Werden die Bioabfälle aus den Haushalten getrennt gesammelt, kann bei dem energetisch nutzbaren Anteil eine anaerobe Vergärung unterstellt werden. Mit einem mittleren organischen Trockensubstanzanteil von rund 25 % /9-22/, einem durchschnittlichen Gasertrag der organischen Abfallfraktion von rund 0,45 m³/kg$_{OS}$ (vgl. Tabelle 9.5) und einem spezifischen Heizwert dieses produzierbaren Biogases von ca. 23,5 MJ/m³ (Methananteil ca. 65 % /9-22/) kann für jeden Kreis das korrespondierende Energiepotential abgeschätzt werden.

Bei dem energetisch nutzbaren Feststoffaufkommen aus der Industrie und dem Gewerbe ist entweder eine Verbrennung oder eine anaerobe Behandlung möglich. Dabei dürften die holzartigen Reststoffe (z. B. Bau- oder Abbruchholz, Sägemehl, Verpackungen aus Holz) primär verbrannt werden. Bei einem Großteil der in der Nahrungs- und Genußmittelindustrie anfallenden produktionsspezifischen Abfälle (z. B. Kartoffelschalen, Gemüse- und Obstteile, Treber, Trester, Schlachthofabfälle) kann unterstellt werden, daß sie - sofern sie energetisch nutzbar sind - hauptsächlich vergoren werden. Bei den hausmüllähnlichen Abfällen der Industrie und des Gewerbes wird eine vorrangige Verbrennung unterstellt. Bei den restlichen energetisch nutzbaren Abfallarten wird nach übergeordneten Kriterien entschieden, ob eine Vergärung oder eine Verbrennung vorzuziehen ist. Zur Quantifizierung der entsprechenden Energiepotentiale werden die zu verbrennenden Abfälle mit ihrem jeweiligen Heizwert energetisch bewertet. Bei den vergärbaren Substanzen ergibt sich das Energiepotential aus den durchschnittlichen Gaserträgen, den mittleren Methananteilen und den zugehörigen Heizwerten des Biogases, das aus den einzelnen Abfallarten entsteht.

Für die in kommunalen und öffentlichen Einrichtungen anfallenden Grünabfälle, die nicht kompostiert werden, wird unterstellt, daß sie je zur Hälfte verbrannt und anaerob fermentiert werden. Bei einer Verbrennung kann beim Straßenbegleitgrün von einem mittleren Heizwert von etwa 6,6 MJ/kg ausgegangen werden; Friedhofsgrün ist im Durchschnitt durch einen Heizwert von rund 7,7 MJ/kg und Grünabfälle aus den öffentlichen und kommunalen Grünanlagen von etwa 6,3 MJ/kg charakterisiert (vgl. /9-14/). Bei der Vergärung dieser Grünabfälle kann von einem durchschnittlichen organischen Trockensubstanzgehalt (OTS) zwischen 25 und 30 %, einem Gasanfall von etwa 0,45 m³/kg$_{OTS}$ (vgl. Tabelle 9.5) und einem Methangehalt des produzierbaren Biogases von ca. 55 % ausgegangen werden; das entspricht einem Heizwert von rund 18 MJ/m³.

Das Energiepotential des energetisch nutzbaren Klärgases ergibt sich aus dem gesamten Abwasseraufkommen, der darin enthaltenen organischen Substanz (OS) (ca. 0,49 kg/m³ /9-2/) und dem spezifischen Gasenergieertrag (ca. 0,29 m³/t$_{OS}$ /9-9/). Bei einem mittleren Methananteil im Klärgas zwischen 62 und 68 % liegt der durchschnittliche Heizwert bei 21 bis 23 MJ/m³.

Der darüber hinaus in den Kläranlagen entstehende ausgefaulte Schlamm, der nicht in der Land- und Forstwirtschaft genutzt oder deponiert wird, kann thermisch verwertet werden; der Heizwert liegt dabei zwischen 20 und 25 MJ/kg$_{OS}$ /9-36/. Da es sich im Regelfall aber um eine teilweise stark verunreinigte Substanz handelt, ist der energetische Aufwand für die notwendigen Emissionsminderungsmaßnahmen zur Einhaltung der einschlägigen Vorschriften relativ hoch; er liegt bei rund einem Viertel der bei der Verbrennung frei werdenden Energie.

Deponiegasenergiepotentiale. Das sich in den nächsten Jahren und Jahrzehnten auf den Deponien bildende Deponiegas entsteht zum Großteil durch die anaerobe Zersetzung der bereits in der Vergangenheit abgelagerten Abfallmengen. Gleichzeitig wird der zu deponierende Abfallanteil in Zukunft deutlich zurückgehen. Zudem wird sich die Zusammensetzung des zukünftig noch zu deponierenden Abfalls wesentlich aufgrund der entsprechenden Gesetze (TA Siedlungsabfall) verändern. Insbesondere organische Abfälle werden in Zukunft nur noch in sehr geringem Maße deponiert.

Zur Bestimmung des Deponiegasaufkommens wird deshalb ausgegangen von dem derzeitigen Deponiebestand. Zur Abschätzung des abgelagerten Abfallvolumens, das für eine Deponiegaserzeugung zur Verfügung steht, wird das jährlich statistisch erfaßte Abfallaufkommen aus den Haushalten sowie das hausmüllähnliche Abfallaufkommen aus der Industrie und dem Gewerbe in den letzten 20 Jahren zugrunde gelegt. Für den zukünftig zu deponierenden Abfall wird unterstellt, daß sich dieses Abfallaufkommen innerhalb der nächsten zehn Jahre jährlich um rund ein Zehntel bezogen auf die Abfallmenge des Jahres 1991 reduziert. Damit kann mit Gleichung (9.1) für jedes Jahr das gesamte Deponiegasaufkommen abgeschätzt werden. Dabei wird von einer maximal produzierbaren Gasmenge von ca. 217 m³/t Abfall ausgegangen /9-9/. Unter Berücksichtigung der derzeitigen Gaserfassungstechnik und der Tatsache, daß insbesondere bei älteren Deponien eine Gaserfassung technisch nicht mehr möglich ist, wird ein Erfassungsgrad von rund 25 % zugrunde gelegt. Wird ein mittlerer Methangehalt von 55 % /9-10/ und ein Heizwert von ca. 18,5 MJ/m³ unterstellt, kann das resultierende Energiepotential abgeschätzt werden (vgl. Abb. 9.9).

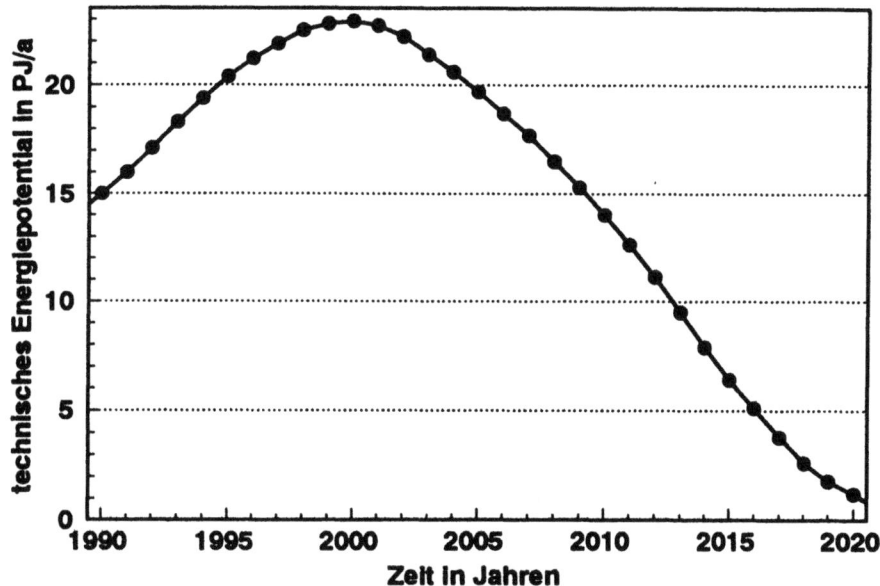

Abb. 9.9 Zeitlicher Verlauf des technisch nutzbaren Energiepotentials einer Deponiegaserzeugung (Gebiet der alten Bundesländer)

Demnach steigt unter den getroffenen Rahmenannahmen das Energiepotential von derzeit rund 16 PJ/a bis zur Jahrtausendwende auf etwa 23 PJ/a. Anschließend geht es aufgrund der in Zukunft nur noch zulässigen Ablagerung von nahezu inertem Restmüll und von Verbrennungsschlacken zurück und dürfte im Jahr 2020 auf einem Niveau von rund 2 PJ/a liegen.

Aufgrund fehlender Daten konnten die Möglichkeiten einer Deponiegaserzeugung in den neuen Bundesländern nicht berücksichtigt werden.

284   9 Sonstige organische Reststoffe

9.3.3 Technische Energiepotentiale

Mit der beschriebenen methodischen Vorgehensweise können die technischen Energiepotentiale der betrachteten organischen Reststoffe abgeschätzt werden. Dabei wird - entsprechend der bisherigen Vorgehensweise - zwischen dem Energiepotential des bei anaeroben Prozessen entstehenden methanhaltigen Gases - also Klärgas, Deponiegas und sonstiges Biogas - und dem als Brennstoff verfügbaren Energiepotential unterschieden. Abb. 9.10 zeigt die ermittelten Gasenergiepotentiale und Abb. 9.11 entsprechend die Potentiale des Energieaufkommens der technisch gewinnbaren Festbrennstoffe für einzelne Bundesländer und die Bundesrepublik Deutschland. Die Potentiale der Stadtstaaten sind nicht dargestellt, in den für die Bundesrepublik Deutschland ausgewiesenen Summenwerten aber enthalten.

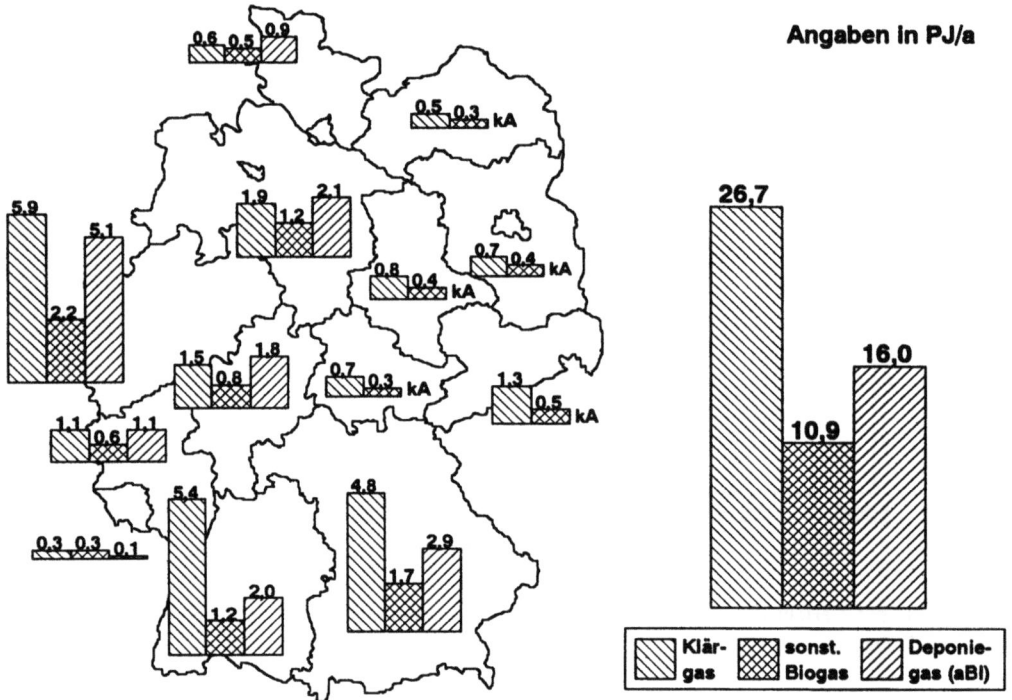

Abb. 9.10 Technisch nutzbares Energiepotential des Klär-, Deponie- und sonstigen Biogases (kA - keine Angaben, aBl - alte Bundesländer)

Bei den in Abb. 9.10 gezeigten Gasenergiepotentialen wurden die Potentiale einer möglichen Biogaserzeugung aus den Bioabfällen der Haushalte, den kommunalen und öffentlichen Grünabfällen und den Industriereststoffen zusammengefaßt und als sonstiges Biogas bezeichnet. Demnach ist unter den getroffenen Rahmenannahmen in der Bundesrepublik Deutschland ein technisch nutzbares Gasenergiepotential von ca. 53,6 PJ/a gegeben. Davon resultiert die Hälfte aus dem Klärgas (ca. 26,7 PJ/a), rund 30 % aus dem technisch nutzbaren Deponiegas (ca. 16,0 PJ/a) und rund 20 % aus dem sonstigen Biogas (ca. 10,9 PJ/a); davon stammen etwa 70 % aus einer Vergärung des Bioabfalls der Haushalte, ca.

20 % aus dem kommunalen Grüngut und der Rest aus Industrieabfällen. Von allen Bundesländern weist Nordrhein-Westfalen das absolut größte Potential auf (ca. 13,2 PJ/a), gefolgt von Bayern (ca. 9,4 PJ/a) und Baden-Württemberg (ca. 8,6 PJ/a).

Bei dem Energiepotential der Deponiegasnutzung ist zu berücksichtigen, daß aufgrund mangelnder Daten für die neuen Bundesländer keine Angaben gemacht werden können. Das tatsächliche Deponiegaspotential dürfte daher insgesamt in der Bundesrepublik Deutschland geringfügig über der in Abb. 9.10 dargestellten Größenordnung liegen. Auch handelt es sich bei dem Deponiegaspotential um eine sehr zeitabhängige Größe (vgl. Abb. 9.9); Abb. 9.10 zeigt deshalb die Potentiale für das Jahr 1991.

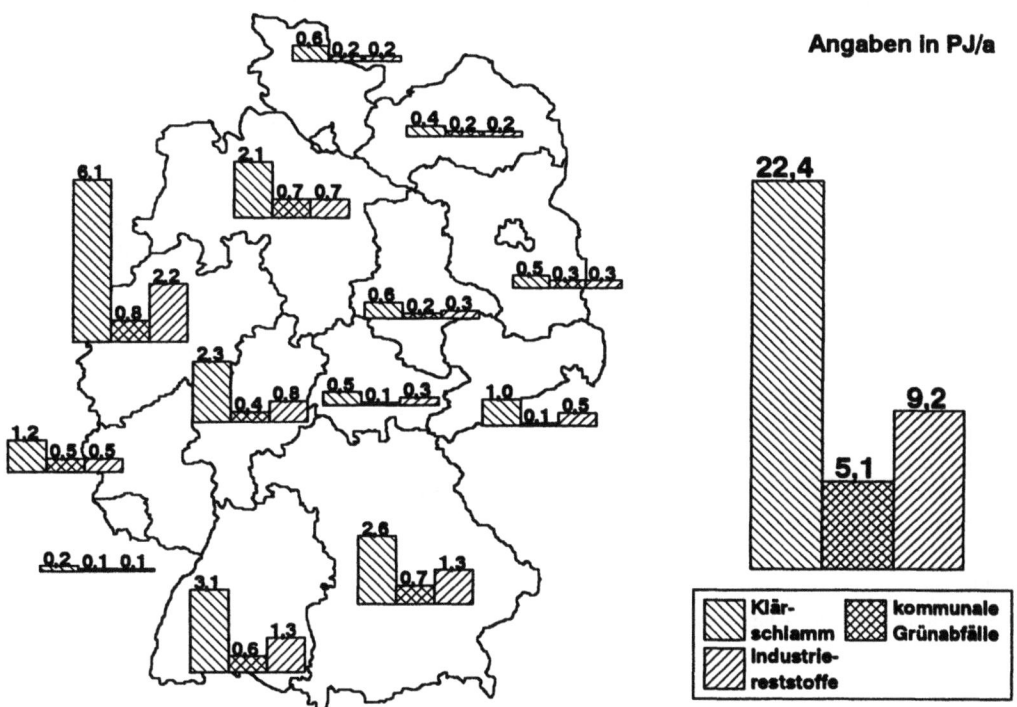

Abb. 9.11 Technisch nutzbare Energiepotentiale der nicht kompostierten und nicht anaerob vergorenen organischen Reststoffe in einzelnen Bundesländern und in der Bundesrepublik Deutschland

In Abb. 9.11 sind die Brennstoffenergiepotentiale der einzelnen Bundesländer und der Bundesrepublik Deutschland dargestellt, die sich bei einer möglichen Verbrennung des energetisch nutzbaren Klärschlammes sowie der nicht kompostierten und nicht einer anaeroben Umsetzung unterworfenen kommunalen Grünabfälle und Industriereststoffe ergeben. Insgesamt ist in Deutschland demnach ein Brennstoffpotential von ca. 36,7 PJ/a gegeben. Davon entfällt ca. 22,4 PJ/a auf den Klärschlamm, rund 5,1 PJ/a auf die kommunalen Grünabfälle und rund 9,2 PJ/a auf die Industriereststoffe. Auch hier zeichnet sich Nordrhein-Westfalen durch die größten Potentiale aus (ca. 9,1 PJ/a).

Werden die in den Abb. 9.10 und 9.11 dargestellten Energiepotentiale zusammengefaßt, ergibt sich ein gesamtes Energiepotential von rund 90,3 PJ/a. Dies entspricht einem Anteil von knapp 0,9 % am

286   9 Sonstige organische Reststoffe

gesamten Endenergieverbrauch in der Bundesrepublik Deutschland im Jahr 1991 (vgl. Kap. 1.4.1 bzw. Tabelle 1.3).

9.3.4 Derzeitige Nutzung

Organische Reststoffe werden bereits heute in einem nicht zu vernachlässigendem Umfang energetisch genutzt. Dabei handelt es sich im wesentlichen um die Reststoffe, die in den verschiedenen Abfallverbrennungsanlagen zusammen mit anderen Müllfraktionen thermisch verwertet werden. Zusätzlich wird das in Klärwerken mit biologischer Klärstufe anfallende Klärgas zum Großteil sowie das auf Deponien entstehende Deponiegas zu einem kleineren Teil energetisch genutzt.

Tabelle 9.6 zeigt die Anzahl, die installierte Leistung und die im Jahr 1990 erzeugte elektrische Arbeit der in Deutschland installierten Blockheizkraftwerke und Gasmotoren, die mit Klär- oder Deponiegas betrieben werden. Außerdem sind in der Zusammenstellung die Abfallverbrennungsanlagen - d. h. sowohl die Anlagen der Energieversorger als auch die der statistisch erfaßten privaten Betreiber - dargestellt. Demnach ist eine mit Klär- und Deponiegas gefeuerte Blockheizkraftwerks- und Gasmotorenleistung von ca. 169 MW vorhanden; rund zwei Drittel ist davon in Klärwerken und rund ein Drittel auf Deponien installiert. Die mittlere installierte Leistung je Anlage beträgt in Klärwerken ca. 360 kW und in den Deponiegasanlagen rund 700 kW.

Tabelle 9.6 Stromerzeugung aus Klär- und Deponiegas sowie aus Abfallverbrennungsanlagen (Stand 1990 /9-25, 9-26/)

	Anlagenanzahl	installierte Engpaßleistung	Netzeinspeisung	Stromerzeugung[1]
Klärgas	305	109,8 MW	29,4 GWh	ca. 549,0 GWh
Deponiegas	81	59,3 MW	187,3 GWh	ca. 225,3 GWh
Abfallverbrennung	33	560,5 MW	2 926,4 GWh	ca. 2 926,4 GWh
Summe	419	729,6 MW	3 143,1 GWh	ca. 3 700,7 GWh

[1] Vollaststundenzahl bei Klärgasanlagen ca. 5 000 h/a und bei Deponiegasanlagen ca. 3 800 h/a /9-25, 9-26/.

Exakte Angaben über die Stromerzeugung dieser zu einem Großteil von Energieversorgern und zu einem kleineren Teil auch privat betriebenen Anlagen werden nicht erhoben. Wird deshalb bei den Klärgasanlagen von einer mittleren Vollaststundenzahl rund 5 000 h/a und bei den Deponiegasanlagen von etwa 3 800 h/a ausgegangen /9-25, 9-26/, errechnet sich bei den in Klärwerken installierten Anlagen näherungsweise eine Stromerzeugung von rund 549 GWh und bei den auf Deponien installierten Anlagen von ca. 225 GWh bezogen auf das Jahr 1990.

Insbesondere bei den in Klärwerken installierten Anlagen wird darüber hinaus die anfallende Wärmemenge genutzt. Da bei den Deponien oftmals ein entsprechender Wärmeabnehmer fehlt, kann die neben der elektrischen Energie anfallende Wärmemenge hier im Regelfall nicht weiter verwertet werden.

Die Stromerzeugung aus Hausmüll belief sich im Jahr 1990 auf rund 2 926 GWh. Dabei resultiert diese Gewinnung elektrischer Energie aber, da bei den Erhebungen keine Trennung zwischen dem nativ-organischen und damit regenerativen und dem fossilen und somit nicht erneuerbaren Aufkommen gemacht wird, zu einem beträchtlichen Anteil auch aus den Abfällen fossiler Natur.

9.4 Kosten einer energetischen Nutzung

Aufbauend auf den ausgewiesenen Energiepotentialen werden im folgenden zunächst die spezifischen Energieträgerkosten einer energetischen Nutzung der betrachteten organischen Reststoffe aufgezeigt. Anschließend werden die spezifischen Strom- bzw. Wärmebereitstellungskosten für beispielhafte Systeme analysiert.

9.4.1 Energieträgerkosten

In Anlehnung an die bisherige Vorgehensweise wird zwischen den Brenngas- und den Brennstoffkosten unterschieden. Bei den Aufwendungen einer Brenngasbereitstellung wird eine Klärgas-, eine Deponiegas- und eine Biogaserzeugung aus den sonstigen festen nativ-organischen Reststoffen betrachtet.

Deponiegas. Das auf Deponien anfallende Deponiegas kann im wesentlichen entsprechend den folgenden Möglichkeiten genutzt werden /9-27/:
- eine Stromerzeugung auf der Deponie in Gasmotoren im Regelfall ohne Wärmeauskopplung,
- die Fortleitung des Deponiegases mit anschließender Stromerzeugung in Anlagen mit Kraft-Wärme-Kopplung,
- die Fortleitung des Deponiegases zur Wärmebereitstellung an einem nahegelegenen Ort mit einem entsprechenden Wärmebedarf oder
- die Aufbereitung des Deponiegases und eine Einspeisung in das Erdgasnetz.

Derzeit kommt in den meisten Deponien die zuerst genannte Möglichkeit zur Anwendung, da diese mit dem geringsten technischen Aufwand und im Regelfall auch mit den niedrigsten Kosten verbunden ist. Der letztgenannte Fall ist im Vergleich zu allen anderen Möglichkeiten durch die höchsten Aufwendungen gekennzeichnet und wird daher hier nicht weiter betrachtet /9-27/.

Ist auf der Deponie bereits ein Gaserfassungssystem installiert oder handelt es sich um eine in jüngster Vergangenheit eingerichtete Deponie, in der eine Deponiegaserfassung ohnehin gesetzlich vorgeschrieben ist, und muß außerdem das Gas nicht mehr weitertransportiert werden, ist das gesammelte Deponiegas gewissermaßen kostenneutral verfügbar. Bei älteren Deponien, die oftmals noch nicht über eigene Gaserfassungssysteme verfügen, sind dagegen - sofern ein nachträglicher Einbau technisch überhaupt möglich ist - zusätzlich die Kosten der Gaserfassung zu berücksichtigen, die sehr von den örtlichen Gegebenheiten abhängen. Im groben Durchschnitt kann dabei von spezifischen Kosten für das Deponiegas von 9 bis 14 DM/GJ ausgegangen werden /9-9/. Wird das Gas zusätzlich noch zum Verbraucher transportiert, fallen auch noch die Transportaufwendungen an; sie bewegen sich näherungsweise in der Größenordnung, wie sie auch beim leitungsgebundenen Erdgastransport üblich sind /9-32, 9-33/. Dann würden sich - wenn zusätzlich berücksichtigt wird, daß für eine Gasleitung über Entfernungen von wenigen Kilometern, wie es bei der Deponiegasnutzung der Fall wäre, von durchschnittlich höheren spezifischen Leitungskosten als beim Erdgasferntransport auszugehen ist - im groben Durchschnitt und je nach zu überbrückender Entfernung die spezifischen Brennstoffkosten durch den Gastransport um 4 bis 6 DM/GJ erhöhen. Bei diesen Aufwendungen sind die gesamten Investitionen für den Gastransport sowie die zusätzlich anfallenden Betriebs- und Wartungskosten enthalten.

Klärgas. Klärgas fällt immer dann an, wenn das entsprechende Klärwerk mit einer biologisch-anaeroben Klärstufe zur Schlammstabilisation ausgestattet ist /9-10/. Damit steht dieses Biogas kostenlos zur Verfügung.

Sonstiges Biogas. Für die anaerobe Behandlung organischer Reststoffe aus Industrie, Kommunen und Gewerbe gibt es eine Vielzahl unterschiedlichster Verfahrensmodifikationen (vgl. Kap. 9.3.1). Dementsprechend variieren auch die korrespondierenden Kosten innerhalb einer großen Bandbreite. Näherungsweise kann aber davon ausgegangen werden, daß sich die Investitionen und Betriebskosten etwa im Bereich der in Kap. 8.4.1 dargestellten Angaben bewegen dürften, wenn die dort diskutierten Einschränkungen beachtet werden. Da die Vergärung des organischen Abfallaufkommens immer in Anlagen einer bestimmten Mindestgröße stattfindet (der Abfall wird gesammelt und zu einem zentralen Ort transportiert), muß von den Gasgestehungskosten der Biogasgroßanlagen ausgegangen werden. Damit liegen die spezifischen Biogasgestehungskosten zwischen 23 und 140 DM/GJ.

Bei der anaeroben Vergärung der organischen Abfallfraktion ist allerdings zu berücksichtigen, daß es sich dabei um eine spezielle Form der Reststoffbehandlung handelt, die - neben der Energiebereitstellung - primär der Verwertung des Abfallaufkommens dient. Damit ist strenggenommen nur ein vom speziellen Anwendungsfall abhängiger Teil der Investitionen und Betriebskosten dem erzeugten Energieträger anzulasten. Wird näherungsweise unterstellt, daß unter bestimmten Bedingungen dem Entsorgungsprozeß rund die Hälfte der gesamten Kosten für die anaerobe Behandlung zuzurechnen sind, würde dies spezifischen Brennstoffkosten zwischen 11 und 140 DM/GJ entsprechen. Die nach der Fermentation verbleibende ausgefaulte Masse kann theoretisch noch vermarktet werden. Die damit u. U. erzielbaren Erlöse decken aber im Normalfall gerade die Kosten für den Vertrieb sowie die eventuell entstehenden Kosten, die für eine Aufbereitung entsprechend den gesetzlich vorgeschriebenen Qualitätsanforderungen (z. B. Hygiene) notwendig sind /9-22/.

Festbrennstoffe. Sind die organischen Reststoffe als Festbrennstoffe (z. B. Holz, Sägemehl) einsetzbar, ist das primäre Ziel der Verbrennung die Volumenreduktion und die damit verbundene Verminderung der zu deponierenden Abfallmengen. Die Sammel- und Transportkosten sind damit den jeweiligen noch verbleibenden Entsorgungs- oder Recyclingprozessen zuzuordnen. Zusätzliche Transportkosten bei einer energetischen Nutzung fallen nicht an, da die Verbrennungsanlage und die zentrale Reststoffsammelstelle meist am gleichen Ort liegen.

Vergleich. Unter den diskutierten Rahmenannahmen bewegen sich damit die Energieträgerkosten der betrachteten Reststoffe unter den getroffenen Annahmen in der in Tabelle 9.7 dargestellten Größenordnung. Diese Kosten können - unter Berücksichtigung der Tatsache, daß dabei Energieträger unterschiedlicher Qualität verglichen werden - dem gegenwärtigen Energieträgerpreisniveau der fossilen Brennstoffe gegenübergestellt werden (vgl. Kap. 1.4.2 bzw. Tabelle 1.4). Unter der Vorraussetzung, daß das Ausgangsmaterial als ausschließlich sonst nicht weiter verwertbares und außerdem zwingend zu entsorgendes Abfallprodukt vorliegt, liegen damit die Energieträgerkosten der betrachteten

9.4 Kosten einer energetischen Nutzung

Tabelle 9.7 Energieträgerkosten einer energetischen Nutzung organischer Reststoffe aus Haushalten, Industrie und Gewerbe sowie öffentlichen und kommunalen Einrichtungen

Deponiegas[1]	0 - 20 DM/GJ
Klärgas[2]	0 DM/GJ
Sonstiges Biogas[3]	11 - 140 DM/GJ
Festbrennstoff[4]	0 DM/GJ

[1] unterer Grenzwert: neuere Deponie mit gesetzlich vorgeschriebener Gaserfassung.
oberer Grenzwert: einschließlich der Kosten für das Deponiegaserfassungssystem (9 bis 14 DM/GJ) und den Deponiegastransport (4 bis 6 DM/GJ).
[2] unter der Voraussetzung, daß die Kosten der anaeroben Stufe und der Gassammlung dem Abwasserreinigungsprozeß angelastet werden.
[3] auf der Grundlage einer Vergärung in Biogasgroßanlagen mit Faulraumvolumen zwischen 200 und 7 200 m³ (vgl. Kap. 8.4.1).
[4] unter der Annahme, daß die Verbrennung vorrangig der Abfallvolumenreduktion dient.

sonstigen organischen Reststoffe immer niedriger als die entsprechenden Aufwendungen für die fossilen Energieträger. Sie können aber auch deutlich höher liegen für den Fall, daß für eine energetische Nutzung Investitionen notwendig sind, die über den Investitionen einer anderweitigen Reststoffentsorgung liegen.

9.4.2 Strom- und Wärmegestehungskosten

Die erzeugten Brenngase oder die Festbrennstoffe können sowohl zur Wärmebereitstellung als auch zur Stromerzeugung genutzt werden. Mit den dazu notwendigen Konversionsanlagen kann - je nach Anwendungsfall und Technologie - Strom, Wärme oder Strom und Wärme in Koppelproduktion zur Verfügung gestellt werden.

Bei den hier betrachteten organischen Reststoffen wird außerdem davon ausgegangen, daß eine dezentrale Nutzung in einer energiewirtschaftlich relevanten Größenordnung in Einzelöfen für ein Ein- oder Mehrfamilienhaus auszuschließen ist. Die als energetisch nutzbar angesehenen Reststoffe werden im Regelfall gesammelt und liegen anschließend zentral vor. Damit kommen im wesentlichen nur die folgenden Nutzungspfade in Betracht.
- Wärmebedarfsdeckung in einem Heizwerk, das entweder einen einzelnen Großverbraucher oder über ein Nahwärmesystem mehrere Einzelverbraucher versorgt (vorrangig bei der Verbrennung organischer Festbrennstoffe, z. B. Holz aus dem Baugewerbe, der holzbe- oder holzverarbeitenden Industrie).
- Dezentrale gekoppelte Strom- und Wärmeerzeugung in Blockheizkraftwerken (vorrangig bei Klärgas, sonstigem Biogas oder bei Deponiegas, sofern es über eine Gasleitung zu den entsprechenden Verbrauchern transportiert wird).
- Stromerzeugung in Gasmotoren, wenn keine geeigneten Wärmeabnehmer in der unmittelbaren Umgebung vorhanden sind (z. B. auf Deponien).

Wird beispielsweise für die ausschließliche Nutzung organischer Festbrennstoffe zur Wärmeerzeugung der Wärmebedarf mehrerer Einzelverbraucher mit einem gesamten Wärmebedarf von rund 9 400 GJ/a (Referenzfall 4, vgl. Tabelle 1.5 bzw. Kap. 1.4.2) unterstellt und die entsprechenden Investitionen und

Betriebskosten zugrundegelegt, ergeben sich spezifische Wärmekosten für den Verbraucher von rund 26 bis 40 DM/GJ (9,4 bis 14,4 Pf/kWh). Damit kann eine Wärmeerzeugung aus organischen Reststoffen im Einzelfall billiger sein als die Wärmeversorgung des gleichen Bedarfsfalles mit einem konventionellen Heizsystem. Dies gilt aber nur, wenn die Sammelkosten nicht dem Brennstoff angelastet werden (derzeit ist eine Sammlung zur Entsorgung oder weiteren Verwertung der organischen Reststoffe gesetzlich vorgeschrieben). Würden demgegenüber dem Brennstoff diese Sammel- und Transportkosten ganz oder teilweise angelastet, ergäben sich wesentlich höhere spezifische Wärmegestehungskosten.

Häufiger als die ausschließliche Wärmeerzeugung ist die gekoppelte Strom- und Wärmeerzeugung in Blockheizkraftwerken. Derartige Anlagen sind durch ein festes Verhältnis von elektrischer zu thermischer Leistung gekennzeichnet. Meist handelt es sich dabei um Diesel- oder Gasmotoren, deren Abwärme aus dem Abgasstrom und dem Kühlkreislauf zur Nahwärmeerzeugung verwendet wird. Sie werden im Regelfall wärmeorientiert betrieben und dienen daher in erster Linie der dezentralen, d. h. verbrauchernahen Wärmeversorgung. Blockheizkraftwerke sind meist modular aufgebaut und werden in Kombination mit einer Spitzenkesselanlage eingesetzt.

Die korrespondierenden Kosten am Beispiel zweier Anlagen zeigt Tabelle 9.8. Sie sind durch eine elektrische Leistung von 100 bzw. 1 500 kW und eine thermische Leistung von 200 bzw. 2 400 kW gekennzeichnet. Die 1 500 kW-Anlage besteht dabei aus drei Einzelmodulen mit einer elektrischen Leistung von jeweils 500 kW und einer thermischen Leistung von 800 kW. Der elektrische Wirkungsgrad der Gasmotoren beträgt 35 %; als gesamter Brennstoffnutzungsgrad können etwa 90 % erreicht werden /9-31/. Im Normalfall beträgt der Anteil der thermischen Leistung der Blockheizkraftwerke an der gesamten Wärmeleistung 40 bis 60 %. Daraus ergibt sich die zu installierende Spitzenkesselleistung. Unter diesen Bedingungen kann von einer mittleren Vollaststundenzahl zwischen 4 000 und 5 000 h/a ausgegangen werden. Die spezifischen Investitionen solcher Anlagen sinken i. allg. mit zunehmender elektrischer Leistung; für die 1,5 MW-Anlage werden 2 700 DM/kW und für das 100 kW-Modul 4 500 DM zugrunde gelegt /9-29, 9-30/.

Bei den spezifischen Brennstoffkosten wird von den bereits diskutierten Kosten (vgl. Kap. 9.4.1) ausgegangen. Bei der Deponiegasnutzung wird zusätzlich unterstellt, daß das Gas durch eine Gasleitung zum Ort des Wärmebedarfs transportiert wird. Die ausgekoppelte Wärme wird bei der Berechnung der spezifischen Stromgestehungskosten durch eine Wärmegutschrift von 13,9 DM/GJ berücksichtigt /9-28/. Dies gilt allerdings nicht für den Fall eines Blockheizkraftwerks in einem Klärwerk, da die dort entstehende Abwärme in aller Regel dem Prozeß der Vergärung selbst wieder zugeführt wird. Sie kann auch zur Beheizung der vorhandenen Gebäude und/oder zur Bereitstellung der von anderen Abwasserbehandlungsschritten benötigten Prozeßenergie eingesetzt werden.

Werden die Anlagen über eine unterstellte technische Lebensdauer von 20 Jahren abgeschrieben, liegen bei dem Brennstoff Klärgas die resultierenden spezifischen Stromgestehungskosten zwischen 7 und 12 Pf/kWh. Bei einer Verwendung von Deponiegas bewegen sich die spezifischen Gestehungskosten für die elektrische Energie zwischen mindestens 1 und maxmial 24 Pf/kWh. Die untere Grenze von 1 Pf/kWh stellt eher den Ausnahmefall dar, der nur unter optimalen Bedingungen gegeben sein kann (die vollständigen Kosten der Deponiegaserfassung werden nicht dem Energieträger angerechnet; ein kostengünstiger Gastransport zu einem naheliegenden Wärmeverbraucher ist gewährleistet). Am größten ist - aufgrund der großen Bandbreite der spezifischen Brennstoffkosten - die Variationsbreite der spezifischen Stromgestehungskosten bei einem Einsatz des sonstigen Biogases; hier würden sich Kosten zwischen 10 und 202 Pf/kWh ergeben.

9.4 Kosten einer energetischen Nutzung

Tabelle 9.8 Spezifische Stromgestehungskosten bei einer Nutzung von Klärgas, Deponiegas und sonstigem Biogas in Blockheizkraftwerken

			Kleinanlage	Großanlage
Elektrische Leistung		in kW	100	1 500
Thermische Leistung[1]		in kW	200 (+ 300)	2 400 (+ 3 300)
Elektrischer Wirkungsgrad		in %	35	35
Brennstoffnutzungsgrad		in %	90	90
Vollastbenutzungsstunden		in h/a	4 000 - 5 000	4 000 - 5 000
Brennstoffbedarf Strom		in GJ/a	4 110 - 5 140	61 700 - 77 140
Brennstoffbedarf Spitzenkessel		in GJ/a	1 760 - 2 200	21 150 - 26 400
Brennstoffbedarf gesamt		in GJ/a	5 870 - 7 340	82 850 - 103 540
Investitionen		in DM	400 000	3 450 000
Betrieb, Wartung, Instandhaltung		in DM/a	17 700	297 000
Wärmegutschrift[2]		in DM/a	61 560 - 76 950	739 091 - 923 405
Brennstoffkosten	Klärgas	in DM/GJ	0	0
	Deponiegas[3]	in DM/GJ	6 - 20[4]	4 - 20
	Sonstiges Biogas	in DM/GJ	11 - 140	11 - 140
Stromgestehungskosten	Klärgas[5]	in Pf/kWh	9 - 12	7 - 9
	Deponiegas	in Pf/kWh	3 - 26	1 - 24
	Sonstiges Biogas	in Pf/kWh	10 - 202	10 - 190

[1] thermische Leistung des Blockheizkraftwerks und - in Klammern - der Spitzenkesselanlage.
[2] Wärmegutschrift 13,9 DM/GJ.
[3] da ein entsprechender Wärmebedarf auf der Deponie im Regelfall nicht gegeben ist, wird eine Weiterleitung des Deponiegases zum Wärmeabnehmer unterstellt (d. h. Brennstoffkosten einschließlich Transportkosten).
[4] höhere durchschnittliche Energieträgerkosten aufgrund höherer Gastransportkosten.
[5] die anfallende Wärmemenge meist zur Beheizung des Faulbehälters, der Gebäude oder zur Bereitstellung der sonstigen Prozeßenergie genutzt; deshalb wird hier keine Wärmegutschrift unterstellt.

Oft ist am Ort der Gasentstehung kein entsprechender Wärmeabnehmer vorhanden. Kann das entstehende Gas wegen des hohen Aufwandes nicht weitertransportiert werden, ist lediglich ein Einsatz zur ausschließlichen Stromerzeugung möglich; die anfallende Wärme ist damit nicht nutzbar. Unter diesen Rahmenannahmen ergeben sich die in Tabelle 9.9 dargestellten Kosten. Da in Klärwerken im Regelfall immer geeignete Wärmeabnehmer vorhanden sind, werden hierbei nur die Möglichkeiten einer Deponiegasnutzung sowie einer Nutzung des sonstigen Biogases betrachtet.

Die spezifischen Stromgestehungskosten liegen unter diesen Bedingungen etwa in der gleichen Größenordnung wie bei einer gleichzeitigen Nutzung der anfallenden Abwärme (vgl. Tabelle 9.8). Es wird aber auch deutlich, daß die Gestehungskosten der elektrischen Energie bei einer Deponiegasnutzung direkt auf der Deponie ohne Wärmeauskopplung in den hier dargestellten Anwendungsfällen geringfügig niedriger sind als bei einer Fortleitung des Gases zum Ort des Wärmebedarfs, an dem dann zusätzlich zum Strom auch die Abwärme genutzt werden kann.

Werden die in Tabelle 9.8 und 9.9 dargestellten spezifischen Stromgestehungskosten mit den Verbraucherpreisen für Strom der Haushalte und der Industrie verglichen (vgl. Kap. 1.4.2 bzw. Tabelle 1.4), ist in den dargestellten beispielhaften Anwendungsfällen eine Stromerzeugung auf der Basis einer Kraft-Wärme-Kopplung aus Klärgas immer und die aus Deponiegas meistens kostengün-

Tabelle 9.9 Spezifische Stromgestehungskosten bei einer Nutzung von Deponiegas und sonstigem Biogas in Gasmotoren ohne Wärmeauskopplung

			Kleinanlage	Großanlage
Elektrische Leistung		in kW	100	1 000
Elektrischer Wirkungsgrad		in %	35	35
Vollastbenutzungsstunden		in h/a	6 000 - 7 000	6 000 - 7 000
Brennstoffbedarf gesamt		in GJ/a	6 170 - 7 200	61 700 - 72 000
Investitionen		in DM	180 000	1 400 000
Betrieb, Wartung, Instandhaltung		in DM/a	14 160	158 400
Brennstoffkosten	Deponiegas	in DM/GJ	0 - 14	
	Sonstiges Biogas	in DM/GJ	11 - 140	
Stromgestehungskosten	Deponiegas[1]	in Pf/kWh	4 - 19	4 - 19
	Sonstiges Biogas	in Pf/kWh	15 - 149	15 - 148

[1] Annahme einer direkten Stromerzeugung auf der Deponie, d. h. spezifische Brennstoffkosten ohne die Transportkosten.

stiger als der Strombezug aus dem Netz. Dies gilt auch für den Fall einer Nutzung von Deponiegas zur ausschließlichen Stromerzeugung direkt auf der Deponie. Demgegenüber führt die gekoppelte Strom- und Wärmeerzeugung oder die ausschließliche Stromerzeugung ohne Abwärmenutzung aus dem sonstigen Biogas im Regelfall zu höheren Stromgestehungskosten, die aber im Einzelfall auch unter dem Strompreisniveau liegen können. Dabei muß aber beachtet werden, daß für die dargestellten Anwendungsfälle die spezifischen Stromgestehungskosten sehr von der Anzahl der Vollaststunden abhängen. Damit können - eine höhere Vollaststundenzahl vorrausgesetzt - die spezifischen Stromgestehungskosten auch unterhalb der ausgewiesenen Werte liegen und damit kostengünstiger sein als das gegenwärtige Strompreisniveau. Bei dieser Gegenüberstellung ist aber zu beachten, daß hier relativ neue Möglichkeiten der Gewinnung elektrischer Energie mit einem großtechnisch seit Jahren funktionierenden System verglichen werden; aufgrund dieser methodischen Probleme kann diese Gegenüberstellung deshalb nur der groben Einordnung in das gegenwärtige Energiesystem der Bundesrepublik Deutschland dienen.

10 Nutzung der Erdwärme

Die in der Erde gespeicherte Energie stellt ein unvorstellbar großes Energiereservoir dar, das - im Gegensatz beispielsweise zur Solar- und Windenergie - unabhängig von der Tages- und Jahreszeit, unabhängig von den meteorologischen Gegebenheiten und theoretisch auch unabhängig von der geographischen Lage immer zur Verfügung steht.

Die Nutzung der Erdwärme wird häufig auch als Geothermie bezeichnet. Dieser Ausdruck ist allerdings nicht korrekt. Vielmehr versteht man unter Geothermie die Wärmelehre des Erdkörpers. Sie beschäftigt sich mit dem thermischen Zustand des Erdinnern, mit der Temperaturverteilung und den thermischen Eigenschaften des Gesteins, manchmal aber auch mit äußeren Manifestationen des thermischen Zustandes, wie z. B. mit Vulkanen und heißen Quellen. Damit ist die Geothermie eine Teildisziplin der Geowissenschaften, genauer gesagt der Geophysik (im engeren Sinn).

Die Geothermik ist eine Methode der angewandten Geophysik /10-24/. Im wesentlichen beschäftigt sie sich mit der Bestimmung
- der Temperatur im Erdinnern,
- der thermischen Gesteinseigenschaften und
- der terrestrischen Wärmestromdichte.

Eine klare Trennung zwischen Geothermie und Geothermik wird in der Regel nicht vorgenommen; meist werden beide Begriffe synonym verwendet. Ziel dieses Kapitels ist aber die Darstellung der Möglichkeiten sowie der Potentiale und Kosten einer Nutzung der in der Erde gespeicherten Wärme, der Erdwärme. Statt Erdwärme kann man auch von geothermischer Energie sprechen.

Ältestes Beispiel für die geothermische Energienutzung ist Larderello in der Toskana /10-13/. Schon die Etrusker nutzten die heißen Quellen zu therapeutischen Zwecken und zur Salzgewinnung; die Römer bauten hier ein Thermalbad. Gegen Ende des 18. Jahrhunderts wurden die Quellen zur Gewinnung von Bor verwendet. 1904 wurde der erste elektrische Strom mit geothermischem Dampf erzeugt; fünf Glühlampen konnten damit zum Leuchten gebracht werden. Heute sind in Larderello selbst zwei Kraftwerke mit einer installierten Leistung von 150 MW in Betrieb. Genutzt wird eine Dampflagerstätte in 500 bis 3 000 m Tiefe. Insgesamt werden mit der geothermischen Energie aus der Toskana heute Kraftwerke mit einer installierten Leistung von 545 MW betrieben; dies entspricht rund 1,6 % des gesamten Stromaufkommens in Italien.

Zur Erzeugung elektrischer Energie aus Erdwärme sind weltweit Anlagen mit einer Leistung von mehr als 5 800 MW im wesentlichen in den USA, auf den Philippinen und in Mexiko installiert /10-12/. Die Steigerungsrate lag in den letzten fünf Jahren bei etwa 10 % jährlich. Die weltweite Verteilung der Produktionsstätten spiegelt dabei die geologische Situation wider, denn zur Erzeugung von Elektrizität werden meist oberflächennahe Dampflagerstätten genutzt. Das Gebiet mit der größten Stromerzeugung befindet sich in Kalifornien, USA (The Geysers). Hier ist derzeit eine elektrische Leistung von 1 971 MW installiert. Eine teilweise große Bedeutung hat der geothermisch erzeugte

Strom bei der nationalen Stromversorgung in Mittelamerika und in Südostasien (z. B. in El Salvador (ca. 17 %) und auf den Philippinen (ca. 23 %)).

Zur direkten Nutzung der geothermischen Energie sind weltweit Anlagen mit einer thermischen Leistung von über 11 000 MW installiert /10-14/; davon befinden sich ca. 32 % in Europa. Seit 1971 wird in Frankreich die Erdwärme im größerem Umfang für das Beheizen von Wohn- und Geschäftsräumen benutzt. In 66 Projekten werden etwa 200 000 Wohneinheiten mit Raumwärme und Warmwasser versorgt; fast 80 % dieser Anlagen stehen im Pariser Becken.

10.1 Allgemeine Grundlagen

Die Möglichkeiten der Nutzung der Erdwärme sind an eine Reihe geologischer Randbedingungen gebunden. Deshalb werden im folgenden zunächst kurz die Grundlagen der Erdwärmenutzung, d. h. die Wärmequellen und die grundsätzlichen Darbietungsformen, dargestellt und die Speichersysteme sowie die Nutzungsarten klassifiziert.

10.1.1 Die Wärmequellen

Schon seit Jahrhunderten wurde aus den Beobachtungen der Bergleute auf eine allgemeine Temperaturzunahme mit der Tiefe geschlossen. Der Mittelwert in den obersten Erdschichten für diese Temperaturzunahme mit der Tiefe (geothermischer Gradient) beträgt rund 30 mK/m; die Temperatur nimmt damit mit rund 3 °C pro 100 m zu.

Eine lineare Extrapolation des geothermischen Gradienten bis in den Erdmantel oder zum Erdkern führt jedoch auf viel zu hohe Temperaturen. Nach den gegenwärtigen Kenntnissen über das Verhalten des Kernmaterials und den extrapolierten Ergebnissen aus Laboruntersuchungen sind Temperaturen um 5 000 °C im Erdkern am wahrscheinlichsten, im oberen Erdmantel sind es immerhin noch rund 1 300 °C. Andererseits wird die Temperatur an der Erdoberfläche fast ausschließlich durch die Sonne bestimmt. Der jährliche Mittelwert liegt für Mitteleuropa je nach geographischer und topographischer Lage zwischen 7 und 11 °C. Dabei sind große jahreszeitliche Schwankungen gegeben. Aber dieser Einfluß der Sonnenenergie, die jährliche Temperaturwelle, schwächt sich im Erdboden aufgrund der geringen Wärmeleitfähigkeit des Bodens schnell ab und ist unterhalb von 20 m in der Regel völlig abgeklungen.

Zwischen den hohen Temperaturen im Erdkern und den Temperaturen an der Erdoberfläche muß sich physikalisch ein Wärmestrom einstellen. Der Wärmestrom wird in der Erdkruste wesentlich erhöht durch den natürlichen radioaktiven Zerfall von Uran, Thorium und Kalium, der praktisch in allen Gesteinen stattfindet. Allerdings ist der Anteil der drei genannten Elemente in den Sedimenten sehr klein, während man z. B. in Graniten Wärmeproduktionsraten von bis zu 0,006 mW/m^3 messen kann. Eine 10 km dicke Granitschicht könnte nach dieser vereinfachenden Abschätzung eine Wärmestromdichte von maximal 60 mW/m^2 liefern.

Die in Bohrungen gemessene mittlere Wärmestromdichte beträgt in Mitteleuropa etwa 70 bis 80 mW/m^2 /10-7/; dieser Wärmestrom resultiert im wesentlichen aus Erdkerntemperatur und dem radioaktiven Zerfall.

Bei der Nutzbarmachung der geothermischen Energie wird in der Regel nicht den ständig nachfließende terrestrische Wärmestrom genutzt, sondern vielmehr das sehr viel höhere Potential der gespeicherten Erdwärme. Diese Energie befindet sich im Gesteinsverbund, d. h. in der Gesteinsmatrix und in den in ihr enthaltenen Fluiden (z. B. Wasser oder Dampf). Aber auch bei sehr porösen Gesteinen ist der größte Teil der Energie in der Gesteinsmatrix selber gespeichert und nicht in den Fluiden. Bei der geothermischen Nutzung wird jedoch ein Medium (Fluid) benötigt, das die Energie an die Erdoberfläche transportiert.

Die gesamte gespeicherte Energie in der Erde liegt in der Größenordnung von 10 Bil. EJ; die geothermische Energie, die in den obersten 3 km der Erdkruste, also in leicht erbohrbaren Tiefen, gespeichert ist, beträgt noch rund 43 Mio. EJ. Davon hat jedoch der weitaus überwiegende Teil (ca. 85 %) nur eine Speichertemperatur von weniger als 100 °C. Auch kann nur ein ganz geringer Teil der gespeicherten Erdwärme technisch nutzbar gemacht werden.

10.1.2 Klassifikation der geothermischen Energiesysteme

Grundsätzlich gibt es verschiedene Modifikationen, die in der Erdkruste enthaltene Energie nutzbar zu machen. Die jeweiligen Techniken sind dabei stark von dem Vorkommen und den Darbietungsformen der geothermischen Energie abhängig. Hier lassen sich im wesentlichen die im folgenden kurz skizzierten Modifikationen unterscheiden.

Die Darbietungsformen geothermischer Energie können grundsätzlich danach unterteilt werden, ob das Transportmedium für die Energie im Nutzungshorizont natürlich vorhanden ist oder ob es erst künstlich eingebracht werden muß. Nimmt man eine solche Einteilung vor, kann man grob zwischen
- petrophysikalischen Systemen und
- hydrothermalen Systemen

unterscheiden. Eine weitere Unterteilung ist aber auch hinsichtlich der späteren Nutzung möglich.

Untiefe geothermische Nutzung /10-25/. Bei der untiefen geothermischen Nutzung wird die Wärme dem flachen Untergrund durch oberflächennah verlegte Erdkollektoren, durch Erdwärmesonden oder Grundwasserbohrungen entzogen. Unter Erdwärmesonden werden Bohrungen verstanden, die meist 50 bis 100 m, manchmal bis zu 400 m tief sind und in die z. B. ein Doppelrohr verlegt wird. Das im Kreislauf fließende Wärmeträgermedium (z. B. Wasser) erwärmt sich je nach Tiefe auf 10 °C und mehr. Da der Einfluß der Sonnenenergie im Erdboden je nach Bodeneigenschaften in einer Tiefe von mehr als 20 m fast vollständig abgeklungen ist, hat man es in der Regel bei der untiefen geothermischen Energie mit einer "echten" geothermischen Nutzung zu tun. Flache Systeme haben darüber hinaus den Vorteil, die in den Ballungsgebieten durch die Versiegelung der Böden auftretende Erhöhung der Bodentemperaturen abzubauen.

Hydrothermale Systeme mit niedriger Enthalpie /10-11/. Hydrothermale Systeme mit niedriger Enthalpie sind die typischen Systeme zur Nutzung geothermischer Energie in Mitteleuropa. Genutzt wird das Grundwasser, das in porösen und permeablen Gesteinsschichten im tiefen Untergrund (Aquifere) gespeichert ist. Erschlossen werden die wasserführenden Gesteinsschichten durch Bohrungen. Je nach Tiefenlage sind die Tiefenwässer durch Temperaturen von 25 bis ca. 150 °C gekennzeichnet. Unter bestimmten geologischen Bedingungen können solche warmen Wässer auch als natürliche Thermalquelle (über 20 °C) an der Erdoberfläche austreten oder in sehr geringer Tiefe erschlossen werden, wie z. B. in Aachen oder Wiesbaden.

Das warme oder heiße Wasser wird meist zu balneologischen Zwecken verwendet, kann aber auch für Heizzwecke bzw. als Brauchwasser genutzt werden. Auch eine Konversion in elektrische Energie ist theoretisch möglich, jedoch nur mit einem sehr geringen Wirkungsgrad.

Hydrothermale Systeme mit hoher Enthalpie /10-20/. Die auffälligste Manifestation geothermischer Energie sind aktive Vulkangebiete. Das Anzapfen von Magmakammern oder der Entzug von Energie aus Lavaseen wäre die spektakulärste Form der Erdwärmenutzung; dabei muß allerdings ein sehr großes Risiko hinsichtlich möglicher induzierter Vulkaneruptionen einkalkuliert werden.

In geologisch aktiven Zonen (z. B. in aktiven Grabensystemen, an den Rändern von Lithosphärenplatten mit Vulkantätigkeiten) kann geothermische Energie aus Dampf- und Wasser-Dampf-Systemen gewonnen werden. Ursache für die Bildung solcher Lagerstätten ist der Aufstieg von Magma aus dem Erdmantel in die Kruste; dies führt zum Aufheizen der natürlichen Tiefenwässer. Falls diese Aquiferhorizonte von undurchlässigen Schichten überlagert sind, entstehen Dampflagerstätten. Über Klüfte oder einzelne Verwerfungszonen kann es gegebenenfalls zu direkten Austritten an der Erdoberfläche kommen (z. B. Geysire, Heißwasserquellen, Dampfquellen).

Der durch Bohrungen erschlossene (meist) Naßdampf kann - nach dem oft notwendigen Abtrennen von mitgerissenem Wasser - anschließend in einem konventionellen Dampfprozeß zur Elektrizitätserzeugung genutzt werden. Dies ist jedoch nur dort technisch sinnvoll, wo günstige geologische Voraussetzungen gegeben sind und das Dampf-Wasser-Gemisch ein bestimmtes Temperaturniveau übersteigt, da der Wirkungsgrad solcher Systeme ganz wesentlich von der nutzbaren Temperaturdifferenz beeinflußt wird (Carnot'scher Wirkungsgrad). Solche günstigen geologischen Bedingungen sind beispielsweise in Italien (Toskana), USA (Kalifornien) oder Neuseeland (North Island), nicht jedoch in Mitteleuropa gegeben. Durch die Energieentnahme aus dem Untergrund kann es - z. T. im Verlauf von langen Zeiträumen und je nach Entnahmemenge - zu einer Abkühlung der Gesteinsschichten kommen. Auch wird manchmal eine Absenkung der Erdoberfläche aufgrund des Förderns aus dem unterirdischen Reservoir beobachtet; außerdem kann es zur Freisetzung giftiger Beimengungen des geförderten Dampfes (u. a. Schwefelwasserstoff) kommen.

Hot-Dry-Rock-Systeme /10-1/. Der weitaus größte Teil der oberen Erdkruste besteht aus Gesteinsformationen mit niedriger Porosität und geringer Permeabilität. In geothermisch normalen Gebieten herrschen in einer Tiefe von rund 6 000 m Temperaturen von etwa 200 °C vor. Bei einem Überlagerungsdruck durch die Deckgebirgsformation von ca. 1 600 bar ist die Existenz von Kluftwasserfluiden und deren Mobilität stark eingeschränkt. Deshalb kann i. allg. dieses Gestein als "trocken" angesehen werden, obwohl tiefreichende Kluftsysteme mit meist stark mineralisiertem Wasser nicht ausgeschlossen werden können. Die in diesen heißen Gesteinsschichten enthaltene Energie kann durch das Hot-Dry-Rock-Verfahren erschlossen werden.

Gegenüberstellung. Bei den dargestellten geothermischen Energiegewinnungsmöglichkeiten handelt es sich strenggenommen nicht um die Nutzung einer erneuerbaren Energiequelle, da sowohl die Heißwasser- und Dampfquellen als auch die heißen Gesteinsschichten sich je nach Entnahmemenge im Laufe des Nutzungszeitraumes abkühlen können. Der Wärmestrom aus dem Erdinneren und die Wärmeproduktion in den heißen Gesteinsschichten selbst ist zu gering, um die abgeführte Energie innerhalb des Nutzungszeitraumes wieder vollständig zu ersetzen. Trotzdem wird die Nutzung der Erdwärme häufig als eine regenerative Energiequelle bezeichnet.

Unter den geologischen Bedingungen, wie sie in der Bundesrepublik Deutschland vorliegen, ist fast ausschließlich nur eine untiefe geothermische Nutzung und eine Erdwärmenutzung aus Aquiferen (d. h. hydrothermale Systeme mit niedriger Enthalpie) technisch sinnvoll. Unter bestimmten Umständen - d. h. wenn die Technologie zur Nutzung heißer Gesteinsschichten Stand der Technik ist - wäre auch ein Einsatz des Hot-Dry-Rock-Verfahrens in Gebieten mit geothermischen Anomalien (z. B. bei Bad Urach, im Oberrheintalgraben etc.) zur Energiegewinnung möglich /10-1, 10-2/.

Die Übergänge zwischen den einzelnen beschriebenen Systemen sind fließend und nicht scharf definiert. Hydrothermale Systeme nutzen durchaus auch die Gesteinswärme aus. Bei Untersuchungen im Zusammenhang mit der Entwicklung des Hot-Dry-Rock-Verfahrens zeigte sich, daß Klüfte im tiefen Untergrund wasserführend sind und in ein Hot-Dry-Rock-System einbezogen werden müssen. Bei den untiefen Systemen soll zwar nur dem Gestein die Wärme entzogen werden; falls aber ein Grundwasserleiter durchbohrt wird, kann der Wärmenachschub verbessert werden.

Die Unterscheidung zwischen den hydrothermalen Systemen mit hoher und niedriger Enthalpie ist relativ willkürlich. Als Grenze wird meist eine spezifische Enthalpie von 0,6 MJ/kg zugrunde gelegt; dies entspricht bei normalen hydrostatischen Druckverhältnissen einer Wassertemperatur von ca. 150 °C; andere Autoren setzen die Grenze bei 120 °C.

10.1.3 Klassifikation der Nutzungsarten

Die Grenzziehung bei den geothermischen Speichersystemen liegt in den verschiedenen Nutzungsmöglichkeiten der geothermischen Energie begründet, die nachfolgend näher ausgeführt werden.
- Elektrizitätsgewinnung
  Zur Stromerzeugung eignen sich im wesentlichen nur hydrothermale Systeme mit hoher Enthalpie; möglicherweise kann in Zukunft auch die mit dem Hot-Dry-Rock-Verfahren aus den heißen Gesteinsschichten entziehbare Energie und die aus Magmenkörpern gewinnbare Energie zur Erzeugung elektrischen Stroms nutzbar gemacht werden.
- Direkte Nutzung im Niedertemperaturbereich
  Eine direkte Nutzung der geothermischen Energie im Niedertemperaturwärmebereich kommt hauptsächlich bei hydrothermalen Systemen mit niedriger Enthalpie zur Anwendung. Die bekannteste direkte Nutzungsmöglichkeit dieser Form der Erdwärme ist die Raumwärme- und Warmwasserbereitstellung. Es sind jedoch auch eine Reihe weiterer Anwendungen und verschiedene Nutzungskombinationen möglich (vgl. Tabelle 10.1).
- Nutzung mit Hilfe von Wärmepumpen
  Im Gegensatz zur direkten Nutzung von warmen oder heißen Wässern aus dem tiefen Untergrund ist die Wärme aus dem flacheren Untergrund (d. h. untiefe geothermische Systeme) nur indirekt, d. h. mit Hilfe von Wärmepumpen, nutzbar. Eine Wärmepumpe hebt dabei das niedrige Temperaturniveau (ca. 10 °C und mehr) auf ca. 50 °C an; dies reicht im Regelfall für den Betrieb einer Niedertemperaturheizung von Wohngebäuden aus. Der Einsatz von Wärmepumpen ist damit nur dann sinnvoll, wenn das nutzbare Temperaturniveau niedrig ist. Dies kann auch in Ergänzung zu der direkten Nutzung im Niedertemperaturbereich gegeben sein.

- Energiespeicherung
  Für die Energiespeicherung bieten sich als Speichermedien Aquifere, Flachbohrungen und Kavernen an.

Um aus Heißwasser (> 175 °C) elektrischen Strom zu erzeugen, müßte man in Mitteleuropa, von wenigen Ausnahmen abgesehen, mindestens 4 000 m, in der Regel mehr als 5 000 m tief bohren. Mit zunehmender Teufe wächst aber das Bohrrisiko, d. h. es kann nicht sicher vorausgesagt werden, ob wasserführende Schichten (Aquifere) erbohrt werden, die durch eine hinreichend große Ergiebigkeit eine Nutzung zulassen.

Tabelle 10.1 Lindal-Diagramm - Anwendungsbereiche für geothermische Energie in Abhängigkeit von der Wassertemperatur /10-23/

Temperatur	Prozeß
140 °C	Trocknen landwirtschaftlicher Produkte, Einmachen von Lebensmitteln
130 °C	Evaporation beim Raffinieren von Zucker
120 °C	Einkochen und Eindampfen, z. B. von Salzlösungen
110 °C	Trocknung von Zementplatten
100 °C	Trocknung von organischem Material (z. B. Gemüse, Wolle)
90 °C	Lufttrocknung von Stockfisch, intensive Enteisungsvorgänge
80 °C	Raumheizung, Glashauskulturen
70 °C	Kühlung (untere Temperaturgrenze)
60 °C	Tierhaltung
50 °C	Pilzzucht, Balneologie
40 °C	Bodenheizung
30 °C	Schwimmbäder, Enteisung, Schneeschmelze, biologische Zerlegungs- und Gärungsprozesse
20 °C	Fischzucht

Die Nutzung geothermischer Energie ist in Deutschland deshalb im wesentlichen auf die hydrothermalen Systeme und die untiefe Geothermie beschränkt und damit auf Temperaturbereiche bis rund 150 °C. Neben der Bereitstellung von Raumwärme und Warmwasser gibt es eine Vielzahl weiterer Nutzungsmöglichkeiten für die warmen Tiefenwässer, wie das Lindal-Diagramm (Tabelle 10.1) zeigt. Ist die Temperatur des Aquiferwassers entsprechend hoch, kann es demnach für industrielle Niedertemperaturanwendungen (Trocknen, Eindampfen etc.) eingesetzt werden. Bei geringerem Temperaturniveau ist immer noch ein Einsatz zur Fisch- und Pflanzenzucht möglich.

10.2 Geothermische Energiepotentiale

Nach der Darstellung der allgemeinen Grundlagen einer Nutzung der Erdwärme ist es das Ziel der folgenden Ausführungen, die entsprechenden Ressourcen und Reserven in Deutschland aufzuzeigen. Dazu werden zunächst die entsprechenden Begriffe definiert und die Ressourcen und Reserven mit ihrer regionalen Verteilung diskutiert. Außerdem werden die möglichen Nutzungstechniken kurz dargestellt.

10.2.1 Gesamte Vorratsbasis

Die weltweit gespeicherte geothermische Energie liegt bei rund 43 Mio. EJ, wenn nur Tiefen bis 3 km betrachtet werden; davon liegen jedoch rund 85 % auf einem Temperaturniveau von weniger als 100 °C vor (ca. 36 Mio. EJ). Somit ist zwar ein riesiges Energiepotential in der Erde gespeichert, das jedoch nur zu einem Bruchteil technisch nutzbar gemacht werden kann.

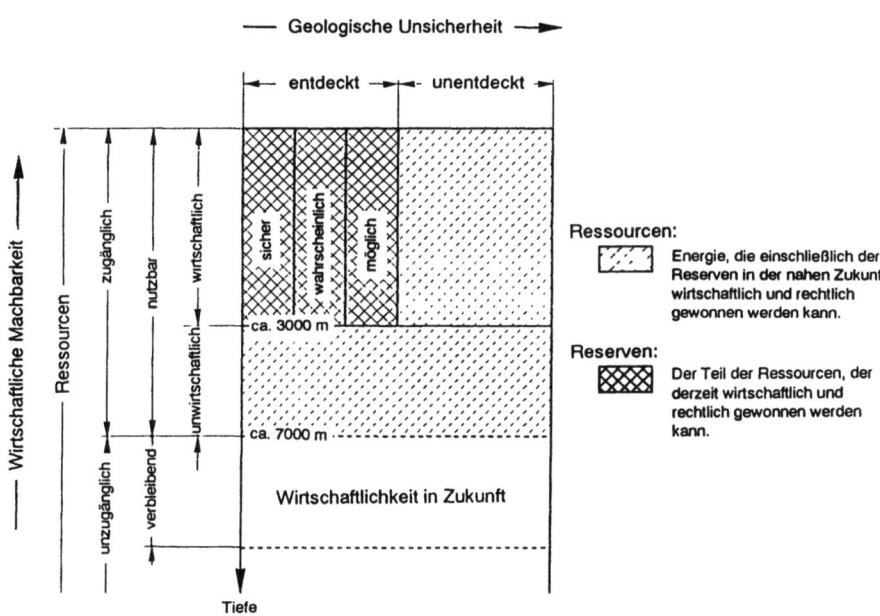

Abb. 10.1 McKelvey-Diagramm zur Klassifikation des geothermischen Potentials /10-3/

Das McKelvey-Diagramm (Abb. 10.1) zeigt den Zusammenhang zwischen der gesamten Vorratsbasis und dem davon gewinnbaren Anteil; es gibt einen Überblick über die einzelnen Abstufungen zwischen gespeicherter Energie und tatsächlich nutzbarer Lagerstätte. Die vertikale Achse repräsentiert die Tiefe und die wirtschaftliche Nutzung, die horizontale Achse die geowissenschaftlichen Erkenntnisse (vgl. /10-3/).

Von diesem gesamten Energievorrat kann nur bei dem Teil an eine Nutzung gedacht werden, der auch technisch zugänglich ist. Der zugängliche Energievorrat ist dabei der gesamte Vorrat an Energie, der sich zwischen der Erdoberfläche und der maximal erbohrbaren Tiefe befindet. Er läßt sich vereinfachend nach Gleichung (10.1) abschätzen.

$$ARB_z = V \rho c \frac{(T_z - T_o)}{2} \tag{10.1}$$

mit ARB_z zugänglicher Energievorrat (<u>A</u>ccessible <u>R</u>esource <u>B</u>ase)
     z maximal erbohrbare Tiefe
     V Volumen zwischen der Erdoberfläche und der maximal erbohrbaren Tiefe
     ρ mittlere Dichte des Gesteins
     c mittlere spezifische Wärmekapazität
     T_z Temperatur in der maximalen Tiefe
     T_o mittlere Erdoberflächentemperatur

Vom technisch zugänglichen Energievorrat kann aber tatsächlich nur ein gewisser Teil gefördert werden.

10.2.2 Nutzungstechniken

Zur technischen Entnahme der geothermischen Energie aus dem Erdboden ist ein Energieträgermedium notwendig. In der Regel wird es das im Untergrund gespeicherte Wasser sein. Abweichend davon wird bei Hochenthalpie-Lagerstätten, die zur Elektrizitätserzeugung genutzt werden, Dampf oder ein Dampf-Wasser-Gemisch gefördert. Auch kann Oberflächenwasser in den Untergrund verpreßt, durch die Gesteinswärme aufgeheizt und über eine Produktionsbohrung gefördert werden.

Grundsätzlich lassen sich darauf aufbauend drei prinzipiell unterschiedliche Möglichkeiten zur Nutzbarmachung der geothermischen Energie unterscheiden. Neben der Nutzung der im flachen Untergrund gespeicherten Energie kann die energetische Nutzbarmachung der in warmen Aquiferen befindlichen Erdwärme und der in heißen Gesteinsschichten gespeicherten Energie unterschieden werden.

Unter einem Aquifer wird dabei ein Gesteinskörper verstanden, der Hohlräume enthält (Poren oder Klüfte), die mit Grundwasser gefüllt sind. Solche Gesteinsschichten kommen in den Sedimenten auch in großen Tiefen vor; das Grundwasser muß dabei nicht notwendigerweise mit dem Wasserkreislauf der Oberflächenwässer in Verbindung stehen.

Energie des flachen Untergrunds. Im flachen Untergrund bis etwa 100 m Tiefe herrschen Temperaturen von 10 bis 16 °C. Bei heutiger Technologie können Erdwärmesonden in Verbindung mit Wärmepumpen diesen Energievorrat zur Beheizung dezentraler Systeme (Einfamilienhäuser, größere Gebäude, kleinere Betriebe etc.) nutzen (vgl. Abb. 10.2). Dabei wird den oberen Bodenschichten über eine Flachbohrung (Tiefe zwischen 50 und 100 m) Wärme entzogen; sie wird mit Hilfe einer Wärmepumpe auf ein Temperaturniveau von rund 50 °C angehoben, das eine Warmwasser- und Raumwärmebereitstellung ermöglicht.

Derartige Erdwärmesonden liefern i. allg. eine geothermische Leistung von rund 50 W pro Meter Bohrtiefe. Dabei ist der Energieaufwand für den Betrieb der Erdwärmesonden einschließlich der Wärmepumpe erheblich aufgrund der nur geringen nutzbaren Temperaturdifferenz; deshalb werden derartige Anlagen in Deutschland - im Gegensatz zur Schweiz und zu Österreich - heute kaum noch installiert.

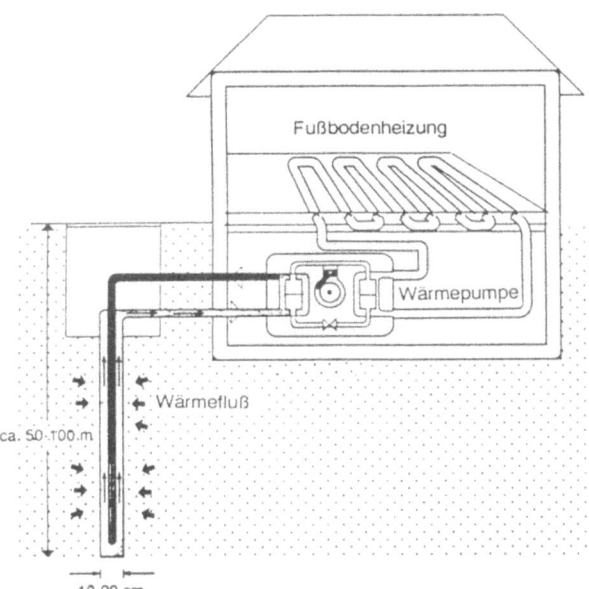

Abb. 10.2 Erdwärmesonden-Heizsystem für die Wärmegewinnung aus dem flachen Untergrund /10-22/

Energie der warmwasserführenden Aquifere. Das warme Wasser aus Aquiferen kann im einfachsten Fall durch Bohrungen gefördert, die darin enthaltene Wärmeenergie technisch genutzt und das abgekühlte Aquiferwasser anschließend in die jeweiligen Bäche bzw. Flüsse eingeleitet werden. Jedoch kann bei diesem Verfahren bei langandauernder Entnahme der hydrostatische Druck in der Lagerstätte absinken. Damit geht auf Dauer auch der Zustrom des Wassers zur Förderbohrung zurück. Zudem wird auf diese Weise nur die Wärme des Wassers genutzt und nicht der wegen der meist geringen Porosität der Aquifere viel größere Wärmeinhalt des Gesteins. Ein weiteres Problem dabei ist, daß bei den oft stark salzhaltigen Tiefenwässern eine Einleitung in die Oberflächengewässer aus Umweltschutzgründen meist nicht möglich ist.

Diese technischen Probleme können überwunden werden, wenn das Wasser nach der Abkühlung, also der energetischen Nutzung, in einer zweiten Bohrung, der sogenannten Injektionsbohrung, wieder an einer geeigneten Stelle in den Aquifer zurückgeleitet wird. Aufgrund der hohen Versalzung und um Ausfällungen zu vermeiden, ist dabei unbedingt zu beachten, daß kein Sauerstoff an das Thermalwasser kommt und der Druck aufrecht erhalten bleibt. Deshalb muß ein völlig geschlossener Primärkreislauf vorhanden sein; die Wärme wird dem Thermalwasser über Wärmetauscher entzogen und in einen sekundären Kreislauf dem Verbraucher zugeführt. Weitere Probleme, die jedoch größtenteils technisch beherrschbar sind, können sich durch eine Korrosion und durch Ablagerungen in den Rohrleitungen ergeben. Von der Injektionsbohrung aus kann das Wasser dann wieder durch die heiße Gesteinsschicht zur ersten Bohrung zurückfließen und dabei durch die im Gestein enthaltene Energie erneut aufgeheizt werden. In einer solchen als Dublette bezeichneten Anordnung aus einer Produktions- und einer Injektionsbohrung nimmt folglich das kalte Injektionswasser vom Gestein Wärmeenergie auf und wird als heißes Wasser in der Produktionsbohrung gefördert (vgl. Abb. 10.3) /10-22/.

Die um die Injektionsbohrung entstehende Abkühlungszone dehnt sich mit zunehmender Betriebsdauer aus und erreicht nach einer gewissen Zeit die Produktionsbohrung. Diese Zeit ist abhängig vom

10 Nutzung der Erdwärme

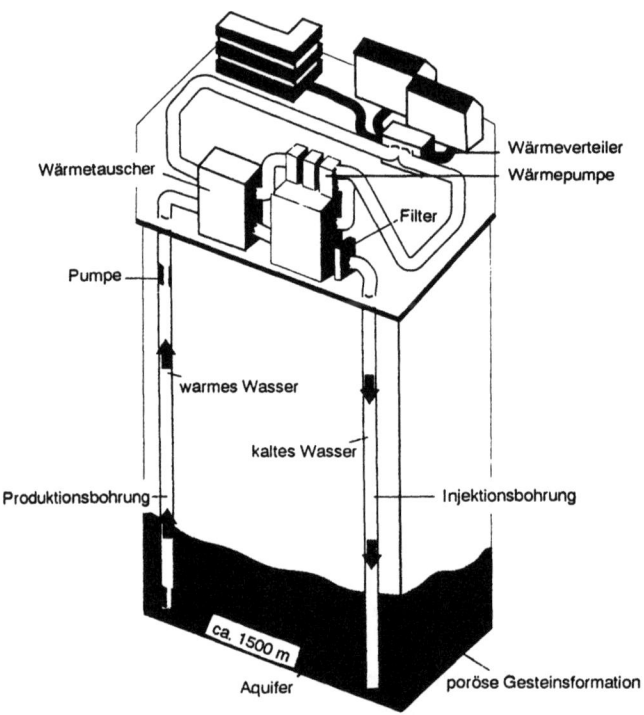

Abb. 10.3 Geothermische Wärmegewinnung im Dublettenbetrieb /10-22/

Abstand der Bohrungen, von den geologischen und gesteinsspezifischen Eigenschaften sowie der Mächtigkeit des Aquifers und von der Förderrate. Damit das entnommene Wasser nicht mit der Zeit kälter wird, müssen die Förderrate, der Bohrlochabstand und die oberirdische Abkühlung so gewählt werden, daß innerhalb der vorgesehenen Nutzungsdauer von z. B. 30 oder 50 Jahren die Abkühlungszone die Produktionsbohrung nicht erreicht. Aus dieser Bedingung ergibt sich ein Abstand zwischen Injektions- und Produktionsbohrung von ein bis zwei Kilometern. Da der Erdwärmestrom aus dem Erdinneren zu schwach ist, um die Abkühlung um die Injektionsbohrung auszugleichen, ist die Erdwärmenutzung aus Aquiferen immer ein Ausschöpfen - wenn auch u. U. über lange Zeiträume - endlicher Wärmevorräte (d. h. keine regenerative Energiequelle).

Infolge des hohen Stands der Technik beim Abteufen von Bohrungen für die Aufsuchung und Gewinnung von Erdöl und Erdgas gibt es keine grundsätzlichen technischen Probleme, die verfügbaren Aquifere anzubohren, Wasser an die Erdoberfläche zu fördern und es von dort wieder in die heißwasserführende Schicht zu verpressen. Ohne Berücksichtigung möglicher Korrosionsprobleme aufgrund des teilweise hohen Salzgehaltes der Tiefengewässer liegt die Nutzungsdauer einer Produktions- bzw. Förderbohrung bei mehr als 50 Jahren. Die einer Injektionsbohrung ist wegen des höheren Gasgehalts und des unvermeidlichen Schwebstoffgehalts des injizierten Wassers geringer.

Die aus Aquiferen entnehmbare Wärmeleistung hängt vom Temperaturniveau des Wassers und der Ergiebigkeit (d. h. Klüftigkeit bzw. Permeabilität und Mächtigkeit des Trägergesteins) ab und liegt etwa zwischen 500 kW_{th} und 10 MW_{th}. Die geeigneten Abnehmer sind daher durch Nahwärmesysteme zusammengefaßte Verbraucher. Der Prozeßwärmebedarf kann im Prinzip ebenfalls mit Erdwärme gedeckt werden, allerdings in der Regel nur auf einem relativ niedrigen Temperaturniveau (vgl. Tabelle 10.1).

Diese Art der Erdwärmenutzung ist im Regelfall sehr umweltfreundlich und vor allem emissionsfrei. Die einzige Umweltbeeinträchtigung tritt während des Abteufens der Bohrung auf, das je nach Tiefe drei bis sieben Monate dauern kann und die Errichtung von Lärmschutzwänden erfordert, falls Wohngebäude in der Nähe liegen. Der Bohrplatz kann aber nach dem Ende der Bohrarbeiten bis auf die Bohrlochöffnung wieder vollständig rekultiviert werden.

Ein großes Hindernis für die großtechnische Erdwärmenutzung ist das Bohrrisiko. Das bedeutet, daß nicht jede Bohrung den Aquifer dort trifft, wo eine genügend große Ergiebigkeit vorhanden ist. Zwar kann die Temperatur des Aquifers recht gut vorherbestimmt werden, die Menge des entnehmbaren Wassers und die Durchlässigkeit des Gesteins jedoch nicht. Ursache ist die Inhomogenität des Trägergesteins der Aquifere. In dem das heiße Wasser enthaltenden Gestein befinden sich Gebiete hoher und niedriger Ergiebigkeit, die von der Erdoberfläche in der Regel nicht vorherbestimmt werden können.

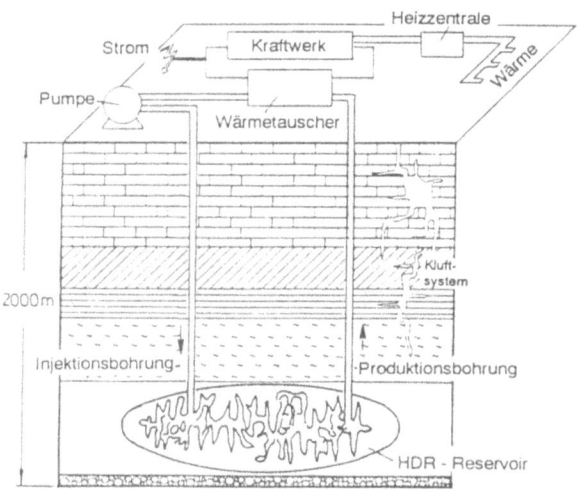

Abb. 10.4 Prinzip des Hot-Dry-Rock-Verfahrens /10-22/

Energie des heißen Gesteins. Ein weiteres Verfahren zur Nutzbarmachung der in der Erdkruste vorhandenen Energie ist das sogenannte Hot-Dry-Rock-Verfahren, das die im heißen und trockenen Gestein (hot dry rock) gespeicherte Energie nutzt. Es beruht auf der Annahme, daß das unter hohem Überlagerungsdruck stehende kristalline Grundgebirge nahezu trocken und undurchlässig ist. Dazu wird eine Tiefbohrung niedergebracht und anschließend das Grundgebirge aufgebrochen, z. B. durch ein hydraulisches Brechen ("frac"); dadurch werden Fließwege erzeugt, die durch das Einbringen von Füllstoffen oder durch Druck am Wiederverschließen gehindert werden und letztlich eine Wärmeaustauschfläche im Untergrund darstellen. Eine zweite Bohrung muß anschließend diesen aufgebrochenen Bereich durchteufen. Im Betrieb wird dann kaltes Oberflächenwasser durch die erste Bohrung in die Fließwege gepreßt, dort erwärmt und über die zweite Bohrung (Dublettenbetrieb) als Heißwasser gefördert. Das geologisch-technische Problem ist das Aufbrechen des Gesteins in großer Tiefe, um zwischen den beiden Bohrungen eine gute Fließverbindung und eine genügend große Wärmeaustauschfläche zu erzeugen. Der Betrieb erfolgt also in einem geschlossenen Kreislauf, in dem der Druck so hoch gehalten wird, daß die Trägerflüssigkeit nicht siedet. Je nach Temperaturniveau in dem Gesteinskörper kann das derart erwärmte Wasser zur Deckung des Raum- und Prozeßwärmebedarfs und u. U. auch zur Stromerzeugung genutzt werden (vgl. Abb. 10.4).

10.2.3 Ressourcen und Reserven

Unter den Ressourcen wird der Anteil des zugänglichen Energievorrats verstanden, der sich beim gegenwärtigen Stand der Technik dem Untergrund entnehmen läßt und möglicherweise auch eine wirtschaftliche Nutzung erwarten läßt (vgl. Abb. 10.1). Zur Abschätzung dieser geothermischen Ressourcen sind eine Vielzahl von geowissenschaftlichen Daten erforderlich, die im folgenden nur kurz aufgeführt sind.
- Geometrische Parameter der Aquifere (d. h. Ausdehnung, Nettomächtigkeit, Tiefe)
- Geologische Parameter (d. h. Stratigraphie, Lithologie, Faziesausbildung, Genese)
- Hydrogeologische Parameter (d. h. Salinität, Wasserchemismus, Neubildungsrate)
- Geophysikalische Parameter (d. h. Temperatur, Porosität, Permeabilität, Transmissivität, Ergiebigkeit)

Unter den Reserven wird der Anteil der Ressourcen verstanden, der beim gegenwärtigen Preisniveau wirtschaftlich genutzt werden kann (vgl. Abb. 10.1).

Bei der Abschätzung der geothermischen Reserven spielt damit die Wirtschaftlichkeit eine wesentliche Rolle; ein wichtiger Parameter sind dabei die Bohrkosten (vgl. Kap. 10.3). Wegen der exponentiellen Zunahme der Bohrkosten mit der Tiefe werden Abschätzungen der Reserven in normalen geothermischen Gebieten, wie in Mitteleuropa, nur bis zu einer Tiefe von ca. 3 000 m vorgenommen. Die Berechnung von Reserven hängt entscheidend von der Güte und der Dichte der zur Verfügung stehenden Daten ab. Hinsichtlich ihrer Sicherheit gelten Reserveberechnungen als
- gesichert, falls die Daten aus Bohrungen und entsprechenden Messungen gewonnen werden;
- wahrscheinlich, falls die Daten aus geologisch-geophysikalischen Explorationsarbeiten stammen;
- möglich, falls nur geologische Überlegungen zu Grunde liegen.

Tabelle 10.2 Geothermisches Potential und gegenwärtige Nutzung in der Bundesrepublik Deutschland

Zugänglicher Energievorrat	bis 7 km	ca. 650 000 EJ
	bis 3 km	ca. 120 000 EJ
Ressourcen (ohne Hot-Dry-Rock-Verfahren)		ca. 162 EJ
Reserven (ohne Hot-Dry-Rock-Verfahren)		ca. 38,5 EJ
	ca. 33 GW	ca. 385 PJ/a
Nutzung	34 MW	ca. 200 TJ/a

Der zugängliche Energievorrat für Deutschland läßt sich mit Gleichung (10.1) (vgl. Kap. 10.2.1) abschätzen. Als maximal erbohrbare Tiefe können 7 000 m angesetzt werden, da es in den Sedimentbecken in Norddeutschland und im Alpenvorland Bohrungen gibt, die zwischen 6 000 und 7 000 m

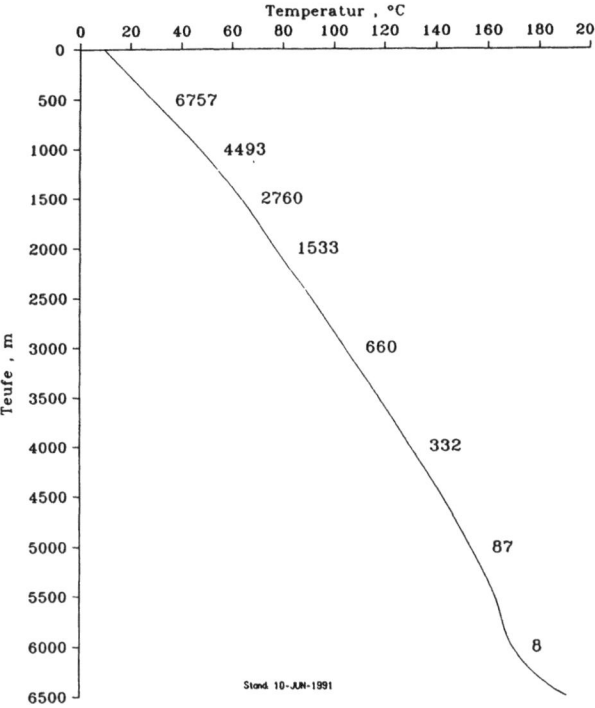

Abb. 10.5 Gemitteltes Temperatur-Tiefen-Profil für die Bundesrepublik Deutschland (die Zahlen geben die Anzahl der zur Verfügung stehenden Temperaturwerte aus Bohrungen wieder)

tief sind; in der Oberpfalz versucht man sogar, im Rahmen der Kontinentalen Tiefbohrung (KTB) eine Tiefe von 10 000 m im Kristallin zu erreichen (vgl. /10-21/). Werden normale Temperaturverhältnisse unterstellt (vgl. Abb. 10.5), beträgt für die Bundesrepublik Deutschland der zugängliche geothermische Energievorrat (vgl. Tabelle 10.2) in etwa 650 000 EJ. Berücksichtigt man wirtschaftliche Argumente, sind 3 000 m heute leicht zu erbohren. Der zugängliche geothermische Energievorrat für Deutschland reduziert sich für diese Tiefe auf rund 120 000 EJ. Er beträgt in Europa 8,6 Mio. EJ /10-5/.

Die regionale Temperaturverteilung kann von den Durchschnittswerten wesentlich abweichen; Abb. 10.6 zeigt die Temperaturverteilung 2 000 m unter der Erdoberfläche für die Bundesrepublik Deutschland. Auffällig sind die hohen Temperaturen im Oberrheingraben, die vermutlich durch grabenweite Grundwasserzirkulation in den Sedimenten hervorgerufen werden. Weitere positive Temperaturanomalien befinden sich in der Schwäbischen Alb südlich von Stuttgart bei Bad Urach und in der norddeutsch-polnischen Senke; hier sind vermutlich ebenfalls tiefreichende Grundwasserbewegungen die Ursache. Weitere Karten mit den in Tiefen zwischen 500 und 5 000 m anzutreffenden Temperaturen finden sich in einem westeuropäischen Temperaturatlas /10-6/ und aktualisiert in einem Atlas für Gesamteuropa.

Energie der warmwasserführenden Aquifere. Für die hydrogeothermische Energienutzung ist das Temperaturniveau (vgl. Abb. 10.6) nur ein Parameter. Entscheidend ist die Existenz von Aquiferen mit hinreichend großer Wasserführung in den entsprechenden Tiefen. In der Bundesrepublik Deutsch-

Abb. 10.6 Temperaturverteilung in Deutschland in 2 000 m Tiefe /10-7/

land findet man solche Aquifere in den großen Sedimentstrukturen des norddeutschen Beckens, des Oberrheintalgrabens und im süddeutschen Molassebecken (vgl. Abb. 10.7).

Das hydrogeothermisch interessanteste Gebiet in den alten Bundesländern ist der Bereich zwischen der Donau und den Alpen, das süddeutsche Molassebecken, wo vor allem das sehr gering mineralisierte Wasser des Malms genutzt werden könnte. In einem mehrjährigen Forschungsprojekt /10-9/ wurden die geothermischen Ressourcen und Reserven für den Malmkarst abgeschätzt (vgl. Abb. 10.8).

Zur Berechnung der Energievorräte wurde das gesamte Molassebecken im Modell mit einem Raster von Dubletten überzogen, wobei der Abstand der einzelnen Bohrungen jeweils rund 1 000 m beträgt. Für jede einzelne Dublette wurden dann die gewinnbaren Energiemengen und thermischen Leistungen, die am Bohrlochkopf zur Verfügung stehen, abgeschätzt. Da an die Nutzung der geothermischen Energie für größere Verbraucher-Einheiten gedacht ist, wurden nur die Aquiferbereiche mit einer Temperatur von mehr als 30 °C untersucht.

Abb. 10.8 zeigt die regionale Verteilung der geothermischen Ressourcen; der Isolinienabstand beträgt 4 PJ. Nach Norden wird das Gebiet der Ressourcen durch eine Null-Linie begrenzt, die in etwa der Lage der 30 °C-Isotherme der Temperaturen an der Malmoberkante entspricht. Die südliche Null-Linie ist zum großen Teil gleichzusetzen mit dem nördlichen Rand der sogenannten helvetischen Fazies. In diesem Gebiet sind die hydraulischen Durchlässigkeiten so gering, daß mit keiner nennenswerten Fördermenge gerechnet werden kann. Demzufolge ist auch kaum ein Energiegewinn möglich.

10.2 Geothermische Energiepotentiale   307

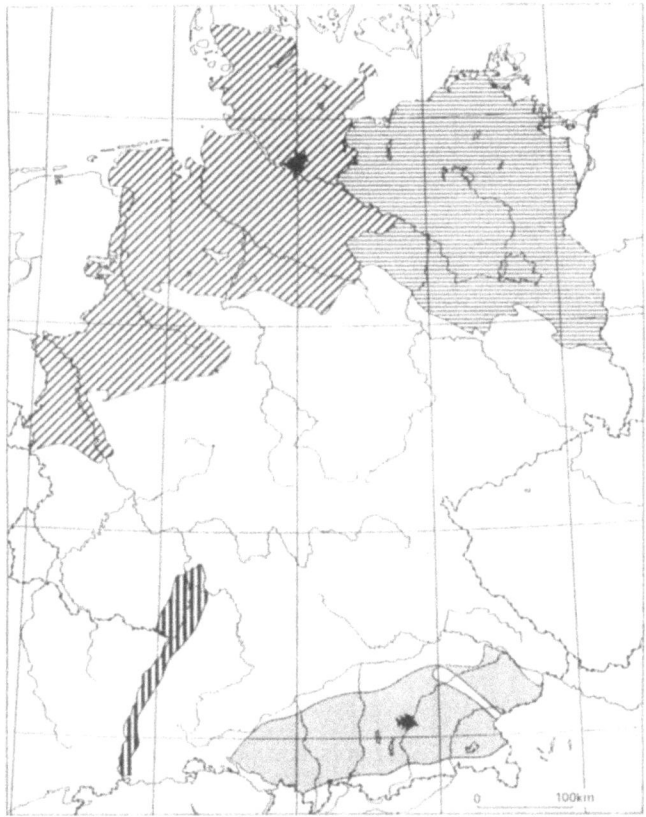

Abb. 10.7 Gebiete mit möglichen hydrogeothermischen Energievorräten in der Bundesrepublik Deutschland

Etwa 60 % der Ressourcen lassen eine wirtschaftliche Nutzung erwarten. Die Verteilung der geothermischen Reserven zeigt qualitativ etwa das gleiche Bild wie bei den Ressourcen. Lediglich die nach Süden begrenzende Null-Linie verlagert sich in der Mitte des Beckens stark nach Norden. Das heißt, daß hier zwar Gebiete mit nennenswerten Energievorräten vorhanden sind, diese aber aufgrund der zu großen Tiefenlage nicht als Reserven angesehen werden können.

In dem gesamten Untersuchungsgebiet liegen die Reserven in einer Größenordnung von rund 30 EJ. Insgesamt könnte eine thermische Leistung von rund 27 GW installiert werden, allerdings nur durch eine Vielzahl kleiner Anlagen mit Leistungen von maximal 35 MW /10-9/.

Zusätzlich sind weitere Aquifere auf dem Gebiet der alten Bundesländer untersucht worden /10-10/. Es handelte sich dabei um
- Schichten des Tertiärs und der Kreide im süddeutschen Molassebecken,
- Schichten des Trias im Oberrheingraben und
- einige ausgewählte Aquifere der Kreide im Emsland.

Die Ergebnisse sind summarisch in Tabelle 10.3 zusammengefaßt.

Für Nordwestdeutschland liegt bisher keine vergleichbare großregionale Studie vor. Deshalb ist 1991 mit den Arbeiten zur Abschätzung der geothermischen Ressourcen für das niedersächsische

308   10 Nutzung der Erdwärme

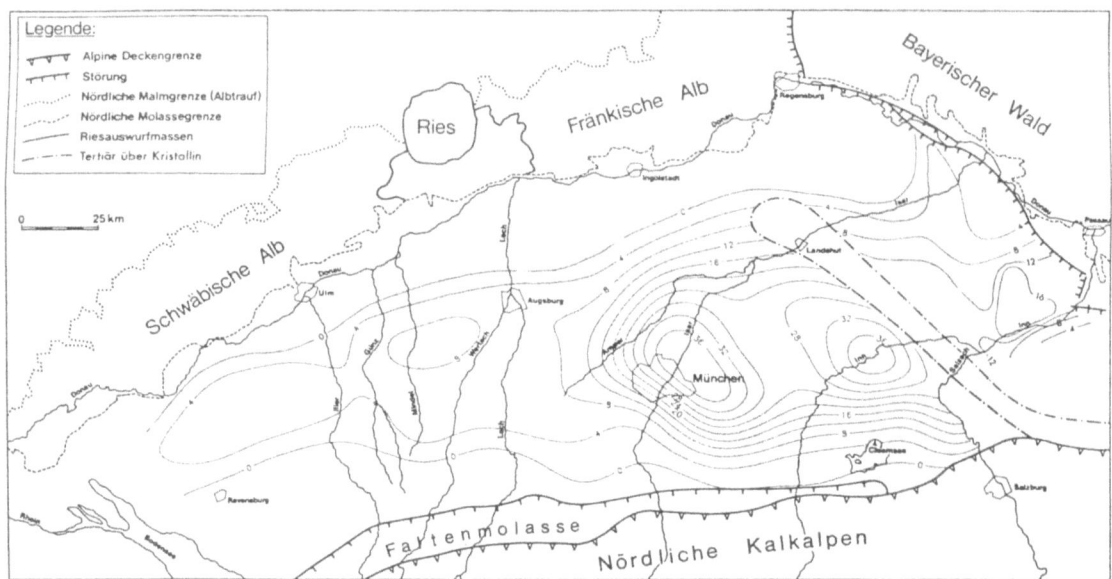

Abb. 10.8 Geothermische Ressourcen für den Malm-Karst (Jura) im süddeutschen Molassebecken (Isolinien der geothermischen Energie in PJ)

Becken begonnen worden (vgl. /10-11/). Dagegen ist das Gebiet der neuen Bundesländer großflächig geothermisch kartiert worden /10-4/. Dabei konnte der Nachweis erbracht werden, daß nördlich der Linie Magdeburg-Berlin-Cottbus geothermische Schichtwässer in flächenhafter Verbreitung mit Temperaturen von 50 bis 100 °C in Tiefen von 1 200 bis 2 500 m vorhanden sind. Insgesamt kann mit mehreren EJ als Reserven im Norddeutschen Becken gerechnet werden.

Bei den Wässern im süddeutschen Molassebecken handelt es sich in der Regel um Süßwasser, meist mit Trinkwasserqualität. Dagegen ist im Oberrheingraben und in Norddeutschland mit stark salzhaltigen Wässern zu rechnen, wobei der Salzgehalt mit der Tiefe zunimmt. Deshalb ist in diesen Gebieten eine Nutzung nur im Dublettenbetrieb (vgl. Abb. 10.3) möglich. In Süddeutschland kann dagegen u. U. mit Einzelbohrungen gearbeitet werden, solange das hydraulische Gleichgewicht im Aquifer nicht gestört wird.

Werden die Ressourcen und Reserven für die einzelnen Bundesländer (vgl. /10-4, 10-8, 10-24/) zusammengefaßt, ergibt sich Abb. 10.9. Demnach sind in Bayern wegen der hohen Ressourcen im Molassebecken die höchsten Potentiale gegeben. Aber auch in Baden-Württemberg (Molassebecken, Oberrheingraben) und in Rheinland-Pfalz (Oberrheingraben) sind beachtliche geothermische Energiereserven vorhanden. Im Gegensatz dazu nehmen sich die Möglichkeiten einer Geothermienutzung in Norddeutschland eher bescheiden aus. Ganz gering sind die geothermischen Potentiale im Saarland; hier sind nahezu keine Möglichkeiten der Erdwärmenutzung gegeben.

Die Ressourcen und Reserven in den neuen Bundesländern sind nicht in einer vergleichbaren Weise wie in den alten Ländern (vgl. Tabelle 10.3) erfaßt worden. Dabei handelt es sich bei den in Abb. 10.9 für die neuen Länder gezeigten Werten aber um gesicherte Reserven; sie dürften deshalb die untere Grenze der tatsächlich gegebenen Reserven darstellen. Darauf aufbauend können die

10.2 Geothermische Energiepotentiale   309

Tabelle 10.3 Ressourcen und Reserven von Aquiferen auf dem Gebiet der alten Bundesländer /10-8, 10-9, 10-10/

	Temperatur in °C	Ressourcen			wahrscheinliche Reserven		
		Fläche in km²	abs. in EJ	spez. in GJ/m²	Fläche in km²	abs. in EJ	spez. in GJ/m²
Norddeutsches Becken (Emsland)							
Bentheimer Sandstein	54	361	0,28	0,78	158	0,078	0,49
Valendis Sandstein	50	143	0,11	0,79	96	0,023	0,24
Süddeutsches Molassebecken (Ostteil)							
Burdigal Sande	45	268	0,22	0,82			
Aquitan Sande	45	736	1,33	1,82	124	0,100	0,80
Chatt Sande	53	3 348	10,48	3,13	2 044	1,850	0,90
Baustein Sande	42	304	0,14	0,47			
Ampf., Priabon	79	436	0,39	0,89	156	0,040	0,25
Gault/Cenoman	77	6 112	4,61	0,75	1 040	0,230	0,27
Malm	89	9 976	44,30	4,44	6 724	26,800	3,99
Süddeutsches Molassebecken (Westteil)							
Aquitan Sande	48	3 776	6,79	1,80			
Chatt Sande	72	2 564	9,05	3,53	944	1,050	1,11
Baustein Sande	45	880	0,36	0,41			
Malm	56	6 280	9,30	1,48	2 204	4,500	2,04
Oberer Muschelkalk	67	3 728	1,29	0,34	140	0,001	0,01
Oberrheintalgraben (Nordteil)							
Oberer Muschelkalk	137	2 068	3,17	1,53	1 880	0,210	0,11
Bundsandstein	137	2 746	45,72	16,65	2 574	1,830	0,71
Oberrheintalgraben (Südteil)							
Hauptrogenstein	79	332	0,49	1,47	236	0,019	0,08
Oberer Muschelkalk	75	1 616	1,11	0,69	764	0,033	0,04
Bundsandstein	83	1 688	9,78	5,80	628	0,220	0,35

abs. = absolut, spez. = spezifisch.

Ressourcen für Nordwestdeutschland - auch aufgrund der bisher vorliegenden Untersuchungen - geschätzt werden. Demnach sind die Ressourcen und Reserven in Mecklenburg-Vorpommern und in Brandenburg vergleichsweise hoch. Auch Sachsen-Anhalt verfügt noch über nennenswerte Möglichkeiten einer Geothermienutzung. Im Gegensatz dazu sind die Potentiale einer Erdwärmenutzung in Thüringen und in Sachsen vernachlässigbar gering. Insgesamt gesehen ist damit die Bundesrepublik Deutschland durch hydrogeothermische Ressourcen in der Größenordnung von rund 162 EJ und durch Reserven von rund 38,5 EJ gekennzeichnet (vgl. auch Tabelle 10.2).

Ausgehend von den in Abb. 10.9 dargestellten geothermischen Energiereserven kann auch die jährlich technisch mögliche Wärmeabgabe abgeschätzt werden. Dabei wird ein Dublettenbetrieb unterstellt, bei dem die Abkühlungsfront die Förderbohrung erst nach einem Betriebszeitraum von 25 bis 30 Jahren erreicht. Aber auch nach diesem Zeitpunkt kann die Förderung fortgesetzt werden, da - aufgrund der noch im Gestein gespeicherten Wärme - die Fördertemperatur nur sehr langsam absinkt,

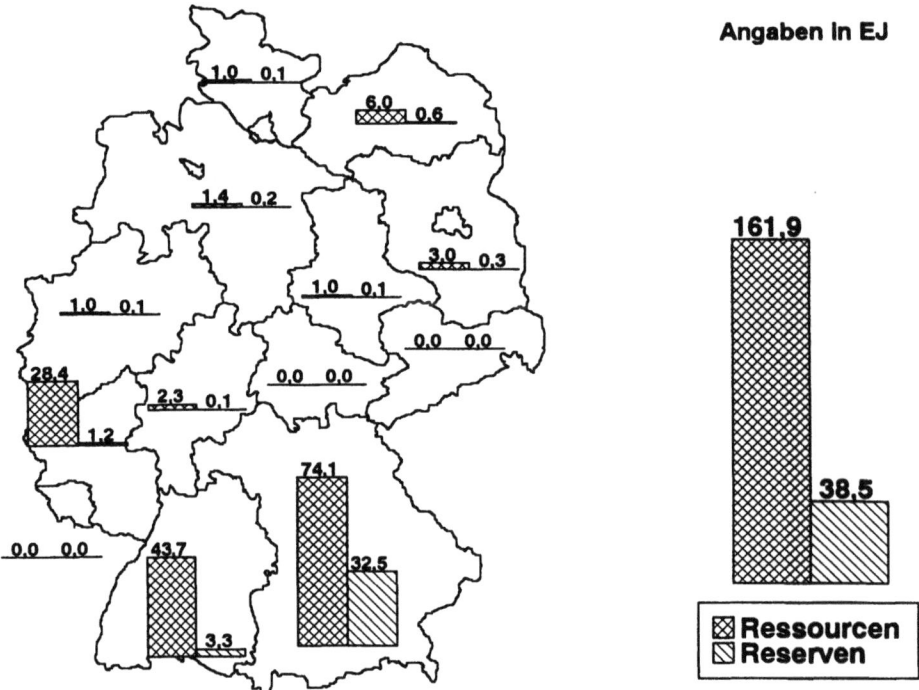

Abb. 10.9 Ressourcen und Reserven einer Nutzung der geothermischen Energie in einzelnen Bundesländern und in der Bundesrepublik Deutschland

sodaß Betriebszeiten von 50 Jahren und mehr gewährleistet sind. Geht man zusätzlich von einer Vollaststundenzahl von 4 000 bis 5 000 h/a aus, ergibt sich eine jährliche Wärmeabgabe, die rund bei einem Hunderstel der geothermischen Reserven liegt. Dieses jährliche Energiepotential bewegt sich demnach auf dem Gebiet der alten Bundesländer bei rund 374 PJ/a und in den neuen Ländern bei ca. 11 PJ/a. Die höchsten Wärmeabgaben sind dabei - aufgrund der größten Potentiale - in Bayern (ca. 325 PJ/a) und Baden-Württemberg (ca. 33 PJ/a) sowie in Rheinland-Pfalz (ca. 12 PJ/a) gegeben. Entsprechend sind im Saarland, in Sachsen und in Thüringen die Möglichkeiten der Erdwärmenutzung vernachlässigbar.

Verglichen mit dem gesamten Endenergieverbrauch in der Bundesrepublik Deutschland im Jahr 1991 entspricht dieses Wärmepotential einem Anteil von rund 4,1 %. Bezogen auf den Wärmeendenergieverbrauch könnte diese jährlich gewinnbare Erdwärme einen Beitrag von rund 6,6 % leisten.

Energie des flachen Untergrunds. Die bisher genannten Zahlen beziehen sich auf die hydrogeothermische Energienutzung. Für die untiefe Geothermie ergibt sich analog zu Tabelle 10.2 für den zugänglichen Energievorrat sowie für die entsprechenden Ressourcen und Reserven die folgende Zusammenstellung.

Zugänglicher Energievorrat	ca. 120 EJ
Ressourcen	ca. 120 PJ
Reserven	ca. 120 TJ

Die genannten Zahlen stellen nur eine grobe Abschätzung dar, die sich ergibt, wenn die Fläche der Bundesrepublik Deutschland mit einem gewinnbaren Temperaturniveau von 3 K bewertet wird. Jeweils ein Tausendstel des gesamten zugänglichen Energievorrates wurde als Ressource bzw. als Reserve ausgewiesen. Dabei handelt es sich bei dieser Nutzung - im Gegensatz zu den hydrogeothermischen Energiereserven - um eine echte regenerative Energiequelle. Selbst wenn die gesamten gespeicherten Ressourcen (ca. 120 PJ/a) innerhalb eines Jahres abgebaut werden könnten, würde durch den natürlichen Erdwärmestrom diese Wärmemenge wieder ersetzt. Bei einer mittleren Wärmestromdichte von rund 0,07 W/m^2 liegt die Leistung des Wärmestroms der Erde für das Gebiet der Bundesrepublik Deutschland bei rund 25 GW; dies entspricht einem Energieaufkommen von rund 788 PJ/a. Allerding muß zwischen den Erdwärmesonden ein genügend großer Abstand bestehen und in den Sommermonaten eine genügend lange Regenerationsphase bestehen.

Damit die Möglichkeiten der Nutzung der Reserven der untiefen Geothermie beschränkt; der mögliche Beitrag dieses regenerativen Energieträgers liegt unter einem Prozent bezogen auf den Endenergieverbrauch in der Bundesrepublik Deutschland.

Energie des heißen Gesteins. Der zugängliche Energievorrat, die Ressourcen und die Resserven, die mit der Hot-Dry-Rock-Technologie erschlossen werden könnten, lassen sich noch weitaus schwieriger abschätzen. Zum gegenwärtigen Zeitpunkt sind deshalb keine exakten Potentialangaben möglich. Die Ressourcen dürften aber noch ungleich höher wie die der hydrogeothermischen Energienutzung sein.

Tabelle 10.4 Installierte geothermische Heizungsanlagen in der Bundesrepublik Deutschland (Stand: Oktober 1990)

	Temperatur in °C	Ergiebigkeit in l/s	Leistung in MW	Nutzungsart
Neubrandenburg	60		10,00	D
Waren (Müritz)	60	14	5,20	D
Prenzlau	42	20	7,20	D
Aachen	68		0,82	B, D
Ems	43	1	0,16	B, D
Rodach	34	8	0,35	B
Staffelstein	54	4	1,70	B, D
Wiesbaden	69	13	1,76	B, D
Baden-Baden	70	3	0,44	B, D
Urach	58	10	1,00	B, D
Griesbach	60	5	0,20	D, G
Füssing	56	60	0,41	B, D
Biberach	49	40	1,17	B, G
Buchau	48	30	1,13	B, D
Saulgau	42	32	1,25	B, G
Waldsee	30	7	0,44	B, D
Konstanz	29	9	0,62	B

B = Bad, Brauchwasser; D = Gebäudeheizung; G = Gewächshaus.

10.2.4 Derzeitige Nutzung

Auf dem Gebiet der alten Bundesländer werden ca. 11 MW in 15 meist in Süddeutschland gelegenen Anlagen geothermisch genutzt. In den neuen Bundesländern befinden sich drei Anlagen mit einer thermischen Leistung von rund 22 MW. Tabelle 10.4 gibt einen Überblick über bestehende und in Bau befindliche Anlagen.

Neun Objekte sind im süddeutschen Molassebecken gelegen; das Thermalwasser wird entweder aus dem verkarsteten Malm oder aus den Tertiärsandsteinen gewonnen. Weitere geothermische Projekte liegen im Oberrheingraben; hier werden meist Thermalquellen ausgenutzt.

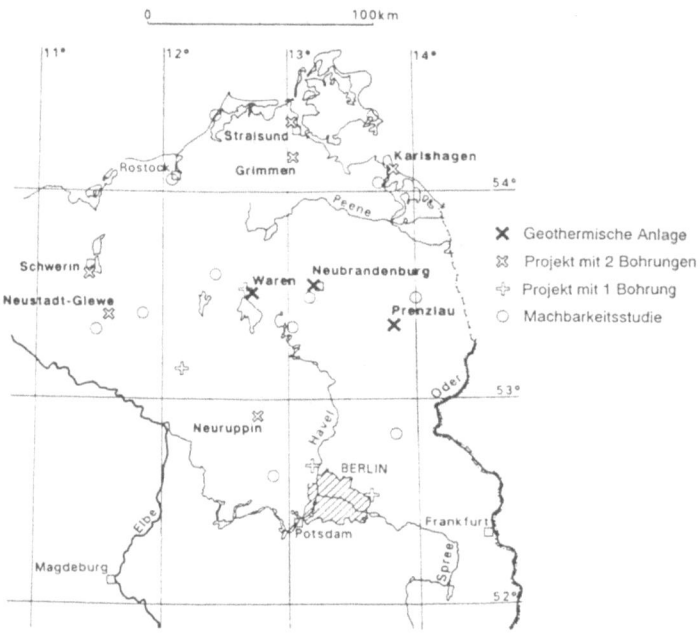

Abb. 10.10 Geothermische Anlagen und Projekte in Nordostdeutschland

In der ehemaligen DDR wurden drei geothermische Heizzentralen (GHZ) mit einer installierten Leistung von etwa 22 MW und einer jährlichen Energieabgabe von rund 32 GWh betrieben /10-11/. Eine Pilotanlage befindet sich in Waren/Müritz; sie wurde 1984 in Betrieb genommen. Die Gesamtleistung beträgt 5,2 MW, wovon 3,6 MW rein geothermisch gewonnen werden können. Das Wasser wird mit 60 °C und 14 l/s aus 1 560 m gefördert. Da es hoch mineralisiert ist - 160 g/l, davon 90 % Kochsalz -, muß es in einer zweiten Bohrung wieder in das Trägergestein verpreßt werden (Dublettenbetrieb, vgl. Abb. 10.3). Der Abstand der Bohrungen beträgt rund 1,3 km, die Tiefe der Injektionsbohrung 1 470 m. Diesem Wasser wird die Wärme über zwei Wärmetauscher entzogen und dadurch eine Abkühlung auf ca. 38 °C realisiert. Bei Außentemperaturen über 15 °C reicht dieser erste Kreislauf aus (Leistungszahl ca. 15). Bei Temperaturen unter 15 °C wird über einen dritten Wärmetauscher das Wasser auf 10 °C abgekühlt. Mit bis zu vier Wärmepumpen wird die erforderliche

Vorlauftemperatur für die Wärmeversorgung erreicht. Dabei sinkt die Leistungszahl von 8 (eine Wärmepumpe) auf 4,5 (vier Wärmepumpen). Bei Temperaturen unter -5 °C wurden zur Abdeckung von Spitzenleistungen in der Vergangenheit bis zu drei Nachtstrom-Elektrokessel mit einem Heißwasserspeicher (160 °C) zugeschaltet. Versorgt wird mit dieser geothermischen Heizzentrale eine Siedlung mit 806 Wohnungen und der zugehörigen Infrastruktur einschließlich einer Schule.

Seit Juni 1988 wurde eine weitere Heizanlage in Prenzlau betrieben. Im Dublettenbetrieb werden ca. 20 l/s aus 1 000 m mit 42 °C gefördert. In Neubrandenburg sind bis 1987 vier Bohrungen für eine Doppel-Dublette niedergebracht worden. Eine geothermische Heizzentrale mit 10 MW zur Versorgung der Pädagogischen Hochschule ist installiert. Die Installation von weiteren 10 MW aus vier zusätzlichen Bohrungen wurde geplant.

Infolge der deutschen Wiedervereinigung haben sich die wirtschaftlichen Rahmenbedingungen für die Anlagen in Nordostdeutschland wesentlich verändert. Die drei bestehenden Anlagen müssen teilweise saniert werden, um vor allem durch Automatisierung des Übertagebetriebes zu einer wesentlichen Senkung der Betriebskosten zu gelangen. In Neustadt-Glewe ist die Errichtung einer neuen Pilotanlage geplant (Abb. 10.10), die bei Lagerstätten-Temperaturen von 98 °C arbeiten soll.

In Nordwestdeutschland bestehen Überlegungen, im Rahmen der Weltausstellung Expo 2000 im nördlichen Umland von Hannover eine Demonstrationsanlage zu erstellen.

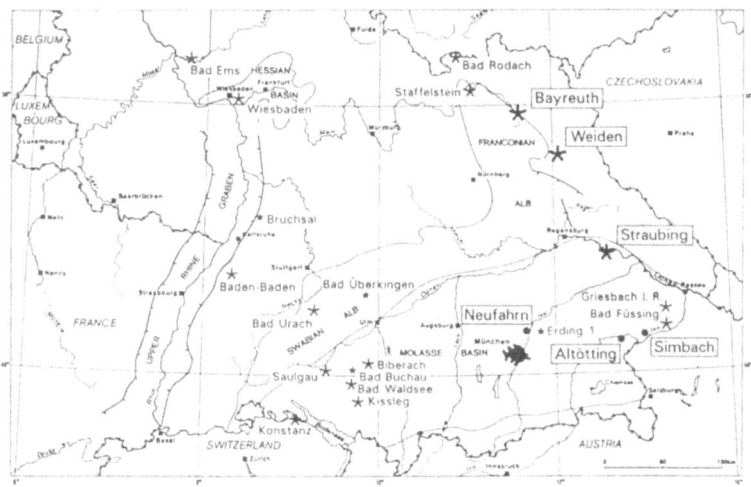

Abb. 10.11 Geothermische Anlagen und Projekte in Süddeutschland (bis 1988 /10-8/)

In Süddeutschland sind für eine Reihe von Objekten erfolgreich Bohrungen niedergebracht worden (Abb. 10.11). Einzelne Geothermieprojekte werden im Laufe der nächsten Jahre den Betrieb aufnehmen. Auf Grund der geowissenschaftlichen Voruntersuchungen haben mehrere Kommunen zur Zeit Durchführbarkeitsstudien in Auftrag gegeben, so daß insbesondere im Molassebecken in Zukunft mit weiteren Projekten zu rechnen ist.

314   10 Nutzung der Erdwärme

10.3 Kosten einer geothermischen Energienutzung

Neben den Ressourcen und Reserven sind auch die Energiegestehungskosten ein wesentliches Kriterium für die Bewertung der Möglichkeiten und Grenzen einer geothermischen Energienutzung. Sie werden deshalb im folgenden - sowohl für eine Stromerzeugung als auch für eine Wärmegewinnung - diskutiert. Anschließend werden die Kosten konkret realisierter Projekte dargestellt. Dabei muß jedoch beachtet werden, daß die Aufwendungen einer Erdwärmenutzung sehr vom Einzelfall abhängen und aufgrund der jeweils unterschiedlichen geologischen Gegebenheiten, des Bohrrisikos und anderer Parameter innerhalb eines sehr weiten Bereichs schwanken können. Deshalb können die folgenden Ausführungen nur die grobe Größenordnung der möglichen Kosten aufzeigen.

10.3.1 Stromgestehungskosten

Wegen der starken Abhängigkeit der geothermischen Energienutzung von den geologischen Untergrundverhältnissen ist es insbesondere bei der Stromerzeugung schwierig, allgemeingültige Aussagen über die Stromgestehungskosten aus geothermischen Anlagen zu machen.

Die Nutzung von Dampflagerstätten für die Erzeugung elektrischer Energie ist wirtschaftlich und technisch erprobt. Strom aus geothermischen Kraftwerken - weltweit sind mehr als 5 800 MW installiert - wird in den Betreiberländern fast ausnahmslos zu Kosten erzeugt, die im Bereich der vergleichbaren Aufwendungen für die konventionellen Optionen bzw. darunter liegen.

Als typische Beispiele für die Kosten geothermischer Elektrizitätserzeugung für unterschiedliche geologische und wirtschaftspolitische Regionen können die Stromerzeugungskosten von Italien (ca. 8 bis 12 Pf/kWh), den Philippinen (ca. 6 bis 9 Pf/kWh), von Saint Lucia (ca. 16 bis 19 Pf/kWh) und den USA (ca. 10 bis 11 Pf/kWh) gelten (Stand 1990, 1 US $ = 1,80 DM) /10-15/.

Eine besondere Rolle hinsichtlich geothermischer Stromerzeugung nimmt Island ein. Hier werden rund 85 % der Raumheizung durch geothermische Energie gedeckt, aber nur 6 % (ca. 0,267 TWh/a, 1990) der Stromproduktion, die überwiegend aus der Wasserkraft stammt. Die ökonomisch und ökologisch nutzbaren geothermischen Reserven liegen bei rund 20 TWh/a. Es ist hier ein stufenweiser Ausbau geplant. So beträgt im Nesjavellir-Heizkraftwerk die gegenwärtig installierte thermische Leistung rund 100 MW, womit ein wesentlicher Teil der Fernwärmeversorgung des 25 km entfernt gelegenen Reykjavik gedeckt wird. In einer weiteren Ausbaustufe ist die Erweiterung der thermischen Leistung auf rund 200 MW bei einer elektrischen Leistung von 30 bis 37 MW geplant. Die Gesamtinvestitionen für den thermischen Teil der Anlage einschließlich der Bohrungen liegen bei rund 170 Mio. DM und für den elektrischen Kraftwerksteil zusätzlich bei rund 45 Mio. DM. Bei einer Vollaststundenzahl von rund 7 000 h/a würden die Stomgestehungskosten dann bei nur 1,5 Pf/kWh liegen. Diese sehr geringen Gestehungskosten für die elektrische Energie liegen - neben den sehr günstigen geologischen Bedingungen auf Island - im wesentlichen auch darin begründet, daß ein Teil der Anlagenkosten der Fernwärme angelastet wird. Zukünftig ist auch an den Export von Energie gedacht, z. B. über ein Tiefseekabel für 400 kV Gleichstrom zum europäischen Festland (Island - Cuxhaven, 1 830 km), oder die Erzeugung von Wasserstoff und Transport per Tanker oder Pipeline.

Die Elektrizitätserzeugung aus Erdwärme, die im heißen trockenen Gestein des Untergrundes gespeichert ist (Hot-Dry-Rock-Verfahren), wird zur Zeit erprobt; Aussagen über die Kosten sind deshalb nur auf der Basis von Modellrechnungen möglich. Die Leistungen von einzelnen Hot-Dry-Rock-

Anlagen werden in dem Bereich von 50 bis 100 MW liegen bei Eingangstemperaturen um 200 °C, sodaß sich die KraftWärme-Kopplung anbietet. Theoretische Kostenanalysen lassen Gestehungskosten für die elektrische Energie von unter 50 Pf/kWh erwarten. Besonders günstige Bedingungen in Deutschland herrschen im Raum Landau mit zu erwartenden Stromgestehungskosten von unter 28 Pf/kWh und im Oberrheingraben bzw. bei Bad Urach mit unter 32 Pf/kWh. Insgesamt sind in Süddeutschland - ohne die Alpen und den Bayerischen Wald - Gestehungskosten für die elektrische Energie von unter 37 Pf/kWh zu erwarten /10-27/.

10.3.2 Wärmegestehungskosten

Die Bereitstellungskosten von Wärme aus geothermischer Energie sind geprägt von
- hohen Investitionen, insbesondere für die Bohrungen, und
- geringen Betriebskosten.

Tabelle 10.5 Kostenkomponenten und geschätzte Investitionen zur Ermittlung der Produktionsaufwendungen für die geothermische Wärmebereitstellung

Gelände (Erwerb und Erschließung)	ca. 500 000 DM
Exploration	ca. 1 000 000 DM
Injektions- und Förderpumpen	ca. 300 000 DM
Wärmetauscher	ca. 70 000 DM
Wärmepumpenanlage	ca. 2 600 000 DM
Zirkulationspumpe	ca. 100 000 DM
Gebäude	ca. 500 000 DM
Leitungen zur Extraktionsbohrung	ca. 150 000 DM
Leitungen zur Injektionsbohrung	ca. 50 000 DM
Rekultivierung	ca. 50 000 DM
Sonstiges	ca. 100 000 DM
Zwischensumme	ca. 5 420 000 DM
Injektionsbohrung	Gleichung (10.2)
Extraktionsbohrung	Gleichung (10.2)
Fehlbohrung	Gleichung (10.2)

Um trotz unterschiedlicher geologischer Bedingungen Aussagen über die Größenordnung möglicher Wärmegestehungskosten treffen zu können, lassen sich einfache Modellrechnungen heranziehen. Dabei kann von der in Tabelle 10.5 dargestellten Größenordnung der möglichen Aufwendungen ausgegangen werden.

Einen wesentlichen Einfluß üben die Bohrkosten aus. Sie können nach Gleichung (10.2) abgeschätzt werden /10-16/.

316   10 Nutzung der Erdwärme

$$BK = f_1 \, z \, e^{(f_2 \, z)} \qquad (10.2)$$

mit
- BK   Bohrkosten in DM
- f_1 Skalierungskoeffizient (f_1 = 2 000 DM/m)
- f_2 Skalierungskoeffizient (f_2 = 0,0001 m^{-1})
- z   Bohrtiefe in m

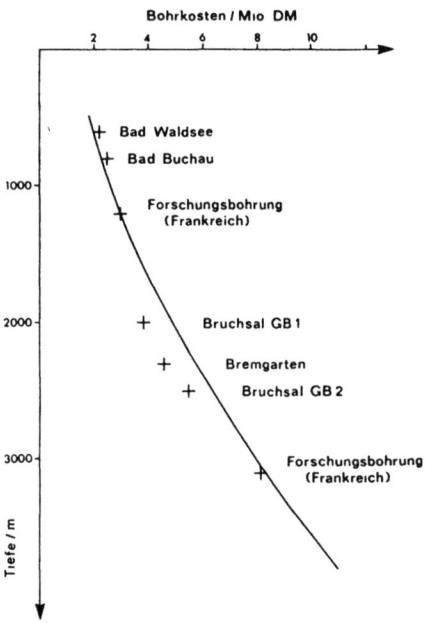

Abb. 10.12 Bohrkosten als Funktion der Tiefe gemäß Gleichung (10.2) mit Kosten für Geothermie- und Forschungsbohrungen in Deutschland und Frankreich

Abb. 10.12 zeigt eine Darstellung der Bohrkosten als Funktion der Tiefe gemäß Gleichung (10.2) zusammen mit einigen bekannten realen Werten für Geothermiebohrungen. Die obige Wahl der Skalierungskoeffizienten führt damit zu einer Kostenabschätzung, die die Breite der bisher bekannten Bohrkosten für Geothermiebohrungen überdeckt.

Bei den Betriebskosten müssen u. a. die Kosten für die Wärmepumpenanlage, für Reparatur und Wartung und für das Personal berücksichtigt werden.

Die Tiefe der geothermischen Lagerstätte bestimmt über die Bohrkosten im wesentlichen die Bereitstellungskosten für die geothermische Wärmeerzeugung. Damit sind die spezifischen Aufwendungen für die Wärmebereitstellung aus oberflächennahe Lagerstätten - wie es sie beispielsweise in Island gibt - deutlich kostengünstiger als die aus den in Mitteleuropa verfügbaren hydrothermalen Systemen. Dies geht auch aus Tabelle 10.6 hervor. Hier sind die Wärmebereitstellungskosten frei geothermischer Heizanlage für unterschiedliche Standorte in Europa dargestellt. Demnach bewegen sich die Bereit-

Tabelle 10.6 Mittlere Wärmegestehungskosten für geothermische Anlagen in Europa frei Heizanlage /10-28/

Anlagentyp (Land)	Temperatur	Wärmegestehungskosten
Einbohrlochverfahren (Island)	> 100 °C	2,9 - 4,2 Pf/kWh
Dublette mit Direktnutzung (Frankreich)	> 60 °C	5,3 - 7,5 Pf/kWh
Dublette mit Wärmepumpe (Frankreich)	> 50 °C	6,2 - 8,4 Pf/kWh
Wärmepumpensysteme (Frankreich)	ca. 40 °C	7,1 - 10,8 Pf/kWh

stellungskosten für die Erdwärme zwischen knapp 3 Pf/kWh unter sehr günstigen Rahmenbedingungen und etwa 11 Pf/kWh unter weniger günstigen Umständen.

Für die Bundesrepublik Deutschland kann von ähnlichen Verhältnissen ausgegangen werden, wie sie derzeit in Frankreich gegeben sind. Allerdings sind - aufgrund der klimatischen Verhältnisse - auf jeden Fall die Aufwendungen für eine Wärmepumpenanlage zu berücksichtigen.

Für die Abschätzung der geothermischen Reserven (vgl. Kap. 10.2.3) wurde als obere Grenze für die Wärmegestehungskosten frei geothermischer Heizanlage ein Aufwand von 15 Pf/kWh angesetzt. Potentiale, die nur mit höheren Kosten erschlossen werden könnten, gelten nicht als Reserven, sondern als Ressourcen.

10.3.3 Beispiele

In Frankreich existieren derzeit 66 geothermische Heizanlagen, davon 54 im Großraum Paris und 12 in aquitanischen Becken (südlich von Bordeaux). Mit Wärme und Warmwasser aus diesen Anlagen werden ca. 200 000 Wohnungseinheiten versorgt.

Die geothermischen Heizanlagen im Pariser Becken werden als Dubletten mit einer Produktions- und einer Injektionsbohrung betrieben. Im Mittel sind die beiden Bohrungen 1 700 m tief. Die Wärmeleistung einer solchen typischen Anlage beträgt etwa 10 MW; dies setzt voraus, daß aus der Produktionsbohrung heißes Wasser mit einer Pumprate von 40 bis 75 l/s gefördert werden kann und - ebenso wichtig -, daß die Injektionsbohrung dieses Wasser nach der Abkühlung im Wärmetauscher auch wieder schluckt. Die Injektion sollte so erfolgen, daß der hydraulische Zustand (Druck, Wassergehalt) in der genutzten, wasserführenden Schicht erhalten bleibt. Der Abstand zur Extraktionsbohrung muß so groß sein, daß im Verlauf von 25 bis 40 Jahren keine nachteilige Abkühlung in der Produktionsbohrung auftreten kann. Dies erfordert in der Regel Abstände von 1 bis 2 km zwischen den beiden Bohrungen. Anlagen dieser Größenordnung versorgen ca. 3 500 Wohnungen mit Wärme und Warmwasser (vgl. /10-19/).

Da geothermische Anlagen im wesentlichen durch die Amortisation des eingesetzten Kapitals belastet sind, jedoch keine Kosten für eingesetzte Brennstoffe auftreten, spielen bei der Kostenermittlung sowohl die Inflationsrate als auch das Zinsniveau eine ausschlaggebende Rolle. Zudem hat jede Anlage eine durch die natürlichen Voraussetzungen geprägte eigene Kostenstruktur. Dies besagt, daß die Tiefe des Warmwasservorkommens, der Wasserchemismus, Korrosion, Lagerstättendruck und Pumpenleistung für die Wasserförderung sehr individuelle Größen sind. Beispielsweise sind für den Bau einer geothermischen Anlage Anfangsinvestitionen von 17,5 Mio. FF (ca. 5,3 Mio. DM) im wesentlichen für die beiden Bohrungen erforderlich. Für Pumpen, Wärmetauscher, Rohrleitungen und einige Anpassungen beim Verbraucher entstehen weitere Aufwendungen; zusammengenommen muß mit 40 bis 50 Mio. FF (ca. 12 bis 14 Mio. DM) pro Anlage gerechnet werden /10-17/. Daraus ergeben sich letztlich spezifische Wärmegestehungskosten zwischen 2,7 und 10,8 Pf/kWh.

Vergleichbare Anlagen in Deutschland bestehen nur in den neuen Bundesländern (vgl. Abb. 10.10). Bei den drei geothermischen Heizanlagen handelt es sich jedoch um Pilotanlagen, die sowohl aus technischer wie aus wirtschaftlicher Sicht nicht als optimal zu bezeichnen sind. Die geothermische Heizzentralen in Waren (Inbetriebnahme 1984) und Neubrandenburg (1988) versorgten ohne zusätzliche Spitzenlast-Heizwerke ihre kommunalen Wärmeabnehmer, die Anlage in Prenzlau (1988) arbeitete in Kopplung mit einem Kohleheizwerk (vgl. auch /10-26/). Auch diese geothermischen Anlagen sind außerordentlich kapitalintensiv. Die Investitionen für eine solche Anlage betrugen rund 42 Mio. M (DDR) /10-11/, wobei sich diese Kosten auf drei technische Hauptkomplexe aufteilen:

- Produktions- und Injektionsbohrungen 47 %
- Transportsystem (Rohrleitungen) 26 %
- Wärmetechnische Anlagen 27 %

Die kapitalgebundenen Kosten machen eine möglichst hohe Auslastung der Anlage erforderlich. Im Falle der drei bestehenden geothermischen Heizzentralen kann diesem Erfordernis noch nicht entsprochen werden. Die Wärmegestehungskosten liegen nach einer entsprechenden Umbewertung (1990) bei 15 bis 30 Pf/kWh. Diese hohen Kosten erklären sich aus
- der Nichtauslastung der installierten Leistung,
- der niedrigen Vollaststundenzahl,
- der niedrigen energetischen Effizienz, welche einerseits durch geringe primäre Thermalwassertemperaturen verursacht wird, andererseits durch neue Wärmepumpensysteme verbessert werden kann und
- dem zu hohem Personaleinsatz infolge der zu geringen Automatisierung des Betriebes.

Am Beispiel der geothermischen Heizzentrale in Waren konnte gezeigt werden, daß eine wesentliche Reduzierung des Erzeugungsaufwandes von 16 Pf/kWh auf 9 Pf/kWh durch Sanierung und Modernisierung möglich ist /10-11/.

Eine umfassende geowissenschaftliche Standortanalyse und eine Machbarkeitsstudie für ein konkretes Projekt ist deshalb unbedingt erforderlich. Die geologischen Erkundungsarbeiten und praktischen Erfahrungen der letzten Jahre ermöglichen jedoch einige generelle Aussagen /10-18/.

- Die spezifischen Investitionen in DM je kW sind stark tiefen- und produktivitätsabhängig. Sie können unter 2 000 DM/kW in einem Teufenbereich ab 2 000 m bei einer Produktionsrate von 30 l/s liegen und sinken für 40 l/s bereits unter 1 400 DM/kW. Entsprechend gestalten sich die kapitalgebundenen Kosten.
- Der Bereitstellungsaufwand ist von der Tiefe des Wasserreservoirs, dessen Produktivität und der zeitlichen Auslastung der Anlage abhängig. Eine kostengünstige Wärmebereitstellung im Bereich von 3 bis 5 Pf/kWh kann erzielt werden, wenn die Förderraten 30 bis 40 l/s oder mehr betragen, die Thermalwassertemperatur über 60 °C liegt und eine Auslastung der Kapazität von 6 000 bis 8 000 Vollaststunden gesichert wird.
- Der Auslastungsgrad der Anlage und das Temperaturniveau des Heiznetzes beeinflußt maßgeblich den notwendigen Aufwand an Wärmepumpenarbeit und somit die energetische Effektivität der Gesamtanlage. Die wirtschaftlichen Faktoren erfordern geothermische Energie stets als Grundlast mit hohen Vollaststunden auszunutzen, geothermische Anlagen möglichst im Verbund mit anderen Wärmelieferanten zu betreiben, Niedrigtemperaturheizsysteme zu versorgen und Mehrfachnutzung des Thermalwassers in unterschiedlichen Temperaturniveaus vorzunehmen.

11 Zusammenfassender Vergleich

Ziel der Ausführungen in Kap. 2 bis 10 ist es, die technischen Energiepotentiale der jeweils untersuchten regenerativen Energieträger unter Berücksichtigung der regionalen Unterschiede darzustellen. Außerdem werden die mit der Nutzung dieses erneuerbaren Energieangebots verbundenen Energieträgerkosten und die korrespondierenden Nutzenergiebereitstellungskosten analysiert und diskutiert.

Bei dieser jeweils singulären Betrachtung, in der die jeweilige Energieträgeroption unabhängig von anderen, u. U. gleichzeitig oder zusätzlich gegebenen Möglichkeiten zur Nutzbarmachung des regenerativen Energieangebots untersucht wurde, hat sich gezeigt, daß sowohl die technischen Energiepotentiale als auch die Energiekosten zwischen verschiedenen Kreisen bzw. Bundesländern in einem sehr weiten Bereich variieren können. Im folgenden werden deshalb die verschiedenen Optionen einander gegenübergestellt und vor dem Hintergrund des gegenwärtigen Energiesystems in der Bundesrepublik Deutschland diskutiert. Dabei wird unterschieden zwischen den Möglichkeiten, die das Energieangebot der Atmosphäre zur Stromerzeugung nutzen, den Optionen zur Erzeugung von festen oder flüssigen Energieträgern auf pflanzlicher Basis und den Möglichkeiten zur Nutzung des regenerativen Reststoffangebots. Da die solare Wärmegewinnung und die Möglichkeiten der Erdwärmenutzung diesen drei Gruppen nicht eindeutig zuzuordenen sind, werden sie gesondert diskutiert.

11.1 Potentiale und Energiebedarf

Ziel dieses Abschnittes ist ein Vergleich der Potentiale der verschiedenen regenerativen Optionen untereinander und mit dem gegenwärtigen Endenergieverbrauch. Dabei werden zunächst die Möglichkeiten miteinander verglichen, die nach übergeordneten Kriterien zusammengefaßt werden können. Anschließend erfolgt ein Gesamtpotentialvergleich, für den die technischen Potentiale der erneuerbaren Energieträger primärenergetisch bewertet und die bei einer kombinierten Nutzung gegebenen potentialmindernden Restriktionen berücksichtigt werden.

11.1.1 Energieangebot der Atmosphäre

Beim Energieangebot der Atmosphäre, das direkt zur Gewinnung elektrischer Energie genutzt werden kann, handelt es sich um die solare Strahlung, die Windenergie und die Wasserkraft. Die technisch möglichen Stromerzeugungspotentiale und die entsprechenden Endenergiepotentiale der regenerativen

Optionen, die dieses Energieangebot zur Gewinnung elektrischer Energie ausnutzen, werden im folgenden zunächst untereinander verglichen. Anschließend werden sie dem gegenwärtigen Stromaufkommen in der Bundesrepublik Deutschland und dem entsprechenden Endenergieverbrauch an elektrischer Energie gegenübergestellt.

Photovoltaische Stromerzeugung. Das technische Potential einer photovoltaischen Stromerzeugung ergibt sich aus den für eine Installation von Solarmodulen theoretisch verfügbaren Flächen; unter Berücksichtigung der gegenwärtigen Landnutzung handelt es sich dabei im wesentlichen nur um die Dachflächen und einen Teil der landwirtschaftlich genutzten Flächen.

Die auf den Dächern der unterschiedlichen Haustypen installierbaren Kollektorflächen lassen sich aus dem statistisch erfaßten Gebäudebestand ermitteln. Mit der jeweiligen mittleren Dachfläche, der Dachform und -neigung sowie unter Berücksichtigung der bau- und solartechnischen Restriktionen kann daraus das installierbare Kollektorflächenpotential abgeschätzt werden; es liegt bei rund 800 Mio. m^2 in der Bundesrepublik Deutschland und ist zu jeweils rund der Hälfte auf Wohn- und Nichtwohngebäuden gegeben. Zusätzlich dazu kann eine photovoltaische Stromerzeugung auch auf einem Teil der derzeit landwirtschaftlich genutzten Flächen realisiert werden. Wird von den stillzulegenden Ackerflächen ausgegangen und die Restriktionen berücksichtigt, die einer Errichtung photovoltaischer Kraftwerke entgegen stehen, errechnet sich für die Bundesrepublik Deutschland ein installierbares Kollektorflächenpotential von ca. 1 730 Mio. m^2. Zusätzlich dazu könnten noch ca. 870 Mio. m^2 auf Weiden, rund 390 Mio. m^2 auf Mähweiden und etwa 540 Mio. m^2 Photovoltaikmodule auf Weiden und Almen ohne Hutungen aufgestellt werden.

Wird von derzeit marktgängigen Photovoltaikgeneratoren ausgegangen und das regional unterschiedliche solare Strahlungsangebot zugrunde gelegt, ergibt sich ein dem Kollektorflächenpotential auf Dachflächen korrespondierendes Stromerzeugungspotential von ca. 98 TWh/a. Dabei resultieren rund 49,2 TWh/a aus den Flächenpotentialen auf Wohngebäuden und etwa 48,9 TWh/a aus den Potentialen auf Nichtwohngebäuden, wobei die einwohnerspezifischen Summenwerte zwischen 0,1 und 3,3 MWh/(EW a) und die flächenspezifischen Potentiale zwischen 0,0 und 7,0 kWh/(km^2 a) innerhalb der einzelnen Kreise variieren. Auf den solartechnisch nutzbaren Freiflächen ergibt sich ein Stromerzeugungspotential von etwa 411 TWh/a. Die einwohnerspezifischen Potentiale der einzelnen Kreise liegen zwischen 0,0 und 57,1 MWh/(EW a) und die flächenspezifischen Werte innerhalb einer Bandbreite von 0,0 und 3,1 kWh/(km^2 a).

Werden bei diesem Stromerzeugungspotential zusätzlich netz- und bedarfsseitige Restriktionen berücksichtigt, liegt das entsprechende Endenergiepotential in Abhängigkeit der unterstellten Rahmenbedingungen zwischen ca. 18 und rund 380 TWh/a. Dies entspricht einer zu installierenden photovoltaischen Leistung zwischen etwa 17 und etwa 504 GW$_p$. Die untere Grenze stellt dabei das Potential dar, welches bei einer konventionellen Stromerzeugung, die die Hälfte der minimal auftretenden Last nicht unterschreitet, und ohne zusätzlichen Speicherbedarf in das Stromversorgungssystem integriert werden könnte. Die obere Grenze ist festgelegt durch die technischen Stromerzeugungspotentiale unter Berücksichtigung der Netz- und Speicherverluste. Dieser obere Wert ist als ein zwar technisch mögliches, jedoch als sehr theoretisches, und die untere Grenze als ein realeres Endenergiepotential anzusehen.

Windtechnische Stromerzeugung. Das technische Stromerzeugungspotential aus Windkraft resultiert aus dem regional sehr unterschiedlichen Windenergieangebot in den bodennahen Atmosphärenschichten. Dabei ist die Bundesrepublik Deutschland - werden nur jahresmittlere Windgeschwindigkeiten über 4 m/s berücksichtigt (nur hier wird eine Windkraftnutzung derzeit als technisch sinnvoll erachtet) - durch eine Gebietsfläche von rund 4,75 Mio. ha mit Windgeschwindigkeiten zwischen 4 und 5 m/s, eine Fläche von ca. 0,72 Mio. ha mit 5 bis 6 m/s und etwa 0,09 Mio. ha mit mehr als 6 m/s gekennzeichnet. Werden davon die für eine Konverterinstallation nicht geeigneten Flächenanteile berücksichtigt, ein Mindestabstand zwischen einzelnen Windkraftanlagen unterstellt und jeweils typische Konverterkenndaten derzeit marktgängiger kleiner (ca. 80 kW), mittlerer (ca. 300 kW) und großer Anlagen (ca. 1 200 kW) zugrunde gelegt, kann die installierbare Gesamtanlagenanzahl abgeschätzt werden. Daraus ergibt sich - auf der Basis des regional unterschiedlichen Windenergieangebots - ein technisches Stromerzeugungspotential von ca. 104 TWh/a bei kleinen, ca. 118 TWh/a bei mittleren und ca. 128 TWh/a bei großen Anlagen. Die entsprechenden auf die Einwohner bezogenen Potentiale der einzelnen Kreise variieren zwischen 0 und 66,6 MWh/(EW a) und die flächenspezifischen Stromerzeugungspotentiale innerhalb einer Bandbreite von 0 bis 3,9 GWh/(km² a).

Werden bei diesem technischen Stromerzeugungspotential zusätzlich netzseitige Restriktionen berücksichtigt, liegen die entsprechenden Endenergiepotentiale einer Windstromerzeugung - in Abhängigkeit der jeweiligen Rahmenannahmen bzw. Konvertertechnologien - zwischen ca. 14 und 83 TWh/a. Dies entspricht einer zu installierenden windtechnischen Leistung zwischen 7 und 61 GW. Die untere Grenze dieser Bandbreite ergibt sich unter der Annahme, daß ständig eine konventionelle Grundlaststromerzeugung von der Hälfte der minimalen Last zur Aufrechterhaltung der Netzstabilität gegeben sein muß und keine zusätzliche Speicherkapazität ins konventionelle Erzeugungssystem integriert wird. Die obere Bandbreite ermittelt sich bei einer vollständigen Nutzung der technischen Erzeugungspotentiale unter Berücksichtigung der dann gegebenen Speicher- und Netzverluste. Damit wären rund 14 TWh/a weitgehend ohne zusätzliche Maßnahmen im konventionellen Kraftwerkspark nutzbar, während ein windtechnisches Endenergiepotential von etwa 83 TWh/a mit erheblichen Zusatzinvestitionen im konventionellen Anlagenpark und im Netz verbunden wäre.

Stromerzeugung aus Wasserkraft. Ausgehend von den Niederschlägen und den davon abfließenden Oberflächenwässern sowie den zu überwindenden Höhenunterschieden kann das theoretische Potential der Wasserkraft abgeschätzt werden. Es liegt auf dem Gebiet der alten Bundesländer in der Größenordnung von ca. 95 bis 99 TWh/a; in den neuen Bundesländern ist ein zusätzliches Potential von einigen weiteren TWh/a gegeben. Unter Berücksichtigung einer Vielzahl von Restriktionen ermittelt sich daraus das technische Stromerzeugungspotential, das auf dem Gebiet der alten Bundesländer bei rund 23,5 TWh/a und in den neuen Ländern bei ca. 3,0 TWh/a liegt.

Wird unterstellt, daß dieses Stromerzeugungspotential ohne größere technische Probleme in den Kraftwerkspark und in die gegenwärtige Stromerzeugungsstruktur integriert werden kann, ergibt sich bei Berücksichtigung der Netzverluste ein Endenergiepotential von rund 25,2 TWh/a.

Vergleich der Stromerzeugungspotentiale. Werden die technischen Erzeugungspotentiale der drei untersuchten Optionen miteinander verglichen, zeigt sich, daß die photovoltaischen Stromerzeugung durch ein sehr hohes, die Windkraft durch ein hohes und die Wasserkraft durch ein vergleichsweise geringes technisches Potential gekennzeichnet ist. Bei dieser Gegenüberstellung wird vereinfachend unterstellt, daß es zwischen den verschiedenen Optionen nicht zu ausschließenden Effekten kommt; eine Verminderung der windtechnisch nutzbaren Flächen durch die Aufstellung von Photovoltaikkraftwerken wird damit nicht unterstellt. Unter diesen Rahmenbedingungen liegt das gesamte technische

Stromerzeugungspotential bei rund 650 TWh/a; es resultiert zu rund 4 % aus der Wasserkraftnutzung, zu etwa 18 % aus der Windenergie und zu ca. 78 % aus der photovoltaischen Stromerzeugung.

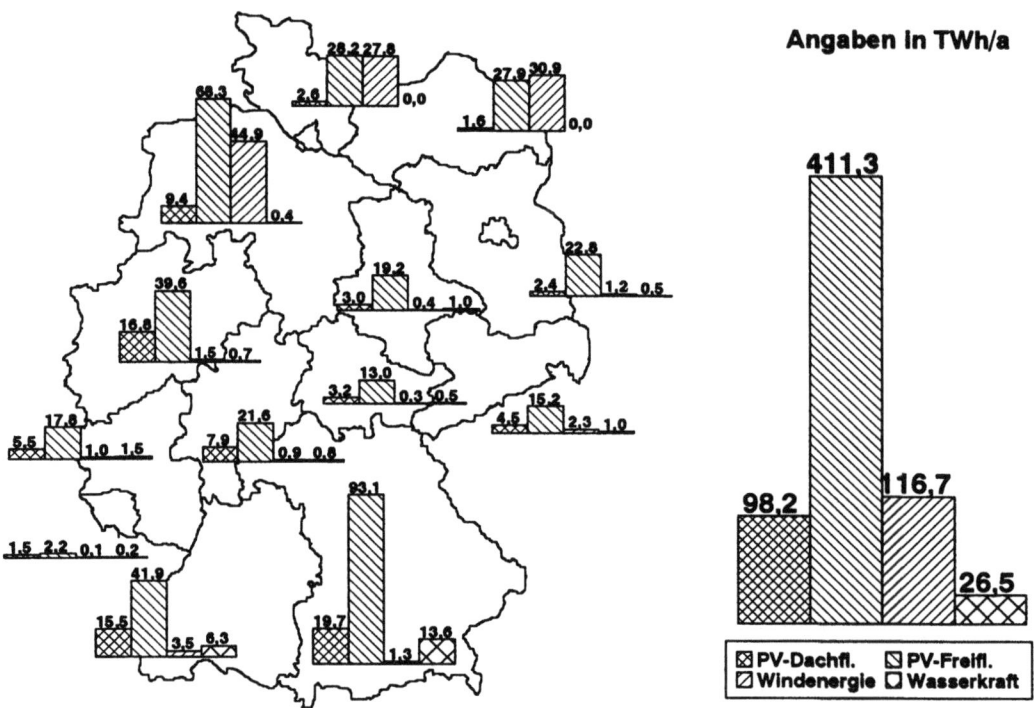

Abb. 11.1 Technische Stromerzeugungspotentiale einer photovoltaischen, wind- und wassertechnischen Stromerzeugung in einzelnen Bundesländern und in der Bundesrepublik Deutschland

Die Größenordnungen zwischen den betrachteten Optionen werden bei einer Gegenüberstellung der regionalen Angebotsunterschiede, durch die die hier betrachteten regenerativen Energieträger gekennzeichnet sind, noch deutlicher. Dies zeigt Abb. 11.1; aus Gründen der besseren Übersichtlichkeit sind die Potentiale der Stadtstaaten nicht dargestellt, in den Summenwerten für die Bundesrepublik Deutschland aber enthalten. Demnach nimmt das photovoltaische Stromerzeugungspotential auf Freiflächen in den meisten Bundesländern den mit Abstand größten Anteil am Gesamtpotential ein. Die Potentiale einer solaren Stromerzeugung auf Dachflächen und die einer windtechnischen Gewinnung elektrischer Energie - es wurde ein Anlagenmix aus kleinen, mittleren und großen Anlagen unterstellt - bewegen sich abgesehen von regional bedingten Abweichungen etwa in der gleichen Größenordnung. Deutlich geringer sind die technischen Potentiale einer elektrischen Energiegewinnung aus Wasserkraft.

Werden die Angebotsunterschiede zwischen den einzelnen Bundesländern einander gegenübergestellt, zeigt sich, daß in allen Bundesländern mit Ausnahme von Mecklenburg-Vorpommern die Potentiale einer photovoltaischen Stromerzeugung an der Summe der technischen Erzeugungspotentiale der drei Optionen die größten Anteile einnehmen. Dabei ist das solare Stromerzeugungspotential auf Freiflächen auch - im Gegensatz zum Potential einer Gewinnung elektrischer Energie aus Wasser-

und Windkraft - innerhalb Deutschlands relativ gleichmäßig verteilt; es korreliert im wesentlichen mit der verfügbaren Landfläche. Im Gegensatz dazu ist das Potential auf Dachflächen immer dort überdurchschnittlich, wo die Bevölkerungsdichte vergleichsweise hoch ist (d. h. in den Millionenstädten wie z. B. in Berlin oder Hamburg und in den Ballungs- und Verdichtungsräumen wie z. B. im Ruhrgebiet oder im Mittleren Neckarraum). Demgegenüber sind die technischen Potentiale der Wasser- und Windkraft sehr ungleichmäßig in der Bundesrepublik Deutschland verteilt. Während der Norden durch ein hohes windtechnisches Stromerzeugungspotential gekennzeichnet ist, dominiert im Süden Deutschlands das Wasserkraftpotential. In Norddeutschland sind aufgrund der Topographie keine wassertechnisch nutzbaren Fallhöhen gegeben, aber - aufgrund der Küstennähe - hohe Durchschnittswindgeschwindigkeiten vorhanden. Süddeutschland weist demgegenüber wegen der verschiedenen Mittelgebirge mit den hier durchschnittlich höheren Niederschlagsmengen und den vorliegenden potentiell nutzbaren Höhenunterschieden ein relativ hohes Wasserkraftangebot auf; Gebiete mit hohen Durchschnittswindgeschwindigkeiten sind demgegenüber nur auf die begrenzt vorhandenen Höhenlagen der Mittelgebirge beschränkt, die zudem aufgrund einer Vielzahl unterschiedlichster Restriktionen oft nicht windtechnisch nutzbar sind. Damit ergänzen sich die großräumigen wind- und wassertechnischen Stromerzeugungspotentiale innerhalb Deutschlands.

Bei dieser Gegenüberstellung wird jedoch elektrische Energie mit einer unterschiedlichen Charakteristik verglichen. Beispielsweise ist eine wassertechnische Stromerzeugung innerhalb eines Jahres durch z. T. erhebliche Angebotsunterschiede gekennzeichnet; bei Niedrig- oder bei Hochwasser ist keine, im verbleibenden Rest des Jahres eine vom Wasserdargebot abhängige Stromerzeugung möglich. Die Unterschiede der ins Netz eingespeisten elektrischen Energie sind jedoch im Tagesverlauf im Regelfall nicht sehr signifikant. Dies ist bei der windtechnischen und photovoltaischen Stromerzeugung grundsätzlich anders; hier sind sehr große Angebotsunterschiede innerhalb kurzer Zeiträume aufgrund des stark schwankenden Energieangebots der Atmosphäre gegeben. Dabei ist die aus der solaren Einstrahlung photovoltaisch gewinnbare elektrische Energie durch einen teilweise deterministischen Gang während der Tagstunden gekennzeichnet, der vom Breitengrad des Anlagenstandortes und der Jahreszeit abhängt; sie ist zusätzlich durch einen stochastischen Anteil infolge der in kurzen oder längeren Zeiträumen schwankenden Bedeckung überlagert; in den Nachtstunden ist keine photovoltaische Stromerzeugung möglich, da die kosmische Streustrahlung nicht energetisch nutzbar ist. Verglichen damit zeichnet sich die elektrische Energieerzeugung aus Windkraft durch noch weitaus stärkere stochastisch beeinflußte Angebotsunterschiede aus, die nahezu unabhängig von der Tageszeit sind. Damit ist im Regelfall die zeitabhängige Variationsbreite einer wassertechnischen Stromerzeugung gering, einer photovoltaischen Erzeugung hoch und einer windtechnischen Energiegewinnung aufgrund der teilweise starken Böigkeit des Windes und der Abhängigkeit der elektrischen Leistung von der dritten Potenz der Windgeschwindigkeit noch ungleich höher. Dies gilt strenggenommen nur für einzelne Erzeugungsstandorte, da es zwischen verschiedenen - auch nahe beieinander liegenden - Anlagenstandorten zu Ausgleichs- und Vergleichmäßigungseffekten kommen kann.

Stromerzeugungspotentiale und Stromaufkommen. Zur Darstellung der Größenordnung, innerhalb der sich diese technischen Stromerzeugungspotentiale im Kontext des gegenwärtigen Energiesystems bewegen, können sie dem Stromaufkommen in der Bundesrepublik Deutschland gegenübergestellt werden (vgl. Abb. 11.2), das im Jahr 1991 bei knapp 570 TWh/a lag; davon resultierten rund 3,2 % aus der Wasserkraft, etwa 25,9 % aus der Kernenergie und ca. 65,6 % aus Wärmekraftwerken; der verbleibende Rest wurde aus dem europäischen Verbundnetz bezogen /11-3/. Die Anteile, die das technische Stromerzeugungspotential der drei betrachteten Optionen an diesem Aufkommen an elek-

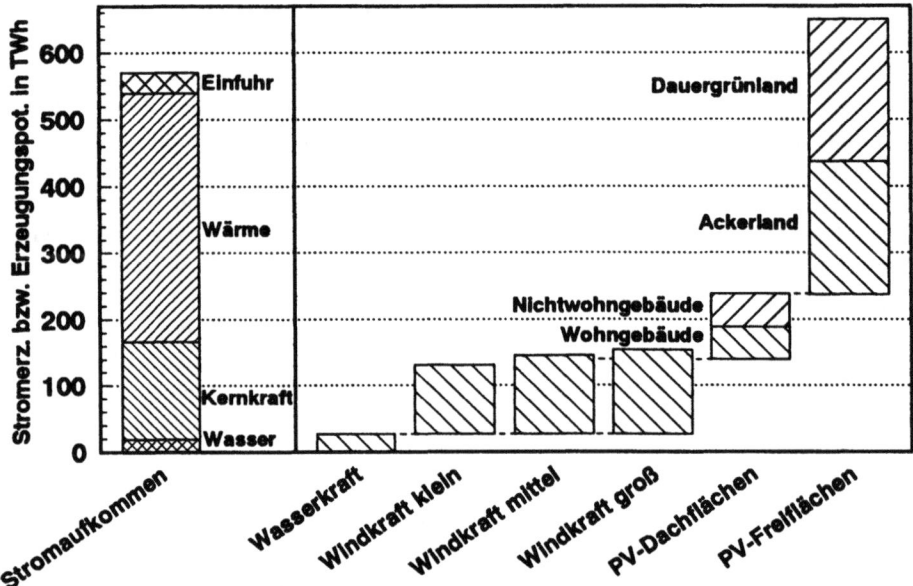

Abb. 11.2 Gegenüberstellung des Stromaufkommens im Jahr 1991 und des regenerativen Stromerzeugungspotentials in der Bundesrepublik Deutschland

trischer Energie theoretisch einnehmen könnte, liegen bei der Wasserkraftnutzung bei rund 4,7 % (davon werden derzeit bereits etwa 70 % genutzt), bei der Windstromerzeugung - je nach unterstellter Konvertertechnik - zwischen etwa 18,2 und 22,4 % und bei der photovoltaischen Elektrizitätsgewinnung auf Dachflächen bei ca. 17,2 % und auf Freiflächen bei etwa 73,3 %. Zusammengenommen entspricht dies - ein Anlagenmix der verschiedenen Windkraftanlagen unterstellt - rund 115 % des gegenwärtigen Stromaufkommens der öffentlichen Versorgung.

Theoretisch könnte demnach das gesamte Stromaufkommen regenerativ bereitgestellt werden. Dies ist jedoch aufgrund der gegebenen technischen Randbedingungen derzeit nicht und zukünftig nur mit einem sehr großen technischen Aufwand möglich. Selbst ein hoher Anteil einer regenerativen Stromerzeugung am gesamten Elektrizitätsaufkommen in der Bundesrepublik Deutschland mit den typischen z. T. sehr großen Angebotsschwankungen, wie sie bei einer vollständigen Erschließung der windtechnischen Energiepotentiale und der photovoltaischen Dachflächenpotentiale gegeben wären, kann ohne eine vollständige Umstrukturierung der gegenwärtigen Stromversorgungsstruktur nicht erreicht werden (vgl. /11-1, 11-2, 11-4/). Zwar reduzieren sich bei einer großräumigen, flächendeckenden erneuerbaren elektrischen Energieerzeugung die kurzzeitigen Schwankungen näherungsweise um den Faktor $1/\sqrt{n}$ (mit n als Anzahl der Anlagen; vgl. /11-5/); jedoch werden auch dann noch an die Regel- und Ausgleichsfähigkeit der Speichersysteme und der konventionellen Kraftwerke Anforderungen gestellt, die die derzeitige Kraftwerksstruktur nicht erfüllen kann. Auch ist die "Qualität" des Stroms aus Wind und Sonne, teilweise auch aus Wasserkraft, aufgrund des fluktuierenden Energieangebots anders als die eines konventionellen Kraftwerks; eine solche Anlage kann - im Gegensatz zu diesen erneuerbaren Optionen - zu jeder Tages- und Nachtzeit angepaßt an die Nachfrage elektrische Energie bereitstellen. Deshalb kann durch eine solche Gegenüberstellung nur die Größenordnung aufgezeigt werden, in der sich die Stromerzeugungspotentiale der betrachteten regenerativen Energieträger vor dem Hintergrund des gegenwärtigen Stromaufkommens bewegen.

Endenergiepotentiale und Endenergieverbrauch. Neben der Gegenüberstellung der technischen Stromerzeugungspotentiale und des Stromaufkommens im Netz der öffentlichen Versorgung, die aufgrund der diskutierten Einschränkungen nur der groben Einordnung in das gegenwärtige Energiesystem dienen kann, können auch die Endenergiepotentiale dem Endenergieverbrauch gegenübergestellt werden. Bei diesem Vergleich muß jedoch berücksichtigt werden, daß aufgrund der durch eine ähnlich fluktuierende Charakteristik gekennzeichneten wind- und solartechnischen Stromerzeugung die ausgewiesenen Endenergiepotentiale dieser beiden regenerativen Energieträger nicht einfach addiert werden dürfen. Die für die Bestimmung der Endenergiepotentiale zugrunde gelegten Annahmen, u. a. bezüglich des Speicherbedarfs (vgl. Kap. 2.3 bzw. 3.3), verlieren bei einer additiven Nutzung dieser beiden Optionen teilweise ihre Gültigkeit; z. B. ist der Speicherbedarf bei einer kombinierten wind- und solartechnischen Stromerzeugung aufgrund der sich teilweise gegenseitig aufhebenden Fluktuationen deutlich geringer als bei einer ausschließlichen wind- bzw. solartechnischen Elektrizitätsgewinnung. Diese Verringerung des Speicherbedarfs liegt bei einer Durchdringung von 100 % zwischen 20 und 40 % bezogen auf den Speicherbedarf einer ausschließlichen wind- oder solartechnischen Stromerzeugung /11-4, 11-5/. Um dennoch die mögliche Größenordnung des Endenergiepotentials bei einer kombinierten Nutzung der Stromerzeugungspotentiale aus Sonne, Wind und Wasser abzuschätzen, werden im folgenden drei unterschiedliche Varianten analysiert, die die Bandbreite der möglichen Endenergiepotentiale abdecken (vgl. Abb. 11.3).

Variante I. Zur Abschätzung der unteren Bandbreite der möglichen Endenergiepotentiale einer Gewinnung elektrischer Energie aus Sonne, Wind und Wasser wird unterstellt, daß das Auftreten von Überschußenergie und ein Transport der regenerativ erzeugten elektrischen Energie über größere Entfernungen vermieden werden soll. Auch sollen konventionelle Grundlastkraftwerke jederzeit 50 % der minimalen jährlichen Leistung zur Verfügung stellen. Dabei wird davon ausgegangen, daß zunächst das technische Stromerzeugungspotential der Wasserkraft vollständig ausgeschöpft wird. Unter diesen Randbedingungen kann noch ca. 7,19 GW an windtechnischer Leistung und damit eine jährliche Stromerzeugung von rund 13,8 TWh/a ins Netz integriert werden (Ansatz IV, vgl. Kap. 3.3.4). Dabei wird unterstellt, daß - für den Fall, daß das technische Potential der installierbaren regenerativen Konversionsanlagenleistung ausreichend groß genug ist - maximal soviel Stromerzeugung aus Windenergie ins Netz integriert wird, daß bei einer konventionellen Grundlast von 50 % zu jeder Stunde des Jahres kein Speicherbedarf gegeben ist. Damit ist die Stunde der minimalen Last, die im Normalfall in einer Hochsommernacht auftritt, die maßgebende Größe für die installierbare windtechnische Leistung. Ist demgegenüber das installierbare Anlagenpotential geringer, stellt die aufgrund der vorhandenen technischen Potentiale installierbare Leistung den begrenzenden Faktor dar.

Zusätzlich zu dieser wasser- und windtechnischen Stromerzeugung kann gerade noch so viel photovoltaische Stromerzeugungsleistung in das Stromversorgungssystem integriert werden, daß - unter Berücksichtigung einer konventionellen Grundlast von 50 % - die Summe der installierten regenerativen Leistung nicht größer ist als die minimal in den Sommermonaten noch zu deckende Last (Ansatz IV, vgl. Kap. 2.3.2). Damit können - unter Berücksichtigung der bereits installierten wasser- und windtechnischen Leistung - zusätzlich noch rund 9,7 GW_p an photovoltaischer Leistung installiert werden; dies entspricht einer jährlichen Stromerzeugung von ca. 10,1 TWh/a.

326   11 Zusammenfassender Vergleich

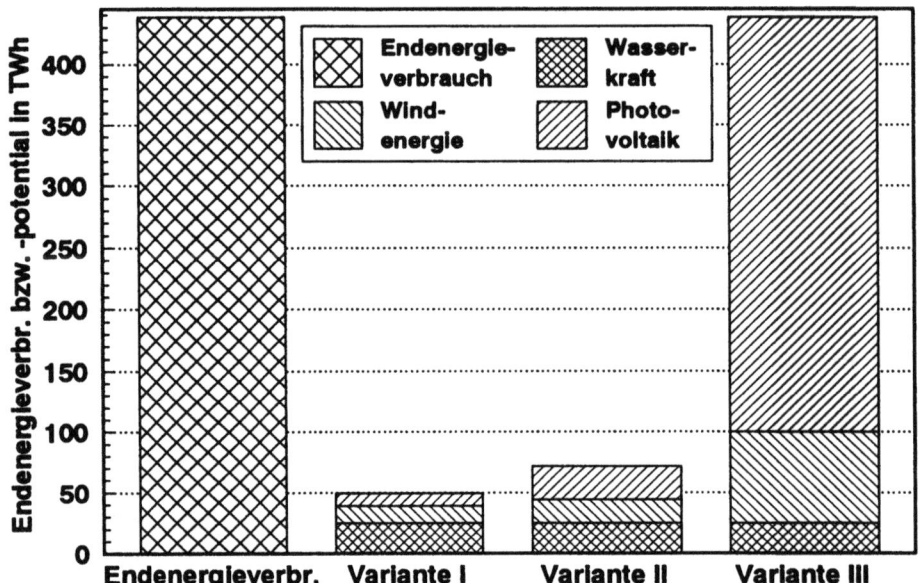

Abb. 11.3 Endenergiepotentiale einer photovoltaischen, einer wasser- und windtechnischen Stromerzeugung und Endenergieverbrauch an Strom in der Bundesrepublik Deutschland im Jahr 1991

Auf der Grundlage dieser Annahmen ergibt sich ein elektrisches Endenergiepotential von ca. 49,1 TWh/a aus den erneuerbaren Energiequellen Wasserkraft, Wind und Sonne (vgl. Abb. 11.3). Dieses Endenergiepotential könnte ohne die Installation zusätzlicher Speichersysteme erschlossen werden. Wird weiterhin unterstellt, daß die derzeitige Netzstruktur ausreicht, die regenerativ erzeugte fluktuierende Energie zumindest auf der begrenzten Gebietsfläche eines einzelnen Bundeslandes weitgehend problemlos zu verteilen, könnte es auch ohne eine Ausweitung des gegenwärtig bereits vorhandenen Leitungsnetzes in die öffentliche Stromversorgungsstruktur integriert werden. Unter diesen Randbedingungen wäre damit rund 11,2 % des elektrischen Endenergiebedarfs aus den erneuerbaren Quellen Sonne, Wind und Wasser deckbar. Davon entfallen rund 5,8 % auf die Wasserkraft, ca. 3,1 % auf die Windenergie und etwa 2,3 % auf die photovoltaische Stromerzeugung.

Variante II. Wird eine konventionelle Grundlast von 50 % nicht unterstellt und demgegenüber davon ausgegangen, daß die im Jahresverlauf auftretende minimale Last vollständig aus diesen regenerativen Quellen gedeckt werden könnte, ergibt sich die ebenfalls in Abb. 11.3 dargestellte Variante II. Unter diesen Rahmenannahmen könnte eine Endenergie von ca. 71,5 TWh/a durch eine Stromerzeugung aus Wasserkraft, Windenergie und Solarstrahlung bereitgestellt werden. Dies würde rund 16,3 % des Endenergieverbrauchs an elektrischer Energie im Jahr 1991 entsprechen; dann resultieren ca. 25,2 TWh/a aus der Wasserkraft, rund 19,0 TWh/a aus der Windenergie und etwa 27,3 TWh/a aus der photovoltaischen Stromerzeugung.

Das Endenergiepotential, das sich auf der Basis von Variante I oder II ergibt, stellt entsprechend den zugrunde gelegten Annahmen eine untere Grenze dessen dar, was an fluktuierender regenerativ erzeugter Energie ins Netz der öffentlichen Versorgung eingebunden werden könnte. Grundsätzlich kann aber nicht davon ausgegangen werden, daß - auch auf einer relativ kleinen Fläche wie die eines Bundeslandes - alle installierten photovoltaischen, wind- und wassertechnischen Stromerzeugungsanlagen aufgrund der meteorologischen Gegebenheiten gleichzeitig mit Nennleistung betrieben werden können. Deshalb wird in der Realität die installierbare Leistung und damit auch die erneuerbare Stromerzeugung, die ohne zusätzlichen Speicherbedarf ins Netz der öffentlichen Versorgung integrierbar ist, höher sein. Genaue Angaben über die Abhängigkeit der technisch möglichen Durchdringung ohne das Auftreten von Speicherbedarf vom Verhältnis der photovoltaisch, wind- und wassertechnisch installierten Leistung liegen derzeit noch nicht oder nur in einem sehr begrenzten Umfang vor (vgl. /11-4, 11-5/). Deshalb können diese Effekte nicht entsprechend berücksichtigt werden; dies ist Aufgabe weiterführender Untersuchungen.

Variante III. Zur Abschätzung der oberen Bandbreite, innerhalb der sich das Endenergiepotential einer Stromerzeugung aus Sonne, Wind und Wasser theoretisch bewegen könnte, wird eine dritte Variante definiert. Hier wird unterstellt, daß die technischen Stromerzeugungspotentiale soweit ausgeschöpft werden, daß die gegenwärtige Nachfrage nach elektrischer Energie ausschließlich durch die Nutzung der drei erneuerbaren Energiequellen gedeckt werden könnte. Gegenüber einer singulären Betrachtung der jeweiligen Energieträger verändert sich unter diesen Rahmenannahmen aufgrund der sich teilweise gegenseitig aufhebenden fluktuierenden Charakteristik der benötigte Speicherbedarf. Das technische Angebotspotential ist dabei immer noch größer als der momentane Endenergieverbrauch an elektrischer Energie. Deshalb wird davon ausgegangen, daß die Stromerzeugungspotentiale der Wasserkraft vollständig ausgeschöpft würden. Zusätzlich müßten noch Windkraftanlagen mit einer Leistung von rund 49 GW und etwa 404 GW_p an photovoltaischer Leistung in Deutschland gebaut werden. Die elektrische Endenergienachfrage würde unter diesen Bedingungen zu rund 5,8 % aus der Wasserkraft, zu ca. 17,1 % aus der Windenergie und zu etwa 77,1 % aus der Solarstrahlung gedeckt (vgl. Abb. 11.3).

Dabei müßte jedoch ein erheblicher Anteil der erzeugten elektrischen Energie zum Ausgleich der tages- und jahreszeitlichen Unterschiede zwischen dem Energieangebot und der Elektrizitätsnachfrage zwischengespeichert werden. In dem sich unter den getroffenen Annahmen ergebenden Umfang ist dies - neben der Ausnutzung von bereits verfügbaren und möglicherweise noch zu bauenden Pumpspeicherkraftwerken - sicherlich nur mit Speichersystemen auf Wasserstoffbasis möglich. Dies wäre mit einem erheblichen investiven Aufwand verbunden. Zusätzlich dazu wäre eine erhebliche Umstrukturierung des Verteilungsnetzes der öffentlichen Elektrizitätsversorgung notwendig, die ebenfalls mit beachtlichen Kosten verbunden wäre. Deshalb ist diese ausschließlich auf regenerativen Energiequellen basierende elektrische Energieerzeugung als eine hypothetische obere Grenze des theoretisch technisch Machbaren anzusehen.

Technisch realistischer erscheint ein auf konventionellen Kraftwerken und regenerativen Konversionsanlagen beruhendes Mischsystem der Strombereitstellung, das durch eine regenerative Stromerzeugung in der Größenordnung gekennzeichnet ist, die die Elektrizitätsnachfrage nicht übersteigt (Varianten I und II). Aufgabe der konventionellen Kraftwerke ist es dann, elektrische Energie zu den Zeiten zur Verfügung zu stellen, zu denen die Stromerzeugung aus erneuerbaren Energiequellen den Bedarf nicht decken kann; außerdem müssen die konventionellen Konversionsanlagen die notwendige Spannungs- und Frequenzstabilität im Netz gewährleisten.

Bei diesen Überlegungen wurde vom elektrischen Endenergieverbrauch des Jahres 1991 sowohl bezüglich der absoluten Höhe als auch hinsichtlich des zeitlichen Verlaufs ausgegangen; beide Größen können sich in Zukunft aber erheblich ändern. Dies wäre auch mit entsprechenden Veränderungen der ermittelten Endenergiepotentiale und der dafür notwendigen solar-, wind- und wassertechnisch zu installierenden Leistungen verbunden. Deshalb ist eine einfache Übertragung der ausgewiesenen Endenergiepotentiale auf andere Bezugsjahre nicht ohne weiteres möglich.

In diesem Zusammenhang ist auch zu berücksichtigen, daß hier ausschließlich die Möglichkeiten der erneuerbaren Stromerzeugungsoptionen untersucht wurden. In vielen Bereichen könnten jedoch auch andere Maßnahmen (z. B. Möglichkeiten des Nachfragemanagements, rationelle Energieanwendung, Optimierung der konventionellen Kraftwerkstechniken) mit einem geringeren Aufwand zu gleichen Ergebnisse führen (z. B. Einhaltung bestimmter CO_2-Emissionsmengen, Reduzierung der energiebedingten Emissionen an klimarelevanten Spurengasen). Die diskutierten Potentiale bzw. Beiträge zum Endenergieverbrauch der untersuchten erneuerbaren Optionen sind daher stets im Kontext der anderen Möglichkeiten zu sehen, um daraus letztlich eine kosten-effektive Nutzungsstrategie zur Deckung der Elektrizitätsnachfrage mit deutlich verminderten Umweltauswirkungen entwickeln zu können.

11.1.2 Pflanzliche Energieträger

Auf pflanzlicher Basis kann eine regenerative Energieträgererzeugung sowohl zur Bereitstellung fester Energieträger (d. h. Getreideganzpflanzen, Schilf- und Grasgewächse bzw. Kurzumtriebsplantagen mit schnellwachsenden Baumarten) als auch flüssiger Sekundärenergieträger (d. h. Pflanzenöl bzw. Alkohol) realisiert werden. Dabei ist ein Energiepflanzenanbau nur auf einem geringen Teil der vorhandenen landwirtschaftlichen Nutzflächen möglich, da die Lebensmittelerzeugung immer eine höhere Priorität als die Energieproduktion haben wird. Deshalb wird unterstellt, daß für solche Zwecke in der Bundesrepublik Deutschland nur die Ackerflächen zur Verfügung stehen, die im Rahmen der Flächenstillegungsprogramme aus der Produktion genommen werden sollen (ca. 15 % der Getreideanbaufläche bzw. rund 1,16 Mio. ha).

Erzeugung fester Energieträger. Bei einem auf diesen Flächen unterstellten Anbaumix verschiedener Getreidearten und einer Getreideganzpflanzennutzung könnte eine Trockenmasse von rund 11,5 Mio. t/a produziert werden. Wird auf den gleichen Flächen ein Anbau von Schilf- und Grasgewächsen unterstellt, bewegt sich der technisch gewinnbare Trockenmasseertrag zwischen ca. 10,0 und 17,8 Mio. t/a. Wird dieses Flächenpotential mit im Kurzumtrieb bewirtschafteten Plantagen von Pappelklonen oder Aspenhybriden genutzt, liegt der zu erwartende Ertrag an organischer Trockenmasse bei rund 15,4 Mio. t/a. Die entsprechenden Energieäquivalente liegen bei den Getreideganzpflanzen - je nach Anbaumix - bei rund 183 bis 201 PJ/a, bei einem Anbau von Schilf- und Grasgewächsen - je nach Pflanzenart und Mischanbau - bei ca. 172 bis 306 PJ/a und bei schnellwachsenden Baumarten im Kurzumtrieb bei etwa 276 PJ/a.

Eine Energieträgererzeugung auf der Basis von Schilf- und Grasgewächsen ist durch eine große Bandbreite des möglichen Energieaufkommens gekennzeichnet; dies liegt im wesentlichen darin begründet, daß diese Pflanzen durch sehr große Ertragsunterschiede gekennzeichnet sind. Im Gegensatz dazu ist eine Getreideganzpflanzennutzung durch durchschnittlich geringere Energiepotentiale charakterisiert, die zudem innerhalb einer vergleichsweise engen Bandbreite schwanken. Verglichen damit sind die technischen Potentiale aus einem Anbau schnellwachsender Baumarten im Kurzumtrieb deutlich höher. Soll eine Energieträgerproduktion auf pflanzlicher Basis realisiert werden und sind die erzielbaren Erträge bzw. die gewinnbaren Energiepotentiale das entscheidende Kriterium, sind die Konzepte, die auf einem Anbau von Schilf- und Grasgewächsen bzw. von im Kurzumtrieb bewirtschafteten schnellwachsenden Baumarten beruhen, denen einer Getreideganzpflanzenerzeugung vorzuziehen.

Erzeugung flüssiger Energieträger. Auf landwirtschaftlichen Nutzflächen kann aber auch Winter- oder Sommerraps zur Pflanzenölproduktion oder Getreide bzw. Zuckerrüben zur Alkoholerzeugung angebaut werden. Bei einem Rapsanbau könnte ein Ölaufkommen zwischen 1 220 und 1 650 Mio. l/a, ein zusätzlich bei der Extraktion anfallendes Schrotaufkommen zwischen 1,6 und 2,2 Mio. t/a und ein Strohaufkommen zwischen 5,5 und 6,3 Mio. t/a gewonnen werden. Das korrespondierende Energieaufkommen liegt zwischen ca. 40 und 54 PJ/a für das Öl und bei rund 103 bis 123 PJ/a für das zusätzlich energetisch verwertbare Schrot- und Strohaufkommen. Werden dagegen in dem gleichen Umfang Winterweizen, Wintergerste, Körnermais oder Zuckerrüben zur Alkoholerzeugung angebaut, ist ein Alkoholertrag von 3 250, 2 800, 3 290 bzw. 5 310 Mio. l/a zu erwarten; zusätzlich fallen 6,6, 6,4, 12,5 bzw. 41,1 Mio. t/a Biomasse an. Der korrespondierende Energieinhalt liegt bei ca. 69, 60, 70 bzw. 113 PJ/a für den Alkohol und bei rund 95, 89, 88 bzw. 0 PJ/a für das zusätzliche energetisch nutzbare Aufkommen an organischen Stoffen (da die Rübenblätter aufgrund den hohen Feuchtegehalts als nicht energetisch nutzbar angesehen werden, ist hier kein Energiepotential gegeben).

Von den untersuchten Möglichkeiten zur Pflanzenölerzeugung sind die Konzepte auf der Basis von Winterraps durch die höchsten Energieerträge gekennzeichnet. Dies gilt sowohl für das Hauptprodukt Öl als auch für den ebenfalls energetisch nutzbaren Schrot bzw. Preßkuchen und den Strohertrag. Von den betrachteten Verfahren zur Alkoholgewinnung - wird nur das Sekundärenergieträgeraufkommen betrachtet - sind die auf einem Zuckerrübenanbau basierenden Möglichkeiten durch die höchsten Energiepotentiale gekennzeichnet. Wird jedoch das gesamte Energieaufkommen untersucht (Energieinhalt des Alkohols und des Strohs), zeichnen sich die Optionen auf der Basis von Getreide durch einen deutlich höheren Energieertrag aus; hier sind derzeit die Potentiale aus einem Winterweizenanbau am höchsten.

Bei einem Vergleich der untersuchten Bruttoenergieausbeute einer Pflanzenölgewinnung und einer Alkoholerzeugung wird deutlich, daß die Ölgewinnung einschließlich einer Stroh- und Schrotnutzung die höchsten Energiepotentiale aufweist. Mit nur geringfügig geringeren technischen Energiepotentialen folgt die Alkoholgewinnung auf Getreidebasis, wenn zusätzlich das ebenfalls energetisch nutzbare Stroh betrachtet wird. Die untere Bandbreite des Bruttoenergieertrags dieser Konzepte stellt gleichzeitig auch den Bereich dar, innerhalb der sich das gesamte Energieaufkommen einer Pflanzenölerzeugung einschließlich des Schrots und des Strohs auf der Grundlage von Sommerraps bewegt. Deutlich geringer ist - aufgrund des energetisch nicht nutzbaren zusätzlich anfallenden Biomasseaufkommens - der Gesamtenergieertrag einer Alkoholerzeugung aus Zuckerrüben.

Unter der Prämisse eines möglichst hohen Gesamtenergieaufkommens ist damit eine Pflanzenölerzeugung aus Winterraps die zu bevorzugende Option. Wird dagegen primär nur das Energieaufkommen des gewinnbaren flüssigen Sekundärenergieträgers betrachtet, ist eine Alkoholerzeugung aus Zuckerrüben als besonders günstig zu bewerten. Dabei wird hier jeweils nur die Bruttoenergieausbeute verglichen; für die Produktion der Ölsaat bzw. des Getreides und die Herstellung des Pflanzenöls bzw. des Alkohols ist auch ein bestimmter Energieeinsatz notwendig. Der notwendige Vergleich des Nettoenergieaufkommens der verschiedenen Konzepte ist jedoch Aufgabe weiterführender Untersuchungen.

Vergleich der Energiepotentiale. Werden die Energieerträge der untersuchten Optionen zur Erzeugung fester Energieträger und der Möglichkeiten zur Gewinnung flüssiger Sekundärenergieträger einander gegenübergestellt, zeigt sich, daß das Energieaufkommen einer Festbrennstofferzeugung deutlich höher ist. Soll deshalb ein Energiepflanzenanbau unter der Vorgabe der Maximierung des Energieertrags realisiert werden, sind solche Konzepte günstiger zu bewerten. Dabei muß jedoch beachtet werden, daß ein Vergleich der analysierten Konzepte problematisch ist, da feste Energieträger nur eingeschränkt flüssige Sekundärenergieträger substituieren können.

Energiepotentiale und Endenergieverbrauch. Das auf der insgesamt stillzulegenden Anbaufläche technisch gewinnbare Energieaufkommen kann - zur Einordnung in den energiewirtschaftlichen Gesamtzusammenhang in der Bundesrepublik Deutschland - dem Endenergieverbrauch in Deutschland im Jahr 1991 (vgl. Kap. 1.4.1) gegenübergestellt werden. Dabei ergeben sich Anteile, die bei einer Energieträgerproduktion aus Getreideganzpflanzen bei ca. 1,9 bis 2,1 %, aus Schilf- und Grasgewächsen bei rund 1,8 bis 3,2 % und aus im Kurzumtrieb bewirtschafteten schnellwachsenden Baumarten bei etwa 2,9 % liegen. Damit sind zwischen den untersuchten Konzepten einer Energieträgerproduktion keine signifikanten Unterschiede bezüglich der möglichen Beiträge zum Endenergieverbrauch gegeben; eine Getreideganzpflanzennutzung ist jedoch durch die durchschnittlich geringsten Energiepotentiale gekennzeichnet. Der mögliche Anteil am Endenergieverbrauch ist insgesamt gesehen nur gering; wesentliche Beiträge zur Deckung der Energienachfrage in der Bundesrepublik Deutschland können von diesen Optionen damit nicht erwartet werden.

Wird demgegenüber das auf den gleichen Flächen gewinnbare Pflanzenöl aus Winter- bzw. Sommerraps bzw. der erzeugbare Alkohol aus Getreide bzw. Zuckerrüben betrachtet, liegt der Anteil am gegenwärtigen Endenergieverbrauch - wird das gesamte Energieaufkommen betrachtet (Energieinhalt des Öls einschließlich Schrot und Stroh bzw. Energieaufkommen des Alkohols einschließlich Stroh) - zwischen 1,5 und 1,9 % bzw. 1,2 und 1,7 %. Wird nur das gewünschte Hauptprodukt (Öl bzw. Alkohol) dem Endenergieverbrauch für den Verkehr (vgl. Tabelle 1.3 bzw. Kap. 1.4.1) gegenübergestellt, entspricht dies Anteilen zwischen 1,6 und 2,2 % bei einer Pflanzenölerzeugung und zwischen 2,8 und 4,6 % bei einer Alkoholgewinnung. Demnach ist die Alkoholerzeugung durch ein höheres Energiepotential bezüglich des gewonnenen Sekundärenergieträgers, die Pflanzenölerzeugung jedoch durch einen durchschnittlich höheren Gesamtenergieertrag gekennzeichnet. Insgesamt gesehen sind die möglichen Beiträge zum Endenergieverbrauch des Verkehrs bzw. zum gesamten Endenergieverbrauch damit nur gering. Daher können auch die betrachteten Möglichkeiten eines Energiepflanzenanbaus keine wesentlichen Beiträge zum Endenergieverbrauch in der Bundesrepublik Deutschland leisten.

11.1.3 Regeneratives Reststoffangebot

Unter dem energetisch nutzbaren regenerativen Reststoffangebot wird hier eine Waldrestholznutzung, eine Strohnutzung, eine Biogaserzeugung aus den organischen Reststoffen der Nutztierhaltung und eine Verwertung der organischen Abfälle aus den Haushalten, der Industrie, dem Gewerbe sowie den öffentlichen und kommunalen Einrichtungen untersucht. Im folgenden wird das Energiepotential, durch das diese verschiedenen regenerativen Energieträger gekennzeichnet sind, einander gegenüber gestellt und im Kontext des gegenwärtigen Endenergieverbrauchs diskutiert.

11.1 Potentiale und Energiebedarf

Forstwirtschaftliche Reststoffe. In den Wäldern bzw. bei deren Bewirtschaftung fällt sowohl jährlich wiederkehrend als auch in unregelmäßigen Abständen bei der Durchforstung bzw. bei der Stammholzernte - bisher teilweise ungenutzte - Biomasse an. Das periodisch anfallende Reststoffaufkommen (z. B. Laub, Nadeln, Blüten, Fruchtstände) wird dabei als nicht energetisch nutzbar angesehen, da es zur Erhaltung des Humus- und Nährstoffgehaltes im Wald verbleiben sollte. Im Gegensatz dazu ist das Restholz, d. h. die Durchforstungsrückstände und die bei der Ernte des Stammholzes zusätzlich anfallende organische Masse (d. h. das Astholz, die Rinde des aufgearbeiteten Holzes und das Stockholz), als Energieträger verwertbar. Dieses organische Reststoffaufkommen liegt bei rund 21,5 Mio. t/a, wobei ca. 2,8 Mio. t/a aus Durchforstungsrückständen resultieren und etwa 18,7 Mio. t/a bei der Stammholzernte anfallen. Werden die gegebenen Nutzungsrestriktionen berücksichtigt, ergibt sich ein technisches Energiepotential von rund 141,7 PJ/a; es stammt zu 18 % aus Durchforstungsrückständen und zu 82 % aus den Reststoffen der Stammholzernte. Die regionale Verteilung dieses Energiepotentials orientiert sich im wesentlichen an den Waldflächen; die waldreichen süddeutschen Bundesländer sind durch höhere und die weniger bewaldeten nördlicher gelegenen Länder durch geringere Potentiale gekennzeichnet. Die einwohnerspezifischen Energiepotentiale der einzelnen Kreise schwanken zwischen 0,0 und 20,2 GJ/(EW a) und die flächenspezifischen Werte zwischen 0,3 und 91,4 GJ/(ha a).

Ernterückstände der Pflanzenproduktion. Das gesamte technisch gewinnbare Stroh kann aus der entsprechenden Anbaufläche, dem regional unterschiedlichen Kornertrag für die verschiedenen Getreide- und Ölfruchtarten und dem mittleren Korn-Stroh-Verhältnis abgeschätzt werden; es liegt innerhalb Deutschlands bei knapp 41,4 Mio. t/a. Dieses auf den Anbauflächen anfallende Stroh wird aber bereits vielfach verwertet: ein Teil verbleibt auf dem Feld zur Erhaltung des Nährstoff- und Humusgehalts; teilweise wird es geborgen, als Einstreu bei der Tierhaltung genutzt und anschließend als Mist wieder auf die Nutzfläche ausgebracht; ein weiterer Teil wird u. a. an Pferdepensionen, Kleintierzüchter, Gärtnereien oder ins benachbarte Ausland verkauft. Unter Berücksichtigung dieser Restriktionen verbleibt ein Energiepotential des energetisch nutzbaren Strohaufkommens von rund 83,8 PJ/a, das zu jeweils knapp einem Drittel aus dem Weizen- und dem Gerstenanbau, zu rund einem Fünftel aus dem Roggen-, Hafer- und Menggetreideanbau und zu etwas mehr als einem Zehntel aus der Körnermais-, Raps- und Rübsenproduktion resultiert. Die regionale Verteilung dieses Energiepotentials innerhalb Deutschlands korreliert im wesentlichen mit der Getreide- und Ölfruchtanbaufläche; die flächenmäßig größten Bundesländer sind demnach durch die höchsten Potentiale gekennzeichnet. Die auf die Einwohner bezogenen Energiepotentiale variieren zwischen 0,0 und 10,9 GJ/(EW a) und die flächenspezifischen Werte innerhalb eines Bereichs von 0,0 bis 7,5 GJ/(ha a).

Reststoffe der Tierhaltung. Bei der anaeroben Fermentation organischer Reststoffe aus der Nutztierhaltung entsteht ein wasserdampfgesättigtes Gas, das im wesentlichen aus Methan (50 bis 75 %) und Kohlendioxid (25 bis 50 %) besteht. Zur Abschätzung des diesem Biogaspotential korrespondierenden Energieinhalts kann aus dem Tierbestand und dem tierartspezifischen Exkrementeaufkommen zunächst der gesamte Reststoffanfall bestimmt werden; er liegt bei rund 57 500 t/d. Wird berücksichtigt, daß davon nur ein gewisser Anteil technisch verfügbar ist, und weiterhin ein Mindestsubstratanfall von 20 Rindern, 100 Schweinen oder 5 000 Hühnern für den technisch sinnvollen Betrieb einer einzelbetrieblichen Biogasanlage unterstellt, ergibt sich - unter Berücksichtigung des Prozeßenergieaufwandes - ein technisch gewinnbares Energieaufkommen von rund 80,9 PJ; es resultiert zu ca. 70 % aus der Rinderhaltung und zu mehr als 25 % aus der Schweinehaltung. Die regionale Potentialverteilung innerhalb Deutschlands korreliert im wesentlichen mit der Tierbestandsdichte; Bayern und Niedersachsen sind deshalb durch vergleichsweise hohe technische Potentiale gekennzeichnet.

Sonstige organische Reststoffe. Neben den pflanzlichen und tierischen Reststoffen aus der Land- und Forstwirtschaft fallen auch in anderen Bereichen organische Abfälle an, die energetisch genutzt werden können. Im einzelnen werden hierunter die Bioabfälle aus den Haushalten, die in Industrie und Gewerbe anfallenden organischen Reststoffe sowie die Grünabfälle aus kommunalen und öffentlichen Einrichtungen zusammengefaßt. Außerdem wird die für eine Klärgaserzeugung nutzbare organische Fracht des Abwasseraufkommens sowie das ebenfalls diesem Bereich entstammende Klärschlammaufkommen näher untersucht. Wird für jedes Bundesland bzw. für jeden Kreis zunächst das gesamte Aufkommen bestimmt und davon nur derjenige Anteil berücksichtigt, der für eine energetische Nutzung verfügbar ist, ergibt sich ein gesamtes energetisch nutzbares organisches Feststoffaufkommen aus den betrachteten Bereichen von rund 8,1 Mio. t/a in der Bundesrepublik Deutschland. Das Abwasseraufkommen, dessen organische Fracht energetisch nutzbar ist, liegt bei rund 8,6 Mrd. m^3/a. Zusätzlich fallen noch ca. 1,5 Mio. t$_{TS}$/a Klärschlamm an.

Dieses gesamte Aufkommen an organischen Stoffen kann entweder zur Brenngaserzeugung (d. h. Deponie-, Klär- oder sonstiges Biogas) oder als Festbrennstoff genutzt werden. Unter Berücksichtigung der unterschiedlichen Zusammensetzung und Herkunft der organischen Abfälle, der damit verbundenen sehr verschiedenen Methangehalte und spezifischen Energieerträge ergibt sich daraus ein gesamtes Brenngaspotential von ca. 53,6 PJ/a. Davon entfällt ca. 26,7 PJ/a auf das Klärgas, rund 16,0 PJ/a auf Deponiegas (nur alte Bundesländer) und ca. 10,9 PJ/a auf das sonstige Biogas. Das Energiepotential der festen Brennstoffe aus den organischen Abfällen liegt bei ca. 36,7 PJ/a, wobei rund 22,4 PJ/a aus dem Klärschlamm, etwa 5,1 PJ/a aus den kommunalen Grünabfällen und ca. 9,2 PJ/a aus den organischen Industrieabfällen resultieren.

Vergleich der Energiepotentiale. Werden die Energiepotentiale der betrachteten Optionen miteinander verglichen, zeigt sich, daß die technischen Potentiale einer Stroh- und einer Biogasnutzung etwa in der gleichen Größenordnung liegen. Deutlich größer ist das technisch gewinnbare Energieaufkommen aus den Wäldern. Das Potential einer energetischen Nutzung organischer Reststoffe aus Haushalten, Industrie, Gewerbe sowie öffentlichen und kommunalen Einrichtungen liegt etwa im Bereich der Stroh- und Biogaspotentiale.

Aufgrund der großen regionalen Angebotsunterschiede können auch die technischen Potentiale einzelner Bundesländer einander gegenübergestellt werden (vgl. Abb. 11.4). Demnach sind die Restholzpotentiale im Süden Deutschlands überdurchschnittlich hoch und im Norden vergleichsweise gering. Demgegenüber sind die Strohpotentiale im Norden überproportional hoch und im Süden unterdurchschnittlich. Damit kann es hier zu gewissen Ergänzungseffekten kommen. Im Vergleich dazu sind die Biogaspotentiale in allen Bundesländern relativ einheitlich, wobei in den Regionen mit einer hohen bis sehr hohen Tierbestandsdichte die technischen Energiepotentiale überdurchschnittlich sind (Niedersachsen, Bayern und Nordrhein-Westfalen). Da das Aufkommen an organischen Reststoffen aus den übrigen Bereichen (Haushalte, Industrie, Gewerbe sowie öffentliche und kommunale Einrichtungen) im wesentlichen durch die Bevölkerung direkt verursacht wird, orientieren sich die korrespondierenden Energiepotentale der sonstigen organischen Reststoffe im wesentlichen an der Einwohnerzahl bzw. der Besiedlungsdichte.

Bei dieser Gegenüberstellung muß jedoch beachtet werden, daß hier Energieträger unterschiedlicher "Qualität" einander gegenübergestellt werden. Während Energieträger auf der Basis von Stroh und

11.1 Potentiale und Energiebedarf 333

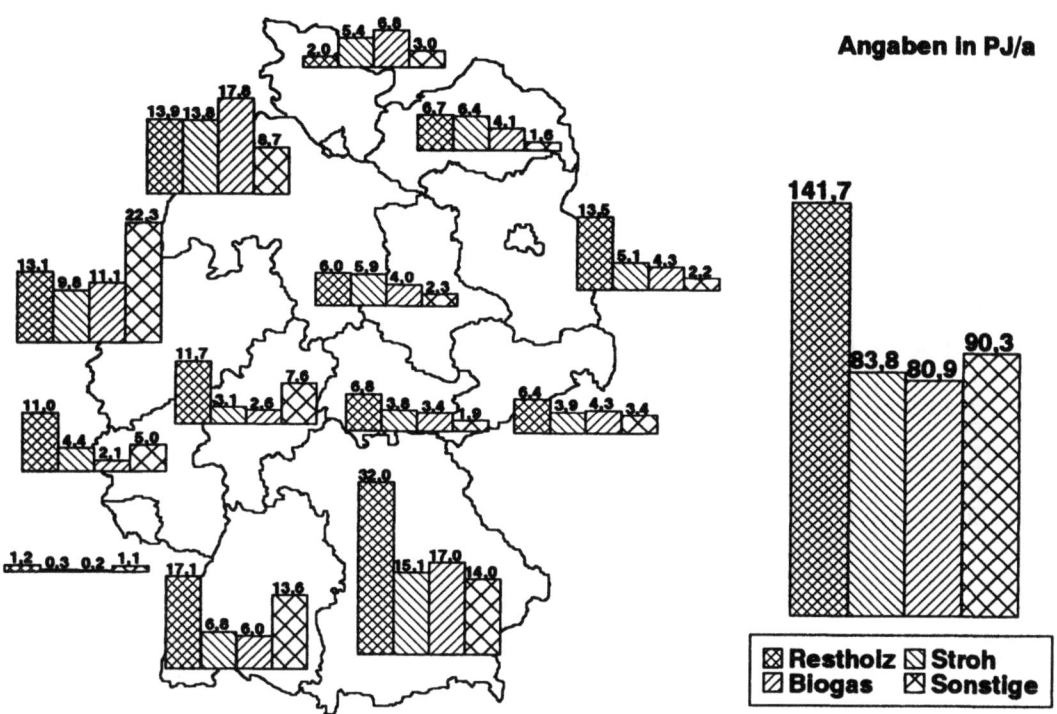

Abb. 11.4 Energieträgerpotentiale aus Restholz, Stroh, Biogas und sonstigen organischen Reststoffen in einzelnen Bundesländern und in der Bundesrepublik Deutschland

Restholz sowohl bezüglich der brenntechnischen Eigenschaften als auch im Hinblick auf den Heizwert und den Aggregatzustand näherungsweise vergleichbar sind, zeichnet sich Biogas hinsichtlich seiner energetischen Eigenschaften durch grundsätzlich andere verbrennungstechnische Charakteristika aus. Dies gilt auch für die sonstigen organischen Reststoffe. Dieser Vergleich kann deshalb nur die Größenordnungen aufzeigen, innerhalb der sich die technischen Potentiale der verschiedenen Optionen bewegen.

Energiepotentiale und Endenergieverbrauch. Bezogen auf den Endenergieverbrauch in Deutschland im Jahr 1991 entspricht dieses Energiepotential einer Reststoffnutzung einem Anteil von ca. 0,9 % bei einer Stroh-, von rund 1,5 % bei einer Restholz- und von etwa 0,9 % bei einer Biogasnutzung sowie knapp 1,0 % bei einer Nutzung sonstiger organischer Reststoffe (vgl. Abb. 11.5). Demnach kann jede dieser Optionen nur einen kleinen Beitrag zum Endenergieverbrauch in Deutschland leisten. Zusammengenommen könnten alle betrachteten Möglichkeiten einer energetischen Nutzbarmachung von organischen Rest- und Abfallstoffen einen Anteil zum Energieaufkommen in der Bundesrepublik Deutschland von rund 4,2 % beitragen und damit doch einen merklichen Beitrag leisten.

334   11 Zusammenfassender Vergleich

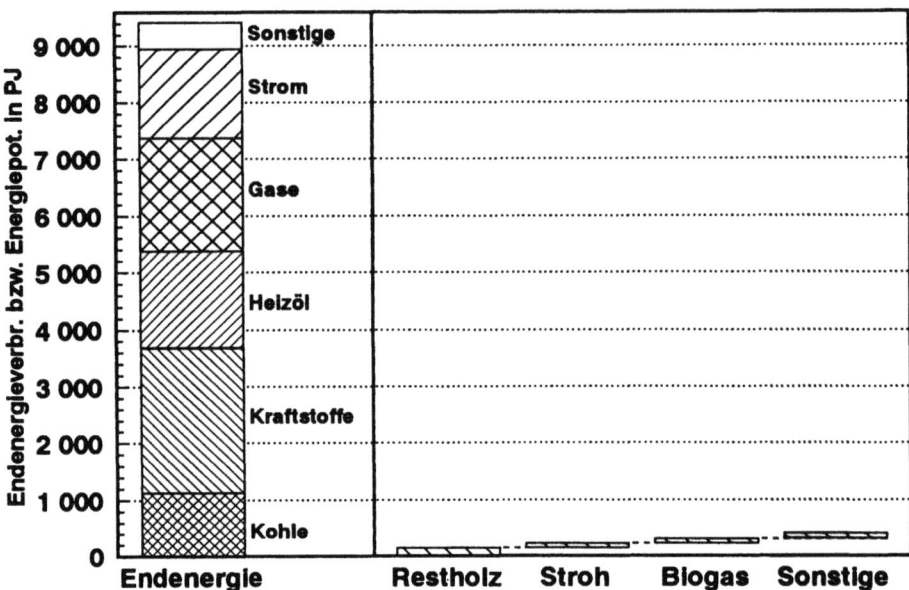

Abb. 11.5 Endenergieverbrauch und technische Potentiale an Restholz, Stroh, Biogas und den sonstigen organischen Reststoffen

11.1.4 Sonstige Optionen

Unter den sonstigen Optionen werden hier die Möglichkeiten einer solaren Wärmegewinnung und einer Erdwärmenutzung zusammengefaßt. Dabei werden jeweils die entsprechenden technischen Potentiale dargestellt und mit dem entsprechenden Endenergieverbrauch verglichen.

Solare Niedertemperaturwärmegewinnung. Das technische Potential einer solaren Wärmeerzeugung kann ebenfalls aus den für eine Kollektorinstallation verfügbaren Dach- und Freiflächen errechnet werden. Dabei entsprechen die solartechnisch nutzbaren Dachflächen im wesentlichen denen, die für eine photovoltaische Nutzung zur Verfügung stehen (ca. 800 Mio. m²). Wird zusätzlich eine Aufstellung von Solarkollektoren auch auf siedlungsnahen Freiflächen unterstellt (solare Nahwärmekonzepte), erhöht sich dieses Flächenpotential erheblich. Das diesem Kollektorflächenpotential entsprechende Energiepotential liegt - je nach Kollektortechnik - bei ca. 701 bis 834 PJ/a auf Dachflächen und bei etwa 3 430 bis 4 040 PJ/a auf Freiflächen. Damit übersteigt dieses Erzeugungspotential den Bedarf an Niedertemperaturwärme erheblich. Werden deshalb bedarfsseitige Restriktionen berücksichtigt, liegen die Potentiale einer solaren Wärmegewinnung - je nach dem, ob solarthermische Brauchwasseranlagen, dezentrale Systeme oder solare Nahwärmekonzepte zur Deckung des Raum- und Prozeßwärmebedarfs einschließlich des Warmwasserbedarfs unterstellt werden - zwischen 200 und 967 PJ/a bei den Haushalten und zwischen 88 und 1 003 PJ/a bei den Kleinverbrauchern und der Industrie. Die einwohnerspezifischen Potentiale schwanken zwischen 0,2 und

120,2 GJ/(EW a) und die flächenspezifischen Werte innerhalb eines Bereichs von 0,1 bis 52,1 TJ/(km^2 a).

Nutzung der Erdwärme. Die gesamte in der Erde gespeicherte Energie liegt etwa im Bereich von rund 10 Bil. EJ; in der äußeren Erdkruste bis etwa 3 km Tiefe ist weltweit noch ein Energiepotential von etwa 43 Mio. EJ vorhanden, das jedoch zu rund 85 % auf einem Temperaturniveau von weniger als 100 °C vorliegt. Auf der Gebietsfläche der Bundesrepublik Deutschland liegt dieser zugängliche geothermische Energievorrat bei rund 120 000 EJ.

Die Ressourcen der untiefen Geothermie, bei der dem flachen Untergrund Wärme durch Erdwärmesonden entzogen wird, liegen etwa bei etwa 120 PJ. Die geothermischen Energieressourcen der technisch nutzbaren geothermalen Tiefenwässer belaufen sich auf etwa 162 EJ; hier wird dem im tiefen Untergrund gespeicherten Wasser (Aquifere) bzw. dem umgebenden Gestein Energie entzogen. Weitere Energieressourcen sind in den heißen, tiefen Gesteinsschichten enthalten; sie dürften weit über denen der hydrogeothermalen Vorräte liegen, können derzeit aber noch nicht hinreichend genau quantifiziert werden, da das Hot-Dry-Rock-Verfahren noch nicht Stand der Technik ist.

Die Reserven - das ist der Anteil der Ressourcen, der unter den gegenwärtigen Bedingungen einer Realisierung am nächsten steht - liegen bei der untiefen Geothermie bei ca. 120 TJ und bei den hydrothermalen Systemen bei ca. 38,5 EJ. Vor allem die tiefen Sedimentstrukturen des Süddeutschen Molassebeckens, des Oberrheingrabens und des Norddeutschen Beckens bieten hier optimale bis günstige Voraussetzungen. Besonders interessant ist der Bereich des Molassebeckens zwischen der Donau und den Alpen, wo das im Malmkarst gespeicherte Wasser nur gering mineralisiert ist und daher keine Ausfällungsprobleme verursacht.

Die jährlich aus den heißwasserführenden Aquiferen gewinnbare Energiemenge liegt bei etwa 385 PJ/a. Sie ist in Bayern mit etwa 325 PJ/a vergleichsweise hoch. In Baden-Württemberg liegt die mögliche Wärmeabgabe bei ca. 33 PJ/a, in Rheinland-Pfalz bei rund 12 PJ/a und in den neuen Bundesländern insgesamt bei etwa 11 PJ/a.

Energiepotentiale und Endenergieverbrauch. Durch eine solarthermische Wärmeerzeugung auf der Basis solarer Nahwärmesysteme könnte das größte technische Energiepotential erschlossen werden (ca. 1 970 PJ/a); bezogen auf den gesamten Endenergieverbrauch bzw. den Endenergieeinsatz zur Wärmebedarfsdeckung in der Bundesrepublik Deutschland im Jahr 1991 entspricht dies einem Anteil von rund 21 % bzw. etwa 33 %. Das solarthermische Potential unter der Annahme dezentraler Systeme zur Deckung des Raumwärme-, Warmwasser- und Prozeßwärmebedarfs liegt bei ca. 970 PJ/a; damit könnten etwa 10 % bzw. rund 17 % des gesamten Endenergieverbrauchs bzw. des Endenergieeinsatzes zur Wärmebedarfsdeckung bezogen auf das Jahr 1991 gedeckt werden. Eine ausschließliche solarthermische Warmwasser- bzw. Prozeßwärmeerzeugung ist durch das geringste Potential gekennzeichnet (ca. 290 PJ/a); die entsprechenden Anteile am gesamten Endenergieverbrauch bzw. am Endenergieeinsatz für die Wärmebereitstellung liegen bei etwa 3 % bzw. rund 5 %.

Die Anteile, die eine Erdwärmenutzung zum gegenwärtigen Endenergieverbrauch beitragen könnte, liegen geringfügig über denen einer ausschließlichen solarthermischen Warmwasser- und Prozeßwärmebereitstellung. Verglichen mit dem gesamten Endenergieverbrauch in der Bundesrepublik Deutschland im Jahr 1991 liegen die möglichen Beiträge bei rund 4 % und bezogen auf den Wärmeendenergieverbrauch bei knapp 7 %.

11.1.5 Gesamtpotentialvergleich

Aufbauend auf der Gegenüberstellung der technischen Endenergiepotentiale einer Elektrizitätsgewinnung aus Sonne, Wind und Wasser mit dem Endenergieverbrauch an Strom, dem Vergleich der Potentiale eines Energiepflanzenanbaus mit dem gesamten Endenergieverbrauch bzw. dem des Verkehrssektors und der Gegenüberstellung der technischen Energiepotentiale aus organischen Reststoffen und einer solaren bzw. geothermischen Wärmegewinnung dem Endenergieverbrauch zur Wärmebedarfsdeckung wird im folgenden ein Gesamtpotentialvergleich durchgeführt.

Bei einem Gesamtpotentialvergleich muß grundsätzlich beachtet werden, daß die Potentiale der einzelnen regenerativen Optionen sich z. T. gegenseitig ausschließen. Beispielsweise können die solartechnisch verfügbaren Dachflächen nur für eine solarthermische Niedertemperaturwärmegewinnung oder für eine photovoltaische Stromerzeugung genutzt werden. Auch stehen z. B. die theoretisch verfügbaren Anbauflächen für einen Energiepflanzenanbau endweder nur für eine Erzeugung von festen Energieträgern oder für eine Produktion flüssiger Sekundärenergieträger zur Verfügung.

Ein weiteres methodisches Problem für einen Gesamtpotentialvergleich liegt in der mangelnden Vergleichbarkeit der verschiedenen Endenergieträger begründet, die durch die unterschiedlichen regenerativen Optionen bereitgestellt werden. Prinzipiell muß das Energiepotential von gasförmigen, flüssigen und festen Brennstoffen sowie das elektrische Endenergiepotential zusammengefaßt werden, um daraus letztlich das regenerative Gesamtpotential zu erhalten. Eine Addition der Potentiale dieser unterschiedlichen Energieträger ist deshalb nur möglich, wenn die verschiedenen Optionen auf eine gemeinsame Bezugsbasis bezogen werden; dies ist beispielsweise durch die Ermittlung der Primärenergieäquivalente möglich. Diese primärenergetisch bewerteten Energiepotentiale können anschließend zu dem primärenergieseitig bewerteten Gesamtpotential des regenerativen Energieangebots zusammengefaßt und damit auch dem Primärenergieaufkommen in der Bundesrepublik Deutschland (vgl. Kap. 1.4.1) gegenübergestellt werden.

Bei der primärenergetischen Bewertung ist zu berücksichtigen, daß einige der betrachteten regenerativen Energieträger nicht die gleiche Menge an Nutzenergie erzeugen wie der durch sie substituierbare fossile Energieträger. Beispielsweise ersetzt 1 GJ Festbrennstoff (z. B. Stroh oder Holz) bedingt durch die unterschiedlichen Wirkungsgrade der gängigen Konversionsanlagen bei der Umwandlung in Wärmeenergie im Durchschnitt nur rund 0,83 GJ Heizöl /11-9/. Wird mit dem gleichen regenerativen Energieträger (d. h. Holz oder Stroh) demgegenüber ein anderer Festbrennstoff (z. B. Steinkohle) substituiert, kann von einem gleichen Verhältnis von ersetzendem zu ersetztem Endenergieträger ausgegangen werden.

Zur primärenergieseitigen Bewertung der ausgewiesenen Endenergiepotentiale der verschiedenen erneuerbaren Energieträger werden deshalb die folgenden Annahmen getroffen.

- Die aus Solarstrahlung, Windenergie und Wasserkraft gewinnbare elektrische Energie substituiert Strom aus Kern-, Kohle-, Öl- und Gaskraftwerken entsprechend ihren Anteilen am gesamten Stromaufkommen in der Bundesrepublik Deutschland. Dabei wird näherungsweise vernachlässigt, daß insbesondere die aus der Solarstrahlung und Windkraft gewinnbare elektrische Energie vorwiegend Strom der Mittel- und Spitzenlast substituiert und erst bei sehr hohen Anteilen einer regenerativen Stromerzeugung auch Grundlast ersetzt wird /11-1/.
- Für das anfallende Deponiegas wird - da im Regelfall in der unmittelbaren Umgebung der Deponien keine Wärmeverbraucher vorhanden sind und ein Transport des Gases mit einem hohen Aufwand verbunden ist - unterstellt, daß es hauptsächlich zur Stromerzeugung eingesetzt wird. Klärgas wird - hier ist im Normalfall eine entsprechende Wärmenachfrage gegeben - sowohl für eine

gekoppelte Strom- und Wärmeerzeugung in Blockheizkraftwerken als auch für eine ausschließliche Wärmeerzeugung eingesetzt; näherungsweise wird unterstellt, daß je zur Hälfte Strom und Wärme substituiert wird. Die gleichen Annahmen gelten auch für das anfallende Biogas aus den Reststoffen der Tierhaltung.
- Festbrennstoffe aus Stroh, Holz, Energiepflanzen oder sonstigen organischen Reststoffen dürften vorrangig im Wärmesektor zum Einsatz kommen; es wird deshalb davon ausgegangen, daß sie hauptsächlich Öl und Gas ersetzen.
- Solarthermisch und geothermisch erzeugte Wärme dürfte in der Bundesrepublik Deutschland primär als Niedertemperaturwärme eingesetzt werden. Damit kann davon ausgegangen werden, daß sie ebenfalls hauptsächlich die fossilen Energieträger Öl und Gas ersetzen würde.

Auf der Grundlage dieser Annahmen können die ermittelten Endenergiepotentiale der jeweiligen regenerativen Energieträger in Primärenergieäquivalente überführt werden. Damit ist letztlich ein Vergleich mit dem gesamten Primärenergieverbrauch in der Bundesrepublik Deutschland im Jahr 1991 möglich (vgl. Abb. 11.6 bzw. Kap. 1.4.1). Zur Abschätzung der gesamten Bandbreite, innerhalb der sich das primärenergetisch bewertete regenerative Gesamtpotential unter unterschiedlichen Rahmenbedingungen bewegen könnte, werden im folgenden drei unterschiedliche Varianten untersucht.

Variante I. Zur Abschätzung der unteren Bandbreite, innerhalb der sich das primärenergetisch bewertete regenerative Gesamtpotential bewegen könnte, werden die folgenden zusätzlichen Rahmenannahmen zugrunde gelegt.
- Im Hinblick auf die regenerative Stromerzeugung aus Sonne, Wind und Wasser wird eine Ausnutzung der Potentiale in Anlehnung an Variante I (vgl. Kap. 11.1.1) unterstellt.
- Die technischen Potentiale von Stroh, Restholz, Biogas und den sonstigen organischen Reststoffen werden vollständig genutzt. Ein Energiepflanzenanbau und daraus resultierendes Energiepotential wird nicht zugrunde gelegt.
- Solarthermische Kollektoren werden nur zur Brauchwasser- und Prozeßwärmebereitstellung bei den Haushalten, der Industrie und den Kleinverbrauchern eingesetzt.
- Eine Nutzung der Möglichkeiten einer geothermischen Niedertemperaturwärmegewinnung wird nicht unterstellt.

Auf der Grundlage dieser Randbedingungen ergibt sich ein primärenergetisch bewertetes regeneratives Gesamtenergiepotential von rund 1 270 PJ/a (vgl. Abb. 11.6). Davon entfällt jeweils rund die Hälfte (ca. 630 PJ/a) auf die erneuerbare Stromerzeugung und auf die Wärmebedarfsdeckung (ca. 640 PJ/a). Der Anteil des unter diesen Bedingungen substituierbaren Primärenergieaufkommens in der Bundesrepublik Deutschland liegt bei etwa 8,8 % bezogen auf das Jahr 1991.

Variante II. Bei dieser Variante, die eine durchschnittliche Ausnutzung des regenerativen Energieangebots repräsentieren soll, werden die folgenden Rahmenannahmen zugrunde gelegt.
- Die Potentiale einer elektrischen Energiegewinnung aus Solarstrahlung, Windenergie und Wasserkraft werden moderat ausgenutzt (Variante II, vgl. Kap. 11.1.1).
- Die Energiepotentiale des regenerativen Reststoffangebots (d. h. Restholz, Stroh, Biogas, sonstige organische Reststoffe) werden vollständig genutzt.
- Energiepflanzen kommen ausschließlich zur Erzeugung von Festbrennstoffen aufgrund der erzielbaren vergleichsweise hohen Bruttoenergieausbeute zum Einsatz; eine Erzeugung flüssiger Sekundärenergieträger wird damit nicht unterstellt. Insgesamt wird von einer Potentialausschöpfung der theoretisch maximal verfügbaren Flächen von rund 50 % ausgegangen; zur Vermeidung von Mono-

338 11 Zusammenfassender Vergleich

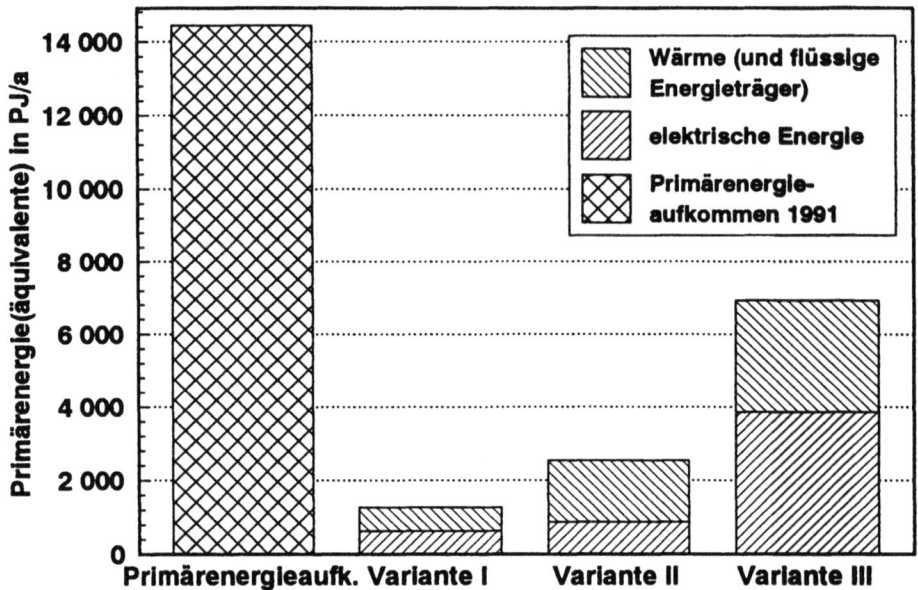

Abb. 11.6 Gesamtpotentialvergleich der in Primärenergieäquivalente umgerechneten regenerativen Potentiale mit dem Primärenergieverbrauch in der Bundesrepublik Deutschland im Jahr 1991

kulturen wird ein Anbaumix aus allen betrachteten Möglichkeiten einer Erzeugung von Festbrennstoffen unterstellt.
- Durch die teilweise Nutzung der landwirtschaftlichen Nutzflächen für den Energiepflanzenanbau reduziert sich das energetisch nutzbare Strohaufkommen aus der landwirtschaftlichen Pflanzenproduktion um einige Prozent. Bei der Abschätzung dieser Potentialverminderung wird unterstellt, daß die derzeit bereits stillgelegten Flächen zunächst genutzt werden; erst danach werden die gegenwärtig mit Getreide bepflanzten Flächen mit Energiepflanzen bebaut.
- Solarthermische Systeme werden vorwiegend dezentral genutzt und dienen zur Raum- und Prozeßwärmebereitstellung sowie zur Warmwassererzeugung.
- Das Energiepotential der heißwasserführenden Aquifere wird mit etwa 200 PJ/a und damit rund zur Hälfte genutzt.

Unter diesen Voraussetzungen liegt das primärenergetisch bewertete regenerative Gesamtpotential bei ca. 2 530 PJ/a; davon resultieren ca. 870 PJ/a aus einer Stromerzeugung der erneuerbaren Energiequellen Sonne, Wind und Wasser und rund 1 660 PJ/a aus einer regenerativen Wärmebedarfsdeckung. Der Anteil am Primärenergieverbrauch in Deutschland im Jahr 1991 liegt unter diesen Rahmenannahmen bei rund 17,5 %.

Variante III. Bei dieser Variante wird von einer vollständigen Ausschöpfung der technischen Potentiale ausgegangen. Im einzelnen werden die folgenden Annahmen getroffen.
- Die Stromerzeugungspotentiale der Windenergie und der Wasserkraft werden vollständig ausgenutzt.

- Das solartechnisch nutzbare Dach- und Freiflächenpotential wird zunächst für die Installation solarthermischer Kollektoren verwendet; dabei wird sowohl von dezentralen als auch von zentralen Systemen (d. h. solare Nahwärmesysteme) ausgegangen.
- Das nach der Ausschöpfung der Potentiale einer solarthermischen Wärmegewinnung noch verbleibende solartechnisch nutzbare Flächenpotential wird mit Hilfe von Photovoltaikmodulen zur Gewinnung elektrischer Energie genutzt.
- Die technischen Potentiale der betrachteten organischen Reststoffe werden vollständig genutzt.
- Das Potential eines Energiepflanzenanbaus wird im vollen Umfang ausgeschöpft; von der dafür theoretisch als verfügbar erachteten Flächen wird jeweils die Hälfte zur Erzeugung von Festbrennstoffen und zur Gewinnnung von Pflanzenöl bzw. Alkohol - zu jeweils gleichen Anteilen - genutzt; zur Vermeidung von Monokulturen wird jeweils ein Anbaumix aus allen betrachteten Optionen unterstellt.
- Infolge der Nutzung der Flächen durch einen Energiepflanzenbau vermindern sich die technischen Potentiale einer Strohnutzung entsprechend der Flächenreduktion, wenn zusätzlich eine Nutzung der derzeit schon stillgelegten Flächen unterstellt wird.
- Die Möglichkeiten der Nutzung der geothermischen Energie werden - mit Ausnahme der Potentiale, die mit der Hot-Dry-Rock-Technologie erschlossen werden müßten - vollständig ausgeschöpft.

Unter diesen Annahmen könnte bei dieser maximalen Potentialausschöpfung ein Primärenergieäquivalent von knapp 6 930 PJ/a innerhalb der Bundesrepublik Deutschland bereit gestellt werden. Dies entspricht rund 48,0 % des Primärenergieverbrauchs im Jahr 1991. Davon entfallen ca. 3 850 PJ/a auf eine Stromerzeugung aus den untersuchten erneuerbaren Energiequellen und rund 3 080 PJ/a auf die regenerative Wärmebedarfsdeckung einschließlich der Erzeugung flüssiger Sekundärenergieträger.

Vergleich der Varianten. Bei einer Gegenüberstellung der drei Varianten wird deutlich, daß die theoretischen Anteile der betrachteten regenerativen Energieträger zwischen rund 9 und etwa 50 % des gegenwärtigen Primärenergieverbrauchs in der Bundesrepublik Deutschland liegen. Die untere Bandbreite wird dabei durch die Optionen gebildet, die vergleichsweise einfach erschließbar sind. Entsprechend ist der Aufwand für die Nutzbarmachung aller Optionen, damit letztlich rund die Hälfte des Primärenergieaufkommens regenerativ gedeckt werden könnte, vergleichsweise hoch. Bei einer Gegenüberstellung der verschiedenen Vaianten wird aber auch deutlich, daß doch ein erheblicher Anteil des Primärenergieaufkommens durch die untersuchten regenerativen Energieträger theoretisch gedeckt werden könnte.

11.2 Regenerative Energiekosten und Energiepreisniveau

Neben einem Potentialvergleich ist auch eine Gegenüberstellung der korrespondierenden Energieträgerkosten der einzelnen Optionen untereinander und der Vergleich mit dem gegenwärtigen Energiepreisniveau der fossilen Energieträger möglich. Dabei ist jedoch zu beachten, daß photovoltaisch oder windtechnisch erzeugter Strom anderer "Qualität" ist als elektrische Energie aus konventionellen Kraftwerken. Zum einen ist eine Stromerzeugung aus Wind oder Sonne durch starke Schwankungen gekennzeichnet und kann nur mit einem großen technischen Aufwand (d. h. durch Speicher) an die Nachfrage angepaßt werden. Zum anderen ist eine solche regenerative Stromerzeugung nur durch einen geringen Kapazitätseffekt gekennzeichnet (vgl. /11-7/). Sinngemäß gilt dies auch für andere erneuerbare Optionen; beispielsweise kann auch ein aus Stroh oder Restholz gewonnener Energieträger u. a. aufgrund unterschiedlicher Qualität und Verfügbarkeit nur eingeschränkt den fossilen Energieträgern gegenübergestellt werden.

11.2.1 Energieangebot der Atmosphäre

Die realen volkswirtschaftlichen Stromgestehungskosten einer photovoltaischen Stromerzeugung, einer elektrischen Energiegewinnung aus der Windenergie und aus der Wasserkraft bewegen sich innerhalb der im folgenden dargestellten Größenordnung:

Photovoltaik	Dachflächen	ca. 150 bis 230 Pf/kWh
	Freiflächen	ca. 100 bis 160 Pf/kWh
Windkraft	4 bis 5 m/s	ca. 17 bis 30 Pf/kWh
	> 5 m/s	ca. 8 bis 20 Pf/kWh
Wasserkraft	Modernisierung	ca. 7 bis 14 Pf/kWh
	Neubau	ca. 10 bis 30 Pf/kWh

Die Stromerzeugung aus Wasserkraft - ist eine Anlage bereits vorhanden und kann modernisiert werden - ist durch die günstigsten Stromgestehungskosten der betrachteten regenerativen Energieträger gekennzeichnet. Geringfügig teurer, aber ebenfalls unter günstigen Bedingungen noch vergleichsweise gering, sind die Gestehungskosten der elektrischen Energie bei einem Neubau von Laufwasserkraftwerken; unter weniger optimalen Umständen können die spezifischen Kosten jedoch auch relativ hoch sein. Demgegenüber ist eine Stromerzeugung aus Windkraft an einem günstigen Standort mit hohen mittleren Windgeschwindigkeiten (> 5 m/s) und bei den unterstellten Rahmenbedingungen - d. h. fester Untergrund, gute Erschließung und kurze Anschlußstrecke zur nächsten Netzeinspeisestelle - ebenfalls durch relativ geringe Stromgestehungskosten charakterisiert. Bei ungünstigeren Gegebenheiten können diese Stromgestehungskosten durchaus auch relativ hoch liegen; dies gilt insbesondere dann, wenn die jahresmittleren Windgeschwindigkeiten nur noch zwischen 4 und 5 m/s oder sogar noch darunter liegen. Im Gegensatz dazu bewegen sich die Kosten einer photovoltaischen Stromerzeugung auf einem sehr viel höheren Niveau; sie liegen derzeit deutlich über 1 DM/kWh. Dabei sind die spezifischen Gestehungskosten elektrischer Energie aus Solarkraftwerken im groben Durchschnitt geringfügig niedriger als aus Kleinanlagen, wie sie auf den solartechnisch nutzbaren Dachflächen installiert werden könnten. Damit ist die Wasserkraft- und die Windenergienutzung unter günstigen Randbedingungen durch vergleichsweise geringe Stromgestehungskosten gekennzeichnet, die unter weniger optimalen Bedingungen jedoch auch deutlich ansteigen können. Die photovoltaische Gewinnung elektrischer Energie ist demgegenüber sehr viel teurer.

Die aufgezeigten Stromgestehungskosten können denen des konventionellen Kraftwerksparks gegenübergestellt werden; sie liegen zwischen rund 9 und ca. 22 Pf/kWh, wobei die kerntechnische Stromerzeugung die untere Bandbreite, die Kohlestromerzeugung mit heimischer Steinkohle etwa die Mitte dieses Bereichs und die Stromerzeugung mit Gasturbinen etwa die obere Bandbreite abdeckt /11-6/. Bei einem solchen Kostenvergleich muß jedoch beachtet werden, daß eine Stromerzeugung aus Wind und Sonne, die durch eine stark schwankende Angebotscharakteristik gekennzeichnet ist, nur eingeschränkt einer konventionellen elektrischen Energiegewinnung gegenübergestellt werden kann. Bei konventionellen Kraftwerken ist mit hoher Wahrscheinlichkeit jederzeit die installierte Leistung verfügbar; verglichen damit ist der Kapazitätseffekt der windtechnischen und photovoltaischen Stromerzeugung nur gering /11-7/. Konventionelle Kraftwerke können damit jederzeit angepaßt an die Nachfrage elektrische Energie bereitstellen, während die betrachteten regenerativen Optionen näherungsweise nur energiedargebotsorientiert Strom erzeugen können; soll durch diese erneuerbaren Stromerzeugungsoptionen elektrische Energie in einer der den konventionellen Optionen vergleichbaren "Qualität" bereitgestellt werden, müßten zusätzliche Speichersysteme in einem erheblichen Umfang eingesetzt werden; dies würde zu deutlichen Steigerungen der Stromgestehungskosten aus Sonne und Wind führen. Andererseits werden bei einem solchen Vergleich - zumindest bei der Photovoltaik - die Kosten großtechnisch realisierter Systeme mit denen von Anlagen verglichen, die z. T. noch durch ein erhebliches Entwicklungspotential gekennzeichnet sind. Deshalb kann diese Gegenüberstellung nur der groben Einordnung in das gegenwärtige Energiesystem der Bundesrepublik Deutschland dienen.

11.2.2 Pflanzliche Energieträger

Bei den Optionen zur Energieträgererzeugung auf pflanzlicher Basis bewegen sich die Energieträgerkosten innerhalb der folgenden Größenordnung:

Getreideganzpflanzen	ca. 11,5 bis 27,2 DM/GJ
Schilf- und Grasgewächse	ca. 10,0 bis 28,0 DM/GJ
Schnellwachsende Baumarten im Kurzumtrieb	ca. 9,9 bis 11,7 DM/GJ

Diese Kosten können - nach Berücksichtigung der Transportaufwendungen von der Anbaufläche bis zum Nutzungsort - dem fossilen Energieträgerpreisniveau (vgl. Tabelle 1.4 bzw. Kap. 1.4.2) gegenüber gestellt werden. Dabei muß jedoch beachtet werden, daß dabei Energieträger unterschiedlicher "Qualität" miteinander verglichen werden (d. h. flüssige und feste Energieträger mit Festbrennstoffen; Energieträger unterschiedlicher volumenbezogener Heizwerte und verschiedenartiger Verbrennungseigenschaften). Demnach liegen die Energiekosten dieser Optionen z. T. unterhalb, teilweise aber auch oberhalb des gegenwärtigen Energieträgerpreisniveaus der Haushaltskunden. Die entsprechenden Nutzenergiebereitstellungskosten liegen im Schnitt ebenfalls über denen, die sich auf der Basis fossiler Energieträger ergeben. Unter sehr günstigen Umständen und optimalen Rahmenbedingungen können sie jedoch auch im Bereich der vergleichbaren konventionellen Energieträger liegen.

Eine Rapsölerzeugung ist durch spezifische Energiegestehungskosten frei Standort der industriellen Weiterverarbeitung zwischen 65,1 und 75,8 DM/GJ bzw. 2,14 und 2,50 DM/l gekennzeichnet; die vergleichbaren Aufwendungen für eine Alkoholerzeugung liegen zwischen 69,9 und 81,1 DM/GJ bzw. 1,49 und 1,72 DM/l (jeweils ohne Berücksichtigung von Steuern, Abgaben und Transportaufwendungen). Im Gegensatz dazu bewegen sich die Energiepreise - einschließlich der derzeit üblichen Abgaben - für Normalbenzin bei rund 37,5 DM/GJ bzw. 1,27 DM/l und für Dieselkraftstoff bei etwa 29,2 DM/GJ bzw. 1,07 DM/l. Damit liegen die Kosten für die Erzeugung flüssiger Sekundärenergieträger unter den gegenwärtigen Gegebenheiten im Energiesystem der Bundesrepublik Deutschland deutlich über dem Preisniveau der vergleichbaren konventionellen Energieträger. Wird zusätzlich berücksichtigt, daß bei dieser Gegenüberstellung strenggenommen noch die Steuern (u. a. Mineralölsteuer, Mehrwertsteuer), die Verteilungskosten, die Aufwendungen für die Umesterung des Rapsöls für den Einsatz in konventionellen Dieselmotoren und vergleichbare Kosten berücksichtigt werden müßten, verschlechtert sich die Kostenrelation dieser regenerativen Energieträger gegenüber den Treibstoffen auf fossiler Basis weiter.

11.2.3 Regeneratives Reststoffangebot

Die Energieträgerkosten für die auf einer Nutzung von Nebenprodukten der Land- und Forstwirtschaft bzw. des sonstigen Aufkommens an organischen Stoffen basierenden regenerativen Optionen bewegen sich innerhalb folgender Bandbreite:

Restholz	bis 25,2 DM/GJ
Stroh	ca. 2,1 bis 18,5 DM/GJ
Biogas	ca. 14,0 bis 140,0 DM/GJ
Deponiegas	bis 20,0 DM/GJ
Klärgas	ca. 0,0 DM/GJ
Sonstiges Biogas	ca. 11,0 bis 140,0 DM/GJ
Feste Brennstoffe aus organischen Abfällen	ca. 0,0 DM/GJ

Diese Energieträgerkosten frei Anbau-, Wald- und Sammelfläche bzw. frei Konversionsanlage können - nach der zusätzlichen Berücksichtigung der entsprechenden Transportaufwendungen und unter Beachtung der Tatsache, daß dabei etablierte Energieträger mit neuen Optionen verglichen werden, die z. T. noch am Anfang ihrer Entwicklung stehen - dem derzeitigen Energiepreisniveau gegenübergestellt werden (vgl. Tabelle 1.4 bzw. Kap. 1.4.2). Demnach sind diese Optionen z. T. günstiger, teilweise aber auch deutlich teurer als die fossilen Energieträger.

Bei den Energiegestehungskosten einer Biogasgewinnung muß zusätzlich beachtet werden, daß die gesamten anfallenden Kosten bei einer Nutzung des Aufkommens an organischen Stoffen aus der Nutztierhaltung bzw. die Hälfte bei der Nutzbarmachung der sonstigen organischen Reststoffe dem Biogas angelastet werden; weitere Effekte der anaeroben Fermentation (z. B. Geruchsverminderung, Dungwertverbesserung) werden, da derzeit nicht eindeutig wissenschaftlich nachweisbar, nicht monetarisiert. Bei Klärgas, Deponiegas und Festbrennstoffen aus organischen Reststoffen kann der Energieträger teilweise kostenlos zur Verfügung gestellt werden. Dies gilt aber immer nur unter der Annahme, daß die für die Energieträgererzeugung anfallenden Kosten vollständig dem Entsorgungsprozeß zugeordnet werden können.

Die korrespondierenden Nutzenergiebereitstellungskosten auf der Basis dieser regenerativen Energieträger liegen unter günstigen Rahmenbedingungen unterhalb bzw. im Bereich der vergleichbaren Kosten von Systemen auf fossiler Basis. Solche optimalen Randbedingungen können z. B. bei einem landwirtschaftlichen Betrieb oder bei einem waldnah gelegenen Mehrfamilienhaus gegeben sein. Unter weniger günstigen Umständen - d. h. im wesentlichen bei langen Transportwegen - können aber auch z. T. deutlich höhere Kosten gegeben sein.

11.2.4 Sonstige Optionen

Die Kosten für die solar erzeugte Wärme liegen - je nach dem, ob nur eine Warmwassererzeugung bzw. eine kombinierte Warmwasser- und Raumwärmeerzeugung betrachtet wird oder ob dezentrale Kleinanlagen bzw. solare Nahwärmesysteme zugrunde gelegt werden - zwischen 16 und 42 Pf/kWh.

Demgegenüber liegen die Wärmegestehungskosten der betrachteten konventionellen Referenzsysteme auf der Basis fossiler Energieträger zwischen 9 und 18 Pf/kWh. In Sonderfällen (z. B. Schwimmbadwassererwärmung) ist jedoch auch eine solare Niedertemperaturwärmegewinnung zu Kosten möglich, die z. T. deutlich unter denen eines konventionellen Systems liegen.

Die Wärmegestehungskosten aus geothermischer Energie sind geprägt von hohen Investitionen, insbesondere für die Bohrungen, und geringen Betriebskosten; außerdem ist das Bohrrisiko vergleichsweise hoch. Unter optimalen bis günstigen Rahmenbedingungen können Wärmeerzeugungskosten frei geothermischer Anlage von 3 bis 15 Pf/kWh erreicht werden; unter weniger optimalen Bedingungen sind jedoch auch deutlich höhere Werte möglich. Für die Elektrizitätserzeugung mit Hilfe des Hot-Dry-Rock-Verfahrens muß nach Modellrechnungen mit Kosten von mindestens 28 Pf/kWh gerechnet werden. Damit liegen die geothermischen Energiegestehungskosten - verglichen mit den spezifischen Kosten konventioneller Systeme auf der Basis fossiler Energieträger - auf einem vergleichsweise hohen Niveau.

11.3 Schlußfolgerungen

Ziel der vorliegenden Untersuchung ist es, für jeden Kreis bzw. für jedes Bundesland der Bundesrepublik Deutschland die Potentiale und Kosten des erneuerbaren Energieangebots zu erheben und darzustellen. Analysiert werden die Möglichkeiten einer technischen Nutzbarmachung der Solarstrahlung, der Windenergie und der Wasserkraft bezüglich der Stromerzeugungspotentiale. Zusätzlich werden die Potentiale einer Gewinnung fester und flüssiger Energieträger auf pflanzlicher Basis untersucht. Auch werden die Optionen betrachtet, die auf einer energetischen Nutzung des Reststoffaufkommens aus der Waldbewirtschaftung, aus der landwirtschaftlichen Pflanzenproduktion und aus der Nutztierhaltung sowie dem Aufkommen an sonstigen organischen Stoffen resultieren. Weiterhin wird auch die Niedertemperaturwärmebereitstellung mit Hilfe solarthermischer Kollektorsysteme und aus den in der oberen Erdschichten gespeicherten Energie untersucht.

Eine Bewertung der Ergebnisse der Potential- und Kostenanalyse auch im Kontext des gegenwärtigen Energiesystems in der Bundesrepublik Deutschland läßt für die verschiedenen betrachteten erneuerbaren Energieträger die nachfolgend aufgeführten Schlußfolgerungen zu.

- Die derzeit durch staatliche Förderprogramme unterstützte photovoltaische Stromerzeugung ist die Möglichkeit zur regenerativen Bereitstellung elektrischer Energie, die innerhalb der gesamten Bundesrepublik Deutschland durch das höchste technische Stromerzeugungspotential und ein entsprechend großes Endenergiepotential gekennzeichnet ist. Aufgrund der derzeit noch relativ hohen spezifischen Gestehungskosten beschränkt sich die Nutzung momentan jedoch vornehmlich auf Nischenanwendungen (z. B. dezentrale Energieversorgung einer Berghütte, Stromversorgung eines Autobahnnotruftelefons, Energieversorgung einer Fischteichbelüftung /11-8/). Die photovoltaische Stromerzeugung kann, obwohl im Betrieb völlig lautlos und emissionsfrei, deshalb - sollte nicht ein Technologiesprung realisiert werden können, der mit einer deutlichen Wirkungsgradsteigerung bei den Photovoltaikmodulen bzw. bei den Wechselrichtern und einer gleichzeitigen merklichen Verminderung der Kosten verbunden ist - in der nächsten Zeit keinen energiewirtschaftlich relevanten Beitrag zur Elektrizitätsversorgung der Bundesrepublik Deutschland leisten. Jedoch ist eine photovoltaische Stromerzeugung bei einer - in Zukunft sicherlich steigenden - Vielzahl von

Sonderanwendungen insbesondere im kleinen Leistungsbereich auch mit vergleichsweise geringen Energiegestehungskosten möglich.

- Die derzeit ebenfalls durch eine öffentliche Förderung unterstützte Stromerzeugung aus Windkraft ist - verglichen mit der photovoltaischen Gewinnung elektrischer Energie - durch geringere technische Potentiale gekennzeichnet, die sich im wesentlichen nur auf die Bundesländer Schleswig-Holstein, Niedersachsen und Mecklenburg-Vorpommern beschränken. Eine Gewinnung elektrischer Energie aus Windkraft zeichnet sich aber - in Abhängigkeit der windmeteorologischen Gegebenheiten - durch verglichen mit anderen Stromerzeugungsoptionen geringe spezifische Stromgestehungskosten aus; unter günstigen Randbedingungen liegen sie im Bereich der Gestehungskosten der elektrischen Energie aus konventionellen Kraftwerken bzw. unter der gesetzlich geregelten Einspeisevergütung. Dies ist mit ein Grund, weshalb die Windkraftnutzung in der Bundesrepublik Deutschland in den letzten Jahren einen erheblichen Aufschwung erlebt hat und bereits einen beachtlichen emissionsfreien und umweltfreundlichen Beitrag zur Versorgung der Bundesrepublik Deutschland mit elektrischer Energie leistet. Potentielle Standorte mit günstigen Rahmenbedingungen finden sich jedoch im wesentlichen nur auf eng begrenzten Küstengebieten. Im Binnenland sind die Möglichkeiten einer Windkraftnutzung aufgrund des durchschnittlich viel geringeren Windgeschwindigkeitsniveaus nur sehr beschränkt; ein hohes Windenergieangebot ist nur an exponierten Mittelgebirgsstandorten gegeben.
- Auch die Nutzung der Wasserkraft wird - vornehmlich jedoch nur bei kleinen bis sehr kleinen Anlagen - durch Förderprogramme in den süddeutschen Bundesländern unterstützt. Verglichen mit den Möglichkeiten einer Gewinnung elektrischer Energie aus Sonne und Wind sind die technischen Potentiale einer Stromerzeugung aus Wasserkraft jedoch vergleichsweise gering; der überwiegende Teil dieses Stromerzeugungspotentials wird derzeit bereits genutzt und leistet insbesondere in Süddeutschland einen merklichen Beitrag zur Strombedarfsdeckung. Die noch verbleibenden technischen Potentiale - insbesondere in den neuen Bundesländern - könnten jedoch z. T. mit Stromgestehungskosten erschlossen werden, die etwa in der gleichen Größenordnung wie die der Windkraft liegen. Insbesondere die Modernisierung bestehender sowie die Reaktivierung stillgelegter Anlagen ist durch vergleichsweise geringe Kosten gekennzeichnet, sodaß hier - trotz der insgesamt nur beschränkten Potentiale - durchaus Möglichkeiten einer weitergehenden Wasserkraftnutzung unter entsprechender Berücksichtigung der Belange des Natur- und Landschaftsschutzes gegeben sind.
- Von den Möglichkeiten einer regenerativen Stromerzeugung aus Sonne, Wind und Wasser ist die photovoltaische Stromerzeugung durch die höchsten, die Windstromerzeugung durch geringere und eine Elektrizitätsgewinnung aus Wasserkraft durch relativ kleine technische Potentiale gekennzeichnet. Umgekehrt wird eine Stromerzeugung aus Wasserkraft bereits relativ weitgehend, aus Windenergie wenig und aus der eingestrahlten Solarenergie kaum genutzt. Aufgrund der Potential- und Kostensituation ist in der nächsten Zukunft ein geringfügiger Ausbau der Wasserkraft- und eine weitere deutliche Zunahme der Windkraftnutzung zu erwarten. Demgegenüber wird die photovoltaische Stromerzeugung auch in Zukunft eher auf Sonderanwendungen beschränkt bleiben, die jedoch in immer weiteren Bereichen der Volks- bzw. Energiewirtschaft zu finden sein werden, falls nicht über den gegenwärtigen Trend hinausgehende Kostensenkungen realisiert werden können.
- Die Möglichkeiten einer Produktion fester Energieträger auf pflanzlicher Basis sind aufgrund der in der Bundesrepublik Deutschland nur eingeschränkt verfügbaren potentiellen Anbauflächen nur sehr begrenzt. Grundsätzlich muß einer Erzeugung von Nahrungsmitteln immer eine höhere Flächennutzungspriorität als einer Energieproduktion eingeräumt werden; näherungsweise können

11.3 Schlußfolgerungen

nur die infolge staatlicher Maßnahmen stillzulegenden Anbauflächen für eine Energieproduktion theoretisch als verfügbar angesehen werden. Werden auf diesen Flächen Festbrennstoffe erzeugt, liegt das erzielbare Energieaufkommen zwischen 1,8 und 3,2 % des Endenergieverbrauchs in der Bundesrepublik Deutschland im Jahr 1991. Die dafür von der Volkswirtschaft aufzubringenden Kosten liegen z. T. deutlich über dem gegenwärtigen Energieträgerpreisniveau. Damit kann von einem Energiepflanzenanbau zur Festbrennstofferzeugung in der Bundesrepublik Deutschland kurz- bis mittelfristig kein energiewirtschaftlich relevanter Beitrag zur Energieversorgung erwartet werden; unabhängig davon bestehen jedoch in einigen Nischen und bei bestimmten Sonderanwendungen interessante Nutzungsmöglichkeiten für feste Energieträger auf pflanzlicher Basis (z. B. im Rahmen integrierter Energieversorgungskonzepte für Gemeinden im ländlichen Raum).

- Neben der Nutzung von speziell erzeugter Biomasse als Festbrennstoff können auf landwirtschaftlichen Nutzflächen auch Grundstoffe für die Herstellung von Treibstoffzusätzen bzw. -ersatzstoffen produziert werden. Ein wesentlicher limitierender Faktor solcher Konzepte sind die nur eingeschränkt verfügbaren Anbauflächen. Wird unterstellt, daß die stillzulegenden Flächen für eine Erzeugung von Ausgangsprodukten für eine Pflanzenöl- oder Alkoholproduktion genutzt würden, liegt das gewinnbare Energiepotential nur im Prozentbereich der gegenwärtigen Treibstoffnachfrage. Die für diese Sekundärenergieträger aufzubringenden Kosten sind - verglichen mit anderen regenerativen Optionen bzw. mit dem momentanen Preisniveau der fossilen Treibstoffe - sehr hoch. Eine Treibstofferzeugung auf pflanzlicher Basis stellt damit in der Bundesrepublik Deutschland derzeit keine Alternative für die Deckung der Energienachfrage des Verkehrssektors dar. Aufgrund der immer nur beschränkten Potentiale und den nur geringen Kostensenkungspotentialen ist auch zu hinterfragen, ob der Einsatz von aus Pflanzen erzeugten flüssigen Energieträgern im Treibstoffmarkt überhaupt zweckmäßig ist; beispielsweise könnte das Pflanzenöl aufgrund der besseren biologischen Abbaubarkeit verglichen mit fossilen Ölen zur Verlustschmierung auch in vielen Bereichen außerhalb der Waldbewirtschaftung vermehrt eingesetzt werden; es wäre beispielsweise eine verstärkte Verwendung bei der landwirtschaftlichen Pflanzenproduktion oder in Wasserschutzgebieten denkbar.

- Eine Nutzbarmachung organischer Reststoffe aus der Waldbewirtschaftung ist durch relativ geringe technische Energiepotentiale gekennzeichnet, die - bezogen auf den Endenergieverbrauch in Deutschland - zwischen einem und zwei Prozent liegen. Günstige Energiegestehungskosten im Bereich des gegenwärtigen Energiepreisniveaus für Festbrennstoffe sind nur möglich, wenn ein Transport des Restholzes über weite Entfernungen vermieden werden kann. Potentielle Einsatzbereiche dieses Energieträgers beschränken sich - abgesehen von Standorten der industriellen Weiterverarbeitung - vorwiegend auf waldnah gelegene Höfe, Weiler und Siedlungen. Sind außerdem noch die sonstigen Rahmenbedingungen günstig, liegen die Wärmegestehungskosten z. T. unterhalb, zumindest aber im Bereich vergleichbarer konventioneller Systeme mit fossilen Brennstoffen. Außerdem ist diese regenerative Energiequelle weitgehend CO_2-neutral sowie - im Gegensatz zu den erneuerbaren Energieträgern zur Stromerzeugung - speicherbar und damit auch ohne größeren technischen Aufwand zu Zeiten hoher Energienachfrage verfügbar.

- Von den untersuchten Möglichkeiten einer energetischen Verwertung von organischen Reststoffen zeichnet sich die Nutzung des bei der Getreideproduktion anfallenden Strohs ebenfalls durch vergleichsweise geringe technische Potentiale aus; das Energieträgerpotential dieses erneuerbaren Energieträgers liegt - bezogen auf den Endenergieverbrauch in der Bundesrepublik Deutschland - unter einem Prozent. Zusätzlich beschränkt sich eine sinnvolle Nutzung dieses Energiepotentials - zur Minimierung der Transportaufwendungen und damit der Energiegestehungskosten - oft auf landwirtschaftliche Betriebe. Unter günstigen Umständen liegen dann jedoch die Wärmegestehungskosten z. T. unterhalb, zumindest jedoch im Bereich vergleichbarer konventioneller Systeme auf der Basis fossiler Energieträger. Damit könnte diese regenerative Energiequelle insbesondere im ländlichen Raum einen deutlich höheren weitgehend klimaneutralen und kostengünstigen Beitrag hauptsächlich zur Wärmebedarfsdeckung leisten.

- Die Potentiale einer Biogasgewinnung aus den bei der Nutztierhaltung in der Bundesrepublik Deutschland anfallenden organischen Stoffen liegen etwa in der gleichen Größenordnung wie die Energiepotentiale aus den Ernterückständen der landwirtschaftlichen Pflanzenproduktion; sie sind folglich mit weniger als einem Prozent bezogen auf den Endenergieverbrauch vergleichsweise gering. Die spezifischen Gasgestehungskosten bewegen sich - aufgrund der insgesamt doch recht aufwendigen Verfahrenstechnik - auf einem relativ hohen Niveau; günstige Biogasgestehungskosten sind hier nur möglich, wenn der potentielle Betreiber einen entsprechenden Eigenleistungsanteil erbringt bzw. beim Bau der Biogasanlage auf kostenneutrale Systemkomponenten zurückgreifen kann. Jedoch sind mit der Methangärung auch eine Reihe positiver Nebeneffekte verbunden, die - obwohl derzeit nicht monetär quantifizierbar - zu einer Veränderung dieser Kostensituation und dadurch zu einem verstärkten Einsatz dieser Möglichkeit einer umweltfreundlichen Energieversorgung führen könnten.
- Die Möglichkeiten einer energetischen Nutzung organischer Abfälle aus den Haushalten, der Industrie, dem Gewerbe sowie den kommunalen und öffentlichen Einrichtungen sind - vor dem Hintergrund des Endenergieverbrauchs in der Bundesrepublik Deutschland - beschränkt. Wird jedoch berücksichtigt, daß diese Reststoffe auf jeden Fall anfallen, aufgrund der gesetzlichen Vorgaben zu entsorgen sind und damit die Kosten in erster Linie dem Entsorgungsprozeß und nicht dem Energieträger angelastet werden, handelt es sich um ein vergleichsweise einfach und kostengünstig zu erschließendes Energiepotential; deshalb wird es bereits derzeit - bei steigender Tendenz - in einem nicht unerheblichen Maße genutzt.
- Damit sind die regenerativen Energieträger, die auf einer Reststoffnutzung basieren, zwar jeweils nur durch relativ geringe technische Potentiale, aber auch durch vergleichsweise niedrige Energiegestehungskosten gekennzeichnet. Außerdem fallen die entsprechenden Ausgangsstoffe auf jeden Fall an und werden derzeit entweder nicht weiter verwertet oder müssen entsorgt werden. Deshalb würde sich - sollen die erneuerbaren Energieträger verstärkt zur Energiebedarfsdeckung eingesetzt werden - eine Restholz- und Strohnutzung, eine Biogaserzeugung aus den Reststoffen der Nutztierhaltung und eine energetische Nutzung der sonstigen organischen Reststoffe anbieten, zumal damit oft auch weitere positive Nebeneffekte für die Volkswirtschaft und die Umwelt verbunden sind. Zusammengenommen könnten diese Optionen einen weitgehend CO_2-neutralen Beitrag zur Deckung der Endenergienachfrage in der Bundesrepublik Deutschland von 4 bis 5 % leisten.
- Von allen Möglichkeiten einer regenerativen Energieerzeugung ist die solare Niedertemperaturwärmegewinnung durch das höchste technische Potential gekennzeichnet. Das solartechnische Wärmeerzeugungspotential, das aus dem auf den Gebäuden in Deutschland verfügbaren Dachflächen- und dem gebäudenahen Freiflächenpotential resultiert, ist in der Regel größer als die gesamte solar deckbare Wärmenachfrage. Ein restriktiver Faktor, der einer weitverbreiteten Nutzung dieser Möglichkeit zur Nutzbarmachung des solaren Strahlungsangebots entgegen steht, sind die teilweise hohen Wärmegestehungskosten; derzeit ist eine solarthermische Wärmeerzeugung nur bei Sonderanwendungen (u. a. Schwimmbadwassererwärmung) zu Wärmegestehungskosten möglich, die unter denen eines konventionellen Systems liegen. Trotzdem sind die installierten Kollektorflächen in der Bundesrepublik Deutschland in den letzten Jahren kontinuierlich angestiegen; damit leistet diese

Möglichkeit der Nutzung der solaren Strahlungsenergie bereits heute einen - in Zukunft sicherlich noch steigenden - umweltfreundlichen und klimaneutralen Beitrag zur Wärmebereitstellung.
- Grundsätzlich sind die Potentiale einer geothermischen Energiegewinnung - sowohl die der untiefen Geothermie und die der hydrogeothermalen Aquifernutzung als auch die aus den heißen Gesteinsschichten - in der Bundesrepublik Deutschland relativ hoch; die letztlich technisch gegebenen Möglichkeiten sind jedoch stark begrenzt. Dies gilt für die untiefe Geothermie aufgrund der nur begrenzten Reserven, für die energetische Nutzbarmachung warmer Aquiferwässer wegen des hohen Bohrrisikos sowie des vergleichsweise hohen technischen Aufwandes und bei den Möglichkeiten einer Nutzung der Energie aus den heißen Gesteinsschichten aufgrund der noch nicht vollständig entwickelten Technik und des damit verbundenen hohen Erschließungsrisikos. Trotzdem kann unter günstigen geologischen Bedingungen und bei Verbrauchern mit einem hohen jahreszeitlich unabhängigen Bedarf an Niedertemperaturwärme eine geothermische Wärmegewinnung aus gut erschließbaren Warmwasseraquiferen unter den in Deutschland gegebenen Randbedingungen auch vergleichsweise kostengünstig sein und könnte dadurch einen - wenn auch nur beschränkten - umweltverträglichen und emissionsfreien Beitrag zur Deckung der Wärmenachfrage leisten.

Insgesamt sind damit die Möglichkeiten einer Nutzung des regenerativen Energieangebots in der Bundesrepublik Deutschland beachtlich; angebotsseitig könnten die erneuerbaren Energieträger zusammengenommen knapp die Hälfte des gegenwärtigen Primärenergieverbrauchs bereitstellen; bei zukünftig tendenziell zurück gehendem Energieverbrauch wird dieser Anteil noch zunehmen. Trotzdem kommen die erneuerbaren Energiequellen zur Deckung der Energienachfrage momentan - mit Ausnahme der Wasserkraft - kaum zum Einsatz. Dies liegt - neben den teilweise hohen Energieträger- bzw. Nutzenergiebereitstellungskosten verglichen mit dem gegenwärtigen Energiepreisniveau in der Bundesrepublik Deutschland - vor allem auch an einer Reihe weiterer restriktiver Parameter (z. B. mangelnde Information der potentiellen Nutzer; Vorbehalte und mangelnde Risikobereitschaft der Anlagenbetreiber und -installateure gegenüber neuen, unbekannten Techniken; geringes Erfahrungspotential im Vertrieb und bei den Installationsbetrieben; administrative und gesetzliche Hemmnisse; Restriktionen aufgrund der bereits vorhandenen Energieversorgungsstrukturen; teilweise hoher Flächenbedarf und die dadurch bedingte visuelle Beeinträchtigung des natürlichen Erscheinungsbildes der Landschaft; Kapazitätsbeschränkungen bei der Produktion von Konversionsanlagen zur Nutzung des regenerativen Energieangebots; vorhandene, noch nicht abgeschriebene Anlagen zur Nutzung fossiler Energieträger).

Das vorrangige Ziel einer auf eine Minimierung der Umwelt- und Klimaeffekte ausgerichteten und langfristig angelegten Energiepolitik muß es deshalb sein, die verschiedenartigen Hemmnisse abzubauen und damit die Rand- und Rahmenbedingungen für eine verstärkte Erschließung der verschiedenen regenerativen Energiepotentiale zu verbessern. Dies gilt insbesondere für die Optionen, die durch niedrige Energiegestehungskosten gekennzeichnet sind und deren Nutzung - verglichen mit den gegenwärtig eingesetzten fossilen Energieträgern - mit einer Reihe zusätzlicher positiver Umwelteffekte verbunden ist. Dabei sollten diese erneuerbaren Energieträger im Kontext integrierter Energieversorgungskonzepte genutzt werden; dadurch können die verschiedenen dargebotsbedingten Nachteile der einzelnen Optionen ausgeglichen und somit ein hohes Maß an Versorgungssicherheit erreicht werden. Mittelfristig könnte so eine umweltfreundlichere, klimaverträglichere und ressourcenschonendere Energieversorgung aufgebaut werden. Im Zusammenspiel mit den vielfältigen Möglichkeiten einer rationelleren Energieanwendung (z. B. bessere Wärmedämmung, energie-effizientere Produktionsprozesse) könnte dadurch auch der derzeitige gesellschaftliche Dissens bezüglich der gegenwärtigen Struktur der Energieversorgung abgebaut werden.

Literatur

/1-1/ Statistisches Bundesamt (Hrsg.): Statistisches Jahrbuch 1992; Metzler-Poeschel, Stuttgart, 1992

/1-2/ Ziesing, H. J.: Begriffsbestimmungen zur Reduktion klimarelevanter Spurengase durch den Einsatz regenerativer Energien; VDI Bericht Nr. 942, 1992, S. 1 - 15

/1-3/ Voß, A.: Energie und Umwelt: Herausforderungen an der Schwelle zum dritten Jahrtausend; in: Voß, A. (Hrsg.): Die Zukunft der Stromversorgung; VWEW, Frankfurt, 1992

/1-4/ Bundesministerium für Wirtschaft (Hrsg.): Energiedaten '91; Bundesministerium für Wirtschaft, Bonn, 1992

/1-5/ VDI-GET (Hrsg.): Jahrbuch 92; VDI, Düsseldorf, 1992

/1-6/ Schaefer, H.; Geiger, B.: persönliche Mitteilung; Lehrstuhl für Energiewirtschaft und Kraftwerkstechnik, TU München, 1992

/1-7/ EWU Engineering (Hrsg.): Kennziffernkatalog für Investitionskosten - Bereich Wärmeversorgung; EWU Engineering, Berlin, März 1992

/1-8/ VDI Gesellschaft Technische Gebäudeausrüstung (Hrsg.): VDI 2067, Blatt 1, Berechnung der Kosten von Wärmeversorgungsanlagen; VDI, Düsseldorf, Dezember 1983

/1-9/ Schaefer, H. (Teilprojektleitung): Perspektiven der Energieversorgung; Materialband III, Rationelle Energieanwendung; Forschungsstelle für Energiewirtschaft, München, November 1987

/1-10/ Hell, F.: Rationelle Heiztechnik, Energetik und Energiewirtschaft; VDI, Düsseldorf, 1989

/2-1/ VDI (Hrsg.): Potentiale regenerativer Energieträger in der Bundesrepublik Deutschland; VDI, Düsseldorf, 1991

/2-2/ DWD (Hrsg.): Monatliche Wetterberichte; DWD, Offenbach a. M., verschiedene Jahrgänge

/2-3/ Statistisches Bundesamt (Hrsg.): Statistisches Jahrbuch 1992; Metzler-Poeschel, Stuttgart, 1992

/2-4/ Wiese, A.; Kaltschmitt, M.: Potentiale und Kosten einer photovoltaischen Stromerzeugung in der Bundesrepublik Deutschland nach dem 3. Oktober 1990; 8. Internationales Sonnenforum, Berlin, 30. 6. - 3. 7. 1992, Tagungsband S. 660 - 666

/2-5/ Statistisches Bundesamt (Hrsg.): Gebäude- und Wohnungszählung 1987; Metzler-Poeschel, Stuttgart, 1990

/2-6/ Statistisches Bundesamt (Hrsg.): Statistische Jahrbücher; Metzler-Poeschel, Stuttgart, verschiedene Jahrgänge

/2-7/ Gemeinsames Statistisches Amt der neuen Bundesländer (Hrsg.): Wohngebäude nach Anzahl der Geschosse, ihrer Wohnkapazität und Belegung 1981; Gemeinsames Statistisches Amt der neuen Bundesländer, Berlin, 1990

/2-8/ Gemeinsames Statistisches Amt der neuen Bundesländer (Hrsg.): Gemeinde- und Kreisdaten, Wohnungsbestand; Gemeinsames Statistisches Amt der neuen Bundesländer, Berlin, 1990

/2-9/ Kaltschmitt, M.; Wiese, A.: Potentiale und Kosten regenerativer Energieträger in Baden-Württemberg; Forschungsbericht des Instituts für Energiewirtschaft und Rationelle Energieanwendung, Band 11, Stuttgart, April 1992

/2-10/ Kleemann, M.; Meliß, M.: Regenerative Energiequellen; Springer, Berlin, Heidelberg, New York, 1988

/2-11/ Kaltschmitt, M.: Möglichkeiten und Grenzen einer Stromerzeugung aus Windkraft und Solarstrahlung am Beispiel Baden-Württembergs; Forschungsbericht des Instituts für Energiewirtschaft und Rationelle Energieanwendung, Band 7, Stuttgart, Dezember 1990

/2-12/ Enquete Kommission "Vorsorge zum Schutz der Erdatmosphäre" (Hrsg.): Energie und Klima; Band 3, Erneuerbare Energien; Economica und C. F. Müller, Bonn und Karlsruhe, 1990

/2-13/ VDEW (Hrsg.): Statistik für das Jahr 1990; VWEW, Frankfurt, 1991

/2-14/ Beyer, H. G. u. a.: Zum Speicherbedarf in elektrischen Netzen bei hoher Einspeisung aus fluktuierenden erneuerbaren Energiequellen; BWK 42(1990), 7/8, S. 430 - 435

/2-15/ Wiese, A.; Kaltschmitt, M.; Fahl, U.; Voß, A.: Vergleichende Kostenanalyse einer windtechnischen und photovoltaischen Stromerzeugung; Elektrizitätswirtschaft 91(1992), 6, S. 291 - 299

/2-16/ Weik, H. u. a.: Wärme und Strom aus Sonnenenergie; Solare Energietechnik, Altlußheim, 1990

/2-17/ Fisch, M. N.: Skriptum zur Vorlesung Solartechnik I; Institut für Thermodynamik und Wärmetechnik, Universität Stuttgart, 1990

/2-18/ Nitsch, J. u. a.: Perspektiven der Energieversorgung; Materialband V, Erneuerbare Energiequellen für Baden-Württemberg; Gesamtdarstellung, Zusammenfassung und Schlußfolgerung; Institut für Technische Themodynamik, DLR, Stuttgart, 1987

/2-19/ Nast, P. M.: Einsatz solarunterstützter Nahwärmeversorgungssysteme mit saisonaler Wärmespeicherung; Institut für Technische Thermodynamik, DLR, Stuttgart, 1990

/2-20/ Hahne, E.; Fisch, M. N.: Nutzung solarer Niedertemperaturwärme auf dem Weg zur praktischen Anwendung; 8. Internationales Sonnenforum, Berlin, 30. 6. - 3. 7. 1992, Tagungsband S. 225 - 242

/2-21/ Riemer, H.: Analyse der Einsatzmöglichkeiten solarthermischer Heizsysteme zur zentralen Niedertemperaturwärmeversorgung in der Bundesrepublik Deutschland; Fachbereich Energie-, Verfahrens- und Elektrotechnik, Universität Gesamthochschule Essen, 1985

/2-22/ Kaltschmitt, M.; Wiese, A.: Potentiale und Kosten regenerativer Energieträger in Baden-Württemberg; Zeitschrift für Energiewirtschaft 16(1992), 4, S. 263 - 281

/2-23/ Wiese, A.; Kaltschmitt, M.: Technical Potentials of Renewable Energies at the Example of a Bundesland in the Federal Republic of Germany; 2. World Renewable Energies Congress 1992, Reading, England, Tagungsband, Vol. 5, S. 2557 - 2565

/2-24/ Meliß, M.: Globale Betrachtung regenerativer Energieressourcen und deren technische Nutzungsmöglichkeiten; VDI Bericht Nr. 942, Düsseldorf, 1992, S. 153 - 191

/2-25/ Voß, A. (Hrsg.): Skriptum zur Vorlesung Energiesysteme, Institut für Energiewirtschaft und Rationelle Energieanwendung, Universität Stuttgart, 1992

/2-26/ Nitschke, J.: Nutzung von Sonnenenergie zur Stromerzeugung in Deutschland, Stand und Entwicklung 1991; Elektrizitätswirtschaft 90 (1991), 24, S. 1381 - 1391

/2-27/ Fisch, M. N.; Kübler, R.; Hahne, E.: Solarunterstützte Nahwärmeversorgung - Heizen mit der Sonne; 8. Internationales Sonnenforum, Berlin, 30. 6. - 3. 7. 1992, Tagungsband S. 242 - 254

/2-28/ Hlawiczka, H.: Rationelle Energiegewinnung und Nutzung der Sonnenenergie - ein Beitrag zum praktischen Umweltschutz; 1. Symposium Thermische Solarenergie, Staffelstein, 13./14. 6. 1991, Tagungsband S. 17 - 55

/2-29/ Luboschik, U.: Einsatzerfahrungen von thermischen Solaranlagen im Rahmen von öffentlichen und privaten Freibädern; 1. Symposium Thermische Solarenergie, Staffelstein, 13./14. 6. 1991, Tagungsband S. 219 - 239

2-30/ Gabler, H.; Luther, J.; Pukrop, P.: Leistungsverluste durch Abschattung bei PV-Generatoren; 8. Internationales Sonnenforum, Berlin, 30. 6. - 3. 7. 1992, Tagungsband S. 879 - 884

/2-31/ Keller, G.; Laroche, R.: Statistik zur Nutzung erneuerbarer Energiequellen, Band 3; Verlags- und Fördergesellschaft, Karlsruhe, 1991

/2-32/ Kaltschmitt, M.; Voß, A.: Kapazitätseffekte einer Stromerzeugung aus Windkraft und Solarstrahlung; Elektrizitätswirtschaft 90(1991), 8, S. 365 - 371

Literatur

/3-1/ Jarras, L.: Strom aus Wind - Integration einer regenerativen Energiequelle; Springer, Berlin, Heidelberg, New York, 1981

/3-2/ Steinberger, R.: Windmeßdaten; Arbeitsgruppe Physik Regenerativer Energiequellen, Universität Oldenburg, 1990

/3-3/ DWD (Hrsg.): Monatliche Wetterberichte; DWD, Offenbach a. M., verschiedene Jahrgänge

/3-4/ Christoffer, J.; Ulbricht-Eissing, M.: Die bodennahen Windverhältnisse in der Bundesrepublik Deutschland; Berichte des Deutschen Wetterdienstes Nr. 147, Selbstverlag des Deutschen Wetterdienstes, Offenbach a. M., 1989, 2. vollständig neu bearbeitete Auflage

/3-5/ Freris, L. L.: Wind Energy Conversion Systems; Prentice Hall International, New York, London, Toronto, Sydney, Tokyo, Singapore, 1990

/3-6/ Hellmann, G.: Über die Bewegung der Luft in den untersten Schichten der Atmosphäre; Meteor. Z. 32(1915), 1

/3-7/ Peterson, E. L. u. a.: Danish Windatlas - A Rational Method of Wind Energy Siting; Risø National Laboratory, Report RISØ-R-428, Roskilde, Dänemark, Januar 1981

/3-8/ Hartung, J. u. a.: Statistik; R. Oldenbourg, München, Wien, 1989, 7. Auflage

/3-9/ Dörner, H.: Windenergie; in: v. Cube, H. L. (Hrsg.): Handbuch der Energiespartechniken; Band 3, Nutzung regenerativer Energien und passive Spartechnik; C. F. Müller, Karlsruhe, 1983

/3-10/ ASA (Hrsg.): Nichtnukleare, nichtfossile Primärenergiequellen; Teil III, Nutzung der Windenergie; Umschau, Frankfurt, 1976

/3-11/ DWD (Hrsg.): Karte der Windgeschwindigkeitsverteilung in der Bundesrepublik Deutschland; DWD, Offenbach a. M., 1991

/3-12/ v. Bierbrauer, H. u. a.: Darstellung realistischer Regionen für die Errichtung insbesondere größerer Windenergieanlagen in der Bundesrepublik Deutschland; BMFT-Forschungsbericht T 85-053; Lahmeyer International, Frankfurt, 1985

/3-13/ Minister für Natur, Umwelt und Landesentwicklung Schleswig-Holstein (Hrsg.): Grundsätze zur Planung von Windenergieanlagen; Amtsblatt für Schleswig-Holstein Nr. 38, 11. September 1991, S. 560 - 562

/3-14/ Kaltschmitt, M.; Wiese, A.: Potentiale und Kosten regenerativer Energieträger in Baden-Württemberg; Forschungsbericht des Instituts für Energiewirtschaft und Rationelle Energieanwendung, Band 11, Stuttgart, April 1992

/3-15/ Kaltschmitt, M.: Möglichkeiten und Grenzen einer Stromerzeugung aus Windkraft und Solarstrahlung am Beispiel Baden-Württembergs; Forschungsbericht des Instituts für Energiewirtschaft und Rationelle Energieanwendung, Band 7, Stuttgart, Dezember 1990

/3-16/ Statistisches Bundesamt (Hrsg.): Statistisches Jahrbuch 1992; Metzler-Poeschel, Stuttgart, 1992

/3-17/ Hau, E.: Windkraftanlagen - Grundlagen, Technik, Einsatz, Wirtschaftlichkeit; Springer, Berlin, Heidelberg, New York, 1988

/3-18/ Betz, A.: Das Maximum der theoretischen Ausnutzung des Windes durch Windmotoren; Zeitschrift für das gesamte Turbinenwesen, 20. 9. 1920

/3-19/ Molly, J. P.: Windenergie - Theorie, Anwendung, Messung; C. F. Müller, Karlsruhe, 1990, 2. Auflage

/3-20/ Jarras, L.: Windenergie - Eine systemanalytische Bewertung des technischen und wirtschaftlichen Potentials für die Stromerzeugung in der Bundesrepublik Deutschland; Springer, Berlin, Heidelberg, New York, 1981

/3-21/ Enquete-Kommission "Vorsorge zum Schutz der Erdatmosphäre" (Hrsg.): Energie und Klima; Band 3, Erneuerbare Energien; Economica und C. F. Müller, Bonn und Karlsruhe, 1990

/3-22/ Goy, G. C. u. a.: Kostenaspekte erneuerbarer Energiequellen in der Bundesrepublik Deutschland und auf Exportmärkten; DIW und ISI, Berlin und Karlsruhe, Februar 1991

/3-23/ Wiese, A.; Kaltschmitt, M.; Fahl, U.; Voß, A.: Vergleichende Kostenanalyse einer windtechnischen und photovoltaischen Stromerzeugung; Elektrizitätswirtschaft 91(1992), 6, S. 292 - 299

/3-24/ Meliß, M.: Globale Betrachtung Regenerativer Energieressourcen und deren technische Nutzungsmöglichkeiten; VDI-Bericht Nr. 942, Düsseldorf, 1992, S. 153 - 191

/3-25/ Behnke, R.; Kampet, T.: Leitfaden zur Errichtung von Windkraftanlagen; Ministerium für Wirtschaft, Mittelstand und Technologie des Landes Brandenburg, Potsdam, 1992

/3-26/ Kaltschmitt, M.; Voß, A.: Kapazitätseffekte einer Stromerzeugung aus Windkraft und Solarstrahlung; Elektrizitätswirtschaft 90(1991), 8, S. 365 - 371

/3-27/ Fischedick, M.; Kaltschmitt, M.: Integration einer windtechnischen und photovoltaischen Stromerzeugung in den konventionellen Kraftwerkspark ; 8. Internationales Sonnenforum, Berlin, 30. 6. - 3. 7. 1992, Tagungsband S. 980 - 984

/3-28/ Fiß, H. J. u. a.: Netzrückwirkungen und Netzanbindung von Windenergieanlagen; Elektrizitätswirtschaft 91(1992), 22, S. 1424 - 1434

/3-29/ Keuper, A.: persönliche Mitteilung; DEWI, Wilhelmshaven, 1993

/3-30/ Keuper, A. u. a.: Windenergienutzung in der Bundesrepublik Deutschland; DEWI-Magazin Nr. 1, August 1992, S. 5 - 26

/4-1/ Ministerium für Kohle und Energie (Hrsg.): Bericht über die Bestimmung der perspektivischen Rolle neuer regenerativer Energiequellen in der DDR; Ministerium für Kohle und Energie, Berlin(Ost), 1988

/4-2/ Voß, A. (Hrsg.): Skriptum zur Vorlesung Energiesysteme; Institut für Energiewirtschaft und Rationelle Energieanwendung, Universität Stuttgart, 1992

/4-3/ Keller, R. (Gesamtleitung): Hydrologischer Atlas der Bundesrepublik Deutschland; Harald Boldt, Boppard, 1978

/4-4/ Meteorologischer und hydrologischer Dienst der DDR (Hrsg.): Klimaatlas für das Gebiet der Deutschen Demokratischen Republik; Akademie, Berlin(Ost), 1953

/4-5/ Giesecke, J.: Umdruck zur Vorlesung "Wasserkraftanlagen"; Institut für Wasserbau, Universität Stuttgart, 1992

/4-6/ Bayerisches Landesamt für Wasserwirtschaft (Hrsg.): Deutsches Gewässerkundliches Jahrbuch, Donaugebiet; Abflußjahr 1989; Bayerisches Landesamt für Wasserwirtschaft, München, 1991

/4-7/ Escher Wyss (Hrsg.): Kaplan-, Rohr- und Propeller-Turbinen; Escher Wyss, Zürich, 1990

/4-8/ Mosonyi, E.: Wasserkraftwerke; VDI, Düsseldorf, 1966, 2. Auflage

/4-9/ Quantz, L.; Meerwarth, K.: Wasserkraftmaschinen; Springer, Berlin, Heidelberg, 1963

/4-10/ Giesecke, J.; Horlacher, H. B.; Förster, G.: Forschungsvorhaben IKARUS; Teilprojekt 4: Umwandlungssektor, Institut für Wasserbau, Universität Stuttgart, 1992

/4-11/ Frohnholzer, J.: Systematik der Wasserkräfte in der Bundesrepublik Deutschland; Bayerische Wasserkraftwerke, München, 1963

/4-12/ BMFT (Hrsg.): Nutzung der Wasserenergien; Arbeitsgemeinschaft der Großforschungseinrichtungen, Jülich, 1976

/4-13/ KFA (Hrsg.): Möglicher zukünftiger Beitrag regenerativer Energiequellen; KFA, Jülich, 1982

/4-14/ DIW, ISI (Hrsg.): Erneuerbare Energiequellen, Abschätzung des Potentials in der Bundesrepublik Deutschland; DIW und ISI, Berlin und Karlsruhe, 1984

/4-15/ Rhode, F.: Nutzung regenerativer Energie; Handbuchreihe erneuerbarer Energie; Band 13; TÜV Rheinland, Köln, 1988

/4-16/ Wagner, E.: Wasserkraftnutzung und Wasserkraftpotential in der Bundesrepublik Deutschland, Erkenntnisstand 1989; Elektrizitätswirtschaft 88(1989), 11, S. 635 - 641

/4-17/ Enquete-Kommission "Vorsorge zum Schutz der Erdatmosphäre" (Hrsg.): Studienkomplex A 2.3: Wasserkraft; DIW und Institut für Wasserbau, Berlin und Stuttgart, 1989

/4-18/ VDEW (Hrsg.): Statistik für das Jahr 1991; VWEW, Frankfurt, 1992

/4-19/ Staatliche Zentralverwaltung für Statistik (Hrsg.): Statistisches Jahrbuch der DDR; Staatsverlag der DDR, Berlin(Ost), verschiedene Jahrgänge

/4-20/ Herbrich, G.: Zur Elektrizitätswirtschaft der ehemaligen DDR; Elektrizitätswirtschaft 90(1991), 1/2, S. 27 - 35

/4-21/ Wasserwirtschaftsverband Baden-Württemberg (Hrsg.): Leitfaden für den Bau von Kleinwasserkraftanlagen; Franckh-Kosmos, Stuttgart, 1991

/4-22/ Eidgenössisches Verkehrs- und Wirtschaftsdepartment, Bundesamt für Wasserwirtschaft (Hrsg.): Kleinwasserkraftwerke in der Schweiz; Mitteilung Nr. 2, Bern, 1987

/4-23/ Rotarius, T.: Wasserkraft nutzen - Ratgeber für Technik und Praxis; Rotarius, Cölbe, 1991

/5-1/ Grefermann, K.: Nachwachsende Rohstoffe - Chance für die Agrarwirtschaft ?; Bifo-Schnelldienst 4/88, S. 7 - 14

/5-2/ Strehler, A. u. a.: Möglichkeiten der Energieträgerproduktion in der Landwirtschaft; Bayerische Landesanstalt für Landtechnik, Freising, März 1988

/5-3/ EVS experimentiert mit Biomasse; Pressemitteilung der EVS, Stuttgart, 1988

/5-4/ Nießlein, E.: Haben Kurzumtriebswälder eine Zukunft ?; Holz-Zentralblatt, Stuttgart, Nr. 3/4 und Nr. 6, Januar 1988

/5-5/ Informationsschriften der Zentralen Holzmarktforschungsstelle; Beratungsstelle Energiewald, Freiburg, 1987/88

/5-6/ Frische, R. u. a.: Pflanzliche Öle und Fette als Rohstoff für die chemische Industrie; Batelle-Institut, Frankfurt, 1982

/5-7/ Austmeyer, K. E.; Röver, H.: Energieträger aus nachwachsenden Rohstoffen; Chem.-Ing.-Tech. 61(1989), 1, S. 9 - 16

/5-8/ Sauer, N.; Reymann, D.: Standarddeckungsbeiträge 1991/92 und Rechenwerte zur Betriebssystematik für die Landwirtschaft; KTBL-Arbeitspapier 181; KTBL, Darmstadt, 1993

/5-9/ Weidinger, A.; Kosch, R.: Verheizen von Weizen statt stillgelegter Felder ?; dlz 1988, 9, S. 1134 - 1143

/5-10/ Hotz, A.; Kolb, W.; Schwarz, T.: Nachwachsende Rohstoffe - eine Chance für die Landwirtschaft ?; Bayerisches Landwirtschaftliches Jahrbuch 66(1989), 1

/5-11/ Dehli, M.; Müller, G.: Pflanzliche Biomasse; Energiewirtschaftliche Tagesfragen 39(1989), 5, S. 290 - 294

/5-12/ Diedrich, D.: Einfluß von Standort, N-Düngung und Bestandsdichte auf die Ertragsfähigkeit von Topinambur und Zuckersorghum zur Erzeugung von Zellulose und fermentierbaren Zuckern als Industrierohstoffe; Dissertation, Universität Hohenheim, Juni 1991

/5-13/ Hotz, A.: Nachwachsende Rohstoffe in der Landschaft; Deutscher Gartenbau 25/1990, S. 1636 - 1639

/5-14/ Bohnens, J.: Perspektiven des Einsatzes von schnellwachsenden Baumarten zur umweltfreundlichen Produktion von Zellstoffen; Die Holzzucht 45(1991), 3/4, S. 33 - 34

/5-15/ Ruhr-Stickstoff (Hrsg.): Faustzahlen für Landwirtschaft und Gartenbau; Landwirtschaftsverlag, Münster-Hiltrup, 1988

/5-16/ BML (Hrsg.): Bericht des Bundes und der Länder über nachwachsende Rohstoffe; Landwirtschaftsverlag, Münster-Hiltrup, 1990, 2. überarbeitete Auflage

/5-17/ Apfelbeck, R.: Raps als Energiepflanze; Forschungsbericht Agrartechnik des Arbeitskreises Forschung und Lehre der Max-Eyth-Gesellschaft 159, Weihenstephan, 1989

/5-18/ Statistisches Bundesamt (Hrsg.): Statistisches Jahrbuch 1992; Metzler-Poeschel, Stuttgart, 1992

/5-19/ Thoma, H.: Durchführbarkeitsstudie zur energetischen Nutzung von nachwachsenden Rohstoffen durch direkte Verbrennung; BMFT-Forschungsvorhaben 0319275A; Büro für agrarökonomische Gutachten, Expertisen und Projektstudien, Langenbach, Februar 1989

/5-20/ Weisgerber, H.: Schnellwachsende Baumarten - eine Alternative ?; DLG-Mitteilungen 22/1987

/5-21/ Kordsachia, O.; Patt, R.; Mix, N.: Untersuchungen zur Verwertbarkeit von Pappelholz aus Kurzumtriebsflächen zur Zellstofferzeugung nach dem ASAM-Verfahren; Die Holzzucht 42(1988), 3/4, S. 21 - 25

Literatur

/5-22/ Weisgerber, H.: Neue Anbauformen mit schnellwachsenden Baumarten in kurzen Umtriebszeiten auf landwirtschaftlichen Flächen; Holz-Zentralblatt 114(1988), 20, S. 285, 290/91 und 24, S. 346

/5-23/ Schulze Lammers, P.; Hellwig, M.: Brennverhalten verschiedener pflanzlicher Brennstoffe; Landtechnik 41(1986), 2, S. 81, 82, 87, 88

/5-24/ Ahlgrimm, H. J.: Möglichkeiten der energetischen Nutzung von Biomasse; Vortrag, Tagung der DPG, 30. 3. - 3. 4. 1992, Berlin, Tagungsband

/5-25/ Strehler, A.: Stroh- und Holzfeuerung zur Wärmegewinnung; BWK 41(1989), 3, S. 113 - 119

/5-26/ Hofstetter, E. M.: Feuerungstechnische Kenngrößen von Getreidestroh; Forschungsbericht Agrartechnik des Arbeitskreises Forschung und Lehre der Max-Eyth-Gesellschaft 26, Weihenstephan, 1978

/5-27/ Strehler, A.: Mögliche Potentiale einer ressourcenschonenden und umweltverträglichen Energiegewinnung aus Biomasse; DLG-Kolloquium "Biomasseerzeugung zur direkten energetischen Nutzung", 9./10. 12. 1991, Bonn, S. 24 - 49

/5-28/ Dimitri, L.: Bewirtschaftung schnellwachsender Baumarten im Kurzumtrieb zur Energiegewinnung; Schriften des Forschungsinstituts für schnellwachsende Baumarten, Band 4, Hann. Münden, 1988

/5-29/ Reinhard, G.: persönliche Mitteilung; IFEU, Heidelberg, Juli 1992

/5-30/ Kuchling, H.: Taschenbuch der Physik; Harri Deutsch, Thun und Frankfurt/Main, 1989, 12. Auflage

/5-31/ KTBL (Hrsg.): Miscanthus sinensis; KTBL-Arbeitspapier 158; KTBL, Darmstadt, 1991

/5-32/ Döhrer, K.: Praktische Erfahrungen mit der Anlage großer Holzfelder; Die Holzzucht 45(1991), 3/4, S. 27 - 30

/5-33/ Verband deutscher Ölmühlen (Hrsg.): Geschäftsbericht 1991; Verband deutscher Ölmühlen, Bonn, 1992

/5-34/ Bundesministerium für Finanzen (Hrsg.): Alkoholerzeugung nach Art des erzeugten Alkohols; Bundesministerium für Finanzen, Bonn, 1992

/5-35/ Enquete Kommission "Vorsorge zum Schutz der Erdatmosphäre" (Hrsg.): Energie und Klima; Band 3, Erneuerbare Energien; Economica und C. F. Müller GmbH, Bonn und Karlsruhe, 1990

/5-36/ Kaltschmitt, M.; Wiese, A.: Potentiale und Kosten regenerativer Energieträger in Baden-Württemberg; Forschungsbericht des Instituts für Energiewirtschaft und Rationelle Energieanwendung, Band 11, Stuttgart, April 1992

/5-37/ VDI Gesellschaft Technische Gebäudeausrüstung (Hrsg.): VDI 2067, Blatt 1, Berechnung der Kosten von Wärmeversorgungsanlagen; VDI, Düsseldorf, Dezember 1983

/5-38/ EWU Engineering (Hrsg.): Kennziffernkatalog für Investitionskosten - Bereich Wärmeversorgung; EWU Engineering, Berlin, März 1992

/5-39/ Schaefer, H. (Teilprojektleitung): Perspektiven der Energieversorgung; Materialband III, Rationelle Energieanwendung; Forschungsstelle für Energiewirtschaft, München, November 1987

/5-40/ Hell, F.: Rationelle Heiztechnik, Energetik und Energiewirtschaft; VDI, Düsseldorf, 1989

/5-41/ Aral (Hrsg.): Verkehrstaschenbuch 1992/93; Aral, Bochum, 1992

/5-42/ BML (Hrsg.): Agrarbericht; BML, Bonn, 1992

/6-1/ Dauber, E. u. a.: Potential pflanzlicher Reststoffe zur Rohstoffgewinnung; Forstwissenschaftliche Fakultät, Ludwig-Maximilian-Universität München, Dezember 1979

/6-2/ Kaltschmitt, M.; Wiese, A.: Potentiale und Kosten regenerativer Energieträger in Baden-Württemberg; Forschungsbericht des Instituts für Energiewirtschaft und Rationelle Energieanwendung, Band 11, Stuttgart, April 1992

/6-3/ Statistisches Bundesamt (Hrsg.): Statistisches Jahrbuch; Metzler-Poeschel, Stuttgart, verschiedene Jahrgänge

/6-4/ Gemeinsames Statistisches Amt der neuen Bundesländer (Hrsg.): Gemeinde- und Kreisdaten, Waldbestand; Gemeinsames Statistisches Amt der neuen Bundesländer, Berlin, 1990

/6-5/ Statistisches Bundesamt (Hrsg.): Statistisches Jahrbuch 1992; Metzler-Poeschel, Stuttgart, 1992

/6-6/	Arbeitskreis Zustandserfassung und Planung in der Arbeitsgemeinschaft Forsteinrichtung (Hrsg.): Forsteinrichtungsstatistik für die Bundesrepublik Deutschland; Arbeitskreis Zustandserfassung und Planung in der Arbeitsgemeinschaft Forsteinrichtung, Koblenz, 1989
/6-7/	Müller, T. u. a.: Regionale Energie- und Umweltanalyse für die Region Neckar-Alb; Forschungsbericht des Instituts für Energiewirtschaft und Rationelle Energieanwendung, Band 5, Stuttgart, Juli 1990
/6-8/	Schulze Lammers, P.; Hellwig, M.: Brennverhalten verschiedener pflanzlicher Brennstoffe; Landtechnik 41(1986), 2, S. 81, 82, 87, 88
/6-9/	Nitschke, J.: Strom aus Biomasse und Abfällen - Entwicklungsstand in der Bundesrepublik Deutschland 1991; Elektrizitätswirtschaft 90(1991), 24, S. 1391 - 1397
/6-10/	Strehler, A.: Wärme aus Stroh und Holz; DLG, Frankfurt, 1987
/6-11/	Ministerium für ländlichen Raum, Ernährung, Landwirtschaft und Forsten (Hrsg.): Jahresbericht der Landesforstverwaltung Baden-Württemberg für das Jahr 1990; Ministerium für ländlichen Raum, Ernährung, Landwirtschaft und Forsten, Stuttgart, 1991
/6-12/	Bundesforschungsanstalt für Forst und Holzwirtschaft: persönliche Mitteilung; Institut für Ökonomie, Bundesforschungsanstalt für Forst- und Holzwirtschaft, Hamburg, Juli 1992
/6-13/	EWU Engineering (Hrsg.): Kennziffernkatalog für Investitionskosten - Bereich Wärmeversorgung; EWU Engineering, Berlin, März 1992
/6-14/	Schaefer, H. (Teilprojektleitung): Perspektiven der Energieversorgung; Materialband III, Rationelle Energieanwendung; Forschungsstelle für Energiewirtschaft, München, November 1987
/6-15/	Enquete-Kommission "Vorsorge zum Schutz der Erdatmosphäre" (Hrsg.): Energie und Klima; Band 3, Erneuerbare Energien; Economica und C. F. Müller, Bonn und Karlsuhe, 1990
/6-16/	VDI Gesellschaft Technische Gebäudeausrüstung (Hrsg.): VDI 2067; Blatt 1, Berechnung der Kosten von Wärmeversorgungsanlagen; VDI, Düsseldorf, Dezember 1983
/6-17/	Hell, F.: Rationelle Heiztechnik, Energetik und Energiewirtschaft; VDI, Düsseldorf, 1989
/6-18/	Statistisches Bundesamt (Hrsg.): Land- und Forstwirtschaft, Fischerei; Reihe 5.1; Metzler-Poeschel, Stuttgart, 1990
/6-19/	Wippermann, H. J.: Wirtschaftliche Nutzung von Waldrestholz; Holzzentralblatt, Stuttgart, 1985
/7-1/	Strehler, A.: Stroh- und Holzfeuerung zur Wärmegewinnung; BWK 41(1989), 3, S. 113 - 119
/7-2/	Brenndörfer, M.: Verfahren zur Nutzung von Stroh und Holz als Brennstoff; KTBL-Arbeitsblatt 207, KTBL, Darmstadt, 1984
/7-3/	Statistisches Bundesamt (Hrsg.): Statistisches Jahrbuch 1992; Metzler-Poeschel, Stuttgart, 1992
/7-4/	Sauer, N.; Reymann, D.: Standarddeckungsbeiträge 1991/92 und Rechenwerte zur Betriebssystematik in der Landwirtschaft; KTBL-Arbeitspapier 181; KTBL, Darmstadt, 1993
/7-5/	Bischoff, T. u. a.: Perspektiven der Energieversorgung; Materialienband V, Erneuerbare Energiequellen, Energetische Nutzung von Biomassen aus der Land- und Forstwirtschaft; Institut für Agrartechnik, Universität Hohenheim, November 1987
/7-6/	Ruhr-Stickstoff (Hrsg.): Faustzahlen für Landwirtschaft und Gartenbau; Landwirtschaftsverlag, Münster-Hiltrup, 1988
/7-7/	Kuhlmann, F.: Pflichtenheft für die Datenverarbeitung in der Landwirtschaft; DLG, Frankfurt, 1987
/7-8/	KTBL (Hrsg.): Energie aus landwirtschaftlicher Produktion; KTBL-Schrift 273, KTBL, Darmstadt, 1981
/7-9/	OECD (Hrsg.): Environmental Impacts of Renewable Energy; OECD, Paris, 1988
/7-10/	Enquete Kommission "Vorsorge zum Schutz der Erdatmosphäre" (Hrsg.): Energie und Klima; Band 3, Erneuerbare Energien; Economica und C. F. Müller GmbH, Bonn und Karlsruhe, 1990
/7-11/	Duffy, M.: Estimated Costs of Crop Production in Iowa - 1988; IOWA-State University Extension, Dezember 1987
/7-12/	Schulze Lammers, P.; Hellwig, M.: Brennverhalten verschiedener pflanzlicher Brennstoffe; Landtechnik 41(1986), 2, S. 81, 82, 87, 88

/7-13/	Mitterleitner, H.: Ballen laden, stapeln, transportieren ...; top agrar 6/92, S. 68 - 71	
/7-14/	Landesverband der Maschinenringe in Baden-Württemberg (Hrsg.): Verrechnungssätze für überbetriebliche Maschineneinsätze in Baden-Württemberg 1992/93; Landesverband der Maschinenringe in Baden-Württemberg, Stuttgart, Januar 1992	
/7-15/	VDI Gesellschaft Technische Gebäudeausrüstung (Hrsg.): VDI 2067, Blatt 1, Berechnung der Kosten von Wärmeversorgungsanlagen; VDI, Düsseldorf, Dezember 1983	
/7-16/	EWU Engineering (Hrsg.): Kennziffernkatalog für Investitionskosten - Bereich Wärmeversorgung; EWU Engineering, Berlin, März 1992	
/7-17/	Schaefer, H.; Perspektiven der Energieversorgung, Materialband III, Rationelle Energieanwendung; Forschungsstelle für Energiewirtschaft, München, November 1987	
/7-18/	Kaltschmitt, M.; Wiese, A.: Potentiale und Kosten regenerativer Energieträger in Baden-Württemberg; Forschungsbericht des Instituts für Energiewirtschaft und Rationelle Energieanwendung, Band 11, Stuttgart, April 1992	
/7-19/	Hell, F.: Rationelle Heiztechnik, Energetik und Energiewirtschaft; VDI, Düsseldorf, 1989	
/7-20/	Technische Anleitung zur Reinhaltung der Luft; Bundesgesetzblatt, Bonn, 27. Februar 1986	
/7-21/	Zielke, U.: Einsatzerfahrungen mit Biobrennstoffen in Dänemark; 1. Symposium Biobrennstoffe und umweltfreundliche Heizanlagen, 23./24. 9. 1992, Regensburg, Tagungsband S. 109 - 115	
/8-1/	Sahm, H.: Mikrobiologische Vorgänge bei der Biogasgewinnung; in: Mach, R.; Blickwedel, P. T.: Biogas aus Abfall und Abwasser; Erich Schmidt, Berlin, 1983	
/8-2/	Baader, W.: Feuchte Biomasse als Ausgangsstoff für Biogas; VDI-Bericht 794, Düsseldorf, 1990, S. 45 - 60	
8-3/	Maurer, M.; Winkler, J. P.: Biogas; C. F. Müller, Karlsruhe, 1982	
/8-4/	Dohne, E.: Entwicklungsstand bei landwirtschaftlichen Biogasanlagen; gwf-gas/erdgas 124(1983), 8, S. 389 - 394	
/8-5/	Wellinger, A. u. a.: Biogas-Handbuch; Wirz, Aarau, 1991	
/8-6/	Braun, R.: Biogas - Methangärung organischer Abfallstoffe; Springer, Wien, New York, 1982	
/8-7/	Statistisches Bundesamt (Hrsg.): Statistisches Jahrbuch 1992; Metzler-Poeschel, Stuttgart, 1992	
/8-8/	Statistisches Bundesamt (Hrsg.): Betriebssysteme, Bodennutzung und Viehhaltung 1987; Metzler-Poeschel, Stuttgart, 1990	
/8-9/	Statistisches Bundesamt (Hrsg.): Land- und Forstwirtschaft, Fischerei; Fachserie 3, Reihe 2.1.3; Metzler-Poeschel, Stuttgart, 1990	
/8-10/	Statistisches Bundesamt (Hrsg.): Land- und Forstwirtschaft, Fischerei; Fachserie 3, Reihe 4; Metzler-Poeschel, Stuttgart, April 1992	
/8-11/	Ebeling, H.-J.: Die zukünftige Versorgung mit Strom und Wärme - eine politische, ökologische und ökonomische Herausforderung; Elektrizitätswirtschaft 91(1992), 16, S. 955 - 1008	
/8-12/	Baader, W.: Anaerobe Behandlung landwirtschaftlicher Abfälle; MuA Lfg. 3/89, Nr. 5935	
/8-13/	Schulz, H.; Mitterleitner, H.: Erhebung von Daten an Praxis-Biogasanlagen; Landtechnik Weihenstephan, Freising, März 1989	
/8-14/	Palz, W. (Hrsg.): Biogasanlagen in Europa; TÜV Rheinland, Köln, 1985	
/8-15/	Baader, W.; Tritt, W. P.: Überblick über die Biogasanlagen in der Bundesrepublik Deutschland; Bericht für die EG, unveröffentlicht; FAL, Braunschweig, 1988	
/8-16/	Kaltschmitt, M.: Biogas - Potentiale und Kosten; KTBL-Arbeitspapier 178; KTBL, Darmstadt, 1992	
/8-17/	Engshuber, M.: Biogasanlagen in der Landwirtschaft der DDR; Energietechnik 37(1987), 12, S. 449	
/8-18/	Gülleprobleme lösen durch Biogaskraftwerke ?; dlz 1988, 12, S. 1726 - 1729	
/8-19/	Dänische Energiebehörde (Hrsg.): Große Biogasanlagen; Dänische Energiebehörde, Kopenhagen, 1989	
/8-20/	Gerstenkorn, H.: Forschungsförderung Nachwachsende Rohstoffe, Bereich Biogas; DLG, Frankfurt, 1990	
/8-21/	KTBL (Hrsg.): Forstschritte beim Biogas; KTBL-Schrift 285; KTBL, Darmstadt, 1983	

/8-22/ Perwanger, A.: Untersuchung und Optimierung von Biogasanlagen in der Praxis mit technisch-ökonomischer Vergleichsauswertung. Erstellung von Bauanleitungen; TU München, April 1987

/8-23/ KTBL (Hrsg.): KTBL-Taschenbuch Landwirtschaft; KTBL, Darmstadt, 1990, 15. Auflage

/8-24/ Söntgerath, B.; Döhler, H.; Kuhn, E.: Wirtschaftsdüngeranfall; Jährliche Anfallmengen an Wirtschaftsdüngern tierischer Herkunft in der Bundesrepublik Deutschland; Landtechnik 47(1992), 7/8, S. 389 - 392

/8-25/ EWU Engineering (Hrsg.): Kennziffernkatalog für Investitionskosten - Bereich Wärmeversorgung; EWU Engineering, Berlin, März 1992

/8-26/ Noske, H.; Kettig, F.: Modellhafte BHKW-Wirtschaftlichkeitsrechnung; Elektrizitätswirtschaft 91(1992), 6, S. 285 - 290

/8-27/ Klien, J.; Gabler, W.: Dokumentation Blockheizkraftwerke; C. F. Müller, Karlsruhe, 1991

/9-1/ Braun, R.: Biogas - Methangärung organischer Abfallstoffe; Springer, Wien, New York, 1982

/9-2/ Pöpel, F.: Lehrbuch für Abwassertechnik und Gewässerschutz; Deutscher Fachschriften Verlag Braun, Mainz-Wiesbaden, 1975

/9-3/ Reimers, H.: Grundlagen der Müllverbrennungstechnik; in: Hösel, A.; Schenkel, W.; Schnure. R. (Hrsg.): Müllhandbuch; Erich Schmidt, Berlin, 1987

/9-4/ Barghoorn, M.; Gössels, P.; Koworski, W.: Bundesweite Hausmüllanalyse; UBA, Berlin, 1986

/9-5/ Statistisches Bundesamt (Hrsg.): Öffentliche Abfallbeseitigung 1987; Fachserie 19, Reihe 1.1; Metzler-Poeschel, Stuttgart, 1990

/9-6/ Statistisches Bundesamt (Hrsg.): Abfallbeseitigung im produzierenden Gwerbe und in Krankenhäusern 1987; Fachserie 19, Reihe 1.2; Metzler-Poeschel, Stuttgart, 1991

/9-7/ Statistisches Bundesamt (Hrsg.): Öffentliche Wasserversorgung und Abfallbeseitigung 1987; Fachserie 19, Reihe 2.1; Metzler-Poeschel, Stuttgart, 1990

/9-8/ Statistisches Bundesamt (Hrsg.); Wasserversorgung und Abwasserbeseitung im Bergbau und im Verarbeitenden Gewerbe und bei Wärmekraftwerken für die öffentliche Versorgung 1987; Fachserie 19, Reihe 2.2; Metzler-Poeschel, Stuttgart, 1990

/9-9/ Tabasaran, O.; Engel, H.: Energiegutachten Baden-Württemberg, Materialband V: Erneuerbare Energiequellen, Energetische Nutzung von Abfällen; Institut für Siedlungswasserbau, Wassergüte und Abfallwirtschaft, Stuttgart, November 1987

/9-10/ Enquete-Kommission "Vorsorge zum Schutz der Erdatmosphäre" (Hrsg.): Energie und Klima; Band 3, Erneuerbare Energiequellen; Economica und C. F. Müller, Bonn, Karlsruhe, 1991

/9-11/ Statistisches Bundesamt (Hrsg.): Statistisches Jahrbuch 1992; Metzler-Poeschel, Stuttgart, 1992

/9-12/ Bilitewski, B.: Der Einfluß der Altpapiervorwegnahme auf die Müllverbrennung; in: Thome-Kozmiensky, U.; Schenkel, W. (Hrsg.): Müllverbrennung und Umwelt 3; EF, Berlin, 1989

/9-13/ Fricke, K.; Nießen, H.; Vogtmann, H.; Hangen, H. O.: Die Bioabfallsammlung und -kompostierung in der Bundesrepublik Deutschland; Schriftenreihe des ANS, Bad Kreuznach, 1992

/9-14/ Schürmer, E.; Schemmer, G.: Studie zur Erfassung und Kompostierung pflanzlicher Abfälle; Staatliche Versuchsanstalt für Gartenbau, Weihenstephan, 1989

/9-15/ Aral (Hrsg.): Verkehrstaschenbuch 1992/93; Aral, Bochum, 1992

/9-16/ Bundesminister für Verkehr (Hrsg.): Verkehr in Zahlen 1991; DIW, Berlin, 1991

/9-17/ Dinter, S.; Moritz, K.: Untersuchungen zur Schnittgutverwertung; Bundesanstalt für Straßenwesen, Bergisch-Gladbach, 1989

/9-18/ Dernbach, H.: Deponiegaserfassung und -nutzung; ATV-Fortbildungskurs Kommunale Abfallentsorgung, Fulda, 1988

/9-19/ Ehrig, H.; Gasprognose bei Restmülldeponien; Economica, Bonn, 1991

/9-20/ Forum für Zukunftsenergien (Hrsg.): Erneuerbare Energien - Ein Leitfaden für Städte und Gemeinden; Forum für Zukunftsenergien, Bonn, 1991

/9-21/ Mach, R.; Blickwedel, P. T.: Biogas aus Abfall und Abwasser; Erich Schmidt, Berlin, 1983

/9-22/ Pfirter, A. (Hrsg.): Vergärung fester organischer Abfälle, Möglichkeiten und Grenzen der Biogasgewinnung; Schriftenreihe des ANS, Basel, 1989

/9-23/ Jourdan, B.: Aerobe und anaerobe Behandlung von organsichen Abfällen; ATV-Fortbildungskurs, Fulda, 1988

/9-24/ Krieg, A.: Biogen-organische Reststoffe aus der Ernährungsindustrie als Zuschlagstoff zur Fementation in landwirtschaftlichen Biogasanlagen im Sinne einer direkten Nährstoffrückführung und einer CO_2-neutralen Energiegewinnung; Landtechnik Weihenstephan, Freising, 1992

/9-25/ Nitschke, J.: Strom aus Biomasse und Abfällen - Entwicklungsstand in der Bundesrepublik Deutschland 1991; Elektrizitätswirtschaft 90(1991), 24, S. 1391 - 1397

/9-26/ Nitschke, J.: Verbrennungskraftmaschinen zur gekoppelten Erzeugung von Wärme und Kraft sowie Nutzung von Abfallgasen - Entwicklungsstand in Deutschland 1991; Elektrizitätswirtschaft 90(1991), 23, S. 1299 - 1306

/9-27/ Dehli, M.; Luik, K. O.; Reinicke, B.: Deponiegas zur Stromerzeugung in Blockheizkraftwerken; BWK 40(1988), 9, S. 329 - 333

/9-28/ Ebeling, H.-J.: Die zukünftige Versorgung mit Strom und Wärme - eine politische, ökologische und ökonomische Herausforderung; Elektrizitätswirtschaft 91(1992), 16, S. 955 - 1008

/9-29/ EWU Engineering (Hrsg.): Kennziffernkatalog für Investitionskosten - Bereich Wärmeversorgung; EWU Engineering, Berlin, März 1992

/9-30/ Noske, H.; Kettig, F.: Modellhafte BHKW-Wirtschaftlichkeitsrechnung; Elektrizitätswirtschaft 91(1992), 6, S. 285 - 290

/9-31/ Klien, J.; Gabler, W.: Dokumentation Blockheizkraftwerke; C. F. Müller, Karlsruhe, 1991

/9-32/ Winter, C.-J.; Nitsch, J.: Wasserstoff als Energieträger; Springer, Berlin, Heidelberg, New York, Tokyo, 1986

/9-33/ Hessel, H.: Planung und Bau von Gasfernleitungen; Gas-Wärme-Institut, Essen, 1978

/9-34/ Vogtmann, D. u. a.: Bioabfallkompostierung; Hessisches Ministerium für Umwelt und Reaktorsicherheit, Frankfurt, 1989

/9-35/ Sattler, K.; Emberger, J.: Behandlung fester Abfälle; Umweltmagazin, Würzburg, 1990

/9-36/ Tabasaran, O.: Umweltschutz-1, Abwässer: Schlammanfall, Behandlung, Verwertung, Ablagerung; Lexika-Verlag, Grafenau, 1979

/10-1/ Bresse, J. C. (Hrsg.): Geothermal Energy in Europe, Soultz Hot Dry Rock Projekt; Gordon and Breach Science, New York, 1992

/10-2/ Haenel, R. (Hrsg.): The Urach Geothermal Project; Schweizerbart, Stuttgart, 1982

/10-3/ Muffler, L. J. P.; Cataldi, R.: Methods for regional assessment of geothermal resources; Geothermics (1978), 7, S. 53 - 90

/10-4/ Katzung, G. (Hrsg.): Geothermie-Atlas der Deutschen Demokratischen Republik; Zentrales Geologisches Institut, Berlin, 1984

/10-5/ Rowley, J. C.: Worldwide geothermal recources; in: Edwards, L. M.; Chilingar, G. V.; Rieke III, H. H.; Fertl, W. H. (Hrsg.): Handbook of Geothermal Energy; Gulf Publishing, Houston, 1982; S. 44 - 176

/10-6/ Haenel, R. (Hrsg.): Atlas of Subsurface Temperatures in the European Community; Th. Schäfer, Hannover, 1980

/10-7/ Hurtig, E.; Cermak, V.; Haenel, R.; Zui, V. (Hrsg.): Geothermal Atlas of Europe; Geographisch-Kartographische Anstalt, Gotha, 1992

/10-8/ Haenel, R.; Staroste, E. (Hrsg.): Atlas of Geothermal Resources in the European Community, Austria and Switzerland; Th. Schäfer, Hannover, 1988

/10-9/ Jobmann, M.; Schulz, R.: Hydrogeothermische Energiebilanz und Grundwasserhaushalt im süddeutschen Molassebecken, Teilgebiet: Hydrogeothermik; Bericht, Niedersächsisches Landesamt für Bodenforschung (unveröffentlicht); teilweise veröffentlicht in /10-18/, 1989

/10-10/ Haenel, R.; Kleefeldt, M.; Koppe, I.: Geothermisches Energiepotential; Pilotstudie: Abschätzung der geothermischen Energievorräte an ausgewählten Beispielen in der Bundesrepublik Deutschland; Bericht, Niedersächsisches Landesamt für Bodenforschung (unveröffentlicht); Veröffentlichung der Hauptergebnisse in /10-8/, 1984

/10-11/ Bußmann, W.; Kabus, F.; Seibt, P. (Hrsg.): Geothermie - Wärme aus der Erde; C. F. Müller, Karlsruhe, 1991

/10-12/ Huttrer, G. W.: Geothermal Electric Power - A 1990 World Status Update; GRC Bulletin 19(1990), 7, S. 175 - 187

/10-13/ Burgassi, P. D.; Cataldi, R.: Historical Outline of Geothermal Technology in the Larderello Region; GRC Bulletin 16(1987), 3, S. 3 - 18

/10-14/ Freeston, D. H.: Direct Uses of Geothermal Energy in 1990; GRC Bulletin 19(1990), 7, S. 188 - 198

/10-15/ Geothermal Resources Council (Hrsg.): 1990 International Symposium on Geothermal Energy; Transactions, 14. Geothermal Resources Council, Davis, 1990

/10-16/ Garnish, J.: Background to the Workshop on Geothermal Hot Dry Rock Technology; Geothermics 16(1987), S. 323 - 330

/10-17/ Harrison, R.; Mortimer, N. D.; Smarson, O. B.: Geothermal Heating - A Handbook of Engineering Economics; Pergamon, Oxford, 1990

/10-18/ Schulz, R.; Werner, R.; Ruhland, J.; Bußmann, W. (Hrsg.): Geothermische Energie - Forschung und Anwendung in Deutschland; C. F. Müller, Karlsruhe, 1992

/10-19/ Lemale, J.: Erdwärmeerschließung in Frankreich - Bilanz und Ausblick; Fernwärme international 21(1992), 3, S. 87 - 99

/10-20/ Rau, H.: Geothermische Energie; Udo Pfriemer, München, 1978

/10-21/ KTB-Hauptbohrung überbohrte die 6 000 m Teufe; Erdöl-Erdgas-Kohle 108(1992), 4, S. 154

/10-22/ Rummel, F. u. a.: Erdwärme - Regenerativer Energieträger der Zukunft ?; BMFT, Bonn, 1991

/10-23/ Lindal, B.: Industrial and other applications of geothermal energy; in: Armstead, H.; Christopher, H. (Hrsg.): Geothermal energy; UNESCO, Paris, 1973, S. 135 - 148

/10-24/ Kappelmeyer, O.; Haenel, R.: Geothermics with Special Reference of Application; Gebr. Borntraeger, Berlin, 1974

/10-25/ Sanner, B.: Erdgekoppelte Wärmepumpen - Geschichte, Auslegung, Installation; IZW-Berichte 2/29, FIZ Karlsruhe, 1992

/10-26/ Diener, I.; Wormbs, J.: Geologische Grundlagen für die Geothermienutzung in Nordost-Deutschland; Archiv UWG, Berlin, 1992

/10-27/ Smolka, K.; Kappelmeyer, O.: HDR Economy with Special Reference to Conditions in Europe; Transactions, 16(1992), S. 411 - 416

/10-28/ Forum für Zukunftsenergien; Geothermische Vereinigung (Hrsg.): Geothermische Fachtagung 1992; Tagungsband, Meppen, 1992

/11-1/ Fischedick, M.; Kaltschmitt, M.: Integration einer windtechnischen und photovoltaischen Stromerzeugung in den konventionellen Kraftwerkspark; 8. Internationales Sonnenforum 30. 6. - 3. 7. 1992, Berlin, Tagungsband S. 980 - 984

/11-2/ Kaltschmitt, M.; Fischedick, M.: Integration of a Photovoltaic Electricity Production into the Conventional Power Plant System; 11th European Photovoltaic Solar Energy Conference, Montreux, Schweiz, Oktober 1992

/11-3/ Bundesministerium für Wirtschaft (Hrsg.): Energiedaten '91; Bundesministerium für Wirtschaft, Bonn, 1992

/11-4/ Beyer, H. G.: Zum Speicherbedarf in elektrischen Netzen bei hoher Einspeisung aus fluktuierenden erneuerbaren Energiequellen; BWK 42(1990), 7/8, S. 430 - 435

/11-5/ Nitsch, J.; Luther, J.: Energieversorgung der Zukunft; Springer, Berlin, Heidelberg, New York, 1990

/11-6/ Voß, A.; Wiese, A.: Gesamtbilanzierung einer Stromerzeugung aus Windenergie: Energie, Risiken und Kosten; Forum "Umweltverträglichkeit regenerativer Energieträger", 8./9. 12. 1992, Köln, Tagungsband

/11-7/ Kaltschmitt, M.; Voß, A.: Kapazitätseffekte einer Stromerzeugung aus Windkraft und Solarstrahlung; Elektrizitätswirtschaft 90(1991), 8, S. 365 - 371

/11-8/ von Oheimb, R.; Strippel, M.; Kaltschmitt, M.: Netzferne Photovoltaikanwendungen im Agrarbereich; 8. Nationales Symposium Photovoltaische Sonnenenergie, Staffelstein, 1993

/11-9/ Leible, L.; Wintzer, D.: Energiebilanz bei nachwachsenden Rohstoffen; Akademie für Technikfolgenabschätzung, Stuttgart, 1992

Energieeinheiten

Vorsätze und Vorsatzzeichen

Kilo	k	10^3	Tausend
Mega	M	10^6	Million
Giga	G	10^9	Milliarde
Tera	T	10^{12}	Billion
Peta	P	10^{15}	Billiarde
Exa	E	10^{18}	Trillion

Einheiten für Energie und Leistung

Joule (J)   Energie, Arbeit und Wärmemenge
Watt (W)   Leistung, Energiestrom und Wärmestrom

1 Joule (J) = 1 Newtonmeter (Nm) = 1 Wattsekunde (Ws) = 1 kg m²/s²

Umrechnungsfaktoren

	kJ	kWh	kg SKE	kg RÖE	m³ Erdgas
1 Kilojoule (kJ)		0,000278	0,000034	0,000024	0,000032
1 Kilowattstunde (kWh)	3 600		0,123	0,086	0,113
1 kg Steinkohleneinheit (SKE)	29 308	8,14		0,7	0,923
1 kg Rohöleinheit (RÖE)	41 868	11,63	1,486		1,319
1 m³ Erdgas	31 736	8,816	1,083	0,758	

Die Zahlenangaben beziehen sich grundsätzlich auf den Heizwert (H_u).

Stichwortverzeichnis

Abfallbehandlung
  Anaerob 280
Abfallbehandlungsverfahren 280
Abfallverbrennung
  Stromerzeugung 286
Abflußdauerlinie 110
Abflußganglinie 110
Abflußgeschehen 108
Abflußhöhe 109
Abschattungseffekte 94
Abwasseraufkommen 272
  saisonale Schwankungen 268
Ackerfläche
  Deutschland 132
  stillgelegte 132
Alkoholaufkommen
  Körnermais 147
  Vergleich 148
  Wintergerste 147
  Winterweizen 147
  Zuckerrüben 147
Alkoholerzeugung 132, 145
Angebotspotential 5
Arbeitsvermögen
  Wasserkraft 117
Arundo donax 138
Aschegehalt
  Stroh 203
Astholzaufkommen 185
Atmosphärenschicht 76
Ausleitungskraftwerke 113
Bevölkerungsdichte 10
Bioabfall
  saisonale Schwankungen 267
Biogas 225
  Eigenschaften 226
  Enstehung 227
  Heizwert 226
  Inhaltsstoffe 226
  Kraft-Wärme-Kopplung 259
  Methangehalt 226
  Nutzenergiebereitstellungs-
    kosten 256
  Nutzungsstand 248
  Stromgestehungskosten 258
  Wärmegestehungskosten 257
  Zusammensetzung 226
Biogasanlage 239
  für Potentialerschließung 247
  Verfahrensablauf 240
Biogasaufkommen
  Deutschland 237
  regionale Verteilung 237
Biogasenergiepotentiale
  Hühner 244
  regionale Verteilung 247
  Rinder 244
  Schweine 244
Biogaserträge
  aus Abfällen 280
Biogaserzeugung
  Ausgangsstoffe 230
  Einflußfaktoren 229
  Gasausbeute 232
  Temperatureinfluß 232
  Verfahrenstechnik 238
Biogasgestehungskosten
  Großanlagen 253
  Kleinanlagen 250
  Kleinstanlagen 250
  Mittlere Anlagen 252
  Vergleich 255
Biogaspotential
  theoretisch 236
  Vorgehensweise 236
  Zusammenfassung 331

Biomasse
  Abbau 227
  anaerobe Fermentation 227
Biomasseaufkommen
  Durchforstungsrückstände 185
  Getreideganzpflanzen 135
  Körnermais 147
  Laubmasse 184
  Nadelmasse 184
  Schilf- und Grasgewächse 140
  schnellwachsende Baumarten 141
  Stammholzernterückstände 185
  Vergleich Energiepflanzen 142
  Wintergerste 147
  Winterweizen 147
  Zuckerrüben 147
Biomassepotential
  forstwirtschaftliche Reststoffe 186
  Stroh 209
Bohrkosten 315
Bohrrisiko 303
Brauchwassererwärmung
  Technik 38
Brennholzpreise 198
Brennstoffenergiepotential 285
Brennstoffenergiepotentiale
  Grünabfälle 285
  Industriereststoffe 285
  Klärschlamm 285
  Vorgehensweise 281
Brennstoffpreis
  äquivalenter 66
C_3-Pflanzen 130
C_4-Pflanzen 130
Chinaschilf 137
Dachfläche
  Nichtwohngebäude 27
  Restriktionen 29
  Wohngebäude 25, 26
Dachflächenpotential 25
  Nichtwohngebäude 30
  Verfügbarkeit 32
  Verteilung 31
  Wohngebäude 30
Dachneigung 27
Deckungsgrad
  solarer 37
Definition
  Energiepflanzen 129
  Getreideganzpflanze 130

Grasgewächse 130
Jungholz 178
Kurzumtriebsplantage 131
Nachwachsende Rohstoffe 130
Reisholz 178
Schilfgewächse 130
schnellwachsende Hölzer 131
Stammholz 179
Stockholz 179
Wurzelholz 179
Deinition
  Kronenderbholz 178
Deponiegas 277
  Anfall 277
  Heizwert 280
  Stromerzeugung 286
  Zusammensetzung 277
Deponiegasenergiepotentiale
  Vorgehensweise 282
Deponiegaserfassung 277
Diffusstrahlung 21
Direktstrahlung 21
Dublettenbetrieb 303
Durchdringung 59
Energiepflanzenpotentiale
  Zusammenfassung 328
Einfuhrpreise 15
Elefantengras 138
Endenergiepotentiale
  solarer Nahwärmesysteme 45
  solarthermischer Konzeptvergleich 50
  solare dezentrale Systeme 42
  solare Warmwasserbereitung 40
  solarthermisch 40
  solarthermische Brauchwassererwärmung 41
  Wasserkraft 122
  Windenergie 97
Endenergieverbrauch 12
Energieerträge 36
Energieerzeugung
  solare 35
  solarthermische 39
Energiekosten
  Biogas 249
  Geothermie 314
  Photovoltaikhausversorgung 68
  solare Nahwärmeversorgung 65
  Solarthermie 64

Stichwortverzeichnis

sonstige organische Reststoffe 287
Stroh 217
Restholz 193
Wasserkraft 124
Windenergie 102
Energiepflanzen
  Definition 129
Energiepflanzenpotentiale
  Energiesystemeinordnung 330
  Zusammenfassender Vergleich 329
Energiepotential
  Alkoholgewinnung 157
  fortwirtschaftliche Reststoffe 191
  Geothermie 298, 305
  Getreideganzpflanzen 149
  Hydrothermale Systeme 305
  Ölfruchtanbau 156
  Pflanzenölgewinnung 156
  Schilf- und Grasgewächse 151
  schnellwachsende Baumarten 153
  sonstige org. Reststoffe 276
  Stroh 213
Energiepotentialvergleich
  Energiepflanzen, Festbrennstoffe 154
  Energiepflanzen, Flüssigenergieträger 160
Energiereserven 305
Energieträger
  Definition 4
Energieträgerkosten
  Alkohol 173
  Biogas 250
  Deponiegas 287
  Festbrennstoffe 288
  Getreideganzpflanzen 162
  Grasgewächse 164
  Klärgas 288
  Pflanzenöl 171
  Restholz 194
  Schilfgewächse 164
  schnellwachsende Baumarten 165
  sonstiges Biogas 288
  Stroh 217
Energieträgerpreisniveau 15
Energieverbrauch
  Strukturen 12
Energievorrat
  zugänglicher 299
Energiewaldkonzept 131

Erdwärme
  Grundlagen 294
  Historie 293
  Wärmequellen 294
  weltweit 293
Erdwärmekosten
  Zusammenfassung 343
Erdwärmenutzung
  Deutschland 312
Erdwärmepotentiale
  Energiesystemeinordnung 335
  Zusammenfassung 335
Erdwärmesonden 300
Erdwärmesysteme
  Klassifikation 295
Erntemenge
  Getreideanbau 146
  Getreideganzpflanze 135
  Ölfruchtanbau 143
  Schilf- und Grasgewächse 139
  schnellwachsende Baumarten 141
  Zuckerrübenanbau 146
Exkrementeanfall
  Deutschland 235
  Nutzungsrestriktionen 241
  regionale Verteilung 235
  Verfügbarkeit 243
Exkrementeaufkommen
  Vorgehensweise 234
Exkrementeproduktion 234
Festbrennstoffe
  Energiepflanzen 134
Festbrennstofferzeugungskosten
  Zusammenfassung 341
Festbrennstoffpotentiale
  Zusammenfassung 328
Feststoffaufkommen
  Gewerbe 270
  Haushalte 270
  Industrie 270
  öffentl. Einrichtungen 271
Flachdächer
  Abgrenzungen 28
  Restriktionen 30
Flächenpotential
  Energiepflanzenanbau 132
  Sonnenenergie 24
  Windenergie - Restriktionen 82
  Windenergie - Vorgehensweise 80
  Windgeschwindigkeiten 81

Flächenpotentiale
　Windenergieangebot 81
　Windkraft 86
Flächenstillegung 132
Flächenverfügbarkeit
　Windkraftnutzung 83
Flachkollektor 36
Flußkraftwerk 112
　Anordnungsmöglichkeiten 112
Flüssigenergieträger
　Energiepflanzen 143
Forstwirtschaftliche Reststoffe 177
Francisturbine 115
Freiflächen
　Abgrenzung 32
　Nutzungsrestriktionen 33
Freiflächenpotentiale
　Ackerfläche 34
　Dauergrünland 34
　Verteilung 34
　Vorgehensweise 32
Friedhofsgrünanfall 272
Gärbehälter 239
Gasenergiepotentiale
　Vorgehensweise 281
Gasfilter 240
Gasspeicher 240
Gebäudeanzahl
　Wohngebäude 25
Gebäudebestand 26
Gebäudedächer
　Nutzungsrestriktionen 29
Gebäudegrundfläche 26
Geothermie
　Energiereserven 304
　Energieressourcen 304
　Energievorrat 304
　Kosten 314
　Norddeutsches Becken 308
　Nutzungsstand 312
　Oberrheingraben 307
　Reserven 304
　Ressourcen 304
　Temperaturverteilung 306
　Vorratsbasis 299
　weltweit 293
Geothermienutzung
　Klassifikation 297
　Möglichkeiten 297
Geothermiepotential
　Klassifikation 299
Geothermische Anlagen
　installierte 313
Geothermischer Gradient 294
Gesamtpotentialvergleich
　Energiesystemeinordnung 339
　Rahmenannahmen 336
　Variante I 337
　Variante II 337
　Variante III 338
Getreideanbau
　Alkoholerzeugung 145
Getreideanbaufläche 205
Getreideerntemenge 205
Getreideganzpflanzennutzung 134
Getreideproduktionskosten 218
Gleichdruckturbinen 115
Globalstrahlung 20
　Ganglinie 20
　Jahresgang 22
　Jahressummen 22
　Monatssummen 23
Grüngutanfall 271
Gülleanfall
　Verfügbarkeit 243
Gülleproduktion 234
Hackschnitzelkosten 194
Halbleitermaterial 52
Heizwert
　Holz 180
　Stroh 203
Hellmann'sche Höhenformel 77
Hirse 138
Hochdruckanlagen 115
Holz
　chemische Zusammensetzung 179
　energetische Eigenschaften 179
　Heizwert 180
Holzeinschlag 181
Holzzuwachsraten 183
Hot-Dry-Rock-Systeme
　Grundlagen 296
　Nutzungstechnik 303
Hydrothermale Systeme
　Grundlagen 295
　Nutzungstechnik 301
Hydrothermische Systeme
　Energiepotentiale 305
Injektionsbohrung 301
Inverterkosten 69

Isoventen 79
Kanalkraftwerke 114
Klärgas 280
　Anfall 280
　Heizwert 280
　Stromerzeugung 286
　Zusammensetzung 280
Klärgasenergiepotential 285
Klärschlammanfall 273
Kollektoren
　Energieerträge 39
　konzentrierende 37
　solarthermische 36
Kollektorfläche
　Deutschland 51
　installierte 51
　weltweit 19
Kollektorkreis
　Kosten 64
Kollektortechnologie 36
Kompostierung 279
Korn-Stroh-Verhältnis 209
Kornertrag 205
　derzeit 208
　Entwicklung 207
　regionale Schwankungen 209
Kosten
　Biogas 249
　Geothermie 314
　Photovoltaikhausversorgung 68
　Restholz 193
　solare Nahwärmeversorgung 65
　Solarthermie 64
　sonstige organische Reststoffe 287
　Stroh 217
　Wasserkraft 124
　Windenergie 102
Kostenstruktur
　Wasserkraftanlagen 124
Laufwasserkraftwerke 111
Leistung
　Wasserkraft 117
Leistungskennlinie
　Windkraftanlagen 89
Lindal-Diagramm 298
Linienpotential 118
McKelvey-Diagramm 299
Miscanthus sinensis 137
Mitteldruckanlagen 115
Modulkosten 69

Molassebecken
　Ressourcen 306
MPP-Regler 53
Nachwachsende Rohstoffe
　Definition 130
Nahwärmepotential
　solares 48
Nativ-organische Abfälle 263
Niederdruckanlagen 114
Niederschlagshöhen 109
Nutzenergie 8
Nutzenergiebereitstellungkosten
　Schilfgewächse 169
　schnellwachsende Baumarten 170
Nutzenergiebereitstellungskosten 17
　Biogas 256
　Getreideganzpflanzen 167
　Restholz 197
　Solarthermie 66
　Stroh 222
Nutztierbestand
　Deutschland 231
　Entwicklung 232
Nutzungsrestriktionen
　Sonstige organische Reststoffe 273
Nutzungsstand
　Biogas 248
　Energiepflanzenanbau 155
　Pflanzliche Flüssigenergieträger 161
　Restholznutzung 193
　sonstige organische Reststoffe 287
　Strohnutzung 216
　Strohverbrennungsanlagen 217
　Wasserkraft 122
Ölfruchtanbau 143
Organische Reststoffe
　Gewerbe 263
　Haushalte 263
　Industrie 263
　öffentliche Einrichtungen 263
Pfahlrohr 138
Pflanzenölaufkommen
　Vergleich 148
Pflanzenölgewinnung 131, 143
Photovoltaik 52
　Nutzungsstand 62
　Stromgestehungskosten 70
　Zuwachsraten 62
Photovoltaisches Stromerzeugungs-
　potential

368 Stichwortverzeichnis

Zusammenfassung 320
Photovoltaikanlagen
  installierte Leistung 63
  Systemdaten 55
Photovoltaikgenerator
  Gesamtinvestitionen 69
  Gesamtsystem 53
Photovoltaikkraftwerke
  Aufwendungen 69
Photovoltaikleistung
  weltweit 19
Photovoltaiksystem 53
Photovoltaischer Effekt 52
Phragnites communis 137
Potentialdefinitionen
  ausschöpfbares 6
  technisches 6
  theoretisches 6
  wirtschaftliches 6
  Wasserkraft 118
Potentialbestimmung auf Gebäuden 25
Potentiale
  weltweit 5
Primärenergieäquivalente 336
Primärenergieträger 8
  Definition 4
Primärenergieverbrauch 12
Produktionsbohrung 301
Pumpspeicherkraftwerke 114
Rapsanbau 143
Rayleigh-Verteilung 77
Regelarbeitsvermögen 117
Reserven
  Definition 299
Ressourcen
  Definition 299
Restholz
  Energieträgerkosten 194
  Nutzenergiebereitstellungskosten 197
Restholzaufkommen
  energetisch nutzbar 190
  Vorgehensweise 183
Restholzenergiepotentiale
  regionale Verteilung 192
  Vorgehensweise 190
  Zusammenfassung 330
Restriktionen
  Restholznutzung 187
  Windkraftnutzung 83

Reststoffkosten
  Zusammenfassung 342
Reststoffpotentiale
  Energiesystemeinordnung 333
  Zusammenfassender Vergleich 332
Rinderbestand
  Entwicklung 233
Scheddächer 28
Schilf- und Grasgewächs-Nutzung 136
Schilfrohr 137
Schlingenkraftwerke 114
Schlußfolgerungen 343
Schnellwachsende Baumarten
  Nutzung 141
Schrägdächer
  Abgrenzungen 28
  Restriktionen 29
Schrotaufkommen
  Rapsanbau 145
Schüttdichte
  Stroh 203
Schwankungen
  Abwasseraufkommen 268
  Bioabfall 267
Schweinebestand
  Entwicklung 233
Sekundärenergieträger 8
  Definition 4
Sicherheitsabstände
  Windkraft 85
Solare Freibadwassererwärmung
  Kosten 67
Solarer Wärmepreis 66
Solarkonstante 20
Solarthermie
  Grundlagen 36
  Kostenstruktur 65
  Nutzungsstand 51
  Restriktionen 39
  Wärmegestehungskosten 66
Solarthermiekosten
  Zusammenfassung 342
Solarthermiepotentiale
  Energiesystemeinordnung 335
  Zusammenfassung 334
Solarthermische Wärmeerzeugung
  Aufwendungen 64
  derzeitige Nutzung 51
Solarzelle 52
  Aufbau 54

Leistungsabgabe 53
Wirkungsgrad 53
Solarzellenkennlinie 52
Sonnenenergie
  Variationsbreite 21
Sonnenlicht 20
Sonstige organische Reststoffe
  Abfallaufkommen 275
  Abgrenzung 264
  Abwasseraufkommen 272
  Bestimmung des Aufkommens 269
  energetische Eigenschaften 265
  Heizwert 266
  Klärschlamm 275
  Nutzungsrestriktionen 273
  Nutzungsstand 287
  Reststoffaufkommen 275
  Systematik 264
  Vergärung 279
  Vorgehen Gewerbe 270
  Vorgehen Haushalte 270
  Vorgehen Industrie 270
  Vorgehen öffentl. Einrichtungen 271
  Vorgehensweise 269
  Zusammenfassung 332
Speicherkraftwerke 114
Speicherkreis
  Kosten 64
Stammholzernte 185
Stockholzanteil 186
Strahlungsangebot 19, 21
  Variationsbreite 21
Straßenbegleitgrün
  Anfall 271
Stroh
  chemische Zusammensetzung 203
  Definition 201
  energetische Eigenschaften 203
  Energieträgerkosten 217
  Feuchtegehalt 203
  Heizwert 203
  Nutzenergiebereitstellungskosten 222
  Schüttdichte 203
  Zustandsformen 204
Strohanfall
  Abgrenzungen 202
Strohaufkommen
  Eingrenzungen 202
  energetisch nutzbar 212
  insgesamt 209
  Nutzungsrestriktionen 210
  Rapsanbau 145
  regionale Verteilung 209
  Vorgehensweise 207
Strohenergiepotentiale
  Vorgehensweise 213
  regionale Verteilung 213
  Zusammenfassung 331
Strohpreise 221
Strohverdichtungskosten 217
Stromerzeugung
  photovoltaisch 52, 63
  wassertechnisch 123
  windtechnisch 87
Stromerzeugungspotentiale
  auf Dachflächen 54
  auf Freiflächen 56
  Energiesystemeinordnung 323
  Wasserkraft 119
  windtechnisch 94
  zusammenfassender Vergleich 321
Stromgestehungskosten
  Biogas 258
  Deponiegas 290
  Geothermie 314
  Klärgas 290
  Photovoltaik 68, 70
  Sonstiges Biogas 290
  Wasserkraft 127
  Windenergie 102
  Zusammenfassung 340
Stubbenholzanteil 186
Substrataufkommen
  Biogasgewinnung 234
Systeme
  solarthermische 38
Systemwirkungsgrad
  Photovoltaikgenerator 54
Temperatur-Tiefen-Profil 304
Tierbestand
  Deutschland 231
Topinambur 138
Treibstofferzeugungskosten
  Zusammenfassung 341
Treibstoffpotentiale
  Zusammenfassung 329
Turbinenbauarten 115
Turbinentypen 115
Turbinenwirkungsgrade 115

Untersuchungsgebiet 8
Untersuchungsziel 1
Untiefe Geothermie
   Grundlagen 295
   Nutzungstechnik 300
Vakuum-Röhrenkollektoren 37
Verbraucherpreise 15
Verfahrensschema
   Biogasanlage 239
Vergärung
   Grundfließbild 280
   sonstige organische Reststoffe 280
Vergleich
   Zusammenfassung 319
Vorgehensweise
   prinzipielle 2
Waldbetriebsaufwand 196
Waldfläche 181
Waldreststoffaufkommen
   energetisch nutzbar 190
   insgesamt 186
   Nutzungsrestriktionen 187
   regionale Verteilung 186
Wärmebereitstellungskosten 17
Wärmegestehungskosten
   Biogas 257
   Deponiegas 289
   Geothermie 315
   Klärgas 289
   Solarthermie 66
   sonstiges Biogas 289
Wärmequellen
   Erdwärme 294
Wärmestrom 294
Wasserangebot 108
Wasserhaushalt 109
Wasserkraft
   Arbeitsvermögen 117
   Ausbaumöglichkeiten 123
   Grundlagen 108
   Investitionen 124
   Leistung 117
   Nutzungsstand 122
   Potentialbegriffe 118
   Systemkosten 124
   technik 111
   Technisches Potential 118
   theoretisches Potential 118
   variable Kosten 127
   wirtschaftliches Potential 119

Wasserkraftnutzung
   Deutschland 122
   Historie 107
   weltweit 108
Wasserkraftstromerzeugungspotential
   Zusammenfassung 321
Wasserkreislauf 108
Wechselrichter 54
Wechselrichterkosten 69
Weibullverteilung 77
Windangebot
   Enstehung 73
Windenergie
   Flächenpotential 80
   Stromgestehungskosten 104
Windgeschwindigkeit
   Einflußparameter 77
   Entstehung 74
   Häufigkeitsverteilung 77
   Jahresmittel 76
   Monatsgang 75
   Variationsbreite 75, 76
Windgeschwindigkeitsverteilung
   Deutschland 78
Windkraftanlagen
   Aufstellanordnungen 94
   Betriebsverhalten 92
   Kosten 102
   Referenztechnik 92
   Stromerzeugungspotentiale 95
   Systemdaten 92
   Systemkomponenten 90
   Systemverhalten 90
   Referenztechnik 92
Windkraftleistung
   weltweit 73
Windkraftnutzung
   Einschränkungen 85
   Flächenverfügbarkeit 83
   Grundlagen 88
   Restriktionen 83
   Theorie 89
   Wirkungsgrade 89
Windleistung
   technische 89
   theoretische 88
Windstromerzeugungspotential
   Zusammenfassung 320
Zuckerrübenanbau
   Alkoholerzeugung 145

Springer-Verlag und Umwelt

Als internationaler wissenschaftlicher Verlag sind wir uns unserer besonderen Verpflichtung der Umwelt gegenüber bewußt und beziehen umweltorientierte Grundsätze in Unternehmensentscheidungen mit ein.

Von unseren Geschäftspartnern (Druckereien, Papierfabriken, Verpackungsherstellern usw.) verlangen wir, daß sie sowohl beim Herstellungsprozeß selbst als auch beim Einsatz der zur Verwendung kommenden Materialien ökologische Gesichtspunkte berücksichtigen.

Das für dieses Buch verwendete Papier ist aus chlorfrei bzw. chlorarm hergestelltem Zellstoff gefertigt und im ph-Wert neutral.

M. Kleemann, M. Meliß

Regenerative Energiequellen

2., völlig neu bearb. u. erw. Aufl. 1993.
Etwa 340 S. 215 Abb. 85 Tab.
Brosch. DM 68,– ISBN 3-540-55085-2

Regenerative Energiequellen sind zentraler Bestandteil der energiepolitischen Diskussion. Dieses Lehrbuch stellt die regenerativen Energiequellen nicht nur unter physikalischen, technischen und wirtschaftlichen Gesichtspunkten dar, sondern behandelt auch die für unser Land interessantesten Nutzungsmöglichkeiten. Anlagen, nach dem neuesten technischen Stand ausgeführt, werden beispielhaft vorgestellt. Wichtige Kenngrößen und deren Herleitung werden nachvollziehbar beschrieben. Das Lehrbuch liefert nicht nur fundiertes Wissen für Studenten an Technischen Universitäten, Hochschulen und Fachhochschulen, sondern wendet sich mit seinen sachlichen Informationen auch an eine breite Öffentlichkeit.

MIX
Papier aus verantwortungsvollen Quellen
Paper from responsible sources
FSC® C105338

If you have any concerns about our products,
you can contact us on
ProductSafety@springernature.com

In case Publisher is established outside the EU,
the EU authorized representative is:
Springer Nature Customer Service Center GmbH
Europaplatz 3, 69115 Heidelberg, Germany

Printed by Libri Plureos GmbH
in Hamburg, Germany